Google 的軟體工程之道
從程式設計經驗中吸取教訓

Software Engineering at Google
Lessons Learned from Programming Over Time

Titus Winters、*Tom Manshreck* 和 *Hyrum Wright* 著

蔣大偉 譯

O'REILLY

目錄

序 xix

前言 xxi

第一部分　主題

第一章　何謂軟體工程？ 3

時間與變化 5

　海勒姆法則 7

　例子：雜湊排序 8

　為什麼不以「不變」為目標呢？ 10

規模與效率 11

　無法擴展的政策 12

　可擴展的政策 13

　例子：編譯器升級 14

　左移 16

權衡與成本 17

　例子：白板筆 18

　對決策的投入 18

　例子：分散式建構 19

　例子：在時間和規模之間做出決定 20

　回顧決策、所犯下錯誤 21

軟體工程與程式設計 22

結語 22

摘要 23

第二部分　文化

第二章　如何做好團隊合作 **27**

　　幫我把程式碼隱藏起來 27

　　天才神話 28

　　隱藏是有害的 30

　　　　早期發現 31

　　　　公車指數 31

　　　　進度 32

　　　　總之，不要藏起來 34

　　一切都為了團隊 34

　　　　社交聯繫的三大支柱 34

　　　　為什麼這些支柱很重要？ 35

　　　　如何實踐謙虛、尊重和信任？ 36

　　　　無糾責事後查驗的文化 39

　　　　樂於接受影響 40

　　　　Googley（谷歌風範） 40

　　結語 42

　　摘要 42

第三章　知識共享 **43**

　　學習上的挑戰 43

　　哲學 45

　　設置舞臺：心理安全 46

　　　　導師制 46

　　　　大型團體的心理安全 46

　　增加你的知識 47

　　　　提問 47

　　　　了解背景 48

　　擴展你的問題：詢問社群 49

　　　　群聊 50

　　　　郵遞論壇 50

　　　　YAQS：問答平台 51

　　擴展你的知識：你總是有東西要教別人 51

　　　　答疑時間 52

　　　　技術講座和課程 52

　　　　　文件 53

　　　　　程式碼 55

　　　擴展組織的知識 55

　　　　　培養知識共享文化 55

　　　　　建立標準資訊來源 57

　　　　　最新資訊 60

　　　可讀性：通過程式碼審查實現標準化指導 61

　　　　　什麼是可讀性過程？ 61

　　　　　為什麼有這個過程？ 63

　　　結語 65

　　　摘要 65

第四章　　　公平工程 67

　　　偏見是難免的 68

　　　瞭解多樣化的必要性 69

　　　建構多元文化的能力 70

　　　使多樣性具有可操作性 72

　　　拒絕單一做法 72

　　　挑戰已建立的流程 73

　　　價值與結果 74

　　　保持好奇心，向前推進 75

　　　結語 76

　　　摘要 76

第五章　　　如何領導團隊 77

　　　經理和技術主管（以及兩者） 77

　　　　　工程經理 78

　　　　　技術主管 78

　　　　　經理兼技術主管 78

　　　從個人貢獻者角色轉變為領導角色 79

　　　　　唯一需要害怕的是…嗯，所有的東西 80

　　　　　服務式領導 81

　　　工程經理 81

　　　　　經理是一個粗俗下流的詞 81

　　　　　今日的工程經理 82

　　　反面模式 84

反面模式：僱用弱勢者 84

反面模式：忽略低績效者 84

反面模式：忽略人為問題 85

反面模式：成為每個人的朋友 86

反面模式：降低招聘門檻 87

反面模式：像對待孩子一樣對待你的團隊 87

正面模式 88

失去自我 88

做個禪宗大師 89

成為催化劑 90

清除障礙 90

做為教師和導師 91

設定明確的目標 91

誠實 92

追蹤幸福感 94

出乎意料的問題 94

其他提示和技巧 95

人像植物一樣 97

內在激勵與外在激勵的比較 98

結語 99

摘要 99

第六章　　　**領導力的發展** **101**

總是決策 102

飛機的寓言 102

確定盲點 103

確定關鍵的取捨 104

決定，然後反覆進行 104

總是要離開的 106

你的使命：打造一個「自我驅動的」團隊 106

劃分問題空間 107

總是在擴展 110

成功的循環 110

重要與緊急的差別 112

學會掉球 113

保護你的精力 114

結語 116

摘要 116

第七章　　　衡量工程效率 **117**

我們為什麼要衡量工程效率？ 117

分類：值得衡量嗎？ 119

選擇具有目標和信號的有意義衡量指標 122

目標 123

信號 125

指標 126

使用資料來驗證指標 126

採取行動和追蹤結果 129

結語 130

摘要 130

第三部分　　過程

第八章　　　格式指南與規則 **133**

為什麼要制定規則？ 134

建立規則 135

　　指導原則 135

　　風格指南 143

變更規則 145

　　流程 147

　　風格仲裁者 147

　　例外 148

指導方針 148

應用規則 150

　　錯誤檢查工具 152

　　程式碼格式化工具 152

結語 155

摘要 155

第九章　　　程式碼審查 **157**

程式碼審查流程 158

Google 的程式碼審查是如何進行的 159

程式碼審查的好處 162

　　程式碼的正確性 163

對程式碼的理解 164

程式碼的一致性 165

心理和文化方面的好處 166

知識共享 167

程式碼審查的最佳做法 167

禮貌和專業 168

編寫小型變更 169

編寫良好的變更描述 170

盡量減少審查者 170

盡可能自動化 171

程式碼審查的類型 171

綠地程式碼審查 171

行為變化、改進和優化 172

錯誤修正和回滾 172

重構和大規模變更 173

結語 174

摘要 174

第十章　文件 175

什麼是合格的文件？ 175

為什麼需要文件？ 176

文件就像程式碼 177

瞭解你的讀者 180

讀者的類型 180

文件類型 181

參考文件 182

設計文件 185

教程 185

概念性文件 187

登陸頁面 188

文件審查 188

文件哲學 190

WHO（誰）、WHAT（何事）、WHEN（何時）、WHERE（何地）
以及 WHY（為何）.. 190

開頭、中間和結尾 191

良好文件的參數 192

棄用文件 192

你何時需要技術寫手？ 193

結語 194

摘要 194

第十一章　測試概述 **195**

我們為什麼要編寫測試？ 196

　Google Web Server 的故事 197

　以現代發展的速度進行測試 198

　編寫、運行、反應 200

　測試程式碼的好處 201

設計測試集 202

　測試規模 203

　測試範圍 207

　碧昂絲（Beyoncé）法則 209

　關於程式碼覆蓋率的注意事項 210

以 Google 規模進行測試 211

　大型測試集的陷阱 212

Google 的測試歷史 213

　入職培訓課程 214

　測試認證 215

　廁所裡的測試 215

　今日的測試文化 216

自動化測試的侷限性 217

結語 218

摘要 218

第十二章　單元測試 **219**

可維護性的重要性 220

預防脆弱的測試 221

　力求不變的測試 221

　透過公用 API 進行測試 222

　測試狀態，而不是測試互動 225

編寫清晰的測試 226

　讓你的測試完整而簡潔 227

　測試行為，而不是方法 228

　不要把邏輯放在測試中 233

　　　　　編寫清楚的失敗訊息 234
　　　　測試和程式碼共享：要 DAMP，而不是 DRY 235
　　　　　共享值 238
　　　　　共享設置 240
　　　　　共享輔助工具和驗證 241
　　　　　定義測試基礎架構 242
　　　結語 243
　　　摘要 243

第十三章　　測試替身 **245**

　　　測試替身對軟體開發的影響 246
　　　Google 的測試替身 247
　　　基本概念 247
　　　　一個測試替身的例子 247
　　　　接縫 248
　　　　mocking 框架 249
　　　測試替身的使用技術 250
　　　　faking 技術 251
　　　　stubbing 技術 251
　　　　互動測試 252
　　　真正的實作 252
　　　　傾向實際而非隔離 253
　　　　如何決定何時使用真正的實作 254
　　　使用 fake 技術 257
　　　　為什麼 fake 技術很重要？ 257
　　　　什麼時候應該建立假實作？ 258
　　　　假實作的保真度 258
　　　　假實作應該經過測試 259
　　　　如果沒有假實作可用怎麼辦？ 259
　　　stubbing 260
　　　　過度使用 stubbing 的危險 260
　　　　何時適合使用 stubbing？ 262
　　　互動測試 263
　　　　狀態測試優選於互動測試 263
　　　　互動測試何時合適？ 264
　　　　互動測試的最佳做法 265
　　　結語 267
　　　摘要 267

第十四章	較大型的測試	269
	什麼是較大型的測試？	269
	保真度	270
	單元測試中的常見差距	271
	為什麼不進行較大型的測試？	273
	Google 的較大型測試	274
	較大型的測試和時間	275
	Google 規模的較大型測試	276
	大型測試的結構	278
	受測系統	278
	測試資料	283
	驗證	284
	規模較大的測試類型	285
	對一或多個互動的二進位檔進行功能測試	286
	瀏覽器和設備測試	286
	性能、負載和壓力測試	287
	部署組態測試	287
	探索性測試	288
	A/B 差異回歸測試	289
	UAT	290
	Probers（探測器）和 Canary（金絲雀）分析	291
	災後恢復與混沌工程	291
	用戶評估	293
	大型測試和開發人員工作流程	294
	編寫大型測試	294
	運行大型測試	295
	擁有大型的測試	298
	結語	299
	摘要	299
第十五章	棄用	301
	為什麼要棄用？	302
	為什麼棄用這麼難？	303
	設計過程中的棄用	304
	棄用的類型	305
	建議性棄用	306

強制性棄用 306

棄用警告 308

管理棄用過程 309

過程的擁有者 309

里程碑 309

棄用工具 310

結語 312

摘要 312

第四部分　工具

第十六章　版本控制和分支管理 **315**

何謂版本控制？ 315

版本控制為什麼很重要？ 317

集中式 VCS 與分散式 VCS 319

事實來源 321

版本控制與依賴關係管理 323

分支管理 324

正在進行的工作相當於一個分支 324

開發分支 325

發行分支 326

Google 的版本控制 327

單一版本 328

場景：多個可用版本 329

「單一版本」規則 330

（幾乎）沒有長壽的分支 330

發行分支呢？ 332

Monorepo 332

版本控制的未來 334

結語 336

摘要 337

第十七章　程式碼搜尋 **339**

Code Search 用戶介面 340

Googlers 如何使用 Code Search？ 341

在哪裡？ 341

什麼？ 342

如何？ 342

為什麼？ 342

誰和什麼時候？ 343

為什麼要有單獨的 Web 工具？ 343

  規模 343

  零設置全域性程式碼檢視 344

  專業化 344

  與其他開發者工具的整合 345

  暴露 API 347

規模對設計的影響 347

  搜尋查詢的延遲 347

  索引延遲 348

Google 的實作 349

  搜尋索引 349

  排名 351

選定的權衡 354

  完整性：位於 head 的儲存庫 354

  完整性：所有的結果與最相關的結果 ... 355

  完整性：Head 與（vs.）分支與（vs.）所有歷史與（vs.）工作區 356

  表達性：符記與（vs.）子字串與（vs.）正規表達式 357

結語 358

摘要 359

第十八章　建構系統與建構哲學 **361**

建構系統的目的 361

如果沒有建構系統會怎樣？ 362

  但我只需要一個編譯器！ 363

  shell 命令稿來救援？ 363

現代的建構系統 365

  一切都與依賴性有關 365

  基於任務的建構系統 365

  基於產出物的建構系統 369

  分散式建構 375

  時間、規模、權衡 379

處理模組和依賴關係 380

  使用細粒度模組和 1：1：1 規則 380

　　　　　　最大限度地減少模組的可見性 381
　　　　　　管理依賴關係 381
　　　　結語 386
　　　　摘要 387

第十九章　　**Google 的程式碼審查工具** **389**
　　　　程式碼審查工具的原則 390
　　　　程式碼審查流程 391
　　　　　　通知 392
　　　　階段 1：做出變更 392
　　　　　　差異比較 393
　　　　　　分析結果 394
　　　　　　緊密的工具整合 396
　　　　階段 2：請求審查 397
　　　　階段 3 和 4：對變更的理解和評論 398
　　　　　　評論 398
　　　　　　瞭解變更的狀態 400
　　　　階段 5：變更批准（對變更評分） 402
　　　　階段 6：提交變更 403
　　　　　　提交後：追蹤歷史紀錄 403
　　　　結語 405
　　　　摘要 405

第二十章　　**靜態分析** **407**
　　　　有效靜態分析的特點 408
　　　　　　可擴展性 408
　　　　　　可用性 408
　　　　讓靜態分析發揮作用的關鍵經驗 409
　　　　　　關注開發人員的幸福感 409
　　　　　　讓靜態分析成為核心開發人員工作流程的一部分 410
　　　　　　賦予用戶貢獻的權力 410
　　　　Tricorder：Google 的靜態分析平台 411
　　　　　　整合工具 412
　　　　　　整合反饋通道 413
　　　　　　修正建議 414
　　　　　　專案的定制 414

　　　　提交前工作 ⋯⋯⋯⋯⋯⋯⋯⋯⋯⋯⋯⋯⋯⋯⋯⋯⋯⋯⋯⋯ 415

　　　　編譯器整合 ⋯⋯⋯⋯⋯⋯⋯⋯⋯⋯⋯⋯⋯⋯⋯⋯⋯⋯⋯⋯ 416

　　　　編輯和瀏覽程式碼的同時進行分析 ⋯⋯⋯⋯⋯⋯⋯⋯ 417

　　結語 ⋯⋯⋯⋯⋯⋯⋯⋯⋯⋯⋯⋯⋯⋯⋯⋯⋯⋯⋯⋯⋯⋯⋯⋯⋯ 417

　　摘要 ⋯⋯⋯⋯⋯⋯⋯⋯⋯⋯⋯⋯⋯⋯⋯⋯⋯⋯⋯⋯⋯⋯⋯⋯⋯ 418

第二十一章　依賴關係管理 ⋯⋯⋯⋯⋯⋯⋯⋯⋯⋯⋯⋯⋯⋯⋯⋯ 419

　　為什麼依賴關係管理如此困難？ ⋯⋯⋯⋯⋯⋯⋯⋯⋯⋯⋯ 421

　　　　相互衝突的需求和菱形依賴 ⋯⋯⋯⋯⋯⋯⋯⋯⋯⋯⋯ 421

　　匯入依賴項 ⋯⋯⋯⋯⋯⋯⋯⋯⋯⋯⋯⋯⋯⋯⋯⋯⋯⋯⋯⋯⋯ 423

　　　　相容性的承諾 ⋯⋯⋯⋯⋯⋯⋯⋯⋯⋯⋯⋯⋯⋯⋯⋯⋯ 423

　　　　匯入時的考慮因素 ⋯⋯⋯⋯⋯⋯⋯⋯⋯⋯⋯⋯⋯⋯⋯ 425

　　　　Google 如何處理所匯入的依賴項 ⋯⋯⋯⋯⋯⋯⋯⋯ 426

　　理論上的依賴關係管理 ⋯⋯⋯⋯⋯⋯⋯⋯⋯⋯⋯⋯⋯⋯⋯ 428

　　　　沒有任何變化（又名靜態依賴關係模型） ⋯⋯⋯⋯ 429

　　　　語義化版本控制 ⋯⋯⋯⋯⋯⋯⋯⋯⋯⋯⋯⋯⋯⋯⋯⋯ 429

　　　　捆綁式發行版模型 ⋯⋯⋯⋯⋯⋯⋯⋯⋯⋯⋯⋯⋯⋯⋯ 431

　　　　Live at Head ⋯⋯⋯⋯⋯⋯⋯⋯⋯⋯⋯⋯⋯⋯⋯⋯⋯⋯ 431

　　SemVer 的局限性 ⋯⋯⋯⋯⋯⋯⋯⋯⋯⋯⋯⋯⋯⋯⋯⋯⋯⋯ 433

　　　　SemVer 可能過度限制 ⋯⋯⋯⋯⋯⋯⋯⋯⋯⋯⋯⋯⋯ 434

　　　　SemVer 可能過度承諾 ⋯⋯⋯⋯⋯⋯⋯⋯⋯⋯⋯⋯⋯ 434

　　　　動機 ⋯⋯⋯⋯⋯⋯⋯⋯⋯⋯⋯⋯⋯⋯⋯⋯⋯⋯⋯⋯⋯ 435

　　　　最低限度的版本選擇 ⋯⋯⋯⋯⋯⋯⋯⋯⋯⋯⋯⋯⋯⋯ 436

　　　　那麼，SemVer 有用嗎？ ⋯⋯⋯⋯⋯⋯⋯⋯⋯⋯⋯⋯ 437

　　無限資源的依賴關係管理 ⋯⋯⋯⋯⋯⋯⋯⋯⋯⋯⋯⋯⋯⋯ 438

　　　　匯出依賴項 ⋯⋯⋯⋯⋯⋯⋯⋯⋯⋯⋯⋯⋯⋯⋯⋯⋯⋯ 440

　　結語 ⋯⋯⋯⋯⋯⋯⋯⋯⋯⋯⋯⋯⋯⋯⋯⋯⋯⋯⋯⋯⋯⋯⋯⋯ 444

　　摘要 ⋯⋯⋯⋯⋯⋯⋯⋯⋯⋯⋯⋯⋯⋯⋯⋯⋯⋯⋯⋯⋯⋯⋯⋯ 445

第二十二章　大規模變更 ⋯⋯⋯⋯⋯⋯⋯⋯⋯⋯⋯⋯⋯⋯⋯⋯⋯ 447

　　什麼是大規模變更？ ⋯⋯⋯⋯⋯⋯⋯⋯⋯⋯⋯⋯⋯⋯⋯⋯ 448

　　誰負責處理 LSC？ ⋯⋯⋯⋯⋯⋯⋯⋯⋯⋯⋯⋯⋯⋯⋯⋯⋯ 449

　　不可分割變更的障礙 ⋯⋯⋯⋯⋯⋯⋯⋯⋯⋯⋯⋯⋯⋯⋯⋯ 451

　　　　技術上的限制 ⋯⋯⋯⋯⋯⋯⋯⋯⋯⋯⋯⋯⋯⋯⋯⋯⋯ 451

　　　　合併衝突 ⋯⋯⋯⋯⋯⋯⋯⋯⋯⋯⋯⋯⋯⋯⋯⋯⋯⋯⋯ 451

　　　　沒有鬧鬼的墓地 ⋯⋯⋯⋯⋯⋯⋯⋯⋯⋯⋯⋯⋯⋯⋯⋯ 452

　　　　異質性 452

　　　　測試 453

　　　　程式碼審查 455

　　LSC 基礎架構 457

　　　　政策和文化 457

　　　　程式碼基底的洞察力 458

　　　　變更管理 459

　　　　測試 459

　　　　語言支援 459

　　LSC 流程 461

　　　　授權 461

　　　　變更的建立 462

　　　　切分和提交 462

　　　　清理 465

　　結語 466

　　摘要 466

第二十三章　持續整合 **467**

　　CI 概念 469

　　　　快速反饋迴圈 469

　　　　自動化 471

　　　　生產環境測試 475

　　　　CI 的挑戰 478

　　　　封閉式測試 479

　　Google 的 CI 482

　　　　CI 案例研究：Google Takeout 485

　　　　但我負擔不起 CI 492

　　結語 492

　　摘要 492

第二十四章　持續交付 **493**

　　持續交付在 Google 的習慣用法 494

　　速度是一項團隊運動：如何將部署工作分解為可管理的部分 495

　　評估隔離中的變更：旗標防護功能 496

　　追求敏捷性：設置一個發行列車 497

　　　　沒有一個二進位檔是完美的 498

滿足你的發行最後期限 499

品質和以用戶為中心：只交付被使用的部分 499

向左移：更早地做出資料驅動的決策 500

改變團隊文化：在部署過程中建立紀律 501

結語 502

摘要 503

第二十五章　**運算即服務** **505**

馴服運算環境 506

勞動自動化 506

容器化和多租戶 508

提要 510

為託管運算編寫軟體 511

針對失敗進行架構設計 511

批次與服務 512

管理狀態 514

連線到服務 515

一次性程式碼 516

隨時間和規模變化的 CaaS 517

容器是一個抽象概念 518

由一種服務掌控一切 520

組態提交 522

選擇一個運算服務 523

集中化與客製化 524

抽象層級：無伺服器 526

公有與私有 530

結語 531

摘要 532

第五部分　　結語

後記 **534**

索引 **535**

序

我一直對谷歌（Google）如何做事的細節著迷不已。我曾向我的谷歌員工（Googler）朋友詢問公司內部實際運作方式。他們如何管理如此龐大的單一程式碼儲存庫（monolithic code repository）而不會陷入困境？成千上萬的工程師如何在數千個專案上成功協作？他們如何保持系統的品質？

與前谷歌員工一起工作只會增加我的好奇心。如果你曾經和一位前谷歌工程師（或有時被稱為 Xoogler）合作過，你無疑聽過『在谷歌，我們......』這句話。從谷歌進入其他公司似乎是一次令人震驚的經歷，至少從工程方面來看是這樣。據這位局外人所知，考慮到公司的規模和人們讚美的頻率，谷歌的系統和編寫程式碼的流程一定是世界上最好的。

在《Google 的軟體工程之道》中，有一組谷歌員工（以及一些前谷歌員工）為我們提供了一份關於 Google 軟體工程中許多實施方法、工具甚至文化元素的詳細藍圖。人們很容易過度關注 Google 為支援程式碼編寫而建構的神奇工具，而本書提供了許多關於這些工具的細節。但它不僅僅是簡單地描述工具，還為我們提供了 Google 團隊遵循的理念和流程。這些內容適用於各種情況，無論你是否擁有足夠的規模和工具。令人高興的是，有幾章深入探討了自動化測試的各個方面，這個話題在我們的行業中仍然遇到太多的阻力。

技術的偉大之處在於，做一事從來都不只有一種方法。取而代之的是，我們都必須根據團隊的處境和情況做出一系列的權衡。我們可以從開放原始碼中廉價地獲得什麼？我們的團隊可以建構什麼？對我們的規模來說，什麼是有意義的支援？當我詢問我的Googler 朋友時，我想聽聽這個處於極端規模的世界：資源豐富，既有人才又有錢財，對正在建構的軟體有很高的要求。這些軼事給了我一些想法，讓我有了一些原本不會考慮的選項。

透過這本書，我們把這些選項寫下來供大家閱讀。當然，Google 是一家獨特的公司，如果認為運行你的軟體工程組織之正確方法是精確地複製他們的公式，那就太愚蠢了。從實際應用來講，本書將為你提供有關如何完成工作的想法，以及許多資訊，你可以用來支持你採用最佳實施方法（如測試、知識共享和建構協作團隊）的論點。

你可能永遠不需要自己構建 Google，甚至可能不想在你的組織中達到他們所應用的同樣技術。但是，如果你不熟悉 Google 所開發出的實施方法，就會錯過一個關於軟體工程的觀點，這個觀點來自二十多年來成千上萬的工程師在軟體上的協同工作。這些知識太有價值了，不容輕忽。

— Camille Fournier（卡米爾·富尼耶）

《The Manager's Path》（經理人之道）作者

前言

這本書的標題是「Google 的軟體工程之道」。我們所說的軟體工程究竟是什麼意思？「軟體工程」（software engineering）與「程式設計」（programming）或「計算機科學」（computer science）的區別是什麼？為什麼 Google 會有獨特的觀點被添加到過去 50 年來所寫之軟體工程文獻的語料庫中？

在我們的行業中，「程式設計」和「軟體工程」這兩個術語已經被交替使用了相當長的時間，儘管此二者都有不同的重點和不同的含義。大學生往往會想要學習「計算機科學」，成為「程式員」（programmers）以獲得撰寫程式碼（writing code）的工作。

然而，「軟體工程」聽起來更嚴肅，好像它意味著，應用一些理論知識來建構真實而精確的東西。機械工程師、土木工程師、航空工程師和其他工程學科的人都在從事工程工作。他們都在現實世界中工作，並利用他們的理論知識的應用來創造真實的東西。軟體工程師也創造了「真實的東西」儘管它不如其他工程師創造的東西那麼有形。

與那些更成熟的工程專業不同，當前的軟體工程理論或實施方法並不那麼嚴謹。航空工程師必須遵守嚴謹的指導方針和實施方法，因為他們的計算錯誤會造成真正的損害；總體而言，程式設計傳統上沒有遵循這種嚴格的實施方法。但是，隨著軟體越來越融入我們的生活，我們必須採用並依賴更嚴格的工程方法。我們希望這本書能幫助其他人看到一條通往更可靠之軟體實施方法的道路。

隨著時間推移的程式設計

我們認為，「軟體工程」不僅包括編寫程式碼的行為，還包括一個組織隨著時間的推移用於建構和維護該程式碼的所有工具和流程。一個軟體組織可以導入哪些實施方法，進而得以長期保持其程式碼的價值？工程師如何才能使一個程式碼基底（codebase）更具

可持續性（sustainable）並使軟體工程學科本身更加嚴謹？我們對這些問題沒有基本答案，但我們希望 Google 在過去二十年的集體經驗能夠為這些答案指出可能的道路。

我們在本書中分享的一個關鍵見解是，軟體工程可以被認為是「隨著時間的推移而整合的程式設計」。我們可以在我們的程式碼中導入哪些實施方法，使其能夠在生命週期內（從概念到導入，從導入到維護，再從維護到棄用）對必要的變更做出反應，進而使其具有可持續性？

本書強調了我們認為軟體組織在設計、建構和編寫程式碼時應該牢記的三項基本原則：

時間與變化

　　程式碼需要如何適應其生命週期

規模和成長

　　組織需要如何適應其發展

權衡和成本

　　組織如何根據時間、變化、規模和成長的經驗做出決策

在本書的所有章節中，我們都試圖與這些主題聯繫起來，並指出這些原則如何影響工程實施方法，並使其具有可持續性。（完整的討論，請參閱第 1 章。）

Google 的觀點

Google 對可持續軟體生態系統的成長和演變有著獨特的觀點，這源於我們的規模和壽命。我們希望，隨著你的組織的發展和採用更可持續的做法，我們所吸取的教訓，將是有用的。

我們將本書中的主題分為 Google 軟體工程領域的三個主要方面：

- 文化
- 過程
- 工具

Google 的文化是獨一無二的，但我們在發展自己的工程文化方面所吸取的教訓是廣泛適用的。我們關於文化的章節（第二部分）強調了軟體開發企業的集體性質，軟體開發是團隊的努力，適當的文化原則對於組織成長和保持健康至關重要。

大多數軟體工程師都熟悉流程章節（第三部分）中概述的技術，但 Google 之大型和長期的程式碼基底（codebase）為開發最佳實施方法（best practices）提供了更完整的壓力測試（stress test）。在這些章節中，我們試圖強調，隨著時間的推移和規模的擴大，我們發現到的一些可行的方法，同時也指出了我們尚未找到令人滿意答案的領域。

最後，我們的工具章節（第四部分）說明了，我們如何利用在工具基礎架構方面的投資，在程式碼基底的成長和老化過程中為其帶來好處。在某些情況下，這些工具是 Google 特有的，儘管我們會在適用的情況下指出開源或第三方替代方案。我們希望這些基本見解，適用於大多數工程組織。

本書中概述的文化、流程和工具，描述了典型的軟體工程師希望在工作中學到的教訓。Google 當然不會壟斷好的建議，我們在這裡介紹經驗，並不是為了決定你的組織應該做什麼。本書的內容是我們的觀點，但我們希望你會發現它很有用，無論是直接採用這些教訓，還是在針對你自己的問題領域，考慮你自己的實施方法時，將它們視為一個起點。

本書也不是為了說教。Google 本身仍然無法完美應用書中這些概念。我們從失敗中吸取了教訓：我們仍然會犯錯誤，實作不完美的解決方案，並且需要反覆改進。然而，Google 之工程組織的龐大規模，確保了每個問題都有多樣化的解決方案。我們希望本書包含該群體中的佼佼者。

本書不涵蓋⋯

本書並不打算涵蓋軟體設計，這門學科需要自己的書（並且已經存在很多內容）。儘管本書中有一些程式碼用於說明，但這些原則是語言中立的，並且這些章節中幾乎沒有實際的「程式設計」建議。因此，本書內容沒有涵蓋軟體開發中的許多重要問題：專案管理、API 設計、安全強化、國際化、用戶介面框架或其他特定於語言的問題。本書遺漏這些內容並不意味著它們不重要。相反，我們選擇不涵蓋它們，因為我們無法提供它們應有的待遇。我們試圖讓本書的討論更多的是關於工程，而不是關於程式設計。

最後感言

本書是所有貢獻者的心血，希望你能夠接受它：因為它是一個窗口，讓你得以看到一個大型軟體工程組織如何建構其產品。我們還希望，這有助於推動我們的行業，採用更具前瞻性和可持續性的做法。最重要的是，我們進一步希望你喜歡閱讀它，並能將其中一些教訓用於你自己的問題。

— Tom Manshreck（湯姆・曼什雷克）

本書編排慣例

本書使用了如下的字型慣例：

斜體字型（*Italic*）

用於新術語、網址（URL）、電子郵件地址、檔案名稱及副檔名（file extensions）。中文使用楷體字。

定寬字（`Constant width`）

用於程式列表，以及內文中引用的程式元素，如變數或函數名稱、資料庫、資料類型、環境變數、語句和關鍵字。

定寬粗體字（**`Constant width bold`**）

顯示應由使用者按字面順序鍵入的命令或其他文字。

定寬斜體字（*`Constant width italic`*）

顯示應替換為使用者所提供的值或由當前環境所決定的值。

粗體字型（**Bold**）

用於初次提到或強調的重要語句。

 此圖示代表一般注意事項。

致謝

如果沒有無數其他人的努力，就不可能有這樣一本書。本書中的所有知識都是透過我們職業生涯中在 Google 的許多其他人的經驗而獲得的。我們是信使；其他人走在我們前面，在 Google 和其他地方，教給我們現在向你們介紹的東西。我們無法在這裡列出你們所有人，但我們真的希望向你們表示感謝。

我們還要感謝 Melody Meckfessel 在這個專案的初期對專案的支持，以及 Daniel Jasper 和 Danny Berlin 在專案完成的過程中對專案的支援。

如果沒有我們的策劃人（curators）、作者和編輯的大力合作，這本書是不可能出版的。雖然每一章都有特別感謝或提到作者和編輯，但我們還是想花些時間來表彰那些為每一章提供周到意見、討論和審查而做出貢獻的人。

- 何謂軟體工程？（**What Is Software Engineering?**）：Sanjay Ghemawat、Andrew Hyatt
- 如何做好團隊合作（**Working Well on Teams**）：Sibley Bacon、Joshua Morton
- 知識共享（**Knowledge Sharing**）：Dimitri Glazkov、Kyle Lemons、John Reese、David Symonds、Andrew Trenk、James Tucker、David Kohlbrenner、Rodrigo Damazio Bovendorp
- 公平工程（**Engineering for Equity**）：Kamau Bobb、Bruce Lee
- 如何領導團隊（**How to Lead a Team**）：Jon Wiley、Laurent Le Brun
- 擴展領導（**Leading at Scale**）：Bryan O'Sullivan、Bharat Mediratta、Daniel Jasper、Shaindel Schwartz
- 衡量工程生產力（**Measuring Engineering Productivity**）：Andrea Knight、Collin Green、Caitlin Sadowski、Max-Kanat Alexander、Yilei Yang
- 格式指南與規則（**Style Guides and Rules**）：Max Kanat-Alexander、Titus Winters、Matt Austern、James Dennett
- 程式碼審查（**Code Review**）：Max Kanat-Alexander、Brian Ledger、Mark Barolak
- 文件（**Documentation**）：Jonas Wagner、Smit Hinsu、Geoffrey Romer
- 測試概述（**Testing Overview**）：Erik Kuefler、Andrew Trenk、Dillon Bly、Joseph Graves、Neal Norwitz、Jay Corbett、Mark Striebeck、Brad Green、Miško Hevery、Antoine Picard、Sarah Storck
- 單元測試（**Unit Testing**）：Andrew Trenk、Adam Bender、Dillon Bly、Joseph Graves、Titus Winters、Hyrum Wright、Augie Fackler
- 測試替身（**Testing Doubles**）：Joseph Graves、Gennadiy Civil、Adam Bender、Augie Fackler、Erik Kuefler 和 James Youngman

- **較大型的測試（Larger Testing）**：Adam Bender, Andrew Trenk, Erik Kuefler, Matthew Beaumont-Gay
- **棄用（Deprecation）**：Greg Miller, Andy Shulman
- **版本控制和分支管理（Version Control and Branch Management）**：Rachel Potvin, Victoria Clarke
- **程式碼搜尋（Code Search）**：Jenny Wang
- **建構系統與建構哲學（Build Systems and Build Philosophy）**：Hyrum Wright、Titus Winters、Adam Bender、Jeff Cox、Jacques Pienaar
- Critique：Google 的程式碼審查工具（**Critique: Google's Code Review Tool**）：Miko aj D dela、Hermann Loose、Eva May、Alice Kober-Sotzek、Edwin Kempin、Patrick Hiesel、Ole Rehmsen、Jan Macek
- **靜態分析（Static Analysis）**：Jeffrey van Gogh、Ciera Jaspan、Emma Söderberg、Edward Aftandilian、Collin Winter、Eric Haugh
- **依賴關係管理（Dependency Management）**：Russ Cox、Nicholas Dunn
- **大規模變更（Large-Scale Changes）**：Matthew Fowles Kulukundis、Adam Zarek
- **持續整合（Continuous Integration）**：Jeff Listfield、John Penix、Kaushik Sridharan、Sanjeev Dhanda
- **持續交付（Continuous Delivery）**：Dave Owens、Sheri Shipe、 Bobbi Jones、Matt Duftler、Brian Szuter
- **運算服務（Compute Services）** Tim Hockin、Collin Winter、Jarek Ku mierek

此外，我們還要感謝 Betsy Beyer 分享了她在出版《網站可靠性工程》（Site Reliability Engineering）一書的見解和經驗，這使我們的體驗更加順暢。歐萊禮的 Christopher Guzikowski 和 Alicia Young 在啟動和指導此專案的出版方面做得非常出色。

策劃人（curators）還要親自感謝以下人士：

Tom Manshreck：感謝我的爸爸媽媽，讓我相信自己 -- 並陪我在廚房的餐桌上做作業。

Titus Winters：感謝爸爸為我開闢的道路。感謝媽媽給我的聲音。感謝 Victoria 對我的關心。感謝 Raf 做我的後盾。此外，還要感謝 Snyder 先生、Ranwa、Z、Mike、Zach、Tom（以及所有的 Paynes）、mec、Toby、cgd 和 Melody 的課程，指導和信任。

Hyrum Wright：感謝爸爸媽媽的鼓勵。感謝 Bryan 以及 Bakerland 的居民，這是我第一次涉足軟體領域。感謝 Dewayne，繼續這段旅程。感謝 Hannah、Jonathan、Charlotte、Spencer 和 Ben 的愛和關注。感謝 Heather 與我經歷這一切。

## 第一部分

主題

## 第一章

何謂軟體工程？

作者：Titus Winters（泰特斯・溫特斯）

編輯：Tom Manshreck（湯姆・曼斯瑞克）

> 沒有什麼是建立在石頭上的；一切都是建立在砂子上，但我們必須把沙子當作石頭。
>
> ——Jorge Luis Borges（豪爾赫・路易士・博爾赫斯）

我們在程式設計（programming）與軟體工程（software engineering）之間看到三個關鍵區別：時間、規模以及權衡。在軟體專案中，工程師需要更加注意時間的流逝以及最終的需求變更。在軟體工程組織中，我們需要更加關注規模（scale）和效率（efficiency），無論是對我們生產的軟體，還是對生產軟體的組織。最後，做為軟體工程師，我們被要求做出更複雜的決策，其結果風險更大，因為這往往是基於對時間和成長不精確的估計。

在 Google 內部，我們有時會說：「軟體工程是隨著時間的推移不斷整合的程式設計。」程式設計無疑是軟體工程的重要部分：畢竟，程式設計是你首先產生新軟體的方式。如果你接受這種區別，那麼顯然，我們可能需要在程式設計任務（開發）和軟體工程任務（開發、修改、維護）之間進行劃分。時間的加入，為程式設計添加了一個重要的維度。正如立方體不是正方形，距離不是速度。軟體工程不是程式設計。

觀察時間對程式之影響的一種方法是，思考這樣一個問題：「你的程式碼的預期壽命（life span）[1]是多久？」這個問題的各個合理答案大約可以相差到 10 萬倍。程式碼存

1　我們不是指「執行壽命」（execution lifetime），而是指「維護壽命」（maintenance lifetime）——程式碼將繼續被建構、執行和維護多長時間？

活幾分鐘是合理的，存活幾十年的程式碼一樣是合理的。一般來說，位於該光譜短端（short end）的程式碼將不受時間的影響。對於效用只有一個小時的程式，你不太可能需要去適應（adapt）其背後之程式庫（library）、作業系統（OS）、硬體或程式語言的新版本。這些短命（short-lived）的系統實際上「只是」一個程式設計問題，就像是立方體在一個維度上被壓縮得很厲害時就成為正方形一樣。當我們把時間擴大到允許更長的壽命時，變化就會變得更為重要。在十年或更多的時間裡，大多數程式的依賴關係（dependency），無論是隱性的還是顯性的，都可能發生變化。這種認識是我們區分軟體工程和程式設計的根源。

這種區別是我們所謂的軟體的「可持續性」（sustainability）之核心。如果在你的軟體的預期壽命內，你能夠出於技術（technical）或業務（business）的原因，對任何有價值的變化做出反應，則你的專案是「可持續的」（sustainable）。重要的是，我們只看重能力——你可能選擇不進行某項升級，無論是因為缺乏價值，還是因為其他優先事項。[2] 當你完全無法對底層技術或產品方向做出反應時，你就是在下一個高風險的賭注，希望這種變化永遠不會成為關鍵。對於短期的專案來說，這可能是一個安全的賭注。但是在幾十年的時間裡，這可能並不安全。[3]

另一種看待軟體工程的方法是考慮規模（scale）。涉及多少人？隨著時間的推移，他們在開發和維護中扮演什麼角色？程式設計任務通常是個人創造的行為，但是軟體工程任務是團隊的工作。早期定義軟體工程的嘗試為此觀點提供了一個很好的定義：『多人開發的多版本程式』（The multiperson development of multiversion programs）[4]。這說明了軟體工程與程式設計的區別是時間與人員的區別。團隊協作帶來了新的問題，但也提供了比任何單個程式員更多的潛力來營運有價值的系統。

團隊組織、專案組成以及軟體專案的政策和實施方法都主導著軟體工程複雜性這一方面。這些問題是規模固有的：隨著組織的成長和專案的擴展，它在生產軟體方面是否會變得更有效率？我們的開發流程是隨著我們的成長變得更有效率，還是我們的版本控制政策和測試策略會按比例增加我們的成本？從軟體工程早期開始，人們就一直在討論關於溝通（communication）和人員擴展（human scaling）的規模問題（scale issues），這

2　這也許是一個合理的技術債務（technical debt）定義：「應該」做但尚未做的事情——我們的程式碼與我們希望的程式碼之間的差距。

3　另外還要考慮到一個問題，就是我們是否提前知道，這一個專案是否會長期存在。

4　關於這句話的原始出處有一些疑問；共識似乎是，它最初是由 Brian Randell 或 Margaret Hamilton 表述的，但它可能完全是由 Dave Parnas 編造的。它的常見引文是「軟體工程技術：北約科學委員會主辦之會議的報告」1969 年 10 月 27 日至 31 日，義大利羅馬，北約科學事務部。（"Software Engineering Techniques: Report of a conference sponsored by the NATO Science Committee," Rome, Italy, 27–31 Oct. 1969, Brussels, Scientific Affairs Division, NATO.）

可追溯到《人月神話》（Mythical Man Month）[5]。這樣的規模問題通常是政策問題，也是軟體可持續發展的根本問題：重複進行我們需要做的事情，成本有多少？

我們也可以說，軟體工程與程式設計的不同之處在於需要做出決策的複雜性及其利害關係。在軟體工程中，我們經常被迫在多條前進道路之間做權衡，有時風險很大，有時價值指標（value metrics）並不完善。軟體工程師或軟體工程領導者的工作目標是實現組織、產品和開發工作流程的可持續發性（sustainability）和擴展成本（scaling costs）管理。考慮到這些問題，評估你的權衡並做出合理的決定。我們有時可能會推延維護方面的變更，或甚至會接受那些擴展性不好的政策，因為我們知道，我們將需要重新審視這些決策。這些選擇應該明確和清楚地說明推延的成本。

在軟體工程中，很少有一個萬能的（one-size-fits-all）解決方案，本書也是如此。對於「軟體的使用壽命是多久」，合理的答案是 100,000（十萬）的因數；對於「你的組織中有多少工程師」的範圍，可能是 10,000（一萬）的因數；而對於「你的專案有多少運算資源可用」，誰知道是多少呢；Google 的經驗可能與你的經驗不符。在本書中，我們的目的是介紹我們在軟體建構和維護中發現的行之有效的方法，我們預期這些軟體能夠持續數十年，擁有數以萬計的工程師，以及跨越世界的運算資源。我們發現，在這種規模下，大多數必要的實施方法也適用於較小規模的工作：考慮到這是一份關於工程生態系統（engineering ecosystem）的報告，我們認為隨著規模的擴大，這種生態系統可能會有不錯的效果。在某些地方，超大的規模是有固定的成本，因此如果不用支付額外的費用，我們會很樂意的。我們將此視為一個警訊。希望如果你的組織發展到需要擔心這些成本的程度時，你可以找到一個更好的答案。

在探討團隊合作、文化、政策和工具之前，讓我們先詳細說明一下時間、規模和權衡等主題。

時間與變化

當新手學習程式設計時，所產生的程式碼之壽命通常以小時或日數為單位。程式設計作業和練習往往只寫一次，幾乎沒有重構（refactor），當然也沒有長期維護。這些程式在最初製作後往往不會再被重建（rebuilt）或執行。這在教學環境中並不奇怪。也許在中等或專上教育中，我們會看到小組專題課程（team project course）或動手論文（hands-on thesis）。如果是這樣的話，這可能是學生的程式碼之壽命，時間將超過一個月左右的

5　Frederick P. Brooks Jr. 所著之《人月神話：軟體專案管理之道》（波士頓：艾迪生韋斯利，1995）。

唯一一次。這些開發者可能需要重構一些程式碼，也許是為了回應不斷變化的需求，但他們不太可能被要求去處理更廣泛的環境變化。

我們還發現在常見的行業環境（industry settings）中也可以找到短命程式碼的開發者。行動應用程式（mobile apps）的壽命通常相當短，[6] 而且無論好壞，完全重寫是相對常見的。工程師在創業公司早期階段理所當然會選擇將重點放在立即目標，而非長期投資上：該公司的壽命可能不夠長，無法從回報緩慢的基礎架構投資中獲得收益。一個連續創業（serial startup）開發者擁有 10 年的開發經驗是非常合理的，但很少人或根本沒人能夠具有維護任何預期會存在超過一兩年之軟體的經驗。

光譜的另一端，一些成功專案的有效壽命是無限的：我們無法合理的預測 Google Search、Linux kernel 或 Apache HTTP Server 等專案的終點。對於大多數的 Google 專案，我們必須假定它們可以無限期地存在著，因為我們無法預測何時不需要升級依賴項目、程式語言的版本…等等。隨著壽命的延長，這些長期存在的專案最終會有不同於程式設計作業（programming assignments）或創業開發（startup development）的感覺。

請參考圖 1-1，它呈現了位於此「預期壽命」（expected life span）光譜兩端的兩個軟體專案。對於從事預期壽命為數小時之任務的程式員，什麼類型的維護是合理的？ 也就是說，如果你正在編寫一支僅執行一次的 Python 命令稿，你的 OS（作業系統）出現了新版本，你是否應該放棄正在做的事情並進行升級？當然不是：升級並不重要。但另一方面，將 Google Search 困在上世紀 90 年代的 OS 版本上，明顯是一個問題。

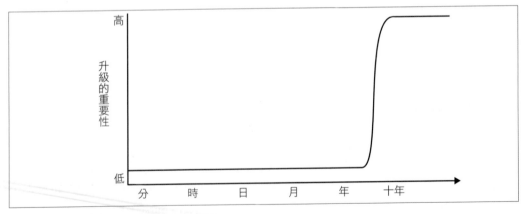

圖 1-1　壽命和升級的重要性

6　參見 Appcelerator，2012/12/6 於 Axway Developer 部落格的文章〈Nothing is Certain Except Death, Taxes and a Short Mobile App Lifespan〉（除了死亡、稅收和行動應用程式的短暫壽命，沒有什麼是確定的）（*https://oreil.ly/pnT2_*）。

從預期壽命光譜的低點和高點可看出,在某個地方存在一個轉變。在一次性的程式與持續十年的專案之間的某個地方,發生了一個轉變:專案必須對不斷變化的外在因素做出反應。[7] 對於任何從一開始就沒有計劃升級的專案來說,這種轉變非常痛苦,原因有三,每一個都會使其他因素更加複雜:

- 你正在進行的任務尚未完成此專案;更多隱藏的假設已被引入。
- 嘗試進行升級的工程師不太可能有這方面的經驗。
- 升級的規模往往比平時大;一次做幾年的升級,而不是多次進行累加式升級。

因此,在實際經歷過一次這樣的升級(或放棄部分升級)之後,高估後續升級的成本並決定「再也不升級」是合理的。得出這一結論的公司最終只會走放棄一途,重寫程式碼,或是決定不再升級。與其採取自然的方法來避免痛苦的任務,有時更負責任的答案是投資於減少痛苦。這完全取決於升級的成本、它所提供的價值,以及有關專案的預期壽命。

不僅要度過第一次大的升級,而且要達到能夠可靠地與時俱進的程度,這是你的專案長期可持續性的本質所在。可持續性需要規劃和管理所需變更的影響。對於 Google 的許多專案來說,我們相信我們已經實現了這種可持續性,主要是透過反覆試驗。

那麼,具體來說,短期程式設計與產生預期壽命更長的程式碼有何不同?隨著時間的推移,我們需要更清楚認識到「碰巧可以工作」和「可維護」之間的區別。對於這些問題的確認,沒有完美的解決方案。這是不幸的,因為長期維護軟體的可維護性是一場持續的戰鬥。

海勒姆法則

如果你要維護供其他工程師使用的專案,那麼關於「它是有效的」與「它是可維護的」的最重要教訓是所謂的海勒姆法則(*Hyrum's Law*):

> 如果有足夠的 API 用戶,那麼你在契約中的承諾就無關緊要:你的系統所有可觀察到的行為都會被某個人所依賴。

根據我們的經驗,這個原則(axiom)是任何關於軟體隨時間變化之討論中的主導因素(dominant factor)。從概念上講,它類似於熵(entropy):在討論隨時間變化和維持時,必須注意到海勒姆法則[8],正如討論效率和熱力學時,必須注意到熵一樣。僅僅因

---

7 你自己的優先事項和品味將告訴你轉變發生的具體位置。我們發現,大多數專案似乎都願意在五年內升級。一般來說,5 到 10 之間似乎是這種轉變的保守估計。

8 值得稱讚的是,海勒姆真的很努力地想要謙虛地將其稱為「隱性依賴法則」(The Law of Implicit Dependencies),但海勒姆法則是 Google 大多數人已經確定的簡寫。

為熵永遠不會減少，並不意味著，我們不應該嘗試提高效率。僅僅因維護軟體時適用海勒姆法則，並不意味著，我們不能未雨綢繆或者不能更好地瞭解它。儘管我們可以減輕它的影響，但我們知道，它永遠無法根除。

海勒姆法則代表了這樣的實務知識（practical knowledge）：即使有最好的意圖、最好的工程師以及程式碼審查（code review）方法，我們也不能假設你會完全遵守已發布的契約或可靠的最佳實施方法（best practices）。做為一個 API 擁有者，你可以以透過清楚瞭解介面承諾來獲得一定的靈活性和自由度，但實際上，一個給定之變更的複雜性和困難度還取決於用戶發現 API 的某些可觀察到之行為的有用程度。如果用戶不能倚賴這樣的東西，你的 API 將很容易變更。如果有足夠的時間和足夠的用戶，那麼即使是無害的變更也會破壞一些東西；[9] 你對這些變更的價值分析必須將調查、確定和解決這些問題的困難度納入其中。

例子：雜湊排序

思考下面的雜湊迭代排序（hash iteration ordering）例子。如果我們在一個基於雜湊的集合（hash-based set）中插入 5 個元素，我們會按照什麼順序將它們取出來？

```
>>> for i in {"apple", "banana", "carrot", "durian", "eggplant"}: print(i)
...
durian
carrot
apple
eggplant
banana
```

大多數程式員都知道雜湊表（hash tables）是無明顯順序的。很少人知道他們使用的特定雜湊表是否打算提供特定排序的細節。這看起來似乎並不明顯，但是過去的一、二年裡，資訊業（computing industry）使用這種資料類型的經驗發生了變化：

- 雜湊氾濫（hash flooding）[10] 攻擊為不確定的雜湊迭代（hash iteration）提供了更大的動力。
- 想從雜湊演算法（hash algorithms）或雜湊容器（hash containers）的改進，獲得可能的效率提升，需要改變雜湊迭代順序（hash iteration order）。
- 根據海勒姆法則，程式員將可按照雜湊表的遍歷順序（traversal order）來編寫程式，如果他們有能力這樣做的話。

9　參見 xkcd 漫畫 "Workflow"（*http://xkcd.com/1172*）。

10　這是一種 Denial-of-Service（阻斷服務，或簡寫為 DoS）攻擊，其中不受信任的用戶知道雜湊表和雜湊函式的結構，並以降低雜湊表操作之演算法性能的方式來提供資料。

因此，如果你問任何一個專家「我可以為我的雜湊容器假設一個特定的輸出序列嗎？」這個專家大概會說「不行」。大體上這是正確的，但可能過於簡單化。更細緻的答案是：「如果程式碼的壽命短，沒有對硬體、語言運行環境（language runtime）或資料結構的選擇進行變更，那麼這樣的假設是可以的。如果你不知道自己的程式碼可以使用多長時間，或者你不能保證你所依賴的任何東西都不會改變，這樣的假設是不正確的。」此外，即使你自己的實作不倚賴於雜湊容器順序（hash container order），它也可能被其他程式碼使用，暗中建立此類依賴關係。例如，如果你的程式庫將值序列化（serialize）為遠端程序調用（Remote Procedure Call，或簡寫為 RPC）回應，那麼 RPC 調用程序（caller）最後可能會依賴於這些值的順序。

這是說明「有效」（work）和「正確」（correct）有所不同的一個非常基本的例子。對於短命的程式，倚賴你的容器之迭代順序（iteration order）不會引起任何技術問題。另一方面，對於一個軟體工程專案來說，如此倚賴已定義的順序（defined order）是一種風險——給予足夠的時間，某些東西將讓變更該迭代順序變得有價值。該價值可以透過多種方式體現出來，無論是效率、安全性，還是僅讓資料結構面向未來（future-proofing）以允許將來的變更。當這個價值變得清晰時，你將需要權衡「該價值」和「讓你的開發者或客戶承受崩潰的痛苦」之間的輕重。

有些語言為了防止依賴性，專門在程式庫版本之間，或甚至在同一程式的執行之間，隨機化（randomize）雜湊排序。但即便如此，海勒姆法則仍然讓人感到意外：有些程式碼會使用雜湊迭代排序（hash iteration ordering）做為一種效率低下的亂數產生器。現在去掉這種隨機性，會讓用戶崩潰。就像熵在每個熱力學系統中都會增加一樣，海勒姆法則適用於每個可觀察到的行為。

讓我們思考以「現在就能使用」的心態和「無限期地使用」的心態來編寫程式碼之間的差異，我們可以獲得一些明確的關係。將程式碼視為具有（高度）可變壽命需求（variable lifetime requirement）的產出物（artifact），我們就可以開始對程式設計風格進行分類：程式碼若依賴於其依賴項之脆弱和未發布的功能，則可能被描述為靈活（hacky）或巧妙（clever）；若程式碼遵循最佳實施方法並對未來有規劃，則可能被描述為無瑕（clean）或可維護（maintainable）。兩者都有各自的目的，但選擇哪一種取決於相關程式碼的預期壽命。我們常說，如果「巧妙」是一種恭維，那就是程式設計（programming）；如果「巧妙」是一種指責，那就是軟體工程（software engineering）。

為什麼不以「不變」為目標呢？

在所有關於時間和對變化做出反應之必要性的討論中，隱含著這樣一個假設，即改變可能是必要的。是嗎？

與本書中的其他所有內容一樣，這要視情況而定。我們將欣然承諾：「對於大多數專案來說，在足夠長的時間內，可能需要更改其下的所有內容。」如果你有一個用純 C 語言編寫的專案，沒有任何外部的依賴項（或者只具有保證長期穩定性的外部依賴項，例如 POSIX），那麼你或許可以避免任何形式的重構或升級困難的問題。C 語言在提供穩定性方面做得很出色——在很多方面，這都是其主要目的。

大多數專案都有更多機會去改變底層技術。大多數程式語言和執行環境的變化都比 C 語言要大得多。即使用純 C 語言實作的程式庫，也可能為了支援新的功能而改變，進而影響下游的用戶。從處理器到網路程式庫，再到應用程式碼，各種技術都會暴露出安全問題。你的專案所倚賴的每一項技術都有一定的風險（希望很小）：可能會包含一些關鍵的錯誤和安全的漏洞，只有在你倚賴它時才會暴露出來。你無法為 Heartbleed（*http://heart bleed.com*）部署補丁或無法緩解諸如 Meltdown 和 Spectre（*https://meltdownattack.com*）之類的推測執行（speculative execution）問題，因為你已經假設（或承諾）一切都不會改變，所以這是一場重大的賭博。

效率的提高使情況更加複雜。我們希望為我們的資料中心配備具有成本效益的運算設備，尤其是提高 CPU 效率。但是，來自早期 Google 的演算法和資料結構，在現代設備上的效率根本不高：鏈結串列（linked-list）或二元搜尋樹（binary search tree）仍然可以正常工作，但是 CPU 週期與記憶體延遲之間不斷擴大的差距會影響「高效」程式碼的外觀。隨著時間的推移，如果不對軟體進行相應的設計變更，升級到新硬體的價值就會降低。向後相容性（backward compatibility）可確保舊系統仍能正常工作，但不能保證舊的優化仍然有用。如果不願意或不能利用這些機會，將招致巨大的成本。這樣的效率問題特別微妙：原始設計可能完全合乎邏輯並且遵循合理之最佳的實施方法。只有在向後相容的變化演變之後，新的、更有效的選擇才變得重要。雖然沒有犯錯誤，但隨著時間的推移，改變仍然很有價值。

像剛才提到的那些擔憂，說明了何以長期專案沒有投資於可持續性，會有很大的風險。我們必須有能力應對這類問題，並利用機會，而不管它們是直接影響我們，還是僅體現在我們所依賴之技術的遞移閉包（transitive closure）上。改變本來就不是好事。我們不應該僅為了改變而改變。但是我們有改變的能力。如果我們允許這種最終的必要性，我們還應該考慮是否投資以使這種能力變得便宜。每個系統管理員都知道，理論上來說，你可以從磁帶來復原是一回事，而在實施方法中確切知道如何做以及在需要時知道需要多少成本是另一回事。實施方法和專業知識是提高效率和可靠性的巨大動力。

規模與效率

正如《網站可靠性工程》（Site Reliability Engineering，或簡寫為 SRE）[11] 一書中所指出的那樣，Google 的整個生產系統（production system）是人類所創造的最複雜的機器之一。建構這樣一台機器並使其維持平穩的運行，所涉及的複雜性，需要我們的組織和全球各地的專家進行無數小時的思考、討論和重新設計。所以，我們編寫了一本書，講述維持機器在該規模下運行的複雜性。

本書大部分的內容都集中在生產這種機器之組織規模的複雜性，以及我們用來維持機器長期運行的過程。再次思考「程式碼基底可持續性」（codebase sustainability）的概念：「當你能夠安全地變更所有你應該變更的內容，並且可以在程式碼基底的生命週期內這樣做時，你的組織的程式碼基底便是可持續的。」在對能力的討論中還隱藏著一個成本問題：如果改變某件事的成本過高，它很可能會被推遲。如果成本隨著時間的推移而呈超線性成長，那麼該業務顯然是不可擴展的。[12] 最終，時間會佔上風，並且出現你絕對必須變更的意外情況。當你的專案之範圍擴大一倍，並且需要你再次執行該任務時，是否會耗費兩倍的人力？下一次你是否有足夠的人力資源來解決這個問題？

人力成本並不是唯一需要擴展的有限資源。就像軟體本身需要利用傳統資源（如運算、記憶體、存儲和頻寬）以進行良好的擴展一樣，該軟體的開發也需要擴展，無論是在人時（human time）的投入，還是在為你的開發工作流程（development workflow）提供動力的運算資源上都是如此。如果你的測試叢集（test cluster）之運算成本呈超線性成長，每個季度（quarter）每人消耗更多的運算資源，那麼你的測試叢集就走上了不可持續的道路，需要儘快進行改變。

最後，軟體組織（software organization）最寶貴的資產（程式碼基底（codebase））本身也需要擴展。如果你的建構系統或版本控制系統會隨著時間的推移以超線性的方式擴展，可能是由於「變更日誌歷史紀錄」（changelog history）成長和不斷增加的結果，到了你無法繼續下去的時候。許多問題，比如「進行完整的建構需要多長時間？」、「提取儲存庫的一個新副本需要多長時間？」或者「升級到新的語言版本需要多少費用？」，沒有得到積極監控，而且變化速度緩慢。它們很容易變得像溫水煮青蛙（*https://oreil.ly/clqZN*）；問題很容易慢慢惡化，讓人察覺不到危險。只有在整個組織都意識到並致力於擴展，你才有可能繼續關注這些問題。

---

[11]　Beyer, B. 等人所著之《網站可靠性工程：Google 的系統管理之道》（Site Reliability Engineering: How Google Runs Production Systems）（Boston：O'Reilly Media，2016 年）。

[12]　本章中，每當我們在非正式的情況下使用「可擴展」（scalable）時，我們的意思是「關於人際互動的次線性擴展（sublinear scaling）」。

你的組織賴以生產和維護程式碼的所有東西，在總體成本和資源消耗方面應該是可擴展的。特別是，你的組織必須反覆做的所有事情，在人力方面應該是可擴展的。從這個意義上講，許多常見的政策似乎都無法擴展。

無法擴展的政策

只要稍加操練，就能更容易發現具有不良擴展性的政策。最常見的是，透過考慮強加在一個工程師身上的工作，並想像組織規模擴大 10 倍或 100 倍的規模，就可以發現這些問題。當我們的規模擴大 10 倍時，我們的樣本工程師（sample engineer）需要跟上的工作量會增加 10 倍嗎？我們的工程師必須完成的工作量是否會隨組織規模的增加而增加？

工作量是否會隨著程式碼基底的擴展而擴展？如果以上皆成立，那麼我們是否有任何機制可以自動化或優化該工作？如果沒有，我們就有擴展的問題。

思考一下傳統的棄用（deprecation）做法。我們將在第 15 章中更詳細地討論「棄用」，但常見的棄用做法是擴展問題的一個很好的例子。一個新的 Widget（小部件）已經被開發出來，並決定每個人都應該使用新的，停止使用舊的。為了激勵大家，專案負責人說：「我們將在 8 月 15 日刪除舊的 Widget；請確保你已經轉換到新的 Widget。」

這種做法在小型軟體設置中可能有效，但隨著依賴關係圖（dependency graph）之深度和廣度的增加，很快就會失敗。團隊依賴於不斷增加的 Widget 數量，而一次建構中斷可能會影響公司的比例越來越大。要以可擴展的方式解決這些問題，意味著需要改變我們進行棄用的方式：團隊無須把遷移工作推給客戶，而是可以透過提供的所有規模經濟（economies of scale）自行內部化。

2012 年，我們試圖用緩解客戶流失（mitigating churn）的規則來阻止這一現象：基礎架構團隊必須自己動手將內部用戶遷移到新版本，或者以向下相容（backward-compatible）的方式進行適當的更新。這項政策，我們稱之為「客戶流失規則」（Churn Rule），規模更大：依賴的專案不再為了跟上進度而逐步加大努力。我們還瞭解到，讓一支專門的專家小組來變更規模，比要求每個用戶付出更多的維護努力要好：專家花一些時間深入瞭解整個問題，然後將專業知識應用到每個子問題。強迫用戶（user）對客戶流失（churn）做出反應，意味著每個受影響的團隊都會做得更糟，解決他們眼前的問題，然後丟棄那些現在無用的知識。專業知識的擴展性更好。

開發分支（development branch）的傳統用法是另一個有內在擴展問題（built-in scaling problem）之政策的例子。一個組織可能會發現，將大型功能合併到主線（trunk）中，會破壞產品的穩定性，並得出此結論：「我們需要對何時合併進行更嚴格的控制。我們應該減少合併的頻率。」這很快導致每個團隊或每個功能都有單獨的開發分支。每

當有任何分支被確定為「完成」時，都會對其進行測試並合併到主線中，以重新同步（resyncing）和測試（testing）的形式，對仍在開發分支上工作的其他工程師，觸發（triggering）一些潛在之代價昂貴的工作（expensive work）。這樣的分支管理（branch management）對一個要處理 5 到 10 個這樣分支的小組織來說是可行的。隨著組織規模（以及分支數量）的增加，很快就會發現，我們為完成同樣任務而付出的開銷越來越大。當我們擴大規模時，我們需要使用不同的做法，我們將在第 16 章中進行討論。

可擴展的政策

隨著組織的發展，什麼樣的政策，成本較優？或者說，更好的是，隨著組織的發展，可以制定什麼樣的政策來提供超線性的價值？

我們最喜歡的一個內部政策是基礎架構團隊的一大助力，保護他們安全地變更基礎架構的能力。「如果一個產品由於基礎架構變更而出現運行中斷（outage）或其他問題，但我們的持續整合（Continuous Integration，或簡寫為 CI）系統中的測試沒有發現問題，那麼就不是基礎架構變更的錯。」更通俗地說，這句話的意思就是「如果你喜歡它，就應該為它進行 CI 測試」，我們稱之為「碧昂絲法則」（Beyoncé Rule）。[13] 從擴展的角度來看，碧昂絲法則意味著複雜的、一次性的定制測試（bespoke test），如果不是由我們通用的 CI 系統觸發的，則不算數。否則，基礎架構團隊中的工程師，可能需要追蹤每個具有受影響程式碼的團隊，並詢問他們是如何進行測試的。如果我們有一百名工程師，我們可以這樣做。但我們絕對不能再這樣下去了。

我們發現，隨著組織規模的擴大，專業知識（expertise）和共享交流論壇（shared communication forums）會帶來巨大的價值。隨著工程師在共享論壇中討論和回答問題，知識會被傳播開來。於是新的專家會成長起來。如果你有一百個工程師在編寫 Java 程式，只要有一位友善且樂於助人的 Java 專家願意回答問題，就會使一百名工程師編寫出更好的 Java 程式碼。知識是病毒，專家是載體，對於清除工程師常見之絆腳石的價值，有很多可以說的。我們將在第 3 章中更詳細地討論這個議題。

13　這是對流行歌曲 Single Ladies 的引用，其中包括一句歌詞 "If you liked it then you shoulda put a ring on it."（如果你喜歡它，就應該為它戴上戒指。）

例子：編譯器升級

思考一下升級編譯器的艱巨任務。理論上講，考慮到語言的向下相容性（backward compatible）需要花費的精力，編譯器的升級應該是很便宜的，但實際操作起來有多便宜呢？如果你之前從未做過這樣的升級，那麼你將如何評估你的程式碼基底（codebase）與該變更的相容性？

根據我們的經驗，即使普遍認為語言和編譯器的升級具向下相容性，但它們仍是微妙和艱巨的任務。編譯器升級幾乎總是會導致行為上的細微變化：修正錯誤的編譯、調整優化，或有可能改變任何以前未定義的結果。你會如何根據所有這些潛在的結果來評估你整個程式碼基底的正確性？

Google 歷史上最有名的編譯器升級發生在 2006 年。當時，我們已經運營了幾年，並擁有數千名工程師。我們已經有大約五年沒有更新編譯器了。我們的大部分工程師都沒有更換編譯器的經驗。我們的大部分程式碼只處於一個編譯器版本的作用之下。對於一個由（大部分）志願者組成的團隊來說，這是一項艱難和痛苦的任務，最終變成了尋找捷徑和化繁為簡的問題，以便繞過我們不知道如何採用的上游編譯器和語言變更。[14] 最後，2006 年的編譯器升級非常痛苦。許多的海勒姆法則問題，無論大小，都已潛入程式碼基底，並加深了我們對特定編譯器版本的依賴。要打破這些隱含的依賴關係是很痛苦的。相關的工程師是在冒險：我們還沒有「碧昂絲法則」，也沒有普及的 CI 系統，所以很難提前知道變更的影響，也很難確定他們不會因為倒退（regression）而受到指責。

這個故事一點也不稀奇。許多公司的工程師都能講述類似的故事：痛苦的升級。不尋常的是，我們在事後認識到這項任務是痛苦的，並著手關注技術和組織的變革，以克服規模的問題，並將規模轉化為我們的優勢：自動化（因此，一個人可以做更多的事情）、整合／一致性（因此，低級別之變更的問題範圍是有限的）以及專業知識（因此，少數人可以做更多的事情）。

你變更基礎架構的頻率越高，就越容易做到這一點。我們發現，大多數情況下，當程式碼做為編譯器升級的一部分而被更新時，它會變得不那麼脆弱，將來也更容易升級。在大多數程式碼都經過多次升級的生態系統中，它不再倚賴於底層實作的細微差別；而是倚賴於語言或作業系統所保證的實際抽象概念。無論你要進行什麼升級，即使控制了其他因素，程式碼基底的首次升級成本都會比以後升級的成本高很多。

14　具體來說，C++ 標準程式庫中的介面需要在 `std` 命名空間中被引用，而對 `std::string` 的優化修改，對我們的使用來說被證明一個是顯著的劣化（pessimization），因此需要一些其他的解決方案。

透過這些經驗和其他經驗，我們發現了許多影響程式碼基底靈活性的因素：

專業知識

我們知道如何做到這一點；對於某些語言，我們現在已經在許多平台上完成了數百次的編譯器升級。

穩定性

由於我們定期採用新的版本，所以版本之間的變化較小；對於某些語言，我們現在每隔兩週就會部署一次編譯器升級程序。

一致性

沒有經過升級的程式碼已經比較少了，這也是因為我們有定期進行升級。

熟悉性

因為我們經常這樣做，我們會在進行升級的過程中發現冗餘並嘗試實現自動化。這與 SRE（網站可靠性工程）對於勞力的觀點有很大的重合。[15]

政策

我們有如同「碧昂絲法則」（Beyoncé Rule）的流程和政策。這些流程的最終效果是，升級仍然可行，因為基礎架構團隊不需要擔心每一個未知的使用情況，只需要擔心在我們的 CI 系統中可見的使用情況。

這給我們的啟示不是關於編譯器升級的頻率或難度，而是當我們意識到編譯器升級任務是必要的時候，我們就找到了方法，確保在程式碼基底不斷成長的情況下，由固定數量的工程師來進行這些任務。[16]如果我們認為這項任務成本過高，將來應該避免，那麼我們可能仍然使用十年前的編譯器版本。由於錯過了優化的機會，我們可能要為運算資源多支付 25% 的代價。例如，使用 2006 年的編譯器肯定無助於緩解「推測執行」（Speculative Execution）漏洞，我們的中央基礎架構可能會面臨重大的安全風險。停滯不前是一種選擇，但往往不是明智之舉。

15　Beyer, B. 等人所著之《網站可靠性工程：Google 的系統管理之道》，第 5 章〈減少瑣事〉。

16　根據我們的經驗，一個普通的軟體工程師（software engineer，或簡寫為 SWE）在單位時間內產生的程式碼列數是相當穩定的。對於一個固定的 SWE 群體，隨著時間的推移，程式碼基底會與 SWE 月數成線性成長。如果你的任務需要的努力與程式碼的列數成比例，那就令人擔憂了。

左移

我們看到的一個廣泛的真理是,在開發人員工作流程的早期發現問題,通常可以降低成本。讓我們來思考一個功能之開發人員工作流程的時間軸(timeline):從左側進展到右側,由概念和設計開始,一直到實作(implementation)、審查(review)、提交(commit)、發行(canary)和最終的生產環境部署(production deployment)。如圖 1-2所示,在此時間軸上較早地將問題偵測移到「左側的」位置,將使修正成本比「等待時間較長的」位置更便宜。

這個詞似乎源自這樣的論點:安全問題不能推遲到開發流程的最後,並要求「將安全問題左移」(shift left on security)。這種情況下的論點相對簡單:如果僅在產品投入生產環境之後才發現安全問題,那麼你所面臨的是成本非常昂貴的問題。如果在將其部署到生產環境之前被發現,則可能仍需要大量的工作來確定並解決問題,但較便宜。如果你能在最初的開發人員將缺陷提交到版本控制之前就發現它,那就更便宜了:他們已經瞭解此功能;根據新的安全限制進行修改,比提交並強迫其他人對其進行分類和修正要便宜得多。

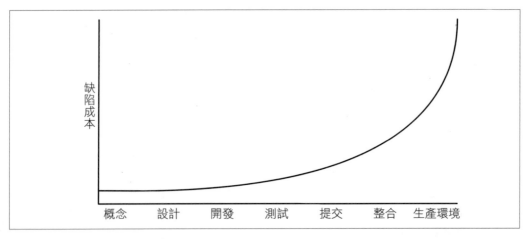

圖 1-2　開發人員工作流程的時間軸

本書中曾多次出現同樣的基本模式(basic pattern)。在提交之前,透過靜態分析和程式碼審查捕捉到的錯誤,要比進入生產環境的錯誤便宜得多。在開發過程的早期提供突出的品質、可靠性和安全性之工具和實施方法,是我們的許多基礎架構團隊之共同目標。這不需要任何一個流程或工具就可以完美實現,因此我們可以採用深度防護(defense-in-depth)的做法,希望盡可能在圖的左側捕捉到任何錯誤。

權衡與成本

如果我們瞭解如何進行程式設計，瞭解我們正在維護之軟體的壽命，以及隨著我們規模規的擴大有更多的工程師製作和維護新的功能時，瞭解如何維護它，剩下的就是做出好的決策。這似乎是顯而易見的：在軟體工程中，就像是在生活中一樣，好的選擇會帶來好的結果。然而，此一觀點的影響很容易被忽略。在 Google 內部，人們對「因為我說過」（because I said so）有強烈的反感。重要的是，任何題目（topic）都要有一個決策者，當決策似乎是錯誤的時候，要有明確的上報途徑（escalation paths），但目標是達成共識，而不是達成一致。看到一些「我不同意你的衡量／評價，但我知道你是如何得出這個結果的」之情況是好的，也是意料之中的。所有這一切蘊含著這樣一種想法，即任何事情都需要一個理由；「僅僅因為」、「因為我說過」或「因為其他人都是這樣做的」這些都是潛伏著錯誤決策的地方。只要這樣做是有效的，我們就應該能夠在決定兩種工程方案的一般成本時，解釋我們的工作情況。

我們所說的成本（cost）是指什麼？我們在這裡談論的不僅僅是錢。「成本」大致相當於工作量，可能涉及以下任何或所有因素：

- 財務成本（例如，錢）
- 資源成本（例如，CPU 時間）
- 人員成本（例如，工程工作量）
- 交易成本（例如，採取行動的成本是多少？）
- 機會成本（不採取行動的代價是什麼？）
- 社會成本（這種選擇對整個社會將產生什麼影響？）

從歷史上看，人們特別容易忽略社會成本的問題。然而，Google 和其他大型科技公司，現在能夠可靠地為數以億計的用戶部署產品。在許多情況下，這些產品都有明顯的淨收益（net benefit），但當我們以這樣的規模運作時，即使是可用性、可存取性、公平性或潛在濫用方面的微小差異，也會被放大，這往往往會損害已經被邊緣化的群體。軟體會滲透到社會和文化的許多方面；因此，明智的做法是，當我們做出產品和技術的決策時，既要意識到好的一面，也要注意到壞的一面。我們將在第四章詳細探討這個問題。

除了上述的成本（或我們對成本的估計），還有一些偏見：現狀偏差（status quo bias）、損失規避（loss aversion）等。當我們評估成本時，我們需要記住之前列出的所有成本：一個組織的健康不僅僅是銀行裡有沒有錢，更重要的是它的成員是否感到有價值和有效率。在軟體工程等富有創造力和利潤豐厚的領域，財務成本通常不是限制因素，而人員成本通常是限制因素。保持工程師的快樂、專注和投入，所帶來的效率指標（efficiency gains）很容易主導其他因素，只因為專注度和生產力如此的多變，10% 到 20% 的差異是很容易想像的。

例子：白板筆

在許多組織中，白板筆被視為珍貴的用品。它們受到嚴格控制，始終供不應求。在任何一個白板上，總是有一半的白板筆是乾的，無法使用。有多少次，因為無白板筆可用，導致會議中斷？有多少次，因為白板筆斷水，導致思路受阻？有多少次，所有的白板筆就這樣不見了，大概是因為其他團隊的白板筆用完了，不得不拿走你的白板筆？都是為了一個成本不到 1 美元的用品。

Google 往往會在大多數工作區中打開裝滿辦公室用品的櫥櫃，其中包含白板筆。只要稍加注意，就可以輕易抓出各種顏色的白板筆。我們在某個時刻做了明確的取捨：優化無障礙的腦力激盪，比防止有人拿著一堆白板筆亂跑更重要。

我們的目標是對我們所做的每一件事都保持同等的眼光，並明確權衡成本／效益的輕重，從辦公室用品和員工福利到開發人員的日常經驗，再到如何配置（provision）和運行全球規模的服務（global-scale services）。我們經常說：「Google 是一種資料驅動文化。」事實上，這是一種簡化：即使沒有資料，也可能仍然有證據、先例和論據。做出好的工程決策，就是權衡所有可用的輸入，並就取捨做出明確的決定。有時，這些決策是基於本能或公認的最佳做法，但只有在我們用盡了各種方法來衡量或估計真正的潛在成本之後。

最後，工程團隊的決策應該歸結為以下幾點：

- 我們這樣做是因為我們必須這樣做（法律要求、客戶要求）。
- 我們這樣做是因為根據目前的證據，這是我們當時能看到的最佳選擇（決定自某個適當的決策者）。

決策不應該是「我們這樣做是因為我這樣說。」[17]

對決策的投入

當我們衡量資料時，我們發現有兩種常見的情況：

- 涉及到的所有量（quantities）都是可以衡量的，或至少是可以估算出來。這通常意味著，我們正在評估 CPU 和網路之間的平衡，或者金額和 RAM 之間的平衡，或者考慮是否要花兩個星期的工程師時間（engineer-time）來節省整個資料中心的 N 個 CPU。

---

[17] 這並不是說，決策需要一致，或需要達成廣泛的共識；最後必須有人做為決策者。這主要是說明決策流程應如何流向實際負責決策的人。

- 有些量是微妙的，或者我們不知道如何量測它們。有時這表現為「我們不知道這將花費都少工程師時間」。有時甚至更含糊：你如何衡量設計不良之 API 的工程成本？或者產品選擇的社會影響？

在第一種決策上，沒有什麼不足之處。任何軟體工程組織都可以且應該追蹤運算資源、工程師工時（engineer-hours）和經常與你互動的其他量（other quantities）之當前成本。即使你不想向你的組織公布確切的金額，你仍然可以產生一個轉換表：這麼多的 CPU 成本跟這麼多的 RAM 或這麼多的網路頻寬成本是一樣的。

手上有商定的換算表（conversion table），每個工程師都可以進行自己的分析。「如果我花兩週的時間，將這個鏈結串列（linked-list）改成一個高性能的結構，我將使用 5GB 以上的生產環境記憶體（production RAM），但會節省 2000 個 CPU。我應該這樣做嗎？」這個問題不僅取決於 RAM 和 CPU 的相對成本，還取決於人員成本（為軟體工程師提供兩週的支援）和機會成本（該工程師在兩週內還能生產出什麼產品？）。

對於第二種決策，沒有簡單的答案。我們倚靠經驗、領導力和先例來協商這些問題。我們所投資的研究能幫助我們量化難以量化的東西（見第七章）。然而，我們得到的最廣泛建議是，要認識到並非一切都是可以衡量或可預測的，並努力以同樣的優先次序和謹慎的態度來對待這些決策。它們通常同樣重要，但更難管理。

例子：分散式建構

以建構（build）為例。根據完全不科學的 Twitter 調查，大約有 60-70 ％的開發人員在本地進行建構，即使是今日之複雜的大型建構。這直接導致了嚴肅的課題，正如 Compiling 這幅漫畫（*https://xkcd.com/303*）所要表達的那樣：在你的組織中，等待建構會浪費多少生產時間？將其與為一個小型團體運行 distcc 之類東西的成本做比較。或者，為一個大型團隊運行一個小型的建構場（build farm）需要多少錢？這些費用需要幾週／幾個月的時間才能實現淨收益？

早在 2000 年代中期，Google 完全倚賴於本地建構系統：簽出（check out）程式碼，然後在本地編譯。在某些情況下（使用桌機來建構 Maps ！），我們會使用大量的本地機器，但隨程式碼基底（codebase）的成長，編譯時間越來越長。不出所料，由於時間的流失，我們在人員成本上產生越來越大的開銷，同時也為了更大、更強的本地機器增加了資源成本…等等。這些資源成本特別麻煩：當然，我們希望人們盡快進行建構，但大多數情況下，高性能的桌上開發機器將處於閒置狀態。這並非投資這些資源的恰當方式。

最後，Google 開發了自己的分散式建構系統。開發這個系統當然要付出一定的代價：工程師要花時間開發它，而且改變每個人的習慣和工作流程、學習新的系統需要更多的工程師時間，當然還需要額外的運算資源。但從整體上的節省來看，顯然是值得的：建構的速度變得更快，工程師的時間被收回，硬體投資可以集中在託管之共享基礎架構（實際上，是我們的生產團隊的一部分）上，而不是功能越來越強大的桌機上。第 18 章將詳細介紹我們的分散式建構做法和相關的折衷方案。

因此，我們建構了一個新系統，將其部署到生產環境中，並加快了所有人的建構速度。那是故事的幸福結局嗎？不完全是：提供分散式建構系統大大提高了工程師的工作效率，但隨著時間的流逝，分散式建構本身也變得擁腫了。在前一個例子中，個別工程師所受之限制（想要盡快進行本地建構以從中受益）在分散式建構系統中並不存在。建構圖（build graph）中，擁腫或非必要的依賴關係變得非常普遍。當每個人都直接感受到不理想建構所帶來的痛苦並被激勵提高警惕時，激勵措施就會被更好地結合在一起。透過移除這些激勵措施，並在平行分散式建構中隱藏擁腫的依賴關係，我們創造了一種局面，此局面中資源的消耗可能會氾濫，幾乎沒有人被激勵去關注變得擁腫的建構。這讓人聯想到 Jevons（傑文斯）悖論（*https://oreil.ly/HL0sl*）：資源的消耗可能會隨著其使用效率的提高而增加。

總的來說，添加分散式建構系統所節省的成本遠遠超過了與「建構和維護」相關的負成本。但是，正如我們看到的消耗增加，我們並沒有預見到所有這些成本。開拓了視野後，我們發現自己處於這樣一種局面：我們需要重新認識系統的目標以及系統的限制和我們的用法，確定最佳的實施方法（小型的依賴關係、依賴關係的機器管理），並為新生態系統的工具和維護提供資金。即使是「我們將花費 $$$ 的運算資源來收回工程師的時間」這種相對簡單的權衡，也有不可預見的下游效應（downstream effects）。

例子：在時間和規模之間做出決定

很多時候，我們的時間和規模之主題是重疊的，而且是結合在一起的。像碧昂絲法則這樣的政策可以很好地擴展，並幫助我們長期維護事物。更改作業系統的介面可能需要進行許多小的重構，以適應這些變更，但是大多數變更都會有很好的擴展，因為它們的形式都是相似的：作業系統的變更不會因為調用者（caller）和專案的不同而有不同的表現。

偶爾，時間和規模會發生衝突，沒有什麼比這個基本問題更清楚了：我們是應該添加一個依賴關係，還是應該分支／重新實作（fork/reimplement）它，以更好地滿足我們的本地需求？

這個問題可能會在軟體堆疊（software stack）的許多層級上出現，因為通常情況下，為你的狹窄問題空間（narrow problem space）定制的專門解決方案可能會勝過需要處理所有可能性的通用解決方案。透過分支或重新實作公用程式碼（utility code），並為你的狹窄領域進行定制，你可以更輕鬆地添加新的功能，或者更確定地進行優化，而不管我們談論的是微服務、記憶體中的快取（in-memory cache）、壓縮常式（compression routine）還是軟體生態系統中的任何其他東西。也許更重要的是，從這樣的分支中獲得的控制權使你免受「基礎依賴關係（underlying dependencies）之變更」的影響：這些變更不是由另一個團隊或第三方供應商決定的。你可以控制如何以及何時對時間的流逝和變更的必要性做出反應。

另一方面，如果每個開發人員將軟體專案中使用的東西都分支出去，而不是重用現有的東西，那麼可擴展性（scalability）和可持續性（sustainability）都會受到影響。對基礎程式庫（underlying library）中的安全問題做出反應，不再是更新單一依賴關係及其用戶的問題：現在需要確定該依賴關係的每個易受攻擊的分支，以及這些分支的用戶。

與大多數軟體工程決策一樣，對於這種情況並沒有放之四海皆準（one-size-fits-all）的答案。如果你的專案壽命很短，那麼分支的風險就比較小。如果有關的分支在範圍上是有限的，那就會有所幫助，同時也要避免對「可能會跨時間或專案時間邊界進行操作的介面（資料結構、序列化格式、網路協定）」進行分支。一致性（consistency）有很大的價值，但普遍性（generality）也有其自身的代價，如果你謹慎行事，你通常可以透過做自己的事情來取勝。

回顧決策、所犯下錯誤

致力於資料驅動文化（data-driven culture）的不明顯好處（unsung benefits）之一就是承諾錯誤的能力和必要性的組合。在某個時候，我們會根據現有資料做出決定——希望是基於良好的資料和一些假設，但隱含在現有資料的基礎上。隨著新資料的出現，環境的變化，或者假設的破滅，可能會清楚看到決策是錯誤的，或者當時是有意義的，但現在已經沒意義了。這對於一個壽命較長的組織來說尤為關鍵：時間不僅會引發技術依賴關係和軟體系統的變化，還會引發用於驅動決策之資料的變化。

我們堅信資料可以為決策提供信息，但我們認識到，資料會隨著時間的推移而變化，而且新的資料可能會出現。這意味著，在相關系統的壽命內，將需要不時重新審視決策。對於長期的專案來說，在做出最初的決策後，擁有變更方向的能力往往是至關重要的。而且，重要的是，這意味著，決策者需要有承認錯誤的權利。與一些人的直覺相反，承認錯誤的領導者受到的尊重更多，而不是更少。

要以證據為導向，但也要意識到那些無法衡量的事情可能仍然有價值。如果你是一個領導者，這就是你被要求做的事情：運用判斷力，斷言事情很重要。我們將在第 5 和 6 章中詳細介紹領導力（leadership）。

軟體工程與程式設計

當看到我們所指出之軟體工程和程式設計的差異時，你可能會問，是否在進行內在的價值判斷。程式設計是否不如軟體工程？一個擁有數百人的團隊之預計能持續 10 年的專案，是否比一個只用了一個月、由兩個人建構的專案更有價值？

當然不是。我們的意思並不是說軟體工程是優越的，而只是說它們代表了兩個不同的問題領域，有著不同的限制、價值和最佳實施方法。相反的，指出這種差異的價值來自於認識到某些工具在一個領域中很出色，而在另一個領域中卻不是。對於一個僅持續幾天的專案，你可能不需要依賴整合測試（見第 14 章）和持續部署（Continuous Deploymen，或簡寫為 CD）實施方法（見第 24 章）。同樣的，我們對軟體工程專案中的語意化版本控制（SemVer）^{譯註} 和依賴性管理（見第 21 章）的所有長期關注並不適用於短期程式設計專案：利用一切可以利用的東西來解決手頭上的任務。

我們認為區分「程式設計」和「軟體工程」這兩個相關但又有差異的術語很重要。這種差異很大程度源於隨著時間的推移對程式碼的管理，時間對規模的影響，以及面對這些想法的決策。程式設計是產生程式碼的直接行為。軟體工程是一組策略、實施方法和工具，而這些策略、實施方法和工具都是「讓程式碼在需要使用時一直有用並允許跨團隊協作」所必需的。

結語

本書討論了以下這些主題：組織和單一程式員的策略、如何評估和完善你的最佳實施方法以及可維護軟體中使用的工具和技術。Google 一直在努力建立可持續的程式碼基底（codebase）和文化。我們未必認為我們的方法是做事情的唯一方法，但它確實提供了一個例子，證明它是可以做到的。我們希望它能提供一個有用的框架來思考一般問題：在程式碼需要繼續工作的情況下，如何維護程式碼？

譯註　見 *https://semver.org/lang/zh-TW/*。

摘要

- 「軟體工程」在維度上與「程式設計」不同：程式設計是關於程式碼的製作。而軟體工程將其擴展到包括維護該程式碼的有效壽命。

- 壽命短的程式碼和壽命長的程式碼之間至少有 10 萬倍的因數。認為同樣的最佳實施方法普遍適用於光譜的兩端，是愚蠢的。

- 當在程式碼的預期壽命內，我們有能力回應依賴性、技術或產品需求的變化時，軟體就是可持續的。我們可以選擇不做改變，但我們需要有此能力。

- 海勒姆法則：若有足夠數量的 API 用戶，你在契約中承諾什麼並不重要：你的系統的所有可觀察到的行為，都將被某人所倚賴。

- 你的組織必須重複執行的每項任務都應該在人力投入（human input）方面具有可擴展性（線性或更好的形式）。政策是使流程可擴展的絕佳工具。

- 流程效率不高和其他軟體開發任務往往會慢慢擴大規模。要小心溫水煮青蛙的問題。

- 與規模經濟相結合時，專業知識的回報尤其顯著。

- 「因為我說過」（Because I said so）這是一個可怕的理由。

- 資料驅動是一個好的開始，但實際上，大多數決策都是基於資料、假設、先例和論證的混合。當客觀資料（objective data）佔這些輸入的大部分時，是最好的，但很少能做到全部。

- 隨著時間的推移，資料驅動（data driven）意味著，當資料發生變化時（或當假設破滅時）需要改變方向。錯誤或修訂計劃是不可避免的。

## 第二部分

文化

## 第二章

如何做好團隊合作

作者： Brian Fitzpatrick（布萊恩・菲茲派翠克）

摘要： Riona MacNamara（里奧納・麥納馬拉）

因為這一章是關於 Google 的軟體工程之文化和社會方面的內容，所以有必要從關注一個你絕對可以控制的變數——你——開始。

人天生就不完美，我們喜歡說人類大多是間歇性錯誤（intermittent bugs）的集合。但是在你能夠瞭解同事的錯誤之前，你需要先瞭解自己的錯誤。我們將要求你思考你自己的反應、行為和態度——做為回報，我們希望你對如何成為一個效率更高、更成功的軟體工程師，在處理與人相關的問題上花費更少的精力，而花費更多的時間編寫優秀的程式碼。

本章的關鍵思維（critical idea）是，軟體開發是一個團隊的工作。想要在一個工程團隊或者任何其他創意合作（creative collaboration）中取得成功，你需要基於謙虛、尊重及信任的核心原則來重新組織你的行為。

在我們進入正題之前，讓我們先觀察一下軟體工程師在一般情況下的行為傾向。

幫我把程式碼隱藏起來

過去 20 年裡，我的同事 Ben[1] 和我在許多程式設計研討會上發表演講。2006 年，我們啟動了 Google（現已棄用）的開源專案（open source Project）託管服務（Hosting

---

1　Ben Collins-Sussman（本・柯林斯 - 薩斯曼）也是本書的作者。

service），最初，我們經常收到關於產品的許多問題和請求。但在 2008 年中左右，我們開始注意到，我們收到的請求有一種趨勢：

> 「是否能讓 Subversion 在 Google Code 中提供隱藏特定分支的功能？」

> 「是否能讓開源專案的建立，一開始對世界隱藏起來，然後於準備好的時候再顯露出來？」

> 「嗨，我想從頭開始重寫我的所有程式碼，你能抹掉所有歷史紀錄嗎？」

你能找出這些請求的共同主題嗎？

答案是**不安全感**（*insecurity*）。人們害怕別人看到並評判他們正在進行的工作。從某種意義上說，不安全感只是人類本性的一部分──沒有人喜歡被批評，尤其是對於沒有完成的事情。認識到這一主題，讓我們看到了軟體開發中一個更普遍的趨勢：不安全感實際上是一個更大問題的徵兆。

天才神話

許多人有尋找和崇拜偶像的本能。對於軟體工程師來說，這些人可能是 Linus Torvalds（萊納斯・托瓦爾茲）、Guido Van Rossum（吉多・範・羅蘇姆）、Bill Gates（比爾蓋茨），他們都是以英雄壯舉改變世界的英雄。Linux 是 Linus 自己寫出的嗎？

實際上，Linus 所做的只是編寫概念驗證（proof-of-concept）之類似 Unix 核心的開頭，並將其展示給郵遞論壇（email list）的其他人看。這是一個不小的成就，而且絕對是一個了不起的成就，但這只是冰山一角。Linux 比最初的核心大了幾百倍，是由成千上萬的聰明人開發而成的。Linus 真正的成就是領導這些人並協調他們的工作；Linux 的傑出成就，不是他的初衷，而是社群集體勞動（collective labor）的結果。（此外，Unix 本身並不完全是由 Ken Thompson 和 Dennis Ritchie 編寫的，而是由貝爾實驗室的一群聰明人編寫的。）

同樣的，Guido Van Rossum 是否親自編寫了所有的 Python？ 當然，他編寫了第一版。但還有數百人負責為後續的版本做出貢獻，包括想法、功能和錯誤修正。Steve Jobs（史帝夫・喬布斯）領導了一個建構 Macintosh 的團隊，儘管 Bill Gates 以為早期家用電腦編寫 BASIC 解譯器而聞名，但他更大的成就是圍繞 MS-DOS 建立了一家成功的公司。然而，他們都成了領袖，成了其社群集體成就的象徵。天才神話是指我們人類需要將一個團隊的成功歸因於一個人／一個領導者。

那 Michael Jordan（邁克爾・喬丹）呢？

這是同樣的故事。我們崇拜他，但事實是他自己並沒有贏得每一場籃球比賽。他真正的天才在於他與團隊合作的方式。團隊的教練 Phil Jackson（菲爾・傑克遜）非常聰明，他的教練技巧享有盛名。

他認識到只有一個球員永遠不會贏得冠軍，因此他在 MJ 周圍組建了整個夢幻團隊（dream team）。這個團隊是一個運轉良好的機器，至少和 Michael 本人一樣令人印象深刻。

那麼，在這些故事中，我們為什麼要反覆地把個人當作偶像呢？為什麼我們會購買名人代言的產品？為什麼我們要買 Michelle Obam（蜜雪兒・歐巴馬）的裙子或 Michael Jordan 的鞋子？

名人是其中很重要的一部分。人類天生就有尋找領導者和榜樣的本能、崇拜他們，並試圖模仿他們。我們都需要英雄來獲得靈感，程式設計界也有英雄。「科技名人」（techie-celebrity）的現象幾乎已經流傳為神話故事。我們都想要編寫出一些改變世界的東西，比如 Linux，或是設計出下一個出色的程式語言。

在內心深處，許多工程師都暗自希望被視為天才。你幻想：

- 你被一個很棒的新概念所打動。
- 你消失在你的洞穴裡幾個星期或幾個月，為你的想法的完美實作埋頭苦幹。
- 然後，你把你的軟體釋出到全世界，用你的天才震驚所有人。
- 同事們都為你的聰明才智感到驚訝。
- 人們排隊等著使用你的軟體。
- 名利自然而然就會隨之而來。

但等一下：是時候面對現實了。你可能不是一個天才。

無意冒犯，我們當然相信你是個非常聰明的人。但你知道真正的天才有多罕見嗎？沒錯，程式的編寫是一項棘手的技能。但即使你是一個天才，事實證明這還不夠。天才仍然會犯錯，擁有優秀的思想和優秀的程式設計技能並不能保證你的軟體會大受歡迎。更糟糕的是，你可能會發現自己只能解決分析性問題（analytical problems）而不能解決人類問題（human problems）。成為天才絕對不是成為一個混蛋的藉口：任何一個人，不管是不是天才，社交能力差的人往往是一個豬隊友（poor teammate）。在 Google（以及大都數公司！）絕大多數工作不需要天才級的智力，但 100% 的工作都需要最起碼的社交技能。決定你職業生涯成敗的因素，尤其是在 Google 這樣的公司，是你與其他人合作的能力。

事實證明，這個天才神話（Genius Myth）只不過是我們缺乏安全感的另一種表現。許多程式員害怕分享他們剛剛開始的工作成果，因為這意味著同事會看到他們的錯誤，知道程式碼的作者並非天才。

引用一位朋友的話：

> 我知道，我在做一件事之前，會對人們的目光產生嚴重的不安全感。就像他們會認真地評判我，認為我是一個白痴。

這在程式員中是一種極為普遍的感覺，自然的反應就是躲在山洞裡，工作、工作、工作，然後打磨、打磨、打磨，確保沒有人會看到你的失誤，完成後你還有機會展示你的傑作。先躲起來，直到你的程式碼是完美的。

隱藏工作的另一個常見的動機是擔心另一個程式員可能會在你開始工作之前就拿著你的想法跑掉了。透過保密，你可以控制你的想法。

我們知道你現在可能在想什麼：那又怎樣？難道不應該允許人們隨心所欲地工作嗎？

事實上，不應該。在此情況下，我們認為你做錯了，這是一件大事。原因如下。

隱藏是有害的

如果你把所有時間都花在獨自工作上，你就會增加非必要的失敗風險，並隱瞞你的成長潛力。即使軟體開發是深度的智力工作，可能需要高度的專注和獨處的時間，但你也必須將其與價值（和需求！）相提並論，以進行協作和審核。

首先，你如何知道自己是否在正確的軌道上？

想像一下，你是一個自行車設計（bicycle-design）愛好者，有一天你想出了一個全新的絕妙方法來設計變速器。於是你訂購零件，然後花了幾個星期的時間躲在車庫裡，試圖建構一個原型。當你的鄰居也是一個自行車倡導者，問你在做什麼時，你決定不說。你不想讓任何人知道你的專案，直到它絕對完美。又過了幾個月，你在讓你的原型正確工作方面遇到了麻煩。但因為你在秘密工作，所以你不可能向你愛好機械的朋友徵求意見。

然後，有一天，你的鄰居從他的車庫拿出了他的自行車，上面有一個全新的換檔機構。原來他一直在建造一個和你的發明非常相似的東西，但他在自行車店裡得到一些朋友的幫助。此時，你很生氣。你給他看你的作品。他指出，你的設計有一些缺陷，如果你給他看的話，可能在第一週就修好了。這裡有許多教訓要學習。

早期發現

如果你把自己偉大的想法隱藏起來，並且在實作完善之前，拒絕向任何人展示任何東西，你是在進行一場巨大的賭博。在早期很容易犯基本的設計錯誤。你正冒著重新發明輪子的風險。[2] 你也失去了協作的好處：注意到你的鄰居和別人一起工作的速度有多快？這就是為什麼人們在跳入深水區之前會把腳趾浸在水裡：你需要確保你的工作是正確的，你做的是正確的，而且以前沒有做過。早期失誤的機率很高。你在早期徵求的反饋越多，就越能降低這種風險。[3] 記住這句屢試不爽的口號「早失敗、快失敗、常失敗。」

早期分享不僅僅是為了防止個人失誤，並讓你的想法得到審查。加強我們所謂的專案的公車指數（bus factor）也很重要。

公車指數

　　公車指數（名詞）：在你的專案徹底失敗之前，需要被公共汽車撞到的人數。

你專案中的知識和訣竅有多分散？如果你是唯一瞭解原型程式碼（prototype code）如何工作的人，你可能會享受良好的工作安全感；但如果你被一輛公車撞了，這個專案就完蛋了。不過，如果你和同事一起工作，你的公車指數就會增加一倍。而且，如果你有一個小型團隊，一起進行設計和原型製作，那麼情況會比較好：當一個團隊成員消失時，該專案並不會被擱置。請記住：團隊成員可能不會真的被公車撞到，但是其他不可預知的生活事件仍然會發生。可能會有人結婚、搬家、離開公司，或者請假去照顧生病的親戚。確保每個責任區之主要和次要的所有者之外，至少有良好的文件，這有助於確保將來你的專案的成功，以及增加你的專案的公車指數。希望大多數工程師意識到，成為一個成功專案的一部分，總比成為一個失敗專案的關鍵部分要好。

除了公車指數，還有一個整體進度的問題。人們很容易忘記，獨自工作往往是一個艱難的過程，進度比人們願意承擔的慢得多。獨自工作時，你能學到多少東西？你的進度有多快？ Google 和 Stack Overflow 是意見和資訊的很好來源，但它們不能代替人類的實際經驗。與他人合作直接增加了努力背後的集體智慧。當你被一些荒謬的事情困住了，你會浪費多少時間來擺脫困境？想一想，如果有幾個同事在你的身後立即告訴你，你是怎麼弄錯的，以及如何解決這個問題。這正是軟體工程公司中團隊要坐在一起（或進行結隊程式設計）的原因。程式設計很難。軟體工程更難。你需要第二雙眼睛。

2　從字面上看，如果你其實是一個自行車設計師。

3　需要注意的是，有時候如果你還不確定自己的大方向或目標，太早獲得太多反饋是很危險的。

進度

這裡還有一個比喻。想一想你是如何使用編譯器的。當你坐下來編寫一個大型軟體時，你是否會花幾天的時間來編寫一萬列的程式碼，接著，在編寫完最後一列完美的程式碼之後，第一次按下「編譯」按鈕？當然你不會。你能想像這樣會造成什麼樣的災難嗎？程式員在緊密的反饋循環中表現最佳：編寫一個新函式、進行編譯。添加測試程序、進行編譯。重構一些程式碼，進行編譯。如此一來，我們在產生程式碼後會盡快發現並修正錯字和錯誤。每一步，我們都希望編譯器在我們身邊；有些環境甚至可以在我們鍵入程式碼的時候，編譯我們的程式碼。這就是我們維持高程式碼品質並確保我們的軟體逐步正確地發展的方式。當前致力於技術生產力的 DevOps 哲學，明確地指出了以下目標：盡早獲得反饋、盡早進行測試、盡早考慮安全性和生產環境。這一切都與開發人員工作流程中的「左移」理念繫結在一起；我們越早發現問題，解決問題的成本就越低。

不僅在程式碼層面，在整個專案層面也需要同樣的快速反饋循環（feedback loop）。雄心勃勃的專案發展迅速，必須在發展中適應不斷變化的環境。專案會遇到不可預測的設計障礙或政治風險，或者我們只是發現事情沒有按計劃進行。需求的變化出乎預料。你如何獲得反饋循環，好讓你知道，你的計劃或設計需要改變的瞬間？答案是：透過團隊合作。大多數工程師都知道這一句話：「眼睛多可讓所有問題浮現」，但更好的說法可能是：「眼睛多可確保你的專案維持相關性和正軌」。在洞穴中工作的人醒來後發現，儘管他們最初的願景可能是完整的，但世界已經改變了，他們的專案已經變得無關緊要。

案例研究：工程師和辦公室

25 年前，傳統觀念認為，工程師要想提高工作效率，就必須有自己的辦公室，而且辦公室的門要關上。這是他們擁有大量、不間斷時間來集中精力編寫大量程式碼的唯一方法。

我認為對於大多數工程師[4]來說，在私人辦公室裡不僅不必要，而且非常危險。今日的軟體是由團隊而不是個人編寫的，而且是高頻寬的，與你的團隊其他成員有隨時可用的連線，甚至比你的 internet 連線更有價值。你可以擁有世界上所有不間斷的時間，但如果用它做錯誤的事情，你就是在浪費你的時間。

4　然而，我承認，嚴肅的內向者可能比大多數人需要更多的和平、安靜和獨處的時間，如果不是自己的辦公室，也可能從更安靜的環境中獲益。

不幸的是，現代的科技公司（在某些情況下還包括 Google）將鐘擺擺到了完全相反的極端。走進他們的辦公室，你常常會發現工程師們聚集在一個沒有牆壁的大房間裡，甚至有一百人或更多人聚集在一起。現在，這種「開放式房間」（open floor plan）成為了一個充滿爭議的話題，結果，人們對開放式辦公室的敵意正在上升。私底下的閒聊變得公開了，人們最終不說話是因為有可能會惹惱數十個鄰居。這和私人辦公室一樣糟糕！

我們認為中間立場才是真正的最佳解決方案。將四到八個人一組的團隊集中在小房間（或大辦公室），以使自發談話變得容易（而且不尷尬）。

當然，在任何況下，個別工程師仍然需要一種方法來過濾噪音和干擾，這就是為什麼我見過的大多數團隊都開發了一種傳達方式，以表明他們目前很忙並且應該限制干擾。我們之中的一些人曾經在一個有「聲音中斷協議」（vocal interrupt protocol）的團隊裡工作：如果你想要講話，你會說 "Breakpoint Mary"（瑪莉斷點），其中 Mary（瑪莉）是你想與之交談的人的名字。如果 Mary 到了可以停下來的地步，她會把她的椅子轉過來聽。如果 Mary 太忙了，她只會說 "ack"（收到），然後你就繼續進行其他事情，直到她完成當前的事情。

有些團隊會使用令牌或填充動物玩具，團隊成員若把它們放在監視器上，就表示只有在緊急情況下才可以被中斷。還有一些團隊會給工程師們發噪音消除耳機，以使其更容易處理背景噪音。事實上，在許多公司中，戴耳機的行為是一種常見的信號，這意味著「請勿打擾我，除非真的有很重要的事情。」許多工程師在撰寫程式碼時往往會進入「純耳機模式」（headphones-only mode），這可能對短時間內的工作很有用，但如果一直使用，可能會像把自己關在辦公室裡一樣，對協作不利。

不要誤解我們！我們仍然認為工程師需要不間斷的時間來專注於編寫程式碼，但是我們認為他們同樣需要與他們的團隊建立高頻寬、低摩擦的連結。如果團隊中知識較少的人覺得向你提問有障礙，那就是一個問題：找到正確的平衡是一門藝術。

總之，不要藏起來

所以，「隱藏」可以被歸結為：單獨工作比與他人一起工作的風險更大。即使你可能害怕有人偷了你的想法或認為你不聰明，你應該更關心的是浪費時間在錯誤的事情上。

不要成為另一個統計數字。

一切都為了團隊

因此，現在讓我們付諸實施，把所有這些想法放在一起。

我們一直強調的一點是，在程式設計領域，孤獨的工匠是極其罕見的，即使他們真的存在，也不是憑空表現出超人的成就；他們改變世界的成就幾乎總是來自靈感的火花，再加上英勇的團隊努力。

一個優秀的團隊可以很好地利用自己的超級巨星，然而整體總是大於各個部分的總和。但是，建立一支超級巨星團隊非常困難。

讓我們使用更簡單的話來表達這個想法：軟體工程是一個團隊工作。

這個概念直接與我們許多人持有的天才程式員（Genius Programmer）的幻想相矛盾，但是當你獨自一人在黑客（hacker）的巢穴裡時，光有才華是不夠的。你不會透過隱藏和準備你的祕密發明來改變世界或取悅百萬電腦用戶。你需要和其他人一起工作。分享你的願景。分工。向他人學習。建立一支出色的團隊。

思考一下：你能說出有多少被廣泛使用的成功軟體是真正由一個人編寫而成的？（有些人可能會說，LaTeX，但它很難被「廣泛使用」，除非你認為撰寫科學論文的人數在使用電腦的用戶中占很大的比例！）

高效能的團隊是黃金，是成功的真正關鍵。不管怎樣，你都應該以這種經驗為目標。

社交聯繫的三大支柱

因此，如果團隊合作是生產優秀軟體的最佳途徑，那麼如何建構（或找到）一個優秀的團隊？

為了達到協作的必殺技（collaborative nirvana），你首先需要學習和接受我所謂的社交技能的「三大支柱」。這三項原則不僅僅是潤滑關係的輪子；它們還是所有健康互動及協作的基礎：

支柱 1：謙虛

你不是宇宙的中心（你的程式碼也不是！）。你既不是全知全能的，也不是無懈可擊的。你對自我完善（self-improvement）持開放的態度。

支柱 2：尊重

你真心關心與你一起工作的人。你善待他們、欣賞他們的能力和成就。

支柱 3：信任

你相信別人有能力，會做正確的事情，並且可以在適當的時候讓他們開車。[5]

如果你對幾乎任何社交衝突進行根本原因分析，你最終可以追溯到缺乏謙虛、尊重和／或信任。這話乍聽起來似乎難以置信，但不妨一試。想一想目前在你生活中的一些令人討厭或不舒服的社交場合。在最基本的層面上，每個人都應該謙虛嗎？人們真的相互尊重嗎？有相互信任嗎？

為什麼這些支柱很重要？

當你開始閱讀這一章的時候，你可能並不打算參加某種形式的每週支持小組（weekly support group）。我們感同身受。處理社交問題可能很困難：人很麻煩、難以預測，而且經常讓人討厭。與其把精力放在分析社交形勢和採取戰略行動上，不如把所有努力都寫下來。與可預測的編譯器互動容易多了，不是嗎？為麼還要為社交活動費心呢？

以下摘錄自 Richard Hamming（李查德・漢明）的一次著名的演講（*http://bit.ly/hamming_paper*）：

> 透過不厭其煩地給秘書講笑話，對她友善一點，我得到了出色的秘書服務。例如，有一次，由於一些愚蠢的原因，Murray Hill（默里山）的所有複製服務都中斷了。別問我怎麼了，情況就是如此。我想要做點什麼。我的秘書給 Holmdel（霍姆德爾鎮）的某個人打了電話，跳上公司的車，跑了一個小時的路程，把它複製出來，然後回來。這是對我努力讓她開心起來，給她講笑話、對她友善的回報；就是這一點額外的工作，後來給我帶來了回報。透過認識到你必須使用這個系統，學習如何讓系統來完成你的工作，你就學會了如何使系統適應你的需求。

5　如果你過去曾授權給不稱職的人，這是非常困難的。

它的寓意是：不要低估玩社交遊戲的力量。這不是欺騙或操縱別人；而是建立關係以完成任務。人際關係總是比專案持久。如果你和同事有了更豐富的關係，當你需要他們時，他們會更願意加倍努力。

如何實踐謙虛、尊重和信任？

所有這些關於謙虛、尊重和信任的說教，聽起來像是佈道。讓我們走出雲端，思考如何在現實生活中運用這些想法。我們將檢視一系列具體的行為和例子，你可以從這些行為和例子開始。其中許多一開始聽起來可能很明顯，但是當你開始思考它們之後，你會發現你（和你的同事）經常因為沒有遵循它們而感到內疚。我們當然也注意到了我們自己的這一點！

失去自我

好吧，這是一種告訴別人不夠謙虛而失去風度的簡單方式。沒有人願意與「一直表現得像房間中最重要的人」一起工作。即使你知道自己是討論中最聰明的人，也不要在別人面前表現出來。例如，你是否總覺得你需要對每個話題做開頭或結尾？你覺得有必要對提案或討論中的每一個細節發表意見嗎？或者你認識做這些事情的人嗎？

儘管謙虛很重要，但這並不意味著你需要成為一個逆來順受的人；自信沒有什麼不好，只是不要表現得像一個萬事通。更好的是，考慮一下「集體的」自我，而不是擔心你個人是否出色，試著建構出團隊成就感和團隊自豪感。例如，Apache 軟體基金會在為軟體專案建立社群方面有著悠久的歷史。這些社群有著令人難以置信的強烈認同感，拒絕那些更關注自我推銷的人。

自我的表現形式有很多，但很多時候，它會阻礙你的生產力，讓你的速度變慢。下面還有一個 Hamming 演講中的精彩故事，完美地詮釋了這一點（強調我們的觀點）：

> John Tukey（約翰・圖基）幾乎總是穿得很隨便。John 進入了一個重要的辦公室，過了很長時間，其他人才意識到 John 是個一流的人，他最好聽從。長期以來，John 不得不克服這種敵意。這是白費力氣！我不是說，你應該順從；我是說「順從的外表可使你走得很遠。」如果你選擇用任何一種方式來維護你的自尊，「我將以自己的方式去做」，那麼你在整個職業生涯中都會持續付出一點代價。而這在你一生中，會增加大量不必要的麻煩。[…] 透過認識到你必須使用這個系統，學習如何讓系統來完成你的工作，你學到了如何使系統適應你的需求。或者你可以把它當作一場小規模的、未經宣戰的戰爭，一輩子都堅持下去。

學習給予和接受批評

幾年前，Joe 開始了一份新工作，成為一個程式員。第一週後，他開始深入研究程式碼基底（codebase）。因為他關心正在發生的事情，他開始溫和地對其他組員的貢獻表示懷疑。他透過電子郵件發送簡單的程式碼審查（code review），禮貌地詢問設計假設（design assumption）或指出可以改進邏輯的地方。幾週後，他被叫到主任的辦公室。Joe 問：「有什麼問題嗎？」、「我做錯什麼了嗎？」。主任看上去很擔心：「Joe，我們對你的行為有很多抱怨。顯然，你對組員非常苛刻，左批評右批評。他們很不高興。你得放低姿態。」Joe 完全不明白。他認為，他的程式碼審查應該受到同事的歡迎和讚賞。然而，在此情況下，Joe 應該對團隊普遍存在的不安全感更加敏感，應該用更巧妙的手段將程式碼審查引入文化，甚至簡單的事情就事先與團隊討論這個想法，然後請團隊成員嘗試幾個星期。

在專業的軟體工程環境中，批評幾乎從來不是針對個人，它通常只是建立一個更好的專案之過程的一部分。訣竅是確保你（以及你周圍的人）明白，「建設性地批評某人的創造性產出」和「公然攻擊某人的性格」之間的區別。後者是無用的——小題大做，幾乎不可能的事。前者可以（也應該！）是有幫助的，並對如何改進提供指導。而且，最重要的是，它充滿了尊重：提出建設性批評的人真誠地關心他人，希望他們改進自己或工作。學會尊重你的同事，禮貌地給予建設性的批評。如果你真的尊重一個人，你就會主動選擇圓滑、有用的措詞，這是透過大量練習能夠獲得的技能。我們將在第 9 章更詳細地討論這個問題。

另一方面，你也需要學會接受批評。這意味著，不僅要對自己的技能謙虛，而且要相信對方是為你的最佳利益（和你的專案的最佳利益！）著想，而不是真的認為你是個白癡。程式設計和其他任何東西一樣，都是一種技能：可以透過練習來改善。如果一個同事指出，你可以改進你應對事物的技巧，你是否會將其視為對你的人格與價值觀的攻擊？我們希望不會。同樣地，你的自我價值不應該與「你編寫的程式碼或者你所建構的任何創意專案」關聯在一起。再說一遍：你不是你的程式碼。一遍又一遍地說，直到你記住為止。你不是你的創造物。你不僅要自己這麼相信，還需要讓你的同事也這麼相信。

例如，如果你有一個不安全的協作者，以下是不應該說的話：「伙計，你完全搞錯那個方法的控制流程，你應該像其他人一樣使用標準的 xyzzy 程式碼模式（code pattern）。」這種反饋充滿了反模式（antipattern）：你在告訴別人他們「錯了」（好像世界是黑白的），要求他們改變一些東西，並指責他們創造的東西與其他人所做的相悖（讓他們覺得自己很蠢）。你的同事會立即受到冒犯，他們的回應註定會過於情緒化。

同樣的事情，更好的說法可能是：「嘿，我對這裡這個部分的控制流程感到困惑。我想知道 xyzzy 程式碼模式是否可以讓這個更清晰且更容易維護？」注意你是如何使用謙虛的態度來提出關於你的問題，而不是關於他們的問題。他們沒有錯；你只是在理解程式碼方面遇到困難。提出該建議只是為了替可憐的你澄清事情，同時可能有助於專案的長期可持續發展目標。你也沒有要求什麼——你給了你的協作者心平氣和地拒絕建議的能力。討論的重點是程式碼本身，而不是任何人的價值和撰碼技巧。

快速失敗並迭代

商業界有一個著名的都市傳奇，講的是一位經理犯了一個錯誤，損失了一千萬美元。第二天，沮喪地走進辦公室，開始收拾辦公桌，當他接到不可避免的「CEO 想在辦公室見你」的電話，他艱難地走進 CEO 的辦公室，悄悄地把一張紙滑過桌子。

「這是什麼？」，*CEO* 問道。

「我的辭呈」，經理說。「我想你叫我來，是要解僱我的。」

「解僱你？」CEO 難以置信地回應道。「我為什麼要解僱你？」我剛剛才花了一千萬美元來培訓你！」[6]

當然，這是一個極端的故事，但該故事中的 CEO 明白，解僱經理並不會挽回一千萬美的損失，而且會因為失去一位有價值的經理而使情況變得更加複雜，這位經理肯定不會再犯這種錯誤。

在 Google，我們最喜歡的格言之一就是「失敗是一種選擇」。人們普遍認為，如果你沒有時不時地失敗，那麼你就沒有足夠的創新能力或承擔足夠的風險。失敗被視為學習和改進下一次解決方案的絕妙機會。[7]事實上，人們經常引述 Thomas Edison（托馬斯·愛迪生）的話，他說：「如果我發現一萬種無法解決問題的方法，那我就沒有失敗。我並不氣餒，因為每一次的錯誤嘗試，都是向前邁出一步。」

在 Google X 部門（該部門致力於研究「登月計畫」，如自駕車和汽球提供的網路連線）失敗是被故意建立在其激勵系統中的。人們會想出奇思妙想，並積極鼓勵同事盡快推翻它。每個人都會得到獎勵（甚至參與競爭），看他們在一段固定的時間內能反駁或否定多少個想法。只有當一個概念確實無法在白板上被所有同事推翻時，才會進入早期原型（early prototype）。

6　你可以在網上找到該傳奇的十幾種變形，它們都是由各個著名的經理人所創造的。

7　同樣的道理，如果你一遍又一遍地做同樣的事情，並且不斷失敗，那不是失敗，那是無能。

無糾責事後查驗的文化

從錯誤中學習的關鍵是透過進行根本原因分析（root-cause analysis）並編寫「事後查驗」（postmortem）來記錄你的失敗，正如 Google（及許多其他公司）所說的。要格外小心，確保事後查驗文件不僅僅是道歉、藉口或指責的無用清單，這不是它的目的。一個適當的事後查驗應該始終包含學到什麼以及在學習過程中發生什麼變化的解釋。然後，確保事後查驗是容易獲得的，並且團隊確實按照建議的變更進行操作。正確記錄失敗還可以使其他人（現在和未來）更容易知道發生了什麼，避免重蹈歷史覆轍。不要抹去你的足跡，為追隨你的人照亮它們，就像照亮一條跑道！

良好的事後查驗應包括以下內容：

- 事件的簡要概述
- 從發現到調查再到解決的事件時間表
- 事件的主要原因
- 影響和損害評估
- 立即修正問題的一組行動項目（與擁有者）
- 防止事件再次發生的一組行動項目
- 所吸取的教訓

學會忍耐

幾年前，我正在編寫一個工具，以便將 CVS 儲存庫轉換為 Subversion（後來是 Git）。由於 CVS 變幻莫測，我不斷發現奇怪的錯誤。因為我的老朋友和同事 Karl（卡爾）非常了解 CVS，所以我們決定，我們應該一起努力解決這些錯誤。

當我們開始結隊程式設計（pair programming）時，出現了一個問題：我是一個自下而上（bottom-up）的工程師，樂於深入研究以及透過快速嘗試許多事情並略過細節來找出我的方法。然而，Karl，是一個自上而下（top-down）的工程師，他希望先全面掌握並深入研究調用堆疊（call stack）上幾乎每個方法，再著手解決錯誤。這導致了史詩般的人際衝突、分歧以及偶爾的激烈爭論。到了我們兩個根本無法結隊程式設計的地步：這對我們倆人來說都太令人沮喪了。

儘管如此，我們長期以來相互信任和尊重。再加上耐心，這協助我們想出了一種新的合作方法。我們一起坐在電腦前，找出錯誤所在，然後分頭從兩個方向（自上而下和自下而上）著手解決問題，然後再把我們的發現放在一起。我們的耐心和願意即興創作新的工作方式，不僅挽救了專案，也挽救了我們的友誼。

樂於接受影響

你越樂於接受影響，就越能影響別人；你越脆弱，就顯得越強大。這些說法聽起來像是奇怪的矛盾。但每個人都能想到與自己共事過的人，他們具有令人瘋狂的固執——無論人們如何勸說他們，他們都會更為堅持己見。這樣的團隊成員最終會怎麼樣？根據我們的經驗，人們不再傾聽他們的意見或反對意見；相反的，他們最終會像障礙物一樣，每個人理所當然都會「繞過」他們。你當然不想成為那樣的人，所以把這個想法記在心裡：別人改變主意也沒關係。在本書第一章中，我們說過工程學的本質是在權衡取捨。除非你擁有不變的環境和完善的知識，否則你做的所有事情不可能都是正確的，當你看到新的證據時，你當然應該改變主意。謹慎選擇你的戰役：要想被人正確地聽到，你首先要傾聽別人的意見。最好在做一項決定或堅定地宣布一項決定之前，先進行傾聽，如果你不斷改變主意，人們會認為你一廂情願。

脆弱性（vulnerability）的概念似乎也很奇怪。如果某人承認對當前的主題或一個問題的解決方案一無所知，那麼他在一個團隊中將具有什麼樣的可信度？脆弱性是軟弱的表現，這會破壞信任，對吧？

不是這樣的，承認自己犯了錯誤或者你只是不合群，從長遠來看，這可以提高你的地位。其實，願意表達脆弱性是一種謙虛的外在表現，它表達了你的責任感和願意承擔責任，以及你相信別人的意見。作為回報，人們最終會尊重你的誠實和力量。有時候，你能做的最好的事情就是說：「我不知道。」

例如，職業政客們以從不承認錯誤或無知而臭名昭著，即使顯然可以看出他們對某個主題是錯誤的或無知的。之所以存在這種行為，主要是因為政客經常受到其對手的攻擊，這也是為什麼大都數人不相信政客們說的話。然而，當你編寫軟體時，你不需要一直處於守勢。你的隊友是合作者，而不是競爭對手。你們都有相同的目標。

Googley（谷歌風範）

在 Google，當涉及到行為和人際互動時，我們對「謙虛、尊重和信任」的原則有自己內部的版本。

從我們的文化的早期開始，我們經常把行為稱為「Googley」（谷歌風範）或「not Googley」（非谷歌風範）。這個詞從來沒有明確定義過；相反，每個人都只把它當作「不要作惡」或「做正確的事」或「善待彼此」的意思。隨著時間的推移，人們也開始使用「Googley」（谷歌風範）這個詞來做為一種非正式的文化適應度測試，無論是面試一個工程師職位（engineering job）的候選人，或是在撰寫關於彼此的內部績效評估

時。人們經常用這個詞來表達對他人的看法；例如，「這個人撰碼得很好，但似乎沒有很 Googley 的態度。」

當然，我們最終意識到，Googley 這個詞的涵義過重；更糟糕的是，它可能成為招聘或評估中無意識偏見的來源。如果 Googley 對每一個員工都意味著不同的涵義，那麼我們就冒著這個詞開始意味著「像我一樣」（is just like me）的風險。很顯然，這不是一個很好的招聘測試——我們不想要雇用「像我一樣」的人，而是要雇用有著不同背景、不同觀點和經歷的人。面試官與應聘者（或同事）一起喝啤酒的個人願望，絕不應該被認為是關於其他人在 Google 的表現或發展能力被認可的暗示。

Google 最終透過明確定義 Googleyness（谷歌精神）的涵義來解決該問題，Googleyness 是我們所尋求的一組屬性和行為，它們代表著強大的領導力，體現了「謙虛、尊重和信任」：

在模稜兩可中茁壯成長

能夠處理相互衝突的訊息或方向、建立共識，以及針對問題取得進展，即使環境在不斷變化。

重視反饋

謙虛地接受和給出反饋，並理解反饋對於個人（和團隊）發展的價值。

挑戰現況

能夠制定遠大的目標，即使在別人可能有阻力或惰性的情況下，也能追求這些目標。

把用戶放在第一位

對 Google 產品的用戶有同理心和尊重，並且採取符合其最大利益的行動。

關心團隊

對同事有同理心和尊重，並積極主動地為他們提供幫助，進而提高團隊凝聚力。

做正確的事

對他們所做的一切具有強烈的道德意識；願意做困難或不便的決定，來保護團隊和產品的完整性。

既然我們已經更好地定義了這些最佳行為，我們就可以開始避免使用 Googley 這個詞了。具體說明期望總是比較好的！

結語

運作良好的團隊幾乎是任何規模之任何軟體工作的基礎。儘管獨立之軟體開發人員的天才神話依然存在，但事實是，沒有人真的是孤軍奮戰。一個軟體組織要經得起時間的考驗，就必須具有健康的文化，此文化根植於團隊而非個人的謙虛、信任和尊重之中。此外，軟體開發的創造性需要人們承擔風險和偶爾的失敗；為了讓人們接受失敗，必須存在一個健康的團隊環境。

摘要

- 要意識到孤立工作的利弊。

- 確認你和你的團隊在溝通和人際衝突中花費的時間。在了解自己和他人的性格和工作方式上，進行少量的投資可以大大提高生產力。

- 如果你想與一個團隊或大型組織有效地合作，請注意你和他人的工作風格。

## 第三章

知識共享

作者：Nina Chen（陳妮娜）和 Mark Barolak（馬克‧巴羅拉克）

編輯：Riona MacNamara（里奧娜‧麥克納馬拉）

你的組織會比網路上隨便一個人更了解你的問題領域（problem domain）；你的組織應該能夠回答自己的大多數問題。為此，你需要「知道這些問題答案的專家」和分配知識的機制，這就是我們將在本章探討的內容。這些機制的範圍從非常簡單的（提出問題；寫下你所知道的）到更有條理的，例如教程和課程。然而，最重要的是，你的組織需要一種「學習文化」，這需要創造一種心理安全感，讓人們承認自己缺乏知識。

學習上的挑戰

在整個組織內分享專業知識並非易事。如果沒有強大的學習文化，就會出現挑戰。Google 經歷了一些這樣的挑戰，尤其是隨著公司規模的擴大：

缺乏心理安全

在這種環境中，人們害怕承擔風險或在他人面前犯錯，因為他們害怕因此受到懲罰。這往往表現為一種恐懼文化或避免透明度的傾向。

資訊孤島

在一個組織的不同部門中出現知識碎片（knowledge fragmentation）的現象，這些部門相互之間不溝通，也不使用共享資源。在這樣的環境中，每個小組都會發展自己的做事方式。[1] 這通常會導致以下情況：

1　換句話說，我們並不是開發單一全局最大值，而是要開發一堆局部最大值（*https://oreil.ly/6megY*）。

資訊碎片

每個孤島是較大整體的一個部分。

資訊重複

每個孤島都重新發明了自己做事的方法。

資訊傾斜

每個孤島都有自己做同一件事的方法，這些方法可能會也可能不會衝突。

單點失敗（SPOF）

當只有一個人提供關鍵資訊時，將發生的瓶頸。這與公車指數（bus factor，*https://oreil.ly/IPT-2*）有關，第 2 章對此有做過詳細的討論。

SPOF 可能出於善意：很容易養成「讓我來幫你處理」的習慣。這種方法優化了短期效率（我做起來更快），但代價是長期擴展性差（團隊永遠不知道如何做需要做的事情）。這種心態也往往導致全有或全無專業知識。

全有或全無專業知識

一群人，分為「什麼都懂」的人和新手，幾乎沒有中間地帶。如果專家們總是自己動手，而不花時間透過指導或文件記錄來培養新的專家，這個問題往往會更加嚴重。在這種情況下，知識和責任將繼續累積在已經擁有專業知識的人員身上，而新的團隊成員或新手則自力更生並慢慢成長。

人云亦云

模仿而不理解。這一點的典型特徵是，在不了解其目的之情況下，盲目地複製模式或程式碼，通常是在「由於未知原因而需要上述程式碼」的前提下。

鬧鬼的墓地

人們因為害怕出錯而避免接觸或變更之處，通常是在程式碼中。與前面提到的「人云亦云」不同，「鬧鬼的墓地」之特點是人們因恐懼和迷信而避免採取行動。

在本章的其餘部分中，我們將深入探討 Google 的工程組織在應對這些挑戰時所發現到的成功策略。

哲學

軟體工程（software engineering）可以被定義為多人開發的多版本程式。[2] 人是軟體工程的核心：程式碼是重要的輸出，但只是產品之建構的一小部分。關鍵是，程式碼不會無中生有地自發產生，專業知識也不會。每個專家都曾經是新手：一個組織的成功取決於其人員的成長和對其人員的投資。

來自專家之個人化、一對一的建議，總是無價的。不同的團隊成員有不同的專業領域，因此對於任何特定問題，要詢問的最佳團隊成員會有所不同。但是，如果專家去度假了或調換團隊，團隊可能會陷入困境。儘管一個人也許能夠一對多地提供個人化的幫助，但這並無法擴大規模，而且僅限於「許多人」中的小部分。

另一方面，文件化的知識不僅可以更好地擴展到團隊，還可以擴展到整個組織。「團隊wiki」之類的機制使許多作者（authors）能夠與更大的群體分享他們的專業知識。但是，儘管書面文件比一對一對話更具可擴展性，但這種可擴展性也伴隨著一些權衡：它可能更通用，更不適用於個別學習者的情況，而且隨著時間的推移，它還需要額外的維護成本來維持資訊的相關性和最新性。

部落知識（tribal knowledge）存在於各個團隊成員所知道的內容與文件所記錄的內容之間的差距中。人類專家知道這些沒有寫下來的知識。如果我們記錄並維護這些知識，現在不僅有人可以直接一對一地接觸到專家，而且任何人都可以找到並查看這些文件。

因此，在一個神奇的世界裡，一切總是被完美無缺地記錄下來，這樣我們就不需要諮詢別人了，對嗎？不完全是這樣。書面知識（written knowledge）具有可擴展的優勢，但有針對性的人類協助也是如此。人類專家可以綜合他們廣博的知識。他們可以評估哪些資訊適用於個人的使用案例，確定文件是否仍然相關，並知道在哪裡可以找到它。或者，如果他們不知道在哪裡可以找到答案，他們可能知道誰知道。

部落知識與書面知識相輔相成。即使是一個擁有完美文件的完美專家團隊，也需要相互溝通、與其他團隊協調，並隨著時間的推移調整他們的策略。沒有一種知識共享方法是所有學習類型的正確解決方案，使其完美結合的要領，可能因組織而異。機構知識（institutional knowledge）會隨著時間的推移而發展，最適合你的組織的知識共享方法，可能會隨著組織的成長而發生變化。培訓，專注於學習和成長，並建立自己的專家團隊：世上不存在所謂工程專業知識太多這樣的事情。

2　David Lorge Parnas（大衛・洛格・帕納斯），《Software Engineering: Multi-person Development of Multi-version Programs》（Heidelberg: Springer-Verlag Berlin, 2011）。

設置舞臺：心理安全

心理安全（psychological safety）對於促進學習環境至關重要。

為了學習，你必須首先承認，有些事情你不明白。我們應該歡迎如此誠實的事（*https://xkcd.com/1053*）而不是懲罰它。（Google 在這方面做得很好，但有時工程師不願意承認他們不明白某些事情。）

學習的一個重要部分就是能夠嘗試一些事情，並對失敗感到安心。在一個健康的環境中，人們對提出問題、犯錯和學習新事物感到安心。這是所有 Google 團隊的基本期望；事實上，我們的研究（*https://oreil.ly/sRqWg*）已經表明，心理安全是一個有效的團隊最重要的部分。

導師制

在 Google，我們試圖在一個 Noogler（谷歌的新員工）加入公司的時候定下基調。建立心理安全的一個重要方法就是指派一位導師（這個人不是他們的團隊成員、經理或技術負責人）他的職責明確，包括回答問題和幫助 Noogler 成長。有了正式指派的導師來尋求幫助，這對新的人來說更容易了，這意味著他們不必擔心佔用同事太多的時間。

導師是在 Google 工作一年多的志願者，他可以為任何事情（從使用 Google 基礎架構到導覽 Google 文化）提供建議。最重要的是，如果被輔導者不知道還有誰可以徵求意見，導師就會有一個安全網可以與之交談。導師和被輔導者不在同一個團隊，這可以使被指導者在棘手的情況下，更願意尋求幫助。

導師制使學習正規化並促進學習，但學習本身是一個持續的過程。無論是新員工加入組織，還是經驗豐富的工程師學習新技術，同事始終都有機會相互學習。有了一支健康的團隊，隊友們將不僅願意回答，而且願意提出問題：表明他們不了解某些東西，並彼此學習。

大型團體的心理安全

向附近的隊友尋求幫助，比跟一大群陌生人接觸要容易得多。但是，正如我們所看到的，一對一的解決方案不能很好地擴展。團體解決方案更具擴充性，但也更可怕。對新手來說，形成一個問題並向一大群人提問是很嚇人的，因為他們知道自己的問題可能會被存檔很多年。在大型團體中，心理安全需求被放大了。團體的每個成員在創造和維護安全環境方面都可發揮作用，確保新人有信心提出問題，以及新晉專家感到有能力幫助這些新人，而不必擔心他們的答案受到資深專家的攻擊。

實現這種安全和友善環境的最重要方法是團體的互動要合作，而不是對抗。表 3-1 列出了一些推薦的團體互動模式（及其相應之反模式）的例子。

表 3-1 團體互動模式

推薦模式（合作）	反模式（對抗）
基本問題或錯誤都被引導到正確的方向	基本問題或錯誤被挑出來，提出問題的人會受到懲罰
給出解釋是為了幫助提問者學習	給出解釋是為了炫耀自己的知識
回應是友善、耐心和有幫助的	回應是傲慢、尖酸刻薄、沒有建設性的
互動是為了尋找解決方案而進行的共同討論	互動是有「贏家」和「輸家」的爭論

這些反模式可能是無意中出現的：有人可能試圖提供幫忙，但結果卻不小心地變得傲慢和不受歡迎。我們發現 Recurse Center 的社交規則（*https://oreil.ly/zGvAN*）在這裡很有用：

勿假裝驚訝（『什麼？！我真不敢相信，你居然不知道堆疊是什麼！』）

　　假裝驚訝是心理安全的一個障礙，會讓團體成員害怕承認自己缺乏知識。

勿用「實際上沒有做得很好」

　　學究式的糾正（pedantic corrections）往往是為了譁眾取寵而非精確。

勿後座駕駛

　　打斷現有的討論，發表意見，但不對談話出承諾

勿用歧視的語言（『這太容易了，我奶奶都能做到！』）

　　可能使個人感到不受歡迎、不受尊重或不安全的小偏見（種族主義、年齡歧視、恐同症）。

增加你的知識

知識共享從你自己開始。重要的是，要認識到，你總是有一些東西要學。以下準則可讓你增加自己的個人知識。

提問

如果你只從本章中帶走一件東西，那就是：始終在學習；一直在問問題。

我們告訴 Noogler，要想提升速度，可能需要大約六個月的時間。這段時間的延長，對於 Google 龐大而複雜的基礎架構來說是必要的，但它也強化了這樣一個理念：學習是一個持續迭代的過程。初學者犯的最大錯誤之一就是遇到困難時不尋求幫助。你可能會想獨自奮鬥，或者覺得自己的問題「太簡單」而感到恐懼。你認為「在向別人求助之前，我只需要更加努力就可以了」。不要掉進這個陷阱！你的同事通常是資訊的最佳來源：充分利用這一寶貴的資源。

不會有一天，你突然神奇地總是確切知道在每種情況下該怎麼做；總是有更多的東西要學習。在 Google 工作多年的工程師們，仍然有一些是他們覺得自己不知道在做什麼的領域，這沒關係！不要害怕說：「我不知道那是什麼；你能解釋一下嗎？」把不知道事情當作一個機會，而不是一個令你害怕的領域。[3]

無論你是團隊的新成員還是高級領導者，都不要緊：你應該始終處在可以學習的環境中。如果沒有，你將停滯不前（並應該去尋找一個新的環境）。

對於擔任領導職務的人來說，為這種行為進行建模尤為重要：重要的是，不要錯誤地將「資歷」等同於「瞭解一切」。事實上，你知道的越多，你就了解，你不知道的越多（*https://oreil.ly/VWusg*）。公開提出問題[4]或表達知識上的差距，可以強化其他人也可以這樣做的能力。

聽取問題時，耐心和友善的回答可以營造一個讓人放心尋求幫助的環境。讓人們更容易克服最初提問時的猶豫不決，進而儘早定下基調：主動提出問題，甚至讓「瑣碎的」問題也能輕鬆得到答案。雖然工程師們可能自己就能搞清楚部落知識，但他們並不是在真空中工作的。有針對性的幫助可使工程師更快地提高工作效率，進而提高整個團隊的生產力。

了解背景

學習不僅僅是了解新事物；還包括發展對「現有事物的設計和實作之背後決策」的理解。假設你的團隊繼承了一個「舊有的程式碼基底」（legacy codebase），它來自一個已存在多年的關鍵基礎架構。原始作者早已不在，程式碼也很難懂。從頭開始重寫，而不是花時間去學習現有的程式碼，可能很誘人。但是，與其想「我不明白」，並結束你的想法，不如更深入地思考：你應該問什麼問題？

3　冒名頂替綜合症（*https://oreil.ly/2FIPq*）在高成就者中並不少見，Googler（谷歌的員工）也不例外——事實上，本書的大部分作者都患有冒名頂替者綜合症。我們承認，對於那些患有冒名頂替綜合症的人來說，害怕失敗可能很一個難關，而且會強化他們避免分支（branching out）的傾向。

4　見〈How to ask good questions〉（*https://oreil.ly/rr1cR*）。

考慮「切斯特頓的籬笆」（Chesterton's fence）（*https://oreil.ly/Ijv5x*）的原則：在刪除或改變某樣東西之前，首先瞭解其原因。

> 事物的改良，有別於使其變形，有一個簡單明瞭的原則；一個可能被稱為悖論的原則。在這種情況下，存在某種制度或法律；為了簡單起見，我們不妨說是在馬路上豎起的柵欄或大門。較現代的改良者（reformer）會興高采烈地說：「我看不出這有什麼用，讓我們把它清走。」較聰明的改良者會謹慎地說：「如果你看不出它的用處，我當然不會讓你清走它。你先去想一想。然後，當你回來告訴我，你確實看到它的用處了，我可以允許你銷毀它。」

這並不意味著程式碼不會缺乏清晰度，或者現有的設計模式不會出錯，但工程師有一種傾向，就是會比通常情況下更快得出「這很糟糕！」（this is bad!）的結論，尤其是對於不熟悉的程式碼、語言或典範（paradigms）。Google 也不能倖免。尋找並理解背景（context），尤其是那些看似不尋常的決策。瞭解程式碼的背景和用途後，請考慮你的變更是否仍然有意義。如果確實如此，就繼續進行；如果沒有，請記錄下來以備將來讀者參考。

許多 Google 格式指南（style guides）會明確交代背景，以幫助讀者了解指南背後的基本原理，而不僅僅是記住一系列任意規則。更微妙的是，瞭解特定指南背後的基本原理，可以讓作者做出明智的決策：決定何時不應該應用該指南，或該指南是否需要更新。見第 8 章。

擴展你的問題：詢問社群

得到一對一的幫助，雖然高頻寬，但規模必然有限。而做為一個學習者，很難記住每一個細節。幫你未來的自己一個忙：當你從一對一的討論中學到一些東西時，**把它寫下來**。

未來的新人很可能也會有和你一樣的問題。也幫他們一個忙，**分享你寫下的東西**。

雖然分享你得到的答案可能是有用的，但不是從個人而是從社群尋求幫助也是有益的。本節中，我們將研究各種基於社群的學習方式。每一種方式：群聊（group chats）、郵遞論壇（mailing lists）和問答系統，都有不同的取捨和互補性。但是，這些方式的每一種，都能使知識尋求者從更廣泛的同行和專家社群獲得幫助，也可以確保該社群的當前和未來成員能夠廣泛獲得答案。

群聊

當你有問題時，有時很難從合適的人那裡得到幫助。也許你不確定誰知道答案，或者你想問的人很忙。在這些情況下，群聊（group chats）就很好用，因為你可以同時向許多人提問，並與有空的人快速來回對話。另外的優點是，群聊的其他成員可以從問答中學習，並且許多形式的群聊可以自動存檔，並可供以後搜尋。

群聊通常是針對主題或團隊來進行討論。主題驅動的（topic-driven）群聊通常是開放的，因此任何人都可以進來提問。它們往往會吸引專家進來，並且可以發展到相當大的規模，所以問題通常會很快得到回答。另一方面，以團隊為導向的（team-oriented）聊天往往規模較小，並且限制成員資格。因此，它們的影響力可能不如主題驅動的聊天，但規模較小會讓新人感到更安全。

雖然群聊非常適合快速提問，但它們能提供的結構不多，因此很難從你沒有積極參與的對話中提取有意義的資訊。一旦你需要在群組之外分享資訊，或使其可供以後參考，你應該將其編寫成文件或透過電子郵件發送到郵遞論壇。

郵遞論壇

Google 的大多數主題都有一個名為 topic-users@ 或 topic-discuss@ 的 Google Groups 郵遞論壇（mailing list），公司的任何人都可以加入或發電子郵件。在公共的郵遞論壇上提問，就像在群聊中提問：這個問題會接觸到很多可以回答的人，任何關注此論壇的人都可以從答案中學習。但與群聊不同，公共的郵遞論壇很容易與更多的人分享：它們會被打包成可搜尋的存檔（archives），並且「電子郵件討論緒」（email threads）提供了比群聊更多的結構。在 Google，郵遞論壇也有索引，可以透過 Google 的內網搜尋引擎 Moma 尋找。

當你找到你在郵遞論壇所問之問題的答案時，你會很想要立即繼續自己的工作。別這樣！你永遠不知道將來什麼時候會有人需要同樣的資訊（*https://xkcd.com/979*），因此最好的做法是把答案貼回論壇。

郵遞論壇並非沒有折衷的辦法。它們很適合處理需要大量背景資料的複雜問題，但對於群聊擅長的快速來回交流，它們就顯得笨拙了。一個關於特定問題的討論緒（thread）通常在它活躍的時候是最有用的。電子郵件存檔（archives）是不可變的，而且很難確定在舊的討論緒中發現的答案，是否仍然與當前的情況相關。此外，信噪比（signal-to-noise ratio）可能低於其他媒體（如正式文件），因為某人在特定工作流程中遇到的問題可能不適用於你。

Google 的電子郵件

Google 文化以電子郵件為中心且以電子郵件為主。Google 工程師每天都會收到數百封電子郵件（如果不是更多的話），這些電子郵件的可操作性各不相同。Nooglers 可能會花好幾天的時間來設置電子郵件篩選器，以處理來自已被自動訂閱之群組的大量通知；有些人只會放棄，並不想與時俱進。有些群組預設會將大型郵遞論壇的信息 CC（副本抄送）到每個討論中，而不會試圖將信息發送到那些可能對其特別感興趣的人；結果，信噪比可能是個大問題。

預設情況下，Google 傾向於使用基於電子郵件的工作流程。這並不一定是因為，相較於其他溝通方式，電子郵件是更好的媒介——它通常不是，而是因為這是我們的文化習慣。當你的組織考慮鼓勵或投資何種形式的溝通時，請記住這一點。

YAQS：問答平台

YAQS（Yet Another Question System）是一個由 Google 內部使用之類似 Stack Overflow（*https://oreil.ly/iTtbm*）的網站，它讓 Googlers（谷歌的員工）很容易鏈接到現有的或正在編寫中的程式碼，以及討論機密資訊。

與 Stack Overflow 一樣，YAQS 共享了許多與郵遞論壇相同的優點，並添加了一些改進：被標記為有幫助（helpful）的答案會在使用者介面上被推廣（promoted），使用者可以編輯問題和答案，以便隨著程式碼和事實發生變化時，保持準確和有用。因此，一些郵遞論壇已被 YAQS 所取代，而另一些郵遞論壇則演變為不太注重解決問題的一般性論壇。

擴展你的知識：你總是有東西要教別人

教學並不限於專家，專業知識也不限於你是新手還是專家的二元狀態。專業知識是你所瞭解的多維向量：每個人在不同領域的專業知識，水準都不同。這就是多樣性對「組織成功」至關重要的原因之一：不同的人會將不同的觀點和專業知識端上檯面（見第 4章）。Google 工程師會透過各種方式（比如答疑時間、舉辦技術講座、授課、編寫文件和審查程式碼）來教別人。

答疑時間

有時，有一個人可以交談真的很重要，在這種情況下，答疑時間（office hours）可能是一個很好的解決方案。答疑時間是一個定期（通常每週一次）安排的活動，在此期間，有一或多個人員可以回答關於特定主題的問題。答疑時間幾乎從來不是知識共享的首選：如果你有一個緊急的問題，等待下一次的答疑時間可能會很痛苦；如果你要主持答疑時間，那麼它們會佔用時間，而且需要定期推廣。儘管如此，它們確實為人們提供了一種與專家當面交談的方式。如果問題仍然模糊不清，以至於工程師還不知道該問什麼問題（例如，當他們剛剛開始設計一個新的服務時），或者問題是關於某個非常專業的東西可是沒有相關文件，那麼這就特別有用。

技術講座和課程

Google 擁有強大的內部和外部[5]技術講座和課程文化。我們的 engEDU（工程教育，即 Engineering Education）團隊致力於為人們（從 Google 工程師到世界各地的學生）提供計算機科學（Computer Science）教育。在更基層的層面上，我們的 g2g（Googler2Googler）計劃允許 Google 員工註冊，以便進行或參加其他 Google 員工的講座和課程。[6]該計劃非常成功，所教的主題從技術（例如「了解現代 CPU 中的向量化」）到純娛樂（例如「搖擺舞入門」）皆涵蓋在內。

技術講座[譯註]通常由演講者直接向觀眾演講。另一方面，課程可以有講座的成分，但通常以課堂練習為中心，所以需要參加者更積極地參與。因此，與技術講座相比，有講師指導的課程通常要求更高，但建立和維護費用也更高，而且只針對最重要或最困難的主題。也就是說，課程建立後，課程的擴展相對較輕鬆，因為許多講師可以使用相同的課程材料授課。我們發現，當存在以下情況時，課程的效果往往最好：

- 主題很複雜，經常引起誤解。課程的建立很費工夫，所以只有在滿足特定需求時，才應該開發課程。
- 主題相對穩定。更新課堂材料是一項繁重的工作，因此，如果該主題正在迅速發展，其他形式的知識共享將有更大的收益。

5　例如，*https://talksat.withgoogle.com* 和 *https://www.youtube.com/GoogleTechTalks*... 等等。

6　Laszlo Bock 所著之《Work Rules!: Insights from Inside Google That Will Transform How You Live and Lead（工作規則！來自谷歌內部的見解將改變你的生活和領導方式）》（New York: Twelve Books, 2015）。其中包括對計劃不同方面的描述，以及如何評估影響，並提出了建立類似計劃時應關注之重點的建議。

譯註　見 *https://www.youtube.com/user/GoogleTechTalks*

- 主題得益於有講師解答問題，提供個性化的幫助。如果學生在沒有指導的幫忙下也能輕鬆學習，那麼文件或錄音等自助媒介就會更有效率。Google 的一些入門課程也有自學的版本。
- 有足夠的需求來定期提供課程。否則，潛在的學習者將以其他方式獲得他們需要的資訊，而不是等待課程的提供。在 Google，對於地理位置偏遠的小型辦公室來說，這尤其是一個問題。

文件

文件（documentation）是書面知識（written knowledge），其主要目的是幫助讀者學習一些東西。並非所有的書面知識都是文件，儘管文件可以作為書面記錄使用。例如，我們可以在郵遞論壇的討論緒（mailing list thread）中查找問題的答案，但該討論緒上原始問題的主要目標是尋求答案，其次才是為其他人記錄討論。

本節中，我們將重點擺在如何發現為正式文件貢獻和建立的機會，從修正拼寫錯誤這樣的小事到記錄部落知識（tribal knowledge）等更大的工作皆涵蓋在內。

 有關文件之更全面的討論，見第 10 章。

更新文件

第一次學習某些東西的時候，是瞭解如何改進現有文件和培訓材料的最佳時機。當你吸收並理解了一個新流程或系統時，你可能忘記了「入門」（Getting Started）文件中，哪些是困難的或哪些簡單步驟被遺漏了。在此階段，如果你在文件中發現錯誤或遺漏，請修正它！讓營地比你來時更乾淨，[7] 並嘗試自己更新文件，即使該文件屬於組織的不同部分。

在 Google，工程師們覺得自己有權更新文件，而不管誰擁有文件，而且我們經常這樣做，即使修正的範圍很小，比如糾正一個拼寫錯誤。隨著 g3doc[8] 的引入，社群維護水準顯著提高，這使得 Googlers 更容易找到文件的擁有者來審查（review）他們的建議。它還留下了可審核（auditable）的變更歷史紀錄軌跡，與程式碼沒有什麼不同。

7　見《The Boy Scout Rule（童子軍規則）》（*https://oreil.ly/2u1Ce*）以及 Kevlin Henney 所著之《97 Things Every Programmer Should Know（程式設計人應該知道的 97 件事）》（Boston: O'Reilly, 2010）。

8　g3doc 代表 google3 documentation。 google3 是 Google 之「單體源碼儲存庫」（monolithic source repository）當前版本的名字。

建立文件

隨著你的熟練程度的提高，你可以編寫你自己的文件以及更新現有文件。例如，如果你設置了一個新的開發流程，並把這些步驟記錄了下來。然後，透過將其他人指向你的文件，使他們較容易跟隨你的路徑。更好的是，使人們更容易自己找到文件。任何完全無法發現或無法搜尋的文件也可能不存在。這是 g3doc 的另一個亮點，因為可以預見的是，文件就在原始程式碼旁邊，而不是在某個（無法找到的）文件或網頁上。

最後，要確保有一個反饋機制。如果沒有簡單而直接的方式讓讀者指出文件已經過時或不準確，他們很可能懶得告訴任何人，而下一個新人也將遇到相同的問題。如果人們覺得有人會注意到並考慮他們的建議，他們會更願意貢獻修改意見。在 Google，你可以直接從文件本身提交文件錯誤。

此外，Googlers 可以輕鬆地在 g3doc 網頁上留下評論。其他 Googlers 可以看到並回覆這些評論，而且，由於留下評論會自動為文件的擁有者提交錯誤，讀者無須弄清楚該聯繫誰。

推廣文件

傳統上，鼓勵工程師記錄他們的工作可能很困難。編寫文件需要花費在撰碼（coding）上的時間和精力，而這項工作帶來的好處並不是立竿見影的，大部分是由其他人受益。鑑於許多人可以從少數人的時間投資中受益，因此這種不對稱的折衷對整個組織都有利，但如果沒有良好的激勵措施，要鼓勵此類行為可能具有挑戰性。我們將在第 56 頁的〈獎勵和表彰〉討論其中一些結構性激勵措施。

但是，文件作者通常可以從編寫文件中直接受益。假設團隊成員總是要求你幫助排除（debugging）某些類型的生產失敗（production failures）。記錄你的過程需要預先投入時間，但這項工作完成之後，你可以透過指點團隊成員查閱文件，並只在需要時提供實際的幫助，進而節省將來的時間。

編寫文件還有助於你的團隊和組織擴大規模。首先，文件中的資訊會被規範化為參考資料：團隊成員可以參考共享文件，甚至可以自己更新它們。其次，規範化（canonicalization）可能會蔓延到團隊之外。也許文件的某些部分並非團隊的組態所獨有，對於希望解決類似問題的其他團隊也很有用。

程式碼

在元級別（meta level）上，程式碼就是知識，因此編寫程式碼的行為可以被視為一種知識轉錄（knowledge transcription）的形式。儘管知識共享（knowledge sharing）可能不是生產程式碼（production code）的直接意圖，但它通常是一種意外的副作用，程式碼的可讀性和清晰度可以促進知識共享。

程式碼文件是共享知識的一種方式；清晰的文件不僅有利於程式庫（library）的消費者，也有利於未來的維護者。同樣地，進行註釋會跨時間傳遞知識：你編寫這些註釋是為了將來的讀者（包括將來的你！）。在取捨方面，程式碼的註釋與一般文件有相同的缺點：它們需要積極的維護，否則可能很快就會過時，就像任何讀過「與程式碼直接矛盾之註解」的人都可以證明這一點。

對於作者和審查者來說，程式碼審查（見第 9 章）通常都是一個學習的機會。例如，審查者的建議可能會向作者介紹一種新的測試模式（testing pattern），或者審查者可能會透過看到作者在程式碼中使用的新程式庫來瞭解它的用法。Google 會透過程式碼審查與可讀性流程來標準化指導，這在本章末尾的案例研究中有詳細說明。

擴展組織的知識

隨著組織的發展，確保在整個組織中適當地共享專業知識，變得更加困難。有些東西，比如文化，在成長的每個階段都很重要，而另一些東西，如建立規範的資訊來源，可能對較成熟的組織更有利。

培養知識共享文化

組織文化是許多公司視為事後諸葛的人之常情。但在 Google，我們相信，關注文化和環境[9] 會比只關注環境的輸出（比如程式碼）效果更好。

要進行重大的組織變革是很困難的，關於這個主題的書籍不計其數。我們並不會假裝知道所有的答案，但我們可以分享 Google 為創造一種促進學習的文化而採取的具體步驟。

欲對 Google 的文化進行更深入的研究，可參閱《Work Rules!》一書！[10]

9　Laszlo Bock 所著之《Work Rules!: Insights from Inside Google That Will Transform How You Live and Lead（工作規則！來自谷歌內部的見解將改變你的生活和領導方式）》（New York: Twelve Books, 2015）。

10　同上。

尊重

僅僅是幾個人的不良行為，就能讓整個團隊或社群不受歡迎（*https://oreil.ly/R_Y7N*）。在這樣的環境下，新手將學會把問題帶到別處，潛在的新專家將停止嘗試，沒有成長的空間。在最壞的情況下，該團體會減少到最毒的成員。要從此狀態中恢復過來可能很困難。

知識共享可以而且應該以善意和尊重的方式進行。在科技領域，對「傑出的渾蛋」（brilliant jerk）的容忍（或者更糟糕的是崇敬）既普遍又有害，但做為專家和善良的人並不會相互排斥。Google 之軟體工程職涯路徑（software engineering job ladder）的「領導力」（Leadership）部分，明確地概述了這一點：

> 儘管在更高的層次上，應該會有一定程度的技術領導力，但並非所有的領導力都是針對技術問題。領導者要提高周圍人們的素質，提高團隊的心理安全感，營造團隊合作和協作的文化，化解團隊內部的緊張情緒，樹立 Google 文化和價值觀的榜樣，使 Google 成為一個更具活力和令人興奮的工作場所。渾蛋（Jerks）不是好的領導者。

這種期望是由高階領導層樹立的：Urs Hülzle（技術基礎架構高階副總裁）和 Ben Treynor Sloss（副總裁、Google SRE 創始人）寫了一份經常引用的內部文件（"No Jerks"），內容講述了為什麼 Googlers（谷歌員工）應該關心工作中的尊重行為以及該如何做。

獎勵和表彰

良好的文化必須得到積極培育，而鼓勵知識共享文化則需要在系統層面上對其進行表彰和獎勵。對於組織來說，口頭上說一套價值觀，卻積極獎勵與這些價值觀不符的行為，這是一個常見的錯誤。人們對於鼓勵的反應是陳詞濫調，所以透過建立一個補償和獎勵制度，以實際行動來支持是很重要的。

Google 使用了各種的表彰機制，從整個公司的標準（例如，績效考核和晉升標準）到 Googlers（谷歌員工）的同儕之間獎勵（peer-to-peer awards）皆包含在內。

我們的軟體工程職涯路徑用於校準整個公司的薪酬和晉升等獎勵，透過明確指出這些期望，鼓勵工程師分享知識。在更高級別的職位上，職涯路徑明確指出了擴大影響力的重要性，並且隨著級別的提高，這種期望也隨之提高。在最高級別，領導力的例子包括：

- 做為初級員工（junior staff）的導師，幫助他們在技術上和 Google 角色上得到所發展，進而培養未來的領導者。
- 透過程式碼和設計審查、工程教育和開發，以及該領域其他人員的專家指導，維持和發展 Google 的軟體社群。

 第 5 章和第 6 章可以看到更多關於領導力的內容。

職涯路徑期望（job ladder expectations）是一種從上而下（top-down）的文化指導方式，但文化也是自下而上（bottom up）形成的。在 Google，同儕獎金計劃（peer bonus program）是我們擁抱自下而上文化的一種方式。同儕獎金是一種貨幣獎勵和正式表彰，任何 Googler（谷歌員工）可以授予任何其他 Googler 出色工作的正式表彰。[11] 例如，當 Ravi（拉維）向郵遞論壇的傑出貢獻者 Julia（朱莉亞）授予同儕獎金時，他就公開表彰了她的知識共享工作及其對團隊以外的影響（因為 Julia 時常回答有益於許多讀者的問題）。因為同儕獎金是由員工驅動的，而非管理層驅動的，所以他們可以產生重要而強大的草根效應。

與同儕獎金類似的是讚揚（kudos）：公眾對貢獻（在影響或努力方面比獲得同儕獎金的人要小）的表彰，進而提升了同儕之間貢獻（peer-to-peer contributions）的可見性。

當一個 Googler 給予另一個 Googler 同儕獎金或讚揚時，他們可以選擇在獎勵郵件（award email）中將副本寄給其他群組或個人，進而提升對同儕工作的認可度。獲獎者的經理通常會將獎勵郵件轉寄給團隊，以慶祝彼此的成就。

一個人們可以正式而輕鬆地表彰同儕的系統，是一個鼓勵同儕繼續做他們所做的了不起之事情的有力工具。重要的不是獎金，而是同儕的認可。

建立標準資訊來源

標準資訊來源（canonical sources of information）是全公司的集中式資訊庫，為專業知識的標準化和傳播提供了途徑。對於組織內與工程師相關的所有資訊，它們的效果最好，否則容易形成資訊孤島。例如，基本的開發人員工作流程設置應該成為標準，而運行本地 Frobber 實例的指南，只會與使用 Frobber 的工程師相關。

---

11 同儕獎金（peer bonuses）包括現金獎勵（cash award）和證書（certificate），以及成為一個稱為 gThanks 的內部工具中之 Googler 獎勵記錄（award record）的永久部分。

與維護較本地化的資訊（如團隊文件）相比，建立標準資訊來源需要更高的投資，但它也具有更廣泛的好處。為整個組織提供集中式參考資料（centralized references），使得被廣泛需要的資訊更易於查找、更可預測，並解決了多個團隊在處理類似問題時，可能出現的資訊碎裂化（information fragmentation）問題，因為這些團隊所製作的指南往往是相互衝突的。

因為標準資訊具高可見性，目的在提供組織層面的共識（shared understanding），所以內容必須由主題專家（subject matter experts）積極維護和審查。越是複雜的主題，越關鍵的是，標準內容要有明確的擁有者。好心的讀者可能會發現，有些東西已經過時了，但他們缺乏進行重大結構變更所需的專業知識，即使工具提出了更新建議。

建立和維護集中式標準資訊來源既昂貴又耗時，並非所有內容都需要在組織層面進行共享。當考慮在這個資源上投入多少精力時，請考慮你的讀者。誰會從此資訊中受益？你？你的團隊？你的產品領域？所有的工程師？

開發者指南

Google 為工程師提供了一套廣泛而深入的官方指南，包括風格指南（*http://google.github.io/styleguide*）、官方軟體工程最佳實務 [12]、程式碼審查 [13] 和測試指南 [14] 以及每週提示（Tips of the Week 或簡稱 TotW）[15]。

資訊庫（corpus of information）是如此之大，以至於期望工程師們把所有的資訊都通讀一遍是不切實際的，更不用說能夠一次吸收這麼多資訊了。相反，一個已經熟悉指南的專家可以將鏈結發送給其他工程師，然後工程師可以閱讀參考資料並瞭解更多資訊。專家無須親自解釋整個公司的做法，進而節省了時間，而且學習者現在知道，有一個可信賴的標準資訊來源，每當有需要，他們隨時可以查閱。這種過程可以擴展知識，因為它使專家能夠利用可擴展的公共資源來認識和解決特定的資訊需求。

go/ 鏈結

go/ 鏈結（有時稱為 goto/ 鏈結）是 Google 內部的縮網址服務（URL shortener）。[16] Google 大多數的內部參考資料至少都會有一個內部 go/ 鏈結。例如，"go/spanner" 提供

12　如與《software engineering at Google》有關的書籍。

13　見第 9 章。

14　見第 11 章。

15　可用於多種語言。目前，C++ 的部分，可以從 *https://abseil.io/tips* 取得。

16　go/ 鏈結與 Go 語言無關。

了關於 Spanner 的資訊、"go/python" 是 Google 的 Python 開發者指南。內容可以存在於任何儲存庫中（g3doc、Google Drive、 Google Sites 等），但以 go/ 鏈結指向它，則可以使用一個可預測、可記憶的方式來取用它。這帶來了一些不錯的好處：

- go/ 鏈結很短，很容易在對話（如，"你應該看看 go/frobber!"）中分享它們。這比必須先找到鏈結，然後向所有感興趣的人發送訊息要容易得多。若有一個低摩擦的方式來分享參考資料，就更有可能在第一時間分享這些知識。
- go/ 鏈結對內容提供了一個永久鏈結（permalink），即使網址（URL）發生變化。當擁有者將內容移動到另一個儲存庫（例如，將內容從 Google doc 移動到 g3doc）時，他們輕易就能更新 go/ 鏈結的目標網址（target URL）。go/ 鏈結保持不變。

go/ 鏈結在 Google 文化中已經根深蒂固，以至於出現了一個良性循環：一個 Googler 尋找關於 Frobber 的資訊時，很可能會先查看 go/frobber。如果 go/ 鏈結沒有（如預期的那樣）指向 Frobber 開發者手冊，Googler 一般會自己設定鏈結。因此，Googlers 通常可以在第一次嘗試時猜到正確的 go/ 鏈結。

Codelabs

Google codelabs 是一種具指導性的實踐教程（hands-on tutorials），透過結合說明、最佳實踐範例程式碼以及程式碼練習來傳授工程師新的概念或流程。[17] 透過 go/codelab 可以找到廣泛用於整個 Google 之技術的 codelabs（程式碼實驗室）的標準集合。這些 codelabs 在發佈前要經過幾輪的正式審查和測試。codelabs 是靜態文件和教師指導課程之間的有趣中間點（halfway point），它們共享了各自的最佳和最差特性。它們的實踐性使其比傳統的文件更具吸引力，但工程師仍然可以按需求取用它們並自行完成；然而它們的維護成本很高，而且不能根據學習者的特定需求量身定制。

靜態分析

靜態分析工具是分享最佳實施方法（best practice）的有力方式，可以透過程式設計方式進行檢查。每種程式語言都有自己特有的靜態分析工具，但是它們有著相同的一般用途：提醒程式碼作者和審查者如何改進程式碼，使之符合風格和最佳實施方法。有些工具甚至還可以自動將這些改進應用到程式碼中。

有關靜態分析工具以及其在 Google 的使用方式之細節，請參閱第 20 章。

17　見 *https://codelabs.developers.google.com*。

設置靜態分析工具需要前期投資，但一旦安裝到位，它們就可以被有效地擴展。當最佳實施方法的檢查程序被添加到工具中時，使用此工具的每個工程師都會意識到該最佳實施方法。這也讓工程師們能夠騰出時間來教其他東西：那些用來教（現在被自動化之）最佳實施方法的時間和精力，可以用來教別的東西。靜態分析工具可增強工程師的知識。相較於其他方法，靜態分析工具使組織能夠應用更多的最佳實施方法，並能更加一致地應用它們。

最新資訊

有些資訊對於完成自己的工作至關重要，例如瞭解如何執行典型的開發工作流程。但有些資訊（如關於受歡迎之生產力工具的更新）則不那麼重要，但仍然很有用。對於這類知識，資訊共享媒介的形式取決於所提供之資訊的重要性。例如，使用者希望官方文件保持最新的狀態，但通常不會對新聞通訊內容（newsletter content）有這樣的期望，因此對資訊擁有者之維護和維持的要求較低。

新聞通訊

Google 公司內部有一些新聞通訊（newsletters）會發送給所有工程師，包括 EngNews（工程新聞）、Ownd（隱私／安全新聞）和 Google's Greatest Hits（本季最有趣的停機報告）。這些都是傳達工程師感興趣但並非關鍵任務資訊的好方法。對於此類資訊的更新，我們發現當新聞通訊發送頻率較低，且包含更多有用、有趣的內容時，它們會獲得更好的參與度。否則，新聞通訊可能被視為垃圾郵件。

儘管大多數 Google 新聞通訊都是透過電子郵件發送的，但有些新聞通訊的分發更具創意。Testing on the Toilet（testing tips）〔廁所裡的測試（測試提示）〕和 Learning on the Loo (productivity tips)〔廁所裡的學習（生產力提示）〕是張貼在廁所隔間內的單頁新聞通訊。這種獨特的交付媒體有助於使 Testing on the Toilet 和 Learning on the Loo 從其他的新聞通訊脫穎而出，所有內容在網上都有存檔。

 有關 Testing on the Toilet 的來歷，請參閱第 11 章。

社群

Googlers 喜歡圍繞各種主題建立跨組織社群，以分享知識。這些開放的渠道使得你更容易向周圍的人學習，並避免資訊孤島和重複。Google Groups（谷歌網上論壇）尤其受歡

迎：Google 擁有數千個內部論壇，形式各異。有些專門用於故障排除；有些，如 Code Health 論壇，則更多用於討論和指導。內部的 Google+ 也做為非正式資訊的來源，在 Googlers 中也很受歡迎，因為人們會發布有趣的技術分析或他們正在進行之專案的細節。

可讀性：透過程式碼審查實現標準化指導

在 Google，「可讀性」（readability）指的不僅僅是程式碼的可讀性；它是一個標準化的、在 Google 內部傳播程式語言最佳實施方法的指導過程。可讀性涵蓋了廣泛的專業知識，包括但不限於語言慣用語（language idioms）、程式碼結構（code structure）、API 設計、公共程式庫（common libraries）的適當用法、文件和測試覆蓋率（test coverage）。

可讀性始於一個人的努力。在 Google 的早期，Craig Silverstein（員工編號 #3）會坐下來與每位新員工談話，親自對他們的第一個主要程式碼提交（major code commit）逐列進行「可讀性審查」（readability review）。這是一個挑剔的審查，從程式碼的改進到空格的約定皆包含在內。這使得 Google 的程式碼基底（codebase）具有統一的外觀，但更重要的是，它教導了最佳實施方法，強調了共享基礎架構的可用性，並向新員工展示在 Google 編寫程式碼的感覺。

不可避免地，Google 的招聘速度成長到了一個人無法跟上的程度。許多工程師認為這個過程很有價值，所以他們自願花時間擴大這個專案的規模。如今，大約 20% 的 Google 工程師在任何特定的時間都在參與可讀性過程，無論是審查者還是程式碼的作者。

什麼是可讀性過程？

在 Google，程式碼審查是強制性的。每個變更清單（changelist，或簡寫為 CL）[18] 都需要可讀性批准（readability approval），這表示擁有該語言可讀性認證（readability certification）的人已經批准了 CL。經認證的作者（certified authors）代表其 CL 的可讀性已被批准；否則，必須有一或多名合格的審查者明確地批准 CL 的可讀性。這個要求是在 Google 發展到一定程度時增加的，因為 Google 已經不可能強制要求每個工程師都接受程式碼審查，教導最佳實施方法，以達到預期的嚴格性。

18　變更清單（changelist）是版本控制系統中構成一個變更的檔案清單。變更清單是變更集（changeset）的同義詞（*https://oreil.ly/9jkpg*）。

请参阅第 9 章，以了解 Google 程式码审查过程的概况，以及批准（Approval）在此背景下的含义。

在 Google 内部，某种语言具有可读性认证（readability certification）通常称为「具备可读性」（having readability）。具备可读性的工程师已经证明这一点，他们能够始终如一地编写出清晰、惯用且可维护的程式码，这体现了 Google 针对特定语言的最佳做法和撰码风格。他们透过可读性过程（readability process）来提交 CL 以实现这一点，在此过程中，由一个集中的可读性审查小组对 CL 进行审查，并反馈它在多大程度上展现了各方面精通程度。随着作者将可读性指导方针（readability guidelines）内化，他们在自己的 CL 上收到的评论越来越少，直到他们最终从这个过程中出师，并正式获得可读性。可读性带来了更多的责任：具有可读性的工程师是值得信任的，可以继续将他们的知识应用到自己的程式码中，并充当其他工程师之程式码的审查者。

大约有 1% 到 2% 的 Google 工程师是可读性审查者（readability reviewers）。所有审查者都是志愿者，并欢迎任何具有可读性的人自荐成为可读性审查者。可读性审查者应遵循最高的标准，因为他们不仅需要具备深厚的语言专业知识，而且需要具备通过程式码审查来传授知识的能力。他们首先应该把可读性视为一个指导及合作的过程，而不是把关（gatekeeping）或对抗的过程。鼓励可读性审查者和 CL 作者在审查过程中进行讨论。审查者应为其评论提供相关引文，这样作者就可以了解风格指导方针（切斯特顿的篱笆）的基本原理。如果任何特定指导方针的理由不明确，作者应要求澄清（提问）。

可读性是一个特意由人驱动的过程，旨在以标准化但又个性化的方式扩展知识。做为书面知识和部落知识的一种补充，可读性结合了书面文件的优点（能够透过可引用的参考资料来取得）和专家审查者的优势（他们知道要引用哪些准则）。标准指南和语言建议都要有全面的记录（这很好）！但资讯库是如此之大 [19]，以至于它可能是压倒性的，特别是对进员工来说。

19　截至 2019 年，只有 Google C++ 风格指南（style guide）是 40 页长。构成完整之最佳实施方法（best practices）的辅助材料要比它长很多倍。

為什麼有這個過程？

程式碼的閱讀量遠遠超過其編寫量，並且這種效果在 Google 的規模和我們的（非常大的）monorepo 中被放大了。[20] 任何工程師都可以查看和學習其他團隊豐富的知識，而像 Kythe（*https://kythe.io*）這樣的強大工具，可以很容易地在整個程式碼基底（codebase）中查找參考資料（見第 17 章）。文件化之最佳實施方法（見第 8 章）的一個重要特點是，它們為所有 Google 程式碼提供了一致的標準。可讀性既是這些標準機制，也是傳播機制。

可讀性程式（readability program）的主要優點之一是，它讓工程師了解的不僅僅是自己團隊的部落知識。為了獲得特定語言的可讀性，工程師必須透過一組集中的可讀性審查者發送 CL，這些審查者會審查整個公司的程式碼。將過程集中化是一個重要的權衡：程式僅限於線性擴展，並非隨著組織的成長而進行次線性擴展，但它更容易實現一致性、避免孤島和避免（通常是無意的）偏離特定規範。

全程式碼基底（codebase-wide）之一致性的價值，再怎麼強調都不為過：即使數十年來有數萬名工程師在編寫程式碼，它也能確保特定語言在整個資訊庫中看起來相似。這使讀者能夠專注於程式碼的功能，而不會因為程式碼看起來與習慣的程式碼不同而分心。大規模變更的作者（見第 22 章）可以更輕易地在整個 monorepo 中進行變更，跨越數千個團隊的界線。人們可以改變團隊，並確信新團隊使用特定語言的方式與之前的團隊沒有太大的不同。

這些好處伴隨著一些成本：與其他媒體（如文件和類別）相比，可讀性是一個重量級的過程，因為它是強制性的，並且由 Google 工具強制實施（見第 19 章）。這些成本並不小，包括以下幾個方面：

- 對於沒有任何成員具有可讀性的團隊來說，這增加了摩擦力，因為他們需要從團隊外部找到審查者，以便批准 CL 的可讀性。
- 對於需要可讀性審查（readability review）的作者，可能需要進行額外的程式碼審查。
- 擴展人為驅動過程（human-driven）的缺點。僅限於線性擴展到組織成長為止，因為它依賴於人類審查者（human reviewers）進行專門的程式碼審查。

---

[20] 關於 Google 為什麼使用 monorepo（單體式儲存庫），請參考 *https://cacm.acm.org/magazines/2016/7/204032-why-google-stores-billions-of-lines-of-code-in-a-single-repository/fulltext*。還要注意的是，並非所有的 Google 程式碼都位於 monorepo 中；此處所說的可讀性僅適用於 monorepo，因為它是儲存庫內部一致性的概念。

因此，問題是收益是否大於成本。還有一個時間因素：收益與成本的全部影響並不是在同一時間尺度（timescale）上。該方案特意在以下方面進行了權衡：為了獲得更高品質的程式碼、儲存庫範圍內（repository-wide）的程式碼一致性以及增加工程師專業知識等的長期回報（long-term payoffs）增加的短期程式碼審查延遲（short-term code-review latency）和前期成本（upfront costs）。受益的時間尺度越長，帶來的預期是，所寫出的程式碼可能有幾年甚至幾十年的壽命。[21]

如同大多數（或許是所有的）工程過程（engineering processes），總是還有改進的空間。一些費用可以透過工具的使用來減輕。一些可讀性評論涉及到可以靜態偵測並由靜態分析工具自動評論的問題。隨著我們對靜態分析的不斷投入，可讀性審查者可以越來越多地關注高階領域，例如一個特定的程式碼區塊是否可以被不熟悉程式碼基底的外部讀者理解，而不是像某列程式碼是否有尾隨空格（trailing whitespace）之類的自動偵測。

但是光有抱負是不夠的。可讀性是一個有爭議性的方案：一些工程師抱怨說，這是一個非必要的官僚主義障礙，而且浪費了工程師的時間。可讀性的權衡是否值得？為了得到答案，我們求助於值得我們信賴的「工程效率研究」（Engineering Productivity Research 或簡寫為 EPR）團隊。

EPR 團隊對可讀性進行了深入的研究，包括但不限於人們在畢業後是否被這個過程所阻礙、學到了什麼或改變了他們的行為。這些研究表明，可讀性對工程速度有淨值正面效應（net positive impact）。從統計學上看，具有可讀性的作者之 CL 的審查和提交時間，比沒有可讀性的作者之 CL 更少。[22] 在缺乏更客觀之程式碼品質衡量標準的情況下，自陳報告（self-reported）的工程師對其程式碼品質的滿意度，具有可讀性的工程師高於那些不具可讀性的工程師。完成方案的絕大多數工程師都對該過程表示滿意，並認為這是值得的。他們向審查者學習並更改自己的行為，以避免在編寫和審查程式碼時出現可讀性問題。

 要深入了解這項研究以及 Google 內部工程師的效率研究，請參閱第 7 章。

21　因此，已知壽命（time span）較短的程式碼可以免除可讀性要求。例子包括 experimental/ 目錄（明確指定為實驗程式碼，不能用於產品）和 Area 120 計劃（*https://area120.google.com*），這是 Google 實驗產品的研討會。

22　這包括控制多種因素，包括在 Google 的任期，以及事實上，與已經具備可讀性的作者相比，對於不具可讀性之作者的 CL 通常需要額外的審查。

Google 有很強的程式碼審查（code review）文化，可讀性（readability）是這種文化的自然延伸。可讀性從一位工程師的激情發展到一個由人類專家（human experts）指導所有 Google 工程師的正式方案。它隨著 Google 的發展而演變，並且會隨著 Google 需求的變化，而繼續演變。

結語

知識在某些方面是軟體工程組織最重要的（儘管是無形的）資本，而共享這些知識對於使一個組織在面對變革時具有彈性（resilient）和冗餘性（redundant）至關重要。促進開放和誠實的知識共享文化，可在整個組織中有效地散佈這些知識，並允許組織隨著時間的推移而進行擴展。在大多數情況下，投資於較容易的知識共享，會在公司的整個生命中穫得數倍的回報。

摘要

- 心理安全（psychological safety）是營造知識共享環境的基礎。

- 從小事做起：提出問題，並把事情寫下來。

- 使人們很容易從人類專家（human experts）和書面參考資料（documented references）中獲得所需的幫助。

- 在系統層面上，鼓勵和獎勵那些花時間教授和擴展其專業知識的人，而不僅僅是他們自己、他們的團隊或他們的組織。

- 沒有靈丹妙藥：增強知識共享文化的能力需要多種策略的組合，而最適合你的組織的確切組合，可能會隨著時間的推移而改變。

## 第四章

公平工程

作者：Demma Rodriguez（德瑪·羅德里格斯）

編輯：Riona MacNamara（里奧娜·麥克納馬拉）

前幾章中，我們已經探討了程式設計與軟體工程之間的差異，前者是撰寫解決當前問題的程式碼，後者是對程式碼、工具、策略和流程的更廣泛應用，以解決可能跨越幾十年甚至一生之動態和模糊的問題。本章中，我們將討論工程師在為廣大用戶設計產品時的獨特職責。此外，我們還評估了一個組織如何透過擁抱多樣性來設計適合每個人的系統，並避免對我們的用戶造成永久傷害。

軟體工程是一個新的領域，我們在理解它對代表性不足的人和多元社會的影響方面，還是一個新手。我們撰寫本章不是因為我們知道所有的答案。我們並不知道。事實上，瞭解如何設計出能賦予我們所有用戶權力以及尊重他們的產品，仍然是 Google 正在學習的事情。在保護最脆弱的用戶方面，我們有許多公開的失敗，所以我們撰寫本章是因為，通往更公平產品的道路，首先要評估我們自己的失敗以及鼓勵成長。

我們之所以撰寫本章，也是因為做出影響世界之發展決策的人與那些必須接受的人之間的權力日益不平衡，這些決策有時會使全球已經被邊緣化的社群，處於不利的地位。與下一代軟體工程師分享和反思我們迄今所學到的知識非常重要。更重要的是，我們想影響下一代工程師，使他們比今日的我們更優秀。

只要拿起這本書，就意味著你可能渴望成為一名傑出的工程師。你想解決問題。你渴望所打造的產品能夠為最廣泛的人群，包括那些最難接觸到的人群，帶來正面的影響。要做到這一點，你需要考慮如何利用你所建構的工具來改變人類的軌跡，希望能變得更好。

偏見是難免的

當工程師不關注不同國籍、民族、種族、性別、年齡、社經地位、能力和信仰體系的用戶時，即使是最有才華的人也會無意中讓用戶失望。這種失望往往是無意的；所有人都有一定的偏見，而且社會科學家在過去的幾十年裡已經認識到，大多數人都會表現出無意識的偏見、強化和宣揚既有的成見。無意識的偏見（unconscious bias）是隱蔽的，往往比有意的排斥行為更難緩解。即使我們想做正確的事情，也可能不會意識到自己的偏見。同樣，我們的組織也必須承認存在這種偏見，並努力在員工、產品開發和用戶推廣中解決這種偏見。

由於偏見，Google 有時未能在其產品中公平對待用戶，過去幾年推出的產品對未被充分代表的群體關注不夠。許多用戶將我們在這些情況下缺乏意識的原因，歸結為我們的工程人員大多是男性，大部分是白人或亞洲人，當然不能代表使用我們產品的所有社群。我們的員工隊伍[1] 中缺乏這類用戶的代表，意味著我們通常缺乏必要的多樣性，所以無法瞭解我們的產品的使用，如何影響未被充分代表的（underrepresented）或弱勢的（vulnerable）用戶。

案例研究：Google 未能實現種族包容的目標

2015 年，軟體工程師 Jacky Alciné（杰基‧阿爾西內）指出[2]，Google Photos（谷歌相簿）中的圖像識別演算法，將他的黑人朋友歸類為「大猩猩」。Google 對這些錯誤反應遲緩，而且處理這些錯誤時也不徹底。

是什麼原因造成了如此巨大的失敗？有幾件事：

- 圖像識別演算法取決於是否提供了 "適當的"（通常意味著 "完整的"）資料集。饋入 Google 之圖像識別演算法的照片資料顯然不完整。簡而言之，照片資料未能代表所有族群。

---

1 Google 的 2019 年多元化報告（*https://diversity.google/annual-report*）。

2 @jackyalcine. 2015. "Google Photos, Y'all Fucked up. My Friend's Not a Gorilla.（谷歌相簿，你們都搞砸了。我的朋友不是大猩猩。）" Twitter, June 29, 2015. *https://twitter.com/jackyalcine/status/615329515909156865*

3 2018-2019 年的許多報告都指出，整個技術領域缺乏多樣性。一些知名的例子包括 National Center for Women & Information Technology（國家婦女與資訊技術中心）（https://www.ncwit.org/）和 Diversity in Tech（科技多樣性）（https://www.informationisbeautiful.net/visualizations/diversity-in-tech/）。

- Google 本身（以及整個科技行業）沒有（也不存在）太多的黑人代表，[3] 這會影響此類演算法（algorithms）被設計時和此類資料集（datasets）被收集時的主觀決策。組織本身的無意識偏見很可能導致一個更具代表性的產品被擱置在桌上。

- Google 之圖像識別（image recognition）的目標市場並沒有充分包括此類代表性不足的群體。Google 的測試沒有發現這些錯誤；結果，被我們的用戶發現了，這既讓 Google 尷尬，也傷害了我們的用戶。

截至 2018 年，Google 仍未充分解決根本問題。[4]

在這個例子中，我們的產品設計和執行不當，未能正確考慮所有種族群體，因此讓我們的用戶失望，並導致 Google 的負面新聞。其他技術也有類似的失誤：自動完成功能會回傳具攻擊性或種族主義的結果。可以操作 Google 的廣告系統來顯示種族主義或攻擊性廣告。Youtube 可能不會抓出仇恨言論，儘管從技術上講，它在該平臺上是非法的。

在所有這些情況下，技術本身並不是真正的罪魁禍首。例如，自動完成功能的設計，並不是針對用戶或歧視。但它的設計也不夠靈活，無法排除被視為仇恨言論的歧視性語言。因此，該演算法回傳的結果，對用戶造成了傷害。對 Google 本身的危害也應該很明顯：用戶的信任度降低，與 Google 的接觸減少。例如，黑人、拉丁裔和猶太裔的應聘者，可能會對 Google 失去信心，或甚至對其包容性環境本身失去信心，進而損害 Google 提高招聘代表性的目標。

怎麼會這樣？畢竟，Google 雇用了受過良好教育和／或具有專業經驗的技術人員，他們是能夠編寫出最佳程式碼並測試其工作的卓越程式員。「為每個人打造」（Build for everyone）是 Google 的品牌宣言，但事實是，在宣稱自己做到這一點之前，我們還有很長的路要走。解決這些問題的一種方法是，幫助軟體工程組織本身看起來就像為其打造產品的人群。

瞭解多樣化的必要性

在 Google，我們相信，做為一名傑出的工程師，你還需要專注於將不同的觀點引入產品設計和實作中。這也意味著，負責招聘或面試其他工程師的 Googlers（谷歌員工）

4　Tom Simonite（湯姆‧西蒙尼特），" When It Comes to Gorillas, Google Photos Remains Blind（說到大猩猩，谷歌相簿仍然是盲目的）Wired, January 11, 2018。（https://www.wired.com/story/when-it-comes-to-gorillas-google-photos-remains-blind/）

必須為建立更具代表性的員工隊伍做出貢獻。例如，如果你為公司的職位面試其他的工程師，重要的是瞭解在招聘中偏見是如何發生的。瞭解如何預測和預防傷害有重要的先決條件。要達到我們可以「為每個人打造」的目的，我們首先必須了解我們的代表性人群。我們需要鼓勵工程師接受更廣泛的教育培訓。

第一要務是打破這樣的觀念：做為一個擁有計算機科學學位和／或工作經驗的人，你擁有成為一名傑出工程師所需的所有技能。計算機科學學位往往是一個必要的基礎。然而，僅憑學位（即使加上工作經驗）不會使你成為工程師。同樣重要的是，要打破只有擁有計算機科學學位的人才能設計和建構產品的想法。今天，大多數程式員都擁有計算機科學學位（*https://oreil.ly/2Bu0H*）；他們成功地建構了程式碼，建立變更理論，並應用方法解決問題。然而，正如上述例子所示，這種方法對於包容性和公平工程是不適用的。

工程師應首先將所有工作集中在他們試圖影響之完整生態系統的框架中。他們至少需要瞭解用戶的人口統計數據。工程師應該關注那些與自己不同的人，尤其是那些可能試圖使用他們的產品而遭受傷害的人。最難考慮的是那些在他們獲取技術的過程和環境中被剝奪了權利的用戶。為了解決這一問題，工程團隊需要代表其現有和未來的用戶。在工程團隊缺乏不同代表性的情況下，工程師個人就需要學習如何為所有用戶打造產品。

建構多元文化的能力

傑出工程師的標誌之一是能夠理解產品如何使不同的人群處於有利和不利的地位。工程師應具有技術能力，但他們也應該有洞察力，知道何時建構什麼東西，何時不建構。洞察力包括建構識別和拒絕導致不良結果的功能或產品的能力。這是一個崇高而又困難的目標，因為成為一個高績效的工程師，需要大量的個人主義。然而，要取得成功，我們必須將我們的關注點從自己的社群擴展到下一個 10 億用戶，或者是可能被我們的產品剝奪權力或被我們的產品拋棄的當前用戶。

隨著時間的推移，你可能會建構出數十億人每天使用的工具——影響人們如何思考人類生命價值的工具、監控人類活動的工具，以及捕獲和保存敏感資料的工具，例如他們的孩子和親人的圖像，以及其他類型的敏感資料。做為一名工程師，你擁有的權力可能比你意識到的要大：真正改變社會的力量。在成為一位傑出工程師的過程中，你必須瞭解在不造成傷害的情況下，行使權力所需的先天責任，這一點至關重要。第一步是認識到你由許多社會和教育因素所造成之偏見的默認狀態。認識到這一點後，你將能夠考慮那些經常被遺忘的用例或用戶，這些用例或用戶可能會因你所建構的產品而受益或受到傷害。

業界不斷向前發展，以越來越快的速度為人工智慧（AI）和機器學習建構新的用例（use cases）。為了保持競爭力，我們在建造高素質的工程和技術人才隊伍方面，正朝著規模和效率的方向努力。然而，我們需要停下來思考一個事實，即今日，有些人有能力設計未來的技術，而有些人則沒有。我們需要了解，我們建造的軟體系統是否會消除全體人民共享繁榮的潛力，並提供公平獲得技術的機會。

從歷史上看，企業在「完成推動市場支配地位（market dominance）和收入（revenue）的戰略目標（strategic objective）」與「可能減緩朝向這個目標前進的動力」之間，都選擇了速度和股東價值（shareholder value）。許多公司重視個人績效和卓越，但往往未能有效地推動所有領域的產品公平性，進而加劇了這種趨勢。關注代表性不足的用戶是促進公平性的明顯機會。為了在技術領域繼續保持競爭力，我們需要學會為全球公平（global equity）而進行設計。

如今，當公司設計出掃描、捕捉和識別街上行人的技術時，我們感到擔憂。我們擔心隱私以及政府現在和將來會如何使用這些資訊。然而，大多數技術人員對代表性不足的群體缺乏必要的觀點，無法瞭解種族差異在面部識別（facial-recognition）中的影響，也無法理解應用 AI（人工智慧）如何產生有害和不準確的結果。

目前，AI 驅動的面部識別軟體仍然不利於有色人種或少數族裔。我們的研究不夠全面，也沒有包括足夠廣泛的不同膚色。如果訓練資料和建立軟體的人員只代表一小部分人，則不能指望輸出是有效的。在這種情況下，我們應該願意推遲開發，以期獲得更完整、更準確的資料，以及更全面、更具包容性的產品。

然而，資料科學本身對人類的評估具有挑戰性。即使我們有代表性，訓練集（training set）仍然可能有偏見，並產生無效的結果。2016 年完成的一項研究發現，在執法部門的面部識別資料庫中，有超過 1.17 億的美國成年人。[5] 由於黑人社區的治安工作不成比例，逮捕的結果也不盡相同，在面部識別中利用這種資料庫，可能會出現帶有種族偏見的錯誤率。儘管軟體的開發和部署速度越來越快，但獨立測試卻沒有。為了糾正這種嚴重的錯誤，我們需要放慢速度以保持完整性，並確保我們的輸入包含盡可能少的偏見。Google 現在提供在 AI 環境下的統計訓練（statistical training），以幫助確保資料集不會存在內在偏見。

5　參見 Stephen Gaines（斯蒂芬·蓋恩斯）和 Sara Williams（薩拉·威廉姆斯）的 "The Perpetual Lineup: Unregulated Police Face Recognition in America."（永久的陣容：美國不受監管的員警面部識別。）

因此，將你的行業經驗（industry experience）的重點轉移到包括更全面、多文化、種族和性別研究教育上，不僅是你的責任，也是你的僱主的責任。科技公司必須確保其員工不斷接受專業發展（professional development），並確保這種發展是全面和多學科的。所要求的並不是一個人獨自去了解其他文化或其他人口結構。變革要求我們每個人，無論是個人還是團隊的領導者，都要投資於持續的專業發展，不僅要培養我們的軟體開發和領導技能，還要培養我們了解全人類不同經驗的能力。

使多樣性具有可操作性

如果我們願意接受，我們所有人都要對技術部門所看到的系統性歧視負責，那麼系統性的公平和公正是可以實現的。我們要對系統中的失誤負責。推遲或抽掉個人責任是無效的，而且根據你的角色，這可能是不負責任的。把你所在的公司或你的團隊內部之變革動力完全歸因於導致不公平的較大社會問題，也是不負責任的。多樣性的擁護者和反對者最喜歡的台詞是這樣的：「我們正在努力解決（插入系統性歧視話題），但問責很難。我們如何對抗（插入數百年）的歷史性歧視？」這台詞繞開了更哲學或學術的談話，遠離了專注於改善工作條件或結果的努力。建構多元文化能力的一部分，需要更全面地了解社會不平等制度如何影響工作場所，特別是在技術部門。

如果你是一名工程經理（engineering manager），正致力於從代表性不足的群體中招聘更多的人，那麼尊重歧視對全世界歷史的影響是一項有用的學術活動。然而，重要的是超越學術對話，把重點放在可量化和可操作的步驟上，你可以採取這些步驟來推動公平和公正。例如，做為一名招聘軟體工程師經理（hiring software engineer manager），你有責任確保你的候選名單是平衡的。你所審查的候選人才庫中是否有婦女或其他代表性不足的群體？在你雇用某人後，你提供了哪些發展機會，機會的分配是否公平？每一位技術負責人（technology lead）或軟體工程經理（software engineering manager）都能夠增加團隊的公平性。我們必須承認，儘管存在重大的系統性挑戰，但我們都是該系統的一部分。這是我們要解決的問題。

拒絕單一做法

我們不能讓那些提出單一理念或方法來解決技術部門（technology sector）不平等問題（inequity）的解決方案（solutions）永久化。我們的問題是複雜和多因素的。因此，我們必須打破提高工作場所（workplace）之代表性的單一做法，即使這些做法是由我們敬佩的人或擁有組織權力的人所推動的。

在科技業有一種獨特的說法很受重視，那就是勞動力中缺乏代表性的問題，只能透過弄妥招聘管道來解決。是的，這是一個基本步驟，但這不是我們需要解決的緊迫問題。我們需要認識到，在升遷和留用方面的系統性不平等，同時關注更具代表性的招聘和跨種族、性別、社會經濟和移民地位的教育差距。

在科技業，許多來自代表性不足之群體的人，每天被被排除在機會和晉升之外。Google黑人員工的流失率超過了所有其他群體的流失率（*https://oreil.ly/JFbTR*），這阻礙了代表性目標的進展。如果我們想要推動變革並增加代表性，我們需要評估我們是否正在建立一個生態系統，讓每個有抱負的工程師和其他技術專業人員都能夠在其中茁壯成長。

充分瞭解整個問題空間，對於決定如何解決它，至關重要。這適用於從關鍵資料遷移到僱用具代表性員工的所有方面。例如，如果你是一名想要僱用更多女性的工程經理，不要只專注於建構管道。請關注招聘、留任和晉升生態系統的其他方面，以及其對女性的包容性。考慮一下你的招聘人員是否有能力找出女性和男性的優秀候選人。如果你管理著一支多元化的工程團隊，請著重於心理安全，並投資於提高團隊的多元文化能力，以使新的團隊成員感到受歡迎。

當今常見的方法是首先為大多數用例（use case）進行建構，而將解決邊緣案例（edge cases）的改進和功能留待以後使用。但這種方法是有缺陷的；它為已經在技術獲取方面擁有優勢的用戶提供了一個先機，這增加了不公平。把對所有用戶群組的考量，降低到設計已接近完成的地步，就是在降低成為一名優秀工程師的標準。相反，透過從一開始就採用包容性設計，並提高開發標準，使那些難以獲得技術的人，能夠愉快地使用工具，我們就能提高所有用戶的體驗。

為最不喜歡你的用戶進行設計，不僅僅是明智之舉，而且是一種最佳實施方法。在開發產品時，所有技術人員，無論在哪個領域，都應該立即採取務實的後續步驟，以避免對用戶造成不利或導致代表性不足。它從更全面的用戶體驗研究開始。這項研究應該針對多語言和多文化的用戶群組進行，這些用戶群組跨越多個國家、社會經濟階層、能力和年齡範圍。首先關注最困難或最不具代表性的用例。

挑戰已建立的流程

挑戰自己，建構更公平的系統，不僅僅是設計更具包容性的產品規格。建構公平的系統有時意味著，挑戰導致無效結果的既定流程。

考慮一下最近的一個案例，評估其對公平的影響。在 Google，有幾個工程團隊致力於建構一個全球招聘申請系統。該系統支援外部招聘和內部流動。參與的工程師和產品經理

在傾聽他們認為是其核心用戶群體（招聘人員）的要求方面做得很好。招聘人員專注於盡量減少招聘經理和應聘者浪費的時間，他們向開發團隊展示了針對這些人的規模和效率的用例。為了提高效率，招聘人員要求工程團隊加入一項功能，一旦內部調動人員表示對某項工作感興趣，就會向招聘經理和招聘人員強調績效評級（highlight performance ratings）——特別是較低的評級。

從表面上看，加快評估過程，幫助求職者節省時間，是一個很棒的目標。那麼，潛在的公平問題在哪裡呢？有人提出了以下公平問題：

- 發展性評估（developmental assessments）是衡量績效的預測指標（predictive measure）嗎？
- 提交給未來經理的績效評估（performance assessments）是否不存在個人偏見？
- 各組織的績效評估分數是否被標準化？

如果這些問題有任何一個答案是「否」，則提出效能評級仍可能導致不公平的結果，因是此無效的。

當一位傑出的工程師質疑過去的績效是否真的能預測未來的績效時，審查團隊會決定進行一次徹底的審查。最後，可以確定的是，績效獲得差評級（poor performance rating）的候選人，如果找到了一個新的團隊，則很有可能會克服差評級（poor rating）。事實上，他們獲得滿意或堪稱模範之績效評級的可能性，與從未獲得過差評級的候選人一樣。簡言之，績效評級僅表示一個人被評估時在其特定角色中的表現。評級（ratings）雖然是衡量特定期間績效的重要方法，但無法預測未來績效，不應用於衡量未來角色的準備程度，也不該用於確定其他團隊的內部候選人資格。（但是，評級可以用來評估員工在其當前團隊中的位置是否合適；因此，評級可以為評估如何更好地支持內部候選人前進的步伐提供機會。）

此一分析無疑佔用了大量的專案時間，但積極的權衡是一個更公平的內部流動過程。

價值與結果

Google 在招聘方面有著良好的投資記錄。正如前面的例子所示，我們也在不斷評估我們的流程，以提高公平性和包容性。更廣泛地說，我們的核心價值觀係基於對具多元化和包容性之員工隊伍的尊重和堅定承諾。然而，年復一年，我們在招聘能反映全球用戶情況之具代表性的員工隊伍方面，沒有達到目標。儘管我們制定了有助於支援包容性倡議及促進招聘和晉升的政策和計劃，但改善公平結果而進行的努力仍在繼續。失敗點（failure point）不在於公司的價值、意圖或投資，而在於這些政策在實施層面的應用。

舊習慣很難改掉。你今日可能習慣於為之設計的用戶（你習慣從他們那裡獲得反饋），但可能並不代表你需要接觸所有的用戶。我們經常看到這種情況在各種產品中出現，從不適合女性身體的可穿載裝置，到不適合膚色較深的人之視訊會議軟體。

那麼，還有什麼辦法？

1. **好好反省自己一下。** 在 Google，我們的品牌口號是「為每個人打造」（Build for everyone）。如果我們沒有一個具代表性的員工隊伍，也沒有一個以集中社群反饋為先的參與模式，我們如何為每個人打造？我們不能。事實是，有時我們在公開場合未能保護我們最脆弱的用戶免受種族主義、反猶主義和恐同內容的傷害。

2. **不要為每個人打造。而要與每個人一起打造。** 我們還沒有為每個人打造。這項工作並非憑空發生的，當技術仍然不能代表整個人口時，它肯定不會發生。也就是說，我們還不能收拾一下回家。那麼，我們如何為每個人打造呢？我們要與我們的用戶一起打造。我們需要讓涵蓋全人類的用戶參與進來，並有意將最脆弱的社群置於我們設計的中心。它們不應該是事後才想到的。

3. **為那些使用你的產品最困難的用戶進行設計。** 為有更多挑戰的人而努力，將使產品更好地為每個人服務。另一種思考方式是：不要用公平來換取短期的速度。

4. **不要假設公平；要衡量整個系統的公平性。** 認識到決策者也會受到偏見的影響，並且可能對不公平的原因認識不足。你可能不具備確定或衡量公平問題範圍的專業知識。迎合單一用戶群體可能意味著剝奪另一個用戶群體的權利；這些權衡可能很難發現，也不可能扭轉。與多樣性、公平性和包容性方面有專長的個人或團隊合作。

5. **改變是可能的。** 我們今日面臨的技術問題，從監控到造謠，再到網路騷擾，真的是不堪重負。我們不能用過去失敗的方法或僅用我們已經擁有的技能力來解決這些問題。我們需要改變。

保持好奇心，向前推進

通往公平的道路漫長而複雜。然而，我們可以而且應該從只是打造工具和服務，過渡到加深我們對自己設計的產品如何影響人類的理解。挑戰我們的教育，影響我們的團隊和經理，以及做更全面的用戶研究，都是取得進步的方法。雖然改變令人不快，通往高績效的道路也可能是痛苦的，但透過協作和創新，是有可能實現的。

最後，做為未來的傑出工程師，我們首先應該關注最受偏見和歧視影響的用戶。我們可以共同努力，透過專注於持續改進和承認失敗來加快進度。成為一名工程師是一個複雜而持續的過程。目標是做出改變，推動人類向前發展，而不會進一步剝奪弱勢群體的權利。做為未來的傑出工程師，我們有信心能夠防止未來系統的失敗。

結語

開發軟體和發展一個軟體組織，是一個團隊工作。隨著軟體組織規模的擴大，它必須對其用戶基礎（user base）做出回應並進行充分的設計，在當今這個互聯的運算世界中，用戶群體涉及到本地和世界各地的每個人。必須做出更多的努力，使設計軟體的開發團隊及其生產的產品都能反映這樣一個多樣化和包羅萬象之用戶群體的價值。而且，如果一個工程組織想要擴大規模，就不能忽視代表性不足的群體；來自這些群體的工程師，不僅能增加組織本身的實力，而且還能為設計和實作對整個世界真正有用的軟體，提供獨特和必要的視角。

摘要

- 偏見是難免的。

- 要為所有的用戶群體進行適當的設計，多樣性是必要的。

- 包容性不僅對於改善代表性不足群體的招聘管道至關重要，而且對於為所有人提供真正的支援性工作環境也至關重要。

- 產品發行速度，必須根據「提供對所有用戶真正有用的產品」來評估。放慢速度總是比發行一個可能對某些用戶造成傷害的產品要好。

## 第五章

如何領導團隊

作者：Brian Fitzpatrick（布賴恩・菲茨派翠克）

編輯：Riona MacNamara（里奧娜・麥克納馬拉）

到目前為止，我們已經介紹了很多關於編寫軟體之團隊的文化和組成，在本章中，我們將介紹最終負責使這一切順利進行的人。

沒有領導者，任何團隊都不能很好地運作，尤其是在 Google，工程幾乎完全是團隊的努力。在 Google，我們認識到兩種不同的領導角色。經理（Manager）是人的領導，而技術主管（Tech Lead）則負責領導技術工作。雖然這兩個角色的職責需要類似的規劃技能，但他們需要的人際關係技能卻截然不同。

一艘沒有船長的船，不過是一個漂浮的等候室：除非有人抓住方向舵並啟動引擎，否則它只會隨波逐流，漫無目的地漂流。一款軟體就像那艘船：如果沒有人駕駛它，你就只剩下一群工程師，消耗著寶貴的時間，只是坐在那裡等待一些事情的發生（或者更糟的是，還在編寫一些你不需要的程式碼）。儘管本章介紹的是人員管理和技術領導力，但如果你是個人貢獻者（individual contributor），仍然值得一讀，因為它可能會幫助你更好地瞭解自己的領導者。

經理和技術主管（以及兩者）

儘管每個工程團隊通常都有一位領導者，但他們獲得這些領導者的方式卻不同。在 Google 當然也是如此；有時是一位有經驗的經理來管理一個團隊，有時是一位個人貢獻者被提升到領導職位（通常是較小的團隊）。

在新生的團隊中，這兩種角色有時會由同一個人擔任：經理兼技術主管（Tech Lead Manager，或簡寫為 TLM）。在規模較大的團隊中，會由一位具經驗的人事經理（people manager）出面擔任管理職務，並由一位具豐富經驗的高級工程師擔任技術主管的角色。儘管經理和技術主管在工程團隊的成長和生產力中扮演著重要的角色，但在這些角色中取得成功所需的人際關係技能（people skills）卻大相徑庭。

工程經理

許多公司會引進訓練有素的人事經理，他們可能對軟體工程知之甚少，但卻能管理他們的工程團隊。然而，Google 很早就決定，其軟體工程經理應該有工程背景。這意味著要聘請經驗豐富的經理，他們曾經是軟體工程師，或者曾把軟體工程師培訓成經理（稍後再談）。

在最高層次上，工程經理要對團隊中每個人（包括他們的技術主管）的績效、生產力和幸福感負責，同時還要確保由他們所負責的產品滿足企業需求。因為企業的需求和團隊成員個人的需求並不總是一致，這往往會讓經理陷入困境。

技術主管

團隊的技術主管（tech lead，或簡寫為 TL）——通常會向該團隊的經理報告——負責（令人驚訝！）產品的技術方面，包括技術決策和選擇、架構、優先順序、速度和一般的專案管理（雖然在較大的團隊中，他們可能有專案經理的協助）。TL 通常會與工程經理攜手合作，以確保團隊為其產品配備足夠的人員，並確保工程師被安排從事與他們的技能組合和技能水準最符合的任務。大多數 TL 也是個人貢獻者，這往往迫使他們在「自己快速做某件事情」或「將事情委託給團隊成員以慢一些的方式進行」做出選擇。當 TL 的團隊規模和能力正在擴大時，後者往往是 TL 的正確決定。

經理兼技術主管

在小型和新生的團隊中，工程經理需要具備強大的技術能力，預設情況下，通常會是一個 TLM：一個人能夠同時滿足團隊人員和技術需求。有時，TLM 是一個較資深的人，但更多時候，這個角色是由一個直到最近還是個人貢獻者（individual contributor）的人來承擔。

在 Google，通常的做法是，規模較大、組織完善的團隊由一對領導者（一位 TL 和一位工程經理）做為合作夥伴一起工作。理論上來說，要同時完成這兩項工作而又不完全精疲力竭，確實很困難，因此最好讓兩位專家專心致力於每個角色。

TLM 的工作很棘手，通常需要 TLM 學習如何平衡個人工作、委派和人事管理。因此，它通常需要經驗更豐富的 TLM 提供高度的指導和協助。（實際上，我們建議，除了參加 Google 就這一主題開設的一些課程外，新晉的 TLM 還應該尋找一位資深導師，以便在他們成長為這個角色時，可以定期為他們提供建議。）

案例研究：沒有權威的影響力

一般來說，你可以讓那些向你報告的人，為你的產品做你需要完成的工作，但是當你需要讓你的組織之外的人（或者說，有時甚至是你的產品區域之外的人）去做一些你認為需要做的事情，情況就不同了。「沒有權威的影響力」（influence without authority）是你可以培養的最有力的領導特質之一。

例如，多年來，高級工程研究員 Jeff Dean（傑夫‧迪恩）可能是 Google 內部最著名的 Googler，他只領導了 Google 工程團隊的一小部分，但他對技術決策和方向的影響卻一直延伸到整個工程組織和其他部門（這要歸功於他在公司內部的寫作和演講）。

另一個例子是，我成立的一個名為「資料解放陣線」（Data Liberation Front）的團隊：我們用一個不到六名工程師的團隊，成功地讓 50 多個 Google 產品透過我們推出的一款名為 Google Takeout 的產品，匯出它們的資料。當時，Google 的執行層並沒有正式指示所有產品都需要成為 Takeout 的一部分，那麼我們是如何讓數百名工程師來為此付出努力呢？透過確定公司的戰略需求，展示它與公司的使命和現有的優先事項之關聯性，並與一小群工程師合作開發一種工具，使團隊能夠快速、輕鬆地與 Takeout 整合。

從個人貢獻者角色轉變為領導角色

無論他們是否被正式任命，如果你的產品要想有所發展，就需要有人做上駕駛座，如果你的個性是積極進取、急躁的類型，那個人可能就是你。你可能會發現自己沉迷於幫助你的團隊解決衝突、制定決策和協調人員。它一直發生，而且經常是偶然的。也許你從未打算成為一個「領導者」（leader），但不知何故，它發生了。有些人稱這種痛苦為「經理炎」（manageritis）。

即使你已經發誓自己永遠不會成為經理，但在你的職業生涯中的某些時刻，你很可能會發現自己處於領導地位，特別是如果你已經在你的角色上取得成功的話。本章的其餘部分，旨在幫助你了解，發生種情況時該怎麼辦。

我們在這裡並不是要試圖說服你成為一名管理者，而是要說明為什麼最好的領導者會以謙虛、尊重和信任的原則為團隊服務。瞭解領導力的來龍去脈是影響工作方向的重要技能。如果你想為你的專案掌舵，而不僅僅是順水推舟，你需要知道如何導航，否則你會把自己（和你的專案）撞到沙洲上。

唯一需要害怕的是…嗯，所有的東西

除了大多數人聽到「經理」這個詞的時候會普遍感到不適外，還有很多原因讓大多數人不想成為經理。在軟體開發領域，你聽到的最大原因是，你花在編寫程式碼上的時間會少很多。無論你是成為 TL 還是成為工程經理，都是如此，我將在本章稍後的部分對此進行更多討論，但首先，讓我們再介紹一些我們大多數人避免成為經理的原因。

如果你的職業生涯的大部分時間都在編寫程式碼，那麼你通常會在一天結束的時候指著一些東西——無論是程式碼、設計文件，還是你剛剛關閉的一堆錯誤——然後說，「這就是我今天所做的事情。」但在一天忙碌的「管理」工作結束後，你通常會發現自己在想：「我今天什麼都沒做。」這相當於花幾年時間計算你每天摘的蘋果數量，然後轉而從事種植香蕉的工作，卻在每天結束時對自己說：「我沒有摘蘋果，」開心地忽略你旁邊茂盛的香蕉樹。量化管理工作比計算你交出的小部件（widget）要困難得多，但讓你的團隊開心和高效是衡量你的工作的一個重要指標。當你種植香蕉的時候，不要掉進數蘋果的陷阱裡。[1]

不想成為經理的另一個重要原因往往是不言自明的，但其根源於著名的「彼得原則」（Peter Principle），即在一個等級制度中，每個員工都傾向於晉升到他的「不勝任等級」（level of incompetence）。Google 通常會透過要求某人在升職之前，執行高於當前水準的工作（即，在當前水準上「超出期望」）一段時間。大多數人都有一個無法勝任工作的經理，或者在管理人員方面真的很糟糕，[2] 我們知道有些人只為糟糕的經理工作過。如果你整個職業生涯中只接觸過糟糕的經理，那你為什麼還想成為一名經理呢？為什麼你想被提拔到你覺得無法勝任的角色？

但是，有很多理由讓你考慮成為一名 TL 或經理。首先，這是一種擴展自我的方式。即使你擅長編寫程式碼，你能編寫的程式碼數量還是有上限的。想像一下，一個優秀的工程師團隊在你的領導下，可以編寫出多少程式碼！其次，你可能非常擅長於此——許多發現自己陷入專案「領導真空」（leadership vacuum）的人會發現，他們非常擅長為團隊或公司提供所需的指導、幫助和掩護。總得有人帶頭，為什麼不是你呢？

---

1 另一個需要習慣的區別是，做為管理者，我們所做的事情，通常會在較長的時間線上得到回報。

2 公司不應該強迫人們進入管理層做為職業生涯的一部分，這是另一個原因：如果一個工程師能夠編寫大量優秀的程式碼，卻完全沒有管理人員或領導一個團隊的意願，透過強迫他們擔任管理或 TL 角色，你會失去一位優秀的工程師，而得到一位糟糕的經理。這不僅是個壞主意，而且是有害的。

服務式領導

似乎有一種疾病打擊了經理，他們忘記了他們的經理對他們做的所有可怕的事情，突然開始做同樣的事情來「管理」向他們報告的人。這種疾病的癥狀包括，但不限於，微觀管理（micromanaging）、忽視低績效者（ignoring low performers）和僱用容易受影響者（hiring pushovers）。如果不及時治療，這種疾病會殺死整個團隊。當我第一次成為 Google 經理時，我收到的最好的建議，來自當時擔任工程總監的 Steve Vinter（史蒂夫‧溫特）。他說，「最重要的是，要抵制管理的衝動。」新上任的經理最大的衝動之一是積極「管理」他們的員工，因為這就是經理的工作，對吧？這通常會帶來災難性的後果。

治療「管理」疾病的良方是「服務式領導」（servant leadership）的自由應用，這是一種很好的說法，做為一個領導者，你能做的最重要的事情是服務你的團隊，就像一個管家（butler）或總管（majordomo）照顧一個家庭的健康和幸福一樣。做為一名服務式領袖（servant leader），你應該努力營造一種謙虛、尊重和信任的氛圍。這可能意味著消除團隊成員自己無法消除的官僚障礙，幫助團隊達成共識，甚至在團隊工作到很晚時，為團隊購買晚餐。服務式領袖會填補裂縫，為他們的團隊鋪平道路，並在必要時提出建議，但仍然不怕弄髒他們的手。服務式領袖所進行的唯一管理，就是管理團隊的技術健康（technical health）和社會健康（social health）；儘管只關注團隊的技術健康可能較容易，但團隊的社會健康同樣重要（但往往管理的難度大得多）。

工程經理

那麼，現代的軟體公司對經理到底有什麼期望呢？在計算機時代之前，「管理」和「勞動」可能幾乎扮演著敵對的角色，管理者掌握所有權力，而勞工則需要集體行動來達到自己的目的。但這不是現代軟體公司的工作方式。

經理是一個粗俗下流的詞

在討論 Google 工程經理（engineering manager）的核心職責之前，讓我們回顧一下經理的歷史。現在的尖髮經理（pointy-haired manager）的概念，部分是延續下來的，首先來自軍事等級制度，後來被工業革命採用（一百多年前！）工廠開始隨處可見，他們需要（通常是不熟練的）工人來維持機器的運轉。因此，這些工人需要主管（supervisor）來管理他們，而且由於這些工人很容易被其他渴望工作的人取代，所以經理們幾乎沒有動力善待員工或改善他們的條件。不管是否人道，當員工除了執行死記硬背的任務外，沒有更多事情可做時，這種方法多年來都很有效。

經理經常以車夫對待騾子的方式對待員工：他們透過交替地用胡蘿蔔引導牠們前進，當這一方法不奏效時，就用棒子鞭打牠們。這種胡蘿蔔和棒子的管理方法，在從工廠[3]向現代辦公室過渡的過程中倖存了下來，在 20 世紀中葉，當員工在同一份工作上，工作多年時，這種刻板印象就盛行起來，那就是「倔強的經理有如駕騾子的車夫」。

如今，這種情況在某些行業（即使是在需要創造性思維和解決問題的行業）中仍然存在，儘管有許多研究表明，不合宜的胡蘿蔔和棒子是無效的，對創造性人才的生產力有害。過去的裝配線工人（assembly-line worker），可以在幾天內接受培訓，並被隨意替換，而在大型程式碼基底（codebases）中工作的軟體工程師，可能需要幾個月的時間才能跟上新團隊的速度。與可替換的裝配線工人不同，這些人需要培養、時間和空間來思考和創造。

今日的工程經理

大多數人仍然使用經理（manager）這個頭銜，儘管它往往是一個過時的名稱。這個頭銜本身通常會鼓勵新的經理人管理他們的報告。經理最終會像父母一樣，[4]因此員工的反應就像孩子一樣。在謙虛、尊重和信任的背景下建構這一點：如果經理表明他們信任員工，員工會感到積極的壓力，不辜負這種信任。就這麼簡單。一個好的經理會為團隊開闢道路，為他們的安全和福祉著想，同時確保他們的需求得到滿足。如果你從這一章中還記得一件事，那就是：

> 傳統的經理擔心如何完成工作，而偉大的經理則擔心會完成什麼任務（並信任他們的團隊能想出辦法來完成任務）。

幾年前，一位新工程師 Jerry（傑瑞）加入了我的團隊。Jerry 的上一個經理（在另一家公司）堅持要求，他每天從 9：00 到 5：00 都要在辦公桌前，並假設如果他不在那裡，就表示他的工作量不夠（當然，這是一個荒謬的假設）。在和我一起工作的第一天，Jerry 下午 4 點 40 分來找我，結結巴巴地向我道歉說，他有個約會，無法改期，所以不得不提前 15 分鐘離開。我看著他，微笑著，直截了當地告訴他說：「聽著，只要你把工作做好，我不在乎你什麼時候離開辦公室。」Jerry 茫然地盯著我幾秒鐘，點了點頭，然後就走了。我把 Jerry 當作一個成年人來對待；他總是能把工作做完，我從來不需要擔心他是否坐在辦公桌前，因為他不需要保姆來幫他完成工作。如果你的員工對他們的工作如此不感興趣，以至於他們確實需要傳統的經理保姆來說服他們工作，那才是你真正的問題。

3　如果想了解更多關於優化工廠工人運動（movements of factory workers）之引人入勝的資訊，可以閱讀一下科學管理（Scientific Management）或泰勒主義（Taylorism），特別是它對工人士氣的影響。

4　如果你有孩子，很有可能你會清楚記得，你第一次對孩子說了什麼，讓你停下腳步並感嘆（也許是大聲感嘆）：「天哪，我已經變成我的母親了。」

失敗是一種選擇

激勵團隊的另一種方法是讓他們感到安全和有保障,這樣他們可以透過建立心理安全來承擔更大的風險。也就是說,你的團隊成員感覺他們可以做自己,而不必擔心來自你或其團隊成員的負面影響。風險是一件令人著迷的事情;大多數人在評估風險方面都很糟糕,大多數公司都試圖不惜一切代價規避風險。因此,通常的做法是保守地工作,專注於較小的成功,即使承擔更大的風險可能意味著成倍的更大成功。在 Google,有一句俗話是這樣說的:如果你嘗試實現一個不可能的目標,你很有可能會失敗,但如果你在嘗試實現不可能的事情時失敗了,可能會比「你僅僅嘗試一些你知道自己能完成的事情」所取得的成就要大得多。建立接受冒險精神文化的一個好方法,就是讓團隊知道失敗是可以的。

所以,讓我們把它放在一邊:失敗是可以的。事實上,我們喜歡把失敗視為一種快速學習的方式(前提是你不會在同一件事上反覆失敗)。此外,重要的是將失敗視為學習的機會,而不是指手畫腳的指責。快速失敗是好的,因為沒有太多風險。緩慢的失敗也能給我們一個寶貴的教訓,但它是更痛苦的,因為風險更多,失去的可能更多(通常是工程時間)。以影響客戶的方式失敗,可能是我們遇到的最不理想的失敗,但這也是我們從失敗中學到最多東西的地方。如前所述,每次 Google 發生重大生產失敗時,我們都會進行事後總結。此過程是記錄導致實際失敗的事件,並制定一系列步驟以防止其將來發生失敗。這既不是一個指手畫腳的機會,也不是為了引入不必要的官僚檢查;相反,目標是強烈關注問題的核心,並一勞永逸地解決它。這非常困難,但相當有效(也是宣洩)。

個人的成功和失敗有點不同。讚揚個人的成功是一回事,但在失敗的情況下,尋找個人的責任是劃分團隊和阻止全面冒險的好方法。失敗沒有關係,但做為一個團隊,要從失敗中吸取教訓。如果個人成功了,就在團隊面前表揚他。如果個人失敗了,私下裡給予建設性的批評。[5] 無論在什麼情況下,都要抓住機會,運用謙虛、尊重和信任的方式幫助你的團隊從失敗中學習。

5　公開批評個人不僅無效(會讓人們處於防守狀態),而且很少是必要的,往往只是卑鄙或殘忍的。既然團隊的其他成員已經知道某人失敗了,沒有必要再重複。

反面模式

在我們為成功的 TL 和工程經理討論一系列的「設計模式」（design patterns）之前，我們將回顧一系列，如果你想成為一個成功的經理，你不想遵循的模式。我們已經從我們的職業生涯中遇到的一些壞經理身上，觀察到了這些破壞性的模式。在更多情況下，我們自己也是如此。

反面模式：僱用弱勢者

如果你是一個經理，你在你的職位上感到不安（無論出於什麼原因），確保沒有人質疑你的權威或威脅你的工作的一個方法，就是僱用你可以推動的人。你可以透過僱用那些不像你那麼聰明或雄心勃勃的人，或者只是僱用比你更沒有安全感的人來達到這個目的。儘管這將鞏固你做為團隊領導者和決策者的地位，但這將意味著你需要做更多的工作。如果你不像牽著狗一樣帶領你的團隊，他們將無法採取行動。如果你建立了一個弱勢者團隊，你可能無法休假；你離開房間的那一刻，生產力就停下來了。但可以肯定的是，為了在工作中獲得安全感，這是一個很小的代價，對吧？

相反，你應該努力僱用比你聰明並且能夠取代你的人。這可能很困難，因為這些人經常會挑戰你（除了在你犯錯時告訴你）。這些人也會不斷給你留下深刻的印象，並讓偉大的事情發生。他們將能夠在更大程度上指導自己，有些人也會渴望領導團隊。你不應該把這視為企圖篡奪你的權力；相反，把它看作一個機會，讓你可以多領導一個團隊，調查新的機會，甚至在休假的時候，不用擔心每天檢查團隊是否完成工作。這也是一個學習和成長的很好機會——當周圍都是比你聰明的人時，擴展你的專業知識就容易多了。

反面模式：忽略低績效者

我在 Google 擔任經理的早期，到了給我的團隊發送獎金信的時候，我笑著對我的老闆說：「我喜歡當經理！」我的老闆是一位長期從事這一行的老手，他不慌不忙地回答說：「有些時候，你得當牙仙；有些時候，你得當牙醫。」

拔牙從來不是好玩的事。我們曾看到團隊領導者做了所有正確的事情，建立了令人難以置信的強大團隊，但這些團隊卻因為一兩個績效不佳的人而無法勝任（並最終分崩離析）。我們知道，人的方面是編寫軟體最具挑戰性的部分，但與人打交道最困難的部分是處理不符合期望的人。有時，人們因為工作不夠長或不夠努力而未達到期望，但最困難的情況是，無論工作多久或工作多麼努力，都沒有能力完成自己的工作。

Google 的網站可靠性工程（Site Reliability Engineering，或簡寫為 SRE）團隊有一句座右銘：「期望不是一種策略。」沒有什麼比與低績效者打交道更過度地以期望做為一種策略了。大多數的團隊領導者會咬緊牙關、移開視線，只希望低績效者能奇蹟般地改善，要麼就這樣消失。然而，這兩種情況都極為罕見。

當領導者滿懷希望，而低績效者沒有改善（或離開）時，團隊中的高績效者會浪費寶貴的時間來拉低績效者一把，團隊的士氣就會洩漏得無影無蹤。你可以確信團隊知道低績效者在那裡，即使你忽略了他們——事實上，團隊非常清楚低績效者是誰，因為他們必須承擔起責任。

忽視低績效者，不僅會阻止新的高績效者加入你的團隊，而且也會鼓勵現有的高績效者離開。最終你會發現整個團隊都是低績效者，因為只有他們不會主動離開。最後，讓低績效者留在團隊中，並不會對他們帶來任何幫助；通常，在你的團隊中表現不好的人，實際上可能會在別的地方產生很大的影響。

儘快與低績效者打交道的好處是，你可以讓自己處於幫助他們的位置上。如果你立即與一個低績效者打交道，你經常會發現他們只需要一些鼓勵或指導，就可以進入更高的生產力狀態。如果你等了太久才去處理每一個低績效者，他們與團隊的關係會變得很糟糕，你也會很沮喪，以至於你無法幫助他們。

如何有效地指導低績效者？最好的比喻是，想像你正在幫助一個跛腳的人重新學會走路，然後慢跑，再和團隊的其他成員一起跑步。它幾乎總是需要臨時的微觀管理，但仍然需要一大堆的謙虛、尊重和信任——尤其是尊重。設置一個具體的時間範圍（例如，兩個月）以及一些非常具體的目標，你期望它們在此期間內實現。把目標定為小規模、漸進式且可衡量，這樣就有機會取得許多小的成功。每週與團隊成員會面，檢查進度，並確保你為每個即將到來的里程碑設定明確的期望值，這樣就很容易衡量成功或失敗。如果某個低績效的人跟不上，在這個過程的早期，對你們兩個來說都會很明顯。在這一點上，這個人經常會承認事情進展不順利，並決定退出；在其他情況下，決心會起作用，他們會「發揮自己的作用」以達到期望。無論哪種方式，透過直接與績效低的人合作，你可以催化重要而必要的變化。

反面模式：忽略人為問題

經理對其團隊有兩大關注點：社會和技術。在 Google，經理在技術方面較強是相當普遍的，因為大多經理都是從技術工作（他們工作的主要目標是解決技術問題）晉升的，所以他們往往會忽視人為問題。把你所有精力都集中在團隊的技術方面是很誘人的，因

為，做為一位個人貢獻者，你會把大部分時間都花在解決技術問題上。當你還是學生的時候，你的課程都是關於學習你工作的技術細節。然而，現在你是一名經理，如果忽略了團隊的人性因素，則要自擔風險。

先舉一個「領導者忽略其團隊中人的因素」之例子。幾年前，Jake（傑克）有了他的第一個孩子。Jake 和 Katie（凱蒂）已經一起工作多年，無論是遠端還是在同一間辦公室，所以在新生兒到來後的幾週裡，Jake 在家工作。這對他們倆的工作效果很好，Katie 完全沒有意見，因為她已經習慣於與 Jake 一起遠端工作。在他們的經理 Pablo（在不同的辦公室工作）發現 Jake 一週大部分的時間都在家裡工作之前，他們一直都很有效率。Pablo（巴勃羅）對 Jake 沒有到辦公室來和 Katie 一起工作感到不滿，儘管 Jake 和現在一樣富有成效，而且 Katie 對這種情況很滿意。Jake 試圖向 Pablo 解釋，他的工作效率和他到辦公室來一樣高，而且對他和他的妻子來說，在家工作幾個星期要容易得多。Pablo 的回答是：「伙計，人總是有孩子。你需要進辦公室。不用說，Jake（通常是一個溫和的工程師）被激怒了，並失去了對 Pablo 的尊重。

Pablo 可以透過多種方式處理這件事：他本可以對 Jake 想在家裡多陪陪妻子表示理解，如果他的生產力和團隊沒有受到影響，就讓他繼續這樣做一段時間。他本可以跟 Jake 商量，讓他每週到辦公室一兩天，直到事情穩定下來。不管最終結果如何，在這種情況下，稍微有點同情心，對讓 Jake 開心會有很大幫助。

反面模式：成為每個人的朋友

大多數人第一次涉足任何形式的領導，是當他們成為一個團隊的經理或 TL 時，而他們之前是該團隊的成員。許多領導不想失去他們與團隊培養的友誼，所以他們有時會在成為團隊領導後，格外地努力維護與團隊成員的友誼。這可能會導致災難，也可能會導致許多友誼的破裂。不要把友誼和溫柔的領導混為一談：當你掌控某人的職業生涯時，需要虛假地回應友誼的姿態，可能會讓他們感到壓力山大。

請記住，你可以領導一個團隊並建立共識，而無須成為團隊的親密朋友（或巨大的硬漢）。同樣地，你可以成為一個強硬的領導者，而不需要把你現有的友誼拋到九霄雲外。我們發現，與你的團隊共進午餐是與他們保持社交聯繫的有效方式，而不會讓他們感到不舒服（這讓你有機會在正常的工作環境之外進行非正式的談話）。

有時，與一直是好朋友和同事的人，需要進入管理角色，是很棘手的。如果被管理的朋友不會自我管理，不是一個努力工作的人，那麼對每個人來說壓力都很大。我們建議你盡可能避免陷入這種情況，但如果你不能，請格外注意你與這些人的關係。

反面模式：降低招聘門檻

Steve Jobs（史蒂夫・賈伯斯）曾經說過：「Ａ 級的人僱用其他 Ａ 級的人；Ｂ 級的人僱用 Ｃ 級的人。」要成為這句話的受害者是極其容易的，當你試圖快速招聘時，更是如此。我在 Google 之外見過的一種常見做法是，一個團隊需要僱用 5 名工程師，因此需要篩選一堆應徵者，面試 40 或 50 人，然後挑選出最好的 5 名候選人，無論他們是否符合招聘門檻。

這是打造一支平庸團隊的最快方法之一。

找到合適人選的成本（無論是透過支付招聘費用、支付廣告費用，還是在人行道上敲鑼打鼓地尋找人選）與處理一個起初就不該僱用之員工的成本相比，都是微不足道的。這種「成本」表現在團隊生產力下降、團隊壓力、管理員工的時間，以及解僱員工所涉及的文書工作和壓力。當然，這是假設你試圖避免讓他們留在團隊的巨大成本。如果你對所管理的團隊在招聘方面沒有發言權，並且你對團隊的招聘不滿意，你就需要拼命爭取高素質的工程師。如果交給你的還是不合格的工程師，也許是時候另找一份工作了。優秀團隊缺乏原料是注定要失敗的。

反面模式：像對待孩子一樣對待你的團隊

向你的團隊表明你不信任它的最佳方法，就是把團隊成員當成孩子一樣對待。人們往往會按照你對待他們的方式行事，因此，如果你把他們當作孩子或囚犯，當他們有這樣的行為時，不要感到驚訝。你可以透過對他們進行微觀管理（micromanaging），或者乾脆不尊重他們的能力，不給他們對工作負責的機會來表現這種行為。如果因為你不信任他們，而永久需要對他們進行微觀管理，你手上就會出現招聘失敗。好吧，除非你的目標是建立一個你可以用餘生照看的團隊，否則這是一個失敗。如果你僱用了值得信任的人，並向這些人展示你對他們的信任，他們通常會挺身而出（正如我們前面所說的那樣，僱用優秀的人才，是你要堅持的基本前提）。

這種信任程度的結果會一直延伸到更平凡的事情上，比如辦公室和電腦用品等。另一個例子是，Google 為員工提供的櫥櫃裡存放著各種雜七雜八的辦公用品（例如，筆、筆記本，以及其他「傳統的」創作工具），員工需要時可以自由取用。IT 部門經營著許多「技術站」（Tech Stops），提供類似迷你電子商店的自助服務區域。這些區域裡有很多電腦配件和小玩意兒（電源供給器、電纜、滑鼠、隨身碟…等等），很容易隨手拿走，但由於 Google 員工被信任可以拿走這些物品，他們感到有責任「做正確的事」（Do The Right Thing）。許多來自典型公司的人聽到這句話都感到驚恐，驚呼 Google 肯定會因為人們「偷」這些東西而大失血。這當然是可能的，但是如果一個工作人員表現得像孩

子，或者不得不浪費寶貴的時間，正式要求廉價的辦公用品，那麼成本會是多少呢？當然，這比幾支筆和一些 USB 電纜的價格還要貴。

正面模式

現在我們已經介紹了反面模式，讓我們來談談成功之領導力和管理的正面模式，這些模式來自我們在 Google 的經驗，來自我們對其他成功領導者的觀察，最重要的是，來自我們自己的領導力導師（leadership mentors）。這些模式不僅是我們實施得非常成功的模式，也是我們一直追隨之領導者最推崇的模式。

失去自我

前幾章，我們在第一次檢視謙虛、尊重和信任時，我們談到了「失去自我」（losing the ego），但當你是一位團隊領導者時，這一點尤為重要。這種模式經常被誤解為鼓勵人們當門墊，讓別人踩在他們身上，但事實並非如此。當然，謙虛和讓別人佔你的便宜是有區別的，但謙虛不等於沒有自信。你仍然可以有自信和意見，而不至於成為一個自大狂。在任何團隊中，自我意識強是很難處理的，尤其是團隊的領導者。相反，你應該努力培養一個強大的團隊集體自我意識和認同感。

「失去自我」的一部分是信任：你需要信任你的團隊。這意味著，尊重團隊成員的能力和以前的成就，即使他們是你的團隊的新成員。

如果你不對團隊進行微觀管理，你可以很肯定的是，在戰壕裡工作的人比你更了解他們的工作細節。這意味著，儘管你可能是推動團隊達成共識並幫助設定方向的人，但如何實現目標的具體細節最好是由將產品整合在一起的人決定。這不僅賦予他們更大的主人翁意識，而且讓他們對產品的成功（或失敗）有更大的責任感和擔當。如果你有一個好的團隊，並且讓它為工作的品質和速度設置標準，那麼與你用胡蘿蔔和棒子俯瞰團隊成員相比，這將取得更大的成就。

大多數新進入領導角色的人，都會覺得自己肩負巨大的責任，要把所有事情都做對，要知道所有事情，要掌握所有答案。我們可以向你保證，你不會把所有事情都做對，也不會得到所有答案，如果你這樣做，你很快就會失去團隊的尊重。這很大程度上可以歸結為對自己的角色有基本的安全感。回想一下，當你還是個人貢獻者的時候；你可以聞到一英哩外的不安全感。試著感激質問：當有人質疑你的決定或陳述時，請記住，這個人通常只是想更好地瞭解你。如果你鼓勵質問，你更有可能得到那種建設性的批評，這將使你成為一個更好團隊的更好領導者。找到能給予你建設性批評的人是極其困難的，而要從「為你工作」的人那裡得到這種批評就更難了。思考你的團隊要完成的大局，坦然接受反饋和批評；避免本位主義。

失去自我的最後一部分很簡單，但許多工程師寧願上刀山下油鍋，也不願這樣做：犯了錯就道歉。我們並不是說你應該像在爆米花上撒鹽一樣，在你的談話中撒上「對不起」，你需要真誠地說。你絕對會犯錯，不管你是否承認，你的團隊都會知道你犯了一個錯誤。你的團隊成員會知道，無論他們是否與你交談（有一點是可以保證的：他們會互相談論）。道歉不花錢。人們對那些搞砸了就道歉的領導者非常尊重，與普遍的看法相反，道歉不會使你變得脆弱。事實上，當你道歉時，你通常會贏得別人的尊重，因為道歉告訴人們，你頭腦清楚，善於評估情況，並且謙虛、尊重和信任。

做個禪宗大師

做為一名工程師，你可能已經養成了一種出色的懷疑和憤世嫉俗的意識，但當你試圖領導一個團隊時，這可能是一種負擔。這並不是說你應該在每一次都天真樂觀，但你最好少說些懷疑的話，同時讓你的團隊知道你意識到工作中的複雜性和障礙。當你領導更多的人時，調解你的反應並保持你的冷靜就更為重要了，因為你的團隊將（不自覺地和自覺地）向你尋求有關「如何對周圍發生的事情採取行動和做出反應」的線索。

一個簡單的方法是把你的公司之組織結構圖視為齒輪鏈，個人貢獻者是一個很小的齒輪，只有幾個齒，而位於其上之每一層的經理都是另一個齒輪，最後 CEO 是擁有數百個齒的最大齒輪。這意味著，每當個人的「經理齒輪」（可能有幾十個齒）旋轉一圈時，「個人齒輪」就會旋轉兩到三圈。而 CEO 只要做一個小小的動作，就可以讓倒楣的員工，在六、七個齒輪組成的鏈條末端，瘋狂地旋轉！你向上移動鏈條的距離越遠，下方的齒輪旋轉地越快，無論你是否打算這樣做。

另一種思考方式是「領導者永遠在舞臺上」的格言。這意味著，如果你處於公開的領導地位，你總是受到關注：不僅僅是當你開會或演講時，甚至是你坐在辦公桌前回復電子郵件時。同事都在注視你的肢體語言中的微妙線索、對閒聊的反應，以及吃午飯時的信號。他們讀的是自信還是恐懼？做為領導者，你的工作是激勵，但靈感卻是 24/7 的工作。你對幾乎所有事情（無論多麼瑣碎）的可見態度，在不之不覺中被發現，並感染性地傳播到你的團隊。

Google 的早期經理之一，工程副總裁 Bill Coughran（比爾·考夫蘭），真正掌握了保持冷靜的能力。不管是發生了爆炸，還是發生了什麼瘋狂的事情，不管火災有多大，Bill 都不會驚慌失措。大多數時候，他會把一隻胳膊放在胸前，用手托著下巴，詢問所發生的問題，通常是向一個完全驚慌失措的工程師提問。這樣做的效果是讓他們平靜下來，幫助他們集中精力解決問題，而不是像一隻被砍了頭的雞一樣到處亂跑。我們中的一些人曾經開玩笑說，如果有人進來告訴 Bill，公司有 19 間辦公室遭到了外星人的攻擊，Bill 的回答會是，「知道為什麼他們不把它變成一個偶數 20 嗎？」

這讓我們想到另一個禪式管理技巧：提問。當一個團隊成員向你徵求意見時，通常是相當令人興奮的，因為你終於有機會解決問題了。這正是你擔任領導職位前，多年來所做的事情，所以你通常會進入解決方案模式，但那是你最不應該出現的地方。徵求意見的人通常不希望你解決他們的問題，而是幫助他們解決問題，最簡單的方法就是向這個人提問。這並不是說你應該用神奇八號球（Magic 8 Ball）來替代自己，這會讓人抓狂，也無濟於事。相反，你可以表現出謙虛、尊重和信任的態度，透過嘗試完善和探索問題，來幫助人們自己解決問題。這通常會導致員工找到答案，[6] 而這將是該員工的答案，這又回到我們在本章前面討論的所有權和責任。不管你是否有答案，使用這種技術幾乎都會給員工留下你有答案的印象。棘手吧，嗯？蘇格拉底會以你為榮的。

成為催化劑

在化學中，催化劑（catalyst）是加速化學反應的東西，但催化劑本身在反應中並沒有被消耗掉。催化劑（例如酶）的作用方式之一是使反應物靠近：當催化劑幫助反應物聚集在一起時，反應物更容易相互作用，而不是在溶液中隨機彈跳。做為一個領導者，這是一個你經常需要扮演的角色，你有很多方法可以做到這一點。

團隊領導者最常做的事情之一就是建立共識。這可能意味著，你從頭到尾都在推動該過程，或者你只是輕輕推動該過程朝著正確的方向發展，以加快速度。努力建立團隊共識是一種非官方領導者經常使用的領導技能，因為這是一種無須任何實際授權即可領導的方法。如果你有權力，你可以指揮和支配方向，但總的來說，這不如建立共識有效。[7]如果你的團隊希望快速行動，有時會自願將權力和方向讓給一或多個團隊領導。儘管這看起來像是獨裁或寡頭政治，但當它是自願的，這是一種共識的形式。

清除障礙

有時，你的團隊已經對你需要做的事情有了共識，但卻遇到了障礙，陷入困境。這可能是技術上或組織上的障礙，但跳出來幫助團隊再次前進，是一種常見的領導技術。有些障礙雖然對你的團隊成員來說幾乎不可能越過，但對你來說卻很容易處理，協助你的團隊明白，你很樂意（並且能夠）幫助解決這些障礙，是很有價值的。

6　另見 "Rubber duck debugging"（小黃鴨除錯法）（*https://oreil.ly/BKkvk*）

7　試圖達成 100% 的共識也可能是有害的。即使不是每個人都在同一陣線上，或者仍然有一些不確定因素，你也需要能夠決定繼續進行。

有一次，一個團隊花了幾個星期的時間，試圖與 Google 的法律部門一起克服一個障礙。當這個團隊最終智窮到極點向經理提出問題時，經理不到兩個小時就解決了問題，原因很簡單，因為他知道該聯繫誰來討論此事。另一次，一個團隊需要一些伺服器資源，但無法分配它們。幸運的是，該團隊的經理與公司的其他團隊溝通，並設法讓團隊在當天下午得到所需的一切。還有一次，一位工程師遇到一些玄妙的 Java 程式碼問題。儘管團隊的經理不是 Java 專家，但她能夠讓該工程師聯繫到另一位工程師，後者確切知道問題出在哪裡。你不需要知道所有的答案即可消除障礙，但認識那些知道的人通常會有幫助。在許多情況下，認識合適的人比知道正確的答案更有價值。

做為教師和導師

做為一名 TL，最困難的事情之一，就是看著一個較初級的團隊成員花 3 個小時去做一件事情，而你知道可以在 20 分鐘內完成此事。教導員工並給他們一個自學的機會，一開始可能非常困難，但這是有效領導力的重要組成部分。這一點對於新員工來說尤其重要，他們除了要學習團隊的技術和程式碼基底（codebase），還要學習團隊的文化和要承擔的適當責任級別。一個好的導師必須權衡被輔導者的學習時間與他們為產品貢獻的時間，這是團隊成長過程中有效擴展團隊的一部分。

與經理的角色一樣，大多數人並不申請導師職位——通常是在領導者尋找指導新團隊成員的人時，他們才會成為導師。成為導師並不需要接受很多正規教育或做很多準備。主要來說，你需要三樣東西：對你的團隊的流程和系統有經驗，向別人解釋事情的能力，以及衡量你的被輔導者需要多少幫助的能力。最後一樣東西可能是最重要的——為你的被輔導者提供足夠的資訊是你應該做的，但如果你過度解釋事情或無休止地滔滔不絕，你的被輔導者可能會把你拒之門外，而不是禮貌地告訴你他們知道了。

設定明確的目標

這是其中一種模式，儘管聽起來很明顯，但卻被眾多領導者完全忽視。如果你想讓你的團隊朝一個方向快速前進，你需要確保每個團隊成員都理解並同意這個方向是什麼。假設你的產品是一輛大卡車（而不是一系列的管子）。每個團隊成員手裡都有一條繩子綁在卡車前端，當他們處理產品時，他們會將卡車拉到自己的方向。如果你打算儘快將卡車（或產品）向北拉，就不能讓團隊成員將卡車拉向四面八方——你希望他們都將卡車向北拉。如果你有明確的目標，那麼需要設定明確的優先事項，並幫助你的團隊決定時間成熟時應該如何取捨。

設定明確目標，並讓你的團隊將產品拉向同一個方向，最簡單的方法是為團隊制定一個簡潔的任務說明。在你幫助團隊確定其方向和目標之後，你可以退後一步，給團隊更多的自主權，定期檢查以確保每個人都仍然在正確的軌道上。這不僅讓你騰出時間來處理其他領導任務，還能大幅提高團隊的效率。在沒有明確目標的情況下，團隊可以（也確實能）取得成功，但他們通常會浪費大量的精力，因為每個團隊成員都會將產品拉向稍微不同的方向。這讓你感到沮喪，減緩了團隊的進展，迫使你使用越來越多的精力來糾正錯誤。

誠實

這並不意味著我們假設你在對你的團隊撒謊，但值得一提，因為你不可避免地會發現自己處於一個無法告訴你的團隊某些事情的位置，或者更糟的是，你需要告訴每個人某些他們不想聽的事情。我們認識的一位經理告訴新的團隊成員：「我不會騙你，但當我不能告訴你某些事情，或者我就是不知道的時候，我會告訴你。」

如果有團隊成員找你談一些你不能分享的事情，可以直接告訴他們，儘管你知道答案，但不方便說。更常見的是，當一個團隊成員問你某些你不知道答案的事情時：你可以告訴那個人，你不瞭解。這又是一件當你閱讀到它時似乎很明顯的事情，但是許多擔任經理角色的人覺得，如果他們不知道某件事的答案，就證明他們很軟弱或不瞭解最新的情況。實際上，這唯一能證明的就是他們是人。

提供逆耳的反饋（hard feedback）是 ...，嗯，很難的。當你第一次需要告訴你的報告人，他們犯了一個錯誤，或沒有按預期做好他們的工作時，以你會感到非常緊張。大多數的管理教科書都會建議你使用「讚美三明治」（compliment sandwich）來減輕提供逆耳的反饋時的打擊。讚美三明治看起來像這樣：

> 你是團隊的可靠成員，也是我們最聰明的工程師之一。儘管如此，你的程式碼是複雜的，幾乎不可能讓團隊中的其他人理解。但你有很大的潛力，而且你的 T 恤也很酷。

當然，這可以減輕打擊，但在這種繞圈子的情況下，大多數人離開會議時只會想，「真好！我有很酷的 T 恤！」我們強烈建議不要使用讚美三明治，不是因為我們認為你應該不必要地殘忍或苛刻，而是因為大多數人不會聽到批評的訊息，即有些事情需要改變。在這裡可以採用尊重的方式：在提出建設性的批評時，要有善意和同理心，而不要採用讚美三明治。事實上，如果你想讓接受者聽到批評，而不是立即採取防禦行動，那麼善意和同理心是至關重要的。

幾年前，一位同事從另一位經理那裡接過一位團隊成員 Tim（蒂姆），他堅持認為 Tim 不可能與之合作。他說，Tim 從未回應過反饋或批評，而是繼續做他被告知不應該做的事情。我們的同事參加了經理與 Tim 的幾次會議，觀察了經理和 Tim 之間的互動，並注意到經理為了不傷害 Tim 的感情，大量使用讚美三明治。當他們將 Tim 帶到團隊時，他們和 Tim 坐在一起，非常清楚地解釋說，Tim 需要做出一些更改，才能更有效地與團隊合作：

> 我們很肯定你沒有意識到這一點，但你與團隊互動的方式正在疏遠和激怒他們，如果你想要提高效率，你需要提高你的溝通技巧，而我們致力於幫助你做到這一點。

他們沒有給 Tim 任何溢美之詞，但同樣重要的是，他們並不是刻薄，他們只是根據 Tim 在前一個團隊中的表現，闡述了他們所看到的事實。你瞧，在幾個星期內（以及經過幾次「進修」會議之後），Tim 的表現就有了顯著的提高。Tim 只是需要非常明確的反饋和指導。

當你提供直接反饋或批評時，你的表達是確保你的訊息被聽到而不會被轉移的關鍵。如果你讓接受者處於守勢，他們不會考慮如何改變，而是考慮他們如何和你爭論，讓你知道你是錯的。我們的同事 Ben（本）曾經管理過一位工程師，我們叫他 Dean（迪恩）。Dean 有非常強烈的意見，會和團隊的其他成員爭論任何事情。大到團隊的任務，小到網頁上一個小部件的位置；Dean 會以同樣的信念和激烈的態度進行爭論，他拒絕讓任何事情發生。在這種行為持續幾個月後，Ben 與 Dean 見面，向他解釋說，他太好鬥了。現在，如果 Ben 只是說：「Dean，別再這麼混蛋了」，你可以很肯定 Dean 會完全無視它。Ben 努力思考如何讓 Dean 瞭解他的行為對團隊產生了不利的影響，他想出了以下的比喻：

> 每次做出決定的時候，就像一列從城裡駛過的火車──當你跳到火車前面阻止它時，你可以讓火車減速，並可能惹惱開火車的工程師。每隔 15 分鐘有就會有一列新的火車駛過，如果你跳到每列火車的前面，你不僅會花很多時間來阻止火車，而且最終會有一個開火車的工程師發狂，直接從你的身上輾過。所以，雖然跳到一些火車前面是可以的，但請挑選那些你想阻止的火車，以確保你只會阻止那些真正重要的火車。

這個軼事不僅為當時的情況注入了一點幽默感，也讓 Ben 和 Dean 更容易討論，Dean 的「阻止火車」對團隊的影響，以及 Dean 花費在這上面的精力。

追蹤幸福感

做為一個領導者，從長遠來看，可以讓團隊更有效率（和減少離開之可能性）的一種方法，就是花一些時間來衡量他們的幸福感。我們合作過之最好的領導者都是業餘心理學家，不時關注團隊成員的福利，確保他們對所做的事情獲得認可。並試圖確保他們對自己的工作感到滿意。我們知道有一位 TLM 會製作一份電子表格，其中包含所有需要完成之繁瑣、吃力不討好的任務，並確保這些任務在團隊中均勻分配。另一位 TLM 會觀察團隊的工作時間，並利用補償時間和有趣的團隊活動來避免精疲力盡。還有一個人開始與團隊成員進行一對一的會議，透過處理他們的技術問題來打破僵局，然後花一些時間來確保每個工程師都有完成工作所需的一切。熱身之後，他與工程師談了一下，他們是如何享受這項工作的，以及期待接下來做什麼。

追蹤團隊幸福感的簡單方法 [8] 是在每次一對一會議結束時詢問團隊成員：「你需要什麼？」這個簡單的問題是一個很好的總結方式，並確保每個團隊成員都擁有他們所需要的東西，以提高工作效率和幸福感，儘管你可能需要仔細探究以獲得詳細資訊。如果你每次一對一的時候都這麼問，你會發現最終你的團隊會記住這一點，有時甚至會給你一份清單，上面列出讓每個人的工作變得更好的事情。

出乎意料的問題

在我進入 Google 後不久，我與當時的首席執行官 Eric Schmidt（埃里克‧施密特）進行了第一次會面，最後 Eric 問我：「你有什麼需要嗎？」我已經準備了無數個應對困難問題或挑戰的防禦性回答，但對此完全沒有做好準備。於是我坐在那裡，目瞪口呆。下次有人問我這個問題時，你可以確定我已經準備好了！

做為一位領導者，也應該關注你的團隊在辦公室外的幸福感。我們的同事 Mekka（梅卡）著手進行他的一對一談話時，會在他的報告中用 1 到 10 的等級來評價他們的幸福感，而且很多時候他的報告會以此來討論辦公室內外的幸福感。謹防假設人們沒在工作之外的生活——對人們投入工作的時間有不切實際的期望，這會導致人們失去對你的尊重，或者更糟的是，精疲力盡。我們並不提倡你窺探團隊成員的個人生活，但是對團隊成員正在經歷的個人情況保持敏感，可以讓你深入了解他們在任何特定時間的工作效率有所增減的原因。給一個目前在家裡過得很辛苦的團隊成員多一點時間，可以使他們在你的團隊以後要趕最後期限的時候，更願意投入更長的時間。

8　Google 還進行了一項名為 Googlegeist（Google 精神問卷）的年度員工調查，從多個維度對員工幸福感進行評分。這提供了良好的反饋，但不是我們所說的「簡單」。

追蹤團隊成員幸福感，很大一部分就是追蹤他們的職業生涯。如果你問一個團隊成員，他們對五年後自己的職業生涯有何看法，大多數時候你會得到一個聳聳肩和茫然的表情。當場，大多數人不會說太多，但通常有幾件事情是每個人在未來五年內想做的：升職、學習新的東西，推出一些重要的東西，和聰明人一起工作。不管他們是否用語言表達，大多數人都在思考這個問題。如果你要成為一個有效的領導者，你應該考慮如何幫忙實現所有這些事情，並讓你的團隊知道你正在考慮這個問題。其中最重要的部分是將這些隱含的目標明確化，這樣當你提供職業建議時，你就有一套真正的指標來評估情況和機會。

追蹤幸福感不僅僅是對職業生涯的監控，還要給你的團隊成員提供提升自己的機會，讓他們的工作得到認可，並在工作的過程中獲得一點樂趣。

其他提示和技巧

以下是我們在 Google 推薦的其他各種提示和技巧，當你處於領導地位時：

委派工作，但也要親力而為

當從個人貢獻者角色轉向領導角色時，實現平衡是最難做到的事情之一。最初，你傾向於自己做所有的工作，而在長期擔任領導角色之後，很容易養成自己不做任何工作的習慣。如果你是領導角色的新手，你可能需要努力將工作委派給團隊中其他工程師，即使他們完成工作的時間比你所花的時間要長得多。這不僅是你保持理智的一種方式，也是你團隊的其他成員學習的方式。如果你已經領導團隊一段時間了，或者你接手了一個新的團隊，那麼獲得團隊尊重並快速了解他們正在進行之事情的最簡單方法之一，就是親力而為（get your hands dirty）──通常是承擔別人不想做的繁重任務。你可以擁有一份簡歷和 1 英里長的成就清單，但沒有什麼能像你親力去做一些艱苦的工作而讓團隊知道你有多熟練和敬業（以及謙虛）。

尋找替代者

除非你想在餘下的職業生涯中繼續做同樣的工作，否則要努力讓自己被取代。正如我們前面提到的，這要從招聘過程開始：如果你想讓你的團隊成員取代你，你就需要雇用能夠取代你的人，我們通常這樣總結：你需要「雇用比你聰明的人。」當你的團隊成員有能力完成你的工作後，你需要給他們機會承擔更多的責任或偶爾領導團隊。如果你這樣做，你會很快看到誰最有能力領導團隊以及誰想領導團隊。記住，有些人喜歡做高績效的個人貢獻者，這是可以的。我們總是對那些讓最好的工程師違背他們自己的意願去擔任管理工作的公司，感到驚訝。這通常會從你的團隊中減少一位出色的工程師，並增加一位低於標準的經理。

知道什麼時候掀起波瀾

你會（不可避免並經常地）遇到困難的情況，你身體裡的每一個細胞都在尖叫著，叫你什麼都不要做。可能是你團隊中技術水平未達標準的工程師。可能是跳到每列火車前面的人。可能是沒有動力的員工每週工作 30 小時。你會告訴自己：「再等等，就會好起來的。」你會理性地認為：「它會自己解決的。」不要落入這個陷阱，這些是你需要掀起最大波瀾的情況，你必須現在就去做。這些問題很少會自己解決，你等待解決它們的時間越長，它們就越會對團隊的其他成員產生不利的影響，越會讓你晚上睡不著地想著這些問題。等待，你只會拖延不可避免的時間，並在這個過程中造成不可估量的損失。所以行動起來，快點行動。

保護你的團隊免受混亂的影響

當你擔任領導角色時，你通常會發現，在你的團隊之外，是一個充滿混亂和不確定性（甚至是瘋狂）的世界，這是當你做為個人貢獻者時從未見過的。當我在 20 世紀90 年代第一次成為經理時（在回到個人貢獻者之前），我被公司裡發生的大量不確定性和組織混亂所震驚。我問另一位經理是什麼原因導致了這個家原本平靜的公司突然陷入困境，而另一位經理則歇斯底裡地嘲笑我的天真：混亂一直存在，但我的前任經理保護了我和團隊的其他成員不受它的影響。

給你的團隊空中掩護

雖然讓你的團隊瞭解公司中「凌駕他們之上」的情況很重要，但同樣重要的是，你要保護他們免受團隊外部強加給你的許多不確定因素和瑣碎要求的影響。盡可能多地與你的團隊分享資訊，但不要用組織上的混亂來分散他們的注意力，因這種混亂極不可能真正影響到他們。

讓你的團隊知道何時他們表現得不錯

許多新的團隊領導者可能會忙於處理團隊成員的缺點，以至於他們忽視了經常提供積極的反饋。就像你讓別人知道他們什麼時候搞砸了一樣，當他們做得很好的時候，一定要讓他們知道，而且一定要讓他們（以及團隊中其他成員）知道他們什麼時候表現得不錯。

最後，這裡有一些最好的領導者，在有冒險精神的團隊成員想嘗試新事物時，會經常用到的東西：

可以輕易說「是」的東西，很容易被撤銷

如果你有一個團隊成員，想花一兩天的時間來嘗試使用可以加快產品速度的工具或程式庫（而且你的截止期限並不緊迫）[9]，你可以輕易地說：「當然，試試看。」另一方面，如果他們想做一些事情，比如推出一個你在未來 10 年內必須支援的產品，則你可能會想多考慮一下。真正優秀的領導者對何時可以撤銷某件事情有很好的判斷力，但可以撤銷的事情比你想像的要多（這既適用於技術性決策，也適用於非技術性決策）。

人像植物一樣

我的妻子是六個孩子中最小的一個，她的母親面臨著一項艱鉅的任務，那就是要想辦法養育六個截然不同的孩子，每個孩子都需要不同的東西。我問岳母，她是如何處理這個問題的（看到我的做法了嗎？）她的回答是，孩子們就像植物一樣：有的像仙人掌，需要少量的水，但需要大量的陽光；有的像非洲紫羅蘭，需要漫射的光線和濕潤的土壤；還有一些像番茄，如果給它們一點肥料，它們就會出類拔萃。如果你有六個孩子，給每個孩子同樣的水、光和肥料，他們都會得到同等的待遇，但很有可能都得不到他們真正需要的東西。

所以你的團隊成員也像植物一樣：有些需要更多的光線，有些需要更多的水（有些需要更多的…肥料）。做為他們的領導者，你的職責就是確定誰需要什麼，然後給他們什麼——除了光、水和肥料，你的團隊還需要不同程度的激勵和指導。

要讓所有的團隊成員獲得他們所需要的東西，你需要激勵那些陷入困境的人，並為那些心不在焉或不確定該做什麼的人，提供更有力的指導。當然，也有一些「隨波逐流的」人，既需要激勵，也需要指導。因此，透過這種激勵和指導的結合，你就能讓你的團隊快樂並富有成效。而且你也不想給他們太多的東西，因為如果他們不需要激勵或指導，而你又試著給他們，只會惹惱他們。

給予指導是相當直接的。它需要對「需要做的事情」有基本的瞭解、一些簡單的組織能力，以及足夠的協調能力，將其分解成可管理的任務。有了這些工具在手，你可以為需要指示方向的工程師提供足夠的指導。然而，激勵是比較複雜的，值得解釋一下。

9　為了更好地瞭解技術變革的「不可撤銷性」，請參閱第 22 章。

內在激勵與外在激勵的比較

激勵有兩種：一種是外在的，源於外在的力量（如金錢補償），另一種是內在的，來自內心。Dan Pink（丹‧平克）在他的《Drive》（驅動力）[10] 一書中解釋說，讓人們變得最幸福、最有生產力的方法不是外在激勵（例如，向他們扔一堆現金）；而是你需要努力增加他們的內在動機。Dan 聲稱，你可以透過給人們三樣東西來增加他們的內在動機：自主性、掌握性和目的性。[11]

當一個人有能力自行採取行動而不需他人對其進行微觀管理（micromanaging）時，便擁有自主權。[12] 對於自主的員工（Google 努力雇用的大多是自主的工程師），你可能會給他們提供產品需要的大方向，但讓他們自己決定如何達到目的。這有助於激勵他們，不僅因為他們與產品有更密切的關係（可能比你更清楚如何建構產品），還因為這讓他們對產品有更強的主人翁意識。產品的成功與他們的利益關係越大，他們看到產品成功的興趣就越大。

掌握其最基本的形式，只是意味著，你需要給某人提高現有技能並學習新技能的機會。給予充分的機會，不僅有助於激勵員工，還有助於他們隨著時間的推移變得更好，進而使團隊更強大。[13] 員工的技能就像一把刀的刃：你可以花費數萬美元為你的團隊尋找擁有最鋒利技能的人，但如果這把刀使用了多年而不磨，最終會得到一把效率低下的鈍刀，而且在某些情況下毫無用處。Google 給工程師提供了充分的機會，讓他們學習新的東西，並掌握其工藝，以保持其敏銳、效率和效果。

當然，如果一個人無緣無故地工作，那麼這個世界上所有的自主性和掌握性都無助於激勵他們，這就是為什麼你需要給他們工作的目標。許多人致力於開發具有重大意義的產品，但他們與其產品可能給公司、客戶甚至世界產生的積極影響保持距離。即使是在產品影響小很多的情況下，你可以透過尋找他們努力的原因，並讓他們明白這個原因來激勵你的團隊。如果你能幫助他們在工作中看到這個目的，你會看到他們的積極性和生產力得到極大的提高。[14] 我們認識的一位經理密切關注 Google 產品（屬於「影響較小的」產品）收到的電子郵件反饋，每當她看到客戶發來的信息，談到公司的產品如何幫助了他們個人或幫助了他們的業務時，她都會立即將其轉發給工程團隊。這不僅激勵了團隊，還經常啟發團隊成員思考如何使產品變得更好。

10　請看 Dan 關於這個主題的精彩 TED 演講（*https://oreil.ly/5SDQS*）。

11　這前提是相關人員的工資夠高，收入不是壓力的來源。

12　這是假定你的團隊中有不需要微觀管理的人。

13　當然，這也意味著，他們是更有價值、更有市場的員工，所以如果他們不喜歡自己的工作，就更容易說走就走。請參閱第 94 頁＜追蹤幸福感＞中的模式。

14　Adam M. Grant，"The Significance of Task Significance: Job Performance Effects, Relational Mechanisms, and Boundary Conditions"（任務重要性的意義：工作績效的影響、關係機制和邊界條件），《Journal of Applied Psychology》（應用心理學雜誌），第 93 卷，第 1 期（2018 年），*http://bit.ly/task_signicance*。

結語

領導一個團隊與做一個軟體工程師是不同的任務。因此，優秀的軟體工程師並非總是能成為優秀的管理者，但這也沒關係——有效的組織允許個人貢獻者和人事經理擁有高效的職業發展道路。雖然 Google 已經發現，軟體工程經驗本身對於經理來說是無價之寶，但一個有效率的經理帶來的最重要技能是社交技能。優秀的經理可以透過保持謙虛、信任和尊重這三個支柱，幫助他們的工程團隊發揮出色的工作能力，使他們專注於正確的目標，並使他們與團隊外部的問題隔離開來。

摘要

- 不要做傳統意義上的「管理」，要專注於領導力、影響力和服務你的團隊。
- 盡可能授權；不要 DIY（自己動手）。
- 尤其要注意團隊的焦點、方向和速度。

## 第六章

領導力的發展

作者： Ben Collins-Sussman（本・柯林斯 - 薩斯曼）

編輯： Riona MacNamara（里奧納・麥納馬拉）

在第 5 章中，我們談到了從「個人貢獻者」（individual contributor）到成為團隊的明確領導者之意義。從領導一個團隊到領導一組相關團隊，是一個自然的過程，本章將介紹如何在工程領導力（engineering leadership）的道路上繼續有效地發展。

隨著角色的演變，所有的最佳實施方法仍然適用。你仍然是一個「服務式領袖」（servant leader）；你只是在為一個更大的群體服務。也就是說，你要解決的問題範圍變得更大、更抽象。你逐漸被迫成為「更高層次」的人。也就是說，你越來越不能深入事情的技術或工程細節中去，並且被迫「廣」（broad）而不「深」（deep）。在每個步驟中，這個過程都是令人沮喪的：你為失去這些細節而感到悲傷，你開始意識到你之前的工程專業知識與你越來越不相關。相反，你的效率比以往任何時候都要依賴於你的一般技術直覺和激勵工程師向好的方向前進的能力。

這個過程常常會讓人士氣低落，直到有一天你注意到，你做為一位領導者的影響力實際上比你做為一位個人貢獻者的影響力大得多。這是一個令人滿意 但又苦樂參半的認識。

因此，假設我們了解領導力的基本知識，那麼如何才能讓自己成為一位真正優秀的領導者呢？這就是我們在這裡講的，使用我們所說的「領導力的三個總是」：總是決策，總是離開，總是擴展。

總是決策

管理一個團隊意味著在更高的層次上做出更多的決策。你的工作更多的是關於高層次策略，而不是如何解決任何具體的工程任務。在這個級別上，你做出的大多數決定都是關於找到正確的權衡。

飛機的寓言

Lindsay Jones（琳賽・瓊斯）（*http://lindsayjones.com*）是我們的一個朋友，他是一位專業的戲劇聲音設計師和作曲家。他一生都在美國各地飛來飛去，從一個製片廠跳到另一個製片廠，他充滿了關於航空旅行的瘋狂（和真實）故事。以下是我們最喜歡的故事之一：

> 現在是早上 6 點，我們都登上了飛機，準備出發了。機長透過擴音系統，向我們解釋說，不知何故，有人已經把油箱加到溢出 10,000 加侖。現在，我在飛機上飛行了很長時間，我不知道這樣的事情是可能的。我是說，如果我把車加到溢出一加侖，我的鞋子上會沾滿汽油，對嗎？

> 好吧，不管怎樣，機長說，我們有兩個選擇：要嘛等卡車來把飛機上的燃料吸回去，這將需要一個多小時的時間，要嘛現在就得有 20 個人下飛機，以平衡重量。

> 沒人動。

> 現在，在頭等艙裡，我對面走廊上有個傢伙，他臉色發青。他讓我想起了《M*A*S*H》（外科醫生）電視劇中的 Frank Burns（弗蘭克・伯恩斯）；他只是非常憤怒，到處亂發脾氣，要求知道誰該對此負責。這是一個驚人的展示，就像他是《Marx Brothers》（馬克思兄弟）電影中的 Margaret Dumont（瑪格麗特・杜蒙特）。

> 於是，他抓起錢包，掏出一大疊的現金！他說：「我開會不能遲到！我將會給現在下飛機的任何人 40 美元！」

> 果然，人們接受了他的建議。他給 20 個人發了 40 美元（順便說一下，這是 800 美元的現金！），他們都離開了。

> 所以，現在我們都準備好了，我們得出發前往跑道，然後機長再次使用擴音機。但飛機的電腦已經停止工作。沒人知道為什麼。現在我們要被拖回登機門。

Frank Burns 發瘋了。我是說，說真的，我以為他要中風了。他又罵又叫。其他人只是互相看著對方。

我們回到登機門，這傢伙要求另一班飛機。他們讓他預定 9：30 的航班，但為時已晚。他說：「9：30 之前沒有另一個航班嗎？」

登機門的服務員說：「嗯，8 點還有一班飛機，但現在都滿了。他們現在關上了門。」

他說：「滿了 ?! 你說滿了是什麼意思？那架飛機上沒有一個空座位 ?!?!?!」

登機門的服務員說：「不，先生，那架飛機原本是有座位的，直到不知從何而來的 20 名乘客，坐了所有的座位。他們是我見過的最幸福的乘客，他們一路笑著走下空橋（jet bridge）。」

在 9：30 的航班上，這是一次非常安靜的飛行。

當然，這是一個關於取捨的故事。雖然本書的大部分重點，放在工程系統中各種技術的權衡上，但事實證明，權衡也適用於人類的行為。做為領導者，你需要決定你的團隊每週應該做什麼。有時權衡是顯而易見的（"如果我們在這個專案上工作，會延遲另一個專案…"）；有時權衡有不可預見的後果，可能會回頭來咬你一口，就像前面的故事。

在最高層次上，做為一個團隊或更大組織的領導者，你的工作是引導人們解決困難的、模稜兩可的問題。我們所說的模稜兩可，是指問題沒有明顯的解決辦法，甚至可能無法解決。無論哪種情況，問題都需要被探索、被引導，並且（希望）進入一個可控制的狀態。如果編寫程式碼類似於砍伐樹木，那麼做為一個領導者，你的工作就是「透過樹木看森林」，並找到一條穿過森林的可行路徑，引導工程師走向重要的樹木。此過程分為三個主要步驟。首先，你需要確定盲點；其次，你需要確定取捨；然後你需要決定並反覆進行解決方案。

確定盲點

當你第一次處理一個問題時，你往往會發現有一群人已經和它糾纏了很多年。這些人在這個問題上沉浸的時間太長了，以至於他們戴上了「眼罩」。也就是說，他們再也看不到森林了。他們對問題（或解決方案）做了一堆假設，卻沒有意識到這一點。他們會說：「我們一直都是這樣做的」，因為他們失去了認真考慮現狀的能力。有時，你會發現奇怪的應對機制或合理化建議，這些建議是為了證明現狀的合理性而演變出來的。這時擁有新的眼光的你，就有了很大的優勢。你可以看到這些盲點，提出問題，然後考慮新的策略。（當然，對問題不熟悉，並不是良好領導力的必要條件，但這往往是一種優勢。）

確定關鍵的取捨

根據定義，重要和模稜兩可的問題沒有神奇的「銀彈」（silver bullet）解決方案。沒有一個答案在所有情況下都永遠有效。目前只有一個最好的答案，而且幾乎可以肯定的是，它涉及到在一個方向或另一個方向做出取捨。你的工作就是提出取捨，向大家解釋，然後幫助決定如何平衡它們。

決定，然後反覆進行

在你瞭解取捨和它們的工作原理之後，你就被賦予了權力。你可以使用此資訊為這一個月做出最佳決定。下一個月，你可能需要重新評估並重新平衡取捨；這是一個反覆的過程。這就是我們說的「永遠要做決定」（Always Be Deciding）的意思。

這裡有一個風險。如果你不把你的過程視為不斷重新平衡取捨，那麼你的團隊很可能會陷入尋找完美解決方案的陷阱，這可能會導致所謂的「分析癱瘓」（analysis paralysis）。你需要讓你的團隊適應反覆進行。其中一種方法是透過解釋來降低風險和放鬆情緒：「我們將嘗試這個決定，看看結果如何。下一個月，我們可以撤銷這個改變，或者做出不同的決定。」這樣可使人們保持靈活性，並處於從選擇中學習的狀態。

案例研究：解決網路搜尋的「延遲」問題

在管理團隊時，有一種自然的趨勢，那就是脫離單一產品，轉而擁有整個「類別」的產品，或者可能是跨產品的更廣泛問題。在 Google，一個很好的例子就是我們最古老的產品 Web Search（網路搜尋）。

多年來，數千名 Google 工程師一直在研究「如何讓搜尋結果變得更好」這個普遍的問題——提高結果頁面的「品質」。但事實證明，這種對品質的追求有一個副作用：它讓產品的速度逐漸變慢。曾幾何時，Google 的搜尋結果不超過由 10 個藍色鏈結所組成的頁面，每個鏈結代表一個相關網站。然而，在過去十年中，數以千計的微小變化提高了「品質」，導致越來越豐富的結果：圖片、視頻，以及包含維基百科資料的方框，甚至互動式 UI 元素。這意味著伺服器需要做更多的工作來產生資訊：更多的位元組正在透過網路發送；用戶端（通常是手機）被要求呈現越來越複雜的 HTML 和資料。儘管網路和電腦的速度在十年間有顯著加快，但搜尋頁面的速度卻變得越來越慢：它的延遲增加了。這看起來似乎不是什麼大事，但產品的延遲對用戶的參與度及其使用頻率有直接的影響（整體而言）。即使小到 10 ms 之渲染時間（rendering time）的增加也很重要。延遲會慢慢上升。這不是某個特定工程團隊的過錯，而是代表一個長期

的、集體的毒害。在某些時候，Web Search 的總體延遲會增加，直到其效果開始抵消用戶參與度的改善，而這些改善來自於結果的「品質」。

多年來，一些領導者一直在努力解決這個問題，但未能系統地解決這個問題。戴著眼罩的每個人都認為，處理延遲的唯一的辦法是，每隔兩三年宣布一次延遲黃碼[1]，在這期間，大家會放下一切，以便優化程式碼和加快產品速度。儘管此策略會暫時奏效，但延遲將在一兩個月後再次開始攀升，並很快回到以前的水準。

那麼是什麼改變了呢？在某些時候，我們退一步，找出盲點，並對取捨進行了全面的重新評估。事實證明，追求「品質」不是一個，而是兩個不同的成本。第一個成本是用戶的：品質越高，通常意味著發送的資料更多，這意味著更多的延遲。第二個成本是 Google 的：更高的品質，意味著做更多的工作來產生資料，這會在我們的伺服器上花費更多的 CPU 時間，我們稱之為「服務容量」（serving capacity）。儘管領導層經常在品質和能力之間的取捨問題上謹慎行事，但從未將延遲視為演算中的正是公民。正如一句老笑話所說：「好、快、便宜，挑選兩個。」一個描述取捨的簡單方法是在好（品質）、快（延遲）和便宜（容量）之間畫一個三角形，如圖 6-1 所示。

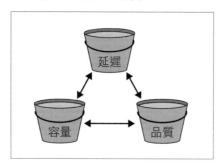

圖 6-1：Web Search 中的取捨；選兩個！

這正是這裡發生的事情。透過故意損害其他兩個特徵中的至少一個，可以輕鬆改善這些特徵中的任何一個。例如，你可以透過在「搜尋結果頁面」（search results page）上放置更多資料來提高品質，但這樣做會損害容量和延遲。你還可以透過更改服務叢集（serving cluster）上的流量負載，在延遲和容量之間直接進行取捨。如果向叢集發送更多查詢，你將獲得更大的容量，從某種意義上

1　黃碼（code yellow）是 Google 對「解決關鍵問題之緊急黑客競賽」（emergency hackathon to fix a critical problem）的稱呼。受影響的團隊應暫停所有工作，集中 100% 的精力處理問題，直到宣佈緊急狀態結束。

說，你得到了更好的 CPU 利用率，進而增加硬體的性價比。但更高的負載會增加電腦內的資源爭奪，使查詢的平均延遲更差。如果你去刻意降低一個叢集的流量（「冷卻」運行），則總體服務容量會減少，但每個查詢都會變快。

這裡的要點是，這種洞察力（對所有取捨的更好理）使我們能夠開始嘗試新的平衡方法。與其將延遲視為不可避免的副作用，我們現在可以將其與我們的目標一起視為第一類目標。這為我們帶來了新的策略。例如，我們的資料科學家能夠準確測量延遲對用戶參與度的損害。這讓他們得以建構一個指標（metric），進而衡量「品質驅動的短期用戶參與度改善」與「延遲驅動的長期用戶參與度損害」。這種方法可以讓我們對產品變更做出更多資料驅動（data-driven）的決策。例如，如果一個小變更提高了品質，但同時也會損害了延遲，我們可以定量地決定該變更是否值得推出。我們總是在決定我們的品質、延遲和容量變化是否平衡，並每個月反覆地進行我們的決定。

總是要離開的

從表面上看，「總是要離開的」（Always Be Leaving）聽起來像是很可怕的建議。為什麼一個優秀的領導者會想要離開呢？事實上，這是 Google 前工程總監 Bharat Mediratta（巴拉特・梅迪拉塔）的名言。他的意思是，你的工作不僅僅是解決一個模稜兩可的問題，而是要讓你的組織在沒有你在場的情況下，自己解決問題。如果你能做到這一點，就能讓你騰出時間來處理新的問題（或新的組織），進而為自己留下自給自足的成功之路。

當然，這裡的反面模式是，你給自己設置了一個單點故障（single point of failure，或簡寫為 SPOF）的情況。正如我們在本書前面指出的，Googlers 有一個術語，即公車因素（bus factor）：在你的專案徹底完蛋之前，需要被公車撞到的人數。

當然，這裡的「公車」只是一個比喻。人們會生病；會更換團隊或公司；會搬家。做為一個試金石，假設你的團隊正在一個難題上取得良好的進展。現在，想像你這個團隊的領導者，消失了。你的團隊會繼續下去嗎？它會繼續成功嗎？這裡有一個更簡單的測試：想想，你上次度假至少一個星期的時間。你是否一直在檢查你的工作電子郵件？（大多數領導者都這樣做。）問問自己為什麼。如果你不注意，事情會崩潰嗎？如果是這樣，你很可能讓自己成為了 SPOF。你需要解決這個問題。

你的使命：打造一個「自我驅動的」團隊

回到 Bharat 的名言：做為一個成功的領導者，意味著要建立一個能夠自己解決難題的組織。該組織需要擁有強而有力的領導者、健康的工程流程，以及一種積極向上、自我

延續的文化。是的，這是很困難的；但是回到了這樣一個事實：領導一個團隊往往更多的是關於組織人員（organizing people），而不是成為一個技術嚮導。同樣，建構這種自給自足的群組，有三個主要部分：劃分問題空間、委派子問題，以及根據需要反覆進行。

劃分問題空間

具有挑戰性的問題，通常由困難的子問題組成。如果你領導的是一個「由小團隊組成的大團隊」（team of teams），一個明顯的選擇是讓每個子問題都有一個小團隊負責。但是，風險是子問題會隨著時間的推移而改變，而僵化的團隊界線將無法注意到或適應此一事實。如果你有能力的話，可以考慮一個鬆散的組織結構，其中的子團隊可以改變規模，個人可以在子團隊之間遷移，分配給子團隊的問題可以隨著時間的推移而變化。這涉及到在「太僵化」和「太模糊」之間尺寸的拿捏。一方面，你希望你的子團隊具有明確的問題感、目的感和穩定的成就感；另一方面，人們需要自由改變方向，嘗試新的事物，以應對不斷變化的環境。

範例：細分 Google Search 的「延遲問題」

在解決搜尋延遲的問題時，我們意識到，這個問題至少可以細分為兩大空間：解決延遲癥狀（symptoms of latency）的工作和解決延遲原因（causes of latency）的不同工作。很明顯，我們需要安排許多專案來優化我們的程式碼基底（codebase）以加快速度，但只關注速度是不夠的。仍有數以千計的工程師在增加搜尋結果的複雜性和「品質」，在搜尋結果到達時就迅速抵銷了速度的提高，所以我們還需要大家關注防止延遲的平行問題空間。我們發現指標（metrics）、延遲分析工具以及開發人員教育和文件中存在差距。透過指派不同的團隊同時處理延遲原因和癥狀，我們能夠長期系統性地控制延遲。（此外，請注意這些團隊如何處理問題的，而不是具體的解決方案！）

將子問題委派給領導者

對於管理類書籍來說，「委派」（delegation）基本上是老生常談，但這其中有一個原因：委派真的很難學。這違背了我們追求效率和成就的所有本能。這種困難正是這句格言的原因：「如果你想做正確的事，就自己去做。」

也就是說，如果你同意你的使命是建立一個自我驅動的（self-driving）組織，那麼主要的教學機制就是透過委派。你必須培養一批自給自足的領導人，而委派絕對是培訓他們最有效的方法。你給他們一個任務，讓他們失敗，然後再試一次，再試一次。矽谷有一句眾所周知的口頭禪：「快速失敗，不斷重複。」這種哲學不僅適用於工程設計，也適用於人類的學習。

做為一個領導者，你的盤子裡常有重要的任務需要完成。這些任務大多數都是你很容易完成的事情。假設你正在你的收件箱（inbox）裡勤奮地工作，對問題做出回應，然後你決定留出 20 分鐘來解決一個長期困擾的問題。但你在執行任務之前，要留心並阻止自己。問自己這個關鍵問題：我真的是唯一能做這項工作的人嗎？

當然，你這樣做可能是最有效率的，但你沒有培訓好你的領導者。你沒有建立一個自給自足的組織。除非任務真的是具時間敏感性且火燒眉毛，否則咬緊牙關，把工作分配給其他人——假設你認識的人能做到，但可能需要更長的時間才能完成。必要時指導他們的工作。你需要為你的領導者創造成長的機會；他們需要學會「升級」（level up）並自己完成這項工作，這樣你就不再處於關鍵的位置。

這裡的推論是，做為領導者的領導者，你需要注意自己的目標。如果你發現自己深陷雜草中，你就會對你的組織造成傷害。當你每天上班時，問自己一個不同的關鍵問題：我能做什麼「我的團隊中其他人做不到的」事情？

有很多好的答案。例如，你可以保護你的團隊不受組織政治的影響；你可以給他們鼓勵；你可以確保每個人都善待彼此，創造一種謙虛、信任和尊重的文化。「向上管理」（manage up）也很重要，確保你的管理鏈（management chain）瞭解你的團隊在做什麼，並與整個公司保持聯繫。但這個問題最常見而且是最重要的答案是：「我可以透過樹木看到森林。」換句話說，你可以定義一個高層次的策略。你的策略不僅需要涵蓋整個技術方向，還需要涵蓋組織策略。你正在為如何解決模稜兩可的問題以及你的組織如何隨著時間的推移管理這個問題。你在不斷地繪製森林地圖，然後把砍樹的任務分配給其他人。

調整和重複進行

讓假設你現在已經達到了建構一台自維持機器（self-sustaining machine）的程度。你不再是一個 SPOF。恭喜你！下一步要怎麼做呢？

在回答之前，請注意，你實際上已經解放了自己，你現在有了「總是要離開的」自由。這可能是解決一個新的相鄰問題之自由，或者你甚至可以把自己調到一個全新的部門和問題空間，為你所培養之領導者的職業生涯騰出空間。這是避免個人倦怠的一個好辦法。

「現在怎麼辦？」簡單的答案就是引導這台機器，讓它保持健康。但除非有危機，否則你應該用溫和的方式。《Debugging Teams》[2] 一書中有一個關於做心態調整的寓言：

> 有一個故事，說的是一位精通一切機械的大師，但是他早已退休。他以前的公司出現了一個問題，但沒人能解決，於是他們請來了這位大師，看他能否幫忙找到問題所在。大師檢查了機器，聽了聽，最後拿出一支破舊的粉筆，在機器的一側打了一個小 X。他告訴技術人員，在那個地方有一根鬆動的電線，需要維修。技術人員打開機器，將鬆動的導線撐緊，於是解決了問題。當大師的發票以 10,000 美元的價格寄來時，憤怒的 CEO 回信，要求對一個簡單的粉筆標記收取高得離譜的費用進行細分！大師又回覆一張發票，其中指出：粉筆做記號的費用為 1 美元，知道在哪裡做記號需要支付 9999 美元。

> 對我們來說，這是一個關於智慧的故事：一個經過深思熟慮的調整可以產生巨大的影響。我們在管理人員時使用這種技術。我們把我們的團隊想像成在一架巨大的飛艇，緩慢而堅定地朝某個方向前進。我們不進行微觀管理，也不試圖不斷地修改航向，而是用一週的大部分時間仔細觀察和聆聽。在一週結束時，我們在飛艇上的精確位置上做一個小粉筆標記，然後輕輕地、但又很關鍵地「敲擊」一下，以調整航向。

這就是好的管理：95% 觀察和傾聽，5% 是在正確的地方進行關鍵的調整。傾聽領導者的話和跳讀的報告。與客戶交談，並記住，通常情況下（特別是當你的團隊建構工程基礎架構時），你的「客戶」不是世界上的最終用戶，而是你的同事。客戶的幸福感和你的報告的幸福感一樣，需要聚精會神地傾聽。哪些是有效的，哪些是無效的？這個自動駕駛的飛艇是否朝著正確的方向？你的方向應該是反覆的，但深思熟慮的和最小化的，做出必要的最小調整，以糾正方向。如果你回歸到微觀管理，你有可能再次成為一個 SPOF！「總是要離開的」是對宏觀管理（macromanagement）的呼喚。

小心定位團隊的身份

一個常見的錯誤是，讓一個團隊負責特定的產品，而不是一般的問題。產品是一個問題的解決方案。解決方案的使用壽命可能很短，產品可以被更好的解決方案所取代。然而，如果選擇得好，一個問題可以常青（evergreen）。將一個團隊的身份定位到一個特定的解決方案（我們是管理 Git 儲存庫的團隊），隨著時間的推移，可能會導致各種煩

2　《Debugging Teams: Better Productivity through Collaboration》（除錯團隊：透過協作提高生產力），Brian W. Fitzpatrick（布賴恩・菲茨派帕特里克）與 Ben Collins-Sussman（本・柯林斯 - 薩斯曼）合著（Boston: O'Reilly, 2016）。

惱。如果你的工程師中有很大一部分人希望切換到新的版本控制系統，那該怎麼辦？團隊可能會「挖空心思」，捍衛其解決方案，並抵制變更，即使對組織而言這不是最佳的路徑。團隊堅持其盲目性，因為解決方案已成為團隊身份和自我價值的一部分。如果團隊負責的是問題（例如，我們是為公司提供版本控制的團隊），那麼隨著時間的推移，團隊就可以自由地嘗試不同的解決方案。

總是在擴展

許多領導力的書籍都在學習「最大限度地發揮你的影響力」的背景下談論「擴展」（scaling）——發展團隊和影響力的策略。除了我們已經提到的以外，我們不會在這裡討論這些事情。顯而易見，建立一個擁有強大領導者的自駕組織已經是一個巨大的成長和成功的祕訣了。

相反，我們將從防守和個人的角度，而不是進攻的角度，來討論團隊的擴展。做為一個領導者，你最寶貴的資源是你有限的時間、注意力和精力。如果你積極地建構團隊的責任和權力，卻沒有學會在這個過程中保護自己的個人理智，那麼擴展註定要失敗的。所以我們要談的是如何透過這個過程有效地擴展自己的規模。

成功的循環

當一個團隊解決一個難題時，會出現一個標準模式（standard pattern），一個特定的循環。如下所示：

分析

首先，你收到問題，並開始與之角力。你要找出盲點，找到所有的取捨，並就如何管理這些問題達成共識。

努力

你著手工作，不管你的團隊是否認為已準備就緒。為失敗、重試和反覆進行做好準備。在這一點上，你的工作主要是放養貓（herding cats）。鼓勵你的領導者和專家在當場形成意見，然後仔細聽取意見，並設計出一個整體策略，即使你一開始必須先「假裝」。[3]

3　在這一點上「冒名頂替綜合症」（imposter syndrome）很容易發作。有一種方法可以清除你不知道自己在做什麼的感覺，那就是假裝某個專家確切地知道該做什麼，他只是在度假，而你暫時會代替他。這是消除個人利害關係，允許自己失敗和學習的好方法。

牽引

最終，你的團隊開始弄清楚事情的真相。你做出了更明智的決定，並取得了真正的進展。士氣提高了。你在不斷進行取捨，而組織也開始圍繞著問題進行自我驅動。幹得好！

獎勵

發生一些意想不到的事情。你的經理把你拉到一邊，祝賀你的成功。你發現你的獎勵不僅僅是一個拍背，而是一個全新的問題要解決。沒錯：成功的獎勵是更多的工作…和更多的責任！通常，這是一個與第一個問題相似或相鄰的問題，但同樣困難。

所以現在你陷入了困境。你得到了一個新的問題，但（通常）沒有更多的人。你現在需要以某種方式解決這兩個問題，這可能意味著原來的問題仍然需要一半的人用一半的時間來解決。你需要另一半的人來處理新的工作！我們將這最後一步稱為壓縮階段（compression stage）：你把你所做的一切都壓縮到一半的大小。

所以實際上，成功的循環更像是一個上升螺旋（見圖 6-2）。在數月和數年的時間裡，你的組織透過解決新的問題來擴展規模，然後想辦法壓縮這些問題，以便能夠進行新的、並行的努力。如果你幸運的話，你可以在進行的過程中雇用更多的人。但更多的時候，你的招聘跟不上規模擴展的步伐。Google 的創始人之一 Larry Page（拉里·佩奇）可能會把這種螺旋式循環稱為「令人不舒服的刺激」。

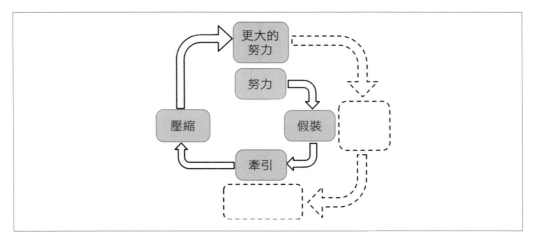

圖 6-2　成功的上升螺旋

成功的上升螺旋是一個難題，它很難管理，但它卻是擴展團隊規模的主要典範。壓縮問題的行為不僅僅是要找出如何最大限度地提高團隊的效率，還包括學會調整自己的時間和注意力，以配合新的責任範圍。

重要與緊急的差別

回想一下，當你還不是領導者，但還是一個無憂無慮的個人貢獻者的時候。如果你曾經是一個程式員，你的生活可能更平靜，更不慌不忙。你有一個工作清單，每天你都有條不紊地把清單寫下來，編寫程式碼以及除錯問題。工作的優先排序、規劃和執行非常簡單。

不過，當你進入領導階層時，你可能已經注意到，你的主要工作方式變得不那麼可預測，更多的是滅火（firefighting）。也就是說，你的工作變得不那麼主動，而且更加被動。你領導地位越高，你就越有機會升級。你是一長串程式碼區塊中的「finally」子句！你的所有溝通手段（電子郵件、聊天室、會議）都開始感覺像是對你的時間和注意力的「阻斷服務」（Denial-of-Service）攻擊。事實上，如果你不留心，你最終會把100% 的時間花在被動模式中。人們向你扔球，你瘋狂地從一個球跳到下一個球，試圖不讓任何一個球落地。

很多書都討論過這個問題。管理學作家 Stephen Covey（史蒂芬・科維）以談論區分重要事物和緊急事物的觀點而聞名。事實上，正是美國總統 Dwight D. Eisenhower（德懷特・艾森豪威爾）在 1954 年的一句名言中推廣了這一理念：

> 我有兩種問題，一是緊急的，一是重要的。緊急的不會重要，而重要的絕不會緊急。

這種緊張感是你做為一個領導者的最大危險之一。如果你讓自己陷入純粹的被動模式（這幾乎會自動發生），你就會把生命中的每時每刻都花在緊急的事情上，但從大局看，這些事情幾乎都不重要。請記住，做為一個領導者，你的工作就是做一些只有你才能做的事情，比如繪製一條穿越森林的路徑。建構這種元策略（meta-strategy）非常重要，但幾乎從不緊急。回覆下一封緊急電子郵件總是比較容易。

因此，你如何能迫使自己主要從事重要的事情，而不是緊急的事情呢？以下有幾個關鍵的技術：

委派

你所看到的許多緊急的事情，都可以委派給組織中的其他領導者。如果這是一項微不足道的任務，你可能會感到內疚；或者你可能會擔心把一個問題交出去效率不

高，因為這可能會讓其他領導者花費更多時間來解決。但這對他們來說是很好的訓練，它能讓你騰出時間去做只有你才能做的重要事情。

安排專用時間

定期抽出兩個小時或更多的時間，安靜地坐著，只處理重要但不緊急的事情，比如團隊策略、領導者的職涯路徑，或者你打算如何與鄰近的團隊合作。

找到一個有效的追蹤系統

有幾十種追蹤和確定工作優先順序的系統。有些是基於軟體的（例如，特定的「待辦事項」工具），有些是基於紙筆的（「Bullet Journal」（*http://www.bulletjournal.com*）方法），還有一些系統是可知的。在最後一類中，David Allen（大衛·艾倫）的著作《Getting Things Done》（把事情做好）在工程經理中很受歡迎；它是一種抽象的演算法，用於完成任務和維護珍貴的「收件匣為空」（inbox zero）。這裡的重點是嘗試這些不同的系統，並確定什麼適合你，什麼不適合你，但你一定需要找到比小小的便利貼（Post-It notes）裝飾你的電腦螢幕更有效的東西。

學會掉球

還有一種管理時間的關鍵技術，表面上聽起來有些激進。對許多人來說，這與多年的工程本能相矛盾。做為一名工程師，你會注重細節；你會列出清單，你會從清單上勾選事項，你會很精確，你完成你起始的工作。這就是為什麼在錯誤追蹤器（bug tracker）中關閉錯誤（close bugs），或將電子郵件減少到收件匣為空（inbox zero）時，感覺很好的原因。但做為領導者的領導者，你的時間和注意力會不斷受到攻擊。不管你多麼想避免它，球最終都會掉到地板上——有太多的球扔向你了。這是壓倒性的，你可能一直對此感到內疚。

因此，在這個時候，讓我們退一步，坦然地看待這種情況。如果掉落一些球是不可避免的，那麼故意掉落某些球是不是比不小心掉落更好呢？至少這樣你還能有一點控制權。

這是一個很好的辦法。

Marie Kondo（近藤麻理惠）是一位組織顧問，也是廣受歡迎之《Life-Changing Magic of Tidying Up》（改變生活的整理魔法）一書的作者。她的理念是有效地整理房子中所有垃圾，也適用於抽象的雜物。

把你的物質財產想像成三堆。大約 20% 的東西是沒用的，你再也不會碰它們了，而且很容易扔掉。大約 60% 的東西有些有趣；它們對你的重要性各不相同，你有時會使用它們，有時則不會。然後，在你的財產中，約有 20% 極其重要：這些都是你一直使用的

東西，具有深刻的情感意義，或者，用 Kondo（近藤）女士的話說，只要拿著它們，就能激發出深深的「喜悅」。她這本書的論點是，大多數人都不正確地整理自己的生活：他們花時間把底部的 20% 扔進垃圾桶，但剩下的 80% 仍然感覺太雜亂。她認為，真正的清理工作是確定前 20%，而不是底部的 20%。如果你只能確定關鍵的東西，那麼你應該扔掉剩下的 80%。這聽起來很極端，但很有效。它極大地釋放了整理的自由。

事實證明，你也可以將此一理念應用於收件匣（inbox）或任務清單（task list），也就是接二連三向你扔來的球。把你的一堆球分成三組：底部的 20% 可能既不緊急也不重要，很容易刪除或忽略。還有中間的 60%，可能包含一些緊急或重要的部分，但它是一個混合袋。在頂部，有 20% 是絕對的、至關重要的。

因此，現在當你進行你的任務，不要試圖解決前 80% 的任務──你最終還是會不堪重負，大部分時間都在處理緊急但不重要的任務。相反地，要用心找出那些嚴格屬於前 20% 的球（只有你能做的關鍵事情）並嚴格關注它們。明確允許自己放棄另外 80%。

一開始這樣做，可能會感覺很糟糕，但是當你故意丟下這麼多球時，你會發現兩件令人驚奇的事情。首先，即使你沒有將中間 60% 的任務委派給他人，你的下級領導者（subleaders）也經常會注意到並自動拾取它們。第二，如果中間某些任務確實至關重要，那麼最後還是會歸還給你，最終會遷移到前 20%。你只需要相信，低於前 20% 門檻值的事情將會得到妥善的處理或適當的發展。同時，由於你只關注至關重要的事情，因此可以擴展你的時間和注意力，來承擔團隊不斷成長的職責。

保護你的精力

我們已經討論過如何保護你的時間和注意力，但你的個人精力是方程式的另一部分。所有這些擴展的工作都讓人精疲力竭。在這樣的環境中，你如何充電並保持樂觀的心態？

部分原因是，隨著時間的推移，隨著年齡的成長，你的整體耐力會逐漸增強。在職業生涯的早期，每天在辦公室工作 8 小時，會讓人感到震驚；回到家你會感到疲憊和茫然。但就像馬拉松訓練一樣，隨著時間的推移，你的大腦和身體會積累更多的耐力。

答案的另一個關鍵部分是，領導者逐漸學會更明智地管理自己的精力。這是他們學會持續關注的事情。通常情況下，這意味著，要意識到自己在任何特定的時刻有多少精力，並刻意選擇在特定的時刻、以特定的方式為自己「充電」。以下是精力管理的一些好例子：

享受真正的假期

週末不是假期。至少需要三天的時間來「忘記」你的工作；至少需要一週的時間才能真正感到精神煥發。但如果你查看工作電子郵件或聊天記錄，就會毀了充電的感覺。大量的煩惱又回到了你的腦海，而心理疏遠的所有好處都消失了。只有當你真正遵守斷網的規則，假期才會有充電的作用。[4] 當然，這只有當你建立了自駕的組織時，這才有可能實現。

使斷網成為小事

斷網時，請把工作的筆記型電腦留在辦公室。如果你的手機上有工作通訊記錄，請將其刪除。例如，如果你的公司使用 G Suite（Gmail、Google 日曆等），那麼一個很好的技巧就是在手機上的「工作設定檔」（work profile）中安裝這些應用。這將導致第二個用於工作的 apps 出現在你的手機上。例如，現在將擁有兩個 Gmail apps：一個用於個人電子郵件，另一個用於工作電子郵件。在 Android 手機上，你可以按下一個按鈕，一次禁用整個工作設定檔。所有用於工作的 apps 都會變灰，就像它們已被卸載了一樣，在重新啟用工作設定檔之前，你無法「意外」檢視工作消息。

還有真正的週末

週末雖然沒有假期那麼有效，但還是有一定的恢復力。同樣地，只有當你斷開工作通信時，這種充電才會有效。試著在週五晚上真正簽出（sign out），在週末做一些你喜歡的事情，然後在週一早上回到辦公室時再簽入（sign in）。

白天休息一下

你的大腦以 90 分鐘的自然週期運行。[5] 利用這個機會站起來在辦公室裡走走，或花 10 分鐘到外面走走。像這樣小小的休息只是小小的充電，但它們可以讓你的壓力水準以及你在接下來的兩個小時的工作中帶來極大的影響。

允許自己參加心理健康日

有時候，無緣無故，你度過了糟糕的一天。你可能睡得很好，吃得很好，鍛煉得很好；但不管怎樣，你還是心情不好。如果你是一個領導者，這是一件可怕的事情。你的壞心情為你周圍的人定下了基調，這可能會導致可怕的決定（你不應該發送的

4　你需要提前計劃，並建立在假設你的工作根本不會在假期期間完成的基礎上。在假期前後努力地（或聰明地）工作可以緩解此問題。

5　你可以在 *https://en.wikipedia.org/wiki/Basic_rest-activity_cycle* 上了解關於 BRAC（基本的作息週期）的更多資訊。

電子郵件、過於嚴厲的判斷⋯等等）。如果你發現自己處於這種情況，就轉身回家，請病假。那天什麼都不做總比主動造成傷害要好。

最後，管理你的精力與管理你的時間同樣重要。如果你學會掌握這些事情，你就可以應對更廣泛的責任擴展週期，並建立一個自給自足的團隊。

結語

成功的領導者自然會隨著他們的進步承擔更多的責任（這是一件好事和自然的事）。除非他們能夠有效地想出一些技巧來快速做出正確的決策，在需要的時候進行委派，並管理他們增加的責任，否則他們最終可能會感到不知所措。成為一個有效的領導者並不意味著你需要做出完美的決策，自己做每件事，或者加倍努力。相反，要努力做到總是決策，總是離開，並且總是擴展。

摘要

- 總是決策：模棱兩可的問題沒有神奇的答案；它們全都是為了找到當下的正確取捨，並反覆進行。

- 總是離開：作為領導者，你的工作是打造一個組織，該組織可以隨著時間的推移自動解決模棱兩可的問題，而無須你在場。

- 總是擴展：隨著時間的推移，成功會產生更多的責任，你必須主動管理此工作的擴展，以保護你個人的時間、注意力和精力等稀缺的資源。

## 第七章

衡量工程效率

作者： Ciera Jaspen（塞拉・雅斯彭）

編輯： Riona MacNamara（里奧納・麥納馬拉）

Google 是一家「資料驅動」（data-driven）型公司。我們用剛性資料（hard data）[譯註] 來備份我們的大多數產品和設計決策。資料驅動的決策文化，使用適當的指標（metrics），有一些缺點，但總的來說，依靠資料往往使大多數決策變得客觀而不是主觀，這往往是一件好事。具體來說，在軟體工程領域，Google 發現，擁有一支專注於工程效率（engineering productivity）的專家團隊是非常有價值和重要的，因為隨著公司規模的擴大，可以利用來自此類團隊的見解。

我們為什麼要衡量工程效率？

假設你擁有一個蓬勃發展的業務（例如，你營運了一個線上搜尋引擎），你想擴大你的業務範圍（進入企業應用市場、或雲端市場、或移動市場）。想必，為了擴大業務範圍，你還需要擴大你的工程組織的規模。然而，隨著組織規模的線性成長，通信成本呈二次方成長。[1] 增加更多的人員是增加業務範圍的必要條件，但通信開銷成本不會隨著增加額外人員而線性擴展（scale linearly）。因此，你將無法把你的業務範圍線性擴展到工程組織的規模。

譯註　剛性資料是指有明確數值的資料。

1　Frederick P. Brooks（佛瑞德・布魯克斯），《The Mythical Man-Month: Essays on Sotware Engineering》（人月神話：軟體專案管理之道）(New York: Addison-Wesley, 1995)（紐約：艾迪生韋斯利，1995年）。

不過，還有另一種方法可以解決我們的擴展問題：我們可以提高每個人的效率。如果我們能提高組織中個別工程師的效率，我們就能在不增加通信開銷的情況下擴大業務範圍。

Google 必須迅速成長到新的業務領域，這意味著，要學習如何提高我們的工程師的效率。為此，我們需要瞭解什麼可以讓他們更有效率，找出我們的工程流程中低效之處，並解決所發現的問題。然後，我們將根據需要在一個持續改進的循環中重複這個週期。透過這樣做，我們將能夠隨著對工程組織需求的增加而擴展其規模。

然而，這種改進週期還需要人力資源。如果每年需要 50 名工程師來瞭解和解決效率的障礙，但每年只能將工程組織的效率提高相當於 10 名工程師是不值得的。**因此，我們的目標不僅是提高軟體工程的效率，而且要有效地做到這一點。**

在 Google，我們透過建立一個專門研究工程效率的研究人員團隊，來處理這些取捨問題。我們的研究團隊包括來自軟體工程研究領域的人和通才軟體工程師，但我們還包括來自各個領域的社會科學家，包括認知心理學和行為經濟學。社會科學人員的加入不僅使我們能夠研究工程師生產的軟體產出物（software artifacts），還可以瞭解軟體開發的人性化方面，包括個人動機、激勵結構和管理複雜任務的策略。團隊的目標是採用資料驅動的方法來衡量和提高工程效率。

本章中，我們將介紹我們的研究團隊是如何實現此一目標的。這要從分類過程（triage process）說起：軟體開發中有許多部分是我們**可以**衡量的，但我們**應該**衡量什麼？在選定一個專案後，我們將介紹研究團隊如何確定有意義的指標（metrics），以確定過程中有問題的部分。最後，我們來看看 Google 是如何使用這些指標來追蹤效率的提升。

本章中，我們將按照 Google 的 C++ 和 Java 語言團隊提出的一個具體例子：可讀性（readability）。在 Google 存在的大部分時間裡，這些團隊都在負責 Google 的可讀性過程。（有關可讀性的問題，請參閱第 3 章。）可讀性過程在 Google 早期就已經開始了，這在阻止提交之 formatter（第 8 章）和 linter（第 9 章）[譯註] 變得很普遍之前 。這個過程本身的運行成本很高，因為它需要數百名工程師為其他工程師進行可讀性審查，以便授予他們可讀性。一些工程師認為這是一個過時的模糊過程，不再具實用性，這是在午餐桌上爭論不休的熱門話題。語言團隊提出的具體問題是：花在可讀性過程上的時間是否值得？

譯註　formatter 是程式碼的排版工具，用於自動改善程式碼的風格。linter 用於檢查程式碼的問題，例如：
　　　使用沒有宣告的變數、程式碼風格不符合規定。

分類：值得衡量嗎？

在我們決定如何衡量工程師的效率之前，我們需要知道何時需要衡量一個指標（metric）。衡量本身是昂貴的：它需要人們衡量過程，分析結果，並將其傳播給公司的其他部門。此外，衡量過程本身可能很繁瑣，會拖累工程組織的其他部門。即使速度並不慢，追蹤進度也可能會改變工程師的行為，可能會掩蓋潛在的問題。我們需要巧妙地衡量和估計；雖然我們不想猜測，但我們不應該浪費時間和資源進行不必要的衡量。

在 Google，我們提出了一系列問題來幫助團隊確定是否值得首先衡量效率。我們首先要求人們用具體問題的形式來描述他們想衡量什麼；我們發現，人們越能把這個問題說得具體，他們就越有可能從這個過程中獲益。當可讀性團隊找到我們時，他們的問題很簡單：工程師透過可讀性過程所付出的成本，是否值得他們為公司帶來的好處？

然後，我們請他們從以下幾個方面來考慮自己的問題：

你期待什麼結果，為什麼？

儘管我們可能想假裝自己是中立的調查員，但我們並不是。我們確實對應該發生的事情，有先入為主的觀念。如果一開始就承認這一點，我們就可以嘗試解決這些偏見，防止對結果進行事後解釋。

當這個問題被提交給可讀性小組時，會指出目前還不確定。人們確信，這些成本在某個時間點上是值得的，但隨著自動格式化（autoformatters）和靜態分析（static analysis）工具的出現，沒有人可以完全確定。人們越來越相信，這個過程現在已成為一種欺凌儀式（hazing ritual）。儘管它仍然可以為工程師帶來好處（而且有調查資料顯示，人們確實要求獲得這些好處），但並不清楚它是否值得作者或程式碼的審查者投入時間。

如果資料支持你的預期結果，將採取什麼行動？

我們之所以這樣問，是因為如果不採取任何行動，就沒有必要進行衡量。請注意，如果沒有這樣的結果，就會發生計劃中的改變，那麼採取的行動實際上可能是「維持現狀」。

當被問及這個問題時，可讀性團隊的回答很直接：如果收益足以證明這個過程的成本是合理的，他們會在 FAQ（常見問題解答）上鏈結關於可讀性的研究和資料，並進行宣傳，以設定期望值。

如果我們得到負面的結果，是否會採取適當的行動？

我們之所以提出這個問題，是因為在許多情況下，我們發現負面的結果並不會改變決策。決策中可能會有其他的輸入，可以覆蓋任何負面的結果。如果是這樣的話，一開始可能不值得衡量。這個問題阻礙了我們的研究團隊進行的大多數專案；我們瞭解到，決策者有興趣知道結果，但出於其他原因，他們不會選擇改變路線。

然而，就可讀性而言，我們從團隊中得到強而有力的行動聲明。它承諾，如果我們的分析顯示，成本超過了收益，或者收益可以忽略不計，那麼團隊就會終止這個過程。由於不同的程式語言在格式化和靜態分析方面具有不同的成熟度，這種評估將在每種語言的基礎上進行。

誰將決定對結果採取行動，他們何時採取行動？

我們要求這樣做是為了確保請求衡量的人是有權採取行動（或直接代表他們採取行動）的人。歸根結底，衡量我們的軟體流程的目標是幫助人們做出業務決策（business decisions）。瞭解此人是誰非常重要，包括以什麼形式的資料說服他們。雖然最好的研究包括各種方法（從結構化訪談到日誌統計分析），但向決策者提供所需資料的時間可能有限。在這種情況下，最好迎合決策者。他們是否傾向於透過從訪談中獲得的故事來感同身受以做出決策？[2] 他們相信調查結果或日誌資料嗎？他們對複雜的統計分析感到滿意嗎？如果決策者原則上不相信結果的形式，那麼衡量過程也就沒有意義了。

在可讀性方面，我們對於每種程式語言都有一個明確的決策者。有兩個語言團隊，Java 和 C++，積極向我們尋求幫助，而其他團隊則在等待，想看這些語言的情況。[3] 決策者相信工程師們在瞭解幸福感和學習方面的自陳報告經驗（self-reported experiences），但決策者希望看到基於速度（velocity）和程式碼品質（code quality）之日誌資料的「確切數據」（hard numbers）。這意味著，我們需要對這些指標（metrics）進行定性和定量分析。這項工作沒有硬性的截止日期（hard deadline），但有一個內部會議，如果要進行變更，這將為公告的發佈提供有用的時間。該期限給了我們幾個月的時間來完成這項工作。

2　在這裡值得指出的是，我們的行業目前對 anecdata（軼事類型資料）是不屑一顧的。大家都以「資料驅動」（data driven）為目標。然而，anecdata 卻繼續存在，因為它們很強大。anecdata 可以提供原始數字無法提供背景和敘述；它可以提供深刻的解釋，引起別人的共鳴，因為它反映了個人的經驗。儘管我們的研究人員不會對 anecdata 做出決策，但我們確實使用並鼓勵結構化訪談（structured interviews）和案例研究（case study）等技術，來深入理解現象，並為定量資料提供背景。

3　Java 和 C++ 擁有最大程度的工具支援。兩者都具有成熟的格式化和靜態分析工具，可以捕獲常見的錯誤。兩者在內部都獲得了大量的資金。儘管其他語言團隊，比如 Python，對結果感興趣，如果我們甚至不能為 Java 或 C++ 表現出相同的好處，那麼顯然，Python 刪除可讀性也不會帶來什麼好處。

透過提出這些問題，我們發現，在許多情況下，衡量根本不值得…沒關係！有許多充分的理由不去衡量工具或流程對效率的影響。以下是我們所看到的一些例子：

你現在無法更改流程／工具

可能有時間限制或財務限制阻止了這一點。例如，你可能決定，如果只有切換到更快的建構工具（build tool），每週可節省數小時的時間。然而，轉換（switchover）意味著暫停開發，而每個人都要轉換，而且一個重要的資金截止日期即將到來，所以你無法承受這種中斷。工程的取捨不是在隔絕的環境中評估的，在這種情況下，重要的是要認識到，從更廣泛的環境來看，完全有理由延遲對結果採取行動。

任何結果將很快就會因為其他因素而失效

此處的例子可能包括在計劃重組之前衡量一個組織的軟體流程（software process）。或者衡量一個已棄用系統（deprecated system）的技術債務量（amount of technical debt）。

決策者有強烈的意見，而你不太可能提供夠多的、正確類型的證據來改變他們的信念。

歸根結底就是要瞭解你的受眾。即使在 Google，我們有時也會發現，由於過去的經歷，人們對一個主題有堅定不移的信念。我們發現利益相關者（stakeholders）從來不相信調查資料，因為他們不相信自陳報告。我們還發現，利益相關者最容易被一個由少量訪談得到之令人信服的敘述所左右。當然，也有些利益相關者只受到日誌分析的影響。在所有情況下，我們嘗試使用混合的方法對事實進行三角量測（triangulate），但如果利益相關者僅限於相信不適合問題的方法，那麼進行這項工作就沒有意義了。

結果將僅做為虛榮指標（*vanity metrics*），以支持你無論如何都要做的事情

這也許是我們告訴 Google 員工不要衡量一個軟體流程的最常見原因。很多時候，人們計劃一個決策有多種原因，而改進軟體開發過程（software development process）只是其中一個好處。例如，Google 的發行工具（release tool）團隊曾經要求對「發行工作流系統」（release workflow system）的計劃變更進行衡量。由於變更的性質，很明顯，這個變更不會比當前狀態更糟糕，但不知道是小改進還是大改進。我們問團隊：若結果只是一個小的改進，那麼即使看起來不值得投資，你是否會花費資源來實現該功能？答案是肯定的！該功能碰巧提高了效率，但這是一個副作用：它的性能也更強，並減輕了發行工具團隊的維護負擔。

現有的唯一指標不夠精確，無法衡量這個問題，並且可能受到其他因素的干擾

在某些情況下，所需的指標（參見即將到來之關於如何確定指標的章節）根本無法獲得。在這些情況下，很想使用其他不太精確的指標（例如，所編寫的程式碼列數）來衡量。但是，這些指標的任何度量結果都將無法解釋。如果指標確認了利益相關者預先存在的信念，他們最終可能會繼續他們的計劃，而不考慮該指標不是一個準確的衡量標準。如果它不能證實他們的信念，那麼指標本身的不精確性提供了一個簡單的解釋，利益相關者可能會再次繼續他們的計劃。

當你成功地衡量軟體流程時，你並不是為了證明一個假設的正確或錯誤；成功意味著向利益相關者提供他們決策所需的資料。如果該利益相關者不使用這些資料，則專案將永遠是失敗的。我們只有在根據結果做出具體決策時，才應該對軟體流程進行衡量。對於可讀性團隊來說，有一個明確的決策要做。如果指標顯示這個過程是有益的，他們會公佈結果。否則，該過程將被廢除。最重要的是，可讀性團隊有權做出此決策。

選擇具有目標和信號的有意義衡量指標

在我們決定衡量一個軟體流程後，我們需要確定使用什麼指標。顯然，程式碼的列數（lines of code 或簡寫為 LOC）是不行的，[4] 但我們如何實際衡量工程效率呢？

在 Google，我們使用目標（Goal）／信號（Signal）／指標（Metric），即 GSM，框架來指導指標的建立。

- 目標（goal）是期望的最終結果。它是根據你想從高層次上瞭解的內容來表達的，而不應該提及具體的衡量方法。
- 信號（signal）是你如何知道你已經取得了最終結果。信號是我們想要衡量的東西，但它們本身可能無法衡量。
- 指標（metric）是信號的代理（proxy）。這是我們實際上可以衡量的東西。它可能不是理想的衡量方法，但它是我們認為足夠接近的東西。

---

4 "從這裡開始，用「每月所生產的程式碼列數」來衡量「程式員的效率」只是一小步。這是一個非常昂貴的衡量單位（measuring unit），因為它鼓勵編寫乏味的程式碼，但今日，我們對一個單位有多愚蠢不太感興趣，即使從純業務（pure business）的角度來看。我今日的觀點是，如果我們想計算程式碼列數，我們不應將它們視為「所生產的列處」（lines produced），而應該將它們視為「所花費的列數」（lines spent）：當前的傳統智慧是如此愚蠢，以至於把這筆帳記錯了。" Edsger Dijkstra（埃德格 · 迪克斯特拉）《on the cruelty of really teaching computing science, EWD Manuscript 1036》（真正教計算科學的殘酷，EWD 手稿 1036）（*https://oreil.ly/ABAX1*）。

GSM 框架鼓勵在建立指標時使用一些理想的特性。首先，透過先建立目標，然後建立信號，最後建立指標，可以防止路燈效應（streetlight effect）。這個詞源自一句話「在路燈下尋找鑰匙」：如果你只在你能看到的地方找，你可能沒有找對地方看。對於指標，當我們使用我們易於獲得且易於衡量的指標時，而不管這些指標是否符合我們的需求，就會出現這種情況。相反，GSM 迫使我們思考哪些指標實際上將幫助我們實現目標，而不僅僅是考慮我們現有的指標。

其次，GSM 透過鼓勵我們在實際衡量結果之前，使用原則性的做法（principled approach），提出一套適當的指標，進而防止指標蠕變（metrics creep）和指標偏差（metrics bias）。考慮一下這樣的情況：我們在沒有原則性做法的情況下選擇指標，結果不符合利益相關者的期望。這時，我們面臨的風險是，利益相關者將建議我們使用他們認為會產生預期結果的不同指標。因為我們一開始沒有根據原則性做法進行選擇，所以沒有理由說它們是錯的！相反地，GSM 鼓勵我們根據衡量原始目標的能力來選擇指標。利益相關者可以很容易地看到這些指標映射到他們的原始目標，並且事先同意這是衡量結果的最佳指標集（best set of metrics）。

最後，GSM 可以告訴我們何處是可衡量的，何處是不可衡量的。當我們運行 GSM 過程時，我們會列出所有目標，並為每個目標建立信號。正如我們將在例子中看到的那樣，並非所有信號都是可衡量的，這沒有關係！有了 GSM，至少我們已經確定了哪些是無法衡量的。透過識別這些缺失的指標，我們可以評估是否值得建立新的指標，或甚至是根本不值得衡量。

重要的是保持可追溯性（traceability）。對於每一個指標，我們應該能夠追溯到它所代理的信號，以及它試圖衡量的目標。這可以確保我們知道，我們正在衡量哪些指標，以及為什麼要衡量它們。

目標

目標應該用所需的屬性來編寫，而不需要參考任何指標。這些目標本身是無法衡量的，但一套好的目標是每個人都可以在處理信號和衡量之前達成一致的。

為了使這項工作奏效，我們首先需要確定一套正確的目標來衡量。這看起來很簡單：團隊肯定知道他們工作的目標！然而，我們的研究團隊發現，在許多情況下，人們忘記了在效率中考慮所有可能的取捨，這可能導致誤判。

以可讀性為例，讓我們假設團隊非常專注於使可讀性過程快速和簡單，以至於忘記了程式碼品質的目標。團隊設置了追蹤量測（tracking measurements），以便瞭解完成審

核過程所需要的時間，以及工程師對這個過程的滿意度。我們的一個隊友提出了以下建議：

> 我可以讓你的審查速度變得非常快：只需完全移除程式碼審查（code reviews）即可。

儘管這顯然是一個極端的例子，但團隊在衡量時總是忘記了核心的取捨（core trade-offs）：他們太專注於提高速度，以至於忘記衡量品質（或者反之亦然）。為了解決這個問題，我們的研究團隊將效率分為五個核心部分。這五個部分之間是相互取捨的，我們鼓勵團隊考慮每個部分的目標，以確保它們不會無意中提高一個部分，而使其他部分下降。為了幫助人們記住這五個部分，我們使用了「QUANTS」這個口訣：

程式碼品質（Quality of the code）

所產生的程式碼品質如何？測試用例是否足以防止回歸（regressions）？架構在降低風險和變更方面的表現如何？

工程師的關注（Attention from engineers）

工程師多久達到一次流暢狀態（state of flow）？他們被通知分散了多少注意力？工具是否鼓勵工程師進行環境切換（context switch）？

知性上的複雜性（Intellectual complexity）

完成一項任務需要多少認知負荷？所解決問題的內在複雜性是什麼？工程師需要處理不必要的複雜性嗎？

節奏和速度（Tempo and velocity）

工程師完成任務的速度有多快？他們能以多快的速度推出其版本？在給定時間範圍內，他們能完成多少任務？

滿意（Satisfaction）

工程師對他們的工具有多滿意？工具能滿足工程師的需求嗎？他們對工作和最終產品的滿意度如何？工程師們感到筋疲力盡了嗎？

回到可讀性的例子，我們的研究團隊與可讀性團隊合作，確定了可讀性過程的幾個效率目標：

程式碼品質

工程師由於可讀性過程而編寫出更高品質的程式碼；由於可讀性過程而編寫出更一致的程式碼；由於可讀性過程而為程式碼保健（code health）的文化做出了貢獻。

工程師的關注

我們對可讀性沒有任何關注目標。這沒關係！並非每個有關工程效率的問題都涉及到這五個方面的取捨。

知性上的複雜性

工程師透過可讀性過程瞭解了 Google 的程式碼基底（codebase）和最佳的撰碼實務，並在可讀性過程中得到指導。

節奏和速度

由於可讀性過程，更快、更高效地完成工作任務。

滿意

工程師們看到了可讀性過程的好處，並且對參與其中產生了積極的感受。

信號

信號是我們知道「我們已經實現了我們的目標」的方式。並非所有信號都是可以衡量的，但在現階段是可以接受的。信號和目標之間並不是 1：1 的關係。每個目標應該至少有一個信號，但他們可能有更多的信號。有些目標也可能共用一個信號。表 7-1 顯示了「可讀性過程」（readability process）衡量目標的一些範例信號。

表 7-1 信號和目標

目標	信號
透過可讀性過程，工程師可以編寫出更高品質的程式碼。	獲得可讀性的工程師認為自己的程式碼比未獲得可讀性的工程師之程式碼品質更高。可讀性過程對程式碼品質有積極的影響。
經由可讀性過程，工程師可以瞭解 Google 程式碼基底和最佳撰碼實務。	工程師報告了從可讀性過程中學到的知識。
工程師在可讀性過程中得到指導。	工程師報告，他們與經驗豐富的 Google 工程師進行了積極的互動，這些工程師在可讀性過程中擔任審查者。
經由可讀性過程，工程師可以更快、更高效地完成工作任務。	獲得可讀性之工程師認為自己比未獲得可讀性之工程師更有效率。獲得可讀性之工程師所進行的變更比未獲得可讀性之工程師所進行的變更審查速度更快。
工程師看到了可讀性過程的好處，並對參與其中產生了積極的感受。	工程師認為可讀性過程是值得的。

指標

指標（metrics）是我們最終決定如何衡量信號的地方。指標本身不是信號，而是信號的可衡量代理（measurable proxy）。因為它們是一個代理（proxy），所以它們可能不是一個完美的量測。因此，當我們試圖對基礎信號（underlying signal）進行三角量測（triangulate）時，某些信號可能具有多個指標。

例如，為了衡量工程師的程式碼在可讀性之後是否審查得更快，我們可能會同時使用調查資料（survey data）和日誌資料（logs data）的組合。這些指標都不能真正提供基本事實。（人類的感知是不可靠的，日誌指標（logs metrics）可能無法衡量工程師花在審查一段程式碼上的全部時間，也可能被當時未知的因素（比如程式碼變更的大小或難度）所迷惑）。然而，如果這些指標顯示出不同的結果，則表明可能其中一個指標不正確，我們需要進一步探索。如果他們是相同的，我們就更有信心，我們已經達到某種真相。

此外，有些信號可能沒有任何相關的指標，因為此時信號可能根本無法量測。例如，考慮衡量程式碼品質。儘管學術文獻為程式碼品質提出了許多代理，但沒有一個能夠真正捕捉到它。為了可讀性，我們有了一個決定，要嘛使用一個較差的代理，並可能根據它做出決定，要嘛直接承認這是一個目前無法衡量的點。最終，儘管我們確實要求工程師對程式碼品質進行自我評估，但我們決定不將此做為定量量測（quantitative measure）。

遵循 GSM 框架是一個很好的方法，可以明確為什麼要衡量你的軟體流程之目標，以及實際將如何衡量它。但是，仍然有可能所選擇的指標並沒有講述完整的情況，因為它們沒有捕捉到所需的信號。在 Google，我們使用定性資料（qualitative data）來驗證我們的指標，並確保它們捕捉到了預期的信號。

使用資料來驗證指標

例如，我們曾經建立過一個指標（metric）來衡量（measuring）每個工程師的平均建構延遲（median build latency）；目標是捕獲工程師建構延遲的「典型經驗」（typical experience）。然後，我們進行了一次經驗抽樣研究（experience sampling study）。在這樣的研究方式中，工程師會在「進行一個感興趣任務」的背景下被打斷，以回答一些問題。在工程師開始建構之後，我們會自動向他們發送一個小型調查，以瞭解他們對建構延遲的經驗和期望。然而，在少數情況下，工程師的回答是，他們還沒有開始建構！結果發現，原來是自動化工具啟動了建構，但工程師並沒有因為這些結果而受阻，因此這並沒有「計入」他們的「典型經驗」。然後，我們調整了指標以排除此類建構。[5]

5　我們在 Google 的經驗是，當定量和定性指標不一致時，這是因為定量指標沒有捕捉到預期的結果。

定量指標很有用，因為它們為你提供了動力和規模。你可以衡量整個公司的工程師在很長一段時間的經驗，並對其結果充滿信心。但是，他們並沒有提供任何背景或敘述。定量指標無法解釋為什麼工程師選擇使用過時的工具來完成他們的任務，或者為什麼他們採取了不尋常的工作流程，或者為什麼他們規避了標準流程。只有定性研究才可以提供此資訊，只有定性研究才可以對改進過程的後續步驟提供見解。

現在考慮表 7-2 中列出的信號。你可以建立哪些指標來衡量每個信號？其中一些信號可以透過分析工具和程式碼日誌來衡量。其他只能透過直接詢問工程師來衡量。還有一些可能無法完美衡量，例如，我們如何衡量真實的程式碼品質？

最終，在評估可讀性對效率的影響時，我們最終結合了三個方面的指標。首先，我們進行了一項專門針對可讀性過程的調查。這項調查是在人們完成此過程後進行的；這使我們能夠立即得到他們對過程的反饋。這有望避免「回憶偏差」（recall bias）[6]，但它卻會導入「近因偏差」（recency bias）[7] 和「抽樣偏差」（sampling bias）[8]。其次，我們使用了一個大規模的季度調查（quarterly survey）來追蹤那些不是專門針對可讀性的專案；相反，它們純粹是關於我們預期可讀性應該影響的指標。最後，我們使用來自開發人員工具的「細粒度日誌指標」（fine-grained logs metric）來確定工程師完成特定任務所花費的時間。[9] 表 7-2 提供了完整的指標清單及其相應的信號和目標。

表 7-2 目標、信號和指標

量化	目標	信號	指標
程式碼的品質	透過可讀性過程，工程師可以編寫出更高品質的程式碼。	獲得可讀性的工程師認為自己的程式碼品質比未獲得可讀性的工程師之程式碼品質更高。	季度調查：報告對自己的程式碼的品質感到滿意的工程師比例
		可讀性過程對程式碼品質有積極的影響。	可讀性調查：報告可讀性審查對程式碼品質沒有影響或有負面影響的工程師比例
			可讀性調查：報告參與可讀性過程提供了其團隊之程式碼品質的工程師比例

6　回憶偏差是記憶的偏差。人們較容易回憶起特別有趣或令人沮喪的事情。

7　近因偏差是另一種形式的記憶偏差，其中人們偏向於他最近的經歷。在這種情況下，由於他們剛剛成功完成這個過程，他們可能會對此感覺特別好。

8　因為我們只詢問了完成過程的人，所以我們沒有收集到那些沒有完成過程的人之意見。

9　人們很想使用這些指標來評估個別工程師，甚至可能是為了確定高績效和低績效者。不過，這樣做會適得其反。如果將效率指標用於績效評估，那麼工程師將很快對這些指標進行博弈，而這些指標將不再有助於衡量和提高整個組織的效率。使這些衡量工作有效的唯一方法就是放棄衡量個體的想法，而接受對總體效果的衡量。

量化	目標	信號	指標
	經由可讀性過程，工程師可以編寫出更加一致的程式碼。	經由可讀性過程，可讀性審查者可以在程式碼審查中為工程師提供一致的反饋和指導。	可讀性調查：報告可讀性審查者的意見和可讀性標準不一致的工程師比例。
	經由可讀性過程，工程師可以對程式碼保健的文化做出貢獻。	獲得可讀性的工程師經常在程式碼審查中對風格和／或可讀性問題進行評論。	可讀性調查：報告經常在程式碼審查中對風格和／或可讀性問題進行評論的工程師比例
工程師的關注	不適用	不適用	不適用
致力複雜性	經由可讀性過程，工程師可以瞭解 Google 的程式碼基底和最佳的撰碼實務。	工程師報告，從可讀性過程中的學習情況。	可讀性調查：報告瞭解四個相關主題的工程師比例
			可讀性調查：報告學習或獲得專門知識是可讀性過程的一個優勢之工程師比例
	工程師在可讀性過程中得到指導。	工程師回報，他們與經驗豐富的 Google 工程師進行了積極的互動，這些工程師在可讀性過程中擔任審查者。	可讀性調查：報告與可讀性審查者一起工作是可讀性過程的一個優勢之工程師比例
節奏／速度	經由可讀性過程，工程師的效率更高。	獲得可讀性的工程師認為自己的效率比未獲得可讀性的工程師更高。	季度調查：報告自己的效率高的工程師比例
		工程師報告，完成可讀性過程對他們的工程速度有積極的影響。	可讀性調查：報告不具備可讀性會降低團隊工程速度的工程師比例
		由獲得可讀性的工程師編寫的變更清單（CLs）比未獲得可讀性的工程師編寫的變更清單速度更快。	日誌資料：具有可讀性和不具可讀性的作者對 CLs 的平均審查時間（median review time）
		由獲得可讀性的工程師編寫的 CLs 比未獲得可讀性的工程師編寫的 CLs 更容易被引導通過程式碼審查。	日誌資料：具有可讀性和不具可讀性的作者對 CLs 的平均引導時間（median shepherding time）
		由獲得可讀性的工程師編寫的 CLs 比未獲得可讀性的工程師編寫的 CLs 更快通過程式碼審查。	日誌資料：具有可讀性和不具可讀性的作者對 CLs 的平均提交時間

量化	目標	信號	指標
		可讀性過程不會對工程速度產生負面影響。	可讀性調查：報告可讀性過程對其速度產生負面影響的工程師比例
			可讀性調查：報告可讀性審查者及時做出答覆的工程師比例
			可讀性調查：報告審查的及時性是可讀性過程的一個優勢之工程師比例
滿意	工程師看到了可讀性過程的好處，並對參與其中產生了積極的感受。	工程師認為可讀性過程是一個整體的積極體驗。	可讀性調查：報告其對可讀性過程的體驗整體上是積極的工程師比例
		工程師認為可讀性過程是值得的	可讀性調查：報告可讀性過程是值得的工程師比例
			可讀性調查：報告可讀性審查的品質是該過程的一個優勢的工程師比例
			可讀性調查：報告徹底性是該過程的一個優勢的工程師比例
		工程師並不認為可讀性過程是令人沮喪的。	可讀性調查：報告可讀性過程不確定、不清楚、緩慢或令人沮喪的工程師比例
			季度調查：報告對自己的工程速度感到滿意的工程師比例

採取行動和追蹤結果

回顧我們本章的最初目標：我們要採取行動，提高效率。在對某個主題進行研究之後，Google 的團隊總是會準備一份建議清單，說明我們如何繼續改進。我們可能會建議為一個工具提供新的功能、改善工具的延遲、改進文件、刪除過時的過程，甚至改變工程師的激勵結構。理想情況下，這些建議都是「工具驅動的」（tool driven）：如果工具不支持工程師改變他們的過程或思維方式，那麼告訴工程師改變他們的過程或思維方式是沒有用的。相反，我們總是假設，如果工程師擁有適當的可用資料及合適的工具，他們會做出適當的取捨。

對於可讀性，我們的研究表明，它總體上是值得的：已經實現了可讀性的工程師會對過程感到滿意，並認為他們從中學到了東西。我們的日誌顯示，他們的程式碼也得到了更快的審查，並提交得更快，甚至考慮到不再需要那麼多的審查者。我們的研究還顯示了過程中需要改進的地方：工程師找出了使過程更快或更愉快的一些痛點（pain points）。語言團隊採納了這些建議，並改進了工具和過程，使之更快、更透明，好讓工程師有更愉快的體驗。

結語

在 Google，我們發現僱用一個工程效率專家團隊對軟體工程有著廣泛的好處；一個集中的團隊可以專注於複雜問題的廣泛解決方案，而不是依靠每個團隊規劃自己的過程來提高效率。這種「基於人」（human-based）的因素是出了名的難以衡量，鑒於改變工程過程（engineering processes）所涉及的許多取捨（trade-offs）難以準確衡量，而且往往會產生意想不到的後果，因此專家能夠瞭解所分析的資料，十分重要。這樣的團隊必須保持資料驅動，並力求消除主觀偏見。

摘要

- 在衡量效率之前，先詢問一下結果是否可操作，無論結果是正面還是負面。如果你對結果無能為力，那麼它很可能不值得衡量。

- 使用 GSM 框架（framework）選擇有意義的指標（metrics）。一個好的指標是你要衡量（measure）之信號（signal）的合理代理（proxy），並且它可以追溯到你的最初目標。

- 選擇涵蓋效率所有部分的指標（QUANTS）。透過這樣做，你可以確保你不會為了提高效率的一個方面（例如開發人員的速度）而以犧牲另一個方面（例如程式碼品質）為代價。

- 定性指標（qualitative metrics）也是指標！考慮建立一個調查機制（survey mechanism），對工程師之信念（engineers' beliefs）的縱向指標（longitudinal metrics）進行追蹤。定性指標還應該與定量指標（quantitative metrics）保持一致；如果不一致，則可能是定量指標不正確。

- 目的是建立內置於開發人員工作流程（developer workflow）和激勵結構（incentive structures）中的建議。儘管有時有必要推薦額外的培訓或文件，但如果將其納入開發人員的日常習慣中，則變更的可能性更大。

## 第三部分

過程

## 第八章

格式指南與規則

作者：Shaindel Schwartz（沙德爾・施瓦茲）
編輯：Tom Manshreck（湯姆・曼斯瑞克）

大多數工程組織都有管理其程式碼基底（codebases）的規則，關於源碼檔儲存位置的規則、關於程式碼格式的規則、關於命名（naming）和模式（patterns）以及例外（exceptions）和執行緒（threads）的規則。大多數軟體工程師都在一套策略的範圍內工作，這些策略控制著他們的操作方式。在 Google，為了管理我們的程式碼基底，我們維護了一套定義規則的風格指南（style guides）。

規則（rules）就是法律（laws）。它們不只是建議或提議，而是嚴格的、強制性的法律。因此，它們是普遍可執行的規則，除非獲得「按需要使用」（need-to-use basis）的批准，否則不得無視這些規則。與規則相比，指南（guidance）提供了建議和最佳做法。這些內容很容易遵循，甚至高度建議遵循，但與規則不同，他們通常有一些變化的空間。

我們在程式設計風格指南中收集了我們所定義的規則，也就是編寫程式碼時必須遵循的注意事項，而這些都被視為經典。風格（Style）在這裡可能有點用詞不當，這意味著其內容僅限於程式碼的格式化。我們的風格指南不止這些；它們是管理我們的程式碼的全套慣例。這並不是說我們的風格指南是嚴格的規定；風格指南規則可能需要判斷，例如使用名稱的規則應「在合理範圍內，盡可能地描述（*https://oreil.ly/xDNAn*）。」事實上，我們的風格指南是我們的工程師所負責之規則的最終來源。

我們為 Google 使用的每一種程式語言都維護了單獨的風格指南。[1] 從高層次看，所有指南都有類似的目標，旨在引導程式碼開發並關注可持續性。同時，它們在範圍、長度和內容上都有很大的差異。在 Google 不斷發展的程式碼儲存庫中，程式語言具有不同的優勢、不同的功能、不同的優先順序和不同的歷史路徑。因此，獨立調整每種語言的指導方針更為實際。我們的風格指南中，有些非常簡潔，側重於諸如命名（naming）和格式化（formatting）之類的一些總體原則，如 Dart、R 和 Shell 等指南所示。有些包括更多的細節、鑽研特定的語言功能，並延伸成更長的文件，特別是我們的 C++、Python 和 Java 指南。有些重視語言的非 Google 典型用法——我們的 Go 風格指南非常簡短，只在摘要指令（summary directive）中添加了一些規則，以遵守外部認可的約定（*https://oreil.ly/RHrvP*）中概述的做法。還有些包括與外部規範（external norms）根本不同的規則；我們的 C++ 規則禁止使用例外（exceptions），這是 Google 程式碼之外廣泛使用的語言功能。

即使是我們自己的風格指南，之間也存在著很大的差異，這使得我們很難對風格指南應該涵蓋的內容進行精確的描述。指導 Google 的風格指南之開發的決策，源於保持程式碼基底（codebase）可持續性的需要。其他組織的程式碼基底本身對可持續性有不同的要求，因此需要一套量身定做的規則（tailored rules）。本章討論了指導我們開發規則和指南的原則和過程，所舉的例子主要來自於 Googl 的 C++、Python 和 Java 風格指南。

為什麼要制定規則？

那麼，我們為什麼要制定規則呢？制定規則的目的是為了鼓勵「好」行為，阻止「壞」行為。對「好」和「壞」的解釋因組織而異，這取決於組織所關心的內容。這樣的命名不是普遍的偏好；好與壞是主觀的，並且是根據需求量身定做的。對於一些組織來說，「好」可能會促進（promote）支援「佔用少量記憶體空間」（small memory footprint）或優先考慮可能的「運行時優化」（runtime optimizations）之使用模式（usage patterns）。在其他組織中，「好」可能會促進（promote）使用新語言功能的選擇。有時候，組織最關心的是一致性，因此任何與現有模式（existing patterns）不一致的東西都是「壞」的。我們必須首先認識到既定的組織價值觀；我們會使用規則和指導來相應地鼓勵和阻止行為。

隨著組織的發展，既定的規則和指導方針形成了撰碼的共同詞彙。共同的詞彙讓工程師能夠專注於他們的程式碼需要表達什麼，而不是他們如何表達。透過塑造該詞彙，工程

---

[1] 我們的許多風格指南都有外部的版本，你可以在 *https://google.github.io/styleguide* 找到。本章中，我們引用了這些指南中的許多例子。

師將傾向於在預設情下，甚至是在潛意識中，做「好」的事情。因此，規則為我們提供了廣泛的槓桿作用，使我們能夠推動共同的發展模式朝向預期的方向發展。

建立規則

定義一套規則時，關鍵的問題並非：「我們應該制定什麼規則？」要問的問題是：「我們要達到什麼目標？」當我們專注於規則將要服務的目標時，確定哪些規則支援此一目標，使得我們更容易提煉出一套有用的規則。在 Google，風格指南（style guide）就是撰碼實務（coding practices）的法律，我們不問：「風格指南中包含什麼？」而會問：「為什麼在風格指南中加入某些內容？」透過制定一套規則來規範程式碼的編寫，我們的組織能獲得什麼？

指導原則

讓我們來把事情的來龍去脈說清楚：Google 的工程組織是由 3 萬多名工程師所組成。工程人員在技能和背景上表現出巨大的差異。每天向一個可能存在數十年之超過 20 億列程式碼的「程式碼基底」（codebase）進行大約 6 萬個提交。我們正在針對大多數其他組織所需要的不同價值觀進行優化，但在某種程度上，這些顧慮無處不在，因為我們需要維持一個能夠在規模和時間上都具有彈性的工程環境。

在這種情況下，我們的規則之目標是管理開發環境的複雜性，維持程式碼基底的可管理性，同時仍然允許工程師高效地工作。我們在這裡做了取捨：有助於我們實現這個目標的大量規則，確實意味著我們正在限制選擇。我們失去了一些靈活性，我們甚至可能冒犯了某些人，但權威標準所提供的一致性和減少衝突的好處獲得了勝利。

鑒於此一觀點，我們認識到，指導我們制定規則的一些首要原則，這些原則必須：

- 發揮他們的力量
- 為讀者優化
- 保持一致
- 避免容易出錯和令人驚訝的構造
- 必要時向實際情況讓步

規則必須發揮他們的力量

並不是所有內容都應該進入風格指南（style guide）。要求一個組織中的所有工程師學習和適應任何新制定的規則，是一項非零成本（nonzero cost）的工作。由於規則太多，[2] 不僅工程師在編寫程式碼時更難記住所有規則，新工程師也更難學有所成。更多的規則也會使得維護規則集（rule set）的難度更大，成本更高。

為此，我們特意選擇不包含那些不言自明（self-evident）的規則。Google 的風格指南並不打算用律師的方式來解釋；僅僅因為某些東西沒有明確禁止並不意味著它是合法的。例如，C++ 風格指南並沒有反對使用 goto 的規則。C++ 程式員已經傾向於避免這樣做，所以加入一條明確的規則，禁止這樣做將會帶來不必要的開銷。如果只有一兩個工程師出錯，那麼透過建立新的規則來增加每個人的心理負擔並不能擴大規模。

為讀者優化

我們的規則之另一項原則是，針對程式碼的讀者而不是作者進行優化。隨著時間的推移，我們的程式碼之讀取頻率將遠遠超過它被編寫的頻率。我們寧願程式碼的編寫過於繁瑣，也不願程式碼難以閱讀。在我們的 Python 風格指南中，當討論條件運算式（conditional expressions）時，我們認識到它們比 if 陳述式（statements）短，因此對程式碼的作者來說更方便。然而，因為它們往往比較冗長的 if 陳述式更難被讀者理解，所以我們限制了它們的使用（*https://oreil.ly/ftyvG*）。我們看重的是「簡單易讀」而不是「簡單易寫」。我們在這裡做了一個取捨：當工程師必須反覆鍵入可能更長、更具描述性的名稱時，前期成本可能會更高。我們選擇支付此費用，因為它替所有未來的讀者提供了可讀性。

做為此優先性的一部分，我們還要求工程師在他們的程式碼中留下預期行為（intended behavior）的明確證據。我們希望讀者在閱讀程式碼時清楚知道程式碼在做什麼。例如，我們的 Java、 JavaScript 和 C++ 風格指南在覆寫（override）超類別方法（superclass method）時會強制使用 override 註釋（annotation）或關鍵字（keyword）。在沒有明確的設計證據（evidence of design）的情況下，讀者仍可能會弄清楚這個意圖，儘管這需要每個閱讀程式碼的讀者對程式碼進行更多的挖掘。

2　此時工具的使用很重要。衡量是否「太多」的標準，不是原始規則的數量，而是工程師需要記住多少規則。例如，在 clang-format[譯註] 出現之前糟糕年代，我們需要記住一大堆格式化規則。這些規則並沒有消失，但是使用我們當前的工具，遵守成本已經大幅下降。我們已經到了人們可以添加任意數量的格式規則，而沒有人管的地步，因為該工具會為你代勞。

譯註　clang-format 係指基於 clang 的程式碼格式化。可參考：*https://shengyu7697.github.io/cpp-clang-format/*。

當預期行為可能令人驚訝時，預期行為的證據變得更加重要。在 C++ 中，有時很難只透過讀取程式碼片段來追蹤指標（pointer）的所有權（ownership）。如果指標被傳遞給一個函式，在不熟悉函式行為的情況下，我們無法確定會發生什麼。調用方（caller）是否仍然擁有指標的所有權？函式是否取得了所有權？在從函式返回後，我可以繼續使用該指標嗎，還是它可能已經被刪除了？為了避免此一問題，當有所有權轉移（ownership transfer）意圖時，我們的 C++ 風格指南傾向使用 std::unique_ptr（*https://oreil.ly/h0lFE*）。unique_ptr 用於管理指標的所有權，可確保指標的副本只存在一個。當一個函式將 unique_ptr 做為參數並打算獲得指標的所有權時，調用方必須明確調用（invoke）移動語義（move semantics，亦即 std::move ()）^{譯註}：

```
// 取得 Foo* 引數的函式，可能會也可能不會對
// 被傳遞過來的指標（passed pointer）擁有所有權。
void TakeFoo(Foo* arg);
// 對該函式的調用並沒有告訴讀者任何關於
// 從函式返回後對所有權的預期。
Foo* my_foo(NewFoo());
TakeFoo(my_foo);
```

將其與以下內容進行比較：

```
// 取得 std::unique_ptr<Foo> 引數的函式。
void TakeFoo(std::unique_ptr<Foo> arg);
// 對該函式的任何調用都會明確顯示出所有權的產生
// 並且從函式返回後不能使用 unique_ptr。
std::unique_ptr<Foo> my_foo(FooFactory());
TakeFoo(std::move(my_foo));
```

根據風格指南規則，我們保證所有「調用位置」（call sites）只要適用，都會包含所有權轉移（ownership transfer）的明確證據。有了這個信號，程式碼的讀者就不需要瞭解每個「函式調用」（function call）的行為。我們在 API 中提供了足夠的資訊來解釋其互動方式。這種對「調用位置」的清晰記錄，可確保程式碼片段維持可讀性和可理解性。我們的目標是進行局部解釋（local reasoning），目的是清楚瞭解「調用位置」上發生的事情，而無須查找和引用其他程式碼，包括函式的實作。

涵蓋註解（comments）的大多數風格指南規則，也是為了支援「在適當的位置上為讀者提供證據」的目標。文件註解（documentation comments）（前置於特定檔案、類別或函式的區塊註解）用於描述程式碼的設計或意圖。實作註解（implementation comments）（穿插在整個程式碼中的註解）用於證明或強調不明顯的選擇，解釋棘手的部分，並強調程式碼的重要部分。我們有涵蓋這兩種註解的風格指南規則，要求工程師提供其他工程師在閱讀程式碼時可能需要尋找的解釋。

譯註　見 *https://charlottehong.blogspot.com/2017/03/stdmove.html*。

保持一致

我們對「在我們的程式碼基底中保持一致」的看法與我們應用於 Google 辦公室的理念類似。由於工程人員眾多，分布廣泛，團隊經常被分配到不同的辦公室，Googlers 經常發現自己要到其他地點出差。雖然每個辦公室都保持其獨特的個性，擁抱當地的風味和風格，但對於完成工作所需要的任何東西，都刻意保持不變。一個來訪 Googler 的胸牌可以與當地所有的胸牌讀取器配合使用；任何 Google 裝置都將獲得 Wifi 連線；任何會議室的視頻會議設置都將具有相同的介面。Googler 不需要花時間學習如何設置這一切；他們知道無論在哪裡都一樣。在辦公室之間來回走動，仍然可以輕易完成工作。

這就是我們為我們的原始程式碼而努力的目標。一致性讓任何工程師都可以跳入程式碼基底的熟悉部分，並以相當快的速度開始工作。一個本地專案可以具有其獨特的個性，但其工具是相同的，其技術是相同的，其程式庫是相同的，而且都是有效的。

一致性的好處

儘管不允許辦公室量身定製胸牌讀取器或視頻會議介面可能會帶來限制，但一致性的好處遠遠超過我們失去的創造性自由。程式碼也一樣：保持一致性可能會感覺到限制，但這意味著，更多的工程師可以用更少的努力完成更多的工作：[3]

- 當一個程式碼基底（codebase）的風格和規範在內部保持一致時，編寫程式碼的工程師和閱讀它的其他工程師，可以專注於所要完成的工作上，而不是如何呈現它。在很大程度上，這種一致性允許「專家組塊化」（expert chunking）。[4] 當我們用相同的介面解決問題，並以一致的方式格式化程式碼時，專家更容易瞥見一些程式碼，專注於重要的內容，並瞭解它在做什麼。它還使得程式碼的模組化和發現重複的程式碼更加容易。基於這些原因，我們將大量的注意力集中在使用一致的命名慣例（naming conventions）、一致的常見模式（common patterns）以及一致的格式和結構上。還有許多規則，在一個看似很小的問題上提出一個決定，僅僅是為了保證事情只用一種方式進行。例如，選擇用於縮排（indentation）的空格數或對列長度（line length）設置限制。[5] 這裡最有價值的部分是答案的一致性，而不是答案本身。

3　歸功於 H. Wright 的真實世界比較，這是在參觀了大約 15 個不同的 Google 辦公室後做出的。

4　chunking（組塊化）是一個認知過程，就是將資訊的片段拼湊成有意義的 chunks（組塊），而不是單獨記下它們。例如，專家棋手考慮的是棋子的配置，而不是個別棋子的位置。

5　參見 4.2〈Block indentation: +2 spaces〉（區塊縮排：多加 2 個空格）（*https://oreil.ly/jaf6n*）、〈Spaces vs. Tabs〉（空格與跳格）（*https://oreil.ly/1AMEq*），4.4〈Column limit:100〉（行數限制：100 個字符）（*https://oreil.ly/WhufW*）以及〈Line Length〉（列長）（*https://oreil.ly/sLctK*）。

- 一致性使擴展成為可能。工具的使用是組織進行擴展的關鍵，一致的程式碼使建構能夠理解、編輯和產生程式碼的工具變得更加容易。如果每個人都有一小部分不同的程式碼，那麼依賴一致性的工具無法發揮其全部優勢——如果工具可以透過添加缺少的「匯入程式庫」（imports）或刪除未使用的「引入檔」（includes）來更新原始檔，如果不同的專案為其「匯入清單」（import lists）選擇不同的排序策略（sorting strategies），則該工具可能無法在任何地方工作。當每個人都使用相同的組件，並且當每個人的程式碼都遵循相同的結構和組織規則時，我們可以投資在任何地方都能使用的工具，為我們的許多維護任務建立自動化功能。如果每個團隊都需要分別投資同一工具的定製版本（bespoke version），為他們的獨特環境量身定製，我們將失去這一優勢。

- 在擴展組織的人力部分時，一致性也有幫助。隨著組織的發展，在程式碼基底上工作的工程師數量也在增加。盡可能保持每個人正在編寫之程式碼的一致性，進而更好地實現跨專案的移動性，最大限度地減少工程師轉換團隊的準備時間，並建立組織的靈活性和適應能力，以應對人員需求的波動。不斷發展的組織還意味著其他角色的人員可以與程式碼互動，例如，SRE、程式庫工程師（library engineer）和程式碼管理員（code janitors）。在 Google，這些角色通常跨越多個專案，這意味著，不熟悉某個團隊專案的工程師，可能會加入該專案的程式碼中。跨程式碼基底的一致體驗，使得此一工作的效率變得更高。

- 一致性還可以確保時間的彈性。隨著時間的推移，工程師離開專案、新人員加入、所有權轉移以及專案合併或拆分。力求保持一致的程式碼基底可確保這些轉換成本低廉，允許我們為程式碼和在上面工作的工程師提供幾乎不受約束的流動性，進而簡化長期維護所需的過程。

規模變大時

幾年前，我們的 C++ 風格指南承諾，幾乎不會更改會讓舊程式碼不一致的風格指南規則：「在某些情況下，可能有很好的理由來更改某些風格規則，但我們仍然保持原樣以維持一致性。」

當程式碼基底較小的時候，老舊而佈滿塵土的角落比較少，這是有道理的。

當程式碼基底變得越來越大、越來越老舊時，這就不再是需要優先考慮的事情了。這是（至少對我們的 C++ 風格指南背後的仲裁者而言）一個有意識的改變：當提到這一點時，我們明確指出，C++ 程式碼基底再也不會完全一致了，我們的目的也不是為了這個。

不僅要將規則更新為當前的最佳做法（best practices），而且還要求我們將這些規則應用到所有已編寫的內容，這將是一個太大的負擔。我們的大規模變更（Large Scale Change）工具和過程，使我們能夠更新幾乎所有的程式碼，以遵循幾乎每一種新模式（pattern）或語法（syntax），進而使大多數老舊的程式碼表現出最新批准的風格（見第 22 章）。然而，這種機制並不完美；當程式碼基底變得夠大時，我們無法確定所有老舊的程式碼是否都符合新的最佳做法。要求完美的一致性已經到了得不償失的地步。

設定標準。 當我們提倡一致性時，我們傾向於關注內部的一致性。有時，區域慣例（local conventions）會先於全域慣例（global conventions）被採用，因此調整一切以使之匹配是不合理的。在這種情況下，我們提倡層次分明的一致性：「一致性」從區域開始，其中特定檔案中的規範先於特定團隊的規範，特定團隊的規範先於大型專案的規範，而大型專案的規範先於整個程式碼基底的規範。事實上，風格指南中包含許多明確「遵循區域慣例的」規則，[6] 我們重視的是這種區域的一致性，而非科學的技術選擇。

然而，一個組織僅僅建立並堅持一套內部慣例是不夠的。有時，應考慮到外部社群所採用的標準。

計算空格

Google 的 Python 風格指南最初規定我們所有的 Python 程式碼都要縮排兩個空格。外部的 Python 社群使用的標準 Python 風格指南，以四空格進行縮排。我們早期的 Python 開發大部分是為了直接支援我們的 C++ 專案，而不是為了實際的 Python 應用。因此，我們選擇使用兩個空格進行縮排，以便與我們的 C++ 程式碼保持一致。隨著時間的推移，我們看到這個理由其實並不成立。編寫 Python 程式碼的工程師閱讀和編寫其他 Python 程式碼的頻率，要比閱讀和編寫 C++ 程式碼的頻率高得多。每當我們的工程師要查找或引用外部的程式碼片段時，都要花費我們額外的精力。每當嘗試將程式碼片段匯出到開源程式碼中時，我們的工程師也會經歷很多痛苦，需要花時間調和內部的程式碼和我們想要加入的外部世界之間的差異。

當 Starlark（*https://oreil.ly/o7aY9*）（Google 設計之一種基於 Python 語言的建構描述語言（build description language））擁有自己的風格指南時，我們選擇更改為使用四個空格進行縮排，以與外界保持一致。[7]

6　例如，〈Use of const〉（*https://oreil.ly/p6RLR*）。

7　buildifier 會應用以 Starlark 實現的 BUILD 檔案格式。請參閱 *https://github.com/bazelbuild/buildtools*（或 *https://oreil.ly/iGMoM*）。

如果已經存在慣例，那麼對一個組織來說，與外界保持一致通常是一個好主意。對於小型、自給自足和短期的工作來說，這能不會有什麼不同；內部的一致性（internal consistency）比專案的有限範圍（limited scope）之外發生的任何事情都重要。一旦時間的流逝和潛在的擴展成為因素，你的程式碼與外部專案互動或甚至最後出現在外部世界的可能性就會增加。從長遠來看，堅持被廣泛接受的標準可能會得到回報。

避免容易出錯和令人驚訝的結構

我們的風格指南，限制了我們使用之語言中，一些更令人驚訝、更不尋常或更棘手之結構的使用。複雜的功能往往有一些細微的陷阱，乍一看並不明顯。在不完全瞭解其複雜性的情況下使用這些功能，很容易誤用並導入錯誤。即使一個專案的工程師清楚地瞭解一個結構，也不能保證未來的專案成員和維護者有有同樣的瞭解。

這是我們的 Python 風格指南規則，避免使用強大功能（*https://oreil.ly/ooqIr*）比如「反射」（reflection），背後的原因。Python 反射函式 `hasattr()` 和 `getattr()` 允許用戶使用字串來存取物件的屬性：

```
if hasattr(my_object, 'foo'):
    some_var = getattr(my_object, 'foo')
```

現在，這個例子，一切看起來似乎都很好。但考慮一下：

some_file.py：

```
A_CONSTANT = [
'foo',
'bar',
'baz',
]
```

other_file.py：

```
values = [ ]
for field in some_file.A_CONSTANT:
    values.append(getattr(my_object, field))
```

搜尋程式碼時，你如何知道此處正在存取 foo、bar 和 baz 等欄位（field）？沒有明確的證據留給讀者。你不容易看到，因此無法輕鬆驗證哪些字串用於存取物件的屬性。如果我們不是從 A_CONSTANT 中讀取這些值，而是從遠端程序調用（Remote Procedure Call，或簡寫為 RPC）的請求訊息（request message）或資料儲存體（data store）來讀取這些值，那會怎麼樣呢？這種混淆的程式碼可能會導致重大的安全漏洞，僅透過不正確地驗證訊息將很難注意到。測試和驗證此類程式碼也很困難。

Python 的動態性質允許此類行為，在非常有限的情況下，使用 hasattr() 和 getattr() 是有效的。然而，在大多數情況下，它們只會導致混淆並導入錯誤。

儘管這些先進的語言功能，對於知道如何利用它們的專家來說，可以完美地解決此一問題，但強大的功能通常更難理解，而且應用並不廣泛。我們需要所有的工程師都能夠在程式碼基底中操作，而不僅僅是專家。

這不僅是對新手軟體工程師的支援，也是為 SRE 提供了更好的環境——如果一個 SRE 正在對生產中斷（production outage）進行除錯，他們將跳轉到任何可疑的程式碼，甚至會用他們不熟悉的語言來編寫程式碼。我們更看重易於理解和維護之簡單明瞭的程式碼。

屈服於實用性

用 Ralph Waldo Emerson（拉爾夫‧沃爾多‧愛默生）的話說：「不加思考地維持一致性是愚不可及的」（A foolish consistency is the hobgoblin of little minds）（*https://oreil.ly/bRFg2*）。在我們尋求一致、簡化的程式碼基底的過程中，我們不希望盲目地忽略所有其他東西。我們知道，我們的風格指南中的一些規則將遇到需要例外的情況，這沒有關係。必要時，我們允許對優化和實用性做出讓步，否則可能與我們的規則相衝突。

性能（performance）很重要。有時，即使這意味著犧牲一致性（consistency）或可讀性（readability），但遷就性能優化（performance optimizations）也是有意義的。例如，儘管我們的 C++ 風格指南禁止使用例外處理（exceptions），但它包括一條規則，允許使用 noexcept（*https://oreil.ly/EAgN-*），這是一個與例外處理相關的語言指示符（language specifier），可以觸發編譯器優化。

互通性（interoperability）也很重要。被設計來搭配特定之非 Google 產品的程式碼，如果針對其目標量身定製，可能會做得更好。例如，我們的 C++ 風格指南包括 CamelCase 通用命名指南的例外情況，該例外情況允許對模仿標準程式庫功能的實體使用標準程式庫的 snake_case 風格。[8] C++ 風格指南還允許 Windows 程式設計的豁免（*https://oreil.ly/xCrwV*），其中為了平臺功能的相容性需要多重繼承，所有其他的 C++ 程式碼均明確禁止這樣做。我們的 Java 和 JavaScript 風格指南均明確指出，所產生的程式碼，如果經常與專案所有權之外的組件連接或依賴這些組件，則不在指南規則的範圍內。[9] 一致性至關重要；適應性是關鍵。

8　見〈Exceptions to Naming Rules〉（命名規則的例外）（*https://oreil.ly/AiTjH*）。舉個例子，我們的開源 Abseil 程式庫使用 snake_case 來命名資料型態，目的是為了替換標準的資料型態。見 *https://github.com/abseil/abseil-cpp/blob/master/absl/utility/utility.h* 中所定義的資料型態。這些是 C++14 標準資料型態的 C++11 實作，因此使用該標準所偏愛的 snake_case 風格，而不是 Google 偏愛的 CamelCase 風格。

9　見〈Generated code: mostly exempt〉（所產生的程式碼：大部分是豁免）（*https://oreil.ly/rGmA2*）。

風格指南

那麼，語言風格指南有哪些內容？所有風格指南規則大致分為三類：

- 避免危險的規則
- 落實最佳做法的規則
- 確保一致性的規則

避免危險

首先也是最重要的，我們的風格指南包括了關於語言功能的規則，出於技術的原因，這些規則要嘛是必須做的，要嘛是不必做的。我們有關於如何使用靜態成員和變數的規則；有關於使用 lambda 運算式的規則；有關於處理例外情況的規則；有關於建構執行緒、存取控制和類別繼承的規則。我們討論了要使用哪些語言功能以及要避免哪些構造。我們提出了可以使用的標準詞彙類型（standard vocabulary types）以及用於什麼目的。我們特別包括了難以使用和難以正確使用的決定，因為有些語言功能的使用模式（usage patterns）存在細微差別，這些模式可能不直觀或不易正確應用，進而導致細微的錯誤不斷蔓延。對於指南中的每一項決定，我們都會在指南中列出經過權衡的利弊，並對達成的決定進行解釋。這些決定中的大多數是基於對時間彈性的需要，支援和鼓勵可維護的語言使用。

落實最佳做法

我們的風格指南中還包括了落實原始碼編寫（writing source code）最佳做法的規則。這些規則有助於保持程式碼基底的健康和可維護性。例如，我們規定了程式碼作者必須在哪裡以及如何包含註解（comments）。[10] 我們的註解規則涵蓋了註解的一般慣例，並擴展到包括「必須在程式碼中包含文件的」特殊情況——意圖並非總是顯而易見的情況，例如 switch 陳述（statements）中的「貫穿」（fall-through）[譯註]、空的例外攔截區塊（empty exception catch blocks）以及模板元程式設計（template metaprogramming）。我們還有一些規則詳細規定了原始檔的結構，概述了預期內容的組織。我們有以下的命名規則：套件、類別、函式和變數。所有這些規則都是為了指導工程師落實更健康、更可持續的程式碼。

10　見 *https://google.github.io/styleguide/cppguide.html#Comments*、*http://google.github.io/styleguide/pyguide#38- comments-and-docstrings* 和 *https://google.github.io/styleguide/javaguide.html#s7-javadoc*，其中多個語言定義了通用的註解規則。

譯註　可參考 *https://ivan7645.github.io/2016/05/25/c-break/*。

我們的風格指南所要落實的一些最佳做法是為了使原始程式碼更具可讀性。許多格式化規則（formatting rules）均屬此類。我們的風格指南規定了何時以及如何使用垂直和水平的空白，以提高可讀性。它們還涵蓋了列長限制（line length limits）和大括號對齊（brace alignment）。對於某些語言，我們會透過自動格式化工具的使用（如 Go 的 gofmt、Dart 的 dartfmt）來滿足格式化要求。將格式化要求（formatting requirements）的詳細清單逐一列出，或者指名一個必須應用的工具，目的是相同的：我們有一套一致的格式化規則，目的在提高可讀性，並應用於所有程式碼。

我們的風格指南還包括對新的和尚未被理解之語言功能的限制。目標是在我們整個學習過程中，預先在功能的潛在陷阱周圍安裝安全圍欄。同時，在每個人都開始之前，限制使用（limiting use）讓我們有機會觀察使用模式（usage patterns），這些使用模式可以從我們觀察到的例子中開發並提取最佳做法（best practices）。對於這些新功能，一開始，我們有時不確定要提供的指導是否適當。隨著採用範圍的擴大，希望以不同的方式使用新功能的工程師跟風格指南的所有者討論他們的例子，請求允許超出初始限制所涵蓋的範圍之外的其他用例。觀察收到的豁免請求，我們可以瞭解一個功能是如何被使用的，最終收集到足夠的例子來歸納好的做法和壞的做法。掌握了這些資訊後，我們可以回到限制性的規定，並對其進行修改，以便允許更廣泛的使用。

案例研究：導入 std::unique_ptr

C++ 11 導入的 std::unique_ptr，是一種智能指標型態（smart pointer type），用於表示動態分配之物件的獨佔所有權，並在 unique_ptr 超出了範圍時刪除該物件，我們的風格指南最初禁止使用。大多數工程師都不熟悉 unique_ptr 的行為，而且語言導入的相關移動語義（move semantics）是非常新的，對大多數工程師來說，這非常令人困惑。避免在程式碼基底中導入 std::unique_ptr 似乎是更安全的選擇。我們更新了工具，以捕捉對不允許之型態的引用，並保留我們現有的指南，建議其他型態的既有智能指標。

時間流逝。工程師有機會適應「移動語義」（move semantics）的含義，我們越來越相信使用 std::unique_ptr 直接符合我們的風格指南的目標。std::unique_ptr 在函式調用位置（function call site）上提供之有關物件所有權的資訊，使讀者更容易理解這些程式碼。導入這個新資料型態所增加的複雜性，以及隨之而來的新穎的移動語義，仍然是一個令人擔憂的問題，但程式碼基底長期整體狀態的顯著改善，使得採用 std::unique_ptr 是一個值得的權衡。

建構一致性

我們的風格指南還包含涵蓋許多較小內容的規則。對於這些規則，我們制定和記錄決策主要是為了制定和記錄決策。此類的許多規則並沒有顯著的技術影響。像是命名慣例（naming conventions）、縮排間距（indentation spacing）、匯入順序（import ordering）：通常沒有明顯的、可衡量的技術優勢，這可能是技術社群傾向於辯論它們的原因。[11] 透過選擇一個，我們退出了無休止的辯論循環，可以繼續前進。我們的工程師不再花時間討論兩個空格與四個空格的議題。對於這類規則來說，重要的不是我們為特定的規則選擇了什麼，而是我們做了選擇這一事實。

還有其他東西⋯

儘管如此，還有很多東西不在我們的風格指南中。我們試圖把注意力集中在對程式碼基底的健康狀況影響最大的事情上。這些文件中完全沒有提到最佳的做法，包括許多良好工程建議的基本部分：別自作聰明、別對程式碼基底建立分支、不要重新發明輪子⋯等等。像我們的風格指南這樣的文件，不可能把一個完全的新手一路帶到軟體工程的大師級理解程度——有些事情是我們假設的，而且是有意為之。

變更規則

我們的風格指南並非靜態的。與大多數事情一樣，隨著時間的推移，做出風格指南決策的環境以及指導某項規定的因素很可能會發生變化。有時，情況的變化足以讓我們提出重新評估。如果發佈了新的語言版本，我們可能想要更新我們的規則，以允許或排除新功能和習慣用法。如果一條規則導致工程師投入精力來規避它，我們可能需要重新審查規則應該提供的好處。如果我們用於執行規則的工具變得過於複雜，維護起來很麻煩，那麼規則本身可能已經衰敗，需要重新審視。注意到規則何時需要重新審視，是維持規則集（rule set）的相關性（relevant）和最新性（up to date）之過程中的一個重要部分。

規則被收錄在我們的風格指南中，背後的決策是有證據支持的。添加規則時，我們會花時間討論和分析相關利弊以及潛在的後果，試圖驗證某項改變是否適合 Google 運營的規模。Google 風格指南中的大多數條目大都包括這些考慮因素，列出決策過程中權衡的利弊，並給出最終裁決的理由。理想情況下，我們會優先考慮此詳細推理，並將其納入每一條規則中。

---

11 這樣的討論真的只是在浪費時間和精力（*http://aquamarine.bikeshed.com*），這是帕金森瑣碎定理（Parkinson's law of triviality）（https://oreil.ly/L-K8F）的一個例證。

記錄某項決策背後的理由，使我們能夠認識到何時需要改變。考慮到時間的流逝和情況的不斷變化，以前做出的好決策可能不是當前最好的決策。在明確指出影響因素後，我們就能夠確定與其中一或多個因素相關的變化，何時需要重新評估規則。

案例研究：CamelCase 命名風格

在 Google，當我們為 Python 程式碼定義最初的風格指南時，我們選擇使用 CamelCase 命名風格，而不是 snake_case 命名風格，來命名方法。儘管公開的 Python 風格指南（PEP 8（*https://oreil.ly/Z9AA7*））和大多數 Python 社群都使用 snake_case 命名風格，但當時 Google 的大多數 Python 使用都是針對 C++ 開發人員，他們使用 Python 做為 C++ 程式碼基底（codebase）之上的命令稿層（scripting layer）。許多已定義的 Python 資料型態是相應之 C++ 資料型態的包裝（wrappers），由於 Google 的 C++ 命名慣例遵循 CamelCase 風格，因此跨語言的一致性被視為關鍵。

後來，我們達到了建構和支援獨立 Python 應用程式的程度。最常使用 Python 的工程師是開發 Python 專案的工程師，而不是快速編寫命令稿的 C++ 工程師。我們給 Python 工程師造成了一定程度的尷尬和可讀性問題，要求他們為內部程式碼維護一個標準，但每次引用外部程式碼時，都要不斷地調整另一個標準。我們還讓那些有 Python 經驗的新員工更難適應我們的程式碼基底規範。

隨著 Python 專案的成長，我們的程式碼與外部 Python 專案的互動越來越頻繁。我們為一些專案加入了第三方 Python 程式庫，導致我們自己的程式碼基底中混合了我們自己的 CamelCase 格式與外部首選的 snake_case 風格。當我們著手開放一些 Python 專案的原始碼時，將它們維護在一個不符合我們慣例的外部世界中，這既增加了我們的複雜性，也增加了一個社群的警惕性，覺得我們的風格令人驚訝，而且有些奇怪。

在討論了成本（失去與其他 Google 程式碼的一致性，對習慣於我們的 Python 風格之 Googlers 再教育）和好處（與大多數其他 Python 程式碼保持一致性，允許加入第三方程式庫）之後，提出這些論據，Python 風格指南的風格仲裁者（style arbiters）決定更改規則。在限制其做為檔案範圍內的選擇、對現有程式碼的豁免，以及讓專案決定什麼是最適合它們的自由度的情況下，Google Python 風格指南已被更新為允許 snake_case 命名。

流程

考慮到我們需要的長期使用壽命和擴展能力，我們意識到事情需要修改，因此我們建立了一個更新規則的流程。修改風格指南的流程是基於解決方案的。關於風格指南更新的建議是基於此觀點建構的，以標識現有的問題，並提出修改建議以做為解決此問題的方法。在此流程中，「問題」並非可能出錯的假設性例子；問題是透過現有 Google 程式碼中發現的模式（pattern）來證實的。對於一個已證實的問題，因為我們在現有的風格指南決策背後，有詳細的推理，所以我們可以重新評估，檢視不同的結論現在是否更有意義。

工程師社群在編寫由風格指南控制的程式碼時，通常最能夠注意到何時可能需要修改規則。事實上，在 Google，對我們的風格指南的大部分修改都是從社群討論開始的。任何工程師都可以提出問題或建議修改，通常從專門討論風格指南之某個語言的郵遞論壇（mailing list）開始。

關於修改風格指南的建議可能會完全成形，並建議了具體的更新措辭，或者可能一開始就對某項規則的適用性提出模糊的問題。社群會討論傳入的想法，並收到其他語言用戶的反饋。有些建議會被社群一致拒絕，被認為是不必要的、過於模稜兩可，或者是沒有任何好處的。有些建議則會得到積極的反饋，並認為是有價值的，要嘛保持原樣，要嘛按建議進行改進。這些提案（透過社群審查提出）必須經過最終的決策批准。

風格仲裁者

在 Google，對於每種語言的風格指南，最終的決定和批准都是由風格指南的所有者（我們的風格仲裁者（style arbiters））做出的。對於每一種程式語言來說，一組老牌（long-time）的語言專家將會是風格指南的所有者以及被指定為決策者。某一語言的風格仲裁者往往是該語言之程式庫團隊中的資深成員，以及其他具有相關語言經驗的老牌 Googlers。

任何風格指南變更的實際決策，都是對修改建議（proposed modification）的工程取捨（engineering trade-offs）。仲裁者在風格指南優化的商定目標範圍內進行決策。修改不是根據個人喜好進行的；它們是取捨的判斷。事實上，C++ 仲裁小組（arbiter group）目前由四個成員組成。這看起來可能很奇怪： 如果委員會成員人數為奇數，則在出現決策分裂的情況下，將不會出現票數相等（tied votes）的情況。然而，由於決策方法的性質，沒有什麼是「因為我認為應該是這樣」，而一切都是對取捨的評估，因此決策是透過協商一致而不是透過投票。這個四人小組目前運作良好。

例外

是的，我們的規則就是法律，然而，是的，有些規則需要例外。我們的規則通常是為更大範圍的一般情況而設計的。有時，特定情況將受益於對特定規則的豁免。當出現此類情況時，將與風格仲裁者進行協商，以確定是否存在針對特定規則給予豁免的有效案例。

豁免是不輕易給予的。在 C++ 程式碼中，如果導入了一個巨集（macro）API，風格指南規定必須使用專案特有的前綴（project-specific prefix）來命名。由於 C++ 處理巨集的方式，將其視為全域命名空間（global namespace）的成員，因此從標頭檔（header files）匯出的所有巨集都必須具有全域唯一的名稱，以防止碰撞。風格指南中關於巨集的命名規則，確實允許仲裁者對一些真正全域性的公用巨集（utility macros）給予豁免。然而，當要求排除專案特定的前綴之豁免請求，背後的原因是由於巨集名稱的長度或專案一致性而產生的偏好時，豁免會被拒絕。在這裡，程式碼基底的完整性勝過專案的一致性。

在一些情況下，允許出現例外情況，這些例外情況被認為是允許破壞規則比避開規則更有利。C++ 風格指南不允許隱式型態轉換（implicit type conversion），包括單引數建構函式（single-argument constructors）。然而，對於那些被設計成「通透地包裹其他型態的」型態，如果底層資料（underlying data）仍然可以被精準和精確地表示，那麼允許隱式轉換是完全合理的。在這種情況下，對於「無隱式轉換」（no-implicit-conversion）規則的豁免是被批准的。對於有效的豁免有如此明確的理由，可能表示規則需要澄清或修正。但是，對於這一具體規則，收到的豁免請求似乎符合有效的豁免理由，但實際上並非如此。因為所討論的特定型態，實際上不是一個通透的包裹型態（wrapper type），或者因為該型態是一個包裹型態，但實際上並不需要這樣做。因此保持規則不變仍然是值得的。

指導方針

除了規則之外，我們還策劃了各種形式的程式設計指導方針（programming guidance），從複雜主題的長篇深入討論到我們認可的最佳做法之簡短、扼要的建議。

指導方針代表了我們從工程方面累積的智慧，記錄了我們從整個過程中學到的最佳做法。指導方針往往側重於我們觀察到的人們經常出錯或不熟悉之新事物，因此容易混淆。如果規則是「爛攤子」，我們的指導方針就是「應該」的。

我們培育指導方針（guidance）的一個例子是，為我們使用的一些主要語言提供入門（primers）。雖然我們的風格指南（style guides）是規範性的，它規範了哪些語言功能是允許的，哪些語言功能是不允許的，但入門是描述性的，它解釋了指南所認可的功能。它們的覆蓋面相當廣泛，幾乎觸及到了剛在 Google 使用該語言的工程師需要參考的每一個主題。它們不會深入探討既定主題的每個細節，但會提供解釋和推薦使用。當工程師需要弄清楚如何應用他們想要使用的功能時，入門的用途是做為指導方針的參考。

幾年前，我們開始發布一系列 C++ 技巧，這些技巧結合了通用語言的建議和 Google 特有的技巧。我們討論了一些困難的事情，例如物件壽命（object lifetim）、複製和移動語意、依賴於引數的查找（argument-dependent lookup）；新的東西—— C++ 11 的功能，因為它們在程式碼基底中被採用、預先採用的 C++17 型態，例如 string_view、optional 和 variant；以及需要輕輕推敲糾正的東西——提醒不要使用 using 指令，警告要記得注意隱式 bool 轉換。這些技巧源於遇到的實際問題，解決了風格指南中未涵蓋的實際程式設計問題。它們的建議，與風格指南中的規則不同，不是真正的規範；它們仍然屬於建議而非規則的範疇。然而，考慮到它們是從「觀察到的模式」（observed patterns）而不是「抽象的概念」（abstract ideal）中發展而來的，它們廣泛而直接的適用性使它們與大多數其他建議區分開來，成為一種「共同的規範」（canon of the common）。提示（tips）的範圍較窄而且相對較短，每一篇都不超過幾分鐘的閱讀時間。〈 Tip of the Week〉（每週提示）系列在內部非常成功，在程式碼審查和技術討論期間經常被引用。[12]

軟體工程師在進入一個新的專案或程式碼基底時，對將要使用的程式語言有一定的了解，但缺乏對該程式語言在 Google 內部如何使用的了解。為了彌補這個差距，我們為每一種正在使用的程式語言開設了一系列的 "<Language>@Google 101" 課程。這些全天的課程重點介紹了我們的程式碼基底中使用該語言進行開發的不同之處。課程的內容包括最常用的程式庫和慣用語、內部偏好（in-house preference）和自定義工具（custom tool）的使用。對於一個剛成為 Google C++ 工程師的 C++ 工程師來說，此課程填補了他們缺失的部分，使他們不僅成為一個優秀的工程師，更是一個優秀的 Google 程式碼基底工程師。

12　*https://abseil.io/tips* 列出了一些受歡迎的提示可供選擇。

除了開設課程（目的在讓完全不熟悉我們的設置之人快速上手）外，我們還為深入研究程式碼基底的工程師提供現成的參考資料，以幫助他們能夠隨時隨地找到有用的資訊。這些參考資料在形式上有所不同，並且跨越了我們所使用的語言。我們內部維護了一些有用的參考資料，包括：

- 針對通常較難獲得正確資訊的領域（如並發性（concurrency）和雜湊（hashing））提供語言特有的（language-specific）建議。
- 對語言更新導入的新功能進行詳細分解，並就如何在程式碼基底中使用這些功能提供建議。
- 我們的程式庫所提供的關鍵抽象概念（key abstractions）和資料結構（data structures）清單。這使我們不需要重新發明已經存在的結構，並對「我需要一個東西，但我不知道它在我們的程式庫中叫什麼」做出回應。

應用規則

就本質而言，規則在可執行時具有更大的價值。規則可以在社交上透過教學和培訓來執行，也可以在技術上透過工具來執行。我們在 Google 開設了各種正式的培訓課程，涵蓋了我們的規則所要求的許多最佳做法。我們還投入資源來讓我們的文件與時並進，以確保參考資料的準確性和及時性。當涉及到對規則的認識和理解時，我們的整體培訓方法中的一個關鍵部分就是程式碼審查所發揮的作用。我們在 Google 開展的可讀性過程，通過程式碼審查指導新進入 Google 開發環境的工程師，在很大程度上是為了培養我們的風格指南所要求的習慣和模式（詳見第 3 章的可讀性過程）。此過程是我們如何確保這些做法被學習並跨專案邊界應用的一個重要環節。

儘管某種程度的培訓始終是必要的，畢竟工程師必須學習規則，這樣他們才可以寫出符合規則的程式碼。在檢查合規性時，與其完全依賴「基於工程師的」（engineer-based）驗證，我們強烈建議使用工具自動實施。

自動實施規則可確保規則不會隨著時間的推移或組織擴展而被放棄或遺忘。新人的加入；他們可能還不知道所有的規則。規則會隨著時間的推移而變化；即使良好的溝通，也不是每個人都會記住所有事情的當前狀態。專案的成長和添加的新功能；以前不相關的規則突然適用。工程師檢查規則合規性時，會根據記憶或文件，兩者都可能失敗。只要我們的工具保持最新，與規則的變化同步，我們就知道，我們所有的工程師，都在為我們所有的專案，應用我們的規則。

自動實施的另一個優點是，最大程度地減少規則的解釋和應用的差異。當我們編寫命令稿或使用工具檢查合規性時，我們會根據一個單一、不變的規則定義驗證所有輸入。我

們不會將解釋權交給每個工程師。人類工程師以他們的偏見為視角來看待一切事物。無論是否是無意識的、潛在的、甚至可能無害的偏見仍然會改變人們看待事物的方式。把實施權交給工程師，很可能會出現對規則的解釋和應用不一致的情況，也可能會對問責制的期望不一致的情況。我們委託給工具的越多，留給人類偏見進入的切入點就越少。

工具化也使規則的實施具可擴充性。隨著組織的發展，單一的專家團隊可以編寫公司其他成員能夠使用的工具。如果公司的規模擴大了一倍，那麼在整個組織中實施所有規則的努力不會增加一倍，它的成本與以前大致相同。

即使我們透過合併工具獲得了優勢，也可能無法自動實施所有規則。一些技術規則明確要求人為的判斷。在 C++ 風格指南中，例如：「避免複雜的模板元程式設計（template metaprogramming）。」「使用 auto 可以避免出現嘈雜、明顯或無關緊要的資料型態名稱，在這種情況下，資料型態不能幫助讀者清晰地理解。」「composition（組合）通常比 inheritance（繼承）更合適。」在 Java 風格指南中：「對於如何〔對你的類別之成員和初始化方法進行排序〕沒有一個正確的秘訣；不同的類別可能會以不同的方式排序其內容。」「對於一個被捕獲的例外情況，什麼也不做很少是正確的。」「覆寫 Object.finalize 是非常罕見的。」對於所有這些規則，判斷是必須的，而工具不能（還不能！）取代這個位置。

其他規則是社會性的，而不是技術性的，用技術性的解決方案來解決社會性問題往往是不明智的。對於許多屬於這一類的規則，細節往往定義得不太明確，工具將變得複雜和昂貴。把這些規則的實施留給人類往往更好。當涉及到程式碼變更的大小（即受影響的檔案數和被修改的列數）時，我們建議工程師採取較小的變更。小的變更對工程師來說更容易審查，所以審查往往更快、更徹底。它們也不太可能導入錯誤，因為更容易推斷出較小變更的潛在影響和後果。然而，「小」的定義有些模糊。若變更是跨數百個檔案傳播相同的單列更新（one-line update），實際上可能很容易查看。相比之下，一個較小的 20 列變更可能會導入複雜的邏輯，並產生難以評估的副作用。我們認識到，有許多不同的大小量測方法，其中一些可能是主觀的，特別是考慮到變更的複雜性時。

這就是為什麼我們沒有任何工具會自動拒絕一個超過「任意列數限制」（arbitrary line limit）的變更提議。如果審查者認為變更太大，他們可以（而且確實可以）退回。對於此規則和類似的規則，實施與否是由編寫和審查程式碼的工程師來決定的。然而，當涉及到技術規則時，只要可行，我們就會贊成技術性的實施方式。

錯誤檢查工具

許多涉及語言使用的規則，都可以透過靜態分析工具來實施。事實上，我們的一些 C++ 程式庫管理器（librarians）在 2018 年中期對 C++ 風格指南進行了非正式調查，估計大約 90% 的規則都可以自動驗證。錯誤檢查工具採用一組規則或模式，並驗證特定的程式碼樣品是否完全符合要求。自動驗證消除了從程式碼作者那裡記住所有適用規則的負擔。如果工程師只需要查找違規警告（其中許多警告都帶有修正建議），在程式碼審查期間由一個已經緊密整合到開發工作流程的分析器顯示出來，我們最大限度地減少了遵守規則需要付出的努力。當我們開始使用工具根據「源標籤」（source tagging）來標示（flag）已棄用的函式時，會就地（in-place）顯示警告和修正建議，棄用 API 的新用法問題幾乎一夜之間消失了。降低合規成本可以使工程師更樂於跟進。

我們使用 clang-tidy（*https://oreil.ly/dDHtI*）（針對 C++）和 Error Prone（*https://oreil.ly/d7wkw*）（針對 Java）等工具來使規則的實施過程自動化。關於我們的做法，請見第 20 章的深入討論。

我們使用的工具都是為支援我們定義之規則而設計和定制的。大多數支援規則的工具都是絕對的；每個人都必須遵守規則，所以每個人都會使用工具來檢查它們。有時，當工具支援最佳做法時，在遵守慣例方面有更多的靈活性，有選擇退出（opt-out）機制，允許專案根據其需要進行調整。

程式碼格式化工具

在 Google，我們通常會使用自動的風格檢查工具（style checker）和格式化工具（formatter）在我們的程式碼中實施一致的格式化。列長度的問題不再引起人們的興趣。[13] 工程師只需執行檢查工具，然後繼續前進。當每次都以相同的方式進行格式化時，它在程式碼審查期間就不會成為問題，進而消除了查找（finding）、標記（flagging）和修正（fixing）小風格缺陷的審查週期（review cycles）。

在管理有史以來最大的程式碼基底時，我們有機會觀察由人類完成的格式化結果與透過自動化工具完成的格式化結果。平均而言，機器人比人類好很多。在某些地方，領域的專業知識很重要，例如，對矩陣進行格式化，人類通常可以比通用的格式化工具做得更好。如果行不通的話，以自動化風格檢查工具來格式化程式碼很少會出錯。

13　當你考慮到至少需要兩個工程師來討論這個問題，再乘以此對話在 30,000 多名工程師的集合中可能發生的次數，結果發現「字符數」可以成為一個非常昂貴的問題。

我們透過提交前檢查（presubmit check）來強制使用這些格式化工具： 在提交程式碼之前，會有一個服務檢查，對程式碼執行格式化工具是否會產生任何差異。如果是這樣，則拒絕提交，並提供有關如何執行格式化工具以修正程式碼的說明。Google 的大多數程式碼都需接受這樣的提交前檢查。對於我們的程式碼，我們會為 C++ 使用 clang-format（*https://oreil.ly/AbP3F*）；為 Python 使用 yapf（*https://github.com/google/yapf*）這是一個內部的包裝檔（in-house wrapper）；為 Go 使用 gofmt（*https://golang.org/cmd/gofmt*）；為 Dart 使用 dartfmt；以及為我們的 BUILD 檔案使用 buildifier（*https://oreil.ly/-wyGx*）。

案例研究：gofmt

Sameer Ajmani（薩默・阿傑曼尼）

Google 於 2009 年 11 月 10 日發佈了開源的 Go 程式語言。從那時起，Go 已經發展成為一個用於開發服務、工具、雲端基礎架構和開源軟體的語言。[14]

從第一天開始，我們就知道，我們需要標準格式的 Go 程式碼。我們還知道，在開源版本發佈之後，幾乎不可能再去修改標準格式。因此，最初的 Go 發行版本包括了 gofmt，這是 Go 的標準格式化工具。

動機

程式碼審查（code review）是軟體工程的最佳做法，然而在審查中卻花了太多的時間在爭論格式的問題。雖然標準格式並不是每個人的最愛，但足以避免浪費時間。[15]

透過標準化格式，我們為「可以自動更新 Go 程式碼而不會產生歧異的工具」奠定了基礎：機器編輯的程式碼無異於人類編輯的程式碼。[16]

例如，在 2012 年 Go 1.0 發布之前，Go 團隊使用名為 gofix 的工具將 1.0 之前 Go 程式碼自動更新為語言和程式庫的穩定版本。由於 gofmt，gofix 產生的差異只包括重要的部分：語言和 API 的用途的變化。這讓程式員得以更容易檢查這些變化，並從工具所做的變化中學習。

14　2018 年 12 月，以 pull requests 來衡量，Go 是 GitHub 上排名第 4 的語言（*https://oreil.ly/tAqDI*）。

15　Robert Griesemer 在 2015 年的演講（*https://oreil.ly/GTJRd*）「gofmt 的文化演變」（The Cultural Evolution of gofmt）詳細介紹了 gofmt 在 Go 和其他語言上的動機、設計和影響。

16　Russ Cox 在 2009 年解釋說（*https://oreil.ly/IqX_J*）gofmt 與自動化變更有關：「因此，我們已經擁有一個程式操作工具的所有困難的部分，就等著被使用了。同意接受「gofmt 風格」是使其在有限數量的程式碼中可行的部分。」

影響

Go 程式員希望所有的 Go 程式碼都經過 gofmt 的格式化。gofmt 沒有組態參數（configuration knobs），它的行為很少改變。所有主要的編輯器和 IDE 都有使用 gofmt 或模仿它的行為，所以幾乎所有現有之 Go 程式碼的格式都是相同的。剛開始，Go 的使用者會對標準的實施產生抱怨；現在，使用者經常把 gofmt 視為他們喜歡 Go 的許多原因之一。即使閱讀不熟悉的 Go 程式碼，格式也是熟悉的。

有數以千計的開源套件可以讀寫 Go 程式碼。[17] 由於所有編輯器和 IDE 都採用一致的 Go 格式，因此 Go 工具是可移植的，很容易透過命令列整合到新開發者的環境和工作流程中。

改造

2012 年，我們決定使用新的標準格式化工具，`buildifier`，來自動格式化 Google 的所有 BUILD 檔。BUILD 檔包含了使用 Google 的建構系統 Blaze 用於構建 Google 軟體的規則。一個標準的 BUILD 格式將使我們能夠建立「自動編輯 BUILD 檔而不中斷其格式的」工具，就像 Go 工具處理 Go 檔一樣。

一位工程師花了六週時間，重新格式化 Google 的 20 萬個 BUILD 檔，這些檔案被各種程式碼所有者所接受，在此期間，每週都會添加超過一千多個新的 BUILD 檔。Google 進行大規模變更的新興基礎架構大大加快了這一努力。（參見第 22 章。）

17　Go 的 Ast（https://godoc.org/go/ast）和 format 套件（https://godoc.org/go/format）各自都有上千個匯入者（importers）。

結語

對於任何組織來說，尤其是對於像 Google 的工程團隊這樣龐大的組織，規則都可以幫助我們管理複雜性並建立一個可維護的程式碼基底（codebase）。一組共享的規則構成了工程流程，以便它們可以擴展並保持成長，進而使程式碼基底和組織能夠長期保持可持續性。

摘要

- 規則和指導方針應旨在支援對時間和規模的彈性。
- 了解資料，才能調整規則。
- 並不是每件事都要講究規則。
- 一致性是關鍵。
- 盡可能自動實施。

作者： Tom Manshreck（湯姆・曼什萊克）和 Caitlin Sadowski（特琳・薩多夫斯基）

編輯： Lisa Carey（麗莎・凱里）

第九章

程式碼審查

程式碼審查（code review）是一個由作者以外的人審查程式碼的過程，通常在將該程式碼導入程式碼基底（codebase）之前。雖然這是一個簡單的定義，但程式碼審查過程的實現在整個軟體行業中差異很大。有些組織在整個程式碼基底中擁有一組經過挑選的「把關者」（gatekeepers）來審查變更。有些組織則將程式碼審查過程委託給較小的團隊，允許不同的團隊要求不同級別的程式碼審查。在 Google，基本上每項變更在提交之前都要會經過審查，每個工程師都要負責發起審查和審查變更。

程式碼審查通常需要將過程與支援該過程的工具相結合。在 Google，我們使用自定義程式碼審查工具，Critique，來支援我們的過程。[1]Critique 在 Google 是一個非常重要的工具，以至於需要在本書中用一章來說明。本章側重於介紹在 Google 實施的程式碼審查過程，而不是具體的工具，這既是因為這些基礎比工具還古老，也因為這些見解大部分可以適用於你可能用於程式碼審查的任何工具。

 有關 Critique 的更多資訊，請參閱第 19 章。

---

1 我們也使用 Gerrit（*https://www.gerritcodereview.com*）來審查 Git 程式碼，主要用於我們的開源專案。然而，Critique 在 Google 是典型軟體工程師的首要工具。

程式碼審查的一些好處，例如在程式碼進入程式碼基底（codebase）之前發現程式碼中的錯誤，已得到很好的證實，[2] 並且有些明顯（如果衡量不嚴謹的話）。然而，其他好處則更微妙。由於 Google 的程式碼審查過程無處不在且範圍廣範，因此我們注意到許多更微妙的影響，包括心理上的影響，這些影響在時間和規模上為組織帶來了許多好處。

程式碼審查流程

程式碼審查可能發生在軟體開發的許多階段。在 Google，程式碼審查是在變更提交到程式碼基底之前進行的；此階段也稱為「提交前審查」（precommit review）。程式碼審查的主要最終目標是讓另一位工程師同意變更，我們透過將變更標記為「看起來不錯」（"looks good to me" 或 LGTM）來表示。我們將此 LGTM 用作必要的權限「位元」（結合下面提到的其他位元），以允許變更被提交。

在 Google，一個典型的程式碼審查將經歷以下步驟：

1. 用戶在其工作空間中將變更寫入程式碼基底。然後，此作者（author）會為變更建立一個快照（snapshot）：補丁（patch）和相應的描述（corresponding description），並將之上傳到程式碼審查工具。此變更產生了與程式碼基底的差異（diff），用於評估哪些程式碼已變更。

2. 作者可以使用此初始補丁（initial patch）來應用自動審查評論（automated review comments）或進行自我審查（self-review）。當作者對變更的差異感到滿意時，他們會將變更寄給一或多個審查者。此過程會通知這些審查者，請他們查看並評論快照。

3. 審查者（reviewers）會在程式碼審查工具中開啟變更，並在差異上發表評論。有些評論需要明確的解決方案。有些只是資訊性的。

4. 作者根據反饋修改變更並上傳新的快照，然後回覆審查者。步驟 3 和 4 可重複多次。

5. 在審查者對變更的最新狀態感到滿意後，他們會同意這一變更，並將其標記為「我覺得不錯」（"looks good to me" 或簡寫為 LGTM）。預設情況下，只需要一個 LGTM，儘管慣例可能會要求所有審查者都同意這一變更。

6. 當一個變更被標記為 LGTM 後，作者可以將變更提交到程式碼基底中，前提是他們解決了所有評論並批准了變更。我們將在下一節介紹批准（approval）。

2　Steve McConnel，《Code Complete》（Redmond: Microsoft Press，2004）。

稍後我們將會詳細介紹這個過程。

程式碼是一種責任

重要的是要記住（並接受）程式碼本身是一種責任。它可能是一種必要的責任，但就其本身而言，程式碼只是未來某個人的維護任務。就像飛機攜帶的燃料一樣，它是有重量的，當然，它是飛機飛行的必要條件（*https://oreil.ly/TmoWX*）。

當然，新的功能往往是必要的，但在開發程式碼之前應該小心謹慎，以確保任何新功能都有必要。重複的程式碼不僅是白費力氣，實際上可能比完全沒有程式碼還付出更多的時間；當程式碼基底出現重複時，在一種程式碼模式（code pattern）下可以輕鬆執行的變更，通常需要付出更多努力。編寫全新的程式碼是非常不受歡迎的，以至於我們中有一些人會說：「如果你從頭開始編寫程式碼，那說明你做錯了！」

程式庫（library）或公用程式碼（utility code）尤其如此。如果你正在編寫一個公用程式，那麼有可能在像 Google 這樣規模之程式碼基底中的某個地方，有人也做過類似的事情。因此，像在第 17 章中討論的那些工具，對於查找此類公用程式碼和防止導入重複的程式碼，都是至關重要的。理想情況下，這種研究是事先進行的，而且在編寫任何新程式碼之前，已將任何新的設計傳達給適當的團隊。

當然，新的專案會發生、新的技術會被導入、新的元件會被需要…等等。儘管如此，程式碼審查並不是一個重新討論或辯論以前之設計決策的場合。設計決策往往需要時間，需要分發設計建議書、在 API 審查或類似會議上就設計進行辯論，也許還需要開發原型。就像對全新程式碼的程式碼審查不應突如其來一樣，程式碼審查的過程本身也不應被視為重新審視先前決策的機會。

Google 的程式碼審查是如何進行的？

我們已經大致指出了典型的程式碼審查過程是如何進行的，但問題出在細節上。本節將詳細概述 Google 的程式碼審查的進行方式，以及這些做法如何使其隨著時間的推移適當擴展。

在 Google，任何一個特定的變更，都需要「批准」，有三個方面需要審查：

- 由另一位工程師對程式碼的正確性和理解性進行檢查，以證明程式碼是適當的，並能實現作者聲稱的功能。這通常是一個團隊成員，儘管不需要。這反映在 LGTM 權限「位元」中，在同儕審查者（peer reviewer）同意程式碼讓他們覺得「看起來不錯」之後，就會設置該權限。
- 由程式碼擁有者之一批准該程式碼適合程式碼基底的特定部分（並且可以被簽入特定目錄）。如果作者是此類擁有者，則此批准可能是隱含的。Google 的程式碼基底是一個樹狀結構，特定目錄的擁有者是有層次的（見第 16 章）。擁有者充當其特定目錄的把關人。任何工程師都可以提出變更建議，而任何其他工程師也可以設置 LGTM，但相關目錄的擁有者還必須批准在他們的程式碼基底中添加此變更。此類擁有者可能是技術負責人或被視為程式碼基底之特定領域專家的其他工程師。通常由每個團隊決定分配擁有權的範圍是寬還是窄。
- 由具有語言「可讀性」[3] 的人批准程式碼符合語言的風格和最佳做法，檢查程式碼是否以我們期望的方式編寫。同樣，如果作者具有這樣的可讀性，則此批准可能是隱含的。這些工程師是從全公司範圍內被授予該程式語言可讀性的工程師中挑選出來的，

雖然這種程度的控制聽起來很繁瑣（而且不可否認，有時的確如此），但大多數審查都是由一個人承擔所有三個角色，這大大加快了整個過程。重要的是，作者還可以承擔後兩個角色，只需要另一個工程師的 LGTM 就可以將程式碼簽入到自己的程式碼基底，前提是他們已經在該語言中具有可讀性（擁有者經常這樣做）。

這些要求使得程式碼審查過程非常靈活。技術負責人是一個專案的擁有者，並且具有程式碼的語言可讀性，只需另一個工程師的 LGTM，他就可以提交程式碼變更。沒有這種權限的實習生也可以向同一個程式碼基底提交同樣的變更，但必須得到具有語言可讀性之擁有者的批准。上述三個權限「位元」可以任意組合。一個作者甚至可以透過明確地將變更標記為，希望從所有審查者那裡得到一個 LGTM，來向不同的人請求一個以上的 LGTM。

實際上，大多數需要一個以上批准的程式碼審查（code reviews）通常要經過兩個步驟：從同儕工程師那裡獲得 LGTM，然後尋求適當的程式碼擁有者／可讀性審查者的批准。這使得這兩個角色可以專注於程式碼審查的不同方面，並節省了審查時間。主要審查者可以專注於程式碼的正確性和程式碼變更的一般有效性；程式碼擁有者可以專注於

---

3 在 Google，「可讀性」不僅僅指理解，而是指讓程式碼能夠被其他工程師所維護的一套風格和最佳做法。見第 3 章。

此變更是否適合程式碼基底的他們那部分，而不必關注每列程式碼的細節。換句話說，批准者（approver）通常在尋找與同儕審查者（peer reviewer）不同的東西。畢竟，有人試圖將程式碼簽入到他們的專案／目錄中。他們更關心的問題，比如：「這個程式碼是容易還是難以維護？」、「它是否會增加我的技術債務？」、「我們的團隊內部是否擁有維護它的專業知識？」

如果這三種類型的審查都可以由一個審查者處理，為什麼不讓這些類型的審查者處理所有的程式碼審查呢？簡短的答案是規模。將這三種角色分開，可以增加程式碼審查過程的靈活性。如果你和同儕一起開發一個公用程式庫中的新函式，你可以讓你團隊中的某個人來審查程式碼的正確性和理解性。經過幾輪（也許是幾天的時間），你的程式碼讓你的同儕審查者感到滿意，你就會得到一個 LGTM。現在，你只需要讓程式庫的擁有者（而擁有者往往具有適當的可讀性）來批准此變更。

擁有權

Hyrum Wright（希魯姆·賴特）

當一個小型團隊在專用的儲存庫中工作時，通常會授予整個團隊對儲存庫中所有內容的存取權。畢竟，你認識其他工程師，因為這個領域如此狹窄，以至於每個人都可以成為專家，並且數量很少，這限制了潛在錯誤的影響。

隨著團隊規模的擴大，這種方法可能會無法擴展。其結果要嘛是一個混亂的儲存庫分割，要嘛是用不同的方法來記錄誰在儲存庫的不同部分擁有哪些知識和責任。在 Google，我們稱這一套知識和責任為擁有權（ownership），並把行使這些知識和責任的人稱為擁有者（owner）。

這個概念不同於擁有一個原始程式碼的集合，而是意味著一種管理意識，即在程式碼基底的某一部分中以公司的最佳利益行事。（事實上，如果要重來一次，「管家」（stewards）幾乎肯定會是一個更好的術語。）

特別命名的 OWNERS 檔案列出了對目錄及其子目錄負有擁有權責的人之用戶名稱。這些檔案可能還包含對其他 OWNERS 檔案或外部存取控制清單的引用，但最終它們會確定一份個人清單。每個子目錄也可能包含一個單獨的 OWNERS 檔案，並且關係是分層添加的：一個特定檔案通常是由目錄樹中它上面的所有 OWNERS 檔案之成員聯合擁有。OWNERS 檔案可能具有與團隊一樣多的條目，但我們鼓勵使用相對較小且專注的清單，以確保責任明確。

Google 程式碼的擁有權可以在其權限範圍內傳達對程式碼的批准權，但這些權利還伴隨著一系列責任，例如瞭解所擁有的程式碼或知道如何找到擁有程式碼的人。不同的團隊在授予新成員擁有權方面有不同的標準，但我們一般鼓勵他們不要將擁有權做為加入儀式，並鼓勵離職成員在可行的情況下儘快讓出擁有權。

這種分散式的擁有權結構可以實現我們在本書中概述的許多其他做法。例如，根（root）OWNERS 檔案中的一組人員可以充當大規模變更的全域批准者（global approvers）（見第 22 章），而不必麻煩本地團隊（local teams）。同樣，OWNERS 檔案也是一種文件，使得人們和工具只需要沿著目錄樹向上走，就能很容易找到負責某段程式碼的人。當新專案被建立時，沒有中央機構必須註冊新的擁有權特權：新的 OWNERS 檔案就足夠了。

這種擁有權機制簡單而又強大，在過去 20 年中發展良好。這是 Google 確保數萬名工程師能夠在單一儲存庫中高效地處理數十億列程式碼的方法之一。

程式碼審查的好處

在整個行業中，程式碼審查本身並不存在爭議，儘管它遠非一個普遍的做法。許多（甚至可能是大多數）其他公司和開源專案都有某種形式的程式碼審查，而且大多數人認為這個過程很重要，因為他是對程式碼基底中導入新程式碼的完整性檢查（sanity check）。軟體工程師了解程式碼審查的一些比較明顯的好處，即使他們個人可能並不認為它適用於所有情況。但在 Google，這個過程一般比大多數其他公司更徹底、更廣泛。

Google 的文化，與許多軟體公司一樣，是建立在給予工程師廣泛的工作自由度上的。人們認識到，嚴格的過程對於一個需要對新技術做出快速反應的動態公司來說，往往並不合適。而官僚主義的規則往往不適合有創造力的專業人士。然而，程式碼審查是一項強制性任務，是 Google 所有軟體工程師必須參與的、為數不多的綜合過程（blanket processes）之一。Google 要求對程式碼基底中幾乎[4]所有的程式碼變更（無論有多小）進行程式碼審查。此任務確實會對工程速度產生影響和代價，因為它確實會減慢將新程式碼導入程式碼基底的速度，並可能會影響任何特定程式碼變更的生產時間（time-to-production）。（這兩點都是軟體工程師對嚴格之程式碼審查過程的普遍抱怨。）那麼，為什麼我們需要這個過程呢？為什麼我們認為這有長期的好處？

4　對文件和組態的某些變更可能不需要程式碼審查，但它通常還是希望獲得這樣的審查。

精心設計的程式碼審查過程和認真對待程式碼審查的文化帶來了以下好處：

- 檢查程式碼的正確性
- 確保其他工程師能夠理解程式碼的變更
- 加強整個程式碼基底的一致性
- 從心理上促進團隊的擁有權
- 實現知識共用
- 提供程式碼審查本身的歷史紀錄

隨著時間的推移，這些好處中有許多對軟體組織至關重要，其中許多好處不僅對作者有益，而且對審查者也有益。以下各節將對這些好處的每一項進行更具體的說明。

對於每個項目，都會進入更多的細節。

程式碼的正確性

程式碼審查的一個明顯的好處是，它允許審查者檢查程式碼變更的「正確性」（correctness）。讓另一雙眼睛來審視變更，有助於確保變更符合預期。審查者通常會查找變更是否具有適當的測試、是否有適當的設計，以及功能是否正確有效。在許多情況下，檢查程式碼的正確性就是檢查特定的變更是否會將錯誤導入程式碼基底。

許多報告都指出了程式碼審查在預防軟體未來錯誤方面的有效性。IBM 的一項研究發現，在過程中更早地發現錯誤，無疑地可以減少以後修正錯誤所需的時間。[5] 在程式碼審查時間上的投資，節省了原本用於測試、除錯和執行回歸的時間，但前提是程式碼審查果程本身要精簡，以保持它的輕量級。後面這一點很重要；繁重的程式碼審查過程，或無法正確擴展的程式碼審查過程，會變得不可持續。[6] 我們將在本章稍後介紹一些讓流程保持輕量級的最佳做法。

5　"Advances in software inspections"（軟體檢查的進展），發表於 IEEE Transactions on Software Engineering（IEEE 軟體工程彙刊）（Volume: SE-12, Issue: 7, Page(s): 744 – 751，July 1986）。當然，這項研究是在強大的工具和自動化測試在軟體開發過程中變得如此重要之前進行的，但其結果在現代軟體時代，似乎仍然顯得很有意義。

6　Rigby, Peter C. 與 Christian Bird. 2013。"Convergent contemporary software peer review practices"（融合當代軟體同儕審查實踐）發表於 ESEC/FSE 2013: Proceedings of the 2013 9th Joint Meeting on Foundations of Software Engineering（2013 年第 9 屆軟體工程基礎聯席會議論文集），August 2013: 202-212（2013 年 8 月：第 202–212 頁）（https://doi.org/10.1145/2491411.2491444）

為了防止對正確性的評價變得更主觀而非更客觀，無論是在設計上還是導入變更的功能上，通常都會尊重作者的特定做法。審查者不應該因為個人意見而提出替代方案。審查者可以提出替代方案，但前提是這些替代方案能夠提高理解能力（例如，減少複雜性）或功能（例如，提高效率）。一般來說，我們鼓勵工程師批准那些能夠改善程式碼基底的變更，而不是等待對一個更「完美」的解決方案達成共識。這種專注往往會加快程式碼審查。

隨著工具變得越來越強大，許多正確性檢查會透過靜態分析和自動測試等技術自動進行（儘管工具可能永遠不會完全消除基於人工之程式碼檢查的價值，詳見第 20 章）。雖然這種工具有其局限性，但它無疑給我們上了一課，檢查程式碼的正確性需要依靠基於人工的程式碼審查。

儘管如此，在初始的程式碼審查過程中檢查錯誤，仍然是一般的「左移」（shift left）策略的一部分，目的是儘早發現和解決問題，進而使他們在開發週期中不需要花費更多的成本和資源。程式碼審查既不是萬靈丹，也不是此類正確性的唯一檢查，但它是針對軟體中此類問題進行深入防禦的一個要素。因此，程式碼審查不需要「完美」即可獲得成果。

令人驚訝的是，檢查程式碼的正確性並不是 Google 從程式碼審查過程中獲得的主要好處。檢查程式碼的正確性通常可以確保變更是有效的，但更重要的是確保程式碼變更是可以理解的，並且隨著時間的推移以及程式碼基底本身的擴展而變得有意義。為了評估這些方面，我們需要考慮一些因素，而不是程式碼在邏輯上是否「正確」或是「被理解」。

對程式碼的理解

程式碼審查通常是作者以外的人檢查變更的第一個機會。這種觀點使得審查者可以做一些即使是最好的工程師也做不到的事情：提供不受作者觀點影響的反饋。程式碼審查往往是對某一特定的變更是否能被更廣泛的受眾所理解的第一個測試。這種觀點至關重要，因為程式碼的讀取次數將比編寫的次數多得多，而理解和領會是至關重要的。

找到與作者有不同觀點的審查者往往是有用的，尤其是那些可能需要維護或使用變更中提出之程式碼的審查者。與審查者在設計決策方面應該給予作者尊重不同，用「顧客永遠是對的」這句格言來對待程式碼理解方面的問題往往是有用的。在某些方面，你現在遇到的任何問題都會隨著時間的推移成倍增加，因此請將每個關於程式碼理解性（code comprehension）的問題都視為有效。這並不意味著你需要改變你的做法或邏輯來回應批評，但它確實意味著你可能需要更清楚地解釋它。

總之，程式碼正確性（code correctness）和程式碼理解性（code comprehension）檢查是來自另一位工程師之 LGTM 的主要標準，這是批准程式碼審查所需的批准位元（approval bits）之一。當工程師將一個程式碼審查標記為 LGTM 時，他們的意思是說，程式碼做到了它所說的那樣，這是可以理解的。然而，Google 也要求程式碼要可以持續地維護，因此在某些情況下，我們還需要對程式碼進行額外的批准。

程式碼的一致性

從規模上看，你編寫的程式碼取決於其他人，並最終由他們維護。許多其他人將需要閱讀你的程式碼並了解你的做了什麼。其他人（包括自動化工具）可能需要在你移至另一個專案很久之後重構你的程式碼。因此，程式碼需要符合某個一致性標準，以便它可以被理解和維護。程式碼還應避免過於複雜；對於其他人來說，更簡單的程式碼也更容易理解和維護。審查者可以在程式碼審查期間評估此程式碼符合程式碼基底本身之標準的程度。因此，程式碼審查應採取行動確保程式碼健康。

對於可維護性來說，程式碼審查的 LGTM 狀態（表示程式碼的正確性和理解性）與可讀性批准狀態是分開的。可讀性批准只能由成功地透過特定程式語言之程式碼可讀性培訓的個人來授予。例如，Java 程式碼需要獲得具有「Java 可讀性」之工程師的批准。

可讀性批准者（readability approver）的任務是審查程式碼，以確保它遵循該特定程式語言商定的最佳做法，與 Google 之程式碼儲存庫（code repository）中該語言的程式碼基底（codebase）一致，並避免過於複雜。一致簡單的程式碼更容易理解，在需要重構的時候，工具也更容易更新，使其更具彈性。如果某個模式（pattern）在程式碼基底中總是用一種方式來做，那麼編寫工具以重構它的時候就會更容易。

此外，程式碼可能只寫了一次，但它將被讀取幾十次、幾百次，甚至幾千次。在整個程式碼基底中具有一致的程式碼，可以提高所有工程的理解性，這種一致性甚至會影響程式碼審查的過程本身。一致性有時會與功能發生衝突；可讀性審查者可能更喜歡較不複雜的變更，它在功能上可能不是「更好」，但更容易理解。

有了更一致的程式碼基底，工程師更容易介入並審查他人專案的程式碼。工程師有時可能需要在程式碼審查中尋求團隊以外的幫助。在知道他們可以期望程式碼本身是一致的情況下，能夠接觸並請專家審查程式碼，使這些工程師能夠更適當地關注程式碼的正確性和理解性。

心理和文化方面的好處

程式碼審查還有重要的文化好處：它使軟體工程師更加確信程式碼不是「他們的」，而實際上是集體企業（collective enterprise）的一部分。這種心理上的好處可能很微妙，但仍然很重要。如果沒有程式碼審查，大多數工程師自然會傾向於個人風格和自己的軟體設計方法。程式碼審查過程迫使作者不僅要讓別人提出意見，而且為了更大的利益而妥協。

為自己的手藝感到驕傲，不願意把自己的程式碼開放給別人批評，這是人的天性。對於所編寫程式碼的批評性反饋，在某種程度上保持沉默也是很自然的。程式碼審過程提供了一個機制，以減輕可能是情緒激動的互動。當程式碼審查發揮最大作用時，不僅會對工程師的假設提出挑戰，而且以規定、中立的方式進行，如果以不請自來的方式提供的話，也可以緩和任何可能直接針對作者的批評。畢竟，這個過程需要批判性的審查（事實上，我們把自己的程式碼審查工具稱為「批判」（Critique）），所以你不能責怪審查者做他們的工作並保持批評性。因此，程式碼審查過程本身可以充當「壞警察」（bad cop），而審查者仍然可以被視為「好警察」（good cop）。

當然，不是所有的工程師，甚至不是大多數的工程師需要這樣的心理策略。但是，經由程式碼審查過程來緩衝此類批評，往往能讓大多數工程師更溫和地了解團隊的期望。許多加入 Google 的工程師，或者一個新團隊，都會被程式碼審查嚇倒。人們很容易認為任何形式的批評性審查都會對一個人的工作產生負面的影響。但隨著時間的推移，幾乎所有的工程師都期望在發送程式碼審查時受到挑戰，並開始重視經由此過程提供的建議和問題（儘管，不可否認地，這有時需要花費一些時間）。

程式碼審查的另一個心理上的好處是驗證（validation）。即使是最有能力的工程師也可能患上冒名頂替綜合症，而且過於自我批評。像程式碼審查這樣的過程可以驗證和認可一個人的工作。通常，這個過程涉及思想交流和知識共享（在下一節中介紹），這對審查者和被審查者都有好處。隨著工程師對領域知識的了解，他們有時很難獲得關於他們如何改進的正面反饋。程式碼審查的過程可以提供這種機制。

發起程式碼審查的過程也迫使所有作者對其變更格外小心。許多軟體工程師並不是完美主義者；大多數人都會承認，「完成工作」的程式碼比那些完美但開發時間太長的程式碼更好。如果沒有程式碼審查，我們中的許多人自然會偷工減料，甚至我們完全打算以後再糾正這些缺陷。「當然，我還沒有完成所有的單元測試，但我以後可以再做。」程式碼審查迫使工程師在發送變更之前解決這些問題。從心理上來說，收集變更的組成部分以進行程式碼審查，會迫使工程師確保他們所有的鴨子都排成一列。在送出變更之前的那一小段反思時間，是閱讀你的變更並確保你沒有遺漏任何東西的最佳時機。

知識共享

程式碼審查最重要但被低估的好處之一是在知識共享方面。大多數作者挑選的審查者都是所審查領域的專家，或者至少是知識淵博的專家。審查過程允許審查者向作者提供建議、新技術或諮詢資訊。（審查者甚至可以將一些評論標記為 FYI（僅供參考），無須採取任何行動；它們只是做為一種幫助作者的補充。）在程式碼基底的某個領域變得特別精通的作者，往往也會成為擁有者，然後他們又可以充當其他工程師的審查者。

程式碼審查過程中的反饋和確認還包括詢問為什麼以特定的方式進行變更。這種資訊交流有助於知識共享。事實上，許多程式碼審查涉及雙向資訊交換：作者和審查者可以從程式碼審查中學習新技術和模式。在 Google，審查者甚至可以在程式碼審查工具中與作者分享修改建議。

工程師可能不會閱讀發送給他們的每封電子郵件，但他們往往會對發送的每封程式碼審查進行回應。這種知識共享也可以跨時區和跨專案進行，利用 Google 的規模將資訊快速傳播給程式碼基底各角落的工程師。程式碼審查是知識轉移的最佳時機：它是及時和可操作的。（Google 的許多工程師都是先透過他們的程式碼審查「認識」其他工程師的！）

有鑒於 Google 工程師在程式碼審查方面花費的時間，累積的知識是相當可觀的。當然，Google 工程師的主要任務仍然是程式設計，但他們的大部分時間仍然花在程式碼審查上。程式碼審查過程是軟體工程師之間互動和交換撰碼技術資訊的主要方式之一。通常，新的模式會在程式碼審查的範圍內進行宣傳，有時會透過重構（例如大規模的變更）來宣傳。

此外，由於每個變更都會成為程式碼基底的一部分，因此程式碼審查可做為歷史紀錄。任何工程師都可以檢查 Google 程式碼基底，確定某個特定模式是什麼時候導入的，並提出相關程式碼的程式碼審查。通常，與原始作者和審查者相比，這種考古學可以為更多的工程師提供見解。

程式碼審查的最佳做法

無可否認地，程式碼審查會給組織帶來摩擦和延遲。這些問題大多不是程式碼審查本身的問題，而是他們選擇之程式碼審查實施方式的問題。保持程式碼審核過程在 Google 的順利運行也沒有什麼不同，這需要一些最佳的做法來確保程式碼審查是值得付出努力的過程。這些做法大多強調保持過程的靈活性和快速性，以便程式碼審查能夠適當擴展。

禮貌和專業

正如本書的文化（Culture）章節所指出的，Google 大力培育了一種信任和尊重的文化。這也反映在我們對程式碼審查的看法上。例如，軟體工程師只需要一個來自其他工程師的 LGTM 就可以滿足我們對程式碼理解的要求。許多工程師在對變更提出意見和 LGTM 時，並理解到可以在變更後予以提交，而無須進行任何額外的審查。也就是說，程式碼審查會給最有能力的工程師帶來焦慮和壓力。將所有反饋和批評牢牢地置於專業領域是至關重要的。

一般來說，審查者應該在特定的做法上聽從作者的意見，只在作者的做法有缺陷時，才會指出替代的做法。如果作者能夠證明，有幾種做法是同樣有效的，則審查者應接受作者的偏好。即使在這些情況下，如果在某個做法中發現了缺陷，也要將審查視為一次學習機會（對雙方都是如此！）。所有評論均應嚴守專業。審查者在根據作者的特定做法得出結論時應格外小心。在假設該做法是錯誤之前，最好先問一下為什麼要這樣做。

審查者應及時提供反饋。在 Google，我們期望在 24（工作）小時內收到程式碼審查的反饋。如果審查者無法在該時間內完成審查，則良好的做法（也是我們期望的）應該至少回應他們已經看到了變更，並盡快進行審查。審查者應避免零星地對程式碼審查做出回應。沒有什麼比從評論中獲得反饋、解決問題，然後在審查過程中繼續獲得不相關之進一步反饋更讓作者煩惱的了。

正如我們期待審查者的專業性一樣，我們也期待作者的專業性。記住，你不是你的程式碼（you are not your code），你所提出的這個變更不是「你的」而是團隊的。當你把那段程式碼簽入程式碼基底之後，無論如何它都不再是你的了。接受關於你的做法的問題，並準備好解釋你為什麼以某些方式做事。請記住，作者的部分職責是確保該程式碼將來是可理解的和可維護的。

將程式碼審查中的每個審查者評論（reviewer comment）視為 TODO（待辦）項目是很重要的；某項評論可能不需要毫無疑問地被接受，但至少應該加以解決。如果你不同意審查者的評論，請告知他們，並讓他們知道原因，在雙方都有機會提供替代方案之前，不要將評論標記為已解決。如果作者不同意審查者的意見，使此類辯論保持文明之一個常見的做法是提供替代方案，並要求審查者再看一下（please take another look 或簡寫為 PTAL）。請記住，程式碼審查是審查者和作者的一個學習機會。這種洞察力往往有助於減少任何分歧的機會。

同理，如果你是程式碼的擁有者，並且在你的程式碼基底內回應程式碼審查，那麼你可以接受來自外部作者的變更。只要變更是對程式碼基底的改進，你仍應該尊重作者的意見，即這個變更表明了一些可以而且應該改進的地方。

編寫小型變更

要保持程式碼審查過程的靈活性,最重要的做法可能是保持較小的變更。理想情況下,程式碼審查應該易於理解,並專注於單一問題,無論是對審查者還是對作者來說都是如此。Google 的程式碼審查過程不鼓勵由完全成形之專案組成的大規模變更,審查者可以理所當然地拒絕這樣的變更,因為太大,不適合進行一次審查。較小的變更也可以避免工程師在較大的變更上浪費時間等待審查,進而減少停止工作的時間。這些小型的變更對在軟體開發中很有好處。如果該特定的變更足以縮小錯誤範圍,那麼在變更中確定錯誤的來源就會容易得多。

也就是說,重要的是要認識到,依賴於小型變更的程式碼審查過程,有時很難與主要新功能的導入相協調。一組小型的增量程式碼變更(incremental code changes)可能更容易單獨理解,但在較大的方案中較難理解。不可否認地,Google 的一些工程師並不喜歡小型的變更。管理此類程式碼變更的技術(整合分支的開發、使用不同於 HEAD 的 diff base 來管理變更)已經存在,但這些技術不可避免地涉及更多的開銷。僅考慮針對小型變更的優化:一種優化,允許你的過程適應偶爾出現的較大型變更。

「小的」變更通常應限制在 200 列左右的程式碼。對於審查者來說,小的變更應該很容易,而且幾乎同樣重要的是,不能太繁瑣,以至於為了等待廣泛審查(extensive review)而導致其他的變更被延遲。Google 的大多數變更預計會在一天左右的時間內得到審查。[7](這並不一定意味著,審查會在一天之內結束,而是在一天之內提供初步的反饋。)在 Google,大約 35% 的變更是針對單一檔案的。[8] 對審查者寬鬆一點,可以更快地變更程式碼基底,同時也有利於作者。作者希望快速審查;如果等上一週左右的廣泛審查,很可能會影響後續的變更。小規模的初始審查也可以避免在之後的錯誤做法上浪費更多昂貴的精力。

因為程式碼審查通常是小規模的,所以在 Google,幾乎所有的程式碼審查通常只由一個人來進行。若不是這樣的話,如果由一個團隊對一個共同的程式碼基底之所有變更進行權衡,那麼這個過程本身就不可能擴展。通過保持小規模的程式碼審查,我們實現了這種優化。多人對任何給定的變更進行評論並不罕見(大多數程式碼審查都發送給了團隊成員,也 CC(副本抄送)給了相應的團隊),但主要的審查者仍然是其 LGTM 被需要的人,並且任何給定的變更都只需要一個 LGTM。任何其他的評論,雖然很重要,但仍然是可選擇的。

---

7 Caitlin Sadowski(凱特琳・薩多夫斯基),Emma Söderberg(艾瑪・索德伯格),Luke Church(盧克・丘奇),Michal Sipko(米哈爾・西普科),and Alberto Bacchelli(阿爾貝托・巴切利),"Modern code review: a case study at Google."(現代程式碼審查:谷歌的案例研究。)(*https://oreil.ly/m7FnJ*)

8 同上。

保持小規模的變更還可以使「批准的」審查者更快地批准任何給定的變更。他們可以快速檢查主要的程式碼審查者是否克盡職責，並且僅關注此變更是否在保持程式碼健康的同時能夠增強程式碼基底。

編寫良好的變更描述

變更描述應在第一列註明其變更類型，做為摘要。第一列主要用於在程式碼審查工具中提供摘要，在任何相關電子郵件中充當主題，並成為 Google 工程師在 Code Search（程式碼搜尋）內的歷史摘要（history summary）中看到的可見列（見第 17 章），因此第一列很重要。

雖然第一列應該是整個變更的摘要，但描述中仍應詳細說明正在變更的內容和原因。Bug fix（錯誤修正）的描述對審查者或未來的程式碼考古學家是沒有幫助的。如果在這個變更中做了幾個相關的修改，就把它們列舉在一個清單中（同時仍然保持小的訊息量）。描述是此變更的歷史紀錄，Code Search 之類的工具允許你查找是誰在程式碼基底裡的任何特定變更中編寫了哪一列。在嘗試修正錯誤時，深入到原始變更中通常很有用。

描述並不是向變更添加文件的唯一機會。編寫一個公用的 API 時，你通常不想洩露實作細節，但一定要在實際的實作中這樣做，在實際的實作中你應該自由地進行註解。如果審查者不明白你為什麼要做某件事（即使它是正確的），則它可以很好的表明這樣的程式碼需要更好的結構或更好的註解（或兩者兼而有之）。如果在程式碼審查過程中做出了新的決定，請更新變更描述或在實作中添加適當的註解。程式碼審查不僅僅是你當前要做的事情；你要做的還包括記錄你為後代所做的工作。

盡量減少審查者

Google 的大多數程式碼審查都由一位審查者進行。[9]因為程式碼審查過程允許由一個人來處理程式碼正確性、擁有者接受度和語言可讀性方面的問題，所以程式碼審查過程在 Google 這樣大小的組織中，規模相當大。

在行業內部和團隊內部有一種趨勢，即試圖從跨部門的工程師那裡獲得額外的意見（和一致的同意）。畢竟，每個額外的審查者都可以為相關的程式碼審查添加自己的特殊見解。但我們發現，這會導致報酬遞減（diminishing returns）；最重要的 LGTM 是第一個，後續 LGTM 的價值並不沒有你想像的那麼多。額外審查者的成本很快超過了他們的價值。

9　同上。

程式碼審查流程是圍繞著我們對工程師的信任而優化的，相信他們會做正確的事情。在某些情況下，讓多人審查特定的變更是有用的，但即使在這些情況下，這些審查者也應該關注相同變更的不同方面。

盡可能自動化

程式碼審查是一個人工過程，人工輸入很重要，但如果程式碼審查過程中有可以自動化的組件，請試著這樣做。應該探索將機械式人工任務（mechanical human tasks）自動化的機會；對適當工具的投資可以獲得回報。在 Google，我們的程式碼審查工具允許作者在獲得批准後，將變更自動提交並自動同步到源碼控制系統（通常用於較簡單的變更）。

在過去幾年中，自動化方面最重要的技術改進之一是，對特定的程式碼變更進行自動靜態分析（見第 20 章）。當前的 Google 程式碼審查工具不再要求作者執行 test、linter 或 formatter，而是透過所謂的提交前過程（presubmits）自動提供大部分的公用程式。 當變更最初發送給審查者時會運行一個提交前過程。在發送變更之前，會執行一個提交前過程。在該變更被發送之前，提交前過程可以偵測到現有變更的各種問題，拒絕當前的變更（並防止向審查者發送尷尬的電子郵件），以及要求原始作者首先修正變更。這種自動化不僅對程式碼審查過程本身有幫助，還能讓審查者把注意力放在比格式化更重要的問題上。

程式碼審查的類型

所有的程式碼審查都是不一樣的！不同類型的程式碼審查需要對審查過程的每個環節有不同程度的關注。Google 的程式碼變更一般屬於以下幾種情況之一（儘管有時會有重疊）：

- 綠地審查和新功能開發
- 行為變化、改進和優化
- 錯誤修正和回滾
- 重構和大規模變更

綠地程式碼審查

最不常見的程式碼審查類型是對全新程式碼的審查，即所謂的綠地審查（greenfeld review）。綠地審查是評估程式碼是否經得起時間考驗的最重要時機：隨著時間和規模改變了程式碼的基本假設，程式碼將更容易維護。當然，導入全新的程式碼應該不會讓人感到意外。正如本章前面提到的，程式碼是一種責任，因此導入全新的程式碼通常應

該解決一個真正的問題，而不只是提供另一種選擇。在 Google，除了程式碼審查之外，我們一般會要求新的程式碼和／或專案進行廣泛的設計審查（design review）。程式碼審查不是辯論過去已經做出之設計決策的時候（同理，程式碼審查也不是導入所提議之 API 設計的時候）。

為了確保程式碼的可持續性，綠地審查應確保 API 與商定之設計相匹配（這可能需要審查設計文件），並進行全面測試，所有的 API 端點（endpoints）都具有某種形式的單元測試（unit test），並且當程式碼的假設發生變化時，這些測試將會失敗。（見第 11 章）。程式碼還應具有適當的擁有者（新專案中的第一個審查通常是針對新目錄的 OWNERS 檔案），進行充分的註解，並在需要時提供補充文件。綠地審查可能還需要將一個專案導入持續整合系統中。（見第 23 章）。

行為變化、改進和優化

Google 的大多數變更通常屬於對程式碼基底中現有程式碼進行廣泛修改的範疇。這些新增的內容可能包括對 API 端點的修改、對現有實作的改進，或對性能等其他因素的優化。這種變更是大多數軟體工程師的謀生之道。

適用於綠地審查的準則也適用於上述每一種情況：這種變更是否有必要，以及這種變更是否改善了程式碼基底？對程式碼基底的最佳修改方法實際上是刪除！刪除死的程式碼或過時的程式碼是改善程式碼基底整體健康的最佳方法之一。

任何行為修改都必須包括對任何新 API 行為之適當測試的修訂。對實作的增強應該在持續整合（CI）系統中進行測試，以確保這些修改不會破壞現有測試的任何基本假設。同樣，優化當然應該確保它們不會影響這些測試，並且可能需要包括供審查人員參考的性能標竿（performance benchmarks）。某些優化可能還需要標竿測試（benchmark tests）。

錯誤修正和回滾

不可避免地，你需要向你的程式碼基底（codebase）提交錯誤修正（bug fix）的變更。這樣做時，要避免處理其他問題的誘惑。這不僅會增加程式碼審查的規模，還會增加執行回歸測試（regression testing）或其他人回滾（roll back）你的變更之難度。錯誤修正應該僅專注於修正被指定的錯誤，並且（通常）會更新相關的測試以捕捉最初發生的錯誤。

用修訂過的測試來解決這個錯誤通常是必要的。這個錯誤出現的原因，要嘛是現有的測試不充分，要嘛是程式碼中的某些假設未得到滿足。做為一個錯誤修正的審查者，重要的是，要求對單元測試（如果有的話）進行更新。

有時，像 Google 這樣大的程式碼基底（codebase）中的程式碼變更（code change）會導致某些依賴關係失敗，這些依賴關係要嘛沒有被測試正確偵測到，要嘛揭露了程式碼基底中未經測試的部分。在這些情況下，Google 允許這樣的變更被「回滾」（rolled back），通常是由受影響的下游客戶。回滾由一個變更組成，該變更其實是在撤銷（undoes）之前的變更。這種回滾可以在幾秒鐘內建立，因為它們只是將之前的變更恢復為已知狀態，但它們仍然需要經過程式碼審查。

同樣變得至關重要的是，任何可能導致潛在回滾的變更（這包括所有變更！）都應該盡可能地小且不可分割（atomic），以使回滾（如果需要）不會導致其他依賴關係的進一步破壞，而這些依賴關係可能難以解開。在 Google，我們看到開發人員在提交新程式碼後，很快就開始依賴新的程式碼，而回滾有時會導致這些開發人員崩潰。小的變更有助於減輕這些擔憂，這既因為它們的不可分割，也因為對小變更的審查往往很快完成。

重構和大規模變更

Google 的許多變更都是自動產生的：變更的作者不是一個人，而是一台機器。我們在第 22 章將討論更多關於大規模變更（LSC）的過程，但即使是機器產生的變更也需要審查。如果變更被認為是低風險的，則由所指定的審查者進行審查，這些審查者對我們的整個程式碼基底具有批准權限。但對於變更可能有風險或需要本地領域專業知識的情況，可能會要求個別工程師在其正常工作流程中審查自動產生的變更。

乍一看，對自動產生之變更的審查，應該和任何其他的程式碼審查一樣：審查者應該檢查變更的正確性和適用性。然而，我們鼓勵審查者限制相關變更中的註解，並且只標記其程式碼特有的問題，而不是產生變更的基礎工具（underlying tool）或 LSC。雖然特定的變更可能是機器產生的，但是產生這些變更的整個流程已經過審查，個別團隊不能對流程擁有否決權，或者無法在整個組織內擴展此類變更。如果對基礎工具或流程有疑慮，審查者可將 out of band（帶外）狀況上報給 LSC 監督小組，以獲取更多資訊。

我們也鼓勵自動變更的審查者避免擴大其範圍。在審查一個新功能或隊友編寫的變更時，要求作者在同一個變更中解決相關的問題通常是合理的，只要該要求仍遵循先前的建議，維持較小的變更。這不適用於自動產生的變更，因為運行該工具的人員在過程中可能有成百上千的變更，即使是一小部分帶有審查意見或不相關問題的變更，也會限制人們有效操作該工具的規模。

結語

程式碼審查是 Google 最重要和最關鍵的過程之一。程式碼審查是工程師相互連接的粘合劑，程式碼審查過程是開發人員的主要工作流程，從測試到靜態分析再到 CI，幾乎所有其他過程都必須依賴它。程式碼審查過程必須適當地擴展，因此，最佳的做法，包括較小的變更、快速的反饋和迭代，對於保持開發人員的滿意度和適當的生產速度非常重。

摘要

- 程式碼審查有許多好處，包括確保程式碼的正確性、理解性和整個程式碼基底的一致性。
- 總是透過別人來檢查你的假設；為讀者優化。
- 在保持專業水準的同時，提供關鍵反饋的機會。
- 程式碼審查對於整個組織的知識共享非常重要。
- 自動化對於擴展過程至關重要。
- 程式碼審查本身提供了歷史紀錄。

## 第十章

文件

作者：Tom Manshreck（湯姆・曼什萊克）

編輯：Riona MacNamara（里奧娜・麥克納馬拉）

在大多數工程師對編寫、使用和維護程式碼的抱怨中，一個常見的挫折是缺乏高品質的文件。「這種方法的副作用是什麼？」、「我在第 3 步後遇到了錯誤」、「這個首字母縮略詞是什麼意思？」、「這個文件是最新的嗎？」每個軟體工程師在們整個職業生涯中都會對文件的品質、數量或完全沒有文件表示過抱怨，Google 的軟體工程師也不例外。

儘管技術寫手和專案經理可以提供幫助，但軟體工程師總是需要自己編寫大部分文件。因此，工程師需要適當的工具和激勵措施才能有效地完成這項工作。讓他們更容易編寫高品質文件的關鍵是導入可隨組織擴展並與現有工作流程緊密結合的過程和工具。

總體而言，2010 年代後期的工程文件狀態與 20 世紀 80 年代末的軟體測試狀態相似。每個人都認識到，需要做出更多的努力來改進它，但還沒有組織承認它的關鍵優勢。這種情況正在發生變化，儘管速度很慢。在 Google，我們最成功的努力是將文件視為程式碼，並納入傳統的工程工作流程（engineering workflow），使工程師更容易編寫和維護簡單的文件。

什麼是合格的文件？

當我們提到「文件」（documentation）時，我們指的是工程師完成工作所需要編寫的每一個補充文字：不僅是獨立的文件，還有程式碼註解。（事實上，Google 工程師撰寫的大部分文件都是以程式碼註解的形式出現。）我們將在本章中進一步討論各類的工程文件。

為什麼需要文件？

高品質的文件對工程組織有巨大的好處。程式碼和 API 變得更易於理解，錯誤也減少了。當專案團隊的設計目標和團隊目標被清楚表達出來時，他們會更加專注。當步驟被明確列出時，手動過程會更容易遵循。如果過程有被明確記錄下來，那麼將新成員加入團隊或程式碼基底所需的工作量會小得多。

但由於文件的好處必然是在下游，因此它們通常不會立即給作者帶來好處。與測試（正如我們將看到的那樣）快速為程式師帶來好處不同，文件通常需要更多的前期工作，並且直到後來才會給作者帶來明顯的好處。但是，就像對測試的投資一樣，對文件的投資將隨著時間的推移而收回成本。畢竟，你可能只寫一次文件，[1] 但它之後將被閱讀數百次，甚至數千次；其初始成本會分攤給所有未來的讀者。文件不僅會隨著時間而擴展，而且對於組織的其他成員來說，擴展也是至關重要的。它有助於回答這樣的問題：

- 為什麼會做出這些設計決策？
- 為什麼我們要以這種方式實作程式碼？
- 如果你在兩年後查看自己的程式碼，為什麼我要以這種方式實作此程式碼？

如果文件傳達了以上這些好處，為什麼工程師普遍認為它「差」呢？正如我們提到的，原因之一是這些好處不是立竿見影的，尤其是對作者來說。但還有其他幾個原因：

- 工程師經常將文件的撰寫視為一種與程式設計不同的技能。（我們會試著說明，情況並非完全如此，即使是這樣，它也未必是一種獨立於軟體工程的技能。）
- 有些工程師覺得自己不是有能力的寫手。但你不需要精通英文[2] 就能產生可行的文件。你只需要稍微跳出自己，從觀眾的角度看待問題即可。
- 由於工具支援或整合到開發人員工作流中有其侷限性，編寫文件往往比較困難。
- 文件被視為一種額外的負擔（需要維護其他東西），而不是使現有程式碼變得更容易維護的東西。

並不是每個工程團隊都需要一個技術寫手（即使如此，也沒有足夠的技術寫手）。這意味著，工程師大體上會自己編寫大部分的文件。所以我們不應該強迫工程師成為技術寫手，而是應該考慮如何讓工程師更容易編寫文件。決定在文件方面投入多少精力，是你的組織在某些時候需要做出的決策。

1　嗯，你需要維護它，並偶爾修改一下。
2　對大多數程式員來說，英文仍然是主要語言，並且對程式員來說，大多數技術文件都依賴於對英文的理解。

文件對幾個不同的群體都有好處。即使對作者來說,文件也有以下好處:

- 它有助於制定 API。編寫文件是弄清楚你的 API 是否合理的最可靠的方法之一。通常,文件本身的編寫會導致工程師重新評估那些本來不會受到質疑的設計決策。如果你不能解釋它,也不能定義它,你可能沒有設計好。
- 它提供了維護路線圖和歷史紀錄。無論如何,應該避免程式碼中的技巧,但是當你盯著兩年前寫的程式碼,試圖找出問題所在時,好的註解會有很大的幫助。
- 它讓你的程式碼看起來更專業,並帶動流量。開發人員會自然而然地認為,一個文件完善的 API 就是一個設計較佳的 API。事實並非總是如此,但它們往往是高度相關的。雖然這個好處聽起來是表面上的,但事實並非如此:一個產品是否有良好的文件通常是一個很好的指標,它可以反映一個產品的維護情況。
- 它將促使其他用戶的問題減少。這可能是隨著時間的推移,對編寫文件的人來說最大的好處。如果你必須多次向某人解釋某事,記錄這個過程通常會有意義。

儘管這些好處對於文件編寫者來說是巨大的,但文件的絕大部分好處自然會歸於讀者。Google 的 C++ 風格指南指出了「為讀者優化」(optimize for the reader)(*https://oreil.ly/zCsPc*)的格言。此格言不僅適用於程式碼,還適用於程式碼周圍的註解,或者附加到 API 的文件。與測試類似,你在編寫好文件方面所付出的努力,將在其生命週期中多次受益。隨著時間的推移,文件的編寫至關重要,並且隨著組織規模的擴大,特別重要的程式碼將可獲得巨大的好處。

文件就像程式碼

以單一主要的語言來進行程式設計的軟體工程師,仍經常使用不同的語言來解決特定的問題。工程師可能會編寫 shell 命令稿或 Python 來執行命令列任務,或者他們可能會使用 C++ 來編寫大多數的後端程式碼,但會使用 JAVA 來編寫一些中介軟體程式碼(middleware code)…等等。每種語言都是工具箱中的一種工具。

文件應該沒有什麼不同:它是一種工具,用不同的語言(通常是英文)來編寫,以完成特定的任務。編寫文件與編寫程式碼沒有太大的區別。與程式語言一樣,它具有規則、特定的語法和風格決策,通常是為了達到與程式碼類似的目的:強化一致性、提高清晰度和避免(理解)錯誤。在技術文件中,語法很重要,不是因為需要規則,而是要使表達標準化,避免混淆或分散讀者的注意力。因此,Google 要求多種語言都採用某種註解風格。

與程式碼一樣，文件也應該有擁有者。沒有擁有者的文件會變得陳舊，難以維護。明確的擁有權還能讓我們更容易透過現有的開發人員工作流程來處理文件：錯誤追蹤系統、程式碼審查工具…等等。當然，具有不同擁有者的文件仍然可能相互衝突。在這些情況下，重要的是指定標準文件（canonical documentation）：決定主要來源，並將其他相關文件合併到該主要來源中（或棄用重複的文件）。

Google 普遍使用 "go/ 鏈結"（見第 3 章）來讓這個過程更容易。使用 "go/ 鏈結" 的文件往往成為真相的標準來源（canonical source of truth）。促進標準文件的另一種方法是將它們直接與所記錄的程式碼關聯起來，將它們置於原始碼控制（source control）之下，並與原始碼本身放在一起，

文件往往與程式碼緊密相連，所以應該盡可能將其視為程式碼（*https://oreil.ly/G0LBo*）。也就是說，你的文件應該：

- 遵守內部政策或規則
- 被置於原始碼控制之下
- 要有明確的擁有權，負責維護文件
- 進行變更審查（並與它所記錄的程式碼一起變更）
- 追蹤問題，就像在程式碼中追蹤錯誤一樣
- 定期評估（在某些方面進行測試）
- 如果可能，要對準確性、新鮮度等方面進行衡量。（工具在此處尚未趕上）

工程師越是把文件視為軟體開發的必要任務「之一」，他們就越不會討厭編寫文件的前期成本，也就越能從中獲得長期利益。此外，簡化文件任務可以降低這些前期成本。

案例研究：Google wiki

當 Google 規模較小、較精簡的時候，它幾乎沒有技術寫手。分享資訊的最簡單方法是透過我們自己內部的 wiki（GooWiki）。起初，這似乎是一個合理的做法；所有工程師共享一套文件，並可根據需要對其進行更新。

但隨著 Google 規模的擴大，維基式做法（wiki-style approach）的問題變得很明顯。由於文件沒有真正的擁有者，許多文件都已經過時了。[3] 由於沒有為添加新文件建立任何流程，因此開始出現重複的文件和文件集。GooWiki 的命名空間是扁平的，人們不擅長將任何層次結構應用到文件集。有一次，發現有 7

---

[3] 當我們廢止 GooWiki 時，我們發現大約 90% 的文件在過去幾個月內沒有被查看或更新。

到 10 份文件（看你怎麼算）是關於 Borg（我們的生產運算環境）設置的，但似乎只有少數受到維護，並且大多數是針對具有特定權限和假設的某些團隊。

隨著時間的推移，GooWiki 的另一個問題變得顯而易見：能夠修正文件的人並不是使用它們的人。發現不良文件的新用戶，要嘛無法確認文件是錯誤的，要嘛沒有一個簡單的方法來報告錯誤。他們知道出了點問題（因為文件不能用），但無法「修正」它。然而，最能修正文件的人往往在文件編寫好就不再需要參考它們。隨著 Google 的發展，這些文件的品質變得如此之差，以至於在年度開發者調查中，文件品質成為 Google 之開發者的頭號抱怨對象。

改善這種情況的方法是將重要的文件移到「用於追蹤程式碼變更」的同一種原始碼控制之下。文件開始具有自己的擁有者、原碼樹（source tree）中的標準位置（canonical locations），以及用於識別錯誤和修正它們的過程；文件開始有了顯著的改善。此外，文件的編寫和維護方式開始與編寫和維護程式碼的方式相同。文件中的錯誤可以在我們的錯誤追蹤軟體中報告。對文件的變更可以使用現有的程式碼審查過程來處理。最終，工程師開始自行修正文件或將修改意見發送給技術寫手（他們通常是擁有者）。

到原始碼控制中，起初引起了很大的爭議。許多工程師認為，取消 GooWiki（自由資訊的堡壘）會導致品質低下，因為文件的門檻（需要審查、需要文件的擁有者…等等）會更高。但事實並非如此。文件變得更好了。

Markdown（一種通用的文件格式化語言）的導入也有所幫助，因為它使工程師可以更容易瞭解如何編輯文件，而無須具備 HTML 或 CSS 方面的專業知識。

Google 最終推出了自己的框架，g3doc（*https://oreil.ly/YjrTD*），來將文件嵌入到程式碼中。有了這個框架，文件得到了進一步的改善，因為在工程師的開發環境中，文件與原始碼並存。現在，工程師可以在同一個變更中更新程式碼及其相關的文件（我們仍在努力提高採用率）。

關鍵的區別在於，維護文件的體驗變成了與維護程式碼相似：工程師將錯誤歸檔、在變更清單（changelists）中對文件進行修改、將變更發送給專家審查…等等。利用現有的開發人員工作流程，而不用建立新的工作流程，是一個關鍵的好處。

瞭解你的讀者

工程師在編寫文件時犯的最重要的錯誤之一就是只為自己寫作。這樣做是很自然的，為自己寫作並非沒有價值：畢竟，你可能需要在幾年內查看此程式碼，並嘗試弄清楚你曾經的意思。你也可能具有與閱讀你的文件的人大致相同的技能。但如果你只為自己寫作，你會做出某些假設，但你的文件可能會被非常廣泛的讀者（所有的工程人員、外部開發人員）閱讀，即使是失去幾個讀者也是一個很大的代價。隨著組織的發展，文件中的錯誤變得更加突出，你的假設往往不適用。

相對而言，在你開始寫作之前，你應該（正式或非正式地）確定你的文件需要滿足的讀者。設計文件可能需要說服決策者。教程可能需要向完全不熟悉你的程式碼基底的人提供非常明確的說明。API 可能需要為該 API 的用戶（無論是專家還是新手）提供完整而準確的參考資訊。總是嘗試找出主要的讀者，並為其寫作。

好的文件不需要潤色或「完美無缺」。工程師在編寫文件時犯的一個錯誤是，認為他們需要成為更優秀的寫手。按照這個標準，幾乎沒有軟體工程師會編寫文件。其實文件的編寫就跟進行測試或作為工程師需要進行的任何過程沒有兩樣。用你的讀者期望的表達方式和風格來編寫文件。如果你能閱讀文件，你就能編寫文件。請記住，你的讀者正站在你曾經站過的位置，但是他們不具備你的新領域知識。所以你不需要成為一名出色的寫手：你只需要讓像你這樣的人，如你現在一般熟悉這個領域。（只要你邁出第一步，你就可以隨著時間的推移改進此文件。）

讀者的類型

我們已經指出，你編寫的文件應該適合你的讀者的技能水準和領域知識。但是你的讀者到底是誰呢？根據以下標準，你可能會有各種類型的讀者：

- 經驗水準（專家程式員，或甚至可能是不熟悉——咕嚕！——語言的初級工程師）。
- 領域知識（團隊成員，或你的組織中僅熟悉 API 端點的其他工程師）。
- 目的（終端用戶，他們可能需要你的 API 來完成特定任務，並且需要迅速找到該資訊，或者是軟體專家，負責一個特別複雜的實作，而你希望沒有其他人需要維護它）。

在某些情況下，不同的讀者需要不同的寫作風格，但在大多數情況下，訣竅是盡可能廣泛地適用於不同類型的讀者。通常，你需要向專家和新手解釋一個複雜的主題。為具有領域知識的專家編寫文件，你可能會偷工減料，但這會讓新手感到混淆：反之，向新手詳細解釋一切，無疑會惹惱專家。

顯然，編寫此類文件是一種平衡行為（balancing act），沒有萬靈丹，但我們發現，這有助於使你的文件保持簡短。編寫具描述性的文件來講解複雜的主題，讓不熟悉該主題的人得以瞭解，但不要讓新手迷失或惹惱專家。要寫出簡短的文件通常需要你先寫出更長的文件（將所有資訊記下來），然後進行編輯，盡可能刪除重複的資訊。這聽起來可能很繁瑣，但請記住，這筆費用是分攤到文件之所有讀者身上的。正如 Blaise Pascal（布萊斯‧帕斯卡）曾經說過的那樣，『如果我有更多時間，我會給你寫一封較短的信』。透過保持文件的簡短和清晰，你將能確保它既滿足專家，也滿足新手。

另一個重要的讀者分類是基於用戶尋求文件的方式：

- 尋找者是工程師，他們知道自己想要什麼，並且想知道他們正在尋找的東西是否符合要求。對於這些讀者來說，一個重要的教學手段就是一致性（consistency）。如果你正在為此類讀者編寫參考文件（例如，在程式碼檔案中），你將希望你的註釋遵循類似的格式，這樣讀者就可以快速掃過參考文件，看看他們是否找到了想要查找的內容。
- 無意中發現的人可能不知道他們到底想要什麼。他們可能對如何進行他們的工作只有一個模糊的想法。對於此類讀者來說，關鍵是清晰度。所以應該提供概述或介紹（例如，在檔案的頂部）以解釋他們正在查看之程式碼的用途。確定文件何時不適合讀者，也很有用。Google 的許多文件都以 "TL;DR statement"（摘要陳述）開頭，比如 "TL;DR: if you are not interested in C++ compilers at Google, you can stop reading now."（摘要：如果你對 Google 的 C++ 編譯器不感興趣，可以立即停止閱讀。）

最後，一個重要的讀者分類是客戶（例如，API 的用戶）和提供者（例如，專案團隊的成員）。為一方準備的文件應該盡可能與為另一方準備的文件分開保存。對團隊成員來說，實作細節對於維護非常重要；終端用戶不需要閱讀此類資訊。通常，工程師會在他們發佈之程式庫的參考 API 中表示設計決策。這樣的理由更適合放在特定的文件（設計文件）中，或者最多放在隱藏在介面之後的程式碼的實作細節中。

文件類型

工程師在工作中會編寫各種不同類型的文件：設計文件、程式碼註解、指南（how-to）文件、專案頁面…等等。這些都算作「文件」（documentation）。但重要的是，要知道類型的不同，並且不要混用。一般說來，文件應該只具有單一目的，並堅持下去。正如 API 應該只做一件事並把它做好一樣，避免試圖在一個文件中多做幾件事。相反，要更合乎邏輯地將這些內容分解出來。

軟體工程師需要編寫的文件通常包含以下幾種類型：

- 參考文件，包括程式碼註解
- 設計文件
- 教程（Tutorials）
- 概念文件
- 登陸頁面（Landing pages）

在 Google 的早期，團隊擁有單體式 wiki 頁面是很常見的，這些頁面之上包含了大量鏈結（很多是壞的或過時的）、一些關於系統如何工作的概念資訊、一份 API 參考…等等，它們全部散落在一起。此類文件之所以失敗，是因為它們不能用於單一目的（而且它們也會變得太長，以致於沒有人會閱讀它們；一些臭名昭著的 wiki 頁面的內容，瀏覽時需要滾動了幾十個螢幕的畫面）。相反，請確保你的文件僅具有單一目的，如果在該頁面添加的內容沒有意義，你可能會希望為此內容找到或甚至建立另一個文件。

參考文件

參考文件（reference documentation）是工程師需要編寫的最常見類型：事實上，他們往往需要每天編寫某種形式的參考文件。對於參考文件，我們指的是任何在程式碼基底中記錄程式碼使用方式的文件。程式碼註解（code comments）是工程師必須維護之最常見的參考文件形式。此類註解可分為兩個基本陣營：API 註解與實作註解（implementation comments）。請記住這兩者之間的讀者差異：API 註解不需要討論實作詳細或設計決策，也不能假設用戶像作者一樣精通 API。另一方面，實作註解可以假設讀者具有很多領域的知識，不過要承擔過多的注意事項：人們會離開專案，有時更確切地說明為什麼以這種方式編寫程式碼是比較安全的做法。

大多數參考文件，即使是與程式碼分開提供，也都是從程式碼基底本身的註解產生的。（正如它應該的那樣；參考文件應盡可能是單一來源。）有些語言，如 JAVA 或 Python，有特定的註解框架（Javadoc、 PyDoc、 GoDoc），目的是使這種參考文件的產生更容易。其他語言，如 C++，沒有標準的「參考文件」實作，但由於 C++ 把它的 API 介面（在標頭或 .h 檔案中）和實作（.cc 檔案）分開，所以標頭檔案通常是記錄 C++ API 的自然場所。

Google 採用的是這種做法：一個 C++ API 應將其參考文件放在標頭檔中。其他的參考文件也直接嵌入到 Java、Python 和 Go 的原始碼中。因為 Google 的程式碼搜尋（Code Search）瀏覽器（見第 17 章）非常強大，我們發現提供單獨產生的參考文件沒有什麼好處。在程式碼搜尋（Code Search）中，用戶不僅可以輕鬆搜尋程式碼，而且通常可以在上面找到該程式碼的原始定義。將文件與程式碼的定義放在一起，也使得文件更容易發現和維護。

我們都知道，程式碼註解對於一個有據可查（well-documented）的 API 來說是必不可少的。但究竟什麼是「好」的註解呢？在本章前面，我們確定了參考文件的兩種主要的讀者：尋找者和碰巧找到的人。尋找者知道他們想要什麼；無意中發現的人則不會。對於尋找者（seekers）來說，成功的關鍵是為程式基底碼加上一致的註解，這樣他們就可以快速掃過一個 API 並找到他們正在尋找的內容。對於無意中發現的人（stumblers）來說，成功的關鍵是清楚地識別 API 的目的，往往是在檔案標題的頂部。我們將在隨後的小節中流覽一些程式碼註解。下面的程式碼註解準則（code commenting guidelines）適用於 C++，但在 Google 對其他語言也有類似的規則。

檔案註解

在 Google 幾乎所有的程式碼檔案都必須包含一個檔案註解（file comment）。（某些僅包含一個公用函式的標頭檔，可能會偏離此標準。）檔案註解應該以下列形式的標頭開始：

```
// -----------------------------------------------------------------------
// str_cat.h
// -----------------------------------------------------------------------
//
// 這個標頭檔案包含了用於有效串接和附加字串的函式：
// StrCat() 和 StrAppend()。這些常式的大部分工作都是
// 透過使用特殊的 AlphaNum 資料型態來處理的，AlphaNum
// 資料型態被設計為一個參數型態（parameter type）它
// 可以有效地管理轉換為字串的過程，並在上述操作中
// 複製
...
```

一般來說，檔案註解應該以你正在閱讀的程式碼中所包含之內容的大綱開頭。它應該指出程式碼的主要用例和預期的讀者（在前面的情況下，就是想要串接字串的開發人員）。任何不能在第一段或第二段中做簡要描述的 API 通常都是未經過深思熟慮之 API 的標誌。在這些情況下，請考慮將 API 分成單獨的組件。

類別註解

大多數現代的程式語言都是物件導向的。因此，類別註解（class comment）對於定義程式碼基底中使用的 API 物件（object）非常重要。Google 的所有公用類別（和結構）都必須包含一個類別註解，用於描述類別／結構、該類別的重要方法以及該類別的用途。一般來說，類別註解應該是「名詞化的」（nouned），並在文件中強調其物件面向（object aspect）。比方說，「Foo 類別包含 x、y、z，允許你進行 Bar，並具有以下的 Baz 面向」…等等。

類別註解通常應從以下形式的註解開頭：

```
// -------------------------------------------------------------------------
// AlphaNum
// -------------------------------------------------------------------------
//
// AlphaNum 類別做為 StrCat() 和 StrAppend() 的主要參數型態，
// 提供了將數值、布林值和十六進制值（透過 Hex 型態）有效地轉換
// 為字串。
```

函式註解

在 Google，所有的自由函式（free functions）或類別的公用方法（public methods）還必須包含一個函式註解（function comment），用於描述函式的功能。函式註解應該強調函式用途的積極性，以直陳動詞（indicative verb）開頭，描述函式的作用和所傳回的內容。

函數註解通常應從以下形式的註解開頭：

```
// StrCat()
//
// 合併（Merges）所給定的字串或數字，不使用分隔符，
// 將合併的結果以字串的形式傳回。
...
```

請注意，以宣告動詞（declarative verb）來開始函式註解，可在標頭檔案中導入一致性。尋找者可以快速掃過一個 API，僅讀取動詞就可以瞭解該函式是否合適：例如「合併（Merges）、刪除（Deletes）、建立（Creates）」…等等。

一些文件風格（以及一些文件產生器）要求為函式註解使用各種形式的樣版（boilerplate），如 "Returns:"（傳回：）、"Throws:"（拋出：）等等，但是在 Google，我們還沒有發現它們是必要的。在一個沒有人為分段的散文式註解中提供此類資訊常會更加清晰：

```
// 使用給定的名稱（name）和地址（address）為客戶建立一個
// 新記錄，並傳回記錄識別碼（record ID），或者如果該名稱
// 已經存在，則拋出 `DuplicateEntryError`。
int AddCustomer(string name, string address);
```

請注意，後置條件（postcondition）、參數（parameters）、傳回值（return value）和例外情況（exceptional cases）是如何自然地記錄在一起的（在此例中，是在一個句子中），因為它們不是相互獨立的。添加明確的樣版部分，會使註解更加冗長和重複，但不會更清晰（而且可以說是不太清晰）。

設計文件

Google 的大多數團隊在開始任何重大專案之前都需要獲得一份經批准的設計文件（approved design document）。軟體工程師通常會使用經團隊批准的特定設計文件範本（specific design doc template）來編寫所建議的設計文件。此類文件被設計為可協作的，因此它們經常在 Google Docs（具有良好的協作工具）中共享。有些團隊要求在特定的團隊會議上討論和辯論此類設計文件，在這些會議之上，可以由專家討論或批評設計的細節。在某些方面，這些設計討論是在編寫任何程式碼之前做為程式碼審查的一種形式。

因為「設計文件」的開發是工程師在部署新系統之前首先要進行的過程之一，這也是確保涵蓋各種問題的一個方便之處。Google 的標準設計文件範本（canonical design document templates）要求工程師考慮其設計的各個方面，比如安全影響、國際化、儲存需求和隱私問題⋯等等。在大多數情況下，這些設計文件（those design documents）的這些部分（such parts）都是由這些領域（those domains）的專家審查的。

一份好的設計文件，應該涵蓋設計的目標及其實作策略，並提出關鍵的設計決策，強調其各自的權衡。最好的設計文件會建議設計目標，並涵蓋替代設計，以及指出其強項和弱項。

一份好的設計文件，一旦獲得批准，不僅可以做為歷史紀錄，而且可以衡量專案是否成功實現了目標。大多數團隊將他們的設計文件歸檔在團隊文件中的一個適當位置，以便其可以在之後的時間審查它們。在產品發佈前審查設計文件通常很有用，以確保編寫設計文件時所陳述的目標，在發佈時仍保持所陳述的目標（如果沒有，則可以相應地調整文件或產品）。

教程

每個軟體工程師在加入新團隊時都希望儘快跟上速度。擁有一個可以指導別人完成一個新專案的教程非常寶貴；"Hello World" 已成為確保所有團隊成員從正確的方向出發的最佳方式之一。這適用於文件和程式碼。大多數專案都應該有一個 "Hello World" 文件，該檔案不做任何假設，而是讓工程師去做一些「實實在在」的事情。

通常，編寫教程（tutorial）的最佳時機（如果還沒有教程的話）是你第一次加入團隊的時候。（這也是在你所關注的任何現有教程中發現錯誤的最佳時機。）準備一個記事本或以其他方法做筆記，寫下你需要做的所有事情，假設沒有領域知識或特殊的設置限制；

完成後，你可能會知道，在這個過程中你犯了什麼錯誤以及為什麼，然後可以編輯你的步驟，進而獲得一個較精簡的教程。重要的是，寫下你需要做的所有事情；盡量不要假設任何特定的設置、權限或領域知識。如果你確實需要假設其他設置，那麼請在教程的開頭清楚說明，該設置為一組先決條件。

大多數教程會要求你按順序執行多個步驟。在這些情況下，請明確為這些步驟進行編號。如果教學的重點是用戶（例如，外部開發人員的文件），則請對需要執行的每個操作進行編號。不要替系統可能針對這些用戶操作的反應進行編號。在這樣做的時候，明確地對每個步驟進行編號是至關重要的。沒有什麼比第 4 個步驟的錯誤更令人討厭的了，例如，因為你忘了告訴別人要正確授權他們的用戶名稱（username）。

範例：一個糟糕的教程

1. 從我們位於 http://example.com 的伺服器下載軟體套件

2. 將 shell 命令稿複製到你的主目錄（home directory）

3. 執行 shell 命令稿

4. foobar 系統將與身份驗證（authentication）系統溝通

5. 一旦通過身份驗證，foobar 將啟動一個名為 "baz" 的新資料庫

6. 透過在命令列（command line）上執行一道 SQL 命令來測試 "baz"

7. 鍵入： CREATE DATABASE my_foobar_db;

在前面的過程中，步驟 4 和 5 發生在伺服器端。目前還不清楚用戶是否需要做任何事情，但他們不需要，因此這些副作用可以做為步驟 3 的一部分被提及。同樣，目前還不清楚步驟 6 和步驟 7 是否有所不同？（並無。）將所有不可分割的用戶操作（atomic user operations）合併為單一步驟，以便使用戶知道他們需要在該過程的每個步驟中做一些事情。另外，如果你的教程具有用戶可見的輸入或輸出，請分開在不同的列上表示（通常採用等寬粗體字體的慣例）。

範例：讓糟糕的教程變得更好

1. 從我們位於 http://example.com 的伺服器下載軟體套件

```
$ curl -I http://example.com
```
2. 將 Shell 命令稿複製到你的主目錄：

```
$cp foobar.sh ~
```

3. 執行主目錄中的 shell 命令稿：

```
$ cd ~; foobar.sh
```

foobar 系統將首先與身份驗證系統溝通。一旦通過驗證，foobar 將啟動一個名為 "baz" 的新資料庫，並開啟一個 input shell（輸入殼層）。

4. 透過在命令列上執行一道 SQL 指令來測試 "baz"：

```
baz:$ CREATE DATABASE my_foobar_db;
```

注意每個步驟需要特定用戶干預的情況。然而，如果教程的重點是其他方面（例如，一份有關「伺服器壽命」的文件），請從該重點的角度（伺服器所做的事情）來對這些步驟進行編號。

概念性文件

有些程式碼需要更深入的解釋或見解，而不是僅僅透過閱讀參考文件就能獲得。在這些情況下，我們需要概念性文件（conceptual documentation）來提供 API 或系統的概述。概念性文件的一些例子可能包括：一個流行之 API 的程式庫概述、一個描述伺服器內資料之生命週期的文件…等等。在幾乎所有情況下，概念性文件都是為了增加而不是替換參考文件集。通常，這會導致某些資訊重複，但目的是：促進清晰度。在這些情況下，概念性文件沒有必要涵蓋所有邊緣情況（儘管參考資料應該審慎地涵蓋這些情況）。在這種情況下，為了清楚起見，犧牲一些準確性是可以接受的。概念性文件主要目的是傳授理解力。

「概念」文件是最難編寫的文件形式。因此，它們往往是軟體工程師之工具箱中最被忽視的文件類型。工程師在編寫概念性文件時面臨的一個問題是，它通常不能直接嵌入到原始碼中，因為沒有標準的位置來放置它。有些 API 具有相對廣泛的可互動部分（API surface area），在這種情況下，檔案註解可能是對 API 進行「概念性」解釋的適當位置。但通常情況下，一個 API 將與其他 API 和／或模組一起工作。記錄這種複雜行為之唯一合乎邏輯的地方是透過一個單獨的概念性文件。如果註解（comments）是文件的單元測試（unit tests），則概念性文件是整合測試（integration tests）。

即使 API 的範圍適當，提供一個單獨的概念性文件往往也是有意義的。例如，Abseil 的 StrFormat 程式庫涵蓋了 API 之熟練用戶應該瞭解的各種概念。在這些情況下，無論是對內部還是外部，我們都會提供一個格式概念文件（*https://oreil.ly/TMwSj*）。

概念文件（concept document）需要對廣大讀者有用：無論是專家還是新手。此外，它需要強調清晰度，所以它往往需要犧牲完整性（最好留給參考文件）以及（有時包括）嚴格的準確性。這並不是說概念性文件應該故意不準確；這只是意味著它應該專注於常見的用法，而將罕見的用法或副作用留給參考文件。

登陸頁面

大多數工程師是一個團隊的成員，大多數團隊在公司內部網路（intranet）上的某個地方都會有一個「團隊頁面」（team page）。通常，這些網站會有點混亂：一個典型的登陸頁面（landing page）可能包含一些有趣的鏈結，有時還包括幾個標題為「先閱讀此文章！」（read this first!）的文件，以及有關團隊及其客戶的一些資訊。這些文件起初是有用的，但很快就變成了災難；因為他們變得難以維護，最終會被淘汰，只有勇敢或絕望的人，才能解決這些問題。

幸運的是，儘管這樣的文件看起來令人生畏，但實際上很容易修正：確保登陸頁面有清楚標示其用途，然後僅包含指向其他頁面的鏈接以獲取更多資訊。如果登陸頁面上的東西只是一個交通警察，那它就沒有做好它的工作。如果你有一個單獨的設置文件（setup document），請從登陸頁面鏈結到這個單獨的文件。如果你的登陸頁面上有太多的鏈結（你的頁面不應需要滾動多個畫面），可以考慮按分類法（taxonomy）將頁面分成不同的部分。

大多數組態設定不佳的登陸頁面有兩種不同的用途：它們是你的產品或 API 之用戶的 goto 頁面，或者是一個團隊的首頁（home page）。不要讓這個頁面同時為兩個主人服務，它會變得令人困惑。建立一個單獨的「團隊頁面」做為獨立於主登陸頁面（main landing page）之外的內部頁面（internal page）。團隊需要了解的東西通常與你的 API 之客戶需要瞭解的東西大不相同。

文件審查

在 Google，所有的程式碼都需要審查，而我們的程碼審查過程也被大家所理解和接受。一般來說，文件也需要審查（儘管這不是普遍被接受的）。如果你想「測試」你的文件是否有效，你通常應該讓別人審查它。

一份技術文件受益於三種不同類型的審查，每種審查強調不同的方面：

- 技術審查（technical review），以求準確性（accuracy）。此審查通常由主題專家（subject matter expert）完成，通常是你團隊中的另一個成員。通常，這也是程式碼審查本身的一部分。

- 讀者審查（audience review），以求明確姓（clarity）。這通常是一個不熟悉領域的人。這可能是你的團隊之新成員或你的 API 之客戶。
- 寫作審查（writing review），以求一致性（consistency）。這通常是一個技術寫手或志願者。

當然，其中有些部分有時是模糊的，但如果你的文件很引人注目，或者最終可能會在外部發佈，你可能會想要確保它受到更多類型的審查。（我們為本書使用了類似的審查流程。）任何文件往往受益於上述審查，即使其中一些審查是臨時性的。也就是說，即使讓一個審查者審查你的文字，也比沒有人審查要好。

重要的是，如果文件被繫結到工程工作流程，它通常會隨著時間的推移而改進。現在，Google 的大多數文件都暗中進行了讀者審查，因為在某些時候，文件的讀者會使用它們，並希望在它們不起作用時，（透過錯誤或其他形式的反饋）讓你知道。

案例研究：開發人員指南庫

如前所述，將大部分（幾乎所有）工程文件都包含在一個共享的 wiki 中，會出現問題：對重要文件、競爭性文件、過時資訊幾乎沒有擁有權，並且文件的錯誤或問題難以歸檔。但此問題並沒有出現在一些文件中：Google 的 C++ 風格指南是由一群選定的高級工程師（風格仲裁者）管理的。該文件之所以能保持良好狀態，是因為有人關心它。他們默默地擁有該文件。該文件還具有規範性：C++ 風格指南只有一個。

如前所述，直接位於原始碼中的文件是促進建立標準文件的一種方式；如果文件位於原始碼旁邊，通常應該是最適用的（希望如此）。在 Google，每個 API 通常都有一個單獨的 *g3doc* 目錄，這些文件將保存在該目錄中（編寫成 Markdown 形式的檔案，在我們的 Code Search 瀏覽器中可以閱讀）。讓文件與原始碼並存，不僅建立了事實上的擁有權，而且使文件看起來更像程式碼的「一部分」。

然而，有些文件集不能很合乎邏輯地存在於原始碼中。例如，為 Googlers 編寫的「C++ 開發人員指南」在原始碼中就沒有明顯的位置。沒有主 C++ 目錄，人們會在哪裡尋找這樣的資訊。在這種情況下（以及其他跨越 API 邊界的文件集），在自己的軟體倉庫中創建獨立的文件集就變得很有用。其中許多文件會將相關的現有文件匯集在一起，形成一個共同的集合，並具有共同的導航（navigation）和介面外觀（look-and-feel）。這些文件被稱為「開發人員指南」（Developer Guides），就像程式碼基底中的程式碼一樣，在一個特定的文

件儲存庫（documentation depot）中受到原始碼控制（source control），該儲存庫是按主題組建的，而不是按 API 組建的。通常，由技術寫手管理這些開發人員指南，因為他們更善於跨 API 邊界解釋主題。

隨著時間的推移，這些開發人員指南會成為標準。編寫競爭性或補充性文件的用戶，可以在標準文件建立後將他們的文件添加到標準文件集中，然後棄用其競爭性文件。最終，C++ 風格指南成為更大的「C++ 開發人員指南」（C++ Developer Guide）的一部分。隨著文件集變得更加全面和權威，其品質也有所提高。工程師們開始記錄錯誤（logging bugs），因為他們知道有人在維護這些文件。由於這些文件被鎖定在原始碼控制下，具有適當的擁有者，因此工程師也開始將變更清單（changelists）直接發送給技術寫手。

go/ 連結（見第 3 章）的導入，使得大多數文件實際上更容易成為任何給定主題的標準。例如，我們的 C++ 開發人員指南是在 "go/cpp" 下建立的。隨著更好的內部搜尋、go/ 連結，以及將多份文件整合到共同的文件集中，此類標準文件集會隨著時間的推移變得更加權威和強大。

文件哲學

注意：以下部分比較像一篇關於技術寫作之最佳做法的論述（和個人觀點），而不是「Google 是如何做到的」。儘管了解這些概念可能會讓你更容易編寫技術資訊，但一般來說並不強求軟體工程師必須完全掌握它。

WHO（誰）、WHAT（何事）、WHEN（何時）、WHERE（何地）以及 WHY（為何）

大多數技術文件回答的是 HOW（如何）的問題。這是如何運作的？如何使用此 API 來進行程式設計？如何設置此伺服器？結果，軟體工程傾向於直接跳入任何給定之文件上的 HOW（如何）部分，而忽略與之相關的其他問題：WHO（誰）、WHAT（何事）、WHEN（何時）、WHERE（何地）以及 WHY（為何）。的確，這些都不像 HOW（如何）那樣重要，設計文件是一個例外，因為此時重要的往往是 WHY（為何）。但是如果沒有一個適當的技術文件框架，文件最終會變得混亂。請嘗試在任何文件的前兩段解決其他問題：

- WHO（誰）前面曾討論過：這就是文件的讀者。但有時你還需要在文件中明確指出讀者，並向讀者講話。範例：「此文件是針對 Secret Wizard 專案的新工程師。」

- WHAT（何事）指出了此文件的目的：「此文件是一個在測試環境下啟動 Frobber 伺服器的教程。」有時，只需寫下 WHAT 就能協助你正確地建構文件的框架。如果你開始添加與 WHAT 無關的資訊，你可能需要將該資訊移動到單獨的文件中。
- WHEN（何時）指出了此文件建立、審查或更新的時間。原始碼中的文件會隱含地註明此日期，一些其他的發佈方案（publishing schemes）也會自動進行。但是，如果沒有，請務必在文件上編寫日期（或最後修訂日期）。
- WHERE（何地）通常也是隱含地，但要決定文件應該放在哪裡。通常，首選的方式應該是某種版本控制之下，理想的情況是與它所記錄的原始碼放在一起。但其他格式也適用於不同的目的。在 Google，我們經常使用 Google Docs 來方便協作的進行，尤其是在設計問題上。然而，在某些時候，任何共享文件都不再是討論，而更像是一個穩定的歷史紀錄。這時，就把它移動到某個更永久的地方，有明確的擁有權，版本控制和責任。
- WHY（為何）指出了文件的目的。總結閱讀文件後，你期望別人能從文件中得到的東西。一個好的經驗法則是在文件的引言（introduction）中確立 WHY。當你寫編總結（summary）時，請驗證你是否達到了你最初的期望（並進行相應的修訂）。

開頭、中間和結尾

所有文件（實際上是文件的所有部分）都有開頭、中間和結尾。雖然這聽起來很蠢，但大多數文件通常至少應該有三個部分。只有一個部分的文件，只有一件事要說，很少有文件只有一件事要說的。不要害怕在你的文件中添加章節；它們會把流程（flow）分節成邏輯的片段，並為讀者提供文件內容的路線圖（roadmap）。

即使是最簡單的文件，通常也有不止一件事要說。我們受歡迎的「一週 C++ 提示」（C++ Tips of the Week）傳統上非常簡短，只專注在一個小建議上。然而，即使在這裡，分節也是有幫助的。傳統上，第一節指出問題，中間節介紹所推薦的解決方案，而最後的結論則是總結收穫。如果文件只有一節，一些讀者無疑會難以挑出重點。

大多數工程師都討厭冗餘（redundancy），這是有充分理由的。但是在文件中，冗餘通常是有用的。埋在大量沒有段落之文字（a wall of text）中的一個重點，可能難以被記住或挑出來。另一方面，如果早早地把該重點放在較顯眼的位置，可能會失去之後提供的背景。通常，解決方案是在引言段落（introductory paragraph）中介紹和總結重點，然後使用該節的其餘部分更詳細地說明你的案例。在這種情況下，冗餘可以幫助讀者理解所述內容的重要性。

良好文件的參數

良好的文件通常包括三個方面：完整性（completeness）、準確性（accuracy）和清晰度（clarity）。你很少能在同一份文件中做到這三點；例如，當你試圖使一份文件更加「完整」時，清晰度可能會開始受到影響。如果你嘗試記錄 API 的每個可能的使用案例，你最終可能會陷入難以理解的混亂。對於程式語言來說，在所有情況下都完全準確（並記錄所有可能的副作用）也會影響清晰度。對於其他文件來說，試圖弄清楚一個複雜的主題可能會微妙地影響文件的準確性；例如，你可能會決定忽略概念性文件中的一些罕見的副作用，因為文件的目的是讓別人熟悉 API 的使用，而不是對所有預期行為提供教條式的概述。

在每種情況下，一個「良好文件」都被定義為正在做其預期工作的文件。因此，你很少希望一份文件做一個以上的工作。對於每份文件（以及每種文件類型），決定其重點，並適當調整編寫方式。編寫概念性文件？你可能不需要涵蓋 API 的每個部分。編寫參考文件？你可能想要完整性，但也許必須犧牲一些清晰度。編寫登陸頁面？專注於組織，並將討論保持在最低限度。所有這些加起來就是品質，無可否認，品質很難準確衡量。

如何快速提高文件的品質？關注讀者的需求。通常，少即是多（less is more）。例如，工程師經常犯的一個錯誤是將設計決策或實作細節添加到 API 文件中。就像在精心設計的 API 中你最好把介面（interface）和實作（implementation）分開一樣，你應該避免在 API 文件中討論設計決策。使用者不需要知道此資訊。取而代之的是，將這些決策放在用於此目的之專門文件中（通常是設計文件）。

棄用文件

就像舊程式碼可能會導致問題一樣，舊文件也會造成問題。隨著時間的推移，文件會變得陳舊、過時或（通常）被棄用。盡量避免棄用文件，但當文件不再有任用途時，要嘛將其刪除，要嘛將其標示為過時（並在可能的情況下，指明去哪裡獲取新資訊）。即使是無主文件（unowned documents），有人添加「這不再有效！」（This no longer works!）的註釋也比「什麼都不說而留下看似權威但已經不起作用的東西」更有幫助。

在 Google，我們經常給文件附加「新鮮度日期」（freshness dates）。這樣的文件會注意到文件最後一次被審查的時間，當文件在，例如，三個月內未被觸及時，文建集（documentation set）中的詮釋資料（metadata）會發送電子郵件提醒。如下面的例子所示，此類「新鮮度日期」以及當錯誤時追蹤你的文件，將有助於使文件集更容易隨著時間的推移而受到維護，這也是文件的主要關注點：

```
<!--*
# 文件新鮮度：進一步資訊，參見 go/fresh-source。
freshness: { owner: `username` reviewed: '2019-02-27' }
*-->
```

擁有此類文件的用戶有動力更新新鮮度日期（而且，如果文件處於原始碼控制之下，則需要進行程式碼審查）。因此，這是一種確保不時查看文件的低成本手段。在 Google，我們發現，在文件本身內，於新鮮度（freshness）日期中包含文件的擁有者（owner）並附加「上次審查人⋯」（Last reviewed by...）的署名，也會導致採用率的提高。

你何時需要技術寫手？

當 Google 處於年輕和成長階段時，軟體工程領域的技術寫手還不夠多。（現在依然如此。）那些被認為重要的專案，往往會得到一位技術寫手，而不管該團隊是否真的需要技術寫手。其想法是，寫手可以減輕團隊之編寫和維護文件的一些負擔，並且（理論上）可使重要之專案達到更快的速度。事實證明，這是一個糟糕的假設。

我們瞭解到，大多數工程團隊完全可以為自己（他們的團隊）編寫文件；只有當他們為其他讀者編寫文件時，他們才傾向於需要幫助，因為很難為其他讀者編寫文件。你的團隊內部有關文件的反饋迴圈更直接，領域知識和假設更清晰，感知到的需求更明顯。當然，技術寫手通常可以在語法和組織方面做得更好，但支援一個團隊並不是對有限和專用資源的最佳利用；它不能擴展。這導入了一個不妥當的獎勵措施（perverse incentive）：成為一個重要的專案，你的軟體工程師就不需要編寫文件了。不鼓勵工程師編寫文件，結果卻事與願違。

由於他們是有限的資源，技術寫手通常應專注於軟體工程師不需要進行的任務，做為他們平常職責的一部分。通常，這涉及到編寫跨 API 邊界的文件。Foo 專案可能清楚地知道 Foo 專案需要哪些文件，但它可能不太清楚 Bar 專案需要什麼。技術寫手更能以一個不熟悉該領域的人之身份站在這裡。事實上，這也是他們的關鍵角色之一：挑戰你的團隊對專案的實用性所做的假設。這也是為什麼，許多（如果不是大多數）軟體工程技術寫手傾向於關注這種特定類型的 API 文件。

結語

過去十年，Google 在解決文件品質方面取得了長足的進步。但坦率地說，Google 的文件還不是一流的公民。相比之下，工程師已經逐漸接受了這樣的觀點：任何程式碼變更，無論多小，測試都是必要的。同時，測試工具功能強大，種類繁多，並且在各個方面都已經插入到工程工作流程中。文件並未在相同的水準上根深蒂固。

公平地說，處理文件並不一定需要與測試相同。測試可以是不可分割的（單元測試），並可以遵循規定的形式和功能。而文件，在大多數情況下，不能。測試可以自動化，而且文件往往缺乏自動化的方案。檔案必然是主觀的：文件的品質不是由作者來衡量，而是由讀者來衡量，而且往往是不同步的。也就是說，人們認識到文件很重要，圍繞文件開發的流程正在不斷改進。在筆者看來，Google 文件的品質比大多數軟體工程商店要好。

為了改變工程文件的品質，工程師以及整個工程組織，需要接受它們既是問題又是解決方案。他們需要意識到，製作高品質的文件是他們工作的一部分，從長遠來看，可以節省他們的時間和精力，而不是對文件的狀態舉手投降。對於你預期可以使用幾個月以上的任何一段程式碼，記錄該程式碼所花費的額外週期，不僅可以幫助其他人，還將幫助你維護該程式碼。

摘要

- 隨著時間的推移和規模的擴大，文件是非常重要的。
- 文件變更應該利用現有的開發人員工作流程（developer workflow）。
- 讓文件專注於一個目的。
- 為你的讀者編寫文件，而不是為你自己。

## 第十一章

測試概述

作者：Adam Bender（亞當‧本德）

編輯：Tom Manshreck（湯姆‧曼什萊克）

測試一直是程式設計的一部分。事實上，當你第一次編寫一支電腦程式時，你幾乎肯定會向它扔一些樣本資料，看看它是否按照你的預期執行。長期以來，軟體測試的最新技術類似於一個非常相似的過程，主要是手動（manual）和容易出錯（error prone）。然而，自本世紀初以來，軟體行業的測試方法發生了巨大的變化，以應對現代軟體系統的規模和複雜性。這種演變的核心是開發人員驅動（developer-driven）之自動化測試（automated testing）的實踐。

自動化測試可以防止錯誤逃到野外，影響你的使用者。在開發週期中，發現錯誤的時間越晚，成本就越高；在許多情況下，成本是指數級的。[1] 然而，「發現錯誤」（catching bugs）只是動機的一部分。你想要測試軟體的一個同樣重要的原因是支援變更的能力。無論你是在添加新功能、進行專注於程式碼健康（code health）的重構，還是進行更大規模的重新設計、自動化測試，都可以快速發現錯誤，這使得你可以放心變更軟體。

迭代速度較快的公司，可以較快適應不斷變化的技術、市場情況和客戶口味。如果你有一個強大的測試實施方法，你不必害怕改變，你可以將它視為開發軟體的基本素質。你越想要更快地變更你的系統，就越需要一種快速測試它們的方法。

---

1 見 "Defect Prevention: Reducing Costs and Enhancing Quality."（缺陷預防：降低成本和提高品質。）（*https://oreil.ly/27R87*）

編寫測試的行為還可以改善系統的設計。做為程式碼的第一個客戶，測試可以告訴你很多有關設計選擇的資訊。你的系統是否與資料庫緊密耦合？API 是否支援所需的使用案例（use cases）？你的系統是否處理所有邊緣案例（edge cases）？編寫自動化測試會迫使你在開發週期的早期就面對這些問題。這樣做通常會導致使用更多的模組化軟體，進而在以後提供更大的靈活性。

關於測試軟體這個主題，已經著墨甚多，這是有理由的：對於這樣一個重要的實施方法來說，做好它對許多人來說似乎仍然是一個神秘的工藝。在 Google，雖然我們取得了很大的進展，但是讓過程在整個公司範圍內可靠地擴展方面，我們仍然面臨著困難的問題。本章中，我們將分享我們所學到的知識，以協助推進此一對話。

我們為什麼要編寫測試？

為了更好地瞭解如何充分利用測試，讓我們從頭開始。當我們談論自動化測試時，我們到底談論的是什麼？

最簡單的測試被定義為：

- 你正在測試的單一行為，通常是正在調用的方法或 API
- 一個特定的輸入，你傳遞給 API 的一些值
- 一個可觀察的輸出或行為
- 一個受控環境，例如單一被隔離的行程（process）

當你執行這樣的測試，將輸入傳遞到系統並驗證輸出時，你將瞭解系統是否按預期運行。總的來說，成百上千的簡單測試（通常稱為測試集）可以告訴你，你的整個產品與預期設計的符合程度，更重要的是，何時不符合要求。

建立和維護一個健康的測試集（test suite）需要付出真正的努力。當程式碼基底（codebase）成長時，測試集也必須隨之成長。它將開始面臨不穩定和緩慢之類的挑戰。如果不能解決這些問題，將削弱測試集。請記住，測試的價值來自工程師的信任。如果測試讓生產力下沉，並不斷帶來辛勞和不確定性，工程師將失去信任，並開始尋找解決方法。不良的測試集可能比沒有測試集更糟糕。

除了使公司快速生產出優質產品外，測試對於確保我們生活中重要產品和服務的安全，也變得至關重要。軟體比以往任何時候都更涉及我們的生活，缺陷可能導致的煩惱會更多：它們可能會造成大量的金錢花費、財產損失，或者最糟糕的是，生命損失。[2]

2　見 "Failure at Dhahran."（在宰赫蘭失效。）（*https://oreil.ly/lhO7Z*）

在 Google，我們已經確定，測試不能是事後才想到的。關注品質和測試是我們工作方式的一部分。我們有時痛苦地認識到，如果不能提高產品和服務的品質，必然會導致不良的結果。因此，我們將測試融入了我們的工程文化之核心。

Google Web Server 的故事

在 Google 的早期，工程師驅動的測試通常被認為並不重要。團隊經常依靠聰明人來開發正確的軟體。一些系統進行了大規模的整合測試，但主要是在蠻荒的西部（Wild West）。有一款產品似乎遭受了最嚴重的影響：它被稱為 Google Web Server（谷歌網頁伺服器），也被稱為 GWS。

GWS 是負責為 Google Search 查詢提供服務的網頁伺服器，它對 Google Search 的重要性就像空中交通管制對機場的重要性一樣。早在 2005 年，隨著專案規模和複雜性的擴大，生產力急劇下降。發佈的版本越來越多，錯誤也越來越多，推出的時間也越來越長。團隊成員在變更服務時幾乎沒有信心，而且往往只有當功能在生產環境中停止工作時才發現有問題。（有一次，超過 80% 的生產環境推送（production pushes）包含了影響用戶的錯誤，必須回滾（rolled back）這些影響用戶的錯誤。）

為了解決這些問題，GWS 的技術負責人（tech lead 或 TL）決定制定一個由工程師驅動的自動化測試政策。做為此策略的一部分，所有新的程式碼變更都需要包括測試，而且這些測試將持續運行。在實施這項政策的一年內，緊急推送（emergency pushes）的次數減少了一半。儘管該專案每個季度都有創紀錄的新變化，但還是出現了下降的情況。即使面對前所未有的成長和變化，測試也給 Google 最關鍵的專案之一帶來了新的生產力和信心。如今，GWS 有數以萬計的測試，幾乎每天都發佈，而客戶可見的失敗相對較少。

GWS 的變化標示著 Google 測試文化的分水嶺，因為公司其他部門的團隊看到了測試的好處，並採取了類似的策略。

GWS 的經驗告訴我們的關鍵見解之一是，你不能僅賴程式員的能力來避免產品的缺陷。即使每個工程師僅偶爾編寫出錯誤，當你有足夠的人在同一個專案上工作之後，你將會被不斷成長的缺陷列表所淹沒。想像一下，假設一個 100 人的團隊，其工程師非常優秀，每人每月只編寫出一個錯誤。總的來說，這群令人驚嘆的工程師仍然每個工作天產生五個新錯誤。更糟糕的是，在一個複雜的系統中，修正一個錯誤往往會導致另一個錯誤，因為工程師會適應已知的錯誤和它們周圍的程式碼。

最好的團隊想方設法，將其成員的集體智慧轉化為整個團隊的利益。這正是自動化測試所做的事情。團隊中的工程師編寫測試報告後，將其添加到可供其他人使用的公共資源池中。團隊中的其他人現在都可以運行測試，並在檢測到問題時受益。將此與基於除錯（debugging）的方法進行對比，每次發生錯誤時，工程師必須支付使用除錯器（debugger）挖掘錯誤的成本。工程資源（engineering resources）的成本是日以繼夜的，這是 GWS 能夠扭轉局面的根本原因。

以現代發展的速度進行測試

軟體系統變得越來越大，越來越複雜。Google 的典型應用程式或服務由數千列或數百萬列程式碼組成。它使用了數百個程式庫或框架，而且必須透過不可靠的網路交付給越來越多的平台運行，這些平台具有難以計數的組態。更糟的是，新版本會經常被推送給用戶，有時每天會推送多次。這與每年只更新一兩次的收縮包裝（shrink-wrapped）軟體世界相去甚遠。

人類手動驗證系統中每個行為的能力，已經跟不上大多數軟體中功能和平台的爆炸式成長。想像一下，手動測試 Google Search 的所有功能需要什麼，比如查找航班、電影時間、相關圖片，當然還有網頁搜尋結果（見圖 11-1）。即使你能確定如何解決此問題，你還需要將工作量乘以 Google Search 必須支援的每個語言、國家和設備，並且別忘了檢查可存取性和安全性等內容。試圖透過要求人類手動與每項功能互動來評估產品的品質，是不可能的。在測試方面，有一個明確的答案：自動化。

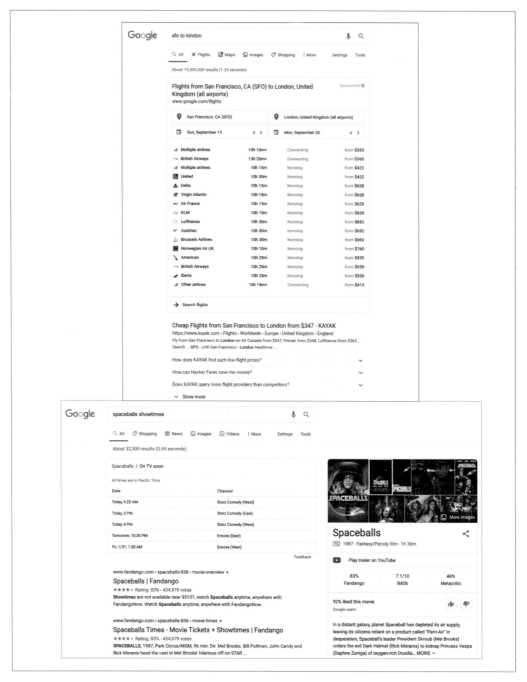

圖 11-1 兩個複雜的 Google 搜尋結果截圖

編寫、運行、反應

在其最純粹的形式，自動化測試包括三個活動：編寫測試、運行測試以及對測試失敗做出回應。自動測試是一小段程式碼，通常是單一函式或方法，它會調用你要測試之較大系統的一個孤立的部分。測試程式碼會設置一個預期的環境，調用系統（通常會使用已知的輸入）並驗證結果。有些測試非常小，僅執行一條程式碼路徑（code path）；有些則大得多，可能涉及整個系統，例如行動作業系統或網頁瀏覽器。

範例 11-1 介紹了一個特意以 JAVA 進行的簡單測試，它沒有使用任何框架或測試程式庫。這不是編寫整個測試集的方式，但其核心是，每個自動化測試看起來都類似於這個非常簡單的例子。

範例 *11-1*，一個測試例

```
// 驗證 Calculator 類別是否可以處理負值結果。
public void main(String[] args) {
    Calculator calculator = new Calculator();
    int expectedResult = -3;
    int actualResult = calculator.subtract(2, 5); // 給定 2，減去 5。
    assert(expectedResult == actualResult);
}
```

與過去的 QA 過程不同，在過去的 QA 過程中，有專門的軟體測試人員在房間裡檢查系統的新版本，檢查每一個可能的行為，而今日建構系統的工程師在為自己的程式碼編寫和運行自動測試方面，起著積極而不可或缺的作用。即使在 QA 是一個傑出組織的公司中，開發人員編寫測試也是司空見慣的。以當今系統開發的速度和規模，跟上速度的唯一方法，就是在整個工程團隊中共享測試的開發。

當然，編寫測試不同於編寫好的測試（good tests）。培訓數以萬計的工程師來編寫好的測試是很困難的。我們將在隨後的章節中討論從編寫好的測試中學到的知識。

編寫測試只是自動化測試過程中的第一步。編寫測試後，你需要運行它們。頻繁地。自動化測試的核心是不斷重複相同的操作，只有在出現失敗時才需要人的關注。我們將在第 23 章討論這種持續整合（Continuous Integration 或 CI）和測試。透過將測試表示為程式碼，而不是一系列的手動步驟，我們就可以在每當程式碼發生變化時運行它們——每天輕鬆進行數千次。與人工測試器不同，機器永遠不會感到疲倦或無聊。

將測試表示為程式碼的另一個好處是，很容易將它們模組化以在各種環境中執行。在 Firefox 中測試 Gmail 的行為，並不需要比在 Chrome 中做更多的工作，只要你有這兩個系統的組態。[3] 要測試日語或德語的用戶介面（UI），可以使用與英語的介面相同的測試程式碼。

積極開發的產品和服務難免會遭遇測試失敗的結果。真正使測試過程有效的是它解決測試失敗的方式。允許失敗的測試迅速累積，會讓它們所提供的任何價值落空，所以一定不要讓這種情況發生。優先在失敗發生後幾分鐘內修正損壞之測試的團隊，能夠保持較高的信心和快速的失敗隔離，因此能夠從測試中獲得更多價值。

總之，健康的自動化測試文化鼓勵大家分擔編寫測試的工作。這種文化還可以確保定期進行測試。最後，或許也是最重要的，它強調快速修正損壞的測試，以便在這個過程中保持高度的信心。

測試程式碼的好處

對來自沒有強大測試文化之組織的開發人員來說，將編寫測試當作提高生產力和速度的手段之想法，似乎是對立的。畢竟，編寫測試所需的時間與實作一項功能所需的時間一樣長（如果不是更長的話！）相反，在 Google，我們發現投資軟體測試可以為開發人員的生產力提供幾個關鍵好處：

減少除錯

正如你所期望的那樣，測試過的程式碼在提交時缺陷較少。最關鍵的是，它在整個存在期間的缺陷也較少；大多數的缺陷將會在程式碼提交之前被發現。在 Google，一段程式碼在其生命週期中，預計會被修改幾十次。它將被其他團隊甚至自動程式碼維護系統更改。測試只要編寫一次就能持續獲得回報，並在專案的整個生命週期中，防止昂貴的缺陷和惱人的除錯環節。對專案或專案之依賴性的變更，如果破壞了測試，可以被測試基礎架構快速偵測到，並在問題發佈到生產環境之前被回滾（即恢復原狀）。

增強對變更的信心

所有軟體都會發生變更。擁有良好測試的團隊，可以自信地審查和接受專案的變更，因為他們的專案之所有重要行為都會不斷得到驗證。這些專案鼓勵重構。重構程式碼之同時保留現有行為的變更（理想情況下）不需要修改現有的測試。

3　在不同的瀏覽器和語言中獲得正確的行為是另一回事！但是，理想情況下，每個人的終端用戶體驗都應該相同。

改善文件

眾所周知，軟體文件不可靠。從過時的需求到缺失的邊緣案例，文件與程式碼之間的關係脆弱是很常見的。一次執行一個行為之清晰、專注的測試，發揮了「可執行文件」（executable documentation）的作用。如果你想知道程式碼在特定情況下會做什麼，請查看該情況下的測試。更妙的是，當需求發生變化，新的程式碼破壞了現有的測試，我們會得到一個明確的信號，即「文件」現已過時。請注意，只有小心保持測試的簡潔明瞭，測試最好只做為文件。

更簡單的審查

Google 的所有程式碼在被提交之前都要經過至少一名其他工程師的審查（詳見第 9 章）。如果程式碼審查包括證明程式碼正確性、邊緣案例和錯誤狀況的全面測試，那麼審查者不必花心思在程式碼中遍歷每個案例，就可以驗證每個案例是否通過測試。

深思熟慮的設計

為新程式碼編寫測試是一種實踐程式碼本身之 API 設計的一種實用方法。如果新的程式碼難以測試，往往是因為正在測試的程式碼有太多的責任或難以管理的依賴關係。設計良好的程式碼應該是模組化的、避免緊密耦合、專注於特定的職責。盡早修正設計問題通常意味著減少以後的重做。

快速、高品質的發行

有了健康的自動化測試集，團隊就可以自信地發行其應用程式的新版本。Google 的許多專案每天都會發行一個新版本——即使是擁有數百名工程師的大型專案，以及每天提交數千個程式碼變更。如果沒有自動化測試，這是不可能的。

設計測試集

今日，Google 的營運規模龐大，但我們並不總是如此龐大，我們的做法早已奠定基礎。多年來，隨著我們的程式碼基底之成長，我們學到了很多關於如何設計和執行測試集的做法，往往是透過犯錯誤和事後清理來進行的。

我們很早就學到的教訓之一是，工程師喜歡編寫更大的系統級測試（system-scale tests），但這些測試比「較小的測試」更慢、更不可靠、更難除錯。厭倦了對「系統級測試」除錯的工程師，問自己：「為什麼我們不能一次只測試一台伺服器？」或者，「為什麼我們需要一次測試整個伺服器？我們可以單獨測試較小的模組。」最終，減少痛苦

的願望導致團隊開發越來越小的測試，結果證明測試速度更快、更穩定，而且一般來說也不那麼痛苦。

這引起了公司上下對「小型」（small）之確切含義的大量討論。「小型」意味著單元測試嗎？整合測試的規模又如何呢？我們得出的結論是，每個測試案例都有兩個不同的維度：規模（size）和範圍（scope）。規模是指運行測試案例（test case）所需的資源：記體體、過程和時間。範圍是指我們正在驗證的特定程式碼路徑（code paths）。請注意，執行一列程式碼不同於驗證其是否如預期般工作。規模和範圍是相互關聯但又截然不同的概念。

測試規模

在 Google，我們將每個測試按規模分類，並鼓勵工程師始終為給定的功能編寫盡可能小的測試。測試的規模不取決於其程式碼的列數，而取決於其運行的方式、允許做什麼以及消耗了多少資源。事實上，在某些情況下，我們對小型（small）、中型（medium）、大型（large）的定義實際上被編碼為（encoded as）測試基礎架構（testing infrastructure）可以對測試施加的約束。我們稍後會詳細介紹，但簡而言之，小型測試是在單一行程中運行、中型測試是在單一機器上運行、大型測試則是想在哪裡運行就在哪裡運行，如圖 11-2 所示。[4]

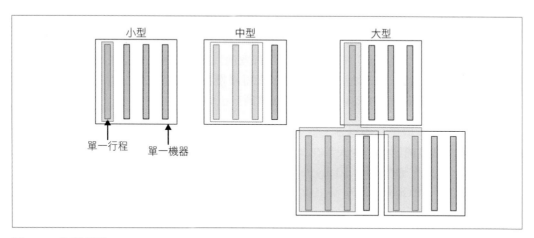

圖 11-2　測試規模

4　嚴格來說，我們在 Google 有四種規模的測試：小型、中型、大型和巨大。大型與巨大之間的內在區別其實是微妙和歷史性的；所以，本書中，對大型的大多數描述實際上適用於我們對巨大的概念。

我們做出這樣的區分，而不是更傳統的「單元」（unit）或「整合」（integration），是因為我們希望從我們的測試集中獲得最重要的品質是速度和確定性，無論測試的範圍（scope）如何。以小型測試來說，無論範圍如何，幾乎總是比涉及更多基礎架構或消耗更多資源的測試更快、更具確定性。對小型測試施加限制，會使速度和確定性更容易實現。隨著測試規模的成長，許多限制都會放寬。中型測試具有更多的靈活性，但也有更多不確定的風險。大型測試僅用於最複雜和最困難的測試場景。讓我們仔細看看對每種類型之測試施加的確切限制。

小型測試

在三種測試規模中，小型測試是最受限制的。主要的限制是，小型測試必須在單一行程中運行。在許多語言中，我們進一步限制了這一點，即它們必須在單一執行緒中運行。這意味著，執行測試的程式碼必須與被測試的程式碼在同一行程中運行。你無法運行一個伺服器，並讓一個單獨的測試行程來連接它。這也意味著，你不能在測試中運行第三方程式，比如資料庫。

小型測試的其他重要限制是，不允許它們休眠、執行 I/O 操作 [5] 或進行任何其他阻塞調用（blocking calls）。這意味著小型的測試不允許存取網路或磁碟。依賴於此類操作的測試程式碼需要使用測試替身（test doubles）（見第 13 章）以輕量級之行程內（in-process）的依賴關係（dependency）來替代重量級依賴關係。

這些限制的目的是為了確保小型測試不能存取測試緩慢或不確定的主要來源。在單一行程上運行且從不進行阻塞調用的測試，可以有效地以 CPU 能夠處理的速度運行。很難（但肯定不是不可能）意外地使這樣的測試變得緩慢或不確定。對小型測試的限制提供了一個沙箱（sandbox），可防止工程師搬石頭砸自己的腳。

這些限制乍看之下似乎有些過分，但考慮一下由幾百個小測試案例（test case）組成的適度測試集，這些測試案例全天都在運行。如果其中哪怕只有幾個案例非確定性地失敗了（通常稱為不穩定的測試（flaky tests）（*https://oreil.ly/NxC4A*）），追蹤原因也會嚴重消耗生產力。就 Google 的規模來說，這樣的問題可能會使我們的測試基礎架構陷入癱瘓。

在 Google，我們鼓勵工程師盡可能嘗試編寫小型測試，無論測試範圍如何，因為這樣可以使整個測試集快速可靠地運行。關於小型測試與單元測試的更多討論，請參閱第 12 章。

5　這項政策有一點迴旋餘地。如果測試使用的是封閉的、記憶體內的實作，那麼允許存取檔案系統。

中型測試

對小型測試施加的限制，對於許多有趣的測試來說，可能過於嚴格。測試規模階梯上的下一級是中型測試。中型測試會跨越多個行程（processes），使用執行緒（threads），並且可以對本地主機（localhost）進行阻塞調用（blocking calls），包括網路調用（network calls）。唯一剩下的限制是，中型測試不允許對本地主機以外的任何系統進行網路調用。換句話說，測試必須被侷限在單一機器中。

運行多個行程的能力，提供了許多可能性。例如，你可以運行一個資料庫實例來驗證你正在測試的程式碼是否已正確整合到更實際的設置中。或者，你可以測試 web UI 和伺服器程式碼的組合。web 應用程式的測試通常涉及 WebDriver（*https://oreil.ly/W27Uf*）之類的工具，這些工具可以啟動真正的瀏覽器並透過測試行程對其進行遠端控制。

不幸的是，隨著靈活性的提高，測試變得越來越慢且不確定的可能性也越來越大。跨行程或允許進行阻塞調用的測試，取決於作業系統和第三方行程的速度和確定性，這通常是無法保證的。中型測試還是可以提供一點保護的，它可以防止經由網路存取遠端機器，而遠端機器是大多數系統中緩慢和不確定性的最大來源。不過，在編寫中型測試時，「安全性」是關閉的，工程師需要更加小心。

大型測試

最後，還有大型測試。大型測試取消了對中型測試施加的本地主機限制，允許測試和被測試的系統跨越多個機器。例如，該測試可能會在遠端叢集（remote cluster）中的系統運行。

如前所述，靈活性的提高伴隨著風險的增加。必須處理一個跨越多台機器的系統和連接它們的網路，與在單一機器上運行相比，大大增加了緩慢和不確定性的機會。我們主要將大型測試用於全系統的端到端測試，這些測試更多的是關於驗證組態（validating configuration）而不是程式碼片段，以及用於無法使用測試替身（test doubles）之遺留組件（legacy components）的測試。我們將在第 14 章中詳細地討論大型測試的使用案例。Google 的團隊會經常將大型測試與中型或小型測試區分開來，僅在建構和發行過程中運行它們，以免影響開發人員的工作流程。

所有測試規模共有的屬性

所有的測試都應該力求封閉性：測試應該包含設置、運行和拆除其環境時需要的所有資訊。測試應盡可能少假設外部環境，比如測試運行的順序。例如，它們不應依賴共享資料庫。當測試規模較大時，這一限制就會變得更具挑戰性，但仍應努力確保隔離性。

測試應該只包含行使相關行為所需的資訊。保持測試清晰和簡單可以幫助審查人員驗證程式碼是否做了它所說的事情。當程式碼失敗時，清晰的程式碼也有助於診斷失敗。我們想說的是「測試在檢查時應該是顯而易見的」。由於沒有針對測試本身的測試，因此需要進行人工檢查，做為對正確性的重要檢查。由此推論，我們也強烈建議不要在測試中使用控制流程（control flow）陳述，例如條件陳述和迴圈陳述（*https://oreil.ly/fQSuk*）。複雜的測試流程本身包含錯誤的風險，這使得確定測試失敗的原因更加困難。

請記住，測試往往只有在發生失敗時才會被重新審視。當你被要求修正一個你從未見過的失敗測試時，你將會感謝某人花了一些時間，使其變得易於理解。程式碼的閱讀量遠遠大於編寫量，所以請確保你編寫了你想閱讀的測試！

實際上，對測試規模的精確定義，使我們能夠建立工具來實施它們。強制實施讓我們能夠擴展我們的測試集，並且仍然可以保證速度、資源利用率和穩定性。Google 強制實施的程度因語言而異。例如，我們使用一個自定義的安全管理器（custom security manager）來運行所有 JAVA 測試，如果它們嘗試進行某些被禁止的操作（比如建立網路連線），則會導致標記為 small（小型）的測試都將失敗。

測試範圍

雖然我們在 Google 非常強調測試規模（test size），但要考慮的另一個重要屬性是測試範圍（test scope）。測試範圍是指一個給定的測試所要驗證的程式碼量。窄範圍的測試（通常稱為「單元測試」（unit tests））旨在驗證程式碼基底中較小而集中之部分的邏輯，例如單獨的類別或方法。中等範圍的測試（通常稱為整合測試（integration tests））旨在驗證少數元件之間的互動；例如，伺服器和其資料庫之間。大範圍的測試（通常稱為功能測試（functional tests）、端到端測試（end-to-end tests）或系統測試（system tests））旨在驗證系統中幾個不同部分的互動，或未在單一類別或方法中表達的緊急行為。

請務必注意，當我們談到單元測試的範圍很窄時，我們指的是正**被驗證的**程式碼，而不是正**被執行的**程式碼。一個類別依賴其他類別或其他類別參用到它是很常見的，而且這些依賴關係（dependencies）在測試目標類別（target class）時自然會被調用（invoked）。雖然其他一些測試策略（*https://oreil.ly/Lj-t3*）大量使用測試替身（fakes 或 mocks）來避免執行被測試系統之外的程式碼，但在 Google，我們更傾向於在可行的情況下保留真正的依賴關係。第 13 章將更詳細地討論這個問題。

窄範圍的（narrow-scoped）測試往往是小型的測試，而廣範圍的（broad-scoped）測試往往是中型或大型的測試，但情況並非總是如此。例如，我們可以編寫一個伺服器端點（server endpoint）的廣範圍測試，它涵蓋了所有正常的解析、請求驗證和業務邏輯，但它的規模很小，因為它使用替身來代表所有行程外（out-of-process）的依賴關係，比如資料庫或檔案系統。同樣的，也可以對必須為中型規模的單一方法編寫窄範圍的測試。例如，現代 Web 框架往往會將 HTML 和 JavaScript 捆綁在一起，測試一個如日期選擇器（date picker）這樣的 UI 元件通常需要運行整個瀏覽器，甚至需要驗證一個單一程式碼路徑（code path）。

就像我們鼓勵規模較小的測試一樣，在 Google，我們也鼓勵工程師編寫範圍較窄的測試。做為一個非常粗略的指導方針，我們傾向於將 80% 左右的測試混合在一起，即窄範圍的單元測試，以驗證我們的大部分業務邏輯（business logic）；15% 中等範圍的（medium-scoped）整合測試，以驗證兩個或兩個以上組件之間的互動；和 5% 的端到端（end-to-end）測試，以驗證整個系統。圖 11-3 描繪了我們如何將其視為一個金字塔。

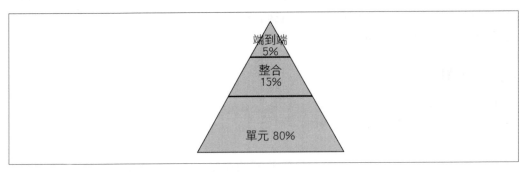

圖 11-3　Mike Cohn（邁克科恩）之測試金字塔的 Google 版本；[6] 百分比是根據測試案例的數量而定，每個團隊的組合都會有一點不同。

單元測試是一個很好的基礎，因為它們快速、穩定，且顯著地縮小了範圍，並減少了識別類別或函式的所有可能行為所需的認知負荷。此外，它們讓失敗診斷快速而輕鬆。需要注意的兩個反模式是「甜筒冰淇淋」（ice cream cone）和「沙漏」（hourglass），如圖 11-4 所示。

以「甜筒冰淇淋」來說，工程師編寫了許多端到端的測試，但很少進行整合測試或單元測試。這類測試集往往速度緩慢、不可靠，而且很難以使用。這種模式經常出現在從原型開始並迅速投入生產的專案中，從來沒有停止過處理測試債務（testing debt）。

「沙漏」涉及許多端到端測試和許多單元測試，但很少涉及整合測試。它並不像「甜筒冰淇淋」那麼糟糕，但它仍然會導致許多端到端的測試失敗，而這些失敗本可以透過中等範圍的測試集更快、更容易地被發現。當緊耦合（tight coupling）使單獨實例化各個依賴關係變得困難時，就會出現「沙漏」模式。

6　Mike Cohn（邁克科恩）《Succeeding with Agile: Soft ware Development Using Scrum》（敏捷的成功：使用 Scrum 的軟體開發）（New York: Addison-Wesley Professional, 2009）。

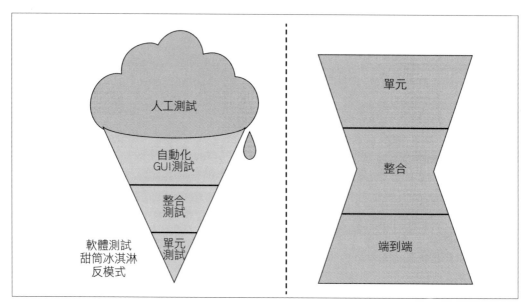

圖 11-4　測試集反模式

我們推薦的測試組合取決於我們的兩個主要目標：工程效率（engineering productivity）和產品信心（product confidence）。傾向於單元測試使我們在開發過程的早期就能迅速充滿信心。較大的測試在產品發展的過程中起著健全性檢查（sanity check）的作用；它們不應被視為發現錯誤（catching bugs）的主要方法。

當考慮你自己的組合時，你可能想要一個不同的平衡。如果你強調整合測試，你可能會發現你的測試集需要較長的時間來運行，但會在組件之間發現更多的問題。當你強調單元測試時，你的測試集可以很快完成，並且你會發現許多常見的邏輯錯誤。但是，單元測試無法驗證組件之間的互動，就像不同團隊開發的兩個系統之間的契約（*https://oreil.ly/mALqH*）。一個良好的測試集應包含適合本地架構和組織實際情況之不同測試規模和範圍的混合。

碧昂絲（Beyoncé）法則

我們經常被問到，在培訓新員工時，實際上需要測試哪些行為或特性？簡單的答案是：測試所有你不想破壞的東西。換句話說，如果你想確定一個系統是否表現出特定的行為，唯一可以確定的方法就是為它編寫自動測試。這包括所有常見的疑點，如測試性能、行為正確性、可存取性和安全性。它還包括一些不太明顯的特性，比如測試系統如何處理失敗。

我們為這種普遍的哲學取了一個名字：碧昂絲法則（*https://oreil.ly/X7_-z*）。簡而言之，可以這樣表述：「如果你喜歡它，那你就應該對它進行測試。」碧昂絲法則經常被負責對整個程式碼基底進行修改的基礎架構團隊所引用。如果無關的基礎架構變更通過了你的所有測試，但仍然破壞你的團隊的產品，你就得負責修正它，並添加額外的測試。

失敗的測試

一個系統必須考慮的最重要情況之一是失敗（failure）。失敗是不可避免的，但等待真正的災難來找出一個系統對災難的反應是痛苦的秘方。與其等待失敗，不如編寫模擬常見失敗類型的自動化測試。這包括模擬單元測試中的異常或錯誤，以及在整合及端到端測試中注入遠端程序調用（Remote Procedure Call 或簡寫為 RPC）錯誤或延遲。它還可以包括更大的破壞性事件：使用混沌工程（Chaos Engineering）（*https://oreil.ly/iOO4F*）之類的技術來影響實際生產環境的網路。對不利條件之可預測和可控制的反應，是一個可靠系統的標記（hallmark）。

關於程式碼覆蓋率的注意事項

程式碼覆蓋率（code coverage）是度量功能程式碼（feature code）的哪些列被哪些測試所執行的一種方法。如果你有 100 列程式碼，並且你的測試執行了其中 90 列，則你的程式碼覆蓋率為 90%。[7] 程式碼覆蓋率通常被認為是理解測試品質的黃金標準指標（gold standard metric），這有點不幸。有可能透過幾個測試來執行多列程式碼，而從不檢查每一列是否做了任何有用的事情。這是因為程式碼覆蓋率僅度量被調用的某列程式碼，而不是因此發生的結果。（我們建議僅度量小型測試的覆蓋率，以避免執行大型測試時發生的覆蓋率膨脹。）

程式碼覆蓋率的一個更隱蔽的問題是，與其他指標（metric）一樣，它很快就會成為自己的目標。團隊通常會為預期的程式碼覆蓋率建立一個標準，例如，80%。起初，這聽起來非常合理；你肯定希望至少有這麼大的覆蓋率。實際上，工程師們不是把 80% 當成底線，而是把它當作天花板。很快，變化開始著陸，覆蓋率不超過 80%。畢竟，為什麼要做比指標要求還多的工作？

7　請記住，有不同類型的覆蓋率（列、路徑、分支等），並且每種覆蓋率對於測試過的程式碼都有不同的說法。在這個簡單的例子中，我們使用的是列覆蓋率。

評估測試集（test suite）之品質的更好方法是考慮被測試的行為。你是否有信心，你的客戶所期望的一切功能都可以正常工作？你是否有信心，可以發現依賴關係中的重大變化？你的測試穩定可靠嗎？諸如此類的問題是思考測試集之更全面的方式。每個產品和團隊都會有所不同；有些將與硬體進行難以測試的互動；有些則涉及大量的資料集。試圖用一個數字來回答「我們有足夠的測試嗎？」這個問題，而忽略了許多背景，不太可能有用。程式碼覆蓋率可以提供一些對未測試程式碼的洞察力，但它不能代替你批判性地思考你的系統之測試效果。

以 Google 規模進行測試

關於這一點的大部分指導可以應用於幾乎任何規模的程式碼基底。然而，我們應該花一些時間來討論我們在非常大的規模下進行測試所學到的東西。要瞭解測試在 Google 是如何進行的，你需要瞭解我們的開發環境，其中最重要的事實是，Google 的大部分程式碼都保存在一個單體儲存庫（monorepo（*https://oreil.ly/qSihi*））中。我們運營之每項產品和服務的每一列程式碼幾乎都儲存在一個地方。今日，我們的儲存庫中擁有超過 20 億列程式碼。

Google 的程式碼基底每週都會經歷近 2500 萬列的變更。其中大約一半是由數以萬計的工程師在我們的 monorepo 中完成的，另一半是由我們的自動化系統以組態更新（configuration update）或大規模變更（large-scale change）的形式來完成（第 22 章）。其中許多變更是從當前專案之外發起的。我們對工程師重用程式碼的能力沒有太多的限制。

我們的程式碼基底之開放性，鼓勵一定程度的共同擁有權（co-ownership），使每個人都需要對程式碼基底負責。這種開放性的一個好處是能夠直接修正你所使用之產品或服務中的錯誤（當然，須經批准），而不是去抱怨它。這也意味著，許多人將在別人擁有的程式碼基底的某部分進行修改。

另一件讓 Google 有點不同的事情是，幾乎沒有團隊使用儲存庫分支（repository branching）。所有變更都被提交到儲存庫頭部（repository head），並且是每個人都能立即看到。此外，所有軟體的建構都是使用我們的測試基礎架構（testing infrastructure）驗證過的最後一次提交變更來進行的。當一項產品或服務被建構時，運行該產品或服務所需的依賴關係，幾乎都是從原始程式碼建構的，也就是從儲存庫的頭部建構的。Google 透過使用 CI 系統來管理這種規模的測試。我們的 CI 系統的關鍵元件之一是我們的「測試自動機化平臺」（Test Automated Platform，或簡寫為 TAP）。

有關 TAP 和我們的 CI 理念的更多資訊，請參閱第 23 章。

無論你考慮的是我們的規模、我們的 monorepo，還是我們所提供的產品數量，Google 的工程環境都很複雜。每週，它都要經歷百萬列的程式碼變更、數以億計的測試案例被運行、數以萬計的二進位檔被建構，以及數以百計的產品被更新。說起來很複雜！

大型測試集的陷阱

隨著程式碼基底的成長，你將不可避免地需要對現有的程式碼進行修改。當編寫不當時，自動化測試可能會使進行這些修改變得更加困難。脆弱的測試（brittle test），也就是那些過度指定預期結果或依賴於廣泛而複雜之樣板的測試，實際上會抵制變更。即使進行的是不相關的修改，這些編寫得不好的測試也可能會失敗。

如果你曾經對一個功能做了五列程式碼的修改，而只發現了幾十個不相關的、已損壞的測試，則你會感受到脆弱的測試之分歧。隨著時間的推移，這種分歧會使團隊不願進行必要的重構，以保持程式碼基底的健康。後續的章節將介紹一些策略，你可以使用這些策略來提高測試的堅固性和品質。

脆弱的測試中一些最嚴重的違規者來自於對模擬物件（mock object）的誤用。Google 的程式碼基底因為濫用模擬框架（mocking framework）而遭受了嚴重的損失，以致於一些工程師宣佈「不再有模擬了！」雖然這是一個強而有力的聲明，但瞭解模擬物件的局限性可以幫助你避免誤用它們。

 關於有效處理模擬物件的更多資訊，請參閱第 13 章。

除了脆弱的測試引起的分歧外，更大之測試集的運行速度也會更慢。測試集越慢，它的運行頻率就越低，提供的好處也就越少。我們使用一些技術來加速我們的測試集，包括並行化執行和使用更快的硬體。然而，這些技巧被大量單獨的慢速測試案例所淹沒。

測試會因為很多原因而變得緩慢，比如啟動系統的重要部分，在執行前啟動一個模擬器，處理大型資料集，或等待完全不同的系統同步。測試開始時往往夠快，但隨著系統的成長，速度會減慢。例如，也許你有一個整合測試，它對一個依賴關係進行了測試，需要五秒鐘來回應，但隨著時間的推移，你逐漸需要依賴於十幾個服務，現在同樣的測試需要五分鐘。

由於 `sleep()` 和 `setTimeout()` 等函式導入了不必要的速度限制，測試也可能變得緩慢。在檢查不確定行為的結果之前，對於這些函式的調用經常被當作天真的試探法（naive heuristics）。在這裡或那裡休眠半秒鐘，起初似乎不太危險；然而，如果「等待和檢查」（wait-and-check）被嵌入到一個廣泛使用的公用程式中，很快你就會在測試集的每次運行中，增加幾分鐘的閒置時間（idle time）。一個更好的解決方案是以接近微秒的頻率主動輪詢（actively poll）狀態轉換（state transition）。你可以把它與一個逾時值（timeout value）結合起來，以防測試無法達到一個穩定狀態（stable state）。

如果不能保持測試集的確定性和快速性，那麼它將成為效率的障礙。在 Google，遇到這些測試的工程師們已經找到了解決變慢的辦法。顯然，這是一個冒險的做法，應該加以勸阻，但如果測試集的弊大於利，最終工程師會找到一種方法來完成他們的工作，測試或不測試。

與大型測試集共存的秘訣是尊重它。激勵工程師關心他們的測試；獎勵他們擁有堅如磐石的測試，就像獎勵他們推出一個偉大的功能一樣。設定適當的性能目標，並重構緩慢或邊緣的測試。基本上，請將你的測試視為在生產環境上運行的程式碼。當簡單的變更開始花費大量的時間時，請花些精力讓你的測試變得不那麼脆弱。

除了發展適當的文化外，還可以投資於你的測試基準架構，透過開發 linter、文件或其他協助，使你更難編寫糟糕的測試。減少你需要支援的框架和工具的數量，以提高你投入時間進行改善的效率。[8] 如果你不對簡化測試的管理進行投資，最終工程師會認為根本不值得進行測試。

Google 的測試歷史

既然我們已經討論了 Google 是如何進行測試的，那麼了解一下我們是如何來到這裡的，可能會有所啟發。如前所述，Google 的工程師並不總是接受自動化測試的價值。事實上，直到 2005 年，測試更接近一種好奇心，而不是一種有紀律的做法。大多數測試是手動完成的（如果有的話）。然而，從 2005 年至 2006 年，發生了一場測試革命並改變了我們處理軟體工程的方式。直到今天，它的影響還在公司內部迴盪著。

8　Google 所支援的每種程式語言都有一個標準測試框架和一個標準的 mocking/stubbing 程式庫。一組基礎架構可以在整個程式碼基底中以所有程式語言運行大多數的測試。

我們在本章開頭討論之 GWS 專案的經驗，起到了促進的作用。它清楚地表明了自動化測試的強大程度。隨著 2005 年對 GWS 的改進，這種做法開始在整個公司中推廣。儘管工具很原始。然而，這些被稱測試小組（Testing Grouplet）的志願者們，並沒因此而放慢腳步。

三項關鍵舉措有助於將自動化測試引入公司的意識：入職培訓課程（Orientation Classes）、測試認證程序（Test Certified program）以及廁所裡的測試（Testing on the Toilet）。每一個都以完全不同的方式產生影響，它們一起重塑了 Google 的工程文化。

入職培訓課程

儘管 Google 早期的工程人員大都迴避測試，但 Google 的自動化測試的先驅們知道，按照公司的成長速度，新工程師的數量將很快超過現有的團隊成員。如果他們能接觸到公司所有的新員工，這可能是一個導入文化變革之極其有效的途徑。幸運的是，過去和現在，所有新工程員工都要經歷一個瓶頸（choke point）：入職培訓（orientation）。

Google 早期的入職培訓計劃（orientation program）大多涉及醫療福利和 Google Search 工作原理等方面，但從 2005 年開始，它也開始包括一個小時的關於自動化測試價值的討論。[9] 這門課程涵蓋了測試的各種好處，例如提高效率、更好的文件和對重構的支援。它還涵蓋了如何編寫一個好的測試。對當時的許多 Nooglers（谷歌新員工）來說，他們從未接觸過此類課程。最重要的是，所有這些想法被提出來，彷彿他們是公司的標準做法。新員工並不知道他們其實被當作特洛伊木馬，將這個想法偷偷帶入毫無戒心的團隊。

當 Nooglers 在入職培訓後加入他們的團隊時，他們開始編寫測試，並質疑團隊中那些沒有參加測試的人。在短短一兩年內，接受過測試訓練的工程師人數就超過了「前測文化」（pretesting culture）的工程師。因此，許多新專案都是在正確的基礎上開始的。

測試現在已在行業中得到了更廣泛的應用，因此大多數新員工的到來都帶著對自動化測試的期望。儘管如此，入職培訓課程仍在繼續設定有關測試的期望，並將「Nooglers 在 Google 之外對測試的瞭解」與「我們在非常龐大和非常複雜之程式碼基底中進行測試所面臨的挑戰」聯繫在一起。

9　本課程非常成功，以致於今天仍然教授更新的版本。事實上，它是公司歷史上運行時間最長的入職培訓課程之一。

測試認證

最初，我們的程式碼基底中較大、較複雜的部分似乎對良好的測試習慣不利。有些專案的程式碼品質很差，幾乎無法進行測試。為了給專案一個清晰的前進道路，測試小組（Testing Grouplet）設計了一個稱為「測試認證」（Test Certified）的認證程序。「測試認證」旨在為團隊提供一種瞭解其測試過程（testing process）成熟度的方法，更重要的是，提供如何改進測試過程的案例說明（cookbook instruction）。

該程序分為五個等級，每個等級都需要採取一些具體行動來改善團隊的測試衛生（test hygiene）。這些等級的設計方式使得每個等級的升級都可以在一個季度之內完成，因此非常適合 Google 的內部規劃節奏。

測試認證 1 級（Test Certified Level 1）涵蓋了基本內容：設置持續建構（continuous build）；開始追蹤程式碼覆蓋率（code coverage）；將所有測試分類為小型、中型或大型測試；識別（但不一定要修正）不穩定的測試（flaky test）；建立一組可以快速運行的快速（不一定是全面的）測試。每個後續的等級都會增加更多的挑戰，如「不發行有問題的測試」或「刪除所有不確定的測試」。到了第 5 級，有測試都是自動化的，每次提交之前都會運行快速測試，所有不確定性都已移除，並且每個行為都會被包括在內。一個內部的儀表板透過顯示每個團隊的等級來施加社會壓力。不久之後，各團隊就會爭先恐後地攀登更高的階梯。

直到 2015 年測試認證程序被自動化做法所取代時（稍後會有更多關於 pH 的內容），它已經協助過 1500 多個專案改善其測試文化。

廁所裡的測試

在測試小組用來改進 Google 測試的所有方法中，也許沒有什麼比「廁所裡的測試」（Testing on the Toilet，或簡寫為 Tott）更不落俗套的了。TotT 的目標相當簡單：積極提高整個公司的測試意識。問題是，在一個員工遍佈世界各地的公司裡，最好的方法是什麼？

測試小組考慮了定期發送電子郵件通訊（email newsletter）的想法，但鑑於到 Google 公司每個人都要處理龐大的電子郵件，它可能會消失在噪音中。經過一番腦力激盪，有人提出在廁所隔間上張貼傳單的想法，做為一個笑話。我們很快認識到其中的天才之處：無論如何，衛生間是每個人每天都必須去的地方。不管是否開玩笑，這個想法實施起來很廉價，所以必須嘗試一下。

2006 年 4 月，Google 的廁所隔間上出現了一篇簡短的文章，內容涉及如何改進 Python 的測試。第一集是由一小群志願者發佈的。說反應兩極分化是輕描淡寫：有些人認為這是個人空間的侵犯，他們強烈反對。郵件論壇（mailing lists）上充滿了抱怨，但 Tott 的建立者很滿意：抱怨的人仍在談論測試。

最終，騷動平息了，TotT 很快成為 Google 文化的主要內容。迄今為止，全公司的工程師已經製作了幾百集，幾乎涵蓋了測試的各個方面（除了各種其他技術主題）。新的情節被熱切期待，一些工程師甚至自願在自己的大樓周圍張貼。我們刻意將每集的篇幅限制在一頁以內，要求作者專注於最重要和可操作的建議。一個好的情節包含的內容，工程師可以立即帶回辦公桌，並進行嘗試。

具有諷刺意味的是，對於一份出現在一個較為私密地點的出版物，TotT 已經產生了巨大的公眾影響。大多數的外部訪問者在訪問過程中的某個時刻都會看到一集，這樣的遭遇往往會引發一些有趣的對話，比如 Google 員工似乎總是在思考程式碼。此外，Tott 的情節也可以編寫出很好的部落格文章，這是原來的 Tott 作者很早就認識到的。他們開始公開出版經過少量編輯的版本（*https://oreil.ly/86Nho*），這有助於與整個業界分享我們的經驗。

從一個玩笑開始，TotT 在由測試小組（Testing Grouplet）發起的所有測試計畫中運行時間最長，影響最深遠。

今日的測試文化

與 2005 年相比，今日 Google 的測試文化已經有了長足的進步。Nooglers 仍然參加關於測試的入職培訓課程，TotT 幾乎每週都會分發。然而，對測試的期望已經更深地嵌入到日常的開發人員工作流程中。

Google 的每一次程式碼變更都必須經過程式碼審查。預計每次變更都將包括功能程式碼（feature code）和測試。審查人員應對兩者的品質和正確性進行審查。事實上，如果有個變更缺少測試，阻止它是完全合理的。

做為測試認證（Test Certified）的替代品，我們的一個工程效率團隊最近推出了一個名為「專案健康」（Project Health，或簡寫為 pH）的工具。pH 工具不斷收集數十項有關專案健康情況的指標，包括測試覆蓋率和測試延遲，並在內部提供這些指標。pH 值是按 1（最差）到 5（最好）的標準來衡量的。一個 pH 值為 1 的專案被視為團隊需要解決的問題。幾乎每個運行持續建構（continuous build）的團隊都會自動獲得一個 pH 值。

隨著時間的推移，測試已經成為 Google 工程文化不可或缺的一部分。我們有無數的方法來增強其對整個公司之工程師的價值。透過結合培訓、柔性的勸導、指導，甚至一點點友好的競爭，我們建立了明確的期望，即測試是每個人的工作。

我們為什麼不從授權編寫測試開始呢？

測試小組（Testing Grouplet）曾考慮要求高層領導者提供測試授權（testing mandate），但很快就決定不這樣做。任何有關如何開發程式碼的授權，都將嚴重違背 Google 文化，並可能會減緩進展，而與所授權的想法無關。人們相信成功的想法會傳播開來，所以焦點就變成了展示成功。

如果工程師們決定自己編寫測試報告，這意味著他們已經完全接受了這個想法，並且很可能繼續做正確的事情，即使沒有人強迫他們這樣做。

自動化測試的侷限性

自動化測試並不適合所有測試任務。例如，測試搜尋結果的品質通常涉及人的判斷。我們利用執行實際查詢並記錄其印象的「搜尋品質評測員」（Search Quality Raters）來進行有針對性的內部研究。同樣地，在自動化測試中很難捕捉到音訊和視訊品質的細微差別，因此我們經常使用人工的判斷來評估電話或視訊通話系統的性能。

除了定性判斷之外，還有一些創造性的評估，人類擅長於這些評估。例如，搜尋複雜的安全漏洞是人類比自動化系統做得更好的事情。在人類發現並理解了一個缺陷之後，可以將其添加到自動化安全測試系統中，例如 Google 的雲端安全掃描器（Cloud Security Scanner）（*https://oreil.ly/6_W_q*），在那裡它可以連續和大規模地運行。

此技術的一個更廣義的術語是探索性測試（Exploratory Testing）。探索性測試從根本上說是一種創造性的工作，在這種工作中，有人將測試中的應用程式視為一個待破解的難題，可能是透過執行一組意想不到的步驟或插入意外的資料。在進行探索性測試時，要發現的具體問題一開始是未知的。它們是透過探索常被忽視的程式碼路徑或應用程式的異常反應而逐漸被發現的。如同安全漏洞的偵測，一旦探索性測試發現了問題，就應該添加一個自動化測試，以防止將來出現問題。

使用自動化測試來涵蓋廣為人知的行為，可以使測試人員專注於產品中能夠提供最大價值的部分，並避免讓測試人員在測試過程中無聊到打呵欠。

結語

採用「開發者驅動」（developer-driven）的自動化測試是 Google 最具變革性的軟體工程實施方法之一。它使我們能夠以更大的團隊來建構更大的系統，比我們想像的要快。它幫助我們跟上了技術變革的步伐。在過去的 15 年裡，我們成功地改造了我們的工程文化，將測試提升為一種文化規範。儘管自旅程開始以來，公司成長了近 100 倍，但今日我們對品質和測試的承諾比以往任何時候都更加堅定。

編寫本章是為了協助你瞭解 Google 對測試的看法。在接下來的幾章中，我們將深入探討一些關鍵話題，這些話題有助於我們理解編寫良好、穩定和可靠的測試意味著什麼。我們將討論單元測試的內容、原因和方式，這是 Google 最常見的測試類型。我們將深入探討如何透過 fake、stub 和 interaction testing（互動測試）等技術在測試中有效地使用測試替身（test double）。最後，我們將討論測試更大、更複雜之系統所面臨的挑戰，就像我們在 Google 的許多系統一樣。

在這三章的結語中，你應該對我們使用的測試策略有一個更深入、更清楚的瞭解，更重要的是，我們為什麼使用這些策略。

摘要

- 自動化測試是使軟體能夠變更的基礎。
- 為了擴展測試的規模，它們必須是自動化的。
- 為了保持健康的測試覆蓋率，需要一個平衡的測試集。
- 「如果你喜歡它，你應該對它進行測試。」
- 改變組織的測試文化需要時間。

## 第十二章

單元測試

作者：Erik Kuefler（埃里克・庫弗勒）

編輯：Tom Manshreck（湯姆・曼施萊克）

上一章介紹了 Google 對測試進行分類的兩個主軸：規模（size）和範圍（scope）。簡而言之，規模是指測試所消耗的資源和允許做的事情，範圍是指測試要驗證多少程式碼。雖然 Google 對測試規模有明確的定義，但範圍往往有點模糊。我們使用單元測試（unit test）這個術語來指稱範圍相對較窄的測試，例如單一類別或方法。單元測試通常是小規模的，但情況並非總是如此。

在防止錯誤之後，測試最重要的目的是提高工程師的生產力。與範圍更廣的測試相比，單元測試具有許多特性，使其成為優化生產力的絕佳方式：

- 根據 Google 對測試規模的定義，它們往往是小型的。小型測試是速度快且具確定性的，使開發人員可以在工作流程中頻繁運行它們並立即獲得反饋。
- 它們往往易於與正在測試的程式碼同時編寫，進而使工程師可以將測試的重點放在所編寫的程式碼上，而無須設置和理解更大的系統。
- 它們促進了高水準的測試覆蓋率，因為他們是快速和容易編寫的。高測試覆蓋率使工程師可以放心地做出改變，確保他們不會破壞任何東西。
- 它們往往在失敗時很容易理解哪裡出了問題，因為每個測試在概念上是簡單的，並專注於系統的一個特定部分。
- 它們可以做為文件和範例，向工程師展示如何使用正在測試的系統部分，以及該系統的預期工作方式。

由於它們的諸多優勢，Google 編寫的大多數測試都是單元測試，根據經驗法則，我們鼓勵工程師將大約 80% 的單元測試和 20% 範圍更廣的測試結合起來。這個建議，再加上編寫單元測試的方便性和運行速度，意味著工程師會進行大量的單元測試。對於一個工程師來說，在平均工作日內（直接或間接地）執行數千個單元測試並不罕見。

因為它們在工程師生涯中佔據了很大的一部分，所以 Google 非常關注測試的可維護性。可維護的測試是「有效的」測試：編寫測試之後，工程師不需要再考慮它們，直到它們失敗為止，而這些失敗表明真正的錯誤有明確的原因。本章的大部分內容著眼於探索可維護性的概念和實現它們的技術。

可維護性的重要性

想像一下這種情況：Mary 希望為產品添加一個簡單的新功能，並且能夠快速實作它，也許只需要幾十列程式碼。但是，當她去檢查她的變更時，她從自動測試系統那裡得到了充滿螢幕的錯誤。她用當天剩下的時間來逐一回顧這些失敗的案例。在每個案例中，變更並沒有導入實際的錯誤，但打破壞了測試對程式碼內部結構的一些假設，需要對這些測試進行更新。通常，她很難弄清楚這些測試首先要做的是什麼，她為修正這些測試而添加的奇技淫巧（hacks）使這些測試在未來更難理解。最終，本來應該是快速的工作卻需要花費數小時甚至數天的時間來忙碌，這扼殺了 Mary 的生產力，並打擊了她的士氣。

在這裡，測試與它的預期效果相反，因為它在消耗生產力，而不是提高生產力，同時又不能有意義地提高被測程式碼的品質。這種情況太普遍了，Google 的工程師每天都在為此而苦苦掙扎。沒有萬靈丹，但 Google 的許多工程師一直在努力開發能緩解這些問題的模式和做法，我們鼓勵公司的其他成員繼續努力。

Mary 遇到的問題並不是她的錯，而且她也無法避免這些問題：必須在測試被簽入（checked in）之前修正不良的測試，以免拖累未來的工程師。概括地說，她遇到的問題分為兩類。首先，她所使用的測試很脆弱：它們在回應無害、不相關的變更時失敗了，但該變更並未導入真正的錯誤。其次，測試並不明確：在測試失敗後，很難確定出了什麼問題，如何修正它，以及這些測試最初應該做什麼。

預防脆弱的測試

正如剛才定義的那樣，脆弱的測試（brittle test）是指在面對與「生產程式碼」（production code）不相關的變更（也就是並未導入任何真正的錯誤）時而失敗的測試。[1] 此類測試必須由工程師進行診斷和修復，做為其工作的一部分。在只有幾個工程師的小型程式碼基底中，每次變更都要調整一些測試，這可能不是一個大問題。但是，如果一個團隊經常編寫脆弱的測試，測試維護將不可避免地消耗團隊越來越多的時間，因為他們被迫在一個不斷成長的測試集中整理越來越多的失敗。如果工程師需要為每個變更手動調整一組測試，則稱其為「自動化測試集」有點牽強！

脆弱的測試會給各種規模的程式碼基底帶來痛苦，但在 Google 的規模下，這種痛苦變得尤為嚴重。一個工程師在工作的過程中，可能會在一天內輕鬆運行數千次測試，而一個大規模的變更（見第 22 章）可能會觸發數十萬次測試。在這種規模下，即使是影響一小部分測試的假性失敗也會浪費大量的工程時間。Google 的團隊在測試集的脆弱性方面差別很大，但我們已經確定了一些做法和模式，這些做法和模式往往使測試變得更加穩健以適應變更。

力求不變的測試

在討論避免脆弱測試的模式之前，我們需要回答一個問題：在編寫測試之後，我們多久時間需要變更一次測試？花在更新舊測試的任何時間都是不能用在更有價值之工作上的時間。因此，理想的測試是不需要改變的：在編寫完之後，除非被測試系統的需求發生變化，否則它永遠不需要變更。

這在實踐中是什麼樣子的呢？我們需要考慮工程師對生產程式碼所做的各種改變，以及我們應該如何期望測試對這些改變做出反應。從根本上說，有四種變化：

純重構

當工程師在不修改系統介面的情況下重構系統內部，無論是出於性能、清晰度或任何其他原因，系統的測試都不應該需要改變。在這種情況下，測試的作用是確保重構沒有改變系統的行為。在重構過程中需要變更的測試，表明該變更要嘛影響了系統的行為，而不是純粹的重構，要嘛測試沒有編寫在適當的抽象級別上。Google 依靠大規模的變更（如第 22 章所述）來進行這樣的重構，使得這個案例對我們來說特別重要。

1　注意，這與不可靠的測試（flaky test）略有不同，不可靠的測試在不變更生產程式碼的情況下會不確定地失敗。

新功能

當工程師向現有系統添加新功能或行為時,系統的現有行為應該不受影響。工程師必須編寫新的測試來涵蓋新的行為,但他們不需要變更任何現有的測試。與重構一樣,在添加新功能時,對現有測試的變更,表明該功能有意想不到的後果或不適當的測試。

錯誤修正

修正一個錯誤就像添加一個新功能:錯誤的存在,表明最初的測試集裡缺少一個案例,並且該錯誤的修正應該包括缺失的測試案例。同樣地,錯誤修正通常不需要更新現有測試。

行為變更

當我們期望對系統的現有測試進行更新時,變更系統現有的行為就是一種案例。請注意,此類變更往往比其他三類的成本高得多。系統的用戶可能會依賴於其當前的行為,而該行為的變更需要與這些用戶協調以避免造成混淆或破壞。在這種情況下變更測試,表明我們正在破壞系統的明確契約(explicit contract),而在前面的情況下變更測試,表明我們破壞了非預期契約(unintended contract)。低階程式庫通常會投入大量精力來避免行為變更之需要,以免影響到用戶。

值得注意的是,編寫測試後,當你重構系統、修正錯誤或添加新功能時,你不應該再去碰該測試。正是這種理解,使得大規模地使用系統成為可能:擴展它只需要編寫少量與你正在進行之變更相關的新測試,而不必觸及曾經針對系統編寫的每一個測試。只有會破壞系統行為的變更才需要回頭去修改其測試,在這種情況下,更新這些測試的成本相對於更新系統所有用戶的成本來說往往很小。

透過公用 API 進行測試

現在我們已經明白了我們的目標,讓我們看看一些做法,以確保測試不需要改變,除非被測試系統的需求改變。到目前為止,確保這一點的最重要方法是編寫測試,以「與用戶相同的方式」調用被測試的系統;也就是,針對其公用 API 而不是其實施細節進行調用(*https://oreil.ly/ijat0*)。如果測試的工作方式與系統用戶的工作方式相同,根據定義,破壞測試的變更也可能破壞用戶。做為額外的獎勵,此類測試可以為用戶提供有用的範例和文件。

請看範例 12-1，它會驗證交易並將其保存到資料庫。

範例 12-1，一個交易（transaction）API

```
public void processTransaction(Transaction transaction) {
  if (isValid(transaction)) {
    saveToDatabase(transaction);
  }
}
private boolean isValid(Transaction t) {
  return t.getAmount() < t.getSender().getBalance();
}
private void saveToDatabase(Transaction t) {
  String s = t.getSender() + "," + t.getRecipient() + "," + t.getAmount();
  database.put(t.getId(), s);
}
public void setAccountBalance(String accountName, int balance) {
  // 將餘額（balance）直接寫入資料庫
}
public void getAccountBalance(String accountName) {
  // 從資料庫讀取交易以決定帳戶餘額
}
```

測試這段程式碼之一個誘人的方法是刪除 private（私用）可見性修飾符（visibility modifier）並直接測試實作邏輯，如範例 12-2 所示。

範例 12-2，對交易 API 之實作的簡單測試

```
@Test
public void emptyAccountShouldNotBeValid() {
  assertThat(processor.isValid(newTransaction().setSender(EMPTY_ACCOUNT)))
      .isFalse();
}
@Test
public void shouldSaveSerializedData() {
  processor.saveToDatabase(newTransaction()
      .setId(123)
      .setSender("me")
      .setRecipient("you")
      .setAmount(100));
  assertThat(database.get(123)).isEqualTo("me,you,100");
}
```

此測試跟交易處理器（transaction processor）的互動方式與實際用戶跟交易處理器的互動方式大不相同：它會察看系統的內部狀態，並調用未被系統 API 公開出來的方法。因此，測試是脆弱的，對被測系統的任何重構（例如重新命名其方法，將其納入輔助類別（helper class），或更改序列化格式）幾乎都會導致測試失敗，即使這樣的變更對該類別的實際用戶來說是不可見的。

相反地，僅透過針對該類別之公用 API 進行測試就可以實現同樣的測試覆蓋率，如範例 12-3 所示。[2]

範例 12-3，測試公用 API

```java
@Test
public void shouldTransferFunds() {
  processor.setAccountBalance("me", 150);
  processor.setAccountBalance("you", 20);
  processor.processTransaction(newTransaction()
      .setSender("me")
      .setRecipient("you")
      .setAmount(100));
  assertThat(processor.getAccountBalance("me")).isEqualTo(50);
  assertThat(processor.getAccountBalance("you")).isEqualTo(120);
}
@Test
public void shouldNotPerformInvalidTransactions() {
  processor.setAccountBalance("me", 50);
  processor.setAccountBalance("you", 20);
  processor.processTransaction(newTransaction()
      .setSender("me")
      .setRecipient("you")
      .setAmount(100));
  assertThat(processor.getAccountBalance("me")).isEqualTo(50);
  assertThat(processor.getAccountBalance("you")).isEqualTo(20);
}
```

根據定義，僅使用公共 API 的測試，將以「與其用戶相同的方式」來取用被測系統。這樣的測試更加真實，而且不那麼脆弱，因為它們形成了明確的契約：如果這樣的測試失敗了，則意味著該系統的現有用戶也將被破壞。僅測試這些契約意味著，你可以自由地對系統進行任何內部重構，而不必擔心對測試進行繁瑣的修改。

什麼是「公用 API」並不總是清楚，這個問題實際上涉及單元測試中「單元」是什麼的核心。單元的範圍可以小到只有一個函式，也可以大到一組相關的套件／模組。在內文中，當我們提到「公用 API」時，我們實際上是指該單元向擁有程式碼的團隊之外的第三方公開了 API。這並不總是與某些程式語言提供的可見性概念一致；例如，Java 中的類別可能將自己定義為「公用」（public），以便同一單元中的其他套件可以取用它，但不打算供單元外的其他部分使用。有些語言（如 Python）沒有內建可見性概念（通常依靠一些慣例，像是為私用方法名稱前綴底線符號），而像 Bazel（*https://bazel.build*）這樣的建構系統可以進一步限制誰被允許依賴於程式語言宣告的公用 API。

2　這有時稱為 "Use the front door first principle"（使用前門優先原則）（*https://oreil.ly/8zSZg*）。

為單元定義一個適當的範圍，因此「什麼應該被視為公用 API」被認為是藝術而不是科學，下面有一些經驗法則：

- 如果一個方法或類別的存在只是為了支援一或兩個其他類別（即，它是一個「輔助類別」〔helper class〕），那麼它可能不應該被視為一個獨立的單元，並且應該透過這些類別而不是直接對其功能進行測試。
- 如果一個套件或類別被設計為任何人都可以取用，而無須諮詢其擁有者，那麼幾乎可以肯定該套件或類別構成了一個應該可以直接測試的單元，其測試以「與用戶相同的方式」來取用該單元。
- 如果一個套件或類別只能由擁有它的人來取用，但其目的是為了提供在各種環境中有用的通用功能（即，它是一個「支援程式庫」），那麼它也應被視為一個單元並直接進行測試。由於支援程式庫的程式碼將同時被包含在其自身的測試和其用戶的測試中，因此這通常會在測試中產生一些冗餘的程式碼。然而，這樣的冗餘程式碼可能是有價值的：沒有它，如果程式庫的某個用戶（及其測試）被移除，那麼測試覆蓋率可能會出現差距。

在 Google，我們發現工程師有時需要被說服，透過公用 API 進行測試比針對實作細節進行測試要好。這種不情願的態度是可以理解的，因為只針對你剛才所編寫的程式碼來編寫測試，而不是弄清楚該程式碼如何影響整個系統，這通常要容易得多。然而，我們發現鼓勵這種做法很有價值，因為額外的前期努力在減少維護負擔方面得到了許多倍的回報。對公用 API 進行測試並不能完全防止脆弱性，但這是你能做的最重要的事，可以確保你的測試僅在系統發生有意義的變更時才會失敗。

測試狀態，而不是測試互動

測試通常依賴於實作細節的另一種方式，不涉及測試調用了哪種系統方法，而是涉及如何驗證那些調用的結果。一般來說，有兩種方法可以驗證被測系統的行為是否如預期。透過狀態測試，你可以觀察系統本身，以查看其調用後，它是什麼樣子。透過互動測試，你可以檢查系統是否對其協作者採取了預期的一系列操作，以回應對它的調用（*https:// oreil.ly/3S8AL*）。許多測試的進行將會是狀態和互動驗證的組合。

互動測試往往比狀態測試更脆弱，原因是測試私用方法比測試公用方法更脆弱：互動測試係檢查系統如何得出結果，而通常你只關心結果是什麼。範例 12-4 可以看到一個使用測試替身（在第 13 章中有進一步的說明）來驗證系統如何與資料庫互動的測試。

範例 *12-4*，一個脆弱的互動測試

```
@Test
public void shouldWriteToDatabase() {
  accounts.createUser("foobar");
  verify(database).put("foobar");
}
```

該測試驗證了針對資料庫 API 的特定調用，但有幾種不同的方式可能出錯：

- 如果被測系統中的錯誤導致記錄在寫入後不久就被從資料庫中刪除，則測試將通過，即使我們希望它失敗。
- 如果被測試的系統被重構為調用一個略有不同的 API 來寫入一個等效的記錄，則測試將會失敗，即使我們希望它通過。

直接測試系統的狀態要容易得多，如範例 12-5 中所示。

範例 *12-5*，針對狀態的測試

```
@Test
public void shouldCreateUsers() {
  accounts.createUser("foobar");
  assertThat(accounts.getUser("foobar")).isNotNull();
}
```

此測試更準確地表達了我們所關心的內容：與被測系統互動後系統的狀態。

互動測試出現問題的最常見原因是過度依賴「模擬框架」（mocking framework）。這些框架使得測試替身的建立變得很容易，這些替身可以記錄和驗證針對它們的每次調用，並在測試中使用這些替身來代替真實的物件。這種策略直接導致了脆弱的互動測試，因此我們傾向於使用真實的物件，而不是被模擬的物件（mocked object），只要真實的物件是快速和具確定性的。

 有關測試替身和模擬框架的更廣泛討論、何時應該使用它們，以及更安全的替代方案，請參閱第 13 章。

編寫清晰的測試

遲早，即使我們已經完全避免了脆弱性，我們的測試也會失敗。失敗是一件好事！測試失敗為工程師提供了有用的信號，並且是單元測試提供價值的主要方式之一。

測試失敗的原因有二：[3]

- 被測試的系統有問題或不完整。這個結果正是測試的目的：提醒你注意錯誤，以便你能修正它們。

- 測試本身存在缺陷。在這種情況下，被測試的系統沒有任何問題，但所指定的測試不正確。如果這是一個現有的測試，而不是你剛才寫的測試，這意味著測試是脆弱的。前一節討論了如何避免脆弱的測試，但很少能夠完全消除它們。

當測試失敗時，工程師的第一項工作是確定失敗屬於哪種情況，然後診斷實際的問題。工程師這樣做的速度取決於測試的清晰度。一個清晰的測試是指對於診斷失敗的工程師來說，其存在的目的和失敗的原因是非常明確的。當測試失敗的原因不明顯，或難以弄清楚最初為什麼編寫這些測試時，那麼測試無法達到清晰的效果。清晰的測試還能帶來其他好處，例如記錄被測系統，並且更容易做為新測試的基礎。

隨著時間的推移，測試清晰度變得非常重要。測試通常會比編寫它們的工程師之壽命更長，並且隨著系統的老化，對系統的需求和瞭解也會發生微妙的變化。一個失敗的測試很可能是幾年前由一個已不存在之團隊中的工程師編寫的，這樣就沒有辦法弄清楚它的目的或如何修正它。這與不明確的生產程式碼形成鮮明對比，你通常可以透過查看誰調用它以及當它被移除時誰會中斷來確定生產程式碼的用途。對於一個不明確的測試，你可能永遠不會明白它的目的，因為移除該測試除了（可能）在測試覆蓋率導入一個細微的漏洞之外，不會產生任何效果。

在最糟糕的情況下，當工程師不知道如何修正這些模糊不清的測試時，這些測試最終會被刪除。刪除此類測試不僅會在測試覆蓋率方面造成漏洞，而且還表明，該測試在整個存在期間（可能是數年）無任何價值。

為了使測試集（test suite）能夠隨著時間的推移進行擴展並發揮作用，讓測試集裡的每個測試都盡可能清晰非常重要。本節將探討讓測試達到清晰的技術和方法。

讓你的測試完整而簡潔

完整性和簡潔性是幫助測試達到清晰的兩個高階屬性（*https://oreil.ly/lqwyG*）。當一個測試的主體包含了讀者需要的所有資訊，使其能夠瞭解它是如何得出結果的，這個測試就是**完整的**。當一個測試不包含其他分散注意力或不相關的資訊時，這個測試就是**簡潔的**。範例 12-6 可以看到一個既不完整也不簡潔的測試：

3　這也是測試可能「不可靠」的兩個原因。要嘛就是被測試的系統有一個非確定性的失敗，要嘛就是測試有缺陷，以至於有時在應該通過時卻失敗了。

範例 12-6，一個不完整且雜亂無章的測試

```
@Test
public void shouldPerformAddition() {
  Calculator calculator = new Calculator(new RoundingStrategy(),
      "unused", ENABLE_COSINE_FEATURE, 0.01, calculusEngine, false);
  int result = calculator.calculate(newTestCalculation());
  assertThat(result).isEqualTo(5); // 這個數字是從哪裡來的？
}
```

這個測試在建構函式（constructor）中傳遞了很多不相關的資訊，而測試真正重要的部分則隱藏在一個輔助方法（helper method）中。可以透過闡明輔助方法的輸入來使測試更加完整，並使用另一個輔助方法來隱藏建構計算器（calculator）的不相關細節，可以使測試更加簡潔，如範例 12-7 所示。

範例 12-7，一個完整、簡潔的測試

```
@Test
public void shouldPerformAddition() {
  Calculator calculator = newCalculator();
  int result = calculator.calculate(newCalculation(2, Operation.PLUS, 3));
  assertThat(result).isEqualTo(5);
}
```

我們稍後討論的想法，特別是圍繞程式碼共用的想法，將回到完整性（completeness）和簡潔性（conciseness）。特別是，如果能使測試更清晰，違反 DRY（不要重複自己）原則往往是值得的。記住：一個測試的主體應該包含暸解它所需要的所有資訊，而不包含任何不相關或分散注意力的資訊。

測試行為，而不是方法

許多工程師的第一個直覺是嘗試將測試的結構與其程式碼的結構進行匹配，以使每個生產方法（production method）都有一個相應的測試方法（test method）。這種模式（pattern）一開始很方便，但隨著時間的推移，它會導致問題：隨著被測試的方法變得越來越複雜，它的測試也變得越來越複雜，並變得更加難以推理。例如，請考慮範例 12-8 中的程式碼片段，該片段可用於顯示交易的結果。

範例 12-8，一個交易程式碼片段

```
public void displayTransactionResults(User user, Transaction transaction) {
  ui.showMessage("You bought a " + transaction.getItemName());
  if (user.getBalance() < LOW_BALANCE_THRESHOLD) {
    ui.showMessage("Warning: your balance is low!");
  }
}
```

如範例 12-9 所示，一個測試同時涵蓋了被測方法可能顯示的兩筆訊息，並不罕見。

範例 12-9，一個方法驅動的測試

```
@Test
public void testDisplayTransactionResults() {
  transactionProcessor.displayTransactionResults(
      newUserWithBalance(
          LOW_BALANCE_THRESHOLD.plus(dollars(2))),
      new Transaction("Some Item", dollars(3)));
  assertThat(ui.getText()).contains("You bought a Some Item");
  assertThat(ui.getText()).contains("your balance is low");
}
```

對於這樣的測試，很可能一開始測試只涵蓋第一個方法。後來，當第二筆訊息被添加進來時，一名工程師擴展了測試（違反了我們之前討論過的不改變測試的理念）。這種修改開了一個不好的先例：隨著測試方法變得越來越複雜，實現的功能越來越多，它的單元測試將變得越來越複雜，越來越難以使用。

問題在於，方法驅動的測試自然會鼓勵不明確的測試，因為方法通常會在私底下做一些不同的事情，並且可能有若干棘手的邊角案例（edge and corner cases）。有一個更好的方法：與其為每個方法編寫一個測試，不如為每個行為編寫一個測試。[4] 行為是一個系統對其在特定狀態下如何回應一系列輸入所做的任何保證。[5] 行為通常可以使用「已知」（given）、「當」（when）和「則」（then）（*https://oreil.ly/I9IvR*）來表示：「"已知"一個銀行帳戶是空的，"當"試圖從該帳戶中取款時，"則"該交易會被拒絕。」方法和行為之間的映射是多對多的：大多數複雜的（nontrivial）方法都實作了多個行為，而有些行為依賴於多個方法的交互作用。上一個範例可以使用行為驅動測試（behavior-driven tests）重寫，如範例 12-10 所示。

範例 12-10，行為驅動測試

```
@Test
public void displayTransactionResults_showsItemName() {
  transactionProcessor.displayTransactionResults(
      new User(), new Transaction("Some Item"));
  assertThat(ui.getText()).contains("You bought a Some Item");
}
@Test
public void displayTransactionResults_showsLowBalanceWarning() {
  transactionProcessor.displayTransactionResults(
```

4　見 *https://testing.googleblog.com/2014/04/testing-on-toilet-test-behaviors-not.html* 和 *https://dannorth.net/introducing-bdd*。

5　此外，一個功能（在產品意義上）可以表示為一組行為。

```
        newUserWithBalance(
            LOW_BALANCE_THRESHOLD.plus(dollars(2))),
        new Transaction("Some Item", dollars(3)));
    assertThat(ui.getText()).contains("your balance is low");
}
```

拆分單一測試所需的額外樣板（boilerplate）非常值得（*https://oreil.ly/hcoon*），因而得到的測試比原始測試清晰得多。行為驅動的（behavior-driven）測試往往比方法導向的（method-oriented）測試更清晰，有幾個原因。首先，它們閱讀起來更像自然語言，使得它們能夠被自然理解，而不需要費力的心理分析。其次，它們更清楚地表達了因果關係（*https://oreil.ly/dAd3k*），因為每個測試的範圍更加有限。最後，每個測試都很短且具有描述性，這使得我們更容易看到哪些功能已經進行了測試，並鼓勵工程師添加新的精簡測試方法，而不是將其堆積在現有的方法之上。

強調行為的結構測試

把測試看做是與行為而不是方法的耦合，會顯著影響測試的結構。請記住，每個行為都有三個部分：一個是定義系統如何設置的「已知」（given）部分，一個是定義在系統上採取何種行動的「當」（when）部分，一個是用於驗證結果的「則」（then）部分。[6] 當此結構是明確的時候，測試是最清晰的。諸如 Cucumber（*https://cucumber.io*）和 Spock（*http://spockframework.org*）之類的框架便擁抱「已知 / 當 / 則」（given/when/then）的做法。其他語言可以使用空格和可選註釋使結構更加突出，如範例 12-11 中所示。

範例 *12-11*，一個結構良好的測試

```
@Test
public void transferFundsShouldMoveMoneyBetweenAccounts() {
    // 已知（given）兩個帳戶的初始餘額分別為 $150 和 $20
    Account account1 = newAccountWithBalance(usd(150));
    Account account2 = newAccountWithBalance(usd(20));

    // 當（when）從第一個帳戶將 $100 轉帳到第 2 個帳戶
    bank.transferFunds(account1, account2, usd(100));

    // 則（then）新帳戶的餘額應反應轉帳的情況
    assertThat(account1.getBalance()).isEqualTo(usd(50));
    assertThat(account2.getBalance()).isEqualTo(usd(120));
}
```

6　這些組成部分有時稱為安排（arrange）、行動（act）和斷言（assert）。

這種程度的描述在瑣碎的測試中並不總是必要的，通常省略註解，並依靠空白來明確分出各部分。然而，明確的註解可以使更複雜的測試更容易理解。這種模式使得我們有可能在三個層次的粒度上讀取測試：

1. 讀者可以先查看測試方法的名稱（下面討論），以獲得對被測試行為的大致描述。

2. 如果這還不夠，讀者可以看一下「已知／當／則」的註解，以了解對行為的正式描述。

3. 最後，讀者可以查看實際的程式碼，以準確地查看該行為的表達方式。

這種模式（pattern）最常被違反的是在對被測系統的多次調用中穿插斷言（即合併「當」與「則」區塊）。以這種方式合併「當」和「則」區塊會使測試變得不那麼清晰，因為它使人們難以區分正在執行的動作與預期的結果。

當一個測試確實想要驗證多步驟過程（multistep process）中的每個步驟時，可以定義「當／則」（when/then）區塊交替的序列。透過用「而且」（and）這個詞將長區塊拆分開來，也可以使其更具描述性。範例 12-12 顯示了一個相對複雜的行為驅動測試可能是什麼樣子。

範例 *12-12*，在一項測試中交替使用「當／則」區塊

```
@Test
public void shouldTimeOutConnections() {
    // 已知（given）有兩個用戶
    User user1 = newUser();
    User user2 = newUser();
    // 而且（and）有一個空的連線資源池，逾時時間為 10 分鐘
    Pool pool = newPool(Duration.minutes(10));
    // 當（when）兩個用戶連接該資源池時
    pool.connect(user1);
    pool.connect(user2);
    // 則（then）該資源池中應該具有兩條連線
    assertThat(pool.getConnections()).hasSize(2);
    // 當（when）等 20 鐘時
    clock.advance(Duration.minutes(20));
    // 則（then）該資源池中應該沒有連線
    assertThat(pool.getConnections()).isEmpty();
    // 而且（and）每個用戶應該被斷線
    assertThat(user1.isConnected()).isFalse();
    assertThat(user2.isConnected()).isFalse();
}
```

在編寫此類測試時，請小心確保你不會無意中同時測試多種行為。每個測試只應包含單一行為，並且絕大多數的單元測試只需要一個「當」（when）和一個「則」（then）區塊。

以被測試的行為來命名測試

方法導向的測試通常以被測試的方法命名（例如，updateBalance 方法的測試通常稱為 testUpdateBalance。透過更專注的行為驅動測試，我們擁有更大的靈活性，並有機會以測試的名稱傳達有用的資訊。測試名稱非常重要：它通常是失敗報告中顯示的第一個或唯一的標記，所以當測試失敗，它是你傳達問題的最佳機會。它也是表達測試意圖的最直接方式。

測試的名稱應該概括其正在測試的行為。一個好名稱既描述了在系統上採取的行動，也描述了預期的結果（*https://oreil.ly/8eqqv*）。測試的名稱有時會包括其他資訊，比如在其採取行動之前，系統或其環境的狀態。一些語言和框架允許測試嵌套在另一個語言和框架中，並使用字串來命名，使得其比其他語言和框架更容易實現，比如範例 12-13 中所使用的 Jasmine 框架（*https://jasmine.github.io*）。

範例 12-13，嵌套命名模式的一些例子

```
describe("multiplication", function() {
  describe("with a positive number", function() {
    var positiveNumber = 10;
    it("is positive with another positive number", function() {
      expect(positiveNumber * 10).toBeGreaterThan(0);
    });
    it("is negative with a negative number", function() {
      expect(positiveNumber * -10).toBeLessThan(0);
    });
  });
  describe("with a negative number", function() {
    var negativeNumber = -10;
    it("is negative with a positive number", function() {
      expect(negativeNumber * 10).toBeLessThan(0);
    });
    it("is positive with another negative number", function() {
      expect(negativeNumber * -10).toBeGreaterThan(0);
    });
  });
});
```

有些語言會要求我們將所有這些資訊編碼到方法名稱中，進而形成範例 12-14 所示的方法命名模式（method naming pattern）。

範例 12-14，方法命名模式的一些例子

```
multiplyingTwoPositiveNumbersShouldReturnAPositiveNumber
multiply_positiveAndNegative_returnsNegative
divide_byZero_throwsException
```

像這樣的名稱比我們通常為「生產程式碼」（production code）中的方法寫的要冗長得多，但使用情況不同：我們從來不需要編寫程式碼來調用這些方法，而且它們的名稱經常需要在報告中被人們閱讀。因此，額外的冗長是有必要的。

許多不同的命名策略是可以被接受的，只要你能夠在單一測試類別（single test class）中一致地使用它們。如果你遇到麻煩，一個很好的技巧是嘗試用 should（應該）這個單字來做為測試名稱的開頭。當與被測試之類別的名稱一起使用時，此命名方案（naming scheme）允許將測試名稱當成一個句子來讀。例如，`BankAccount` 類別的一個測試被命名為 `shouldNotAllowWithdrawalsWhenBalanceIsEmpty`，可以當成 "BankAccount should not allow withdrawals when balance is empty."（餘額為空時，銀行帳戶不允許取款。）來讀。透過閱讀一個測試集裡所有測試方法的名稱，你應該對被測系統所實作的行為有一個很好的瞭解。這些名稱還有助於確保測試專注於單一行為：如果你需要在測試名稱中使用 and（而且）這個單字，那麼很有可能你實際上測試了多個行為，並且應該編寫多個測試！

不要把邏輯放在測試中

明確的測試一經檢視就可以看出其正確性；也就是說，只需要看一眼，就能看出一個測試是否在做正確的事情。這在「測試程式碼」（test code）中是可能的，因為每個測試只需要處理一組特定的輸入，而「生產程式碼」（production code）必須被泛化（generalized）以處理任何輸入。對於生產程式碼，我們能夠編寫測試，確保複雜的邏輯是正確的。但是「測試程式碼」就沒有那麼奢侈了。如果你覺得你需要編寫一個測試來驗證你的測試，那一定是出問題了！

複雜性通常是以邏輯的形式導入的。邏輯是透過程式語言的必要部分（比如運算符、迴圈和條件式）來定義的。當一段程式碼包含邏輯時，你需要動一些腦力來確定其結果，而不是僅僅從螢幕來讀取它。不需要太多的邏輯，就可以使測試更難以推理。例如，範例 12-15 中的測試對你來說是否正確（*https://oreil.ly/yJDqh*）？

範例 12-15，邏輯隱藏了一個錯誤

```
@Test
public void shouldNavigateToAlbumsPage() {
  String baseUrl = "http://photos.google.com/";
  Navigator nav = new Navigator(baseUrl);
  nav.goToAlbumPage();
  assertThat(nav.getCurrentUrl()).isEqualTo(baseUrl + "/albums");
}
```

這裡沒有多少邏輯：實際上只是一個字串串接（string concatenation）。但是，如果我們透過刪除該邏輯來簡化測試，則錯誤會立即變得清晰，如範例 12-16 所示。

範例 12-16，一個沒有邏輯的測試揭示了錯誤

```
@Test
public void shouldNavigateToPhotosPage() {
  Navigator nav = new Navigator("http://photos.google.com/");
  nav.goToPhotosPage();
  assertThat(nav.getCurrentUrl())
      .isEqualTo("http://photos.google.com//albums"); // 哎呀！
}
```

當整個字串被寫出來時，我們可以立即看到，我們期待在 URL 中出現兩個斜線，而不僅僅是一個斜線。如果產品程式碼犯了類似的錯誤，此測試將無法檢測到錯誤。為了使測試更具描述性和意義，複製 base URL 只是一個很小代價（請參閱本章稍後對 DAMP 與 DRY 測試的討論）。

如果人類不善於從字串的串接中發現錯誤，那麼我們更不善於發現來自更複雜之程式結構（比如迴圈和條件式）的錯誤。教訓是明確的：在測試程式碼中，堅持直線程式碼（straight-line code）而不要使用巧妙的邏輯，當它使測試更具描述性和意義時，考慮容忍一些重複。我們將在本章的稍後討論有關重複和程式碼共用的想法。

編寫清楚的失敗訊息

清晰度（clarity）的最後一個方面與測試的編寫方式無關，而是與工程師在測試失敗時看到的內容有關。在理想世界中，工程師只需在日誌或報告中閱讀失敗消息即可診斷問題，而無須檢視測試本身。良好的失敗訊息包含與測試名稱大致相同的資訊：它應清楚地表達預期結果、實際結果以及任何相關的參數。

下面是失敗訊息的一個壞例子：

```
Test failed: account is closed
```

測試失敗是因為帳戶被關閉，還是預期帳戶會被關閉，而測試失敗是因為它沒有被關閉？一個較好的失敗訊息能清楚地區分預期和實際的狀態，並提供更多關於結果的背景資訊：

```
Expected an account in state CLOSED, but got account: <{name: "my-account", state: "OPEN"}
```

好的程式庫可以幫助我們更容易編寫出有用的失敗訊息。考慮一下 JAVA 測試於範例 12-17 裡的斷言（assertions），其中第一個使用了經典的 JUnit 斷言，第二個使用了 Truth（*https://truth.dev*），這是 Google 開發的一個斷言程式庫（assertion library）：

範例 *12-17，一個使用了 Truth 程式庫的斷言*

```
Set<String> colors = ImmutableSet.of("red", "green", "blue");
assertTrue(colors.contains("orange"));  // JUnit
assertThat(colors).contains("orange");  // Truth
```

因為第一個斷言只會收到一個布林值（Boolean value），所以它只能提供一個通用的錯誤訊息，如 "expected <true> but was <false>"，這在一個失敗之測試的輸出中不是很有參考價值。由於第二個斷言會明確收到斷言的對象，它能夠提供一個更有用的錯誤消息（*https:// oreil.ly/RFUEN*）："AssertionError: <[red, green, blue]> should have contained <orange>"。

並不是所有的語言都有這樣的輔助工具，但應該總是可以手動指定失敗訊息中的重要資訊。例如，Go 中的測試斷言通常如範例 12-18 所示。

範例 *12-18，Go 中的測試斷言*

```
result := Add(2, 3)
if result != 5 {
  t.Errorf("Add(2, 3) = %v, want %v", result, 5)
}
```

測試和程式碼共享：要 DAMP，而不是 DRY

編寫清晰測試和避免脆弱性的最後一個方面與程式碼共享有關。大多數軟體都試圖實現一個叫做 DRY 的原則──Don't Repeat Yourself（不要重複你自己）。DRY 指出，如果每個概念都只會出現在一個地方，並且程式碼的重複保持在最低限度，則軟體較容易維護。這種做法對於簡化變更方面特別有價值，因為工程師只需要更新一段程式碼即可，而不需要追蹤多個引用（multiple references）。這種做法的缺點是，它會使程式碼變得不清楚，需要讀者跟隨引用鏈（chains of references）來瞭解程式碼的作用。

在一般的生產程式碼（production code）中，為了讓程式碼更容易修改和使用，該缺點通常是一個很小的代價。但這種成本／效益分析，在測試程式碼（test code）的背景下，結果略有不同。良好的測試旨在保持穩定，事實上，當被測試系統發生變化時，你通常希望它們會中斷。因此，當涉及到測試程式碼時，DRY 在這方面沒有太大的好處。同時，測試的複雜性成本也更高：生產程式碼可以利用測試集（test suite）來確保它在變得複雜時能夠繼續工作，而測試必須獨立進行，如果錯誤不是顯而易見的正確，就可能出錯。如前所述，如果測試開始變得複雜，以至於感覺它們需要自己的測試來確保它們正常工作，那麼就出現問題了。

測試程式碼通常應該努力保持 DAMP（濕潤）（*https://oreil.ly/5VPs2*），而不是完全的 DRY（乾燥）[譯註]，也就是提倡「描述性和有意義的短語」（Descriptive And Meaningful Phrases）。在測試中，一點點重複是可以的，只要這種重複能夠使測試更簡單、更清晰。為了說明這一點，範例 12-19 舉了一些過於 DRY 之測試的例子。

範例 *12-19*，一些過於 *DRY* 的測試

```
@Test
public void shouldAllowMultipleUsers() {
  List<User> users = createUsers(false, false);
  Forum forum = createForumAndRegisterUsers(users);
  validateForumAndUsers(forum, users);
}
@Test
public void shouldNotAllowBannedUsers() {
  List<User> users = createUsers(true);
  Forum forum = createForumAndRegisterUsers(users);
  validateForumAndUsers(forum, users);
}
// 更多測試 ...
private static List<User> createUsers(boolean... banned) {
  List<User> users = new ArrayList<>();
  for (boolean isBanned : banned) {
    users.add(newUser()
        .setState(isBanned ? State.BANNED : State.NORMAL)
        .build());
  }
  return users;
}
private static Forum createForumAndRegisterUsers(List<User> users) {
  Forum forum = new Forum();
```

譯註　若將 DAMP 視為單字，有「濕潤」的意思；若將 DRY 視為單字，有「乾燥」的意思

```
  for (User user : users) {
    try {
      forum.register(user);
    } catch(BannedUserException ignored) {}
  }
  return forum;
}
private static void validateForumAndUsers(Forum forum, List<User> users) {
  assertThat(forum.isReachable()).isTrue();
  for (User user : users) {
    assertThat(forum.hasRegisteredUser(user))
        .isEqualTo(user.getState() == State.BANNED);
  }
}
```

基於前面對清晰性的討論,這段程式碼中的問題應該是顯而易見的。首先,儘管測試主體非常簡潔,但它們並不完整:重要的細節被隱藏在輔助方法中,讀者若不捲動到檔案中完全不同的部分,就看不到這些方法。這些輔助方法也充滿了邏輯,使得它們更難被一眼驗證(你發現錯誤了嗎?)。當它被覆寫成使用 DAMP 時,測試就變得清晰多了,如範例 12-20 所示。

範例 12-20,測試應為 DAMP

```
@Test
public void shouldAllowMultipleUsers() {
  User user1 = newUser().setState(State.NORMAL).build();
  User user2 = newUser().setState(State.NORMAL).build();
  Forum forum = new Forum();
  forum.register(user1);
  forum.register(user2);
  assertThat(forum.hasRegisteredUser(user1)).isTrue();
  assertThat(forum.hasRegisteredUser(user2)).isTrue();
}
@Test
public void shouldNotRegisterBannedUsers() {
  User user = newUser().setState(State.BANNED).build();
  Forum forum = new Forum();
  try {
    forum.register(user);
  } catch(BannedUserException ignored) {}
  assertThat(forum.hasRegisteredUser(user)).isFalse();
}
```

這些測試有更多的重複,測試主體也有點長,但額外的冗長是值得的。每個單獨的測試都更有意義,不需要離開測試主體就可以完全理解。這些測試的讀者可以確信,這些測試會做它們聲稱要做的事情,並且不會隱藏任何錯誤。

DAMP 不是 DRY 的替代品；它是對 DRY 的補充。輔助方法（helper method）和測試基礎架構（test infrastructure）仍然可以透過使測試更簡潔、排除重複的步驟（這些步驟的細節與所測試的特定行為無關）來讓測試更加清晰。重要的是，這種重構應該著眼於使測試更具描述性和意義，而不僅僅是以減少重複為名。本節的其餘部分將探索在測試之間共享程式碼的常見模式。

共享值

許多測試的結構都是透過定義一組供測試使用的共享值（shared values），然後透過定義測試，涵蓋這些值如何相互作用的各種情況。範例 12-21 可以看到此類測試的樣子。

範例 12-21，具有不明確名稱的共享值

```
private static final Account ACCOUNT_1 = Account.newBuilder()
    .setState(AccountState.OPEN).setBalance(50).build();
private static final Account ACCOUNT_2 = Account.newBuilder()
    .setState(AccountState.CLOSED).setBalance(0).build();
private static final Item ITEM = Item.newBuilder()
    .setName("Cheeseburger").setPrice(100).build();
// 數百列其他測試 ...
@Test
public void canBuyItem_returnsFalseForClosedAccounts() {
  assertThat(store.canBuyItem(ITEM, ACCOUNT_1)).isFalse();
}
@Test
public void canBuyItem_returnsFalseWhenBalanceInsufficient() {
  assertThat(store.canBuyItem(ITEM, ACCOUNT_2)).isFalse();
}
```

這種策略可以使測試非常簡潔，但隨著測試集的成長，它會也導致問題。首先，很難理解為什麼一個特定的值會被選入測試。在範例 12-21 中，測試名稱幸運地闡明了哪些情況正在被測試，但你仍需要向上捲動到定義，以確認 ACCOUNT_1 和 ACCOUNT_2 適合於這些情況。更具描述性的常數名稱（例如，CLOSED_ACCOUNT 和 ACCOUNT_WITH_LOW_BALANCE）有一點幫助，但它們仍然使得查看被測試值的確切細節變得更加困難，而且重複使用這些值的方便性可以鼓勵工程師這樣做，即使名稱不能準確描述測試需要什麼。

工程師通常習慣於使用共享常數（shared constant），因為在每個測試中建構單獨的值會很冗長。實現此一目標的更好方法是使用輔助方法（*https://oreil.ly/Jc4VJ*）建構資料（見範例 12-22），這些方法要求測試的作者僅指定他們關心的值，並為所有其他值設定

合理的預設值[7]。這種結構在支援具名參數（named parameter）的語言中是微不足道的，但是沒有具名參數的語言可以使用諸如「建構器模式」（Builder pattern）的結構來模擬它們（通常借助於 AutoValue（*https://oreil.ly/cVYK6*）之類的工具）：

範例 *12-22*，共享值（使用輔助方法）

```
# 一個輔助方法透過為其每個參數定義任意的預設值
# 來包裝一個建構函式（constructor）。
def newContact(
    firstName="Grace", lastName="Hopper", phoneNumber="555-123-4567"):
  return Contact(firstName, lastName, phoneNumber)
# 測試將調用輔助方法，僅為它們關注的參數
# 指定值。
def test_fullNameShouldCombineFirstAndLastNames(self):
  def contact = newContact(firstName="Ada", lastName="Lovelace")
  self.assertEqual(contact.fullName(), "Ada Lovelace")
// 像 Java 這樣不支援具名參數的語言可以透過傳回
// 一個可變的 builder 物件（代表正在建構的值）來
// 模擬它們。
private static Contact.Builder newContact() {
  return Contact.newBuilder()
    .setFirstName("Grace")
    .setLastName("Hopper")
    .setPhoneNumber("555-123-4567");
}
// 測試然後調用建構器（builder）上的方法
// 只覆寫它們關心的參數，然後調用 build()
// 從建構器中得到一個實際值。
@Test
public void fullNameShouldCombineFirstAndLastNames() {
  Contact contact = newContact()
      .setFirstName("Ada")
      .setLastName("Lovelace")
      .build();
  assertThat(contact.getFullName()).isEqualTo("Ada Lovelace");
}
```

使用輔助方法建構這些值，可以使每個測試建立所需的精確值，而不必擔心指定不相關的資訊或與其他測試發生衝突。

---

7 在許多情況下，對於沒有明確設置的欄位（fields），稍微隨機化所傳回的預設值甚至會很有用。這有助於確保兩個不同的實例（instances）不會意外地相等，並使工程師更難以把預設值的依賴性寫死。

共享設置

測試共享程式碼（shared code）的一個相關方式是透過設置／初始化邏輯（setup/initialization logic）。許多測試框架允許工程師在運行測試集裡的每個測試之前定義要執行方法。如果使用得當，這些方法可以避免重複繁瑣和不相關的初始化邏輯，進而使測試更清晰，更簡潔。如果使用不當，這些方法可能會因為將重要的細節隱藏在獨立的初始化方法中，進而損害測試的完整性。

設置方法（setup methods）的最佳用例（use case）是建構被測物件及其協作者（collaborators）。當大多數測試都不關心用於建構這些物件的特定引數時，這很有用，可以讓它們保持其預設狀態。同樣的想法也適用於測試替身（test doubles）之 stub 方法所傳回的值（stubbing return values），這是一個我們在第 13 章中詳細探索的概念。

使用設置方法的一個風險是，如果這些測試開始依賴於設置中使用的特定值，它們可能會導致不明確的測試。例如，範例 12-23 中的測試似乎不完整，因為測試的讀者需要去尋找字串 "Donald Knuth" 的來源。

範例 12-23，設置方法中值的依賴性

```
private NameService nameService;
private UserStore userStore;
@Before
public void setUp() {
  nameService = new NameService();
  nameService.set("user1", "Donald Knuth");
  userStore = new UserStore(nameService);
}
// [... 數百列的測試 ...]
@Test
public void shouldReturnNameFromService() {
  UserDetails user = userStore.get("user1");
  assertThat(user.getName()).isEqualTo("Donald Knuth");
}
```

此類明確關心特定值的測試應直接陳述這些值，如果需要，則會覆寫（overriding）設置方法中定義的預設值。如範例 12-24 所示，由此產生的測試包含的重複性略高，但結果更具描述性和意義。

範例 12-24，在設置方法中覆寫值

```
private NameService nameService;
private UserStore userStore;
@Before
public void setUp() {
  nameService = new NameService();
  nameService.set("user1", "Donald Knuth");
  userStore = new UserStore(nameService);
}
@Test
public void shouldReturnNameFromService() {
  nameService.set("user1", "Margaret Hamilton");
  UserDetails user = userStore.get("user1");
  assertThat(user.getName()).isEqualTo("Margaret Hamilton");
}
```

共享輔助工具和驗證

最後一種在測試中共享程式碼的常見方式，係透過從測試方法（test methods）的主體來調用「輔助方法」（helper methods）。我們已經討論過輔助方法如何成為簡潔地建構測試值（test values）的有用方法，而這種用法是有必要的，但其他類型的輔助方法可能會有危險。

常見的輔助工具是一種方法，它可以對被測系統執行一組常見的斷言（assertions）。極端的例子是在每個測試方法結束時調用驗證方法（validate method），它會對被測系統進行一組固定的檢查。這種驗證策略（validation strategy）可能是一個壞習慣，因為使用這種做法的測試較少受行為驅動。有了這樣的測試，就更難確定任何特定測試的意圖，也更難推斷出作者在編寫測試時到底想到了什麼情況。當錯誤被導入時，這種策略也會使它們更難被局部化（localize），因為它們會經常會導致大量測試開始失敗。

然而，更集中的驗證方法仍然是有用的。與涵蓋一系列條件的通用驗證方法相比，最佳的驗證輔助方法（validation helper methods）對它們的輸入只斷言一個概念性的事實。當這些方法正在驗證的條件在概念上很簡單，但需要迴圈或條件邏輯來實現時，這種方法特別有用，如果將之包含在測試方法的主體中，則會降低清晰度。例如，範例 12-25 中的輔助方法在涉及帳戶存取的幾種不同情況的測試中可能會很有用。

範例 *12-25*，一個概念上簡單的測試

```java
private void assertUserHasAccessToAccount(User user, Account account) {
  for (long userId : account.getUsersWithAccess()) {
    if (user.getId() == userId) {
      return;
    }
  }
  fail(user.getName() + " cannot access " + account.getName());
}
```

定義測試基礎架構

到目前為止，我們所討論的技術涵蓋於單一測試類別（single test class）或測試集（test suite）中在不同方法之間共享程式碼。有時，在多個測試集之間共享程式碼也是有價值的。我們將此類程式碼稱為測試基礎架構（test infrastructure）。雖然它通常在整合（integration）或端到端（end-to-end）測試中更有價值，但精心設計的測試基礎架構可以使單元測試（unit tests）在某些情況下更容易編寫。

與發生在單一測試集內的程式碼共享相比，必須更謹慎地處理自定義的測試基礎架構（custom test infrastructure）。在許多方面，與其他的測試程式碼（test code）相比，測試基礎架構程式碼（test infrastructure code）更類似於生產程式碼（production code），因為可能有許多依賴於它的調用者，並且在不導入破壞的情況下很難更改。大多數工程師在測試自己的功能時不會對通用測試基礎架構（common test infrastructure）進行更改。測試基礎架構需要被視為其自己的獨立產品，因此，測試基礎結架構必須始終具有自己的測試。

當然，大多數工程師使用的測試基礎架構都是以知名的第三方程式庫之形式出現的，如 JUnit（*https://junit.org*）。有大量這樣的程式庫可以使用，應儘早和普遍地在組織內對它們進行標準化。例如，Google 多年前就規定 Mockito 是新 JAVA 測試中唯一應該使用的 mocking 框架，並禁止新測試使用其他 mocking 框架。這個規定在當時引起了一些使用其他框架的人的不滿，但今日，人們普遍認為這是一個好的舉措，使我們的測試更容易理解和使用。

結語

單元測試是我們作為軟體工程師所擁有的最強大工具之一,它可以確保我們的系統在面對意料之外的變化時仍能正常工作。但是,強大的力量伴隨著巨大的責任,不小心使用單元測試可能會導致系統需要更多的努力來維護,並需要更多的努力來改變,而實際上並沒有提高我們對該系統的信心。

Google 的單元測試遠非完美,但我們發現遵循本章概述之做法的測試比那些沒有遵循的測試更有價值。我們希望它們能幫助你提高自己的測試品質!

摘要

- 努力實現不變的測試。

- 透過公用 API 進行測試。

- 測試狀態,而不是測試互動。

- 使你的測試完整而簡潔。

- 測試行為,而不是方法。

- 強調行為的結構測試

- 以被測行為來命名稱測試。

- 不要把邏輯放在測試中。

- 編寫明確的失敗訊息。

- 在分享測試的程式碼時,遵循 DAMP 而不是 DRY 的原則。

## 第十三章

測試替身

作者：Andrew Trenk（安德魯・特倫克）與 Dillon Bly（狄龍・布萊）

編輯：Tom Manshreck（湯姆・曼斯瑞克）

單元測試是保持開發人員工作效率和減少程式碼缺陷的重要工具。儘管對於簡單的程式碼來說，單元測試很容易編寫，但隨著程式碼變得越來越複雜，編寫單元測試會變得很困難。

例如，假設我們嘗試為一個函式編寫測試，該函式會向一個外部伺服器發送請求，然後將回應儲存在一個資料庫中。編寫少量的測試可能是可以做到的，只要付出一些努力。但是，如果你需要編寫數百或數千個這樣的測試，你的測試集可能需要數小時來運行，並且可能會因為隨機的網路故障或測試之間覆蓋彼此資料等問題而變得不穩定。

在這種情況下，測試替身（test double）就可以派上用場。測試替身（*https://oreil.ly/vbpiU*）是一個物件或函式，可以在測試中代替一個真正實作，類似於特技替身可以代替電影中的演員。測試替身的使用通常被稱為 mocking，但我們本章中避免使用這樣的術語，因為正如我們將看到的，這個術語也被用來指稱測試替身之更具體的方面。

也許最明顯的測試替身類型是一個行為類似於真正實作（real implementation）之物件的較簡單實作（simpler implementation），比如一個記憶體資料庫（in-memory database）。其他類型的測試替身可以使你驗證系統的特定細節成為可能，例如透過使其容易觸發罕見的錯誤條件，或確保一個重量級的函式被調用但不實際執行該函式的實作。

前兩章介紹了小型測試的概念，並討論了為什麼它們應該包括測試集裡的大多數測試。然而，由於會跨行程或機器進行通信，生產程式碼往往不適合小型測試的限制。測試替身可以比真正實作更輕量級，允許你編寫許多小型測試，這些測試執行速度快，而且不容易出錯。

測試替身對軟體開發的影響

測試替身的使用，給軟體開發帶來了一些複雜的因素，需要做出一些權衡。本章將更深入地討論此處所介紹的概念：

可測試性（*Testability*）

> 要使用測試替身，必須將程式碼基底（codebase）設計成可測試的（testable），它應該可以讓測試使用測試替身來替換真正實作。例如，調用資料庫的程式碼需要夠靈活，以便能使用測試替身來代替真正的資料庫。如果程式碼基底的設計沒有考慮到測試，而你後來又決定需要測試，則可能需要做出重大的承諾來重構程式碼，以支援測試替身的使用。

適用性（*Applicability*）

> 儘管適當地應用測試替身可以有力地提高工程速度，但使用不當可能會導致測試變得脆弱、複雜且效率降低。當測試替身在大型的程式碼基底中使用不當時，這些缺點就會被放大，有可能導致工程師工作效率的重大損失。在許多情況下，測試替身是不合適的，工程師應該更喜歡使用真正的實作。

保真度（*fidelity*）

> 保真度是指測試替身的行為與它所替代之真正實作的行為有多大的相似性。如果測試替身的行為與真正實作有顯著的不同，那麼使用測試替身的測試可能不會提供多少價值。例如，假設你試圖為一個資料庫編寫一個測試，這個資料庫會忽略添加到資料庫的任何資料，並且總是會回應空的結果。但完美的保真度或許是不可行的；測試替身通常需要比真正實作簡單得多，才能適合在測試中使用。在許多情況下，即使沒有完美的保真度，使用測試替身也是合適的。使用測試替身的單元測試通常需要輔之以較大範圍的測試，以便行使（exercises）真正的實作。

Google 的測試替身

在 Google，我們已經看到了無數的例子，說明了測試替身可以給程式碼基底帶來工作效率和軟體品質方面的好處，以及它們在使用不當時可能會造成的負面影響。我們在 Google 所遵循的做法是在這些經驗的基準上隨著時間的推移而演變的。從歷史上看，我們對如何有效地使用測試替身幾乎沒有什麼指導方針，但隨著我們看到許多團隊的程式碼基底中出現了常見的模式和反模式，最佳做法也隨之發展出來。

我們學到的一個教訓是，過度使用 mocking 框架（它允許你輕鬆地建立測試替身）的危險性（我們將在本章後面更詳細地討論 mocking 框架）。當 mocking 框架在 Google 首次被使用時，它們看起來就像一把適合所有釘子的錘子——它們使得為孤立的程式碼片段（isolated pieces of code）編寫高度集中的測試（highly focused tests）變得非常容易，而不必擔心如何建構該程式碼的依賴關係。直到幾年後，經過無數次的測試，我們才開始意識到這種測試的代價：雖然這些測試很容易編寫，但我們卻遭受了巨大的損失，因為它們需要靠不斷的努力來維護，卻很少發現錯誤。Google 的鐘擺現在已經開始向另一個方向擺動，許多工程師避開 mocking 框架，轉而編寫更真實的測試。

儘管本章所討論的做法在 Google 中被普遍認同，但各團隊的實際應用卻大相逕庭。這種差異源於工程師對這些做法的瞭解並不一致，現有程式碼基底中的慣性思維不符合這些做法，或者團隊在短期內做最簡單的事情時，並沒有考慮到長期的影響。

基本概念

在我們深入研究如何有效地使用測試替身之前，讓我們先介紹一些與之相關的基本概念。這些內容將為本章稍後所要討論的最佳做法奠定基礎。

一個測試替身的例子

假設有一個電子商務網站，它需要處理信用卡支付。在其核心部分，可能有類似於範例 13-1 中所示的程式碼。

範例 13-1，信用卡服務

```
class PaymentProcessor {
  private CreditCardService creditCardService;
  ...
  boolean makePayment(CreditCard creditCard, Money amount) {
    if (creditCard.isExpired()) { return false; }
    boolean success =
```

```
        creditCardService.chargeCreditCard(creditCard, amount);
        return success;
    }
}
```

在測試中使用真正的信用卡服務是不可行的（想像一下運行測試的所有交易費用！），但是可以在其位置使用測試替身來模擬真正系統的行為。範例 13-2 中的程式碼所示為極其簡單的測試替身。

範例 13-2，一個極其簡單的測試替身

```
class TestDoubleCreditCardService implements CreditCardService {
  @Override
  public boolean chargeCreditCard(CreditCard creditCard, Money amount) {
    return true;
  }
}
```

儘管此測試替身看起來不是太有用，但在測試中使用它，仍然可以讓我們測試 makePayment() 方法中的一些邏輯。例如，在範例 13-3 中，我們可以驗證該方法在信用卡過期時的行為是否正常，因為測試所行使（exercises）的程式碼路徑（code path）並不依賴於信用卡服務的行為。

範例 13-3，使用測試替身

```
@Test public void cardIsExpired_returnFalse() {
    boolean success = paymentProcessor.makePayment(EXPIRED_CARD, AMOUNT);
    assertThat(success).isFalse();
}
```

本章接下來的部分將討論，如何在比這更複雜的情況下使用測試替身。

接縫

如果程式碼的編寫方式能夠使得程式碼的單元測試成為可能，那麼程式碼可以說是可測試的（testable）（*https://oreil.ly/yssV2*）。接縫（seams）（*https://oreil.ly/pFSFf*）是一種透過允許使用測試替身來讓程式碼成為可測試的方法，它讓受測系統能夠使用不同的依賴關係，而不是生產環境（production environment）中使用的依賴關係。

依賴項注入（dependency injection）（*https://oreil.ly/og9p9*）是導入接縫（seams）的常用技術。簡而言之，當一個類別使用依賴項注入時，它需要使用的任何類別（即類別的依賴項）都會傳遞給它，而不是直接被實例化（instantiated），這樣就可以在測試中替換這些依賴項。

範例 13-4 可以看到一個依賴項注射的例子。它不是建立 `CreditCardService` 實例的建構器（constructor），而是以一個實例做為參數。

範例 13-4，依賴項注入

```
class PaymentProcessor {
  private CreditCardService creditCardService;
  PaymentProcessor(CreditCardService creditCardService) {
    this.creditCardService = creditCardService;
  }
  ...
}
```

調用此建構器的程式碼負責建立一個適當的 `CreditCardService` 實例（instance）。生產程式碼可以傳入一個與外部伺服器通訊的 `CreditCardService` 實作（implementation），而測試可以傳入一個測試替身，如範例 13-5 所示。

範例 13-5，傳入一個測試替身

```
PaymentProcessor paymentProcessor =
    new PaymentProcessor(new TestDoubleCreditCardService());
```

為了減少與手動指定之建構器相關的樣板（boilerplate），可以使用自動依賴項注入框架來自動建構物件圖（object graphs）。在 Google，通常會為 Java 程式碼使用 Guice（https://github.com/google/guice）和 Dagger（https://google.github.io/dagger）等自動依賴項注入框架。

使用動態定型（dynamically typed）的語言，如 Python 或 JavaScript，可以動態地替換單獨的函式或物件方法。在這些語言中，依賴項注入不那麼重要，因為這種能力使得在測試中使用依賴項的真正實作（real implementations）成為可能，同時只需要覆寫依賴項中不適合的函式或方法。

編寫可測試的程式碼需要前期的投資。在程式碼基底之生命週期的早期，這一點尤其重要，因為考慮到可測試性的時間越晚，就越難以應用於程式碼基底。在沒有適當考慮測試的情況下編寫的程式碼，通常需要重構（refactored）或重寫（rewritten），然後才能添加適當的測試。

mocking 框架

mocking 框架是一個軟體程式庫，可以簡化在測試中建立測試替身的過程；它允許你用 mock 來代替物件，mock 是一個測試替身，其行為在測試中以 inline（一列）的方式指定。使用 mocking 框架可減少樣板的使用，因為每次需要使用測試替身的時候，你都不需要定義一個新的類別。

範例 13-6 示範了 Mockito（*https://site.mockito.org*）的用法，這是種用於 Java 的 mocking 框架。Mockito 為 `CreditCardService` 建立了一個測試替身，並指示它傳回一個特定值。

範例 *13-6，mocking* 框架

```
class PaymentProcessorTest {
  ...
  PaymentProcessor paymentProcessor;
  // 只用一列程式碼就可以建立一個 CreditCardService 的測試替身。
  @Mock CreditCardService mockCreditCardService;
  @Before public void setUp() {
    // 將測試替身傳入受測系統。
    paymentProcessor = new PaymentProcessor(mockCreditCardService);
  }
  @Test public void chargeCreditCardFails_returnFalse() {
    // 給測試替身賦予一些行為：每當調用 chargeCreditCard()
    // 方法時，它將傳回 false。對方法的引數使用 "any()" 是
    // 在告訴測試替身傳回 false，而不管傳遞了哪些引數。
    when(mockCreditCardService.chargeCreditCard(any(), any())
      .thenReturn(false);
    boolean success = paymentProcessor.makePayment(CREDIT_CARD, AMOUNT);
    assertThat(success).isFalse();
  }
}
```

大多數主要的程式語言都存在 mocking 框架。在 Google，我們會為 Java 使用 Mockito，為 C++ 使用 Googletest 的 googlemock 組件（*https://github.com/google/googletest*），為 Python 使用 unittest.mock（*https://oreil.ly/clzvH*）。

儘管 mocking 框架有助於更容易地使用測試替身，但它們也有一些重要的注意事項，因為過度使用它們往往會使程式碼基底更難維護。我們將在本章後面介紹其中一些問題。

測試替身的使用技術

測試替身的使用有三種主要技術。本節將簡介這些技術，以使你快速瞭解它們是什麼以及它們有何不同。本章後面的部分將詳細介紹如何有效地應用它們。

如果工程師知道這些技術之間的區別，那麼當需要使用測試替身時，就更有可能知道要使用的適當技術。

faking 技術

fake（*https://oreil.ly/rymnI*）是一個 API 的輕量級實作，它的行為類似於真正的實作，但不適合用於生產環境；例如，記憶體資料庫（in-memory database）。範例 13-7 可以看到一個簡單的 fake 例子。

範例 13-7，一個簡單的 fake 例子

```
// 建立 fake 又快又容易。
AuthorizationService fakeAuthorizationService =
    new FakeAuthorizationService();
AccessManager accessManager = new AccessManager(fakeAuthorizationService):
// 未知的用戶識別碼不應具有存取權限。
assertFalse(accessManager.userHasAccess(USER_ID));
// 用戶識別碼被添加到授權服務後
// 應該具有存取權限。
fakeAuthorizationService.addAuthorizedUser(new User(USER_ID));
assertThat(accessManager.userHasAccess(USER_ID)).isTrue();
```

當你需要使用測試替身時，fake 通常是理想的技術，但是對於你在測試中需要使用的物件，fake 可能不存在，而編寫 fake 可能是一個挑戰，因為你需要確保它現在和將來都具有與真正實作類似的行為。

stubbing 技術

stubbing（*https://oreil.ly/gmShS*）是將行為賦予一個本身沒有行為之函式的過程——你在該函式中指定要傳回哪些值（即設定傳回值）。

範例 13-8 說明了什麼是 stubbing。其中使用 when(...).thenReturn(...) 方法（調用自名為 Mockito 的 mocking 框架）來指定 lookupUser() 方法的行為。

範例 13-8，stubbing

```
// 傳入一個由 mocking 框架所建立的測試替身
AccessManager accessManager = new AccessManager(mockAuthorizationService):
// 如果傳回值為 null，則此用戶識別碼不應具有存取權限。
when(mockAuthorizationService.lookupUser(USER_ID)).thenReturn(null); assertThat(accessManager.
userHasAccess(USER_ID)).isFalse();
// 如果傳回值為非 null，則此用戶識別碼應該具有存取權限。
when(mockAuthorizationService.lookupUser(USER_ID)).thenReturn(USER); assertThat(accessManager.
userHasAccess(USER_ID)).isTrue();
```

stubbing 通常是透過 mocking 框架來完成的，以減少手動建立「將傳回值寫死（hardcode return values）之新類別」時需要的樣板。

儘管 stubbing 可以是一種快速而簡單的應用技術,但它也有局限性,我們將在本章的後面討論這個問題。

互動測試

互動測試(*https://oreil.ly/zGfFn*)是一種驗證函式調用方式的方法,而無須實際調用該函式的實作。如果一個函式沒有以正確的方式調用,測試應該會失敗。例如,該函式根本沒有被調用、或調用了太多次、或它調用時使用了錯誤的引數。

範例 13-9 所示為一個互動測試的實例。來自名為 Mockito 之 mocking 框架的 `verify(...)` 方法,被用於驗證 `lookupUser()` 是否按預期被調用。

範例 13-9,互動測試

```
// 傳入一個由 mocking 框架所建立的測試替身。
AccessManager accessManager = new AccessManager(mockAuthorizationService);
accessManager.userHasAccess(USER_ID);
// 如果 accessManager.userHasAccess(USER_ID) 無法調用
// mockAuthorizationService.lookupUser(USER_ID),測試將會失敗。
verify(mockAuthorizationService).lookupUser(USER_ID);
```

與 stubbing 類似,互動測試通常是經由 mocking 框架來完成的。與手動建立「包含程式碼以追蹤函式調用頻率及哪些引數被傳入」之新類別相比,這減少了樣板(boilerplate)的使用。

互動測試(interaction testing)有時稱為 mocking(*https://oreil.ly/IfMoR*)。我們避免在本章中使用此術語,因為它可能會與 mocking 框架混淆,此類框架可用於 stubbing 以及互動測試。

如本章後面的討論,互動測試在某些情況下很有用,但應盡可能避免,因為過度使用很容易導致脆弱的測試。

真正的實作

儘管測試替身是非常有價值的測試工具,但我們進行測試的首選是使用被測試系統之依賴項的真正實作;也就是說,與生產程式碼中所使用的實作相同。當測試執行程式碼時,具有更高的保真度,因為它將在生產環境中執行,使用真正的實作有助於實現這一點。

在 Google，對真正實作的偏好是隨著時間的推移而發展起來的，因為我們看到過度使用 mocking 框架有一種傾向，即重複的程式碼污染測試，而與真正實作不同步，使重構變得困難。我們將在本章後面更詳細地討論這個話題。

在測試中優先選擇真正的實作，被稱為經典測試（classical testing）（*https://oreil.ly/OWw7h*）。還有一種測試風格被稱為 mockist 測試，即首選是使用 mocking 框架而不是真正的實作。儘管軟體業的某些人（包括第一個 mocking 框架（*https://oreil.ly/_QWy7*）的創建者）會進行 mockist 測試，但在 Google，我們發現這種測試風格很難擴展。它要求工程師在設計受測系統時遵循嚴格的準則（*http://jmock.org/oopsla2004.pdf*），而大多數 Google 工程師的預設行為是以更適合經典測試風格的方式編寫程式碼。

傾向實際而非隔離

將真正的實作使用於依賴項，可以使受測系統更加真實，因為這些真正實作中所有的程式碼將在測試中執行。相比之下，利用測試替身的測試將會把受測系統與它的依賴項隔離開來，這樣測試就不會在受測系統的依賴項中執行程式碼。

我們更喜歡實際的測試，因為它們使我們更有信心，受測系統是工作正常的。如果單元測試過於依賴測試替身，工程師可能需要運行整合測試或手動驗證其功能是否按預期工作，以便獲得同樣的信任度。執行這些額外的任務可能會減緩開發速度，甚至可能會讓錯誤溜過去，與單元測試相比，如果這些任務的執行太過耗時，工程師就會完全跳過這些任務。

用測試替身來取代一個類別的所有依賴項，任意地將受測系統與作者碰巧直接放在類別中的實作隔離開來，並排除碰巧在不同類別中的實作。然而，一個好的測試應該獨立於實作，它應該按照被測試的 API 來編寫，而不是在按照實作的結構來編寫。

如果真正的實作存在錯誤，使用真正的實作可能會導致測試失敗。這很好！你會希望你的測試在這種情況下失敗，因為它指出你的程式碼在生產環境中無法正常工作。有時，真正實作中的錯誤可能會導致一連串的測試失敗，因為使用真正實作的其他測試也可能失敗。但是有了好的開發者工具，比如持續整合（CI）系統，通常很容易追蹤到導致失敗的變更。

案例研究：@DoNotMock

在 Google，我們已經看到夠多過度依賴 mocking 框架的測試，這促使我們在 Java 中創建了 @DoNotMock 註釋（annotation），做為 ErrorProne（*https://github.com/google/error-prone*）靜態分析工具的一部分。此註釋是 API 擁有者聲明「此類型不應被 mocked，因為還有其他選擇」的一種方式。

如果工程師試圖使用 mocking 框架來建立已註釋為 @DoNotMock 之類別或界面的實例，如範例 13-10 所示，他們會看到一個錯誤，指示他們使用較合適的測試策略，比如一個真正的實作或一個 fake。此註釋最常用於那些簡單到可以按原樣使用的數值物件（value objects），以及那些具有精心設計之偽造品（fakes）的 API。

範例 13-10，@DoNotMock 註釋

```
@DoNotMock("Use SimpleQuery.create() instead of mocking.")
public abstract class Query {
  public abstract String getQueryValue();
}
```

為什麼 API 擁有者會關心這個問題呢？簡而言之，它嚴重限制了 API 擁有者隨著時間的推移對其實作進行修改的能力。正如我們將在本章後面所探討的那樣，每當一個 mocking 框架被用於 stubbing 或互動測試時，它都會重複 API 所提供的行為。

當 API 擁有者想要修改其 API 時，他們可能會發現，API 已經在整個 Google 的程式碼基底中被模擬（mocked）了數千次甚至數萬次！這些測試替身很可能會表現出違反被模擬類型（mocked type）之 API 契約（contract）的行為，例如，為一個絕不會傳回 null 的方法傳回 null。如果測試使用的是真正的實作或一個偽造品（fake），API 擁有者可以在不必先修正數千個有缺陷之測試的情況下，對其實作進行修改。

如何決定何時使用真正的實作

如果一個真正的實作速度快、具確定性，並具有簡單的依賴項，那麼它就是首選。例如，真正的實作應該用於數值物件（*https://oreil.ly/UZiXP*）。例子包括金額（amount of money）、日期（date）、地理位址（geographical address），或者群集類別（collection class）比如串列（list）或映射（map）。

然而，對於更複雜的程式碼，使用真正的實作往往是不可行的。由於需要權衡取捨，何時使用真正的實作或測試替身可能沒有關確切的答案，因此你需要考慮以下因素。

執行時間

單元測試最重要的品質之一是它們應該是快速的，而你希望能夠在開發過程中持續運行它們，以便你可以快速得到關於你的程式碼是否正常工作的反饋（並且你還希望它們在 CI 系統中運行時能夠快速完成）。因此，當真正的實作速度很慢時，測試替身可能非常有用。

對於一個單元測試來說，速度多慢才算太慢？如果一個真正的實作在每個測試案例（test case）的運行時間中增加了一毫秒，很少有人會將其歸類為太慢。但是，如果它增加了 10 毫秒、100 毫秒、1 秒…等等呢？

這裡沒有確切的答案。它可能取決於工程師是否感到工作效率下降，以及有多少測試使用真正的實作（如果有五個測試案例，每個測試案例多加一秒鐘可能是合理的，但如果有 500 個測試案例就不一樣了）。對於邊緣情況（borderline situations），使用真正的實作通常更簡單，直到它變得太慢，此時測試可以被更新為使用測試替身。

測試的平行化（parellelization）也有助於縮短執行時間。在 Google，我們的測試基礎結構（test infrastructure）使得在一個測試集（test suite）中拆分測試以便在多個伺服器上執行，變得微不足道。這增加了 CPU 時間的成本，但它可以節省大量開發人員的時間。我們在第 18 章中對此會進行更多的討論。

需要注意的另一個權衡是：使用真正的實作可能會導致建構時間增加，因為測試需要建構真正的實作及其所有的依賴項。使用高度可擴展的建構系統，像是 Bazel（*https://bazel.build*），可能會有所幫助，因為它會快取（caches）未變更的建構產出物。

確定性

如果對於受測系統的特定版本，運行測試總是產生相同的結果；也就是說，測試要嘛總是通過，要嘛總是失敗，則這個測試是確定的（deterministic）（*https://oreil.ly/brxJl*）。相對而言，如果測試的結果可以改變，即使受測試系統維持不變，則這個測試就是非確定的（nondeterministic）（*https://oreil.ly/5pG0f*）。

測試中的非確定性（nondeterminism）（*https://oreil.ly/71OFU*）可能會導致脆弱性（flakiness），即使受測系統沒有變化，測試偶爾也會失敗。正如第 11 章所討論的，如果開發人員開始不信任測試結果而忽略失敗，則脆弱性會損害測試集（test suite）的健

康。如果使用真正的實作很少會導致脆弱性，它可能不值得回應，因為對工程師的干擾很小。但是，如果脆弱性經常發生，也許是時候用測試替身來取代真正的實作了，因為這樣做將提高測試的保真度（fidelity）。

與測試替身相比，真正的實作可能複雜得多，這增加了其不確定的可能性。例如，如果受測系統的輸出結果因執行緒（threads）執行的順序而異，則一個使用多執行緒（multithreading）的真正實作可能會偶爾導致測試失敗。

非確定性的一個常見的原因是程式碼並非封閉的（*https://oreil.ly/aes__*）；也就是說，它依賴於測試無法控制的外部服務。例如，如果伺服器過載或網頁內容發生變更，一個嘗試從 HTTP 伺服器讀取網頁內容的測試可能會失敗。取而代之的是，應該使用一個測試替身來防止測試依賴於外部伺服器。如果測試替身的使用不可行，另一種選擇是使用伺服器的封閉實例（hermetic instance），它的生命週期由測試控制。下一章將更詳細地討論封閉的實例。

非確定性的另一個例子是依賴於系統時鐘（system clock）的程式碼，因為受測系統的輸出可能因當前時間而異。與其依賴於系統時鐘，測試可以使用指定了特定時間的測試替身。

依賴關係的建構

使用真正的實作時，你需要建構它所有的依賴關係。例如，一個物件需要建構它的整個依賴關係樹（dependency tree）：它依賴的所有物件、這些受依賴物件（dependent objects）所依賴的所有物件…等等。測試替身通常沒有依賴關係，因此建構測試替身比建構真正的實作要簡單得多。

舉一個極端的例子，假設我們在一個測試中試圖建構如下的程式碼片段。要確定如何建立每個物件將非常耗時。測試也將需要不斷的維護，因為當這些物件之建構器（constructors）的特徵（signature）被修改時，我們需要更新這些測試：

```
Foo foo = new Foo(new A(new B(new C()), new D()), new E(), ..., new Z());
```

測試替身的使用可能很吸引人，因為測試替身的建構是很簡單的。例如，使用名為 Mockito 的 mocking 框架構時，這就是建構測試替身所需的全部：

```
@Mock Foo mockFoo;
```

雖然這個測試替身的建立要簡單得多，但使用真正的實作具有顯著的好處，正如本節前面所討論的。以這種方式過度使用測試替身往往也有顯著的缺點，我們在本章的後面會介紹。因此，在考慮是使用真正的實作還是測試替身時，需要進行權衡。

理想的解決方案不是在測試中手動建構物件，而是使用生產程式碼中同樣的物件建構程式碼（object construction code），例如工廠方法（factory method）或自動化依賴項注入（automated dependency injection）。為了支援測試的用例（use case），物件建構程式碼需要有足夠的靈活性，以便能夠使用測試替身，而不是對「將用於生產環境的實作」把程式碼寫死。

使用 fake 技術

如果在測試中使用真正的實作不可行，則最佳的選擇往往是在測試中使用 fake（假造）技術來代替它。fake 技術比其他的測試替身技術更受歡迎，因為它的行為與真的實作類似：受測系統甚至不能分辨出它是在與真的實作還是假的進行互動。範例 13-11 所示為一個假造的檔案系統。

範例 *13-11*，一個假造的檔案系統

```
// 這個假造的檔案系統實作了 FileSystem 介面。此介面也
// 用於真的實作。
public class FakeFileSystem implements FileSystem {
    // 儲存檔案名稱對檔案內容的映射。這些檔案儲存在記憶體中，
    // 而不是磁碟上，因此測試應該不需要進行磁碟的輸入／輸出。
    private Map<String, String> files = new HashMap<>();
    @Override
    public void writeFile(String fileName, String contents) {
        // 將檔案名稱和檔案內容加入映射。
        files.add(fileName, contents);
    }
    @Override
    public String readFile(String fileName) {
        String contents = files.get(fileName);
        // 如果檔案沒有被找到，真的實作將會拋出這個例外，
        // 所以假造的檔案系統也必須拋出它。
        if (contents == null) { throw new FileNotFoundException(fileName); }
        return contents;
    }
}
```

為什麼 fake 技術很重要？

fake 技術是一個強大的測試工具：它們的執行迅速很快，允許你有效地測試你的程式碼，而沒有使用真正實作的缺點。

fake 技術具有從根本上改善 API 測試體驗的力量。如果你對各種的 APIs 進行了大量的假造，它應該大大地提高整個軟體組織的工程速度。

光譜的另一端，在很少使用 fake 技術的軟體組織中，速度會比較慢，因為工程師最終會在使用「導致測試緩慢和不穩定測試的真正實作」時，陷入困境。或者，工程師可能會採用其他的測試替身技術，比如 stubbing 或互動測試，正如我們將在本章後面討論的那樣，這些技術可能會導致測試不清晰、脆弱且效率低。

什麼時候應該建立假實作？

建立假實作（即使用 fake 技術）需要更多的努力和更多的領域經驗，因為它需要表現出類似於真正實作的行為。假實作還需要維護：每當真正實作的行為發生變化時，假實作也必須被更新以符合此行為。因此，擁有真正實作的團隊應該編寫並維護假實作。

如果一個團隊正在考慮編寫假實作，則需要權衡使用假實作所帶來的工作效率提高是否超過編寫和維護假實作的成本。如果只有少數用戶，可能不值得花時間，而如果有數百名用戶，則可以明顯提高工作效率。

為了減少需要維護的假實作數量，通常只應該在無法於測試中使用之「程式碼的根部」（root of the code）建立假實作。例如，如果一個資料庫不能用於測試，則資料庫 API 本身應該存在假實作，而不是調用資料庫 API 的每個類別。

如果需要在不同的程式語言中重複一個假造服務的實作，例如，如果一個服務具有允許從不同語言來調用服務的用戶端程式庫，則維護假造的服務可能會很麻煩。此情況的一種解決方案是建立單一的假造服務實作，並讓測試設定用戶端程式庫的組態，以將請求發送到這個假造的服務。與將假造的服務完全寫在記憶體中相比，這種做法更為繁重，因為它需要測試跨行程進行通訊。但是，只要測試仍能快速執行，就可以進行合理的權衡。

假實作的保真度

也許圍繞著假實作的最重要概念是「保真度」（fidelity）：換句話說，假實作的行為與真正實作的行為有多密切。如果假實作的行為與真正實作的行為不符，那麼使用假實作的測試是沒有用的。因為當使用該假實作時，測試可能會通過，但同樣的程式碼路徑（code path）在真正實作中可能無法正常工作。

完美的保真度並不總是可行的。畢竟，假實作是必要的，因為真正實作在某種程度上並不適合。例如，就硬碟儲存而言，假造的資料庫通常不會與真正的資料庫一致，因為假造的資料庫會將所有內容儲存在記憶體中。

然而，首要的是，假實作應該保持與真正實作之 API 契約（contracts）的一致性。對於 API 的任何輸入，假實作應該傳回相同的輸出，而且所進行的狀態改變如同相應的真正實作。例如，對於 `database.save(itemId)` 的真正實作，如果某個項目在其 ID（識別碼）不存在時成功保存，但在 ID 已存在時產生錯誤，那麼假實作必須符合相同的行為。

這個問題的一種思考方法是，假實作對真正實作必須具有完美的保真度，但僅是從測試的角度來看。例如，假造的 hashing API 不需要保證一個輸入的雜湊值（hash value）與真正實作所產生的雜湊值完全相同——測試可能不關心特定的雜湊值，僅保證雜湊值對於所給定的輸入來說是獨一無二的。如果 hashing API 的契約沒有保證將傳回哪些特定的雜湊值，那麼即使假造的 hashing API 沒有完全符合真正的實作，它仍然符合契約。

完美的保真度（perfect fidelity）通常對假實作沒有用處的其他例子包括延遲（latency）和資源消耗（resource consumption）。但是，如果你需要明確地測試這些限制（例如，驗證函式調用延遲的性能測試），則不能使用假實作，因此你需要使用其他機制，例如使用真正的實作而不是假實作。

假實作可能不需要擁有其相應之真正實作 100% 的功能，特別是如果大多數測試（例如，罕見邊緣案例〔edge cases〕的錯誤處理程式碼）不需要此類行為。在這種情況下，最好讓假實作快速失敗；例如，如果執行了不被支援的程式碼路徑，則會引發錯誤。此一失敗告訴工程師，在這種情況下，假實作是不合適的。

假實作應該經過測試

假實作必須有自己的測試，以確保它符合相應之真正實作的 API。一個沒有測試的假實作最初可能會提供逼真的行為，但是如果沒有測試，隨著時間的推移，此行為可能會隨著真正實作的發展而發生變化。

為假實作編寫測試的一種方法是針對 API 的公用介面編寫測試，並針對真正實作和假實作運行這些測試（這些測試稱為契約測試（*https://oreil.ly/yuVlX*））。針對真正實作的測試可能會比較慢，但是它們被最小化了，因為它們只需要由假實作的擁有者來運行。

如果沒有假實作可用怎麼辦？

如果沒有假實作可用，請首先要求 API 的擁有者建立一個。擁有者可能不熟悉假實作的概念，或者他們可能沒有意識到「假實作」為 API 用戶提供的好處。

如果一個 API 的擁有者不願意或無法建立假實作，你也許可以自己寫一個。一種方法是將「對 API 的所有調用」都封裝到單一類別中，然後建立一個不與 API 通信的類別（此為假實作）。這樣做也比為整個 API 建立一個假實作簡單得多，因為你通常只需要使用 API 行為的一個子集。在 Google，一些團隊甚至將他們的假實作貢獻給 API 的擁有者，這讓其他團隊可以從假實作中獲益。

最後，你可以決定使用真正的實作（並處理本章前面提到之真正實作的權衡），或者採用其他測試替身技術（並處理本章稍後將提及的權衡）。

在某些情況下，你可以把假實作想成是一種優化：如果使用真正實作的測試速度太慢，你可以建立一個假實作，使其運行得更快。但是，如果假實作提高速度的好處沒有超過建立和維護假實作的工作量，最好堅持使用真正的實作。

stubbing

正如本章前面所討論的，stubbing 是一種測試方法，用於直接寫出函式的行為，否則函式本身就沒有行為。它通常是一個在測試中替換真正實作之快速和簡單的方法。例如，範例 13-12 中的程式碼使用 stubbing 來模擬信用卡伺服器（credit card server）的回應。

範例 13-12，使用 *stubbing* 來模擬回應

```
@Test public void getTransactionCount() {
  transactionCounter = new TransactionCounter(mockCreditCardServer);
  // 使用 stubbing 來傳回三筆交易。
  when(mockCreditCardServer.getTransactions()).thenReturn(
      newList(TRANSACTION_1, TRANSACTION_2, TRANSACTION_3));
  assertThat(transactionCounter.getTransactionCount()).isEqualTo(3);
}
```

過度使用 stubbing 的危險

因為 stubbing 在測試中很容易應用，所以在不容易使用真正實作的情況下，使用這種技術是很誘人的。然而，過度使用 stubbing 可能會給需要維護這些測試的工程師帶來工作效率的重大損失。

測試變得不清楚

stubbing 涉及編寫額外的程式碼來定義「被 stubbing 化」（stubbed）之函式的行為。額外的程式碼會影響測試的意圖，如果你不熟悉受測系統的實作，這些程式碼可能難以理解。

stubbing 不適合測試的一個關鍵跡象是，如果你發現自己在精神上逐步通過受測系統，以便瞭解為什麼測試中的某些函式「被 stubbing 化」（stubbed）。

測試變得脆弱

stubbing 會將程式碼的實作細節洩漏到測試中。當生產程式碼中的實作細節發生變化時，你需要更新測試以反映這些變化。理想情況下，一個好的測試應該只在 API 面向用戶的行為（user-facing behavior）發生變化時才需要改變；它應該不受 API 之實作的變更所影響。

測試變得不那麼有效

使用 stubbing，無法確保「被 stubbing 化」（stubbed）的函式表現得像真正的實作一樣，比如下面這段陳述裡，可以看到 add() 方法之契約（contract）被寫死的部分（如果 1 和 2 被傳入，則 3 將被傳回）：

```
when(stubCalculator.add(1, 2)).thenReturn(3);
```

如果受測系統依賴於真正實作的契約，則 stubbing 是一個糟糕的選擇，因為你將被迫複製契約的細節，並且無法保證契約的正確性（即，「被 stubbing 化」（stubbed）的函式對真正的實作具有保真性）。

此外，在使用 stubbing 的情況下，沒有辦法儲存狀態，這可能使得你的程式碼的某些方面難以測試。例如，如果你在一個真正的實作或假實作上調用 database.save(item)，那麼你可能會透過調用 database.get(item.id()) 來檢索資料項，因為這兩個調用都是在存取內部狀態，但是使用 stubbing 的情況下，沒有辦法這樣做。

過度使用 stubbing 的例子

範例 13-13 可以看到一個過度使用 stubbing 的測試。

範例 13-13，過度使用 stubbing

```
@Test public void creditCardIsCharged() {
    // 傳入 mocking 框架所建立的測試替身
    paymentProcessor =
        new PaymentProcessor(mockCreditCardServer, mockTransactionProcessor);
    // 為這些測試替身設置 stubbing。
    when(mockCreditCardServer.isServerAvailable()).thenReturn(true);
    when(mockTransactionProcessor.beginTransaction()).thenReturn(transaction);
    when(mockCreditCardServer.initTransaction(transaction)).thenReturn(true);
    when(mockCreditCardServer.pay(transaction, creditCard, 500))
        .thenReturn(false);
```

```
when(mockTransactionProcessor.endTransaction()).thenReturn(true);
// 調用受測系統。
paymentProcessor.processPayment(creditCard, Money.dollars(500));
// 沒有辦法知道 pay() 方法是否真的執行了交易
// ，所以測試唯一能做的事就是驗證 pay() 方法
// 是否被調用。
verify(mockCreditCardServer).pay(transaction, creditCard, 500);
}
```

範例 13-14 重寫了相同的測試，但避免使用 stubbing。請注意這個測試較短，並且實作細節（例如交易處理器〔transaction processor〕的使用方式）未暴露在測試中。不需要特別的設置，因為信用卡伺服器知道該如何行動。

範例 13-14，重構測試以避免 *stubbing*

```
@Test public void creditCardIsCharged() {
    paymentProcessor =
        new PaymentProcessor(creditCardServer, transactionProcessor);
    // 調用受測系統。
    paymentProcessor.processPayment(creditCard, Money.dollars(500));
    // 查詢信用卡伺服器的狀態，看看付款是否通過。
    assertThat(creditCardServer.getMostRecentCharge(creditCard))
        .isEqualTo(500);
}
```

我們顯然不希望這樣的測試與外部的信用卡伺服器交談，所以一個假信用卡伺服器將更合適。如果沒有假的可用，另一種選擇是使用一個能夠與封閉式信用卡伺服器（hermetic credit card server）交談的真正實作，儘管這增加測試的執行時間。（下一章，我們將會探索封閉式伺服器。）

何時適合使用 stubbing？

當你需要一個函式傳回特定的值，以使受測系統進入某種狀態，比如範例 13-1 要求受測系統傳回非空的交易清單（non-empty list of transactions），適合使用 stubbing，但 stubbing 並不能全面替代真正的實作。由於函式的行為是在測試中以單列來定義的，所以 stubbing 可以模擬各種的傳回值或錯誤，而這些傳回值或錯誤可能無法從真正的實作或假實作來觸發。

為了確保其目的明確，「被 stubbing 化」（stubbed）的函式應該與測試的斷言（assertions）直接相關。因此，一個測試通常應該只對少量函式使用 stubbing，因為對許多函式使用 stubbing 會導致測試不夠清晰。一個需要對許多函式使用 stubbing 的測試，可能是過度使用 stubbing 的跡象，或者受測系統過於複雜，應該被重構。

請注意，即使 stubbing 是適當的，真正的實作或假實作仍然是首選，因為它們不會暴露實作細節，並且與 stubbing 相比，它們可以為程式碼的正確性提供更多的保證。但 stubbing 是一種合理的技術，只要它的使用受到限制，這樣測試就不會變得過於複雜。

互動測試

正如本章前面所討論的，互動測試是驗證函式如何被調用的方法，而無須實際調用函式的實作。

mocking 框架讓互動測試的執行變得容易。然而，為了維持測的有用性、可讀性和對變化的彈性，僅在必要時執行互動測試是非常重要的。

狀態測試優選於互動測試

相較於互動測試，最好透過狀態測試（*https://oreil.ly/k3hSR*）來測試程式碼。

透過狀態測試，你調用受測系統並驗證是否傳回了正確的值或受測系統中的某些其他狀態是否已正確變更了。範例 13-15 可以看到一個狀態測試的例子。

範例 *13-15，狀態測試*

```
@Test public void sortNumbers() {
  NumberSorter numberSorter = new NumberSorter(quicksort, bubbleSort);
  // 調用受測系統。
  List sortedList = numberSorter.sortNumbers(newList(3, 1, 2));
  // 驗證傳回的串列是否已排序。使用哪種排序演算法
  // 並不重要，只要傳回正確的結果即可。
  assertThat(sortedList).isEqualTo(newList(1, 2, 3));
}
```

範例 13-16 可以看到一個類似的測試場景，但使用的是互動測試。請注意，此測試無法確定數字實際上是否已排序，因為測試替身不知道如何排序數字。它只能告訴你，受測系統試圖對數字進行排序。

範例 *13-16，互動測試*

```
@Test public void sortNumbers_quicksortIsUsed() {
  // 傳入 mocking 框架所建立的測試替身。
  NumberSorter numberSorter =
      new NumberSorter(mockQuicksort, mockBubbleSort);

  // 調用受測系統。
  numberSorter.sortNumbers(newList(3, 1, 2));
```

```
// 驗證使用快速排序的 numberSorter.sortNumbers()。如果
// mockQuicksort.sort() 從未被調用（例如，如果使用了
// mockBubbleSort 或者調用時使用了錯誤的引數，則測試
// 將會失敗。
verify(mockQuicksort).sort(newList(3, 1, 2));
}
```

在 Google，我們發現強調狀態測試更具可擴展性；它減少了測試的脆弱性，使得隨著時間的推移更容易更改和維護程式碼。

互動測試的主要問題是，它不能告訴你受測系統是否運作正常；它只能驗證是否按預期調用了某些函式；例如，「如果 *database.save(item)* 被調用，我們會假定 *item* 資料項將被保存到 *database* 資料庫。」狀態測試之所以是首選，因為它實際上驗證了此假設（例如，透過將一筆資料項保存到資料庫，然後查詢資料庫以驗證該資料項是否存在）。

互動測試的另一個缺點是，它利用了受測系統的實作細節。為了驗證一個函數被調用，你向測試公開了受測系統調用了這個函式。與 stubbing 類似，這個額外的程式碼會使測試變得脆弱，因為它會將生產程式碼的實作細節洩漏到測試中。Google 的一些人開玩笑地將過度使用互動測試（overuse interaction tests）稱為變更探測器測試（change-detector tests）（*https://oreil.ly/zkMDu*），因為它們無法回應生產程式碼的任何變更，即使受測系統的行為保持不變。

互動測試何時合適？

在某些情況下，需要進行互動測試：

- 你無法進行狀態測試，因為你無法使用真正的實作或假實作（例如，如果真正的實作速度太慢，而且不存在假實作）。退而求其次，你可以進行互動測試，以驗證某些函式是否被調用。雖然不理想，但這確實提供了一些基本的信心，即受測系統有按預期工作。
- 函式調用次數或順序的差異會導致不希望的行為。互動測試很有用，因為透過狀態測試來驗證這種行為可能很困難。例如，如果你期望快取功能（caching feature）減少對資料庫的調用次數，則可以驗證資料庫物件的存取次數是否超出預期。使用 Mockito，程式碼可能看起來與此類似：

  ```
  verify(databaseReader, atMostOnce()).selectRecords();
  ```

互動測試不能完全替代狀態測試。如果你無法在單元測試中進行狀態測試，請極力考慮以更大範圍的測試（用於進行狀態測試）來補充你的測試集（test suite）。例如，如果你

有一個透過互動測試來驗證資料庫使用情況的單元測試,那麼可以考慮添加一個整合測試,該測試可以針對真正的資料庫進行狀態測試。較大範圍的測試是降低風險的一個重要策略,我們將在下一章對此進行討論。

互動測試的最佳做法

在進行互動測試時,遵循這些做法可以減少上述缺點的一些影響。

只對狀態改變的函式進行互動測試

當受測試系統調用依賴關係上的一個函式時,該調用屬於以下兩類之一:

狀態改變(*state-changing*)

> 對受測系統以外之世界有副作用的函式。例如:sendEmail()、saveRecord、logAccess()。

非狀態改變(*non-state-changing*)

> 沒有副作用的函式;它們會傳回受測系統以外之世界的資訊,但是不修改任何內容。例如: getUser()、findResults()、readFile()。

一般來說,你應該只對狀態改變函式(state-changing functions)進行互動測試。對非狀態改變函式進行互動測試通常是多餘的,因為受測系統將使用該函式傳回的值進行你可以斷言(assert)的其他工作。互動本身並不是正確性的重要細節,因為它沒有副作用。

對非狀態改變函式(non-state-changing function)進行互動測試會使你的測試變得脆弱,因為你需要在互動模式(pattern of interactions)發生變化時時更新測試。這也會降低測試的可讀性,因為額外的斷言會使其更難確定哪些斷言對於確保程式碼的正確性是很重要的。相比之下,對狀態改變函式進行互動,表示你的程式碼正在做一些有用的事情來改變其他地方的狀態。

範例 13-17 可以看到對狀態改變和非狀態改變函式進行的互動測試。

範例 *13-17*,狀態改變和非狀態改變互動

```
@Test public void grantUserPermission() {
  UserAuthorizer userAuthorizer =
      new UserAuthorizer(mockUserService, mockPermissionDatabase);
  when(mockPermissionService.getPermission(FAKE_USER)).thenReturn(EMPTY);

  // 調用受測系統。
  userAuthorizer.grantPermission(USER_ACCESS);
```

```
// addPermission() 是狀態改變函式，所以進行互動測試
// 來驗證它被調用是否合理。
verify(mockPermissionDatabase).addPermission(FAKE_USER, USER_ACCESS);

// getPermission() 是非狀態改變函式，因此不需要這列程式碼。
// 可能不需要互動測試的一個線索：
// getPermission() 在此測試中早已被 stubbing 化。
verify(mockPermissionDatabase).getPermission(FAKE_USER);
}
```

避免過度指定

在第 12 章中，我們討論了為什麼測試行為而不測試方法是有用的。這意味著一個測試方法應專注於驗證一個方法或類別的一個行為，而非嘗試在單一測試中驗證多個行為。

進行互動測試時，我們應該透過避免過度指定驗證哪些函式和引數，來應用相同的原則。這會導致測試更加清晰和簡潔。它還會導致測試對每個測試範圍之外的行為所做的變更具彈性，因此如果對調用函式的方式進行變更，那麼失敗的測試將更少。

範例 13-18 所示為過度指定的互動測試。測試的目的是驗證用戶的名字是否包含在問候語提示（greeting prompt）中，但如果變更了不相關的行為，測試將失敗。

範例 *13-18*，過度指定的互動測試

```
@Test public void displayGreeting_renderUserName() {
  when(mockUserService.getUserName()).thenReturn("Fake User");
  userGreeter.displayGreeting(); // 調用受測系統。

  // 如果 setText() 的任何引數發生變更，則測試將失敗。
  verify(userPrompt).setText("Fake User", "Good morning!", "Version 2.1");

  // 如果未調用 setIcon()，則測試將失敗，即使
  // 此行為是測試的附帶行為，因為它與驗證用戶
  // 名稱無關。
  verify(userPrompt).setIcon(IMAGE_SUNSHINE);
}
```

範例 13-19 所示為在指定相關引數和函式時更加小心的互動測試。被測試的行為，被分為單獨的測試，每個測試都驗證了確保它所測試的行為是正確的，所需的最小數量。

範例 *13-19*，明確指定的互動測試

```
@Test public void displayGreeting_renderUserName() {
  when(mockUserService.getUserName()).thenReturn("Fake User");
  userGreeter.displayGreeting(); // 調用受測系統。
```

```
    verify(userPrompter).setText(eq("Fake User"), any(), any());
  }
  @Test public void displayGreeting_timeIsMorning_useMorningSettings() {
    setTimeOfDay(TIME_MORNING);
    userGreeter.displayGreeting(); // 調用受測系統。
    verify(userPrompt).setText(any(), eq("Good morning!"), any());
    verify(userPrompt).setIcon(IMAGE_SUNSHINE);
  }
```

結語

我們已經了解到，測試替身（test double）對於工程速度至關重要，因為它們可以協助全面地測試你的程式碼，並確保你的測試快速運行。另一方面，濫用它們可能會嚴重降低工作效率，因為它們會導致測試不明確、脆弱且效率低下。就是為什麼工程師了解如何有效應用測試替身的最佳做法很重要的原因。

關於是使用真正的實作還是測試替身，或者使用哪種測試替身技術，通常沒有確切的答案。工程師在決定其用例的適當方法時，可能需要做出一些權衡。

儘管測試替身非常適合解決難以在測試中使用的依賴項，但如果你想最大程度地提高對程式碼的信心，在某些時候你仍然希望在測試中使用這些依賴項。下一章將介紹更大範圍的測試，無論它們是否適合單元測試，都會使用這些依賴項；例如，即使它們很慢或者是非確定的。

摘要

- 真正的實作應該比測試替身更受歡迎。
- 如果不能在測試中使用真正的實作，則假實作通常是理想的解決方案。
- 過度使用 stubbing 會導致測試的不明確和脆弱。
- 應盡可能避免互動測試：它會導致脆弱的測試，因為它暴露了受測系統的實作細節。

## 第十四章

較大型的測試

作者：Joseph Graves（約瑟夫‧格雷夫斯）

編輯：Tom Manshreck（湯姆‧曼斯瑞克）

在前幾章中，我們已經講述了測試文化是如何在 Google 建立起來的，以及小型的單元測試是如何成為開發人員工作流程之基本部分的。但是其他類型的測試呢？事實證明，Google 確實使用了許多大型的測試，這些測試構成了健康的軟體工程所需之風險緩解策略（risk mitigation strategy）的重要組成部分。但這些測試為確保它們是有價值的資產，而不是只會耗用資源，帶來了額外的挑戰。在本章中，我們將討論我們所說的「較大型的測試」（larger tests）是什麼意思，何時執行它們，以及維持其有效性的最佳做法。

什麼是較大型的測試？

如前所述，Google 對測試規模（test size）有特定的概念。小型測試僅限於一個執行緒（thread）、一個行程（process）、一台機器（machine）。較大型的測試沒有相同的限制。但 Google 也有測試範圍（test scope）的概念。單元測試（unit test）的範圍必然小於整合測試（integration test）。範圍最大的測試（有時稱為端到端或系統測試）通常涉及幾個實際的依賴項和較少的測試替身。

較大型的測試有許多是小型測試所不具備的。它們所受的限制並不相同；因此，它們可以表現出以下特徵：

- 它們可能很慢。我們的大型測試預設的逾時時間（default timeout）為 15 分鐘或 1 小時，但我們也有運行數小時甚至數天的測試。

- 它們可能是非封閉的（nonhermetic）。大型測試可能與其他測試和流量共享資源。
- 它們可能是非確定性的。如果一個大型測試是非封閉的，幾乎不可能保證確定性：其他測試或用戶狀態可能會干擾它。

那麼，為什麼要進行較大型的測試呢？回想一下你的撰碼過程。如何確認你編寫的程式確實有效？你可能正在編寫和運行單元測試，但你是否發現自己正在運行實際的二進位檔並自己嘗試？當你與其他人分享此程式碼時，他們如何測試它？透過運行你的單元測試，還是透過自己嘗試？

此外，你如何知道你的程式碼在升級期間能繼續工作？假設你有一個使用 Google Maps API 的網站，並有一個新的 API 版本。你的單元測試可能無法幫助你瞭解是否存在任何相容性問題。你可能會運行它，並嘗試一下，看看是否有什麼問題。

單元測試可以讓你對單獨的函式、物件和模組有信心，但大型測試可以讓你對整個系統能夠按預期工作更有信心。並且實際的自動化測試（automated tests）係以手動測試（manual testing）無法實現的方式進行擴展。

保真度

較大型之測試存在的主要原因是為了解決「保真度」（fidelity）問題。保真度是測試反映「受測系統」（system under test 或簡寫為 SUT）真實行為的屬性。

設想保真度的一種方法是從環境的角度。如圖 14-1 所示，單元測試係將測試和程式碼的一小部分捆綁在一起，成為一個可運行的單元，這樣可以確保程式碼得到測試，但與生產環境上程式碼的運行方式截然不同。生產環境本身自然是測試中保真度最高的環境。還有一系列臨時選項。較大型測試的一個關鍵是找到合適的匹配，因為增加保真度也會增加成本，以及（就生產環境而言）增加失敗的風險。

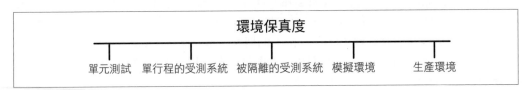

圖 14-1 增加保真度的規模

也可以根據測試內容對現實（reality）的忠實程度（how faithful）來衡量測試。如果測試數據本身看起來不切實際，許多手工製作的大型測試會被工程師拒絕。從生產環境（production environment）中複製的測試數據更忠於現實（以這種方式捕獲），但一個很大的挑戰是如何在啟動新程式碼之前建立真實的測試流量。這在人工智慧（AI）中尤

其是一個問題，因為「種子」（seed）數據經常受到內在偏見的影響。而且，由於大多數單元測試數據都是手工製作的，因此它涵蓋的案例範圍很窄，並且往往符合作者的偏見。數據所遺漏的未發現場景代表了測試中的保真度差距。

單元測試中的常見差距

如果較小型的測試失敗，可能需要進行較大型的測試。以下小節介紹了一些特殊的領域，在這些領域中，單元測試不能提供良好的風險緩解覆蓋率。

不忠實的替身

單元測試通常涵蓋一個類別或模組。測試替身（如第 13 章所述）經常被用來消除重量級或難以測試的依賴項。但是當這些依賴項被替換時，就可能出現替換的東西和被替換的東西不一致的情況。

在 Google，幾乎所有的單元測試都是由編寫受測單元（unit under test）的同一個工程師所編寫。當這些單元測試需要測試替身，而且所使用的替身是 mock，則由編寫單元測試的工程師來定義 mock 及其預期行為。但該工程師通常不會編寫被 mock 的東西，而且會被錯誤地告知它的實際行為。受測單元（unit under test）與特定同儕（given peer）之間的關係是一種行為契約（behavioral contract），如果工程師誤解了實際行為，則對契約的理解就是無效的。

此外，mock 會變得過時。如果這個基於 mock 的單元測試，對於真正實作的作者來說是不可見的，而真正的實作發生了變化，那麼就沒有信號表明這個測試（以及受測試的程式碼）應該被更新以跟上變化。

請注意，如第 13 章所述，如果團隊為自己的服務提供假實作，這種擔憂大多會緩解。

組態問題

單元測試涵蓋特定之二進位檔中的程式碼。但是，就執行方式而言，二進位檔通常並不完全是自給自足的（self-sufficient）。通常，二進位檔具有某種部署組態（deployment configuration）或啟動命令稿（starter script）。此外，實際為終端用戶服務的（end-user-serving）產生環境實例（production instances）具有自己的組態檔或組態資料庫。

如果這些檔案有問題，或者這些儲存定義的狀態與相關二進位檔案之間的相容性有問題，則可能導致重大的用戶問題。僅靠單元測試無法驗證這種相容性。[1] 順便說一下，

1　進一步的資訊，請參閱第 471 頁和第 24 章的〈持續交付〉。

這是一個很好的理由，確保你的組態和的程式碼一樣處於版本控制之中，因為這樣，組態的變化可以被識別為錯誤的來源，而不是引入隨機的外部的脆弱性，並且可以內建到大型測試中。

在 Google，組態變更（configuration changes）是導致我們大規模運行中斷（major outage）的首要原因。這是一個我們表現不佳的領域，並導致了一些最令人尷尬的錯誤。例如，2013 年，由於一個從未測試過的不良網路組態推送（bad network configuration push），Google 發生了一次全球性運行中斷。組態往往是用組態語言（configuration language）編寫的，而不是使用生產程式碼語言（production code languages）。它們的生產推出週期（production rollout cycles）往往也比二進位檔快，而且測試起來也比較困難。所有這些都導致了更高的失敗可能性。但至少在這種情況下（以及其他情況下），組態是受版本控制的，我們可以快速找出罪魁禍首，並緩解問題。

負荷下產生的問題

在 Google，單元測試的目標是小而快，因為它們需要適合我們的標準測試執行基礎架構（standard test execution infrastructure），也可以做為無摩擦的開發人員工作流程（frictionless developer workflow）的一部分多次運行。但性能、負荷和壓力測試往往需要向一個特定的二進位檔發送大量流量。這些流量在典型的單元測試模型中變得難以測試。我們的大流量是巨大的，往往是每秒數千或數百萬次的查詢（例如，線上廣告的即時競價（*https://oreil.ly/brV5-*））！

意想不到的行為、輸入和副作用

單元測試受限於編寫它們之工程師的想像力。也就是說，它們只能測試預期的行為和輸入。然而，用戶在產品中發現的問題大多是未預料到的（否則，他們不太可能在有問題時將其提供給終端用戶）。這一事實表明，需要不同的測試技術來測試意想不到的行為。

海勒姆法則（*http://hyrumslaw.com*）是此處的一個重要考慮因素：即使我們可以 100% 地測試是否符合嚴格規定的契約，有效的用戶契約（user contract）適用於所有可見的行為，而不僅僅是一個聲明的契約。單元測試不太可能單獨測試未在公用 API 中指定的所有可見行為。

突發行為與「真空效應」

單元測試僅限於其覆蓋的範圍（特別是在廣泛使用測試替身的情況下），所以如果行為在此範圍以外的區域的發生變化，就無法被偵測到。而且，由於單元測試的目標是快速可靠，所以它們故意消除了實際的依賴關係、 網路和資料的混亂。單元測試就像理論物理學中的一個問題：在真空中，有極好的隔絕作用，不被現實世界的混亂所影響，這對速度和可靠性來說是非常好的，但忽略了某些缺陷分類（defect categories）。

為什麼不進行較大型的測試？

在前幾章中，我們討論了對開發人員友善之測試的許多特性。特別是，它需要是：

可靠的

　　它不能是脆弱的，而且必須提供有用的通過／失敗（pass/fail）信號。

快速的

　　它需要夠快，不會中斷開發人員的工作流程。

可擴展的

　　Google 需要能夠為提交前（presubmits）和提交後（post-submits）有效地運行所有這些有用之受影響的測試。

良好的單元測試展現了所有這些特性。較大型的測試通常違反所有這些限制。例如，較大型的測試通常較脆弱，因為它們比小型的單元測試使用了更多的基礎架構。它們的設置和運行速度通常也慢得多。由於資源和時間要求，它們很難擴展，但往往也因為它們不是孤立的——這些測試可能相互衝突。

此外，較大型的測試還面臨另外兩個挑戰。首先，擁有權存在挑戰。單元測試顯然歸擁有該單元的工程師（和團隊）所有。較大型的測試跨越多個單元，因此可以跨越多個擁有者。這帶來了一個長期的擁有權挑戰：誰負責維護測試，誰負責在測試失敗時診斷問題？沒有明確的擁有權，測試就會失效。

較大型測試的第二個挑戰是標準化（或缺乏標準化）。與單元測試不同，較大型的測試在編寫、運行和除錯的基礎架構和流程方面缺乏標準化。進行較大型測試的做法是系統之架構決策的產物，因此在所需的測試類型上導入了差異。例如，我們在 Google Ads（關鍵字廣告）中建構和運行 A-B 差異回歸測試（diff regression tests）的方式與在 Search（搜尋）後端建構和運行此類測試的方式完全不同，後者與 Drive（雲端硬碟）又不同。它們使用不同的平臺、不同的語言、不同的基礎架構、不同的程式庫和相互競爭的測試框架。

這種缺乏標準化的情況有很大的影響。因為較大型的測試有很多的運行方式，所以在大規模的變更中，它們經常被跳過。（見第 22 章。）基礎架構沒有一個標準的方式來運行這些測試，要求執行 LSC 的人瞭解每個團隊之測試的本地細節是不可能的。因為較大型的測試在各個團隊之間的實作是不同的，實際測試這些團隊之間整合的測試，需要統一不相容的基礎架構。而且因為缺乏標準化，我們無法向 Nooglers（谷歌新進人員）或甚至更有經驗的工程師傳授單一做法，這兩者都會讓情況持續下去，也會導致人們對這種測試的動機缺乏了解。

Google 的較大型測試

當我們之前在討論 Google 之測試的歷史時（見第 11 章），我們提到了 Google Web Server（GWS）如何在 2003 年強制執行自動化測試，以及這是一個分水嶺。然而，在這之前，我們實際上已經使用了自動化測試，但一個常見的做法是使用自動化的大型測試。例如，AdWords 早在 2001 年就建立了端到端測試（end-to-end test）來驗證生產環境場景。同樣的，在 2002 年，Search 為其索引程式碼（indexing code）編寫了類似的「回歸測試」（regression test），AdSense（甚至尚未公開發佈）在 AdWords 測試中建立了它的變體。

其他「較大型的」測試模式也存在於 2002 年左右。Google search 的前端很大程度上依賴「手動品質保證」（manual QA），即端到端測試場景的手動版本。Gmail 得到了它的「本地示範」環境（"local demo" environment）的版本——這是一個命令稿，它會在本地建立一個端到端的 Gmail 環境，其中包含一些生成的測試用戶（generated test users）和用於本地手動測試（local manual testing）的郵件資料（mail data）。

當 C/J Build（我們的第一個持續建構框架）推出時，它並沒有區分單元測試和其他測試，但有兩個關鍵發展導致了分裂。首先，Google 專注於單元測試，因為我們想鼓勵測試金字塔（testing pyramid），並確保所編寫的測試絕大多數是單元測試。其次，當 TAP 取代 C/J Build 做為我們的正式持續建構系統時，它只能為符合 TAP 資格要求的測試進行此操作：一次變更即可建構的封閉測試（hermetic tests）可以在最長時間限制內，在我們的建構／測試叢集（build/test cluster）上運行。儘管大多數單元測試都滿足了這一要求，但較大型的測試大多不滿足。然而，這並沒有停止對其他測試類型的要求，它們一直在填補覆蓋率的空白。C/J Build 甚至多年來一直專門處理這類型的測試，直到較新的系統取代它。

較大型的測試和時間

在本書中，我們研究了時間對軟體工程的影響，因為 Google 建構的軟體已經運行了 20 多年。較大型的測試如何受時間維度的影響？我們知道，程式碼的預期壽命越長，某些活動就越有意義，各種形式的測試在各種層面都是有意義的活動，但是適當的測試類型會在預期的程式碼壽命內發生變化。

正如我們之前指出的，單元測試對於預期壽命在幾個小時以上的軟體是有意義的。在分鐘級別（對於小型的命令稿），手動測試（manual testing）是最常見的，通常在本地運行，但本地示範（local demo）可能是生產環境（production），特別是對於一次性命令稿（scripts）、示範（demos）或試驗（experiments）。在壽命較長的情況下，手動測試仍然存在，但 SUT 通常是分歧的，因為生產環境實例（production instance）通常是雲端託管的（cloud hosted），而不是本地託管的（locally hosted）。

其餘較大型的測試都為壽命較長的軟體提供了價值，但主要關注的是，隨著時間的增加，這些測試的可維護性。

順便提一下，這種時間上的影響可能是開發之「冰淇淋甜筒」（ice cream cone）測試反模式（testing antipattern）的原因之一，如第 11 章所述，並於圖 14-2 中再次顯示。

圖 14-2　冰淇淋甜筒測試反模式

當開發工作從手動測試開始時（工程師認為程式碼只能持續幾分鐘），這些手動測試就會累積起來，並主導最初的整體測試組合（overall testing portfolio）。例如，撰寫一支命令稿（script）或應用程式（app）並透過運行它來測試它，然後繼續向它添加功能，但繼續透過手動運行來測試它，這是非常典型的做法。這個原型（prototype）最終變得實用，並與其他人共享，但實際上並不存在自動化測試。

更糟的是，如果程式碼難以進行單元測試（因為它最初實作的方式），那麼唯一可以編寫的自動化測試就是端到端的測試，而我們在幾天內就無意中建立了「陳年老碼」（legacy code）。

在開發工作的頭幾天，透過建立單元測試，向測試金字塔邁進，然後在這之後，透過導入自動化整合測試，擺脫手動的端到端測試，這對長期的健康發展至關重要。我們成功地將單元測試做為提交的一項要求，但覆蓋單元測試和手動測試之間的差距對於長期健康是必要的。

Google 規模的較大型測試

在軟體規模較大的情況下，較大型的測試似乎更有必要，也更合適。但即便如此，編寫、運行、維護和除措的複雜性也會隨著規模的成長而增加，甚至比單元測試更複雜。

在一個由微服務或單獨的伺服器組成的系統中，相互連接的模式看起來像一個圖形：讓該圖中的節點數成為我們的 N。每次在此圖中添加一個新節點時，都會對透過該圖的不同執行路徑（execution paths）數量產生乘數效應（multiplicative effect）。

圖 14-3 描繪了一個想像中的 SUT：這個系統包括一個有用戶的社交網絡、一個社交圖、一串貼文和一些摻入的廣告。廣告（ads）是由廣告商（advertisers）建立的，並在社交串流（social stream）的背景下提供服務。僅此 SUT 就由 2 組用戶、2 個用戶介面（Ui）、3 個資料庫、1 個索引流水線（indexing pipeline）和 6 個伺服器組成。圖中列舉了 14 個邊緣裝置。測試所有端到端的可能性已經很困難了。試想一下，如果我們添加更多的服務、流水線和資料庫到這個組合中：照片和圖像、機器學習照片分析…等等呢？

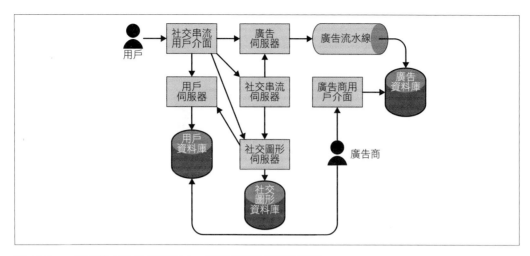

圖 14-3　一個相當小的 SUT 例子：一個具有廣告的社交網絡

根據受測系統的結構，以端到端方式測試之不同場景的比率可能會呈成指數級成長或組合式成長，並且這種成長不會擴展。因此，隨著系統的發展，我們必須找到其他較大的測試策略，以保持事情的可控性。

然而，這種測試的價值也會因為實現此一規模所需要的決策而增加。這是保真度（fidelity）的影響：當我們向更大的 N 層軟體邁進時，如果服務替身（service doubles）的保真度較低（1-epsilon），當把它全部放在一起時，出現錯誤的機會是 N 的指數。再看這個 SUT 的例子，如果我們用替身取代用戶伺服器和廣告伺服器，並且這些替身是低保真度的（例如，10% 的精確度），那麼出現錯誤的可能性是 99%（1–（0.1*0.1））。而這只是兩個低保真度的替身。

因此，在這種規模下，以良好的方式實作更大規模的測試變得至關重要，但要維持合理的高保真度。

提示：「盡可能小的測試」

即使是整合測試，也是越小越好！因為少數幾個大型的測試比一個巨型的測試要好。而且，由於測試的範圍通常與 SUT 的範圍相關聯，因此找到使 SUT 更小的方法有助於使測試更小。

當呈現可能需要許多內部系統之貢獻的用戶旅程（user journey）時，實現此測試比率（test ratio）的一種方法是「鏈式」測試，如圖 14-4 所示，不是專門針對它們的執行，而是建立多個較小之（smaller）成對的（pairwise）整合測

試（integration tests）來代表整體情況（overall scenario）。這是透過將一個測試的輸出做為另一個測試的輸入來實現的，方法是將此輸出保存到資料儲存庫（data repository）中。

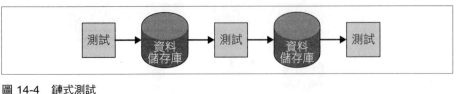

圖 14-4　鏈式測試

大型測試的結構

儘管大型測試不受小型測試限制的約束，而且可以由任何測試組成，但大多數大型測試都表現出常見的模式。大型測試的工作流程通常包括以下階段：

- 獲取受測系統
- 種子所需的測試資料
- 使用受測系統執行操作
- 驗證行為

受測系統

大型測試的一個關鍵組成部分是前面提到的 SUT（見圖 14-5）。典型的單元測試會把注意力集中在一個類別（class）或模組（module）上。此外，測試程式碼（test code）運行在與受測程式碼相同的行程（或 Java Virtual Machine [JVM]，就 Java 而言）中。對於較大型的測試，SUT 通常是非常不同的；一個或多個帶有測試程式碼的獨立行程經常（但並不總是）在它自己的行程中。

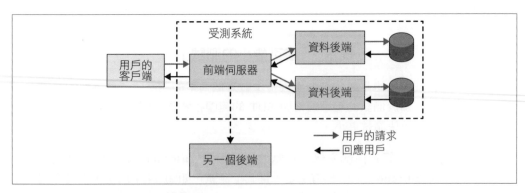

圖 14-5　一個受測系統（SUT）的例子

在 Google，我們使用許多不同形式的 SUT，而 SUT 的範圍是大型測試本身範圍的主要驅動因素之一（SUT 越大，測試越大）。每種 SUT 形式都可以根據兩個主要因素來判斷：

封閉性

這是 SUT 與相關測試以外之其他組件的使用和互動的隔離。具有高封閉性（high hermeticity）的 SUT，對並行性的來源（sources of concurrency）和基礎架構脆弱性（infrastructure flakiness）的暴露將會最少。

保真度

SUT 在反映受測生產環境系統方面的準確性。一個具高保真度的 SUT 將由與生產環境版本相似的二進位檔案組成（依賴於類似的組態、使用類似的基礎架構，以及具有類似的整體拓撲）。

通常這兩個因素往往是直接衝突的。

以下是一些 SUT 的例子：

單行程 *SUT*

整個受測系統被打包成單一的二進位檔（即使在生產環境中，這些是多個獨立的二進位檔）。此外，測試程式碼可以打包成如同 SUT 的二進位檔。如果一切都是單執行緒的，這樣的 test-SUT（測試 - 受測系統）組合可以是一個「小型的」測試，但它是最不忠於生產環境拓撲和組態的。

單機 *SUT*

受測系統由一或多個獨立的二進位檔（如同生產環境）組成，測試程式碼本身是一個二進位檔。但一切都在一台機器上運行。這用於「中型的」測試。理想情況下，當我們在本地運行這些二進位檔時，使用每個二進位檔的生產環境啟動組態（production launch configuration）以提高保真度。

多機 *SUT*

受測系統分佈在多台機器上（很像一個生產環境雲端部署）。這甚至比單機 SUT 的保真度更高，但它的使用讓測試的規模變「大」，而且這種組合易受到網路和機器脆弱性增加的影響。

共享環境（模擬和生產）

測試僅使用一個共享環境，而不是運行一個獨立的 SUT。這樣的成本最低，因為這些共享環境通常已經存在，但測試可能與其他同時使用的環境相衝突，人們必須等待程式碼被推送到這些環境。生產環境還會增加影響終端用戶的風險。

混合型

某些 SUT 代表一種組合：可能會運行一些 SUT，但讓它與共享環境進行互動。通常受測試的東西是明確運行的，但它的後端（backends）是共享的。對於像 Google 這樣龐大的公司來說，運行 Google 所有互聯服務（interconnected services）的多個副本幾乎是不可能的，因此需要進行一些混合。

封閉式 SUT 的好處

大型測試中的 SUT 可能是不可靠（unreliability）和周轉時間長（long turnaround time）的主要來源。例如，生產環境中之測試使用的實際生產系統部署。如前所述，這很受歡迎，因為環境沒有額外的開銷成本，但在程式碼到達該環境之前，無法運行生產環境測試，也就是說這些測試本身不能阻止程式碼發行到該環境。基本上，對 SUT 而言就太遲了。

最常見的第一個替代方案，是建立一個巨大的共享模擬環境（shared staging environment），並在那裡運行測試。這通常是做為某些發行推廣過程（release promotion process）的一部分來完成的，但它再次將測試執行限制為僅在程式碼可用時執行。做為替代方案，一些團隊將允許工程師在模擬環境中「保留」時間，並利用該時窗（time window）部署待定的程式碼和運行測試，但這不會隨著工程師數量的增加或越來越多的服務而擴展，因為環境、它的用戶數量以及用戶衝突的可能性都會迅速增加。

下一步是支援雲端隔離（cloud-isolated）或機器封閉（machine-hermetic）的 SUT。這樣的環境透過避免程式碼發行（code release）的衝突和保留需求（reservation requirements）來改善情況。

> ### 案例研究：在生產環境中進行測試的風險以及 Webdriver Torso
>
> 我們提到，在生產環境中進行測試是有風險的。在生產環境中進行測試，導致一個幽默的插曲，稱為 Webdriver Torso 事件。我們需要一種方法來驗證 YouTube 生產環境中的視頻渲染（video rendering）是否正常，因此建立了自動化命令稿來產生測試視頻、上傳視頻並驗證上傳品質。這是在 Google 擁有的一個名為 Webdriver Torso 之 YouTube 頻道中進行的。但這個頻道是公開的，它的大多數視頻也是公開的。
>
> 隨後，該頻道在《Wired》（*https://oreil.ly/1KxVn*）的一篇文章中被公開，導致該頻道在媒體上傳播，並隨後努力解開這個謎團。最後，一個部落客（https://oreil.ly/ko_kV）將這一切與 Google 關聯起來。最終，我們坦白了，並搞了一些有趣的東西，包括 Rickroll 和 Easter Egg（復活節彩蛋），所以一切都很順利。但是，我們確實需要考慮終端用戶發現我們在生產環境中包含的任何測試資料之可能性，並為此做好準備。

在問題邊界上縮小你的 SUT 之規模

有一些特別痛苦的測試邊界（testing boundaries）可能值得避免。同時涉及前端和後端的測試將會讓人感到痛苦，因為用戶介面（UI）測試是出了名的不可靠和昂貴：

- UI 經常在外觀和感覺上發生變化，使 UI 測試變得脆弱，但實際上並不影響底層的行為。
- UI 經常有難以測試的非同步行為。

儘管對服務的 UI 進行端到端的測試（end-to-end tests）一直到其後端都很有用，但這些測試對 UI 和後端都有倍數的維護成本。相反，如果後端提供公用的 API，通常更容易在 UI/API 邊界將測試拆分為的連接測試（connected tests），並使用公用 API 驅動端到端測試。無論 UI 是一個瀏覽器、命令列介面（CLI）、桌面應用程式還是行動應用程式，都是如此。

另一個特殊的邊界是第三方依賴關係。第三方系統可能沒有用於測試之公用的共享環境，在某些情況下，向第三方發送流量是有成本的。因此，不建議讓自動化測試使用真正的第三方 API，這種依賴關係是拆分測試的一個重要接縫。

為了解決這個規模的問題，我們用記憶體資料庫（in-memory databases）替換了這個 SUT 的資料庫，並把我們真正關心的 SUT 範圍之外的一台伺服器去掉，進而使得這個 SUT 變小，如圖 14-6 所示。這個 SUT 更有可能安裝在一台機器上。

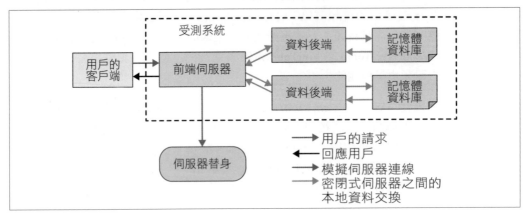

圖 14-6　縮小規模的 SUT

關鍵是確定「保真度」（fidelity）和「成本／可靠性」（cost/reliability）之間的權衡，並確定合理的邊界。如果我們能運行少量的二進位檔案和一個測試，並將它們全部打包到我們定期進行編譯、鏈結和單元測試的同一台機器上，那麼我們的工程師就可以進行最簡單、最穩定的「整合」測試。

記錄／重播代理

在上一章中，我們討論了測試替身和一些做法，這些做法可用來將受測類別（class under test）與其難以測試的依賴項分離。我們還可以透過使用具有等效 API 之模擬的（mock）、存根的（stub）或假造的（fake）伺服器或行程，做為整個伺服器和行程的替身。然而，不能保證所使用的測試替身實際上符合它所替代之真實事物的契約。

處理 SUT 所依賴之輔助性服務的一種方法是使用測試替身（test double），但如何知道替身反映了依賴之服務的實際行為？在 Google 之外，一個正在成長的方法是使用一個稱為消費者驅動契約（consumer-driven contract）（*https://oreil.ly/RADVJ*）測試的框架。此類測試為客戶端和服務提供者定義了一個契約，此契約可以驅動自動化測試。也就是說，客戶端定義了一個服務的模擬（mock），指出什麼樣的輸入引數，會得到什麼樣的輸出。然後，真正的服務在真正的測試中使用這一對「輸入／輸出」，以確保它

根據這些輸入產生該輸出。Pact Contract Testing（*https://docs.pact.io*）和 Spring Cloud Contracts（*https://oreil.ly/szQ4j*）這兩個公用工具可用於消費者驅動契約測試。Google 對協定緩衝區（protocol buffer）的嚴重依賴，意味著我們在內部不會使用這些緩衝區。

在 Google，我們做的事情有點不同。我們的最受歡迎之做法（*https://oreil.ly/-wvYi*）（對此有一個公用的 API）是使用一個較大型的測試來產生一個較小型的測試，做法是在運行較大型的測試時，將流量記錄（recording）到這些外部服務，並在運行較小型的測試時重播（replaying）它。較大型或「記錄模式」（Record Mode）測試在提交後（post-submit）持續運行，但其主要目的是產生這些流量日誌（traffic logs）（但是，它必須通過（pass）才能產生日誌（logs））。在開發（development）和提交前（presubmit）測試期間，使用較小型或「重播模式」（Replay Mode）測試。

記錄／重播之工作方式的一個有趣的面向是，由於非確定性，因此必須透過匹配器（matcher）對請求（requests）進行匹配，以確定重播哪個回應。這使得它們與 stubs（存根）和 mocks（模擬）非常相似，因為引數匹配（argument matching）被用於確定產生結果的行為。

新測試或客戶端行為發生顯著變化的測試會發生什麼情況？在這些情況下，請求可能不再匹配所記錄之流量檔（traffic file）中的內容，因此測試無法在重播模式下通過。在這種情況下，工程師必須在記錄模式下運行測試以產生新的流量，因此讓運行記錄測試（Record tests）變得簡單、快速和穩定非常重要。

測試資料

測試需要資料，一個大型的測試需要兩種不同的資料：

被植入的資料（*Seeded data*）

將資料預初始化到受測系統（SUT），反映測試開始時 SUT 的狀態。

測試流量（*Test traffic*）

在測試執行過程中，由測試本身發送至受測系統的資料。

由於獨立且較大型之 SUT 的概念，SUT 狀態的植入工作通常比單元測試中的設置工作複雜幾個數量級。例如：

領域資料（*Domain data*）

某些資料庫包含預先填充到資料表中並用作環境之組態資料。如果沒有提供領域資料，使用這種資料庫的實際服務二進位檔（actual service binaries）在啟動時可能會失敗。

逼真的基本資料（*Realistic baseline*）

為了讓 SUT 被認為是真實的，它可能需要在啟動時提供一組逼真的基本資料（base data），無輪是在質量上還是在數量上。例如，社交網絡（social network）的大型測試可能需要一個逼真的社交圖（social graph）做為測試的基本狀態（base state）：必須有足夠多的具有逼真人物簡介（realistic profiles）之測試用戶，並且這些用戶之間具有足夠多的聯繫，測試才能被接受。

植入 *API*

用於植入資料的 API 可能很複雜。也許可以直接寫入資料儲存（datastore），但這樣做可能會繞過執行寫入操作之實際二進位檔所執行的觸發器和檢查。

資料可以透過不同的方式產生，例如：

手工製作的資料

與較小型的測試一樣，我們可以透過手工建立用於較大測試的測試資料。但是，在一個大型的 SUT 中為多個服務設置資料可能需要做更多的工作，我們可能需要為較大型的測試建立大量的資料。

複製的資料

我們可以複製資料，通常來自生產環境。例如，要測試 Earth 的一張地圖，我們可以從我們的生產環境之地圖資料的副本開始，提供一個基本資料，然後測試我們對它的改變。

抽樣的資料

複製的資料可能會提供太多的資料，以至於無法合理地處理。抽樣的資料可以減少數量，進而減少測試時間，使其更容易推理。「智能抽樣」（Smart sampling）包括複製必要的最小資料以實現最大覆蓋率的技術。

驗證

在 SUT 運行並向其發送流量後，我們仍然必須驗證其行為。有幾個不同的方法可以做到這一點：

手動

很像當你在本地試用你的二進位檔一樣，手動驗證利用人與 SUT 進行互動，以確定它是否正常工作。這種驗證可以包括透過執行一致測試計劃（consistent test plan）中定義的操作來測試回歸（regressions），也可以是探索性的，透過不同的互動路徑（interaction paths）來識別可能的新失敗。

請注意，手動回歸測試不會按次線性擴展：系統越大，透過它的旅程越多，手動測試所需要的人力時間也就越多。

斷言

與單元測試非常類似，這些測試是針對系統預期行為的明確檢查。例如，對於 Google 搜索 xyzzy 的整合測試，斷言可能如下所示：

```
assertThat(response.Contains("Colossal Cave"))
```

A/B 比較（差異性）

A/B 測試不是定義明確的斷言，而是運行兩個 SUT 副本、發送相同的資料以及比較輸出。預定的行為（intended behavior）沒有明確定義：人類必須手動去檢查差異性，以確保任何變化都是預期的。

規模較大的測試類型

我們現在可以將這些不同的做法結合起來，對 SUT、資料和斷言建立不同類型的大型測試。然後，每個測試都有不同的特性，比如它減輕了哪些風險；編寫、維護和除錯需要多少工作；以及運行資源的成本。

以下是我們在 Google 使用之不同類型的大型測試列表、它們是如何組成的、它們的用途是什麼，以及它們的局限性是什麼：

- 一或多個二進位檔的功能測試
- 瀏覽器和設備測試
- 性能、負載和壓力測試
- 部署組態測試
- 探索性測試
- A/B 差異（回歸）測試
- 用戶接受測試（UAT）
- Probers（探針）和 canary（金絲雀）分析
- 災後恢復和混沌工程

- 用戶評價
- 鑑於有這麼多的組合，因而有這麼多的測試，我們如何管理做什麼和什麼時候做？設計軟體的一部分是起草（drafting）測試計劃（test plan），而測試計劃的一個關鍵部分是策略大綱（strategic outline），列出需要哪些類型的測試以及每種測試的數量。該測試策略確定了主要的風險向量（risk vectors）和減輕這些風險向量的必要測試方法。

在 Google，我們有一個專門的工程角色「測試工程師」（Test Engineer），而我們對優秀測試工程師的要求之一是能夠為我們的生產環境勾勒出一個測試策略。

對一或多個互動的二進位檔進行功能測試

此類型的測試具有以下特徵：

- SUT：單機封閉（single-machine hermetic）或雲端部署隔離（cloud-deployed isolated）
- 資料：手工製作
- 驗證：斷言

正如我們到目前為止所看到的，單元測試並不能真正保真地測試一個複雜的系統，僅僅是因為它們的打包方式與實際程式碼的打包方式不同。許多功能測試場景與給定之二進位檔的互動方式跟二進位檔內的類別不同，這些功能測試需要單獨的 SUT，因此是典型的較大型測試。

毫不奇怪，測試多個二進位檔的互動性甚至比測試單個二進位檔更複雜。一個常見的用例（use case）是在微服務環境中，將服務部署為多個獨立的二進位檔。在這種情況下，功能測試可以涵蓋二進位檔之間的真正互動，方法是提出一個由所有相關二進位檔所組成的 SUT，並透過一個已發布的 API 與之互動。

瀏覽器和設備測試

測試 Web UI 和行動應用程式是對一或多個互動的二進位檔進行功能測試的一個特例。有可能對底層的程式碼進行單元測試，但對於終端用戶來說，公用 API 就是應用程式本身。透過應用程式之前端所提供的一個額外覆蓋層，將測試做為第三方與應用程式互動。

性能、負載和壓力測試

這些類型的測試具有以下特徵：

- SUT：雲端部署隔離
- 資料：手工製作或從生產環境多路複用（multiplexed）
- 驗證：差異（性能指標）

儘管可以在性能、負載和壓力等方面測試小單元，但此類測試通常需要同時向外部 API 發送流量。這個定義意味著此類測試是多執行緒測試（multithreaded test），通常在受測二進位檔的範圍內進行測試。然而，這些測試對於確保各版本之間的性能不會降低以及系統能夠處理預期的流量峰值，至關重要。

隨著負載測試規模的擴大，輸入資料的範圍也隨之擴大，最終會很難產生在負載下觸發錯誤所需的負載規模。負載和壓力處理是系統的「高度緊急」特性；也就是說，這些複雜的行為屬於整個系統，但不屬於單個成員。因此，讓這些測試看起來盡可能接近生產環境是很重要的。每個 SUT 需要的資源與生產環境所需的資源類似，因此很難減輕生產環境拓撲結構中的噪音。

在性能測試（performance test）中消除噪音的一個研究領域是修改部署拓撲結構（deployment topology），它的各種二進位檔是在電腦網路中的分布情況。執行二進位檔的電腦會影響性能特性；因此，如果在性能差異測試中，基本版本在快速的電腦上運行（或在具有快速網路的電腦上運行），而新版本在慢速的電腦上運行，就會出現性能退步的現象。此特性意味著，最佳部署是在同一台電腦上運行兩個版本。如果單台電腦不能同時安裝兩個版本的二進位檔，則另一種選擇是透過進行多次運行並去除峰值和谷值來進行校準。

部署組態測試

此類型的測試具有以下特徵：

- SUT：單機封閉或雲部署隔離
- 資料：無
- 驗證：斷言（不會崩潰）

很多時候，缺陷的來源不是程式碼，而是組態（configuration）：資料檔、資料庫、選項定義⋯等等。較大型的測試可以測試 SUT 與其組態檔的整合，因為這些組態檔是在啟動給定的二進位檔時讀取的。

這樣的測試實際上是對 SUT 的一個冒煙測試（smoke test），而不需要太多額外的資料或驗證。如果 SUT 成功啟動，代表測試通過。如果沒有，代表測試失敗。

探索性測試

此類型的測試具有以下特徵：

- SUT：生產或共享模擬環境
- 資料：生產環境或一個已知的測試宇宙（test universe）
- 驗證：手動

探索性測試[2] 係手動測試的一種形式，其重點不是透過重複已知的測試流程來查找行為的退化（behavioral regressions），而是透過嘗試新的用戶場景（user scenarios）來查找可疑的行為。受過培訓的用戶／測試人員透過生產環境的公用 API 與生產環境互動，尋找透過系統的新路徑以及其行為是否偏離了預期或直觀的行為，或者是否存在安全漏洞。

探索性測試對於新系統和已啟動的系統都很有用，可以發現未預料到的行為和副作用。透過讓測試人員在系統中遵循不同的可達路徑，我們可以增加系統的覆蓋率，而且當這些測試人員發現錯誤時，可以捕獲新的自動化功能測試。從某種意義上說，這有點像功能整合測試的手動「模糊測試」（fuzz testing）版本。

局限性

手動測試不能以次線性方式擴展；也就是說，它需要人們花時間來進行手動測試。透過探索性測試發現的任何缺陷都應該用一個可以更頻繁地運行的自動化測試來複製。

錯誤大掃蕩

我們在手動探索性測試中使用的一種常見方法是「錯誤大掃蕩」（bug bash）（*https://oreil.ly/zRLyA*）。一個由工程師和相關人員（經理、產品工程師、測試工程師、任何熟悉產品的人）組成的團隊安排了一場「會議」（meeting），但在這個會議上，每個參與的人都會對產品進行手動測試。對於「錯誤大掃蕩」的特定關注區域和／或使用系統的起點，可以使用一些已發佈的指導方針，但目標是提供足夠的互多動樣性，以記錄有問題的產品行為和明顯的錯誤。

2　James A. Whittaker，《Exploratory Software Testing: Tips, Tricks, Tours, and Techniques to Guide Test Design》（探索性軟體測試：指導測試設計的提示、技巧、導覽和技術）(New York: Addison-Wesley Professional, 2009)。

A/B 差異回歸測試

此類型的測試具有以下特徵：

- SUT：兩個雲部署的隔離環境
- 資料：通常從生產環境多路複用（multiplexed）或取樣（sampled）
- 驗證：A/B 差異比較

單元測試涵蓋了一小部分程式碼的預期行為路徑。但是對於一個給定之面向公眾（publicly facing）的生產環境，無法預測許多可能的失敗模式（failure modes）。此外，正如海勒姆法則所述，實際的公用 API 不是宣告的 API，而是生產環境之所有用戶可見的部分。鑑於這兩種特性，A/B 差異測試可能是 Google 中最常見的大型測試形式也就不足為奇了。這種做法在概念上可追溯到 1998 年。在 Google，自 2001 年以來，我們一直在根據此模型對大多數生產環境進行測試，首先是 Ads（廣告）、Search（搜索）和 Maps（地圖）。

A/B 差異測試透過將流量發送到公共用 API 並比較新舊版本之間的回應（尤其是在遷移期間）來操作。任何行為偏差都必須根據預期或非預期（回歸）進行協調。在這種情況下，SUT 由兩組真正的二進位檔組成：一組運行在候選版本（candidate version）上，另一組運行在基本版本（base version）上。第三個二進位檔發送流量並比較結果。

還有其他變體。我們使用 A-A 測試（將系統與自身進行比較）來識別不確定行為、噪音和脆弱性，並幫助將這些測試從 A-B 差異中移除。我們也偶爾使用 A-B-C 測試，比較上一個生產版本（production version）、基線建構（baseline build）和待處理變更（pending change），以便一眼就看出即時變更（immediate change）的影響，以及下一個發行版本的累積影響。

A/B 差異測試是一種廉價但可自動化的方式，用於檢測任何已啟動系統的非預期副作用。

局限性

差異測試（diff testing）確實帶來了一些需要解決的挑戰：

批准

必須有人對結果有足夠的了解，知道是否有任何差異是可預期的。與典型的測試不同，不清楚差異是好事還是壞事（或者基線版本是否實際有效），因此在這個過程中往往有一個手動步驟。

噪音

對於差異測試來說，任何在結果中導入非預期噪音的東西，都會導致對結果進行更多的手動調查。有必要對噪音進行補救，這是建構一個良好之差異測試的一個很大的複雜性來源。

覆蓋率

為差異測試產生足夠的有用流量可能是一個具有挑戰性的問題。測試資料必須涵蓋足夠的場景，以確定邊角案例（corner-case）的差異，但很難手動策劃此類資料。

設置

設置和維護一個 SUT 是相當具有挑戰性的。一次建立兩個可能會使複雜性加倍，特別是在它們共享相互依賴關係（interdependencies）的情況下。

UAT

此類型的測試具有以下特徵：

- SUT：機器封閉或雲端部署隔離
- 資料：手工製作
- 驗證：斷言

單元測試的一個關鍵方面是，它們是由撰寫受測程式碼的開發人員所編寫的。但這很可能導致對產品預期行為的誤解，很可能不僅反映在程式碼中，還反映在單元測試中。這樣的單元測試是「按實作工作」（Working as implemented）而不是「按預期工作」（Working as intended）。

對於存在特定終端客戶或客戶代理（客戶委員會或甚至是產品經理）的情況，UAT 是透過公用 API 執行生產環境的自動化測試，以確保特定用戶旅程（user journey）（*https://oreil.ly/lOaOq*）的整體行為符合預期。存在多個公用框架（例如 Cucumber 和 RSpec），以具用戶友善性的語言使這些測試具可寫性／可讀性，通常在「可運行的規範語言」（runnable specifications）之背景下。

Google 實際上並沒有做大量自動化的 UAT，也不太使用規範語言（specification languages）。Google 的許多產品歷來是由軟體工程師自己創造的。對可運行的規範語言之需求不大，因為那些定義預期產品行為的人，通常能夠流利地使用實際的撰碼語言（coding languages）本身。

Probers（探測器）和 Canary（金絲雀）分析

此類型的測試具有以下特徵：

- SUT：生產環境
- 資料：生產環境
- 驗證：斷言和 A/B 差異（指標）

Probers（探測器）和 Canary（金絲雀）分析是確保生產環境（production environment）本身健康的方法。在這些方面，它們是產品監控的一種形式，但它們在結構上與其他大型測試非常相似。

Probers 是針對生產環境運行經編碼斷言（encoded assertions）的功能測試。通常，這些測試會執行眾所周知的、確定性的僅讀取操作，以便即使生產環境資料會隨著時間而改變，這些斷言仍然成立。例如，一個 prober（探測器）可能會在 www.google.com 上進行 Google 搜尋，並驗證是否傳回結果，但實際上並未驗證結果的內容。在這方面，它們是生產環境系統的「冒煙測試」（smoke tests），但它們提供了重大問題的早期檢測。

Canary（金絲雀）分析也是類似的，只不過它關注的是一個版本何時被推送到生產環境。如果發行會在一段時間內進行的，我們可以運行針對升級（Canary）服務的 prober 斷言，並比較 canary 和生產環境之基線部分（baseline parts）的健康指標（health metrics），並確保它們沒有脫節。

Probers 應該使用在任何運作的系統（live system）中。如果產品推出的過程中包括將二進位檔部署到生產機器（production machines）的有限子集（一個 Canary 階段），則應該在該過程中使用 canary 分析。

局限性

此時（在生產環境中）發現的任何問題都已經影響到終端用戶

如果一個 prober 執行了一個可變（寫入）的操作，它將會修改生產環境的狀態。這可能導致三種結果中的一個：非確定性和斷言的失敗、未來寫入能力的失敗，或用戶可見的副作用。

災後恢復與混沌工程

此類型的測試具有以下特徵：

- SUT：生產環境
- 資料：生產環境和用戶製作的（故障注入）
- 驗證：手動和 A/B 差異（指標）

這些用於測試你的系統對非預期之變化或失敗的反應程度。

多年來，Google 每年都會舉辦一場名為「災難恢復測試」（Disaster Recovery Testing 或簡寫為 DiRT）（*https://oreil.ly/17ffL*）的戰爭遊戲，此期間會將故障注入我們的基礎架構，其規模幾乎達到了全球規模（planetary scale）。我們模擬了從資料中心火災到惡意攻擊的一切災難。在一個令人難忘的案例中，我們模擬了一場地震，將我們位於加州山景城（Mountain View, California）的總部與公司其他部門完全隔離開來。這樣做不僅暴露了技術上的缺陷，也暴露了在所有關鍵決策者都無法聯繫到的情況下公司運營的挑戰。[3]

DiRT 測試的影響需要整個公司進行大量的協調；相比之下，混沌工程（chaos engineering）更像是對你的技術基礎架構（technical infrastructure）的「持續測試」（continuous testing）。從 Netflix 流行起來的混沌工程（*https://oreil.ly/BCwdM*）涉及編寫程式，持續向你的系統導入背景等級的故障，並查看會發生了什麼。有些故障可能相當大，但在大多數情況下，混沌測試工具（chaos testing tools）的設計是為了在事情失控之前恢復功能。混沌工程的目標是幫助團隊打破穩定性和可靠性的假設，幫助他們應對建立彈性的挑戰。今日，Google 的團隊每週會使用我們自己開發之名為 Catzilla 的系統進行數千次混沌測試。

這些類型的故障和負面測試對於理論上容錯能力足夠的生產系統是有意義的，而且測試本身的成本和風險是可以承受的。

局限性

此時（在生產環境中）發現的任何問題都已經影響到最終用戶。

DiRT 的運行成本相當高，因此我們很少進行協調練習。當我們造成這種程度的運行中斷時，實際上會造成痛苦，並對員工績效產生負面的影響。

如果 prober 執行了一個可變（寫入）操作，它將修改生產環境的狀態。這可能會導致斷言的不確定性和失敗、將來寫入能力失敗，或用戶可見的副作用。

3　在這次測試中，幾乎沒有人能完成任何事情，所以很多人放棄了工作，去了我們眾多的咖啡館之一，在這樣做的過程中，我們最終對我們的咖啡館團隊發起了 DDoS 攻擊！

用戶評估

此類型的測試具有以下特徵：

- SUT：生產環境
- 資料：生產環境
- 驗證：手動和 A/B 差異（指標）

基於生產環境的測試使得收集大量關於用戶行為的資料成為可能。我們有幾種不同的方式來收集關於即將推出之功能的受歡迎程度和問題的指標，這為我們提供了 UAT 的替代方案：

吃自家的狗糧

以有限的發布和實驗來把生產環境中的功能提供給用戶的子集是可能的。我們有時會和自己的員工一起做（吃自家的狗糧[譯註]），他們會在實際的部署環境中提供我們寶貴的反饋。

實驗

在用戶不知情的情況下，一個新的行為被做為實驗提供給一部分的用戶。然後，根據，實驗組（experiment group）與控制組（control group）在總體級別（aggregate level）上就所需指標（desired metric）進行比較。例如，在 YouTube 上，我們進行了一項有限的實驗，改變了視頻投票的工作方式（取消反對票），只有一部分用戶群看到了這種變化。

對於 Google 來說這是一個非常重要的做法（*https://oreil.ly/OAvqF*）。Noogler（Google 新員工）在加入公司後聽到的第一個故事是，Google 推出了一項實驗，改變 Google Search（谷歌搜尋）中 AdWords ads（關鍵字廣告）的背景陰影顏色，並注意到實驗組用戶的廣告點擊量明顯高於控制組。

評分者評估

人類評分者會看到特定操作的結果，並選擇哪個操作「更好」以及原因。然後，使用該反饋來確定所給定的變更是正面的、中性的還是負面的。例如，Google 歷來會對搜尋查詢使用評分者評估（我們已經公佈了給評分者的指導方針）。在某些情況下，來自該評級資料的反饋有助於確定演算法變更的推出通過／不通過。對於像機器學習系統這樣不確定的系統來說，評分者評估（rater evaluation）至關重要，因為對於這些系統，沒有明確的正確答案，只有更好或更糟的概念。

[譯註] 也就是，使用自己生產的產品。

大型測試和開發人員工作流程

我們已經討論過什麼是大型測試，為什麼要進行測試，何時進行測試，以及要進行多少測試，但我們對「由誰進行」著墨不多。誰來編寫測試？誰來運行測試並調查失敗的情況？誰擁有這些測試？以及我們如何使之成為可容忍的？

儘管標準的單元測試基礎架構可能不適用，但將較大型的測試整合到開發人員的工作流程中仍然是至關重要的。這樣做的一種方法是，確保存在提交前（presubmit）和提交後（post-submit）執行的自動化機制，即使這些機制與單元測試機制不同。在 Google，許多大型測試不屬於 TAP。它們不封閉、太脆弱且／或太佔用資源。但是，我們仍然需要防止它們失敗，否則它們不會提供信號，並且變得難以分類。因此，我們要做的是，在提交後有一個單獨的持續建構（continuous build）來處理這些問題。我們還鼓勵在提交前運行這些測試，因為這樣可以直接向作者提供反饋。

需要手動批准差異的 A/B 差異測試也可以合併到這樣的工作流程中。對於提交前（presubmit），在批准變更之前，批准 UI 中的任何差異可能是程式碼審查要求。在這樣一個測試中，如果我們提交的程式碼有未解決的差異，就會自動釋出阻止錯誤的檔案。

在某些情況下，測試是如此之大或痛苦，以至於提交前的執行增加了太多的開發人員摩擦。這些測試在提交後仍然運行，並且也作為發行過程的一部分運行。不在提交前運行這些測試的缺點是，污染會進入 monorepo，我們需要找出罪魁禍首的變更，以退回重來。但我們需要在開發人員的痛苦與所引起的變更延遲以及持續建構的可靠性之間進行權衡。

編寫大型測試

雖然大型測試的結構相當標準，但建立這樣的測試仍存在挑戰，尤其是如果這是團隊中首次有人這樣做。

撰寫此類測試的最佳方式是擁有明確的程式庫、文件和範例。由於原生語言的支援，單元測試很容易編寫（JUnit 曾經很深奧，但現在是主流）。我們重複使用這些斷言程式庫（assertion libraries）進行功能整合測試（functional integration tests），但隨著時間的推移，我們也建立了用於跟 SUV 互動、用於運行 A/B 差異測試、用於植入測試資料（seeding test data）以及用於編排測試工作流程（orchestrating test workflows）的程式庫。

較大型的測試在資源和人力時間（human time）方面的維護成本較高，但並非所有大型測試都是平等的。A/B 差異測試受歡迎的一個原因是，它們在維護驗證步驟（verification step）方面的人力成本（human cost）較低。同樣，生產環境型之 SUT 的維護成本也比孤立的封閉式 SUT 要低。而且，由於所有這些自創的基礎架構和程式碼都必須被維護，因此成本的節約可以是複合的。

然而，必須從整體上看待這一成本。如果手動協調差異（reconciling diffs）或支援和保護生產環境測試（production testing）的成本超過節省的成本，它就會變得無效。

運行大型測試

我們上面提到，我們的較大型測試不適合在 TAP 中進行的情況，因此我們為它們準備了備用的持續建構（continuous builds）和提交前（presubmits）程序。對於我們的工程師來說，最初的挑戰之一是如何運行非標準的測試，以及如何迭代它們。

我們盡可能地讓我們的較大型測試以工程師熟悉的方式運行。我們的提交前基礎架構（presubmit infrastructure）在運行這些測試和運行 TAP 測試前，設置了一個通用的API，我們的程式碼審查基礎架構（code review infrastructure）顯示了兩組結果。但是，許多大型測試都是定制（bespoke）的，因此需要具體的文件來說明如何按需運行它們。對於不熟悉的工程師來說，這可能是一個沮喪的根源。

加快測試速度

工程師不會等待緩慢的測試。測試越慢，工程師運行測試的頻率就越低，失敗後等待它再次通過（pass）的時間就越長。

加快測試速度的最佳方法，通常是縮小測試範圍或將一個大型測試拆分為兩個可以平行運行的較小型測試。但是，還有其他一些技巧，可以用來加快較大型的測試。

一些簡單的測試會使用基於時間的休眠（time-based sleeps）來等待不確定之行動的發生，這在較大型的測試中很常見。但是，這些測試沒有執行緒限制，而且真正之生產環境的用戶希望等待的時間盡可能短，因此測試最好以真正之生產環境用戶的方式做出反應。做法包括：

- 在一個時窗（time window）內重複輪詢（polling）狀態轉換，好讓事件以接近微秒的頻率完成。如果測試未能達到穩定狀態，則可以將其與逾時值（timeout value）結合使用。
- 實作一個事件處理器（event handler）。
- 為一個事件的完成向通知系統進行訂閱。

請注意，當運行這些測試的佇列變得超載時，依賴休眠和逾時的測試都將開始失敗，這是因為這些測試需要更頻繁地重新運行，進一步增加了負載。

降低內部系統的逾時和延遲

生產系統（production system）通常會採用分散式部署拓撲（distributed deployment topology）進行組態設定，但 SUT 可能部署在單台機器上（或至少部署在一組託管機器上）。如果生產程式碼中存在寫死之逾時或（特別是）休眠的陳述，為了解決生產系統的延遲，應該在運行測試的時侯對其進行調整。

優化測試建構時間

我們的 monorepo 的一個缺點是，一個大型測試的所有依賴項都必須建構並提供為輸入，但對於一些較大型的測試來說，這可能沒有必要。如果 SUT 由一個真正成為測試重點的核心部分和一些其他必要的「對等二進位檔依賴項」（peer binary dependencies）組成，則可以使用已知良好版本（known good version）的其他二進位檔之預建構版本（prebuilt versions）。我們的建構系統（基於 monorepo）要支援此模型並不容易，但這種做法實際上更能反映不同服務以不同版本發行的生產環境。

驅除脆弱性

脆弱性對於單元測試來說已經夠糟糕了，但是對於較大型的測試，這會使其無法使用。團隊應把消除此類測試的脆弱性視為高度優先的事項。但如何從此類測試中去除脆弱性呢？

欲最小化脆弱性，首先要縮小測試的範圍——封閉式 SUT 不會有各種多用戶的風險和生產（production）或共享模擬（shared staging）環境之現實世界中的脆弱性，而且單機封閉式 SUT 將不會有分散式 SUT 的網路和部署脆弱性問題。但是，你可以透過測試設計和實作以及其他技術來緩解其他的脆弱性問題。在某些情況下，你需要在這些與測試速度之間取得平衡。

正如使測試成為被動或事件驅動可以加快它們的速度一樣，它也可以消除脆弱性。定時休眠（timed sleeps）需要逾時時間的維護（timeout maintenance），這些逾時時間可以嵌入到測試程式碼中。增加內部系統的逾時時間可以減少脆弱性，而如果系統以不確定的方式運行，則減少內部的逾時時間會導致脆弱性。這裡的關鍵是確定一個權衡，既要位終端用戶定義一個可容忍的系統行為（例如，我們允許的最大逾時時間為 n 秒），又要很好地處理脆弱的測試執行行為。

內部系統逾時時間的一個更大的問題是，超過逾時時間會導致難以分類的錯誤。一個生產系統（production system）經常會試圖透過優雅地處理可能的內部系統問題，來限制終端用戶遭受災難性失敗的風險。例如，如果 Google 無法在給定的時間內投放廣告（serve an ad），我們不會傳回 500 的狀態碼，我們只是不投放廣告。但是在測試執行器（test runner）看來，似乎廣告投放程式碼（ad-serving code）可能壞了，而這就是一個不穩定的逾時時間問題。在這種情況下，重要的是讓失敗模式（failure mode）變得明顯，以及讓其容易為測試場景調整這種內部逾時時間。

讓測試變得容易理解

當這些測試產生的結果對於運行測試的工程師來說是無法理解的時候，就很難將測試整合到開發人員的工作流程中。即使是單元測試也會產生一些混淆（如果我的變更破壞了你的測試，而且如果我不熟悉你的程式碼，就很難理解為什麼），但對於較大型的測試，這種混淆可能是無法克服的。斷言的測試必須提供明確的通過／失敗信號，並且必須提供有意義的錯誤輸出，以幫助分類失敗的來源。需要人工調查的測試（如 A/B 差異測試）需要特別處理以使其有意義，否則有可能在提交前被跳過。

這在實踐中是如何運作的？失敗的大型測試應進行以下操作：

有一筆訊息，明確指出失敗是什麼

最糟糕的情況是，錯誤只有 "Assertion failed"（斷言失敗）訊息以及一個堆疊追蹤（stack trace）。比較好的情況是錯誤能預見測試運行者對程式碼的不熟悉，並在訊息中提供背景資訊：「在 test_ReturnsOneFullPageOfSear-chResultsForAPopularQuery 中，預期有 10 筆搜尋結果，但只得到 1 筆。」（In test_ReturnsOneFullPageOfSear-chResultsForAPopularQuery, expected 10 search results but got 1.），在測量結果以及行為何以被視為可疑的輸出中應有明確的解釋。對於失敗的性能或 A/B 差異測試，應該在輸出中清楚解釋所量測的內容以及為什麼認為該行為是可疑的。

盡量減少確定「差異之根本原因」所需的努力

堆疊追蹤（stack trace）對於較大型的測試沒有用處，因為調用鏈（call chain）可以跨越多個行程邊界。相反的，有必要在整個調用鏈中產生蹤跡，或者投資於自動化以縮小罪魁禍首的範圍。測試應該會產生某種影響這種效果的產出物（artifact）。例如，Dapper（*https://oreil.ly/FXzbv*）是 Google 使用的一個框架，用於將單一請求識別碼（single request ID）與 RPC 調用鏈中的所有請求相關聯，並且該請求的所有相關日誌均可透過該識別碼進行關聯，以便於追蹤。

提供支援和聯繫資訊。

透過使測試運行者和測試支援者易於聯繫，測試運行者應該很容易獲得幫助。

擁有大型的測試

較大型的測試必須有記錄在案的擁有者（documented owners）——工程師可以充分審查測試的變更，並且可以在測試失敗的情況下依靠他們提供支援。如果沒有適當的擁有權，測試可能會成為以下問題的受害者：

- 貢獻者修改和更新測試變得更加困難
- 解決測試失敗需要更長的時間

這樣測試的情況就會越來越糟糕。

一個特定專案中之組件的整合測試應歸專案負責人（project lead）擁有。以功能為中心的測試（涵蓋一組服務中特定業務功能的測試）應歸「功能擁有者」（feature owner）擁有；在某些情況下，此擁有者可能是負責端到端（end to end）功能實作（feature implementation）的軟體工程師；在其他情況下，它可能是產品經理或負責業務場景之描述的「測試工程師」。無論誰擁有測試，都必須有權確保其整體健康，並且必須有能力支援其維護以及有動力這樣做。

如果以結構化的方式記錄這些資訊，就有可能圍繞著測試擁有者（test owners）建構自動化。我們使用的一些方法包括：

常規的程式碼擁有權

在許多情況下，較大型的測試是一個獨立的程式碼產出物（standalone code artifact），位於我們的程式碼基底（codebase）中的一個特定位置。在這種情況下，我們可以使用已經存在於 monorepo 中的 OWNERS（第 9 章）資訊來提示自動化，特定測試的擁有者（們）就是「測試程式碼」的擁有者。

每種測試的註釋

在某些情況下，可以將多種測試方法添加到單一測試類別或模組，並且每種測試方法都可以有一個不同的功能擁有者。我們使用每種語言（per-language）的結構化註釋（structured annotations）來記錄每種情況下的測試擁有者，如此一來，如果某個特定的測試方法失敗，我們就可以確定要聯繫的擁有者。

結語

一個全面的測試集（test suite）需要較大型的測試，既要確保測試與受測系統的保真度（fidelity）相匹配，又要解決單元測試無法充分涵蓋的問題。因為這樣的測試必然更複雜且運行速度更慢，所以必須小心確保這樣的大型測試被擁有得當、被良好維護，並在必要時（例如在部署到生產環境之前）運行。總體而言，這種較大型的測試仍必須盡可能地小（同時仍維持保真度），以避免開發人員的摩擦。對於大多數軟體專案來說，確定系統風險的全面測試策略，以及解決這些風險的大型測試，都是必要的。

摘要

- 較大型的測試涵蓋單元測試無法涵蓋的事項。

- 大型的測試由受測系統（System Under Test）、資料（Data）、操作（Action）和驗證（Verification）組成。

- 良好的設計包括一個確定風險的測試策略和減輕風險的較大型測試。

- 必須對較大型的測試做出額外的努力，以防止它們在開發人員的工作流中產生摩擦。

## 第十五章

棄用

作者：Hyrum Wright（海倫賴特）

編輯：Tom Manshreck（湯姆・曼什瑞克）

我喜歡最後期限。我喜歡它們飛過時發出的嗖嗖聲。

—*Douglas Adams*（道格拉斯・亞當斯）

所有系統都會老化。儘管軟體是一種數位資產，實體位元本身不會退化，但隨著時間的推移，新技術、程式庫、技術、語言和其他環境的變化都會使現有的系統過時。舊系統需要持續的維護，需要深奧的專業知識，並且通常需要更多的工作，因為它們與周圍的生態系統不同。通常情況下，最好是投入精力關閉過時的系統，而不是無限期地讓它們與取代它們的系統一起使用。但從仍在運行的過時系統之數量可看出，實際上這樣做並非易事。我們將有序地遷移和最終去除過時系統（obsolete systems）的過程稱為棄用（deprecation）。

棄用是另一個比程式設計更準確地屬於軟體工程學科的話題，因為它需要思考如何隨著時間的推移管理一個系統。對於長期運行的軟體生態系統，正確地規劃和執行棄用，可以降低資源成本，並透過消除系統中隨著時間推移而積累的冗餘和複雜性來提高速度。另一方面，棄用系統做得不好，可能比不去管它們花費更多。雖然棄用系統需要額外的努力，但可以在系統設計過程中對棄用進行規劃，這樣它的最終退役和去除就會更容易。棄用對系統所造成的影響，從單個函式調用到整個軟體堆疊都涵蓋在內。為了具體起見，接下來的內容主要集中在程式碼層級的棄用。

與我們在本書中討論的大多數其他主題不同，Google 仍在學習如何最好地棄用和去除軟體系統。本章將說明我們在棄用大型和大量使用的內部系統時所學到的教訓。有時，它能按預期工作，有時則不然，但去除過時系統的普遍問題仍然是業界的一個困難和不斷演變的問題。

本章主要涉及的是棄用的技術系統，而不是終端用戶的產品。這種區別有些武斷，因為面向外部的（external-facing）API 只是另一種產品，而內部 API 的使用者可能會認為自己是終端用戶。儘管許多原則適用於拒絕公用產品（public product），但我們在這裡關注的是，在系統擁有者能夠看到其使用情況的狀況下，棄用和去除過時系統的技術和政策面向。

為什麼要棄用？

我們對棄用的討論是從「程式碼是一種負債而不是一種資產」（code is a liability, not an asset）之基本前提開始的。畢竟，如果程式碼是一種資產，我們為什麼要花時間試圖拒絕和去除過時的系統呢？程式碼是有成本的，其中一些成本是在建立系統的過程中承擔的，但其他許多成本是在系統的整個生命週期中維護時承擔的。這些持續的成本，例如保持系統運行所需的操作資源，或隨著周圍生態系統的發展而不斷更新其程式碼基底的工作，意味著在保持老化系統運行或努力將其關閉之間進行權衡是值得的。

僅憑一個系統是舊的並不能證明它的棄用是正當的。一個系統可以經過幾年的精心製作，成為軟體形式和功能的縮影。一些軟體系統，如 LaTeX 排版系統，經過幾十年的改進，儘管改變仍在發生，但變化很小。僅因為某樣東西是舊的，並不意味著它已經過時了。

棄用最適合明顯過時且存在提供類似功能之替代品的系統。新系統可以更有效地使用資源，具有更好的安全性，以更可持續的方式建構，或者只是修正錯誤。有兩個系統來完成同一件事似乎不是一個緊迫的問題，但隨著時間的推移，維護它們的成本會大幅增加。儘管用戶可能需要使用新系統，但仍會使用過時系統的依賴關係。

這兩個系統可能需要相互對接，需要複雜的轉換程式碼。隨著這兩個系統的發展，它們可能會相互依賴，進而使最終要去除其中一個系統變得更加困難。從長遠來看，我們發現，讓多個系統執行相同的功能，也會阻礙較新系統的發展，因為新系統仍需要與舊系統保持相容性。花費精力去除舊系統將可以得到回報，因為替代系統現在可以發展得更快。

前面我們曾斷言「程式碼是一種負債，而不是一種資產。」如果這是真的，為什麼我們花了本書的大部分篇幅來討論建構能夠存活幾十年之軟體系統的最有效方法？為什麼要把所有的精力都放在建立更多的程式碼上，而這些程式碼最終會成為資產負債表（balance sheet）上的負債？

程式碼**本身**並不帶有價值：它所提供的**功能**才帶有價值。如果該功能可以滿足用戶的需要，那麼它就是一種資產：實作此功能的程式碼只是達到該目的的一種手段。如果我們能從一列可維護、可理解的程式碼中獲得與一萬列錯綜複雜的義大利麵條式之程式碼相同的功能，我們會選擇前者。程式碼本身是有成本的，因此在維持相同功能的情況下，程式碼越簡單越好。

與其關注我們可以產生多少程式碼，或者我們的程式碼基底（codebase）有多大，不如關注它每單位程式碼可以提供多少功能，並嘗試最大化該指標（metric）。最簡單的方法之一不是編寫更多的程式碼，並希望獲得更多的功能；而是去除不再需要的多餘程式碼和系統。棄用政策和程序將使這一切成為可能。

儘管棄用是有用的，但我們在 Google 瞭解到，從進行棄用的團隊及這些團隊的客戶來看，組織對同時進行合理的棄用工作之數量是有限制的。例如，雖然大家都喜歡新鋪好的道路，但如果公共工程部門決定同時關閉**每條**道路進行鋪路，那麼沒有人可以去到任何地方。透過集中精力，鋪路人員可以更快完成特定的工作，同時讓其他道路可供使用。同樣，重要的是，謹慎地選擇棄用專案，然後致力於完成它們。

為什麼棄用這麼難？

我們在本書的其他地方有提到海勒姆法則（Hyrum's Law），但值得在這裡重複一下它的適用性：一個系統的用戶越多，用戶以意想不到和不可預見的方式使用它的可能性就越大，而且要棄用和去除這樣一個系統就越困難。他們的使用只是「碰巧起作用」（happens to work），而不是「保證起作用」（guaranteed to work）。在這種情況下，去除系統可以被認為是最終的改變：我們不只是改變行為，我們正在完全去除該行為！這種徹底的改變將動搖一些意想不到的依賴性。

使事情更加複雜的是，在有新的系統提供相同（或更好！）的功能之前，棄用通常不是一個選項。新系統可能更好，但它也是不同的：畢竟，如果它與過時的系統完全相同，它並不會為遷移到它的用戶提供任何好處（儘管它可能會給營運它的團隊帶來好處）。這種功能上的差異意味著，舊系統與新系統之間的一對一匹配（one-to-one match）很罕見，舊系統的每一次使用都必須在新系統的背景下進行評估。

另一個令人驚訝之不願意棄用的原因是，對舊系統的情感依戀，尤其是那些曾經協助建立系統的人。當系統性地去除 Google 的舊程式碼時，這種厭惡改變的情況就會出現：我們偶爾會遇到「我喜歡這個程式碼！」這樣的阻力。很難說服工程師拆掉他們花了數年時間建造的東西。這是一個可以理解的回應，但最終會弄巧成拙：如果一個系統已經過時，它就會改組織帶來淨成本（net cost），應該被去除。在 Google，我們解決「保留舊程式碼」問題的方法之一是，確保原始碼儲存庫（source code repository）不僅可以在主線（trunk）上搜尋，而且可在歷史紀錄上搜尋。即使是已去除的程式碼也可以再次找到（見第 17 章）。

> Google 內部有一個古老的笑話，說有兩種做事的方式：一種是被棄用的方式，另一種是尚未準備好的方式。這通常是一個新的解決方案被「幾乎」完成的結果，是在一個複雜和快節奏的技術環境中工作的不幸現實。
>
> Google 的工程師們已經習慣於在這樣的環境下工作，但它仍然令人感到不安。良好的文件、大量的路標以及幫助棄用和遷移過程的專家團隊都可以讓你更容易知道，你是應該使用帶有缺點的舊東西，還是使用帶有各種不確定性的新東西。

最後，資助和執行棄用工作，在政治上可能很困難；配備一個團隊和花時間去除過時的系統，需要花費實實在在的金錢，而什麼都不做和讓系統在無人看管的情況下運行的成本則不容易觀察到。很難讓利益相關者（stakeholders）相信棄用工作是值得的，特別是如果它們對新功能的開發有負面影響的話。研究技術，比如第 7 章所提到的那些，可以提供確鑿的證據，證明棄用工作是值得的。

考慮到棄用和去除過時軟體系統遇到的困難，用戶往往更容易就地開發一個系統，而不是完全取代它。漸進的方式並不能完全避免棄用過程，但它確實能將其分解為更小、更易管理的部分，進而產生漸進的收益。在 Google 內部，我們發現遷移到全新系統的成本極高，而且成本經常被低估。透過就地重構完成的漸進式棄用（incremental deprecation）可以保持現有系統的運行，同時更容易向用戶提供價值。

設計過程中的棄用

與許多工程活動一樣，軟體系統的棄用可以在這些系統建構之初就進行規劃。程式語言的選擇、軟體架構、團隊組成，甚至公司的政策和文化都會影響到，在一個系統使用壽命結束之後，最終去除系統的難易程度。

在軟體工程中，設計系統使其最終能夠被棄用的概念可能是激進的，但它在其他工程學科中卻很常見。以核電廠為例，它是一個極其複雜的工程。做為核電廠設計的一部分，必須考慮到核電廠在服務期結束後最終的退役問題，甚至為此撥出資金。[1]當工程師知道核電廠最終需要退役時，建造核電廠的許多設計選擇都會受到影響。

不幸的是，軟體系統很少設計得如此周到。吸引許多軟體工程師的是建構和啟動新系統的任務，而不是維護現有系統。包括 Google 在內的許多公司之企業文化都強調快速建構和運送新產品，這往往會阻止從一開始就為考慮棄用的設計。儘管普遍認為軟體工程師是資料驅動的自動機（data-driven automata），但在心理上很難為我們正在努力建構之創造物的最終滅亡做規劃。

那麼，在設計系統時，我們應該考慮什麼因素，以便在將來更容易進行棄用？以下是我們鼓勵 Google 的工程團隊提出的幾個問題：

- 對我的消費者來說，從我的產品遷移到潛在的替代產品會有多容易？
- 我如何才能逐步更換系統的部件？

其中許多問題都與系統如何提供和使用依賴關係有關。有關我們如何管理這些依賴關係之更徹底的討論，請參閱第 16 章。

最後，我們應該指出，是否長期支援專案的決定，是在組織首次決定建構專案時做出的。軟體系統存在後，剩下的唯一選項是支援它，小心翼翼地棄用它，或者在某個外部事件導致它崩潰時讓它停止工作。這些都是有效的選擇，它們之間的權衡將由組織來決定。一個只擁有單個專案的新創公司，會在公司破產時，毫不客氣地扼殺它，但一家大公司在考慮去除舊專案時，需要更仔細地考慮其投資組合及聲譽的影響。如前所述，Google 仍在學習如何最好地利用我們自己的內部和外部產品進行這些權衡。

簡而言之，不要啟動「你的組織在預期壽命內不承諾支持的專案」。即使組織選擇棄用和去除專案，仍然會有成本，但可以透過規劃和投資工具和政策來減輕這些成本。

棄用的類型

棄用並不是一種單一過程，而是一個連續的過程，從「我們希望有一天能夠把這個關掉」到「這個系統明天就會消失，客戶最好做好準備」。從廣義上講，我們把這個連續過程分為兩個獨立的領域：建議性和強制性。

1　"Design and Construction of Nuclear Power Plants to Facilitate Decommissioning,"（設計和建造核電廠以促進退役，）（*https://oreil.ly/heo5Q*）Technical Reports Series No. 382, IAEA, Vienna (1997).（技術報告系列第 382 期，國際原子能總署，維也納（1997 年）。）

建議性棄用

建議性棄用（advisory deprecations）是指那些沒有最後期限的棄用，對組織來說不是高度優先的棄用（公司不願意為此投入資源）。這些也可能稱為期望性棄用（aspirational deprecations）：團隊知道系統已被取代，雖然他們希望客戶最終能夠遷移到新系統，但他們沒有迫在眉睫的計劃來提供支援，以幫助客戶遷移或刪除舊系統。這種棄用的做法往往缺乏執行力：我們希望客戶遷移，但不能強迫他們這麼做。正如我們在 SRE 的朋友會很樂意告訴你的：「希望不是一種策略。」

建議性棄用是一個很好的工具，可以宣傳一個新系統的存在，並鼓勵早期採用的用戶開始嘗試。這樣的新系統不應該被認為處於測試期（beta period）：它應該為上線使用和負載做好準備，並且應準備無限期地支援新用戶。當然，任何新系統都會經歷成長的痛苦，但在舊系統以任何方式被棄用後，新系統將成為組織之基礎架構的關鍵部分。

我們在 Google 看到的一種場景是，當新系統為用戶提供令人信服的好處時，建議性棄用會帶來很大的好處。在這些情況下，簡單地通知用戶這個新系統，並為他們提供自助工具以遷移過去，通常會鼓勵用戶採用它。然而，好處不能只是漸進的：它們必須是變革性。用戶會對為了邊際利益而自行遷移感到猶豫不決，即使是有巨大改進的新系統，也無法僅透過建議性的棄用工作，獲得全面採用。

建議性棄用允許系統作者（system authors）將用戶推向所需的方向，但不應該指望他們來完成大部分的遷移工作。在一個舊系統上簡單地加上一個棄用警告，然後不費任何吹灰之力就走開，這往往很誘人。我們在 Google 的經驗是，這可能會導致一個過時系統的新用途（稍微）減少，但它很少導致團隊積極從它遷走。舊系統的現有用途對舊系統產生了一種概念上（或技術上）的拉力：相對而言，舊系統的許多用途會在新用途中占據很大的份額，無論我們說多少次，「請使用新系統」。舊系統將繼續需要維護和其他資源，除非用戶被更積極地鼓勵遷移。

強制性棄用

這種積極的鼓勵是以強制性棄用（compulsory deprecation）的形式出現的。這種棄用通常伴隨著去除過時系統的最後期限：如果用戶在該日期之後繼續依賴它，他們會發現自己的系統不再工作。

與直覺相反，強制性棄用的最佳方式是將遷移用戶的專業知識本地化到一個專家團隊中，通常是負責完全去除舊系統的團隊。這個團隊有動力幫助其他人從過時的系統遷走，並可以開發能夠在整個組織中使用的經驗和工具。許多這樣的遷移可以使用第 22 章中所討論的相同工具來實現。

為了使強制性棄用真正發揮作用，它的時間表（schedule）需要有一個執行機制。這並不意味著時間表不能更改，而是授權運行棄用流程的團隊，在透過努力遷移用戶，獲得充分警告後，中斷不合規定的用戶。如果沒有這種權力，客戶團隊就很容易忽略棄用工作，而傾向於功能或其他更緊迫的工作。

同時，沒有人員來做這項工作的強制性棄用，可能會給客戶團隊造成刻薄的印象，這通常會阻礙棄用的完成。客戶只是將此類棄用工作視為一項沒有資金支援的任務，要求他們拋開自己的優先事項，只是為了保持服務的運行。這感覺就像「原地跑步」（running to stay in place）的現象，在基礎架構維護者和其客戶之間製造了摩擦。正是因為這個原因，我們強烈主張強制性棄用要由專門的團隊積極完成。

同樣值得注意的是，即使有政策的力量在背後支持，強制性棄用仍可能面臨政治障礙（political hurdles）。想像一下，當舊系統的最後一個剩餘用戶是整個組織所依賴之基礎架構的關鍵部分時，而我們試圖進行強制性棄用的工作。你有多願意僅僅為了一個任意的最後期限而破壞基礎架構以及所有依賴它的人？如果該團隊能夠否決其進展，就很難相信該棄用是強制性的。

Google 的單體式儲存庫（monolithic repository）和依賴關係圖（dependency graph）讓我們對整個生態系統中如何使用系統有了深刻的瞭解。即便如此，有些團隊可能甚至不知道他們對一個過時的系統有依賴關係，而且很難從分析上發現這些依賴關係。也可以透過增加測試的頻率和持續時間動態地發現它們，在此期間舊系統暫時關閉。這些有意的變更提供了一種機制，透過查看什麼被破壞了來發現意外的依賴關係，進而提醒團隊需要為即將到來的最後期限做好準備。在 Google 內部，我們偶爾會改變「僅供實作之符號」（implementation-only symbols）的名稱，以查看哪些用戶不知不覺地依賴它們。

在 Google，當一個系統被預定進行棄用和去除時，團隊通常會在系統關閉前的幾個月和幾週內宣布，持續時間越來越長的計劃停機（planned outages）。與 Google 的災難恢復測試（Disaster Recovery Testing，或簡寫為 DiRT）演習類似，這些事件經常會發現運行系統之間未知的依賴關係。這種漸進的方法允許那些依賴的團隊（dependent teams）能夠發現，然後為系統的最終去除做計劃，甚至與棄用團隊（deprecating team）合作，調整其時間表。（同樣的原則也適用於靜態程式碼依賴關係，但靜態分析工具提供的語義資訊往往足以檢測過時系統的所有依賴關係。）

棄用警告

對於建議性和強制性的棄用，以程序化的方式（programmatic way）將系統標記為棄用通常很有用，這樣用戶就會收到有關其使用的警告並鼓勵他們離開。把某樣東西標記為棄用，並希望它的使用最終消失，這往往很誘人，但請記住：「希望不是一種策略」（hope is not a strategy）。棄用警告可能有助於防止新的使用，但很少導致現有系統的遷移。

實際上通常會發生，這些警告隨著時間的推移而累積。如果它們是在遞移環境中使用的（例如，程式庫 A 依賴於程式庫 B，程式庫 B 又依賴於程式庫 C，而程式庫 C 發出警告，並在程式庫 A 建構時顯示），這些警告很快就會使系統的用戶不知所措，以至於他們完全忽略這些警告。在醫療保健中，這種現象被稱為「警示疲勞」（alert fatigue）（*https://oreil.ly/uYYef*）。

向用戶發出的任何棄用警告都需要具有兩個特性：可操作性（actionability）和相關性（relevance）。如果用戶可以利用這個警告來實際執行一些相關的操作，那麼這個警告是可操作的，不僅僅是在理論上，而且是在實踐中，考慮到我們期望普通工程師在該問題領域的專業知識。例如，一個工具可能會警告說，對某一特定函式的調用，應該替換為對其更新後之對應物（updated counterpart）的調用，或者一封電子郵件可能會概述將資料從舊系統移動到新系統所需的步驟。在每一種情況下，警告都提供了工程師可以執行的下一個步驟，以便不再依賴於被棄用的系統。[2]

儘管警告是可操作的，但仍然令人煩惱。為了有幫助，棄用警告也應該是相關的。如果在用戶實際執行指定操作時出現警告，則警告是相關的。關於使用棄用函式的警告，最好是在工程師編寫使用該函式的程式碼時進行，而不是在該函式被簽入儲存庫數週後。同樣的，關於資料遷移的電子郵件，最好在舊系統被去除的前幾個月發送，而不是在去除發生前的週末才想到。

重要的是，要抵制在所有可能的情況下都發出棄用警告的衝動。警告本身並不是壞事，但簡單的工具往往會產生大量的警告資訊，使毫無戒心的工程師不堪重負。在 Google 內部，我們非常自由地將舊函式標記為棄用，但利用 ErrorProne（*https://errorprone.info*）或 clang-tidy 等工具來確保警告以有針對性的方式出現。正如第 20 章所討論的，我們將這些警告限制在剛更改的程式列中，以此來警告人們有關棄用符號的新用途。更具侵入性的警告，例如依賴關係圖中的棄用目標，僅用於強制性棄用，並且團隊正在積極地將用戶移走。在這兩種情況下，在適當的時間向適當的人發佈適當的資訊，工具都扮演著重要的角色，允許添加更多的警告而不會使用戶感到疲勞。

2　例如，請參閱 *https://abseil.io/docs/cpp/tools/api-upgrades*。

管理棄用過程

雖然它們可能感覺像是不同類型的專案，因為我們正在解構一個系統，而不是構建它，但棄用專案（deprecation projects）在管理和運行方式上類似於其他軟體工程專案。我們不會花太多精力去討論這些管理工作之間的相似性，但值得指出它們的不同之處。

過程的擁有者

我們在 Google 瞭解到，如果沒有明確的擁有者，無論系統產生多少警告和警報，棄用過程都不太可能取得有意義的進展。讓明確的專案擁有者負責管理和運行棄用過程（deprecation process）似乎是對資源的使用不當，但替代方案甚至更糟：永遠不要棄用任何東西，或將棄用工作委託給系統的用戶。第二種情況就變成了簡單的建議性棄用，這將永遠不會有機會完成，而第一種情況是承諾無限期地維護每一個舊系統。集中棄用工作有助於更好地確保專業知識，透過提高透明度來實際降低成本。

在建立擁有權和調整激勵機制時，被廢棄的專案（abandoned projects）往往會出現問題。每個規模合理的組織都有仍在積極使用但沒有人明確擁有或維護的專案，Google 也不例外。專案有時會進入這種狀態，因為它們被棄用：原來的擁有者已經轉移到一個後續專案，留下過時的專案在地下室裡蹣跚前行，仍然是一個關鍵專案所依賴的項目，並希望它最終會消失。

這類專案不太可能自行消失。儘管我們寄予厚望，但我們發現這些專案仍然需要棄用專家來去除它們，並防止它們在不恰當的時候失敗。這些團隊應該將去除當作他們的主要目標，而不是僅僅做為其他工作的附帶專案。在優先權相互競爭的情況下，棄用工作幾乎總是被視為具有較低的優先權，很少得到所需的關注。這些重要而不緊急的（important-not-urgent）清理任務充分利用了 20% 的時間，並為工程師提供接觸程式碼基底（codebase）其他部分的機會。

里程碑

當建構一個新的系統時，專案里程碑（project milestones）通常是相當明確的：「在下個季度之前推出 frobnazzer 功能。」按照漸進式開發（incremental development）的做法，團隊會逐步建構並交付功能給用戶，用戶只要利用了一個新功能，他們就會獲得勝利。最終目標可能是啟動整個系統，但漸進式里程碑（incremental milestones）有助於給團隊一種進步感，並確保他們不需要等到過程結束才為組織創造價值。

與此相反的是，人們常常會感到棄用過程的唯一里程碑是完全去除過時的系統。團隊可能感覺到他們還沒有取得任何進展，直到他們關燈回家。僅管這可能是團隊最有意義的一步，但如果團隊正確地完成了工作，那麼團隊外部的任何人通常都不會注意到這一點，因為到那時，過時的系統就不再有任何用戶了。棄用專案經理應該抵制將此做為唯一可衡量之里程碑的誘惑，特別是考慮到它甚至可能不會發生在所有棄用專案中。

與建構一個新的系統類似，管理一個致力於棄用工作的團隊應該涉及具體的漸進式里程碑，這些里程碑是可衡量的，並且為用戶帶來價值。用來評估棄用進度的指標會有所不同，但在棄用過程中慶祝漸進式的成就，仍然有利於鼓舞士氣。我們發現承認適當的漸進式里程碑非常有用，比如刪除一個關鍵的子組件，就像我們承認在建構新產品方面取得的成就一樣。

棄用工具

許多用於管理棄用過程的工具，在本書的其他部分都有深入討論，例如大規模變更（LSC）過程（第 22 章）或我們的程式碼審查工具（第 19 章）。本節，我們不會談論這些工具的具體細節，只會簡要概述這些工具在管理過時系統之棄用時有何用處。這些工具可歸類為發現（discovery）、遷移（migration）和防止倒退（backsliding prevention）的工具。

發現

在棄用過程的早期階段，實際上在整個過程中，瞭解如何以及由誰使用過時的系統是很有用的。棄用的最初工作，大部分是在確定誰在使用舊系統，以及以何種出乎意料的方式使用舊系統。根據使用類型，此過程可能需要在瞭解新資訊後重新審視棄用決策。在整個棄用過程中，我們還會使用這些工具來瞭解工作的進展情況。

在 Google 內部，我們使用 Code Search（見第 17 章）和 Kythe（見第 23 章）等工具靜態地確定哪些客戶使用了某個特定的程式庫，並經常對現有的使用情況進行採樣，以了解客戶意外依賴於哪些行為。由於運行時期（runtime）的依賴關係通常需要一些靜態程式庫或瘦用戶端（thin client）的使用，所以此技術產生了啟動和運行棄用過程所需的大量資訊。生產環境中，日誌（logging）和運行時期的採樣（runtime sampling）有助於發現動態依賴關係的問題。

最後，我們把我們的全域測試集（global test suite）視為一個預言家，以確定是否已去除對舊符號的所有引用。正如第 11 章所討論的，測試是一種機制，可以防止生態系統演變時，系統發生不必要的行為變化。棄用是這種演變的一個重要部分，客戶有責任進行充分的測試，以確保去除過時的系統，不會對他們造成傷害。

遷移

在 Google 進行的大部分棄用工作，都是透過使用我們前面提到的同一套程式碼產生（code generation）和審查（review）工具來實現的。LSC 的過程和工具，在管理實際更新程式碼基底（codebase）以引用新程式庫或運行時期服務（runtime services）的大量工作方面特別有用。

防止倒退

最後，一個經常被忽視的「棄用基礎架構」（deprecation infrastructure）是用於防止添加新用途的工具，而這些用途正是被積極去除的東西。即使是建議性棄用，警告用戶在編寫新程式碼時迴避棄用的系統而使用新的系統，也是有用的。如果沒有防止倒退（backsliding prevention）的措施，棄用可能會成為一個場打地鼠（whack-a-mole）遊戲，在這場遊戲中，用戶會不斷添加他們熟悉之系統的新用途（或在程式碼基底的其他地方找到例子），而棄用團隊則不斷遷移這些新用途。這個過程既適得其反，也令人沮喪。

為了防止棄用在微觀層面（micro level）上倒退，我們使用 Tricorder 靜態分析框架來通知用戶，他們正在將調用添加到已棄用的系統中，並向他們提供有關適當替換（appropriate replacement）的反饋。棄用系統的擁有者可以在棄用符號（比如 Java 的 `@deprecated` 註釋）中添加編譯器註釋（compiler annotations），Tricorder 在審查時會顯示這些符號的新用途。這些註釋會將訊息傳遞給擁有棄用系統的團隊，同時也會自動提醒進行變更的作者。在有限的情況下，該工具還會建議使用一鍵修正（a push-button fix）來遷移到所建議的替代品。

在宏觀層面（macro level）上，我們在建構系統中使用可見性白名單（visibility whitelists）來確保新的依賴關係不會被導入已棄用的系統。自動化工具會定期檢查這些白名單，並在依賴系統從過時的系統遷移時，修剪它們。

結語

棄用工作可能會讓人感覺像是馬戲團遊行隊伍剛剛穿過小鎮後清理街道的苦差事，然而這些努力可以透過減少工程師的維護費用和認知負擔來改善整個軟體生態系統。隨著時間的推移，要對複雜的軟體系統進行可擴展的維護，不僅僅是建構和運行軟體，我們還必須能夠去除過時或未使用的系統。

一個完整的棄用過程包括透過政策和工具成功地管理社會和技術挑戰。以有組織和管理良好的方式進行棄用，往往會被忽視，因為它是一個組織的利益來源，但對組織的長期可持續性至關重要。

摘要

- 軟體系統有持續的維護成本，應該與去除它們的成本進行權衡。

- 去除東西往往比開始建構它們更困難，因為現有用戶對系統的使用往往會超出其原始設計。

- 在考慮降低成本的情況下，改進現有的系統通常比用新的系統替代它要便宜。

- 在決定是否棄用時，很難誠實地評估所涉及的成本：除了保持舊系統所涉及的直接維護成本外，還有生態系統的成本，即使有多個類似的系統可以選擇，而且可能需要相互操作。舊系統可能會暗中拖累新系統的功能開發。這些生態系統成本是分散的，難以衡量。棄用和去除的成本通常也是分散的。

## 第四部分

工具

## 第十六章

版本控制和分支管理

作者：Titus Winters（泰特斯・溫特斯）

編輯：Lisa Carey（麗莎・凱莉）

也許沒有任何軟體工程工具能像版本控制那樣在整個行業得到普遍採用。人們很難想像任何超過幾個人的組織，能夠不依賴正式的版本控制系統（Version Control System 或簡寫為 VCS）來管理其原始程式碼和協調工程師之間的活動。

本章中，我們將研究為什麼版本控制的使用，已成為軟體工程中如此明確的規範，我們將描述版本控制和分支管理的各種可能方法，包括我們如何在整個 Google 範圍內大規模地使用版本控制。我們還將研究各種方法的利弊：雖然我們相信每個人都應該使用版本控制，但某些版本控制策略和流程可能比其他的版本控制策略和流程（或一般情況下）更適合你的組織。特別是，我們發現由 DevOps[1] 推廣的「基於主線的開發」（一個儲存庫，沒有開發分支）是一種特別可擴展的策略方法，我們將就原因提供一些建議。

何謂版本控制？

這一節對許多讀者來說可能有點基本：畢竟，版本控制的使用相當普遍。如果你想跳過，我們建議跳到第 321 頁的〈事實來源〉這一節。

1　開發維運研究協會（DevOps Research Association）在本章初稿與出版期間被 Google 收購，該協會在年度《State of DevOps Report》（開發維運狀態報告）和《Accelerate》（加速）一書中廣泛地發表了這方面的內容。據我們所知，它推廣了「基於主線的開發」（trunk-based development）這一術語。

VCS 是一個可以隨著時間的推移追蹤檔案之修訂（版本）的系統。VCS 會為所管理的一組檔案維護一些中介資料（metadata），這些檔案和中介資料的副本統稱為儲存庫 [2]（repository 或簡寫為 repo）。VCS 透過允許多個開發人員同時處理同一組檔案，來幫助協調團隊的活動。早期的 VCS 是透過一次授予一個人編輯檔案的權利來做到這一點，這種鎖定方式足以建立順序（一個公認的「哪個較新」（which is newer），是 VCS 的一個重要功能）。更先進的系統可確保同時將所提交之一系列檔案的變更視為同一單元（當一個邏輯變更涉及多個檔時的不可分割性（atomicity））。像 CVS（90 年代流行的 VCS）這樣的系統，沒有這種提交的不可分割性，就會受到損壞和丟失變更的影響。確保不可分割性可以消除之前的變更在無意中被覆蓋的可能性，但需要追蹤最後一次是同步到哪個版本──在提交時，如果提交中的任何檔案自本地開發人員上次同步以來被修改過，則提交會被拒絕。特別是在這樣一個追蹤變更（change-tracking）的 VCS 中，開發人員之託管檔案（managed files）的工作副本（working copy）因此需要有自己的中介資料。根據 VCS 的設計，儲存庫的副本可以是儲存庫本身，或者也可能包含簡化的中介資料，這種簡化的副本通常是一個「用戶端」（client）或「工作區」（workspace）。

這似乎很複雜：為什麼需要 VCS？是什麼讓這種工具成為少數幾個幾乎通用的軟體開發和軟體工程工具之一？

想像一下，在沒有 VCS 的情況下工作會怎樣。有一（非常）小群的分散式開發人員，在不瞭解版本控制的情況下，從事範圍有限的專案，最簡單和最低的基礎架構解決方案就是來回傳遞專案副本。這在非同步編輯（人們在不同的時區工作，或者至少在不同的時間工作）的狀況下效果最好。如果有任何機會讓人們不知道哪個版本是最新的，我們馬上就會有一個惱人的問題：追蹤哪個版本是最最新的。任何試圖在非網路環境下進行協作的人將可能還記得來回複製名為「Presentation v5 - final - redlines - Josh's version v2」之檔案的恐怖經歷。正如我們將看到的，當沒有一個公認的事實來源（source of truth）時，協作（collaboration）就變得容易產生高度摩擦和錯誤。

導入共享儲存（shared storage）需要稍微多一些基礎架構（取得對共享儲存的存取權），但提供了一個簡單而明顯的解決方案。於一個共享磁碟（shared drive）中協調工作，在人數夠少的情況下可能暫時夠用，但仍需要帶外協作（out-of-band collaboration），以避免覆蓋彼此的工作。此外，直接在共享儲存中工作，意味著任何不能讓建構持續工作的開發任務，都將開始阻礙團隊中的每個人──如果我在啟動建構的同時對這個系統的某些部分做了改變，你的建構將無法工作。顯然，這並不能很好地擴展。

2　雖然什麼是和什麼不是儲存庫（repository）的正式概念會因為你選擇的 VCS 而有些變化，術語也會有所不同。

實際上，缺乏檔案鎖定（file locking）和缺乏合併追蹤（merge tracking）將不可避免地導致衝突和工作被覆蓋。這樣的系統很可能導入帶外協調（out-of-band coordination）來決定誰在處理任何給定的檔案。如果該檔案鎖定已編碼（encoded）到軟體中，我們已經開始重新發明早期的版本控制，如 RCS（包括其他）。當你意識到一次授予一個檔案的寫入許可權（write permissions）過於粗粒度（coarse grained），而你開始想要進行列等級的追蹤（line-level tracking）時，我們肯定是在重新發明版本控制。似乎不可避免的是，我們希望有一些結構化的機制來管理這些協作。因為我們似乎是在這個假設中重新發明輪子，我們不妨使用現成的工具。

版本控制為什麼很重要？

雖然版本控制現在幾乎無處不在，但情況並非總是如此。最早的 VCS 可追溯到 1970 年代（SCCS）和 1980 年代（RCS），比首次將軟體工程當做一門獨特學科來引用的時間要晚很多年。在業界沒有任何正式的版本控制概念之前，團隊參與的是「多人開發的多版本軟體」（multiperson development of multiversion software）（*https://arxiv.org/pdf/1805.02742.pdf*）。版本控制是針對數位協作的新挑戰而發展起來的。經過幾十年的演變和傳播，可靠、一致地使用版本控制才發展成為今日的規範。[3] 那麼，它是如何變得如此重要的呢？既然這是一個不言可喻的解決方案，為什麼人們會有抵制 VCS 的想法？

還記得嗎，軟體工程是隨著時間的推移而整合的程式設計；我們在原始碼的即時產生和長期維護該產品的行為之間（在維度上）做了區分。這一基本的區分很大程度上解釋了 VCS 的重要性，以及對 VCS 的猶豫不決：在最基本的層面上，版本控制是工程師管理原始來源（raw source）和時間之間相互作用的主要工具。我們可以將 VCS 概念化為一種擴展標準檔系統的方法。檔案系統是從檔名到內容的映射。而 VCS 擴展了它，提供了從「檔案名稱和時間」到內容的映射，並且提供追蹤最後同步點（last sync points）和稽核歷史紀錄（audit history）所需要的中介資料（metadata）。版本控制使時間的考慮成為操作的明確部分：僅管在程式設計任務中是不必要的，但在軟體工程任務中卻是至關重要的。在大多數情況下，VCS 還允許為該映射提供額外的輸入（分支名稱），以允許並行映射（parallel mappings）；因此：

```
VCS(filename, time, branch) => file contents        譯註
```

3　事實上，我曾多次公開演講，以「採用版本控制」為例，說明軟體工程的規範是如何隨著時間的推移而演變的。根據我的經驗，在 1990 年代，版本控制被理解為一種最佳實踐，但並未得到普遍遵循。在 21 世紀初，仍然經常遇到沒有使用版本控制的專業團體。今日，像 Git 這樣的工具之使用似乎無處不在，甚至在從事個人專案的大學生中也是如此。採用率的上升可能是由於工具中更好的用戶體驗（沒有人願意回到 RCS），但體驗和不斷變化之規範的作用很重要。

譯註　版本控制系統（檔案名稱，時間，分支名稱）=> 檔案內容

在預設用法中，該分支輸入將有個一般理解的預設值：我們稱其為 head、default 或 trunk，以表示主分支（main branch）。

對一致使用版本控制之（輕微的）猶豫不決，幾乎直接來自於將程式設計和軟體工程混為一談——我們教授程式設計，我們培訓程式員，我們根據程式設計問題和技術來進行面試。對於一個新員工來說，即使是在像 Google 這樣的地方，對於由多人或幾個星期以上編寫的程式碼，幾乎沒有或根本沒有經驗是完全合理的。鑑於對問題的經驗和理解，版本控制似乎是一個陌生的解決方案。版本控制正在解決我們的新員工不一定經歷過的問題：「撤回」（undo）操作不是針對單一檔案，而是針對整個專案，為有時不明顯的好處增加了許多複雜性。

在一些軟體團隊中，當管理層將技術人員的工作視「軟體開發」（坐下來編寫程式碼）而不是「軟體工程」（產生程式碼，使其在一段時間內維持運作和效用）時，也會出現相同的結果。以程式設計做為主要任務的思維模式，以及對程式碼和時間流逝之間的相互作用了解甚少，我們很容易將「返回以前的版本，以便撤回錯誤」視為一種奇怪的、高開銷的奢侈品。

除了允許隨著時間的推移單獨儲存和引用版本之外，版本控制還有助於我們彌合單一開發人員和多開發人員之間的差距。實際上，這就是為什麼版本控制對軟體工程如此重要的原因，因為它允許我們擴展團隊和組織，儘管我們很少用它做為一個「撤回」（undo）按鈕。開發本質上是一個分支與合併（branch-and-merge）過程，無論是在多個開發人員之間還是在不同時間點協調單一開發人員。VCS 消除了「哪一個是最近的？」這個問題。現代版本控制的使用，自動化了容易出錯的操作，比如追蹤已應用了哪一組變更。版本控制是我們協調多個開發人員和／或多個時間點的方式。

由於 VCS 已經徹底融入軟體工程的過程，甚至連法律和監管實踐也趕上了。VCS 允許正式記錄每一列程式碼的每一個變化，這對於滿足稽核要求越來越有必要。當混合使用內部開發與適當使用第三方資源時，VCS 有助於追蹤每一列程式碼的出處和來源。

除了隨時間的推移追蹤原始碼（tracking source）以及處理同步／分支／合併等操作的技術和監管方面外，版本控制還會觸發一些非技術的行為變化。提交版本控制和產生提交日誌的過程是一個引發反思的時刻：自你上次提交以來，你完成了什麼？原始碼是否處於你滿意的狀態？與提交、編寫總結和完成任務相關的自我檢查時刻，對許多人來說，可能具有其自身的價值。提交過程的開始是檢查清單、運行靜態分析（見第 20 章）、檢查測試覆蓋率、運行測試和動態分析等的最佳時機。

與任何過程一樣，版本控制也會帶來一些開銷：必須有人設置和管理你的版本控制系統，而且每個開發人員必須使用它。但不要誤會：這些開銷幾乎總是相當廉價。有趣的是，大多數有經驗的軟體工程師，都會本能地對任何持續超過一兩天的專案，使用版本控制，即使是只有一個開發人員的專案。這一結果的一致性表明，在價值（包括風險降低）與間接費用之間進行權衡一定是相當容易的。但我們已經承諾要承認環境的重要性，並鼓勵工程的領導者們自己思考。即使在像版本控制這樣的基本問題上，也總是值得考慮其他選擇。

事實上，很難想像任何一個可以被認為是現代軟體工程的任務，不會立即採用 VCS。既然你已經瞭解版本控制的價值和需求，那麼你現在可能會想問，你需要何種類型的版本控制。

集中式 VCS 與分散式 VCS

在最簡單的層次上，所有現代的 VCS 都是等價的：只要你的系統能夠不可分割地對一批檔案提交變更，其他一切都只是 UI。你可以用另一個 VCS 和一堆簡單的 shell 命令稿來建構與任何現代 VCS 相同的通用語義（不是工作流程）。因此，爭論哪個 VCS「更好」，主要是用戶體驗的問題——核心功能是相同的，不同之處在於用戶體驗、命名、邊緣案例的特徵和性能。選擇 VCS 就像選擇檔案系統格式：在足夠現代的格式中進行選擇時，差異相當小，而迄今為止，更重要的問題是，你在系統中填寫的內容以及使用它的方式。但是，VCS 中的主要架構差異可能會使組態、策略和擴展的決策變得更容易或更困難，所以重要的是要意識到架構上的巨大差異，主要是集中式或分散式之間的決策。

集中式 VCS

在集中式的 VCS 實作中，模型是一個單一的中央儲存庫（可能儲存在你的組織的一些共享的運算資源上）。雖然開發人員可以在其本地工作站上簽出和存取檔案，但與這些檔案之版本控制狀態進行互動的操作需要傳達到中央伺服器（像是，添加檔案、同步、更新現有檔案…等等）。開發人員提交的任何程式碼都會被提交到中央儲存庫。最初的 VCS 實作都是集中式 VCS。

回溯到 1970 年代和 1980 年代初，我們發現最早期的 VCS（比如 RCS），專注於檔案的鎖定和防止同時編輯。你可以複製儲存庫的內容，但如果你想要編輯檔案，你可能需要獲得由 VCS 強制執行的鎖，以確保只有你在進行編輯。完成編輯後，便將鎖釋放。如果任何給定的變更速度都很快，或者在任何給定的時間內很少有超過一個以上的人想要獲得檔案的鎖，那麼該模型會運作得很好：比如調整組態檔這樣的小型編輯，或是在一

個工作時間不連續或很少長時間處理交疊檔案的小型團隊中工作。這種簡單化的鎖定機制在規模上有著固有的問題：對少數人來說，它可以運作很好，但如果被鎖定的檔案有任何一個成為爭奪的對象，它就有可能在較大的群體中崩潰。[4]

做為對這個擴展問題的回應，90 年代和 21 世紀初期流行的 VCS 在更高的層次上運行。這些更現代的集中式 VCS 避免了排他性的鎖定（exclusive locking），但會追蹤你已同步的變更，要求你的編輯基於你提交中每個檔案的最新版本。CVS 對 RCS 進行了包裝和改進，（主要是）一次對成批的檔案進行操作，並允許多個開發人員同時簽出同一個檔案：只要你的基本版本（base version）包含了儲存庫中的所有變更，你就可以提交。Subversion 透過為提交、版本追蹤提供真正的不可分割性，並為不尋常的操作（重新命名、符號連結的使用…等等）提供更好的追蹤，做了進一步的推進。集中式儲存庫／簽出客戶端模型（centralized repository/checked-out client model）如今在 Subversion 和大多數商業 VCS 中繼續存在。

分散式 VCS

從 2000 年代中期開始，許多流行的 VCS 都遵循著分散式版本控制系統（Distributed Version Control System，或簡寫為 DVCS）的模式，正如在 Git 和 Mercurial 等系統中所見。DVCS 和更傳統的集中式 VCS（Subversion、CVS）之間的主要概念差異是：「你可以在哪裡提交？」或者「這些檔案的哪些副本算是一個儲存庫？」

DVCS 的世界不強制執行中央儲存庫的約束：如果你有儲存庫的一個副本（clone、fork），那麼你就有一個可以提交的儲存庫，以及查詢有關修訂歷史紀錄（revision history）等資訊所需的所有中介資料（metadata）。標準的工作流程是複製（clone）一些現有的儲存庫，進行一些編輯，在本地提交它們，然後將一組提交推送（push）到另一個儲存庫，這個儲存庫可能是複製（clone）的原始來源，也可能不是。任何中心性的概念都純粹是概念性的，是一個政策問題，而不是技術或底層協定的基礎。

DVCS 模型允許更好的離線操作和協作，而不必固有地將一個特定的儲存庫宣告為事實來源。一個儲存庫不需要「提前」（ahead）或「推遲」（behind），因為變更不會固有地投射到線性的時間線（linear timeline）上。但是，考慮到常見的用法，集中式和 DVCS 模型在很大程度上是可互換的：集中式 VCS 透過技術提供了一個明確定義的中央儲存

---

4 軼事：為了說明這一點，我在最近的專案中尋找關於「Googlers 對一個略受歡迎的檔案有哪些未決／未提交之編輯」的資訊。在撰寫本文當時，有 27 項更改待處理，其中 12 項來自我團隊中的人，5 項來自相關團隊中的人，10 項來自我從未見過的工程師。這基本上如預期般工作。需要帶外協調（out-of-band coordination）的技術系統或策略當然不能擴展成分布在各地的全天候軟體工程。

庫，而大多數 DVCS 生態系統將專案的集中儲存庫定義為政策問題。也就是說，大多數 DVCS 專案都是圍繞一個概念性的事實來源（例如 GitHub 上的一個特定儲存庫）而建構的。DVCS 模型往往會假設一個分佈更廣的使用案例，並且在開源領域中獲得了特別強大的採用。

一般來說，目前主流的原始碼控制系統是 Git，它實現了 DVCS。[5] 如果有疑問，就使用它。做別人所做的事有一定的價值。如果你的使用案例預期是不尋常的，那麼收集一些資料並進行權衡。

Google 與 DVCS 有著複雜的關係：我們的主要儲存庫基於（大規模）自定義內部集中式 VCS。我們會定期嘗試整合更多標準的外部選項，並與我們的工程師（尤其是 Nooglers）所期望之外部開發的工作流程相匹配。不幸的是，那些試圖轉向更常用工具（如 Git）的嘗試，由於程式碼基底（codebase）和用戶群（userbase）的龐大規模而受阻，更不用說將我們與特定的 VCS 和該 VCS 的介面聯繫在一起的海勒姆法則效應。[6] 這也許並不奇怪：大多數現有工具都不能很好地擴展到 50,000 名工程師和數以千萬計的提交。[7] DVCS 模型，通常（但不總是）包括歷史紀錄和中介資料的傳輸，需要大量的資料來建立一個儲存庫以進行工作。

在我們的工作流程中，程式碼基底的中心性和雲端儲存似乎對於擴展至關重要。DVCS 模型是基於下載整個程式碼基底並在本地存取它的想法而建構的。實際上，隨著時間的推移以及組織規模的擴大，任何一個開發人員都將操作儲存庫中相對較小比例的檔案，並且這些檔案的版本也只占一小部分。隨著我們（在檔案計數和工程師計數）的成長，這種傳輸幾乎完全變成了浪費。大多數檔案在建構時都只需要局部性，但分散式（和可重複的）建構系統似乎也能更好地擴展此一任務（見第 18 章）。

事實來源

集中式 VCS（Subversion、CVS、Perforce…等等）在系統的設計中加入了事實來源（source-of-truth）的概念：無論最近在主線（trunk）上提交的是什麼，都是當前的版本。當開發人員簽出（check out）專案時，預設情況下，他們將看到的是主線版本（trunk version）。當你的變更被提交到該版本上時，你的變更就「完成」（done）了。

5　〈Stack Overflow Developer Survey Results, 2018〉（*https://oreil.ly/D173D*）。

6　單調遞增的版本號，而不是提交雜湊值，特別麻煩。許多系統和命令稿已經在 Google 開發人員的生態系統中成長起來，它們會假定提交的數字順序與時間順序相同——要消除這些隱藏的依賴關係是很困難的。

7　就這一點而言，截至 Monorepo 論文發表，忽略發佈分支的情況下，儲存庫本身已具有大約 86 TB 的資料和中介資料。將其直接安裝到開發人員工作站上將是……挑戰。

然而，與集中式 VCS 不同，在 DVCS 系統中，並沒有哪個分散式儲存庫的副本是唯一的事實來源。理論上來說，在沒有集中化（centralization）或協作（coordination）的情況下，有可能傳遞提交標籤（commit tags）和 PRs，讓不同的開發分支不受檢查地傳播，進而有可能在概念上回到「Presentation v5 - final - redlines - Josh's version v2」的世界。因此，DVCS 比集中式 VCS 需要更明確的政策和規範。

管理良好的專案會使用 DVCS 將一個特定儲存庫中的一個特定分支宣告為事實來源，進而避免了更混亂的可能性。隨著託管 DVCS 解決方案（如 GitHub 或 GitLab）的普及，我們在實踐中看到用戶可以複製（clone）和分支出（fork）專案的儲存庫，但仍有一個單一的主儲存庫（primary repository）：當他們在該儲存庫的主線分支（trunk branch）中時，事情就「完成」了。

即使在 DVCS 的世界裡，集中化（centralization）和事實來源（Source of Truth）也已經悄悄地回到人們的使用中，這並非偶然。為了說明「事實來源」這個概念有多重要，讓我們想像一下，當我們沒有明確的「事實來源」時會發生什麼。

情景：沒有明確的事實來源

想像一下，你的團隊堅持 DVCS 理念足以避免將特定的「分支＋儲存庫」（branch+repository）定義為最終的事實來源。

在某些方面，這讓人想起「Presentation v5 - final - redlines - Josh's version v2」模型——從隊友的儲存庫中提取後，不一定清楚哪些變更是存在的，哪些變更是不存在的。在某些方面，它比這更好，因為 DVCS 模型以比那些特殊命名方案更精細的粒度追蹤個別補丁（patches）的合併，但是「DVCS 知道合併了哪些變更」與「每個工程師都確定他們表示了所有過去／相關的變更」之間存在差異。

考慮一下如何確保一個發行版本（release build）包括每個開發人員在過去幾週內開發的所有功能。有什麼（非集中的、可擴展的）機制可以做到這一點？我們能否設計出比讓每個人都簽字更好的策略？隨著團隊中開發人員數量的增加，這是否會繼續發揮作用？就我們所看到的：可能不會。如果沒有一個中央的事實來源，就會有人記下哪些功能有可能被納入下一個版本的清單中。最終，這種記帳方式（bookkeeping）重現了一個集中式事實來源的模式。

進一步想像：當一個新的開發人員加入團隊，他們從哪裡獲得已知良好的程式碼新副本？

DVCS 支援許多出色的工作流程和有趣的使用模型。但是，如果你關心的是隨著團隊的成長，找到一個需要次線性人力（sublinear human effort）來管理的系統，那麼將一個儲存庫（和一個分支）定義為最終的事實來源非常重要。

事實來源有一定的相對性。也就是說，對於一個特定的專案，對於不同的組織來說，可能是不同的。這一點很重要：對於 Google 或 RedHat 的工程師來說，Linux 核心補丁（Kernel patches）有不同的事實來源是合理的，但仍然不同於 Linus（Linux 核心的維護者）自己。當組織及其事實來源是分層的（組織之外的人看不見）時，DVCS 就能正常運作，這也許是 DVCS 模型最實用的效果。一個 RedHat 的工程師可以提交到本地的「事實來源」（Source of Truth）儲存庫，並且可以定期從那裡向上游推送變更，而 Linus 對於什麼是事實來源有著完全不同的概念。只要對於應該向何處推送變更沒有選擇或具不確定性，我們就可以避免 DVCS 模型中出現大量混亂的擴展問題。

在所有這些想法中，我們為主線分支（trunk branch）賦予了特殊的意義。但當然，VCS 中的「主線」只是技術上的預設值，一個組織可以在此基礎上選擇不同的政策。也許預設的分支已被放棄，所有的工作實際上都發生在某個自定義的開發分支（development branch）上。除了需要在更多操作中提供一個分支名稱之外，該方法本身並沒有什麼內在的缺陷：它只是非標準的。在討論版本控制時，有一個（不言而喻的）事實：對於任何特定的組織來說，技術只是其中的一部分；除此之外，幾乎總是有同等數量的策略和使用約定。

版本控制的話題中，沒有哪個話題比討論如何使用和管理分支更具策略性和慣例性。我們將在下一節更詳細地討論分支管理。

版本控制與依賴關係管理

關於版本控制策略（version control policies）與依賴關係管理（dependency management）的討論在概念上有很多相似之處（見第 21 章）。差異主要體現在兩種形式上：VCS 策略主要取決於你如何管理自己的程式碼，並且通常更加精細。依賴關係管理更具挑戰性，因為我們主要關注由其他組織以更高的粒度管理和控制的專案，這些情況意味著你沒有完美的控制力。我們將在本書後面討論更多此類高層次的問題。

分支管理

能夠在版本控制中追蹤不同的修訂版，為如何管理這些不同的版本提供了各種不同的做法。總的來說，這些不同的做法屬於「分支管理」（branch management）這個術語，與單一的「主線」（trunk）形成對比。

正在進行的工作相當於一個分支

一個組織對分支管理策略的任何討論至少應該承認，組織中正在進行的每一項工作都相當於一個分支。這一點在 DVCS 中更為明顯，即開發人員更有可能在推送回上游事實來源（upstream Source of Truth）之前，進行大量的本地暫存區提交（local staging commits）。集中式 VCS 的情況也是如此：未提交的本地變更在概念上與分支上所提交的變更沒有區別，只是可能更難發現和對比。一些集中式系統甚至明確了這一點。例如，在使用 Perforce 時，每個變更都會有兩個修訂編號（revision numbers）：一個表示建立變更的隱性分支點，另一個表示重新提交的位置，如圖 16-1 所示。Perforce 用戶可以查詢到誰對某個檔案有未完成的變更，檢查其他用戶未提交的變更中待處理的變更⋯等等。

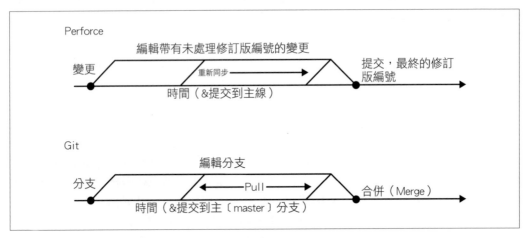

圖 16-1　Perforce 中的兩個修訂編號

這種「未提交的工作相當於一個分支」的想法在思考重構任務時尤其重要。假設一個開發人員被告知,「將 Widget 重新命名為 OldWidget。」根據組織的分支管理策略和理解,什麼才算一個分支以及哪些分支是重要的,這可以有幾種解釋:

- 在事實來源(Source of Truth)儲存庫中的主線分支(trunk branch)上重新命名 Widget。
- 在事實來源儲存庫中的所有分支上重新命名 Widget。
- 在事實來源儲存庫中的所有分支上重新命名 Widget,並找到引用 Widget 的檔案有未處理變更的所有開發分支(Devs)。

如果我們推測,試圖支援「在任何地方重新命名檔案,即使是在未處理的變更中」的使用案例(use case)是商業集中式 VCS 傾向於追蹤諸如「哪些工程師開啟了這個檔案進行編輯?」的部分原因。(我們不認為這是一種執行重構任務的可擴展方式,但我們理解此一觀點。)

開發分支

在統一單元測試之前的時代(見第 11 章),當導入任何特定的變更,都有很高的風險可能使系統中其他部分的功能退化,因此特別對待主線是有道理的。你的技術負責人可能會說:「在新的變更經過一輪完整的測試之前,我們不會提交到主線。我們的團隊會使用針對特定功能的開發分支來代替。」

開發分支(通常是 "dev branch")是介於「這已完成但尚未提交」和「這是新工作的基礎」之間的一個中間點。這些試圖解決的問題(產品的不穩定性)是一個合理的問題,但我們發現,透過更廣泛地使用測試、持續整合(CI)(見第 23 章)和品質強制措施(如徹底的程式碼審查),可以更好地解決這個問題。

我們認為,廣泛使用開發分支(dev branches)做為產品穩定性手段的版本控制策略,本質上是錯誤的。同一組提交(commits)最終將合併到主線(trunk)。小型合併比大型合併容易。由編寫這些變更的工程師完成的合併,比批次處理不相關的變更並在稍後合併更容易(如果團隊共享開發分支,最終將發生)。如果對合併進行的提交前測試(presubmit testing)發現了任何新問題,那麼同樣的論點也適用:如果只涉及一名工程師,則更容易確定誰的變更導致回歸(regression)。合併大型的開發分支意味著在該測試運行中發生了更多的變化,使失敗更難以隔離。分類和根除問題是困難的;而修復它就更難了。

除了缺乏專業知識及合併單一分支的固有問題外，在依賴開發分支時還有很大的擴展風險。對於軟體組織來說，這是一種極為常見的生產力消耗。當有多個分支長期單獨開發時，協調合併操作的成本就會變得比基於主線的開發（trunk-based development）要昂貴得多（而且可能風險更高）。

我們是如何沉迷於開發分支的？

很容易看出組織是如何落入這個陷阱的：他們看到，「合併這個長期存在的開發分支會降低穩定性」，並得出結論，「分支合併是有風險的」。他們沒有透過「更好的測試」和「不要使用基於分支的開發策略」來解決這個問題，而是專注於減緩和協調症狀：分支合併。團隊開始基於其他運行中的分支進行新分支的開發。在長期存在的開發分支上工作的團隊，可能會也可能不會定期將該分支與主要開發分支（main development branch）同步。隨著組織規模的擴大，開發分支的數量也在增加，協調分支合併策略的工作也就越多。在分支合併的協調上投入了越來越多的努力，這是一項本質上無法擴展的任務。一些不幸的工程師成為建構主管（Build Master）／合併協調者（Merge Coordinator）／內容管理工程師（Content Management Engineer），專注於充當單點協調者（single point coordinator），合併組織中所有不同的分支。定期安排會議試圖確保組織「制定出本週的合併策略」。[8] 未選擇合併的團隊通常需要在每次大型合併後重新同步和重新測試。

所有這些合併和重新測試的努力都是純粹的開銷。替代方案需要不同的範式（paradigm）：基於主線的開發，嚴重依賴測試和 CI，保持綠色建構，並在運行時禁用不完整／未經測試的功能。每個人都有責任同步到主線並提交；沒有「合併策略」會議，沒有大型／昂貴的合併。而且，沒有關於應該使用哪個版本之程式庫的激烈討論，只能有一個版本。必須有一個單一的事實來源（Source of Truth）。最後，將有一個單一的修訂版本用於發行：縮小到單一的事實來源只是「左移」（shift left）的做法，以確定什麼有和什麼沒有包括在內。

發行分支

如果產品的發行（或發行週期）超過幾個小時，那麼建立一個發行分支（release branch），來表示進入產品之發行版本（release build）的確切程式碼，可能是明智的。在產品實際發行後和下一個發行週期之間，如果發現任何關鍵的缺陷，則修正程式（fixes）可以從主線上「被櫻桃採摘」（cherry-picked）（一種最小、有針對性的合併）到你的發行分支。

8　最近的非正式 Twitter 民意調查顯示，大約 25% 的軟體工程師曾參加過「定期安排的」合併策略會議。

與開發分支相比，發行分支一般是良性的：麻煩的不是分支的技術，而是用法。開發分支和發行分支之間的主要區別是預計的最終狀態：開發分支預計將會合併回主線，甚至可能由另一個團隊做進一步的分支。而發行分支預計最終將被放棄。

Google 的調查機構「開發維運評估研究中心」（DevOps Research and Assessment 或簡寫為 DORA）指出在最高功能（highest-functioning）的技術組織中，發行分支實際上不存在。已實現持續部署（Continuous Deployment 或簡寫為 CD）——每天多次從主線發行的能力——的組織可能傾向於跳過發行分支：只需添加修正程式並重新部署就容易多了。因此，櫻桃採摘（cherry-pick）和分支（branch）似乎是不必要的開銷。顯然，這更適用於部署數位化（如 web services 和 apps）的組織，而不是那些向客戶推送任何形式之有形發行的組織；一般來說，準確瞭解已經推送給客戶的內容是有價值的。

同一項 DARA 研究也指出，「基於主線的開發」、「沒有長期存在的開發分支」和良好的技術成果之間，有著很強的正相關（positive correlation）關係。這兩種想法的基本思路似乎都很清楚：分支拖累了生產力。在許多情況下，我們認為複雜的分支和合併策略是一個安全支柱——試圖保持主線的穩定。正如我們在本書中看到的，還有其他方法可以達到這個結果。

Google 的版本控制

在 Google，我們絕大多數的原始碼都在一個「單一儲存庫」（monorepo）中管理，並由大約 5 萬名工程師共享。除了像 Chromium 和 Android 這樣的大型開源專案，幾乎所有由 Google 擁有的專案都放在這裡。這包括面向公眾的產品，如 Search、Gmail、我們的廣告產品、我們的 Google Cloud Platform 產品，以及支援和開發所有這些產品需要用到的內部基礎架構。

我們依賴於內部開發之名為 Piper 的集中式 VCS，Piper 在我們的生產環境（production environmen）中係以分散式微服務（distributed microservice）的方式運行。這使得我們能夠使用 Google 標準的儲存（storage）、通訊（communication）和運算即服務（Compute as a Service）技術，提供一個全球可用的 VCS，儲存超過 80 TB 的內容和中介資料。然後，Piper monorepo 每天由成千上萬的工程師同時進行編輯和提交。在使用版本控制（或改進了簽入 VCS 的東西）的人工和半自動流程之間，我們將在每個工作日定期處理 6 萬到 7 萬個對儲存庫的提交。二進位產出物（binary artifacts）相當普遍，因為完整的儲存庫不會被傳輸，因此二進產出物的正常成本並不真正適用。由於從最早的概念開始就關注 Google 規模，這個 VCS 生態系統中的操作在人的尺度上仍然很便宜：在主線上建立一個新的用戶端、添加一個檔案以及向 Piper 提交一個（未經審查

的）變更，總共大約需要 15 秒。這種低延遲的互動和被充分理解／精心設計的擴展，簡化了許多開發者的體驗。

由於 Piper 是內部產品，我們有能力對其進行定制（customize）以及執行我們所選擇的任何原始碼控制策略。例如，我們在 monorepo 中有一個細化擁有權（granular ownership）的概念：在檔案階層結構的每個層級，我們都可以找到 OWNERS 檔案，其中列出了允許在儲存庫的子樹中批准提交（approve commits）之工程師的用戶名稱（除了在樹中較高層級的 OWNERS 檔案所列出的用戶名稱）。在一個具有眾多儲存庫的環境中，這可能是透過建立單獨的儲存庫，用檔案系統權限強制控制提交存取或透過 Git 的「提交掛勾」（在提交時觸發的操作）進行單獨的權限檢查來實現。透過控制 VCS，我們可以讓擁有權和批准的概念更加明確，並在嘗試提交操作時由 VCS 強制進行。該模型也很靈活：擁有權只是一個文字檔，與儲存庫的實際分離無關，因此，在團隊轉移或組織結構調整時，更新它是很容易的。

單一版本

單憑 Piper 難以置信的擴展能力，是無法實現我們所依賴的那種協作的。正如我們前面所說：版本控制也是關於策略的。除了我們的 VCS，Google 之版本控制策略的一個關鍵特徵，就是我們所說的「單一版本」（One Version）。這擴展了我們前面所看的「單一事實來源」（Single Source of Truth）的概念：確保開發人員知道哪個分支（branch）和儲存庫（repository）是他們的事實來源，比如「對於我們儲存庫中的每一個依賴項，必須只選擇該依賴項的一個版本」。[9] 對於第三方套件，這意味著在穩定狀態下，該套件只能有一個版本被簽入我們的儲存庫。[10] 對於內部套件來說，這意味著沒有重新打包／重新命名的情況下就不能建立分支（forking）：將原件（original）與分支（fork）混合到同一個專案中無須特別努力，在技術上它必定是安全的。這對我們的生態系統來說是一個強大的功能：這裡很少有像「如果你包含此套件（A），你就不能包含其他套件（B）。」

這種在單一儲存庫的單一分支上擁有單一副本做為我們的事實來源（Source of Truth）之概念是直觀的，但在應用中也有一些微妙的深度。讓我們研究一下這樣的場景，在這個場景中，我們有一個 monorepo（因此可以說已經履行了關於單一事實來源的法律條文），但允許我們的程式庫的分支（fork）在主線（trunk）上傳播。

9　例如，在升級操作期間，可能會有兩個版本被簽入（checked in），但如果一個開發人員對現有套件添加了一個新的依賴項，則不應選擇依賴哪個版本。

10　也就是說，我們在這方面的失敗是因為外部套件有時會將自己的依賴項之副本綁定到其原始碼版本中。你可以在第 21 章中閱讀更多關於這一切是如何出錯的。

場景：多個可用版本

想像以下的場景：某個團隊在常見的基礎架構程式碼（在我們的例子中是 Abseil 或 Guava 之類的）中發現了一個錯誤。該團隊決定不在原地修正它，而是為該基礎架構建立分支，並對其進行調整以解決該錯誤，而不重新命名程式庫或符號。該團隊會通知附近的其他團隊，「嘿，我們在這裡簽入了 Abseil 的改進版，請簽出它。」因此一些其他的團隊所建構的程式庫本身也會依賴這個新的分支。

正如我們將在第 21 章中看到的，我們現在處於一個危險的境地。如果程式碼基底中的任何專案同時依賴於 Abseil 之原始版本（original version）和經分支的版本（forked version），在最好的情況下，建構會失敗。在最壞的情況下，我們將受到難以理解之執行期錯誤（runtime bugs）的影響，這些錯誤源於鏈結到了同一程式庫之兩個不匹配的版本。「分支」（fork）有效地為程式碼基底添加了一個著色／分區（coloring/partitioning）屬性：任何給定目標的遞移依賴集（transitive dependency set）必須正好包含這個程式庫的一個副本。從程式碼基底的「原始風格」（original flavor）分區添加到「新分支」（new fork）分區的任何鏈結都可能會破壞某些東西。這意味著，最終，像「添加新的依賴項」這樣簡單的操作，變成了可能需要對整個程式碼基底進行所有測試，以確保我們沒有違反這些分區要求。這很昂貴，不幸的，而且不能很好地擴展。

在某些情況下，我們也許能夠以某種方式將事物組合在一起，使所產生的可執行檔能夠正常運行。例如，Java 有一個相對標準的做法，稱為著色（shading）（*https://oreil.ly/RuWX3*），它調整了程式庫之內部依賴項的名稱，以對應用程式的其餘部分隱藏這些依賴項。在處理函式時，這在技術上是合理的，即使理論上有點像密技（hack）。當處理可以從一個套件傳遞到另一個套件的型態時，著色解決方案在理論上和實踐上都不起作用。據我們所知，任何允許一個程式庫的多個孤立版本（isolated versions）在同一個二進位檔中運作的技術訣竅都存在此限制：這種做法對函式有效，但沒有好的（有效之）解決方案來處理著色型態（shading types），任何提供詞彙型態（vocabulary type）（或任何更高階結構）之程式庫的多個版本都將失敗。著色和相關的做法正在修補潛在的問題：所需之相同依賴項的多個版本。（我們將在第 21 章討論如何最大限度地減少這種情況。）

任何允許在同一程式碼基底中出現多個版本的政策系統（policy system）都允許這些代價昂貴之不相容的可能性。你有可能僥倖逃脫一段時間（我們當然有一些小違反這項政策），但一般來說，任何多版本之情況都真的有可能導致大問題。

「單一版本」規則

記住這個例子，在單一事實來源（Single Source of Truth）模型的基礎上，我們有望深入瞭解這個看似簡單的原始碼控制和分支管理規則：

> 開發人員絕不能有「我應該依賴這個組件的哪個版本？」的選擇。

通俗地說，這有點像一個「單一版本規則」（One-Version Rule）。實際上，「單一版本」並非硬性規定，[11] 但將其表述為，在添加新依賴項時限制可以選擇的版本，則非常傳神。

對於個人開發者來說，缺乏選擇似乎是一種任意的障礙。然而，我們一次又一次地看到，對於一個組織來說，它是高效擴展的關鍵組成部分。一致性在組織中的所有層面都具有深遠的重要性。從一個角度來看，這是討論一致性和確保利用一致的「樞紐點」（choke points）之能力的直接副作用。

（幾乎）沒有長壽的分支

我們的「單一版本規則」中隱含著一些更深層次的想法和策略；其中最重要的是：開發分支應該是最小的，或充其量只能有非常短的壽命。這源於過去 20 年中發表的大量成果，從 Agile（敏捷）流程到基於主線開發的 DORA 研究成果，甚至還有 Phoenix Project（鳳凰專案）[12] 關於 reducing work-in-progress（減少正在進行的工作）之教訓。當我們將待完成之工作看成是類似於開發分支的想法時，這進一步強化了工作應該對主線以小的增量來完成，並定期提交。

反之：在一個嚴重依賴長期存在之開發分支的開發社群中，不難想像選擇的機會將悄悄溜回來。

想像一下這樣的場景：某個基礎架構團隊正在開發一個新的 Widget，它比舊的要好。興奮感與日俱增。其他新開始的專案問：「我們可以依賴你的新 Widget 嗎？顯然，如果你對程式碼基底的可見性策略做了投資，那麼這種情況是可以處理的，當新的 Widget 被「允許」但只存在於一個平行分支（parallel branch）中時，就會出現深層次的問題。記

11　例如，如果有定期更新的外部／第三方程式庫，那麼在單一不可分割的變更中，更新其所有情況或許是不可行的。因此，通常需要添加該程式庫的新版本，防止新用戶添加舊程式庫的依賴項，並逐步將使用從舊版本切換到新版本。

12　見 Kevin Behr（凱文‧貝爾）、Gene Kim（吉恩‧金）與 George Spafford（喬治‧斯帕福德）合著之《The Phoenix Project》（*https://oreil.ly/LhAOC*）（Portland: IT Revolution Press, 2018）。

住：新的開發在添加依賴項時不能有選擇。新的 Widget 應該被提交到主線上，在它準備好之前被禁止在執行期使用，並在可能的情況下透過可見性對其他開發人員隱藏，或者應該設計兩個 Widget 選項，以便它們能夠共存，鏈結到相同的程式。

有趣的是，已經有證據指出這一點在業界很重要。DORA 在 Accelerate 和最新的 State of DevOps Report 中指出，基於主線的開發（trunk-based development）與高性能軟體組織（high-performing software organizations）之間存在預測關係（predictive relationship）。Google 並不是唯一發現這一點的組織，當這些策略演變時，我們也不一定有預期的結果，只是這似乎沒有別的辦法。DORA 的結果當然符合我們的經驗。

我們的大規模變更（LSC；見第 22 章）策略和工具進一步強調了基於主線之開發的重要性：當修改簽入（check in）到主線分支（trunk branch）的所有內容時，在整個程式碼基底中應用的廣泛／淺層（broad/shallow）變更已經是一項大規模的（通常是乏味的）任務。在同一時間，如果有數量不受限制的額外開發分支（dev branches）需要重構，對於執行這些類型的變更來說，是一個非常大的負擔，因為會發現一組不斷擴大的隱藏分支。在 DVCS 模型中，甚至可能無法識別所有這些分支。

當然，我們的經驗並不普遍。你可能會發現自己處於不尋常的情況，需要壽命更長的開發分支與主線並行（以及定期合併）。

這些情況應該很少見，而且應該理解為代價昂貴。縱觀在 Google monorepo 裡工作之大約 1000 個團隊中，只有幾個團隊擁有這樣的開發分支。[13] 通常，這些存在有一個非常具體（而且很不尋常）的原因。這些原因大多歸結為「隨著時間的推移，我們對相容性有一個不尋常的要求」。通常，這是一個確保不同版本之間資料相容性的問題：即使修改了讀取器或寫入器的實作，某些檔案格式的讀取器和寫入器也需要隨著時間的推移就該格式達成一致。其他時候，長壽的開發分支可能來自對 API 相容性的長期承諾──當「單一版本」不夠用時，我們需要承諾一個舊版的微服務用戶端仍然可以與較新的伺服器一起工作（反之亦然）。這可能是一個非常具有挑戰性的要求，對於一個積極發展的 API 來說，你不應輕易承諾，而且你應該謹慎對待，以確保這段時間內不會意外開始成長。任何形式之跨時間的依賴關係，都比不隨時間變化的程式碼要昂貴和複雜得多。在內部，Google 生產服務（production services）相對來說很少做出這種形式的承諾。[14]我們還從「建構範圍」（build horizon）對潛在版本偏差（potential version skew）所施加的限制中受益匪淺：生產服務中的每項工作最多每六個月就需要重建和重新部署一次。（通常情況下要比這頻繁得多。）

13　很難得到一個準確的數字，但此類團隊的數量幾乎肯定少於 10 個。
14　雲端介面是一個不同的故事。

我們確信還有其他情況可能需要長壽的開發分支。只要確保它們很少發生。如果你採用本書所討論的其他工具和做法，許多工具和做法往往會對長壽的開發分支施加壓力。對於一個開發分支來說，自動化和工具在主線上運行良好，而在開發分支上則會失敗（或需要付出更多努力），這有助於鼓勵開發人員保持最新狀態。

發行分支呢？

許多 Google 團隊都會使用發行分支（release branches），並進行有限的櫻桃採摘（cherry picks）。如果你想要每月發行一個版本（monthly release），並繼續為下一個版本努力，那麼建立一個發行版本是完全合理的。同樣地，如果你要運送設備給客戶，準確瞭解「現場」的版本是很有價值的。謹慎行事，儘量減少櫻桃採摘，並且不要打算與主線合併。我們的各個團隊對發行分支有各式各樣的策略，因為相對來說，很少有團隊達到了 CD（見第 24 章）所承諾的那種快速發行的節奏（rapid release cadence），所以不需要或不希望有發行分支。一般來說，根據我們的經驗，發行分支不會導致任何廣泛的成本。或者說，至少在 VCS 的額外固有成本之外，沒有明顯的成本。

Monorepo

2016 年，我們發表了一篇（引用率高、討論多的）關於 Google 之 monorepo 做法的論文。[15] monorepo 的做法有一些固有的好處，其中最主要的是堅持「單一版本」（One Version）是很容易的：違反「單一版本」通常比做正確的事更困難。沒有流程可以決定任何東西的哪些版本是官方的，或發現哪些儲存庫是重要的。構建工具（building tools）來瞭解建構的狀態（見第 23 章）並不需要發現重要儲存庫所在的位置。一致性有助於擴大導入新工具和優化的影響。總的來說，工程師可以看到其他人在做什麼，並使用它來告知他們自己在程式碼和系統設計方面的選擇。這些都是非常好的事情。

考慮到所有這些，以及我們對「單一版本規則」（One-Version Rule）優點的信念，我們有理由質疑 monorepo 是否是「唯一正確的方式」（One True Way）。相比之下，開源社群似乎可以很好地利用 manyrepo 的方式來工作，這種方式建構在看似無限多的不協調及不同步的專案儲存庫之上。

---

15 Rachel Potvin（雷切爾·波特文）和 Josh Levenberg（喬希·萊文伯格）所撰寫的 "Why Google stores billions of lines of code in a single repository"（為什麼 Google 在單一儲存庫中保存了數十億列的程式碼），Communications of the ACM, 59 No. 7 (2016): 78-87（ACM 通信，第 59 卷，第 7 期（2016 年）：第 78-87 頁）。

簡言之：不，我們不認為我們所描述的 monorepo 做法是每個人的完美答案。繼續檔案系統格式和 VCS 之間的平行關係，例如，你是要用 10 個硬碟來提供一個非常大型之邏輯檔案系統，還是要用這 10 個硬碟來提供 10 個獨立的較小型檔案系統，這是很容決定的。在檔案系統的世界中，兩者都有利弊。在評估檔案系統的選擇時，技術上的問題包括運行中斷恢復能力（outage resilience）、大小限制（size constraints）、性能特點（performance characteristics）…等等。可用性問題可能會更側重於跨檔案系統邊界參用檔案、添加符號連結和同步檔案的能力上。

一組非常類似的問題決定了是要選擇 monorepo 還是更細粒度的儲存庫集合。如何儲存你的原始碼（或儲存你的檔案）之具體決定很容易引起爭議，在某些情況下，你的組織和工作流程的細節將比其他細節更重要。這些都是你需要自己做出的決定。

重要的是我們是否專注於 monorepo；最大限度地堅持單一版本原則（One-Version principle）：開發人員在將依賴關係添加到組織中已使用的某個程式庫時，沒有選擇的餘地。違反單一版本規則（One-Version Rule）的選擇會導致合併策略討論、菱形依賴關係、工作損失和白費力氣。

有越來越多的軟體工程工具（包括 VCS 和建構系統）提供機制，將細粒度儲存庫（fine-grained repositories）和 monorepos 巧妙地混合在一起，以提供類似於 monorepo 的體驗 – 對提交順序和對依賴關係圖的理解達成共識。Git 子模組（submodules）、具有外部依賴關係的 Bazel 以及 CMake 子專案（subprojects）都允許現代開發人員合成一些弱近似（weakly approximating）monorepo 的行為，而沒有 monorepo 的成本和缺點。[16]例如，細粒度儲存庫在規模上更容易處理（Git 通常在幾百萬次提交後出現性能的問題，而且當儲存庫包含大型二進位產出物時，clone 速度往往很慢）和儲存（VCS 中介資料會增加，特別是如果你的版本控制系統中有二進位的產出物時）。聯合（federated）／虛擬單一儲存庫（virtual-monorepo 或簡寫為 VMR）風格的儲存庫中，細粒度儲存庫可以更容易地隔離實驗性或絕對機密的專案，同時仍保留單一版本（One Version）並允許存取公共工具。

---

16 我們認為我們還沒有看到有什麼東西能夠特別順利做到這一點，但儲存庫間的依賴關係（interrepository dependencies）／虛擬單一儲存庫（virtual monorepo）的想法顯然是空中樓閣。

換句話說：如果組織中的每個專案都有相同的保密、法律、隱私和安全要求，[17] 那麼真正的 monorepo 就是一個不錯的選擇。否則，就以 monorepo 的功能為目標，但允許自己以不同的方式靈活地實現該體驗。如果你可以使用不相干的儲存庫進行管理並堅持使用單一版本，或者你的工作負載都已斷開，足以允許真正獨立的儲存庫，那就太好了。否則，以某種方式合成類似 VMR 的東西可能代表了兩全其美。

畢竟，你對檔案系統格式的選擇與你向其寫入的內容相比，真的並不重要。

版本控制的未來

Google 並不是唯一公開討論 monorepo 做法之好處的組織。Microsoft、Facebook、Netflix 和 Uber 也公開提到他們對這種做法的依賴。DORA 已經廣泛地發表了關於它的文章。很可能所有這些成功的、長壽的公司都被誤導了，或者至少他們的情況完全不同，以至於不適用於一般的小型組織。雖然有可能，但我們認為不太可能。

大多數反對 monorepo 的論點都集中在擁有一個大型儲存庫的技術限制上。如果從上游複製（cloning）一個儲存庫又快又便宜，開發人員更有可能保持小規模和孤立的變更（並避免提交到錯誤的工作中分支）。如果複製一個儲存庫（或進行一些其他常見的 VCS 操作）需要浪費開發人員數小時的時間，你很容易瞭解為什麼一個組織會迴避對這種大型之儲存庫／操作的依賴。我們很幸運地避開了這個陷阱，因為我們專注於提供一個可以大規模擴展的 VCS。

回顧過去幾年對 Git 的重大改進，顯然有很多工作要做，以支援更大的儲存庫：淺複製（shallow clones）、稀疏分支（sparse branches）、更好的優化…等等。我們希望這種情況會繼續下去，「但我們需要將儲存庫保持在小規模」之重要性將會降低。

反對 monorepo 的另一個主要論點是，它不符合開源軟體（OSS）世界中的開發方式。儘管如此，但 OSS 世界的許多做法（正確地）來自於對自由的優先考慮、缺乏協調以及缺乏運算資源。在 OSS 世界中，獨立的專案實際上是獨立組織碰巧可以看到彼此的程式碼。在一個組織的範圍內，我們可以做出更多的假設：我們可以假設運算資源的可用性，我們可以假設協調，我們可以假設有一些集中的權限。

17　或者你有意願並有能力定制你的 VCS，並在你的程式碼基底／組織的生命週期內維護該定制。話又說回來，也許你不打算這麼做；那是一大筆開銷。

對於 monorepo 的做法，一個不太常見但也許更合理的擔憂是，隨著組織規模的擴大，每段程式碼都受到完全相同的法律、合規性、監管、保密和隱私要求之約束的可能性越來越小。manyrepo 做法的一個原生優勢是，不同的儲存庫顯然能夠擁有不同的授權開發者、可見性、許可權…等等。可以將該功能拼接到 monorepo 中，但意味著在定制和維護方面有一些持續的「持有成本」（carrying costs）。

與此同時，業界似乎正在一次又一次地發明「輕量級儲存庫間鏈接」（lightweight interrepository linkage）。有時，這是在 VCS（Git 子模組）或建構系統中。只要一個儲存庫的集合對「什麼是主線」、「哪個變更首先發生」和描述依賴關係的機制有一致的理解，我們可以很容易想像，將不同的實體儲存庫的集合拼接成一個更大的 VMR。儘管 Piper 為我們做得非常好，但投資於一個高度擴展的 VMR 和管理它的工具，並依靠現成的定制（off-the-shelf customization）來滿足每個儲存庫的策略要求，可能是一項更好的投資。

一旦有人在 OSS 社群中構建了足夠大之相容和相互依賴的專案，並發佈了這些套件的 VMR 視圖，我們就會懷疑 OSS 開發人員的做法將開始改變。我們在可以合成「虛擬單一儲存庫」（virtual monorepo）的工具中，以及在（例如）大型 Linux 發行版（distributions）發現和發佈數千個套件之彼此相容的修訂版（revisions）所完成的工作中，看到了這一點。透過單元測試、CI 以及對其中一個修訂版的新提交進行自動版本提升（automatic version bumping），使套件擁有者能夠更新其套件的主線（當然，以不間斷的方式），我們認為該模型將在開源世界流行起來。畢竟，這只是一個效率問題：採用單一版本規則（One-Version Rule）之（虛擬）單一儲存庫（monorepo）的做法，可以降低軟體開發的複雜性，減少整個（困難的）維度：時間。

我們預計在未來 10 到 20 年內，版本控制和依賴關係管理將朝這個方向發展：VCS 將專注於**允許**較大型儲存庫具有性能更佳的擴展性，同時透過提供更好的機制將它們跨專案和組織的邊界拼接在一起，進而消除對更大儲存庫的需求。有人，也許是現有的套件管理小組或 Linux 發行商，將促進一個虛擬單一儲存庫（virtual monorepo）事實標準（de facto standard）。根據該 monorepo 中的公用程序，可以方便地存取做為一個單元（one unit）之一組相容的依賴關係。我們將更普遍地認識到，版本編號是時間戳記，允許版本偏差增加一個維度的複雜性（時間）代價很大，並且我們可以學會避免。它從邏輯上講，它是以類似於 monorepo 的東西開始的。

結語

版本控制系統是技術帶來協作挑戰和機遇的自然延伸，尤其是共享運算資源和計算機網路。正如我們當時所理解的那樣，它們在歷史上一直與軟體工程規範同步發展。

早期的系統提供了簡單的檔案粒度鎖定（file-granularity locking）。隨著典型的軟體工程專案和團隊規模的擴大，該做法的擴展問題變得很明顯，我們對版本控制的理解也隨之改變，以應對這些挑戰。然後，隨著開發越來越轉向具有分散式貢獻者（distributed contributors）的 OSS 模型，VCS 變得更加去中心化（decentralized）。我們預計 VCS 技術將發生轉變，即假定網路可用性不變，更加關注雲端中的儲存和建構，以避免傳輸不必要的檔案和產出物。這對於大型、長壽的軟體工程專案來說越來越重要，即使與簡單的單一開發者／單一機器（single-dev/single-machine）專案相比，這意味著做法發生了變化。這種向雲端的轉變，將使 DVCS 做法中出現內容具體化：即使我們允許分散式開發（distributed development），也必須有一些東西被集中認可為事實來源（Source of Truth）。

當前的 DVCS 去中心化是技術對業界（尤其是開源社群）需求的合理反應。然而，DVCS 的組態（configuration）需要嚴格控制，並輔之以對你的組織有意義的分支管理策略。它還常常會導入意想不到的擴展問題：完美保真（perfect fidelity）的離線操作（offline operation）需要更多的本地資料（local data）。如果不能控制分支自由競爭（branching free-for-all）的潛在複雜性，就會導致開發人員與程式碼的部署之間可能出現無限制的開銷量。然而，複雜的技術不需要以複雜的方式來使用：正如我們在 monorepo 和基於主線（trunk-based）的開發模式（development models）中所看到的，保持分支策略的簡單性通常會帶來更好的工程結果。

選擇（choice）在這裡導致了成本。我們高度贊同此處提出的單一版本規則（One-Version Rule）：組織內的開發者不得選擇在哪裡提交，或依賴現有組件的哪個版本。據我們所知，很少有策略能對組織產生如此大的影響：儘管這對個別開發者來說可能很煩人，但總的說來，最終結果要好得多。

摘要

- 對於任何比「只有一個開發者的玩具專案，永遠不會被更新」更大的軟體開發專案，請使用版本控制。

- 當有「我應該依賴哪個版本」的選擇時，就會存在固有的擴展問題（scaling problem）？

- 單一版本規則（One-Version Rules）對於組織效率來說非常重要。消除在何處提交或依賴什麼方面的選擇，可能會導致顯著的簡化。

- 在某些語言中，你也許能夠花費一些精力來避免這種情況，如著色（shading）、單獨編譯（separate compilation）、鏈結器隱藏（linker hiding）等技術方法。讓這些方法發揮作用的工作完全是徒勞無功，因為你的軟體工程師並沒有生產任何東西，他們只是在解決技術債務。

- 以前的研究（DevOps/Accelerate 的 DORA/State）表明，基於主線的開發是高效開發組織的一個預測因素。長壽的開發分支並不是一個好的預設計劃。

- 使用任何版本控制系統對你都有意義。如果你的組織想要為不同的專案優先考慮獨立的儲存庫，那麼讓儲存庫間的依賴關係不被釘住（unpinned）／處於頭部（at head）／基於主線（trunk based）仍然是明智之舉。有越來越多的 VCS 和建構系統措施，允許你既能擁有小型的、細粒度的儲存庫，又能為整個組織提供一致之「虛擬的」（virtual）頭部／主線（head/trunk）概念。

## 第十七章

程式碼搜尋

作者：Alexander Neubeck（亞歷山大・紐貝克）與 Ben St. John（本・聖約翰）

編輯：Lisa Carey（麗莎・凱莉）

Code Search（程式碼搜尋）是 Google 用於瀏覽和搜尋程式碼的工具，它由前端用戶介面（UI）和各種後端元素組成。與 Google 的許多開發工具一樣，它的出現直接源於對程式碼基底（codebase）的大小進行擴展之需要。Code Search 起初是一個用於內部程式碼之 grep 類型的工具[1]與外部的程式碼搜尋（external Code Search）之排名（ranking）和用戶介面（UI）的組合。[2] Kythe/Grok 的整合鞏固了它做為 Google 開發者之關鍵工具的地位，[3] Kythe/Grok 增加了交叉參照（cross-reference）和跳轉到符號定義的能力。

這種整合將重點從搜尋程式碼轉向了瀏覽程式碼，後來 Code Search 的開發部分遵循了「單擊（single click）即可回答關於程式碼的下一個問題」之原則。現在諸如「這個符號的定義在哪裡？」、「我在哪裡使用它？」、「我如何引用它？」、「我何時將它添加到程式碼基底？」之類的問題，甚至像「全叢集範圍內（fleet-wide），它消耗了多少 CPU 週期？」這樣的問題都可以透過單擊一或兩次來回答問題。

與整合開發環境（IDE）或程式碼編輯器相比，Code Search 是為大規模閱讀、理解和探索程式碼的使用情況而優化的。為此，它很大程度上依賴於以雲端為基礎的後端來搜尋內容和解決交叉參照。

1　GSearch 最初運行在 Jeff Dean（傑夫・迪恩）的個人電腦上，它曾經引起全公司的困擾，當他去度假時，GSearch 被關閉了！

2　Code Search 於 2013 年關閉；見 *https://en.wikipedia.org/wiki/Google_Code_Search*（*https://oreil.ly/xOk-e*）。

3　現在被稱為 Kythe（*http://kythe.io*），這是一種提供交叉參照（除其他外）的服務：使用特定的程式碼符號（例如，一個函式），使用完整的建構資訊將其與其他同名的符號區分開來。

本章中，我們將更詳細地介紹 Code Search，包括 Googlers（谷歌員工）如何將其做為開發者工作流程的一部分，為什麼我們選擇為程式碼搜尋開發單獨的 Web 工具，以及研究在 Google 儲存庫規模上它如何應對搜尋和瀏覽程式碼的挑戰。

Code Search 用戶介面

搜尋框（search box）是 Code Search 用戶介面（UI）的一個核心元素（見圖 17-1），與 Web 搜尋一樣，它也有提供「建議」（suggestions），開發者可以用它來快速導航到檔案、符號或目錄。對於更複雜的使用案例，會傳回一個帶有程式碼片段的結果頁面。搜尋本身可以被認為是一種即時的「檔案查找」（就像 Unix 的 grep 命令），具有相關性排名（relevance ranking）和一些程式碼特有的增強功能，如適當的語法突顯（syntax highlighting）、範圍意識（scope awareness），以及對註解（comments）和字串字面值（string literals）的認識。搜尋也可以透過命令列進行，並且可以透過遠端程序調用（Remote Procedure Call 或簡寫為 RPC）API 整合到其他工具中。當需要進行後處理（post-processing），或者結果集（result set）太大而無法進行人工檢查時，這就會很方便。

圖 17-1　Code Search 用戶介面

查看單一檔案時，大多數符記（tokens）都是可點擊的（clickable），以便用戶被快速導航至相關資訊。例如，一個函式調用（function call）會鏈接到它的函式定義（function definition）、一個被匯入的檔名會鏈接到實際的來源檔案，或是將註釋中錯誤識別碼（bug ID）鏈接到相應的錯誤報告（bug report）。這由基於編譯器（compiler-based）的索引工具（indexing tools），如 Kythe（*http://kythe.io*），提供支援的。點擊符號名稱會打開一個面板，其中包含使用該符號的所有位置。同樣的，把鼠標懸停在（hovering over）函式中的區域變數（local variables）上，將突顯該變數在實作中出現的所有位置。

透過與 Piper 的整合，Code Search 還可以顯示檔案的歷史紀錄（見第 16 章）。這意味著可以看到檔案的舊版本，哪些變更影響了它，是誰編寫了它們，在 Critique 中跳轉到它們（見第 19 章），檔案的不同版本，以及經典的「究責」視圖（"blame" view），如果需要的話。甚至可從目錄視圖（directory view）看到已刪除的檔案。

Googlers 如何使用 Code Search？

雖然其他工具中也有類似的功能，但 Google 仍然大量使用 Code Search 用戶介面（UI）進行搜尋和檔案查看，並最終用於理解程式碼。[4] 工程師們試圖使用 Code Search 可以被認為是回答關於程式碼的問題，而反覆出現的意圖也變得清晰可見。[5]

在哪裡？

大約 16% 的 Code Search 試圖回答一個問題，即特定的資訊片段在程式碼基底（codebase）中的位置；例如，一個函式的定義或組態、一個 API 的所有用法，或者一個特定檔案在儲存庫（repository）中的位置。這些問題是非常有針對性的，可以透過搜尋查詢（search queries）或遵循語義鏈接（following semantic link）（例如「跳轉到符號定義」）來非常精確地回答。這樣的問題經常出現在較大的任務中（例如重構／清理），或者在一個專案中與其他工程師協作的時候。因此，有效地解決這些小的知識差距（small knowledge gaps）是至關重要的。

---

4 無處不在的程式碼瀏覽器（code browse）鼓勵了一種有趣的良性循環：編寫易於瀏覽的程式碼。這可能意味著，套疊的階層不要太深，因為這需要多次點擊才能從調用位置（call sites）移動到實際的實作，並且使用具名類型（named types），而不使用如字串或整數這樣的通用類型，因為這樣很容易找到所有的用法。

5 Sadowski（薩多夫斯基）、Caitlin（凱特琳）、Kathryn T. Stolee（凱薩琳·斯托勒）和 Sebastian Elbaum（塞巴斯蒂安·埃爾鮑姆）。"How Developers Search for Code: A Case Study"（開發者如何搜尋程式碼：一個案例研究）In Proceedings of the 2015 10th Joint Meeting on Foundations of Software Engineering（在 2015 年軟體工程基礎第 10 次聯席會議中）（ESEC/FSE 2015）。*https://doi.org/10.1145/2786805.2786855*

Code Search 提供了兩種協助方式：對結果進行排名（ranking），以及豐富的查詢語言。排名可以解決常見的情況，搜尋可以非常具體（例如，限制程式碼路徑，排除語言，僅考慮函式）以處理更罕見的情況。

用戶介面（UI）使得與同事分享程式碼搜尋結果變得很容易。因此，對於程式碼審查，你可以直接引用鏈接。例如，「你是否考慮過使用這個專門的雜湊映射（hash map）：cool_hash.h？」這對於文件、錯誤報告（bug reports）和事後分析（postmortems）也非常有用，而且是 Google 內部參照程式碼的標準方式。即使是舊版的程式碼也可以被參照，因此鏈接可以隨著程式碼基底的演變而維持有效性。

什麼？

大約四分之一的 Code Searches 是典型的檔案瀏覽，以回答程式碼基底的特定部分在做什麼的問題。這類任務通常更具探索性，而不是定位特定結果。這是使用 Code Search 來閱讀原始碼，在進行變更之前更好地理解程式碼，或者能夠理解其他人所進行的變更。

為了簡化此類任務，Code Search 導入了經由調用層級（call hierarchy）進行瀏覽和相關檔案（例如，標頭檔、實作、測試和建構檔）之間的快速導航。這是透過輕鬆回答開發者在查看程式碼時遇到的許多問題來理解程式碼。

如何？

最常見的使用情況（大約三分之一的 Code Searches）是關於查看其他人如何做某事的例子。通常，開發者已經找到了一個特定的 API（例如，如何從遠端儲存中讀取檔案），並希望瞭解該 API 應該如何應用於特定問題（例如，如何穩健地設置遠端連線並處理某些類型的錯誤）。Code Search 也被用來為特定的問題首先找到適當的程式庫（例如，如何有效地計算整數值的 fingerprint），然後選擇最合適的實作。對於這類任務，搜尋（searches）和交叉參照瀏覽（cross-reference browsing）是典型的組合。

為什麼？

與程式碼正在做什麼相關的是，有更多針對性的查詢，圍繞著**為什麼**程式碼的行為與預期不同。大約 16% 的 Code Searches 試圖回答為什麼添加某段程式碼，或者為什麼它以某種方式運行的問題。此類問題經常在除錯過程（debugging）中出現；例如，為什麼在這些特定情況下會發生錯誤？

此處的一項重要功能是能夠在特定時間點搜尋和探索程式碼基底（codebase）的確切狀態。對一個生產問題（production issue）除錯時，這可能意味著要處理數週或數月前的程式碼基底狀態，而對新程式碼的測試失敗除錯，通常意味著處理僅數分鐘前的變更。這兩種情況都可能透過 Code Search 來實現。

誰和什麼時候？

大約 8% 的 Code Searches 嘗試回答有關誰（who）或何時有人（when someone）導入某段程式碼並與版本控制系統互動的問題。例如，可以查看某一列程式碼是何時導入的（如 Git 的 "blame" 指令），並跳轉到相關的程式碼審查。這個歷史紀錄面板（history panel）對於找到詢問程式碼的最佳人選或審查程式碼的變更也非常有用。[6]

為什麼要有單獨的 Web 工具？

在 Google 之外，上述調查大多是在本地 IDE 內完成的。那麼，為什麼還要另一種工具呢？

規模

第一個答案是，Google 的程式碼基底（codebase）非常大，以至於一個本地副本（大多數 IDE 的先決條件）根本不適合放在一台機器上。即使在這個基本障礙被碰上之前，為每個開發者構建本地搜尋和交叉參照索引是有成本的，這個成本通常在 IDE 啟動時需要付出，它降低了開發者的速度。或者，如果沒有索引，一次性搜尋（例如，使用 grep 可能會變得非常緩慢。集中式搜尋索引（centralized search index）意味著先做一次這項工作，而且意味著在這個過程中的投資對每個人都有利。例如，Code Search 索引（index）會隨著每次提交變更而逐步更新，進而實現具有線性成本（linear cost）的索引結構（index construction）。[7]

在正常的 Web 搜尋中，快速變化的當前事件與變化較慢的資料項目（比如穩定的維基百科頁面）混合在一起。同樣的技術可以擴展到程式碼的搜尋，使索引遞增，進而降低

---

6 也就是說，考慮到機器產生之變更（machine-generated changes）的提交率（rate of commits），天真的 "blame" 追蹤的價值不如在更厭惡變更的生態系統中那樣大。

7 相較之下，「每個開發者在自己的工作空間中都有自己的 IDE 在進行索引計算」的模型大致呈二次方擴展：開發者每單位時間（per unit time）產生大致恆定的程式碼量，因此程式碼基底呈線性擴展（即使有固定數量的開發者）。線性數量的 IDE 每次都會線性地做更多的工作，但這不是一個好的擴展方法。

其成本，並允許程式碼基底的變更立即可見。當提交程式碼變更時，只需要對實際觸及的檔案重新編製索引，這樣就可以對全域性索引（global index）進行平行和獨立的更新。

遺憾的是，交叉參照索引（cross-reference index）無法以同樣的方式立即更新。遞增是不可能的，因為任何程式碼的變更都可能影響整個程式碼基底，而且實際上通常會影響數千個檔案。許多（幾乎所有 Google 之）完整的二進位檔案需要建立[8]（或至少被分析）以確定完整的語義結構。它使用大量的運算資源來每天（目前的頻率）製作索引。即時搜尋索引和每日交叉參照索引之間的差異是用戶罕見但反覆出現之問題的來源。

零設置全域性程式碼檢視

能夠即時有效地瀏覽整個程式碼基底，意味著很容易找到可以重用的相關程式庫和可以複製的好例子。對於在啟動時構建索引的 IDE 來說，存在一個壓力，就是要有一個小規模的專案或可見範圍來縮短這個時間，並避免諸如自動完成（autocomplete）之類的工具充斥著噪音。使用 Code Search 網頁用戶介面（web UI）無須設置（例如，專案描述、建構環境），因此也可以非常容易和快速地瞭解程式碼，無論程式碼出現在哪裡，進而提高了開發者的效率。也沒有錯過依賴關係的危險；例如，在更新 API 時，減少了合併與程式庫版本的問題。

專業化

也許令人驚訝的是，Code Search 的一個優點為，它不是一個 IDE。這意味著用戶體驗（user experience 或簡寫為 UX）可以優化為瀏覽和瞭解程式碼，而不是編輯程式碼，這通常是 IDE 的主要部分（例如，快捷鍵、選單、滑鼠點擊，甚至是螢幕空間）。例如，由於沒有編輯器的文字游標，所以每次鼠標點擊符號都會變得有意義（例如，顯示所有用法或跳轉到定義）而不是做為移動游標的一種方式。此優勢非常大，開發者在其編輯器中開啟多個 Code Search 分頁（tabs）的情況極微普遍。

8　Kythe（*https://www.kythe.io*）利用建構工作流程，從原始式碼中提取語義節點和邊緣（semantic nodes and edges）。此提取過程會為各個建構規則（individual build rule）收集局部交叉參照圖（partial cross-reference graphs）。在隨後的階段中，這些局部圖（partial graphs）會被合併為一個全局圖（global graph），其表示方法被優化為最常見的查詢（跳轉到定義、查找所有用法、取出檔案的所有裝飾）。每個階段（提取和後處理）大約和一個完整的建構一樣昂貴；例如，就 Chromium 而言，在分散式設置中，Kythe 索引的構建大約需要 6 個小時，因此由每個開發者在自己的工作站上構建的成本太高。這種運算成本就是 Kythe 索引每天只運算一次的原因。

與其他開發者工具的整合

由於是查看原始程式碼的主要方式，因此 Code Search 是公開原始程式碼資訊的合理平台。它使工具建立者無須為其結果建立用戶介面（UI），並確保整個開發者受眾（developer audience）瞭解他們的工作，而無須做宣傳。許多分析定期運行在整個 Google 程式碼基底中，其結果通常出現在 Code Search 中。例如，對於許多語言，我們可以檢測到「死的」（不需要的）程式碼，並在瀏覽檔案時加上標記。

另一方面，原始碼檔案的 Code Search 鏈結會被視為其標準「位置」（location）。這對許多開發者工具來說很有用（見圖 17-2）。例如，日誌檔（log file）中的每一列通常包含被登錄了陳述（statement）的檔名和列號。日誌查看器會使用一個 Code Search 鏈結將被登錄的陳述連接回所編寫的程式碼。根據可用資訊，這可以是一個直接指向特定修訂版之檔案的鏈結，也可以是帶有相應列號的基本檔名搜尋。如果只有一個匹配的檔案，則它將在相應的列號被開啟。否則，將呈現每個匹配檔案中所需列（desired line）的片段。

圖 17-2　在日誌查看器中整合 Code Search

同樣地，堆疊框（stack frames）將被鏈結回原始程式碼，無論它們顯示在崩潰報告工具（crash reporting tool）中還是在日誌輸出（log output）中，如圖 17-3 所示。根據程式語言的不同，該鏈結將利用檔名或符號搜尋。由於建構了崩潰的二進位檔（crashing binary）之儲存庫（repository）的快照（snapshot）是已知的，因此搜尋實際上可以僅限於此版本。如此一來，即使以後相應的程式碼被重構或刪除，鏈結仍會在很長一段時間保持有效。

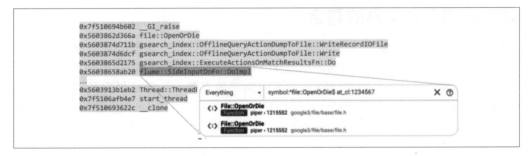

圖 17-3　在堆疊框中整合 Code Search

編譯錯誤和測試通常還指回一個程式碼位置（例如，在檔案中第幾列測試 X（test X in file at line））。即使對於未提交的程式碼，也可以鏈結這些程式碼，因為大多數開發（development）都發生在特定的雲端可見工作空間（cloud-visible workspaces）中，這些工作空間可以透過 Code Search 來存取和搜尋。

最後是，codelabs 以及涉及 API、範例和實作的其他文件。這樣的鏈結可以是參照特定類別或函式的搜尋查詢，當檔案結構發生變化時，這些查詢仍然有效。對於程式碼片段，位於 head 的最新實作可以輕鬆嵌入到文件頁面中，如圖 17-4 所示，不需要使用額外的文件標記來污染原始檔案。

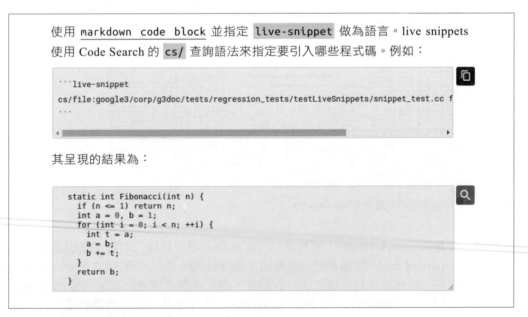

圖 17-4　在文件中整合 Code Search

暴露 API

Code Search 會將其搜尋、交叉參照（cross-reference）和語法突顯（syntax highlighting）API 暴露給工具，因此工具開發者可以將這些功能引入其工具，而無須重新實作它們。此外，還編寫了外掛程式，以便向編輯器和 IDE（比如 vim、emacs 和 IntelliJ）提供搜尋和交叉參照功能。這些外掛程式可恢復由於無法對程式碼基底進行本地索引而失去的一些能力，並還給了開發者一些生產力。

規模對設計的影響

前一節中，我們介紹了 Code Search 用戶介面的各個面向，以及為什麼值得擁有一個用於瀏覽程式碼的單獨工具。在接下來的章節中，我們將稍微瞭解一下實作幕後的情況。我們首先討論的是主要挑戰：擴展（scaling），然後討論一些大規模的方式，使製作一個搜尋和瀏覽程式碼的好產品變得複雜。之後，我們將詳細介紹，我們如何解決其中的一些挑戰，以及建構 Code Search 時做了哪些權衡。

對搜尋程式碼而言，最大的 [9] 擴展挑戰（scaling challenge）是語料庫的規模（corpus size）。對幾個百萬位元組（megabytes）的小型儲存庫，可以使用 `grep` 來進行暴力搜尋（brute-force search）。當需要搜索上百個百萬位元組時，一個簡單的本地索引（local index）可以將搜索速度提高一個數量級或更多。當需要搜索 GB（十億位元組）或 TB（兆位元組）的原始程式碼時，一個具有多台機器的雲端託管解決方案（cloud-hosted solution）可以保持合理的搜尋時間。集中式解決方案（central solution）的效用隨著使用它的開發者數量和程式碼空間的規模而增加。

搜尋查詢的延遲

雖然我們認為一個快速和反應靈敏的 UI（用戶介面）對用戶更好，但低延遲並不是免費的。為了證明這種努力的合理性，我們可以將其與所有用戶所節省的工程時間進行權衡。在 Google 內部，我們每天在 Code Search 中處理超過 100 萬次來自開發人員的搜尋查詢。對於 100 萬次查詢來說，每次搜尋請求僅加一秒鐘，相當於每天約有 35 名閒置的全職工程師。相比之下，搜尋後端（search backend）可以由這些工程師的大約十分之一的人力來建構和維護。這意味著，如果每天有大約 10 萬次查詢（相當於不到 5 千名開發人員），僅僅一秒鐘的延遲論證就可以達到盈虧平衡的程度。

---

9 由於查詢是獨立的，因此可以透過擁有更多伺服器來處理更多的用戶。

實際上，生產力損失（productivity loss）並不是簡單地隨著延遲而線性增加。如果延遲低於 200 ms（*https://oreil.ly/YYH0b*），則 UI 被認為是反應靈敏。但僅僅一秒鐘之後，開發人員的注意力就開始轉移了。如果再過 10 秒，開發人員可能會完全切換環境（switch context），這通常被認為是具有很的高生產力成本（productivity costs）。讓開發人員保持在高效之「流動」狀態（"flow" state）的最好方法是，將所有頻繁操作的端到端延遲（end-to-end latency）目標定為 200 ms 以下，並投資於相應的後端。

為了在程式碼基底中導航，需要進行大量的 Code Search 查詢。理想情況下，「下一個」檔案只需點擊一下（例如，對於所引用的檔案或符號的定義），但對於一般導航（general navigation），不使用經典的檔案樹，只需要搜尋所需之檔案或符號會更快，理想情況下不需要完全指定它，以及為部分文字提供建議。隨著程式碼基底（和檔案樹）的成長，這變得越來越真實。

正常導航（normal navigation）到另一個資料夾或專案中的特定檔案需要多次用戶互動。透過搜尋，只需按幾個鍵就能找到相關檔案。為了使搜尋有效，可以向搜尋後端（search backend）提供有關搜尋環境（search context）（例如，當前查看的檔案）的額外資訊。環境（context）可以將搜尋限制在特定專案的檔案上，或者透過優先選擇與其他檔案或目錄相近的檔案來影響排名。在 Code Search UI 中，[10] 用戶可以預先定義多個環境，並根據需要在它們之間快速切換。在編輯器中，開啟的或編輯過的檔案會被自動視為環境的一部分，以便對在其附近的搜尋結果進行優先排序。

我們可以將搜尋查詢語言的能力（例如，使用正規表達式指定檔案）視為另一個標準；我們將在章稍後的權衡部分（trade-offs section）對此進行討論。

索引延遲

大多數時候，開發人員不會注意索引何時過期。他們只關心一小部分的程式碼，即使如此，他們通常也不會知道是否有較新的程式碼。然而，對於他們撰寫或審查相應變更的情況，不同步可能會造成很多混淆。不管這個變更是一個小修正、一個重構還是一段全新的程式碼，都不重要。開發人員只是期望能有一致的觀點，就像他們在 IDE 中一個小型專案的體驗那樣。

10　Code Search UI 也有一個經典的檔案樹，因此也可以這樣導航。

編寫程式碼時，對修改後的程式碼進行即時索引是人們所期望的。當新的檔案、函式或類別被添加時，無法找到它們是令人沮喪的，並且破壞了開發人員習慣於完善交叉參照的正常工作流程。另一個例子是基於搜尋和替換（search-and-replace–based）的重構。當刪除的程式碼立即從搜尋結果中消失時，它不僅更加方便，而且後續的重構考慮到新的狀態也是很重要的。使用集中式 VCS 時，如果先前的變更不再是本地修改檔案集的一部分，則開發人員可能需要對所提交的程式碼進行即時索引（instant indexing）。

反過來說，有時能夠回到程式碼以前的快照（snapshot）是有用的；換句話說，就是一個版本。在事件發生期間，索引（index）和運行中的程式碼（running code）之間的差異可能特別成為問題，因為它可以隱藏真正的原因或導入不相關的干擾。這對交叉參照來說是個問題，因為目前在 Google 的規模上建構索引的技術只需要幾個小時，而且這種複雜性意味著，索引只有一個「版本」（version）被保留。雖然可以進行一些修補，以使新程式碼與舊索引保持一致，但這仍然是一個有待解決的問題。

Google 的實作

Google 對 Code Search 的實作是根據其程式碼基底（codebase）的獨有特點（unique characteristics）量身訂製的，上一節概述了我們建立一個強固且反應靈敏的索引而採取的設計限制。下一節將概述 Code Search 團隊是如何實作和向 Google 開發人員發行其工具的。

搜尋索引

由於規模龐大，Google 的程式碼基底對 Code Search 來說是一個特殊的挑戰。在早期，採取了基於 trigram 的方法。Russ Cox（羅斯・考克斯）隨後開源了一個簡化的版本（*https://github.com/google/codesearch*）。目前，Code Search 索引了大約 1.5 TB 的內容，每秒處理大約 200 次查詢，伺服器端搜尋延遲（search latency）的中位數（median）小於 50 毫秒，索引延遲（indexing latency）（程式碼提交（code commit）和索引可見性（visibility in the index）之間的時間）的中位數小於 10 秒。

讓我們粗略估一下使用基於 grep 的暴力解決方案來實現此性能的資源需求。我們用於正規表達式（regular expression）比對過程的 RE2 程式庫，對於 RAM 中的資料，速度約為 100 MB/ 秒。如果時窗（time window）為 50 毫秒，需要 300,000 [譯註] 個內核

譯註　（1.5*1000*1000*1000*1000）/（100*1000*1000*0.05）=300000

（cores）才能處理 1.5 TB 的資料。由於在大多數情況下，簡單的子字串搜尋（substring searches）就足夠了，因此可以將正規表達式替換為特殊的子字串搜尋，在特定條件下，該子字串搜尋的處理速度大約 1 GB/ 秒 [11]，進而讓內核數量減少 10 倍。到目前為止，我們只研究了在 50 毫秒內處理單次查詢的資源需求。如果我們每秒收到 200 個請求，其中 10 個請求在 50 毫秒的時窗中同時處於活動狀態，使我們回到以 300,000 個內核來處理子字串搜尋。

儘管此估計忽略了搜尋可以在找到一定數量的結果後停止，或者檔案限制可以比內容搜尋更有效地被評估，但它沒有考慮到通信開銷（communication overhead）、排名（ranking）或扇出到數以萬計的機器上。但它絕佳地展示了所涉及的規模，以及 Google 的 Code Search 團隊持續投資改善索引的原因。多年來，我們的索引從原來的基於 trigram（三元語法）的解決方案（透過基於自定義後綴陣列（custom suffix array–based）的解決方案）轉變為當前的稀疏 n 元語法（sparse n-gram）解決方案。這個最新解決方案比暴力解決方案的效率高出 500 多倍，同時能夠以驚人的速度回答正規表達式搜尋（regular expression searches）。

我們從基於後綴陣列（suffix array–based）之解決方案轉向基於符記的 n 元語法（token-based n-gram）之解決方案的原因之一是為了利用 Google 的主要索引和搜尋堆疊（primary indexing and search stack）。有了基於後綴陣列的解決方案，建構和分發自定義索引（custom indices）本身就成為一項挑戰。透過利用「標準」技術，我們受益於核心搜索團隊（core search team）在反向索引構建（reverse index construction）、編碼（encoding）和服務（serving）方面的所有進展。即時索引（instant indexing）是存在於標準搜尋堆疊（standard search stacks）中的另一個功能，在大規模解決它時，它本身就是一個很大的挑戰。

依靠「標準技術」是實作簡單性和性能（simplicity and performance）之間的權衡。儘管 Google 的 Code Search 實作是基於標準的反向索引，但實際的檢索（retrieval）、匹配（matching）和評分（scoring）都是高度客製化和優化的。否則，一些更高階的 Code Search 功能將不可能實現。為了索引檔案修訂（index file revisions）的歷史紀錄（history），我們提出了一個自定義的壓縮方案，在該方案中，索引整個歷史紀錄只會增加 2.5 倍的資源消耗。

---

11 見 https://blog.scalyr.com/2014/05/searching-20-gbsec-systems-engineering-before-algorithms 和 http://volnitsky.com/project/str_search 。

在早期，Code Search 從記憶體中提供所有資料。隨著索引規模的擴大，我們將反向索引（https://oreil.ly/OtETK）移到了快閃記憶體（flash）。雖然快閃記憶體至少比記憶體便宜一個數量級，但其存取延遲至少高出兩個數量級。因此，在記憶體中運行良好的索引，在從快閃記憶體中提供服務時，可能並不合適。例如，原始的三元語法索引（trigram index）不僅需要從快閃記憶體中獲取大量反向索引，而且還需要相當大的索引。有了 n 元語法（n-gram）方案，反向索引的數量及其大小都可以減少，但代價是索引較大。

為了支援本地工作區（具有來自全域性儲存庫（global repository）中的小增量），我們有多個機器進行簡單的暴力搜索。工作區資料（workspace data）在第一個請求時被載入，然後透過監視檔案變更保持同步。當我們耗盡記憶體時，我們會從機器中移除最近的工作區。使用我們的歷史索引（history index）搜尋未改變的檔案。因此，搜索被隱含地限制為工作區被同步到的儲存庫狀態。

排名

對於一個非常小型的程式碼基底（codebase）來說，排名（ranking）並沒有帶來多少好處，因為反正也沒有多少結果。但程式碼基底越大，找到的結果就越多，排名就越重要。在 Google 的程式碼基底中，任何短的子字串都會出現成千上萬次，如果不是數百萬次的話。在沒有排名的情況下，用戶要嘛必須檢查所有這些結果以找到正確的答案，要嘛必須進一步細化查詢，[12] 直到結果集減少到只有少數檔案。這兩種選擇都會浪費開發人員的時間。

排名（ranking）通常從一個評分函數（scoring function）開始，該函數會將每個檔案的一組特徵（信號）映射到某數字上：分數越高，結果越好。然後，搜尋的目標是盡可能有效地找到前 N 個結果。通常，信號分成兩種類型：一類是僅依賴於文件（查詢無關（query independent））的信號，另一類是依賴於搜尋查詢以及匹配文件的方式（查詢相關（query dependent））。檔名長度或檔案的程式語言是查詢無關信號（query independent signal）的例子，而匹配項到底是一個函式定義（function definition）還是一個字串字面（string literal）則是查詢相關信號（query dependent signal）的例子。

12　與 Web 搜尋相比，在 Code Search 中添加更多字符總是會減少結果集（除了少數透過正規表達式的少數罕見例外）。

查詢無關信號

檔案檢視次數和檔案參照次數便是一些最重要的查詢無關信號。檔案檢視很重要，因為它們表明了開發人員認為哪些檔案很重要，因此更有可能想要找到它們。例如，基礎程式庫（base libraries）中的公用函式（utility functions）具有較高的檢視次數。不管程式庫是否已經穩定，不再更換，或者這個程式庫是否正在積極開發，都不重要。此信號的最大缺點是它所產生的反饋迴圈（feedback loop）。透過給經常被檢視的文件打高分，來增加開發人員查看這些文件的機會，並降低其他文件進入前 N 名的機會。這個問題被稱為開發與探索（exploitation versus exploration），存在各種解決方案（例如，先進的A/B 搜尋實驗或培訓資料的策劃）。實際上，過度顯示高分項目似乎並沒有害處：它們在不相關時會被忽略，如果需要一個通例（generic example）則會被採用。但是，對於新檔案來說，這是一個問題，因為新檔案還沒有足夠的信息來獲得一個好的信號。[13]

我們還用到了一個檔案被參照的次數，這與原始的網頁排名（page rank）演算法（*https://oreil.ly/k3CJx*）相似，透過以多數語言中存在的各種 include/import 陳述句將網頁鏈結（web links）替換為參照（references）。我們可以把這個概念向上擴展到建構依賴關係（程式庫／模組級別的參照），向下擴展到函式和類別。這種全局相關性（global relevance）通常被稱為該文件的「優先事項」。

使用參照（references）進行排名時，必須注意兩個挑戰。首先，你必須能夠可靠地提取參照資訊。在早期，Google 的 Code Search 用簡單的正規表達式來提取 include/import 陳述句，然後應用經驗法則（heuristics）將它們轉換成完整的檔案路徑。隨著程式碼基底的日益複雜，這種經驗法則變得容易出錯，並且難以維護。在內部，我們用來自Kythe graph 的正確資訊來取代這個部分。

大規模重構，比如對核心程式庫開源（*http://abseil.io*）帶來了第二個挑戰。此類變更不會在一次程式碼更新中不可分割地（atomically）發生；相反，它們需要分多個階段推出（rolled out）。通常，間接性會被導入，例如避免使用移動的檔案。這些間接性降低了被移動檔案的頁面排名（page rank），並使開發人員更難發現新的位置。此外，當檔案被移動時，檔案檢視通常會消失，使情況變得更糟。由於程式碼基底的這種全域性重組（global restructurings）比較少見（大多數介面很少移動），因此最簡單的解決方案是在此類轉換期間手動提升檔案。（或者等到遷移完成後，等待自然過程在其新位置對檔案進行排名。）

13　這可能透過以某種形式之經常性做為信號而得到一定程度的糾正，也許可以做一些類似於網路搜尋的事情來處理新頁面，但我們還沒有這樣做。

查詢相關信號

查詢無關信號可以離線計算，因此計算成本不是主要問題，儘管它可能很高。例如，對於「頁面」排名，信號取決於整個語料庫，需要類似 MapReduce 的批次處理（batch processing）來計算。必須為每個查詢計算查詢相關信號，計算成本應該很低。這意味著它們僅限於查詢和從索引快速獲取資訊。

與 web 搜尋不同的是，我們不只是在符記（tokens）上進行比對。但是，如果有清楚的符記比對（即搜尋項目與週圍有某種形式的分隔符（如空白）之內容相匹配），則會應用進一步提升（further boost），並考慮區分大小寫。例如，這意味著，搜尋 "Point" 時，"Point *p" 的分數將高於 "appointed to the council"。

為了方便起見，除了實際的檔案內容，預設的搜尋還會比對檔案名稱和合格的符號[14]。用戶可以指定特定類型的比對，但他們不需要這樣做。評分提升了符號和檔名的匹配，而不是一般內容的匹配，以反映開發人員的推斷意圖。與 Web 搜尋一樣，開發人員可以在搜尋中添加更多項目，使查詢更加具體。以關於檔名的提示（例如，"base" 或 "myproject"）來限定一個查詢是很常見的。當大部分的查詢皆發生在可能結果（potential result）的完整路徑中時，評分會透過提升結果來利用這一點，將此類結果置於那些「內容中僅包含位於隨機位置之單字」的結果之前。

檢索

在對一個文件進行評分之前，可以找到可能與搜尋查詢（search query）相匹配的候選項（candidates）。此階段稱為檢索（retrieval）。因為檢索所有文件並不實際，而只能對檢索到的文件進行評分，檢索（retrieval）和評分（scoring）必須很好地協作才能找到最相關的文件。一個典型的例子是搜尋類別名稱（class name）。根據類別的受歡迎程度，它可能有數千種用法，但可能只有一個定義。如果搜尋未明確限制在類別的定義上，則可能會在到達具有單一定義的檔案之前停止檢索固定數量的結果。顯然，隨著程式碼基底的成長，問題會變得更具挑戰性。

檢索階段（retrieval phase）的主要挑戰是在大量不太有趣的檔案中找到少數高度相關的檔案。一種效果很好的解決方案稱為補充檢索（supplemental retrieval）。這個想法是將原始查詢重寫為更專業的查詢。在我們的範例中，這意味著補充查詢（supplemental query）將僅限於定義和檔名的搜尋，並將新檢索到文件添加到檢索階段的輸出中。在補

14　在程式語言中，像函式 "Alert" 這樣的符號經常被定義在一個特定範圍內，比如一個類別（"Monitor"）或命名空間（"absl"）。那麼合格的名稱（qualified name）可能是　absl::Monitor::Alert　即使它沒有出現在實際的文字中，也可以找到它。

充檢索的簡單實作中，需要對更多的文件進行評分，但獲得的額外部分評分資訊可用於全面評估檢索階段最有希望的文件。

結果多樣性

搜尋的另一個方向是結果的多樣性，這意味著嘗試在多個種類中提供最佳結果。一個簡單的例子就是為一個簡單的函式名稱提供 Java 和 Python 匹配項，而不是在結果的第一頁填充一個或另一個。

當用戶的意圖不明確時，這一點尤其重要。多樣性的挑戰之一是有許多不同的種類，比如函式、類別、檔名、本地結果、用法、測試、範例…等等。儘管結果可以有不同的種類，但 UI 中沒有太多空間來顯示所有結果或甚至所有組合的結果，這也並不總是可取的。Google 的 Code Search 在這方面表現不如 Web 搜尋，但建議結果的下拉清單（如 Web 搜尋的自動補全）進行了調整，以便在用戶的當前工作區中提供一組多樣化之「居首位的」（top）檔名、定義和匹配項。

選定的權衡

在 Google 規模的程式碼基底中實作 Code Search，並保持其反應速度，需要做出各種權衡。下一節將對此進行說明。

完整性：位於 head 的儲存庫

我們已經看到，較大型的程式碼基底會對搜尋產生負面影響；例如，較慢和較昂貴的索引、較慢的查詢以及較嘈雜的結果。能否透過犧牲完整性來降低這些成本；換句話說，就是將某些內容從中剔除？答案是肯定的，但要謹慎。非文字檔（二進位檔、圖像、視頻、聲音…等等）通常不是為了讓人類閱讀，因此將其從檔名中剔除。因為它們很大，這節省了大量的資源。一個更邊緣的情況涉到所產生的 JavaScript 檔。由於混淆和結構的喪失，它們對人類來說幾乎是不可閱讀的，因此將它們從索引剔除通常是一個很好的權衡，以完整性為代價來減少索引資源和噪音。根據經驗，百萬位元組以上的檔案很少包含與開發人員相關的資訊，因此排除極端情況可能是正確的選擇。

然而，從索引中剔除檔案有一個很大的缺點。要使開發人員依賴 Code Search，他們需要能夠信任它。遺憾的是，如果被剔除的檔案最初沒有編入索引，那麼通常不可能對特定搜尋的不完整搜尋結果提供反饋。由此產生的混亂和對開發人員造成的生產力損失是為節省資源而付出的高昂代價。即使開發人員完全意識到這些限制，如果他們仍然需要進行搜尋，他們會以一種臨時且容易出錯的方式進行搜尋。考慮到這些罕見但潛在的高

成本，我們選擇在索引過多的情況下犯錯，採用相當高的限制，主要是為了防止濫用和保證系統的穩定性，而不是為了節省資源。

另一個方面，所產生的檔案不在程式碼基底中，但通常對索引有用。目前它們還不是，因為索引它們需要整合建立它們的工具和組態，這將是複雜性、混亂和延遲的巨大來源。

完整性：所有的結果與最相關的結果

普通的搜尋為了速度而犧牲了完整性，本質上是賭排名會確保最前面的結果將包含所有想要的結果。事實上，對於 Code Search 來說，排名搜尋（ranked search）是更常見的情況，在這種情況下，用戶可能會在數百萬個匹配項中尋找一個特定的東西，例如一個函式定義。然而，有時開發人員希望得到所有結果；例如，找到出現特定符號的所有地方以進行重構。需要所有的結果對於分析、工具或重構是很常見的，例如全域性搜尋和替換。需要提供所有的結果與 web 搜尋有著根本的區別，在 web 搜尋中可以採取許多捷徑，例如只考慮高排名的項目。

能夠為非常大的結果集（result sets）交付所有的結果有很高的成本，但我們覺得這對工具來說是需要的，並且對開發人員來說需要信任結果。然而，因為對於大多數查詢來說，只有少數結果是相關的（要嘛只有幾個匹配項 [15]，要嘛只有幾個是有興趣的），我們不想為了潛在完整性而犧牲平均速度。

為了用一個架構來實現兩個目標，我們將程式碼基底拆分成若干團塊，檔案按其優先順序排序。然後，我們通常只需要考慮每個團塊中與高優先檔案相匹配的檔案。這類似於 web 搜尋的工作方式。然而，如果要求的話，Code Search 可以從每個團塊中獲取所有的結果，以保證找到所有的結果。[16] 這讓我們得以解決這兩種使用情況，而不會因為傳回大型、完整結果集之不太常用的功能而減慢典型的搜尋速度。然後還可以按字母順序，而不是按排名，提供結果，這對某些工具是很有用的。

因此，這裡權衡的是「更複雜的實作和 API」與「更強大的能力」，而不是更明顯的延遲與完整性。

15　有一個對查詢的分析指出，大約三分之一的用戶搜尋結果少於 20 個。

16　實際上，更多的事情發生在幕後，這樣回應就不會變得令人痛苦的巨大，開發人員也不會因為搜尋幾乎匹配所有的東西而使整個系統崩潰（想像一下搜索字母 i 或一個空格的情況）。

完整性：Head 與（vs.）分支與（vs.）所有歷史與（vs.）工作區

與「語料庫規模之維度」（dimension of corpus size）相關的問題是，應該索引程式碼的哪些版本：具體來說，除了當前的程式碼快照（head）^{譯註 1} 之外，是否還有其他內容應該被索引。如果被索引的檔案版本超過一個，則系統複雜性、資源消耗和總體成本大幅增加。據我們所知，除了程式碼的當前版本之外，沒有一個 IDE 會對任何內容進行索引。就 Git 或 Mercurial 等分散式版本控制系統而言，它們的大部分效率皆來自歷史資料的壓縮。但是在構建反向索引時，這些表示法的緊湊性會喪失。另一個問題是，很難有效地對圖形結構（graph structures）進行索引，而圖形結構正是分散式版本控制系統的基礎。

雖然很難對一個儲存庫的多個版本進行索引，但允許探索程式碼的變化情況，並找到被刪除的程式碼。在 Google 內部，Code Search 會對（線性的）Piper^{譯註 2} 歷史紀錄進行索引。這意味著，可以在程式碼的任意快照中搜尋程式碼基底，搜尋已刪除的程式碼，甚至搜尋由某些人編寫的程式碼。

一個很大的好處是，過時的程式碼現在可以直接從程式碼基底中刪除。以前，程式碼經常會被移動到標記為 obsolete（過時）的目錄中，以便之後仍然可以找到該程式碼。完整的歷史紀錄索引（history index）也替在用戶工作區（未提交的變更）中有效的搜尋奠定了基礎，這些變更與程式碼基底的特定快照同步。對於未來，歷史紀錄索引為排名時使用有趣的信號（如作者身份、程式碼活動…等等）開闢了可能性。

工作區（workspaces）與全域性儲存庫（global repository）非常不同：

- 每個開發人員都可以有自己的工作區。
- 工作區內通常有少量已變更的檔案。
- 正在處理的檔案經常變更。
- 工作區存在的時間相對較短。

為了提供價值，工作區索引（workspace index）必須準確反映工作區的當前狀態。

譯註 1　head 是 Git 的一個特殊指標，它總是指向當前分支的最近一次快照。

譯註 2　Piper 是 Google 自己開發的版本管理系統。

表達性：符記與（vs.）子字串與（vs.）正規表達式

規模效應（effect of scale）在很大程度上受到所支援之搜尋功能集（search feature set）的影響。Code Search 支援正規表達式（regular expression 或簡寫為 regex）搜尋，這為查詢語言（query language）增加了力量，允許指定或排除整組項目，並且它們可用於任何文字，這對於那些不存在更深層語義工具（deeper semantic tools）的文件和語言尤其有用。

開發人員還習慣於在其他工具（如 `grep`）和語境（contexts）中使用正表達式，因此它們提供強大的搜尋功能，而不會增加開發人員的認知負載。這種能力是有代價的，因為建立一個索引來有效地查詢它們是有難度的。有什麼更簡單的選項嗎？

基於符記的索引（即，單字）可以很好地擴展，因為它只儲存實際原始程式碼的一小部分，並且受到標準搜尋引擎（standard search engines）的良好支援。缺點是，在處理原始程式碼時，許多使用案例都很棘手，甚至不可能用基於符記的索引（token-based index）來有效地實現，因為原始程式碼會替符記化（tokenizing）時通常被忽略的許多字符賦予意義。例如，在大多數基於符記的搜尋中，搜尋 "function()" 與 "function(x)"、"（x ^ y）" 或 "=== myClass " 是困難或不可能的。

符記化的另一個問題是，程式碼識別符（code identifiers）的符記化定義不清。識別符可以用多種方式撰寫，比如 CamelCase、snake_case，甚至是沒有任何單字分隔符（word separator）的 justmashedtogether。在只記住一些單字的情況下，尋找一個識別符，對於基於符記的索引來說是一項挑戰。

符記化通常也不在乎字母的大小寫（"r" 與 "R"），並且經常會混淆單字：例如，將 "searching" 和 "searched" 簡化為相同的字根符記搜尋（stem token search）。搜尋程式碼時，這種精度的缺乏是一個重大的問題。最後，符記化使得我們無法搜尋空白或其他單字分隔符（逗號、括號），這在程式碼中可能非常重要。

在搜尋能力方面的下一步 [17] 是全子字串搜尋（full substring search），其中可以搜尋任何字符序列。提供此功能之相當有效的方法是透過基於三元語法的索引（trigram-based index）。[18] 在其最簡單的形式下，所產生的索引規模（index size）仍然比原來之原始程式碼規模小得多。然而，與其他子字串索引相比，小規模的代價是召回的精度（recall

---

17　還有其他中間類型，例如建構前級／後級索引（prefix/suffix index），但一般來說，它們在搜尋查詢中提供的表達性較差，同時仍然具有較高的複雜性和索引成本。

18　參見 Russ Cox（拉斯・考克斯），"Regular Expression Matching with a Trigram Index or How Google Code Search Worked (https://oreil.ly/VSZe7)."（用三元語法索引進行正規表達式比對或 Google 之 Code Search 的工作原理。）

accuracy）相對較低。這意味著查詢速度較慢，因為不匹配的內容需要從結果集（result set）中過濾掉。這就必須在索引規模、搜尋延遲和資源消耗之間找到一個很好的折衷方案，這很大程度上取決於程式碼基底規模（codebase size）、資源可用性（resource availability）和每秒搜尋量（searches per second）。

如果有子字串索引可用，則很容易擴展它以便進行正規表達式搜尋（regular expression searches）。基本的想法是將正規表達式自動機轉換（regular expression automaton）為一組子字串搜尋（substring searches）。這種轉換對於三元語法索引（trigram index）來說很簡單，並且可以推廣到其他的子字串索引。由於沒有完美的正規表達式索引（regular expression index），因此總是可以構建出導致暴力搜尋（brute-force search）的查詢。然而，考慮到只有一小部分的用戶查詢是複雜的正規表達式，實際上，透過子字串索引的近似方法效果非常好。

結語

Code Search 從 `grep` 的一個有機替代品（organic replacement）發展成為提升開發人員生產力的核心工具，並在此工程中利用 Google 的 Web 搜尋技術。這對你意味著什麼呢？如果你正在從事一個很容易融入 IDE 的小專案，可能不會有什麼。如果你負責在一個較大型之程式碼基底上提高工程師的生產力，可能會有一些見解。

最重要的一點可能是顯而易見的：理解程式碼是開發和維護程式碼的關鍵，這意味著對理解程式碼的投資將產生可能難以衡量但真實的紅利。我們添加到 Code Search 中的每一個功能，在過去和現在都被開發人員用於幫助他們的日常工作（當然，有些功能比其他功能更常用）。最重要的兩個功能，Kythe integration（即添加語義程式碼的理解）和查找工作範例，同時也是與理解程式碼（例如，查找程式碼或查看程式碼是如何變化的）聯繫最為明顯的功能。就工具的影響而言，沒有人會使用他們不知道的工具，因此讓開發人員瞭解可用的工具也很重要——在 Google，這是 Noogler 培訓的一部分，這是為新聘用的軟體工程師提供的入職培訓（onboarding training）。

對你來說，這可能意味著為 IDE 設置標準的索引配置檔（indexing profile）、分享有關 egrep 的知識、運行 ctags 或設置一些自定義的索引工具，例如 Code Search。無論你做什麼，它幾乎肯定會被使用，並且使用得更多，而且使用的方式也和你預期的不同，你的開發人員將從中受益。

摘要

- 幫助你的開發人員理解程式碼可以大大提高工程生產力。在 Google，這方面的關鍵工具是 Code Search。

- Code Search 做為其他工具的基礎，以及做為所有文件和開發人員工具，鏈結到的中央、標準位置，具有額外的價值。

- Google 之程式碼基底的龐大規模，使得自定義工具成為必要——而不是，例如，grep 或 IDE 的索引。

- 做為一個互動工具，Code Search 必須是快速的、允許「問答」的工作流程。預計它在各方面（搜尋、流覽和索引）都有較低的延遲。

- 只有當它被信任時，它才會被廣泛使用，而且只有當它索引所有程式碼、給出所有的結果，並首先給出所需的結果時，才會被信任。然而，早期功能較弱的版本都很有用，只要理解它們的侷限性，就可以使用。

## 第十八章

建構系統與建構哲學

作者：Erik Kuefler（埃里克・庫弗勒）

編輯：Lisa Carey（麗莎・凱莉）

如果你問 Google 工程師，他們在 Google 工作最喜歡什麼（除了免費的食物和很酷的產品），你可能會聽到一些令人驚訝的事情：工程師們喜歡建構系統（build system）。[1] Google 在其生命期中已經花費了巨大的工程努力，從零開始建立自己的建構系統，目的是確保我們的工程師能夠快速、可靠地建構程式碼。這項工作非常成功，以至於 Blaze，這個建構系統的主要組成部分，已經被離開公司的前 Google 員工（ex-Googlers）重新實作了好幾次。[2] 2015 年，Google 終於開源了名為 Bazel（*https:// bazel. build*）的 Blaze 實作。

建構系統的目的

從根本上說，所有的建構系統都有一個直接目的：它們將工程師編寫的原始碼轉換為機器能夠讀取之可執行的二進位檔（executable binary）。一個良好的建構系統通常會試圖優化兩個重要特性：

快速

開發人員應該能夠鍵入一道命令來進行建構，並獲得所產生的二進位檔，通常只需幾秒鐘的時間。

---

1 在一項內部調查中，83% 的 Googlers（谷歌員工）表示對建構系統感到滿意，使其成為 19 名被調查的員工中第四大滿意的工具。該工具的平均滿意度為 69%。

2 見 https://buck.build/ 和 https://www.pantsbuild.org/index.html。

正確

每次任何開發人員在任何機器上進行建構時，他們都應獲得相同的結果（假設原始碼檔案和其他輸入是相同的）。

許多較舊的建構系統試圖在速度和正確性之間做出權衡，採取了一些可能導致建構不一致的快捷方式。Bazel 的主要目標是避免在速度和正確性之間做出選擇，提供一個結構化的建構系統，以確保總是能夠高效和一致地建構程式碼。

建構系統不僅為人類服務；它們還允許機器自動進行建構，無論是測試還是發行到生產環境。事實上，Google 的大部分建構都是自動觸發的，而不是由工程師直接觸發的。我們的開發工具幾乎都會以某種方式與建構系統聯繫在一起，這給在我們的程式碼基底（codebase）上工作的每個人提供了巨大的價值。以下是利用我們的自動化建構系統之工作流程的一小部分範例：

- 程式碼被自動建構、測試並推送到生產環境，沒有任何人工干預。不同的團隊會以不同的速度做這件事：有些團隊每週推送一次，有些團隊每天推送一次，有些團隊則以系統能夠建立和驗證新建構的速度推送。（見第 24 章）。
- 開發人員所做的修改在被送去進行程式碼審查（code review）時會自動進行測試（見第 19 章），這樣作者（author）和審查者（reviewer）都可以立即看到由修改引起的任何建構或測試問題。
- 在將修改（changes）合併到主線（trunk）之前，修改會立即被再次測試，這使得提交（submit）具破壞性的修改（breaking changes）變得更加困難。
- 低階程式庫的作者能夠在整個程式碼基底中測試他們所做的修改，確保他們的修改在數百萬的測試和二進位檔中是安全的。
- 工程師能夠建立大規模的修改（large-scale changes 或簡寫為 LSCs），一次觸及數以萬計的原始檔（例如，重命名一個通用符號），同時仍然能夠安全地提交和測試這些修改。我們在第 22 章中將更詳細地討論 LSCs。

這一切之所以有可能，都是因為 Google 對其建構系統的投資。雖然 Google 的規模可能獨一無二的，但任何規模的組織都可以透過適當地使用現代的建構系統來實現類似的好處。本章將介紹 Google 所認為的「現代建構系統」是什麼，以及如何使用此類系統。

如果沒有建構系統會怎樣？

建構系統使你的開發規模得以擴展。正如我們將在下一節說明的那樣，在沒有適當之建構環境的情況下，我們會遇到擴展的問題。

但我只需要一個編譯器！

對建構系統的需求可能不是很明顯。畢竟，當我們首次學習程式設計時，我們大多數人可能沒有使用建構系統，我們可能是透過直接從命令列（command line）調用 gcc 或 javac 等工具開始的，或者在整合開發環境（IDE）中使用等效的工具。只要我們所有的原始程式碼都在同一個目錄中，這樣的命令就可以工作正常：

```
javac *.java
```

這是讓 Java 編譯器把當前目錄下的每個 Java 原始碼檔案都轉換為二進位類別檔（binary class file）。在最簡單的情況下，這就是我們所需要的。

然而，一旦我們的程式碼擴展後，事情就變得複雜起來。儘管 javac 夠聰明，可以在我們當前目錄的子目錄中尋找我們加入的程式碼。但是它無法找到儲存在檔案系統其他部分的程式碼（可能是我們的幾個專案共享之程式庫）。它顯然也只知道如何建構 Java 程式碼。大型系統經常涉及用各種程式語言編寫的不同部分，這些部分之間存在著依賴關係網，這意味著單一程式語言的編譯器不可能建構整個系統。

一旦我們最終不得不處理來自多種語言或多個編譯單元的程式碼，建構程式碼就不再是一個單步過程（one-step process）。我們現在需要考慮，我們的程式碼依賴於什麼，建構這些部分的適當順序，以及為每個部分使用一套不同的工具的可能性。如果我們變更任何依賴關係，我們需要重複此過程，以避免依賴於過時的二進位檔。對於即便是中等規模的程式碼基底，此過程很快就會變得乏味且容易出錯。

編譯器也不知道如何處理外部的依賴關係，比如 Java 中的第三方 JAR 檔。通常，在沒有建構系統的情況下，我們所能做的最好事情就是從 Internet 下載依賴項，將其放在硬碟上的 lib 資料夾中，並告訴編譯器從該目錄中讀取程式庫。隨著時間的推移，很容易忘記我們在那裡放了什麼程式庫，這些程式庫來自哪裡，以及它們是否仍在使用。而且，隨著程式庫維護者發布新的版本，要想讓它們保持最新的狀態，還得有好的運氣。

shell 命令稿來救援？

假設你的業餘專案一開始很簡單，你可以只使用一個編譯器來建構它，但你開始遇到一些前面所描述的問題。也許你仍然認為，你不需要一個真正的建構系統，可以使用一些簡單的 shell 命令稿將繁瑣的部分自動化，這些命令稿負責以正確的順序進行建構。這在一段時間內有幫助，但很快你就會遇到更多問題：

- 變得單調乏味。隨著系統變得越來越複雜，你開始在建構命令稿上花費與實際程式碼上幾乎一樣多的時間。對 shell 命令稿進行除錯是一件令人痛苦的事情，越來越多的 hack（密技）被疊層在一起。

- 太慢了。為了確保你不會意外地依賴過時的程式庫，你讓你的建構命令稿在每次運行時都按順序建構每個依賴項。你考慮添加一些邏輯來檢測哪些部分需要重建，但這對於一個命令稿來說聽起來非常複雜而且容易出錯。或者，你可以考慮每次都指定哪些部分需要重建，但這樣你又返回到了原點。
- 好消息：是時候發行了！最好去弄清楚，你需要傳遞給 jar 命令以進行最終建構的所有引數（*https://xkcd.com/1168*）。記住如何上傳並將其推送到中央儲存庫。建構並推送文件檔更新，並向用戶發送通知。嗯，也許這需要另一個命令稿…
- 災難！你的硬碟崩潰了，現在你需要重建你的整個系統。你很聰明，能夠將所有的原始碼檔案保留在版本控制中，但是你下載的那些程式庫呢？你能再次找到它們，並確保它們和你第一次下載它們時的版本相同？你的命令稿可能依賴於特定位置所安裝的特定工具——你能夠恢復相同的環境，以使命令稿再次工作嗎？你很久以前為了讓編譯器正常工作而設定的那些環境變數，後來又忘記了，該怎麼辦？
- 儘管存在這些問題，你的專案還是非常成功，並且你可以開始雇用更多的工程師。現在你意識到，不需要一場災難就會出現之前的問題——每次有新的開發人員加入你的團隊，你都需要經歷同樣痛苦的引導過程（bootstrapping process）。而且，儘管你盡了最大的努力，但每個人的系統仍然存在很小的差異。通常，在一個人的機器上可以運作的東西在另一個人的機器上卻不起作用，而每次都需要花幾個小時來除錯工具路徑或程式庫版本，以弄清楚差異所在。
- 你決定，你需要將你的建構系統自動化。理論上來說，這就像買一台新電腦並設置它每晚使用 cron 運行建構命令稿一樣簡單。你仍然需要經歷痛苦的設置過程（setup process），而今你沒有了人腦能夠檢測和解決小問題的好處。現在，每天早上，當你進入電腦時，你會看到昨晚的建構失敗了，因為昨天一位開發人員在他們的系統上做了一項改變，但在自動化建構系統上卻不起作用。每次都是一個簡單的修正，但它經常發生，以至於你最終每天花費大量時間來發現和應用這些簡單的修正。
- 隨著專案的發展，建構變得越來越慢。有一天，在等待建構完成時，你悲傷地凝視著正在度假的同事閒置之桌面，希望有辦法可以利用所有被浪費掉的運算能力。

你遇到了一個典型的規模問題。對於一個最多一到兩週只能處理幾百列程式碼的開發人員（這可能是一個剛剛大學畢業的初級開發人員之全部經驗）來說，只需要一個編譯器。命令稿也許可以帶你走得更遠一點。然而，一旦你需要協調多個開發人員和他們的機器，即使是一個完美的建構命令稿也是不夠的，因為很難解釋這些機器中的些微差異。此時，這種簡單的做法就會崩潰，是時候投資一個真正的建構系統了。

現代的建構系統

幸運的是，我們開始遇到的所有問題，都已經被現有的通用建構系統（general-purpose build system）解決了許多次。從根本上說，它們與前面提到之基於命令稿的 DIY 做法並無不同：它們在背後運行的是相同的編譯器，並且你需要瞭解這些基礎工具才能知道建構系統到底在做什麼。但是，這些現有的系統經歷過了多年的發展，使得它們比你自己嘗試修改的命令稿更加健全和靈活。

一切都與依賴性有關

在審視之前描述的問題時，一個主題反覆出現：管理自己的程式碼相當簡單，但管理其依賴關係要困難得多（第 21 章專門介紹此問題的詳細）。有各種各樣的依賴關係：有時依賴於一項任務（例如，「在我將一個版本標記為完成之前，先推送文件檔」），有時依賴於產出物（例如，「我需要最新版的電腦視覺程式庫來建構我的程式碼」）。有時，你對程式碼基底的另一部分有內部依賴關係，有時你對（你的組織或第三方中）另一個團隊擁有的程式碼或資料有外部依賴關係。但無論如何，「我需要它，然後才擁有它」的想法在建構系統的設計中反覆出現，而管理依賴關係也許是一個建構系統最基本的工作。

基於任務的建構系統

我們在前一節著手開發的 shell 命令稿是一個基於任務之建構系統（task-based build system）的典型例子。在基於任務的建構系統中，工作（work）的基本單元是任務（task）。每個任務都是某種可以執行任何邏輯的命令稿，並且任務會將必須在它們之前運行的其它任務指定為依賴項。當今使用的大多數主要建構系統，如 Ant、Maven、Gradle、Grunt 和 Rake，都是基於任務的。

大多數現代的建構系統都需要工程師建立 *buildfile*（以便描述如何進行建構）而不是 shell 命令稿。以 Ant 手冊（*https://oreil.ly/WL9ry*）為例：

```
<project name="MyProject" default="dist" basedir=".">
  <description>
    simple example build file
  </description>
  <!-- 為此建構設定全域屬性 -->
  <property name="src" location="src"/>
  <property name="build" location="build"/>
  <property name="dist" location="dist"/>
  <target name="init">
    <!-建立時間戳記 -->
```

```
    <tstamp/>
    <!-- 建立編譯時所使用的建構目錄結構 -->
    <mkdir dir="${build}"/>
</target>
<target name="compile" depends="init"
        description="compile the source">
    <!-- 將 ${src} 中的 Java 程式碼編譯到 ${build} -->
    <javac srcdir="${src}" destdir="${build}"/>
</target>
<target name="dist" depends="compile"
        description="generate the distribution">
    <!-- 建立發行目錄 -->
    <mkdir dir="${dist}/lib"/>
    <!-- 將 ${build} 裡的一切放入 MyProject-${DSTAMP}.jar file -->
    <jar jarfile="${dist}/lib/MyProject-${DSTAMP}.jar" basedir="${build}"/>
</target>
<target name="clean"
        description="clean up">
    <!-- 刪除 ${build} 與 ${dist} 目錄樹 -->
    <delete dir="${build}"/>
    <delete dir="${dist}"/>
</target>
</project>
```

buildfile 係以 XML 格式編寫,其中定義了一些關於建構的簡單中介資料以及任務清單
(XML 中的 <target> 標籤[3])。每項任務都會執行由 Ant 定義的可能命令清單,其中包
括建立和刪除目錄、運行 javac 和建立 JAR 檔案。這組命令可以透過用戶提供的外掛
程式來擴展,以涵蓋任何類型的邏輯。每項任務還可以透過 depends 屬性定義它所依賴
的任務。這些依賴關係形成了一個無環圖(acyclic graph)(見圖 18-1)。

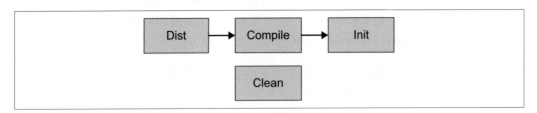

圖 18-1 呈現依賴關係的無環圖

用戶透過向 Ant 的命令列工具提供任務來進行建構。例如,當用戶鍵入 ant dist 時,
Ant 會採取以下步驟:

3　Ant 使用單字 target 來表示我們在本章所稱的任務(task),並使用單字 task 來指我們所稱的命令
　(commands)。

---

1. 在當前目錄中載入一個名為 *build.xml* 的檔案，並對其進行解析以建立圖 18-1 所示的圖形結構。

2. 尋找命令列上提供的名為 dist 的任務，並發現它與名為 compile 的任務有倚賴關係。

3. 查找名為 compile 的任務，並發現它與名為 init 的任務有倚賴關係。

4. 查找名為 init 的任務，並發現它沒有依賴關係。

5. 執行 init 任務中所定義的命令。

6. 執行 compile 任務中所定義的命令，前提是該任務的所有依賴項都已運行。

7. 最後，Ant 在運行 dist 任務時所執行的程式碼，相當於以下的 shell 命令稿：

```
./createTimestamp.sh
mkdir build/
javac src/* -d build/
mkdir -p dist/lib/
jar cf dist/lib/MyProject-$(date --iso-8601).jar build/*
```

去掉語法後，buildfile 和建構命令稿（build script）實際上沒有太大區別。但是，我們已經透過這樣做獲得了很多。我們可以在其他目錄中建立新的 buildfile 並將它們鏈結在一起。我們可以用任意和複雜的方式輕鬆地添加依賴於現有任務的新任務。我們只需要將單一任務的名稱傳遞給 ant 命令列工具，它將負責確定需要運行的所有內容。

ant 是一個非常古老的軟體，最初發行於 2000 年，不是人們今日會考慮的「現代」建構系統！其他工具，如 Maven 和 Gradle，在這幾年中對 ant 做了改進，並透過添加諸如自動管理外部倚賴關係和更清晰的語法等來取代它，而無須任何 XML。但這些較新系統的性質保持不變：它們允許工程師以原則性和模組化的方式編寫建構命令稿做為任務，並為執行這些任務和管理它們之間的依賴關係提供工具。

基於任務之建構系統的黑暗面

由於這些工具基本上允許工程師將任何命令稿定義為任務，因此它們非常強大，允許你使用它們執行幾乎任何可以想像得到的事情。但是，這種權力也有缺點，而且隨著建構命令稿的成長變得越來越複雜，基於任務的建構系統可能變得難以使用。這種系統的問題在於，它們最終給工程師太多的權力，而沒有給系統足夠的權力。由於系統不知道命令稿在做什麼，性能會受到影響，因為它必須非常保守地安排和執行建構步驟。系統無法確認每個命令稿都在執行它應該做的事情，因此命令稿往往會越來越複雜，最終成為另一個需要除錯的東西。

難以平行化建構步驟。現代的開發工作站通常相當強大，具有多個內核，理論上應該能夠同時執行多個建構步驟。但基於任務的系統通常無法將任務執行平行化，即使它們看起來應該可以。假設任務 A 倚賴於任務 B 和 C。因為任務 B 和 C 之間沒有依賴關係，所以同時運行它們以便系統能夠更快地到達任務 A，是安全的嗎？也許，如果他們不觸及任何相同的資源。但也許不是。也許兩者都使用相同的檔案來追蹤他們的狀態，同時運行它們會導致衝突。系統通常無法知道，因此要嘛必須冒這些衝突的風險（導致罕見但非常難以除錯的建構問題），要嘛必須將整個建構限制為在單一行程中的單一執行緒上運行。這可能是對一個強大之開發者機器的巨大浪費，它完全排除了跨多台機器分散建構的可能性。

難以進行增量建構。一個良好的建構系統將允許工程師執行可靠的增量建構（incremental builds），這樣小型的變更就不需要從頭開始重建整個程式碼基底。如果建構系統速度緩慢，並且由於上述原因無法平行化建構步驟，這一點尤其重要。但不幸的是，基於任務的建構系統在這裡也很困難。因為任務可以做任何事情，所以一般來說，沒有辦法檢查它們是否已經完成。許多任務只需一組原始碼檔案並運行編譯器來建立一組二進位檔案；因此，如果底層的原始碼檔案沒有變更，則不需要重新運行它們。但是，如果沒有額外的資訊，系統就無法確定這一點：也許任務下載了一個可能已經發生變化的檔案，或者它所寫入的時間戳記可能每次運行時都不同。為了保證正確性，系統通常必須在每次建構期間重新運行每個任務。

一些建構系統試圖透過讓工程師指定一個任務需要重新運行的條件來實現增量建構。有時這是可行的，但往往這是一個比看起來棘手得多的問題。例如，就像 C++ 這樣允許檔案被直接引入其他檔案的語言中，如果不解析所引入的原始碼，就不可能確定必須關注之整個檔案集的變化。工程師往往最終會走捷徑，這些捷徑可能會導致罕見和令人沮喪的問題，即使任務結果不應該被重複使用。當這種情況經常發生時，工程師們會養成在每次建構之前進行清理以獲得新狀態的習慣，這完全違背了一開始進進行增量建構的目的。弄清楚任務何時需要重新運行，是一個非常微妙的事情，而且機器比人類更能處理這項工作。

難以維護和除措命令稿。最後，基於任務的建構系統所強加的建構命令稿，往往是難以使用的。儘管它們通常受到較少的審查，但建構命令稿就像正被建構的系統一樣，都是程式碼，並且很容易隱藏錯誤。以下是使用基於任務的建構系統時，極為常見的一些錯誤範例：

• 任務 A 依賴任務 B 來產生一個特定的檔案做為輸出。任務 B 的擁有者沒有意識到其他任務依賴於它，因此他們將其變更為在不同位置產生輸出。直到有人嘗試運行任務 A，並發現它失敗了，這才被發現。

- 任務 A 依賴於任務 B，任務 B 依賴於任務 C，而任務 C 則會產生一個特定的檔案，做為任務 A 所需要的輸出。任務 B 的擁有者決定它不再需要依賴於任務 C，這會導致任務 A 失敗，因為任務 B 根本不關心任務 C！
- 一個新任務的開發人員意外地對運行任務的機器（如工具的位置或特定值）做了一個假設，比如一個工具的位置或特定環境變數的值。該任務在他們的機器上可以運行，但只要另一個開發人員嘗試它，就會失敗。
- 一個任務包含了一個不確定的組件，例如從 Internet 下載一個檔案或在一個建構中添加時間戳記。現在，人們每次運行建構時都可能會得到不同的結果，這意味著工程師並不總是能夠重現和修正的失敗，或自動建構系統上發生的失敗。
- 具有多個依賴關係的任務會產生競爭條件（race conditions）。如果任務 A 同時依賴於任務 B 和任務 C，並且任務 B 和 C 同時修改了相同的檔案，則任務 A 將獲得不同的結果，這取決於任務 B 和任務 C 中哪一個先完成。

在此處列出的基於任務的框架中，沒有通用的方法來解決這些性能、正確性或可維護性的問題。只要工程師能夠編寫在建構過程中運行的任意程式碼，系統就不可能擁有足夠的資訊以始終能夠快速正確地運行建構。為了解決這個問題，我們需要把一些權力從工程師手中拿走，把它交還給系統，並重新概念化系統的角色，不是運行任務，而是製作產出物（producing artifacts）。這是 Google 對 Blaze 和 Bazel 所採取的方法，下一節將對此進行說明。

基於產出物的建構系統

為了設計一個更好的建構系統，我們需要退一步。早期系統的問題在於，他們透過讓工程師定義自己的任務，賦予了他們太多的權力。也許我們不需要讓工程師定義任務，我們可以由系統定義少量任務，讓工程師以有限的方式設定這些任務的組態。我們也許可以從本章的名稱推斷出最重要之任務的名稱：一個建構系統的主要任務應該是「建構」（build）程式碼。工程師仍然需要告訴系統要建構「什麼」（what），但「如何」（how）進行建構的問題則留給系統。

這正是 Blaze 和其他源自 Blaze（包括 Bazel、Pants 和 Buck）之基於產出物（artifact-based）的建構系統所採用的做法。與基於任務（task-based）的建構系統一樣，我們仍然有 buildfiles（建構檔），但這些 buildfiles 的內容卻非常不同。在 Blaze 中，buildfiles 並非是以「具圖靈完整性（Turing-complete）之命令稿語言」來描述如何產生輸出的一組命令，而是一個宣告式清單（declarative manifest），其中描述了一組要建構的產出物（artifacts）、它們的依賴項以及影響它們建構方式的一組有限選項。

當工程師在命令列上運行 blaze 時，他們會指定一組要建構的目標（what），Blaze 負責組態設定（configuring）、運行（running）和調度（scheduling）編譯步驟（how）。因為建構系統現在可以完全控制在什麼時候運行什麼工具，所以它可以做出更有力的保證，使其在效率更高的同時仍能保證正確性。

函數的觀念

在基於產出物的建構系統（artifact-based build systems）與函數式程式設計（functional programming）之間做個類比是很容易的。傳統的命令式程式語言（如 Java、C 和 Python）會指定一個接著一個執行的陳述清單（lists of statements），就像基於任務的建構系統讓程式員定義一系列要執行的步驟一樣。相比之下，函數式程式語言（如 Haskell 和 ML）的結構更像是一系列數學方程式。在函數式語言中，程式員會描述要執行的運算，但把何時以及如何運算的細節留給編譯器。這就相當於在基於產出物的建構系統中宣告一個清單並讓系統找出如何進行建構的想法。

許多問題不容易用函數式程式設計（functional programming）來表達，但那些問題卻能從中受益匪淺：這種語言往往能夠輕而易舉地將此類程式並行化（parallelize），並對其正確性做出強有力的保證，而這在命令式語言（imperative language）中是不可能的。使用函數式程式設計最容易表達的問題，是那些僅涉及使用一系列規則或函式將一段資料轉換為另一段資料的問題。這正是建構系統的涵義：整個系統實際上是一個數學函數（mathematical function），它以原始碼檔案（和編譯器等工具）做為輸入，並以產生的二進位檔做為輸出。因此，以函數式程式設計為原則建構的系統運行良好也就不足為奇了。

用 Bazel 來實現具體化。Bazel 是 Google 內部建構工具 Blaze 的開源版本，是基於產出物之建構系統的一個好例子。下面是 buildfile（通常名為 BUILD）在 Bazel 中的樣子：

```
java_binary(
  name = "MyBinary",
  srcs = ["MyBinary.java"],
  deps = [
    ":mylib",
  ],
)
java_library(
    name = "mylib",
    srcs = ["MyLibrary.java", "MyHelper.java"],
    visibility = ["//java/com/example/myproduct:__subpackages__"],
    deps = [
        "//java/com/example/common",
        "//java/com/example/myproduct/otherlib",
```

```
            "@com_google_common_guava_guava//jar",
        ],
    )
```

在 Bazel 中，*BUILD* 檔定義了目標（targets）。此處有兩種目標：`java_binary` 和 `java_library`。每個目標對應於系統可以建立的產出物：二進位檔目標（即 `java_binary`）會產生可直接執行的二進位檔，程式庫目標（即 `java_library`）會產生可用於「二進位檔或其他程式庫的」程式庫。每個目標都有一個 *name*（用於定義它在命令列和其他目標中的引用方式）、*srcs*（其中定義了必須編譯的原始碼檔案，以便為目標建立產出物）和 *deps*（其中定義了必須在此目標之前建構並連結到該目標的其他目標）。依賴關係可以在同一套件中（例如，MyBinary 對 `":mylib"` 的依賴）、在同一原始碼層次結構中的不同套件上（例如，mylib 對 `"//java/com/example/common"` 的依賴），或者在原始碼層次結構之外的第三方產出物上（例如，mylib 對 `"@com_google_common_guava_guava//jar"`）。每個原始碼層次結構（source hierarchy）都稱為工作區（workspace），並透過存在於根目錄（root）上的一個特殊 *WORKSPACE* 檔來識別。

與 Ant 一樣，用戶使用 Bazel 的命令列工具來進行建構。為了建構 `MyBinary` 目標，用戶可以運行 `bazel build :MyBinary`。在乾淨的儲存庫中首次鍵入該命令時，Bazel 將做以下工作：

1. 解析工作區中的每一個 *BUILD* 檔，以建立產出物之間的依賴關係圖。

2. 使用該圖來確定 `MyBinary` 的遞移依賴項（transitive dependencies）；也就是說，`MyBinary` 所依賴的每一個目標以及這些目標所依賴的每一個目標，如此遞迴下去。

3. 依序為這些依賴項的每一個進行建構（或下載外部依賴項）。Bazel 首先會建構每個沒有其他依賴項的目標，並追蹤每個目標仍需要建構哪些依賴項。一旦目標的所有依賴項都建構起來後，Bazel 就會開始建構該目標。此過程一直持續到 `MyBinary` 的每一個遞移依賴項都已經建構完成。

4. 建構 `MyBinary` 以產生最終可執行的二進位檔，該檔案連結了在步驟 3 中建構的所有依賴項。

從根本上說，這裡發生的事情似乎與使用基於任務之建構系統時發生的事情沒有多大不同。事實上，最終的結果是相同的二進位檔，而且產生它的過程涉及分析一堆步驟，以找到它們之間的依賴關係，然後按順序運行這些步驟。但兩者之間存在重大的差異。第一個出現在步驟 3 中：因為 Bazel 知道每個目標只會產生一個 Java 程式庫，所以它知道它所要做的就是運行 Java 編譯器，而不是運行任意的用戶定義命令稿，所以它知道以平行的方式運行這些步驟是安全的。與在多核機器上一次建構一個目標相比，這可以產

生一個數量級的性能改進，之所以能夠做到這一點，是因為基於產出物的做法（artifact-based approach），是讓建構系統負責其自身的執行策略（execution strategy），這樣它就能對平行性做出更有力的保證。

不過，其好處不僅限於平行性（parallelism）。接下來，當開發人員第二次鍵入 `bazel build :MyBinary` 而不做任何變更時，此做法帶給我們的下一個好處就變得很明顯：Bazel 將在不到一秒的時間內退出，並發出訊息指出目標是最新的。這是可能的，由於我們之前提到的函數式程式語言典範（functional programming paradigm）-- Bazel 知道每個目標都是運行 Java 編譯器的結果，並且它知道 Java 編譯器的輸出僅取決於其輸入，因此只要輸入沒有變更，輸出就可以重複使用。這種分析在各個層面都有效；如果 `MyBinary.java` 發生變化，Bazel 知道重建 `MyBinary.java`，但需要重複使用 `mylib`。如果 `//java/com/example/common` 的原始碼檔案發生變化，Bazel 知道要重建該程式庫（`mylib`）和 `MyBinary`，但需要重複使用 `//java/com/example/myproduct/otherlib`。因為 Bazel 知道它在每個步驟中運行之工具的特性，所以它每次只重建最小的產出物集，同時保證它不會產生過時的建構結果。

從產出物（artifacts）而不是任務（tasks）的角度來重構（reframing）建構過程是微妙但強大的。透過減少暴露在程式員面前的靈活性，建構系統可以知道更多關於建構的每一步正在做什麼。它可以利用這些知識，透過平行化建構過程和重用其輸出，使建構的效率大大提升。但這實際上只是第一步，這些平行和重用的構件（building blocks）將構成分散式且高度可擴展之建構系統的基礎，這將在稍後討論。

其他漂亮的 Bazel 技巧

基於產出物的建構系統從根本上解決了基於任務的建構系統固有的平行性和重複利用問題。但是，前面還是出現了一些我們尚未解決的問題。Bazel 有巧妙的方法來解決這些問題，我們應該在繼續下去之前先討論它們。

做為依賴項的工具。我們之前遇到的一個問題是，建構依賴於安裝在我們機器上的工具，由於工具版本或位置的不同，跨系統複製建構結果可能很困難。當你的專案使用的語言因為進行建構或編譯的平台（例如，Windows 與 Linux）而需要不同的工具時，問題會變得更加困難，並且這些平台中的每一個都需要一組略微不同的工具來完成相同的工作。

Bazel 透過將工具視為每個目標的依賴項來解決這個問題的第一部分。工作區中的每個 `java_library` 都隱含地依賴於 Java 編譯器，該編譯器預設為知名編譯器，但可以在工作區級別（workspace level）進行全域性組態設定。每當 Blaze 建構 `java_library` 時，

它都會檢查以確保所指定的編譯器在已知位置上可用，如果不可用，則下載它。就像任何其他依賴關係一樣，如果 Java 編譯器發生變化，則需要重建依賴它的每個產出物。Bazel 中定義的每種目標類型，都會使用相同的宣告策略來宣告運行所需的工具，確保 Bazel 能夠引導（bootstrap）它們，無論其運行的系統中存在什麼。

Bazel 透過工具鏈（*https://oreil.ly/ldiv8*）的使用解決了問題的第二部分，即平台獨立性（platform independence）。與其說目標直接依賴於工具，不如說它們實際上依賴於工具鏈的類型（toolchain type）。工具鏈之中包含一組工具和其他特性，用於定義如何在特定的平台上建構一個目標類型（target type）。工作區可以根據主機和目標平台為一個工具鏈類型定義要使用的特定工具鏈。相關詳細，請參閱 Bazel 手冊。

擴展建構系統。Bazel 為幾種流行的程式語言提供了開箱即用的目標，但工程師們總是希望做得更多。基於任務之系統的部分好處是，它們在支援任何類型的建構過程時具有靈活性，最好不要在基於產出物的建構系統中放棄這一點。幸運的是，Bazel 允許其支援的目標類型透過添加自定義規則（custom rules）（*https://oreil.ly/Vvg5D*）進行擴展。

為了定義 Bazel 中的規則，規則作者（rule author）需要宣告該規則所需的輸入（以 *BUILD* 檔案中傳遞的屬性形式出現）和該規則產生的固定輸出集。作者還定義了該規則將產生的行動（actions）。每個動作都會宣告它的輸入和輸出、運行一個特定的可執行檔或將一個特定字串寫入檔案，並且可以透過它的輸入和輸出與其他動作相連。這意味著，動作是建構系統中最低級別的可組合單元（lowest-level composable unit），只要它僅使用它所宣告的輸入和輸出，它可以做任何它想做的事情，Bazel 將負責調度行動（scheduling actions）並適當地快取（caching）其結果。

這個系統並不是萬無一失的，因為沒有辦法阻止一個行動開發人員（action developer）做一些事情，比如導入一個非確定性的過程（nondeterministic process）做為其行動的一部分。但實際上，這種情況並不經常發生，而且將濫用的可能性一直推到行動級別（action level），大大減少了出現錯誤的機會。支援多種通用語言和工具的規則，在網上隨處可見，大多數專案永遠不需要定義自己的規則。即使是這樣，規則定義也只需要在儲存庫的一個中心位置進行定義，這意味著大多數工程師將能夠使用這些規則，而不必擔心這些規則的實作。

隔離環境。行動（actions）聽起來可能會遇到與其他系統中之任務（tasks）相同的問題：是不是仍然有可能編寫出同時寫到同一個檔案並最終相互衝突的動作？事實上，Bazel 透過使用沙箱（*https://oreil.ly/lP5Y9*）來使這些衝突不可能發生。在受支援的系統上，每個行動都會透過一個檔案系統沙箱（filesystem sandbox）與其他行動隔離。實際上，每個行動只能看到檔案系統的一個受限視圖，其中包括它已宣告的輸入及其所產生

的任何輸出。這是由 Linux 上的 LXC 等系統強制執行的，與 Docker 背後的技術相同。這意味著，行動之間不可能相互衝突，因為它們無法讀取他們未宣告的任何檔案，並且如果他們寫入未宣告的任何檔案將在行動完成時被丟棄。Bazel 還會使用沙箱來限制透過網路進行通信的行動。

使外部依賴項具確定性。仍然存在一個問題：建構系統通常需要從外部來源下載依賴項（無論是工具還是程式庫），而不是直接建構它們。這在例子中可以透過 `@com_google_common_guava_guava//jar` 倚賴關係看到，它會從 Maven 下載一個 JAR 檔。

依賴當前工作區以外的檔案是有風險的。這些檔案可能會隨時發生變化，可能需要建構系統不斷檢查它們是否是新的。如果一個遠端檔案在工作區原始碼中沒有相應變更的情況下發生變化，它也可能導致不可重現的建構（unreproducible builds）——由於一個未被注意到的依賴項發生變化，某個建構可能會在某一天成功，而在第二天無明顯原因地失敗。最後，當外部依賴項由第三方擁有時，會帶來巨大的安全風險：[4] 如果攻擊者能夠滲透到該第三方伺服器，他們可以用自己的設計替換你所依賴的檔案，這有可能讓他們完全控制你的建構環境及其輸出。

最根本的問題是，我們希望建構系統能夠瞭解這些檔案，而不必將其簽入（check into）原始碼控制（source control）中。更新一個依賴項應該是一個有意識的選擇，但這種選擇應該在一個中心位置進行一次，而不是由個別工程師管理或由系統自動管理。這是因為即使是 "Live at Head" 模型，我們仍然希望建構是具確定性的，這意味著，如果你簽出（check out）上週的提交（commit），你應該看到你的依賴項當時的樣子，而不是現在的樣子。

Bazel 和一些其他的建構系統透過要求一個工作區範圍內（workspace-wide）的清單檔案（manifest file）來解決這個問題，該檔案列出了工作區中每個外部依賴項的加密雜湊值（cryptographic hash）。[5] 雜湊值是一種簡潔的方式，讓我們無須將整個檔案簽入原始碼控制中，即可唯一地表示該檔案。每當從工作區引用一個新的外部依賴項時，該依賴項的雜湊值就會手動或自動添加到清單（manifest）中。當 Bazel 進行一次建構時，它會比對清單中定義的預期雜湊值（expected hash）與被快取之依賴項（cached dependency）的實際雜湊值，只有在雜湊不同時才重新下載檔案。

如果我們下載的產出物（artifact）之雜湊值與清單中宣告的雜湊值不同，除非更新清單中的雜湊值，否則建構將失敗。這可以自動完成，但在建構接受新的依賴項之前，這一

4　此類「軟體供應鏈」（*https://oreil.ly/bfC05*）攻擊正變得越來越普遍。

5　Go 最近增加了對使用完全相同系統之模組（*https://oreil.ly/lHGjt*）的初步支援。

變化必須經過批准並簽入原始碼控制中。這意味著當依賴項被更新時，總是有一筆記錄，外部依賴項在工作區原始碼沒有相應變更的情況下無法修改。這也意味著，在簽出舊版本的原始碼時，建構保證可以使用該版本簽入時使用的相同依賴項（否則，如果這些依賴項不再可用，則會失敗）。

當然，如果遠端伺服器變得不可用或開始提供損壞的資料，這仍然是一個問題：如果你沒有該依賴項的另一個副本可用，這可能會導致你的所有建構開始失敗。為了避免這個問題，我們建議，對於任何重要的專案，請將其所有依賴項鏡像到你信任和控制的伺服器或服務上。否則，即使簽入的雜湊值保證了建構系統的安全性，建構系統的可用性將始終受到第三方的支配。

分散式建構

Google 的程式碼基底（codebase）非常龐大，擁有超過 20 億列的程式碼，依賴關係鏈（chains of dependencies）會變得非常深。在 Google，即使是簡單的二進位檔也往往依賴於數以萬計的建構目標。在這種規模下，要在一台機器上以合理的時間完成建構是不可能的：沒有任何建構系統可以繞過強加於機器硬體上的基本物理定律。完成這項工作的唯一方法就是使用支援分散式建構（distributed builds）的建構系統，其中系統正在進行的工作單元分散到任意數量之可擴展的機器上。假設我們已經把系統的工作分解為夠小的單元（稍後將對此做詳細介紹），這將使我們能夠以我們願意支付的速度完成任何規模的建構。透過定義基於產出物的建構系統，這種可擴展性是我們一直努力實現的聖杯。

遠端快取

最簡單的分散式建構類型是僅使用遠端快取（remote caching）的類型，如圖 18-2 所示。

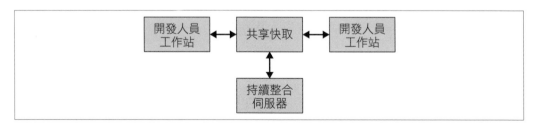

圖 18-2　一個呈現遠端快取的分散式建構

執行建構的每個系統（包括開發人員工作站和持續整合系統）都會共享對一個公共之遠端快取服務（remote cache service）的引用（reference）。此服務可能是一個快速的本地端短期儲存系統，如 Redis 或像 Google Cloud Storage 這樣的雲端服務。每當用戶需要建構一個產出物（artifact）時，無論是直接建構或是做為一個依賴項，系統首先檢查遠端快取，看產出物是否已經存在。如果已經存在，就會下載該產出物，而不是去建構它。如果尚不存在，系統會自行建構產出物並將結果上傳回快取。這意味著，不會經常變更的低階依賴項（low-level dependencies）會被建構一次，並在用戶之間共享，不必由每個用戶重建。在 Google，許多產出物都是從快取中提供的，而不是從頭開始建構的，這大大降低了我們運行建構系統的成本。

為了使遠端快取系統發揮作用，建構系統必須保證建構是完全可重複的。也就是說，對於任何建構目標，必須能夠確定該目標的輸入集，以便相同的輸入集在任何機器上產生完全相同的輸出。這是確保下載產出物的結果與自己建構產出物的結果相同的唯一方法。幸運的是，Bazel 提供了這種保證，因此支援遠端快取（*https://oreil.ly/D9doX*）。請注意，這要求快取中的每個產出物都以它的目標和輸入的雜湊值為鍵。如此一來，不同的工程師可以同時對同一目標進行不同的修改，而遠端快取將儲存由此而得到的所有產出物，並在沒有衝突的情況下為它們提供適當的服務。

當然，要從遠端快取中獲得任何好處，下載產出物的速度必須快於建構它的速度。但情況並非總是如此，尤其是當快取伺服器（cache server）遠離進行建構的機器時。Google 的網路和建構系統經過精心調整，能夠快速共享建構結果。在組織中設定遠端快取的組態時，要考慮網路延遲，並進行實驗，以確保快取確實提高了性能。

遠端執行

遠端快取不是真正的分散式建構。如果快取失效，或者你進行了需要重建所有內容的低階變更（low-level change），則仍需要在你的機器上進行整個建構工作。真正的目標是支援遠端執行（remote execution），在這種情況下，進行建構的實際工作可以分散到任何數量的工作器（worker）上。圖 18-3 所示為遠端執行系統。

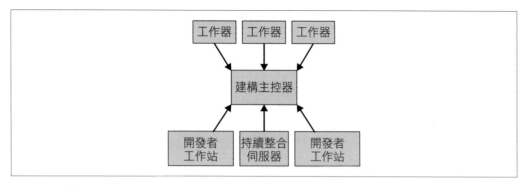

圖 18-3　遠端執行系統

運行在每個用戶之機器上的建構工具（其中的用戶可以是人類工程師，也可以是自動建構系統）會向中央的建構主控器（build master）發送請求。建構主控器會將這些請求分解為它們的組件行動（component action），並在可擴展的工作器資源池中安排這些行動的執行。每個工作器會以用戶指定的輸入來執行所要求的行動，並寫出因而產生的產出物。若其他機器執行了需要這些產出物（artifacts）的行動，這些產出物會在這些機器之間共享，直到可以產生最終的輸出並發送給用戶。

實作這樣一個系統最棘手的部分是管理工作器（workers）、主控器（master）以及用戶的本地機器（local machine）之間的通信。工作器可能依賴於其他工作器產生的中間產出物（intermediate artifacts），而最終的輸出需要被送回用戶的本地機器。要做到這一點，我們可以在前面描述的分散式快取（distributed cache）的基礎上進行建構，方法是讓每個工作器將其結果寫入快取，並從快取中讀取其依賴項。主控器會阻止工作器繼續工作，直到它們完成所有依賴項，在這種情況下，它們將能夠從快取中讀取它們的輸入。最終產品（final product）也會被快取，讓本地機器得以下載它。請注意，我們還需要一種方法來匯出用戶之源碼樹中的本地變更，以便工作器可以在建構之前應用這些變更。

為此，前面描述的基於產出物之建構系統的所有部分需要整合在一起。建構環境必須完全具自述性（self-describing），這樣我們就可以在沒有人工干預的情況下運轉工作器。建構過程本身必須是完全獨立的，因為每個步驟都可能在不同的機器上執行。輸出必須完全具確定性，這樣每個工作器就可以信任從其他工作器那裡獲得的結果。這樣的保證對於基於任務的系統來說是極其困難的，這使得在其之上建立一個可靠的遠端執行系統幾乎是不可能的。

Google 的分散式建構。自 2008 年以來，Google 一直在使用分散式建構系統，該系統同時採用了遠端快取和遠端執行，如圖 18-4 所示。

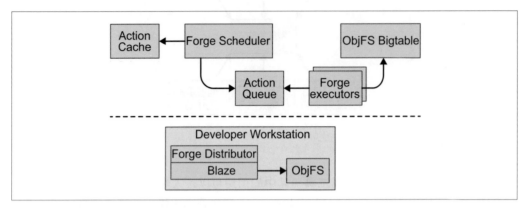

圖 18-4　Google 的分散式建構系統

Google 的 遠 端 快 取（remote cache） 稱 為 ObjFS。它 包 括 一 個 將 建 構 輸 出（build outputs）儲存在 Bigtables（*https://oreil.ly/S_N-D*）的後端，分散在我們的生產環境機器（production machines）叢集中，以及一個名為 objfsd 的前端 FUSE daemon，運行在每個開發人員的機器上。FUSE daemon 允許工程師瀏覽建構輸出（build outputs），就好像它們是儲存在工作站上的普通檔案一樣，但檔案內容僅針對用戶直接請求的少數檔案按需下載（downloaded on-demand）。按需提供檔內容大大減少了網路和磁碟的使用，並且與我們把所有建構輸出儲存在開發人員之本地磁碟相比，系統的建構速度是原來的兩倍（*https://oreil.ly/NZxSp*）。

Google 的遠端執行（remote execution）系統稱為 Forge。在 Blaze 中，一個名為「配送器」（Distributor）的 Forge 客戶端會將每個行動（action）的請求發送到在我們的資料中心裡運行之名為「調度器」（Scheduler）的一個工作。「調度器」維護了一個行動結果（action results）的快取，如果系統的任何其他用戶已經建立了行動，則允許它立即傳回一個回應。如果沒有，它就把行動放入一個佇列（queue）。大量的執行器工作（Executor jobs）會不斷從佇列中讀取行動，執行它們，並將結果儲存在 ObjFS 的 Bigtables 中。這些結果可供執行器用於將來的行動，或者由終端用戶透過 objfsd 下載。

最終的結果是一個可以擴展的系統，能夠有效地支援 Google 進行的所有建構。Google 的建構規模確實非常龐大：Google 每日運行數以百萬計的建構，執行數以百萬計的測試案例，並從數十億列原始碼中產生千兆位元組（petabytes）級的建構輸出。這樣的系統不僅可以讓我們的工程師快速建構複雜的程式碼基底（codebases），還能讓我們實作大量依賴我們的建構之自動化工具和系統。我們投入了多年的努力來開發這個系統，但現在開源工具隨處可見，任何組織都可以實作類似的系統。雖然部署這樣的建構系統需要付出時間和精力，但最終結果對工程師來說確實是不可思議的，而且往往是值得付出努力的。

時間、規模、權衡

建構系統都是為了使程式碼更易於大規模和長期使用。如同軟體工程中的一切，在選擇使用哪種建構系統時也存在權衡。使用 shell 命令稿或直接調用工具的 DIY 做法，僅適用於不需要長期處理程式碼變更的最小專案，或適用於 Go 之類具有內置（built-in）建構系統的語言。

選擇基於任務的建構系統，而不要依賴 DIY 命令稿，可大大提高專案擴展的能力，使你能夠自動化複雜的建構，並更容易在不同的機器上重現這些建構。要權衡的是，你需要真正開始考慮你的建構結構，並處理編寫建構檔的開銷（儘管自動化工具通常可以幫助處理這個問題）。對於大多數專案來說，這種權衡往往是值得的，但對於特別瑣碎的專案（例如，包含在單一源碼檔中的專案）來說，這種開銷可能不會為你帶來什麼。

隨著專案規模的進一步擴大，基於任務（task-based）的建構系統開始遇到一些基本的問題，而這些問題可以透過使用基於產出物（artifact-based）的建構系統來補救。這樣的建構系統開啟了一個全新的規模級別，因為巨大的建構現在可以分散在許多機器上，而數以千計的工程師可以更加確定他們的建構是一致和可重複的。與本書中的許多其他主題一樣，這裡的權衡是缺乏靈活性的：基於產出物的系統不允許你以真正的程式語言編寫通用任務，但要求你在系統的限制範圍內工作。對於那些從一開始就被設計為與基於產出物之系統一起使用的專案來說，這通常不是問題，但從現有之基於任務的系統遷移可能很困難，而且如果建構在速度或正確性方面還沒有出現問題的話，就不一定值得這樣做。

對一個專案的建構系統進行修改成本可能會很高，並且隨著專案規模的擴大，成本也會增加。這就是為什麼 Google 相信，幾乎每一個新專案從一開始就可以從 Bazel 這樣的基於產出物之建構系統中獲益。在 Google 內部，從小型實驗專案到 Google Search，基本上所有的程式碼都是使用 Blaze 建構的。

處理模組和依賴關係

使用基於產出物之建構系統（如 Bazel）的專案可以被分解為一系列模組，模組之間透過 *BUILD* 檔案來表示彼此的依賴關係。正確地組織這些模組和依賴關係，對建構系統的性能以及維護所需的工作量來說，會產生巨大的影響。

使用細粒度模組和 1：1：1 規則

在構架（structuring）基於產出物的建構（artifact-based build）時，出現的第一個問題是決定單一模組應該包含多少功能。在 Bazel 中，「模組」（module）係由一個指定可建構單元（如 `java_library` 或 `go_binary`）的目標來表示。在一個極端情況下，整個專案可以透過將一個 *BUILD* 檔放在根目錄下，並遞迴地將該專案的所有原始碼檔案組合在一起。在另一個極端情況下，幾乎每個原始碼檔案都可以製作成自己的模組，有效地要求每個檔案在 *BUILD* 檔中列出它所依賴的每個其他檔案。

大多數專案都介於這兩個極端之間，如何選擇涉及性能（performance）和可維護性（maintainability）之間的取捨。在整個專案中使用單一模組，可能意味著，你永遠不需要碰 *BUILD* 檔，除非添加外部依賴項，但這意味著，建構系統（build system）總是需要一次性地建構整個專案。這意味著，它無法平行化（parallelize）或分配（distribute）建構的各部分，也無法快取（cache）已建構的部分。而每個檔案一個模組（one-module-per-file）正好相反：建構系統在快取（caching）和安排（scheduling）建構步驟方面具有最大的靈活性，但每當工程師在修改哪個檔案引用哪個檔案時，需要花費更多精力來維護依賴關係清單。

雖然確切的粒度（granularity）因語言而異（而且甚至在語言內部往往也是如此），但與一般在基於任務之建構系統中編寫的模組相比，Google 傾向於使用更小的模組。在 Google，一個典型的生產環境二進位檔（production binary）可能依賴於數以萬計的目標，即使是一個中等規模的團隊也可以在其程式碼基底（codebase）中擁有數百個目標。對於像 Java 這樣內置封裝概念的語言，每個目錄通常包含一個套件、目標和 *BUILD* 檔（Pants，另一個基於 Blaze 的建構系統，稱此為 1：1：1 規則（*https://oreil.ly/lSKbW*））。封裝約定（packaging conventions）較弱的語言通常會在每個 *BUILD* 檔中定義多個目標。

較小之建構目標（build targets）的好處在大規模的情況下才會真正開始顯現，因為它們會導致更快的分散式建構（distributed builds）以及減少重建目標的需要。在進入測試階段後，這些優勢變得更加引人注目，因為細粒度的目標（finer-grained targets）意味著，建構系統可以更聰明地只運行，可能受到任何給定變更影響之有限測試子集。由於

Google 相信使用較小目標的系統性好處（systemic benefits），因此我們在緩解不利因素方面取得了一些進展，我們投資了自動管理 *BUILD* 檔的工具，以避免給開發人員帶來負擔。這些工具中有許多（*https://oreil.ly/r0wO7*）現在都已開源（open source）。

最大限度地減少模組的可見性

Bazel 和其他建構系統允許每個目標指定可見性（visibility）：指定其他目標可能依賴於它的一個屬性。目標可以是公開的（public），在這種情況下，它們可以被工作區（workspace）中的任何其他目標都引用；私有的（private），在這種情況下，它們只能從相同的 *BUILD* 檔中被引用；或僅可見於明確定義之其他目標的清單。可見性本質上與依賴性相反：如果目標 A 想要依賴於目標 B，則目標 B 必須讓自己可見於目標 A。

就像大多數程式語言一樣，通常最好是儘可能減少可見性。一般來說，只有當這些目標代表可供 Google 任何團隊廣泛使用的程式庫時，Google 的團隊才會公開這些目標。團隊若要求其他人在使用他們的程式碼之前先與他們協調，則該團隊將維護一個客戶目標（customer targets）的白名單（whitelist），做為目標的可見性。每個團隊的內部實作目標（internal implementation targets）將被限制在該團隊擁有的目錄中，並且大多數 *BUILD* 檔將只有一個非私有的目標。

管理依賴關係

模組需要能夠相互引用。將程式碼分解成細粒度模組的缺點是，你需要管理這些模組之間的依賴關係（儘管工具可以幫助實現自動化）。表達這些依賴關係通常最終會成為 *BUILD* 檔中的大部分內容。

內部依賴項

在一個被分解為細粒度模組的大型專案中，大多數依賴關係可能是內部的；也就是說，在同一個來源儲存庫（source repository）中定義和建構的另一個目標上。內部依賴項不同於外部依賴項，因為它們是從原始碼來建構的，而不是在運行建構時做為預建構產出物（prebuilt artifact）而下載的。這也意味著，內部依賴項沒有「版本」（version）的概念——目標及其所有內部依賴項總是在儲存庫上的同一個提交／修訂（commit/revision）中被建構。

在內部依賴項方面，應謹慎處理的一個問題是，如何對待遞移依賴（圖 18-5）。假設目標 A 依賴於目標 B，而目標 B 依賴於共同的程式庫目標 C。目標 A 應該能夠使用目標 C 中定義的類別嗎？

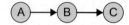

圖 18-5　遞移依賴

就基礎工具而言，這沒有任何問題；在建構目標 A 時，目標 B 和 C 都將被鏈結到目標 A，因此 C 中定義的任何符號都是 A 知道的。Blaze 多年來一直允許這樣做，但隨著 Google 的發展，我們開始看到問題。假設 B 被重構，因此不再需要依賴 C。如果 B 對 C 的依賴關係被刪除，則 A 和任何其他透過依賴 B 來使用 C 的目標都將中斷。實際上，目標的依賴關係成為其公共契約（public contract）的一部分，永遠無法安全地修改。這意味著，依賴關係隨著時間的推移而積累，Google 的建構速度開始放緩。

Google 最終透過在 Blaze 中導入了一個「嚴格的遞移依賴模式」（strict transitive dependency mode）來解決這個問題。在此模式下，Blaze 會檢測一個目標是否試圖引用一個符號而不直接依賴它，如果是的話，就會出現錯誤和一個可用於自動插入依賴關係的 shell 命令。在 Google 的整個程式碼基底（codebase）中推廣這一變化，並重新建構我們的數百萬個建構目標中的每一個，以明確列出其依賴關係，這是一項多年的努力，但這是非常值得的。現在我們的建構速度更快了，因為目標之非必要的依賴關係更少了，[6] 工程師有權刪除他們不需要的依賴關係，而不必擔心破壞依賴他們的目標。

與往常一樣，強制執行嚴格的遞移依賴涉及到一種取捨。它使建構檔（build files）更加冗長，因為經常使用的程式庫現在需要在許多地方明確列出，而不是剛好拉進來，工程師需要花更多精力將依賴項添加到 *BUILD* 檔中。後來我們開發了一些工具，透過自動檢測缺少的依賴項並將它們添加到 *BUILD* 檔中，而不進行任何開發人員的干預，以減少這種麻煩。但即使沒有這樣的工具，我們發現隨著程式碼基底的擴展，這種權衡是非常值得的：明確地將依賴項添加到 *BUILD* 檔是一次性成本，但只要建構目標存在，處理隱含的遞移依賴可能會導致持續的問題。Bazel 預設會對 Java 程式碼實施嚴格的遞移依賴（*https://oreil.ly/Z-CqD*）。

外部依賴項

如果一個依賴項不是內部的，它一定是外部的。外部依賴項是指那些在建構系統之外建構和儲存之產出物上的依賴項。依賴項係直接從「產出物儲存庫」（通常經由 internet 來存取）導入並按原樣使用，而不是從原始碼來建構。外部和內部依賴項之間的最大區別之一是外部依賴項具有版本，這些版本獨立於專案的原始程式碼而存在。

6　當然，實際移除這些依關係是一個完全獨立的過程。但要求每個目標明確宣告其使用的東西是關鍵的第一步。關於 Google 如何進行如此大規模修改的更多資訊，請參閱第 22 章。

自動與手動依賴項管理。建構系統可以允許手動或自動管理外部依賴項的版本。當手動管理時，建構檔（buildfile）明確列出了它想要從產出物儲存庫（artifact repository）下載的版本，通常使用語義化版本字串（semantic version string）（*https://semver.org*），例如 "1.1.4"。進行自動管理時，會為原始碼檔案指定一個可接受的版本範圍，建構系統總是會下載最新的版本。例如，Gradle 允許將依賴項的版本宣告為 "1.+"，以指定只要主要版本（major version）為 1，任何次要或修補版本（minor or patch version）的依賴項都是可以接受的。

自動管理的依賴項對於小型專案來說可能很方便，但對於規模不小的專案或由多名工程師負責的專案來說，它們通常是災難的根源。自動管理依賴項的問題在於，你無法控制版本的更新時間。沒有辦法保證外部各方不會進行破壞性的更新（即使他們聲稱使用了語義化版本），因此，前一天還能運作的建構，第二天就可能被破壞了，而且沒有簡單的方法來檢測發生了什麼變化或將其恢復到能運作的狀態。即使建構沒有被破壞，也可能會出現無法追蹤的微妙行為或性能變化。

相比之下，由於手動管理的依賴項需要在源碼控制下進行變更，它們可以很容易被發現（discovered）和恢復（rolled back），並且可以簽出（check out）儲存庫的較舊版本，以便與較舊的依賴項一起建構。Bazel 要求手動指定所有依賴項的版本。即使是在中等規模的情況下，手動版本管理的開銷也是非常值得的，因為它提供了穩定性。

單一版本規則。一個程式庫的不同版本通常由不同的產出物來代表，因此理論上，同一個外部依賴項的不同版本，沒有理由不以不同的名稱在建構系統中宣告。這樣一來，每個目標都可以選擇它想要使用的依賴項版本。Google 發現這在實踐中會造成很多問題，所以我們對內部之程式碼基底中的所有第三方依賴項都執行了嚴格的單一版本規則（*https://oreil.ly/OFa9V*）。

允許多個版本（multiple versions）的最大問題是菱形依賴（diamond dependency）問題。假設目標 A 倚賴於目標 B 和外部程式庫的 v1。如果目標 B 後來被重構成依賴於同一外部程式庫的 v2，則目標 A 將會被破壞，因為它現在隱含地依賴於同一程式庫的兩個不同版本。實際上，將新的依賴項從一個目標添加到任何具有多個版本的第三方程式庫是不安全的，因為該目標的任何用戶可能已經依賴了不同的版本。遵循單一版本規則（One-Version Rule）將使得這種衝突不可能發生——如果一個目標添加了對第三方程式庫的依賴，任何現有依賴項都將已經在同一版本上，因此它們可以愉快地共存。

第 21 章中，我們將在大型 monorepo 的背景下進一步研究這個問題。

遞移外部依賴項（transitive external dependencies）。處理外部依賴項的遞移依賴可能特別困難。許多產出物儲存庫（如 Maven Central）允許產出物指定對儲存庫中其他產出物之特定版本的依賴關係。預設情況下，Maven 或 Gradle 之類的建構工具通常會遞迴地下載每個遞移依賴項，這意味著，在你的專案中添加一個依賴項，可能會導致總共下載數十個產出物。

這非常方便：當添加對一個新程式庫的依賴關係時，如果要追蹤該程式庫的每一個遞移依賴項並手動添加它們，這將是一個很大的麻煩。但也有一個巨大的缺點：因為不同的程式庫可以依賴於同一第三方程式庫的不同版本，所以這種策略必然違反單一版本規則（One-Version Rule），並導致菱形依賴（diamond dependency）問題。如果你的目標依賴於「使用了相同依賴項之不同版本的」兩個外部程式庫，則無法確定你將獲得哪一個。這也意味著，如果新版本開始引入其些依賴項的衝突版本，更新外部依賴項可能會導致整個程式碼基底中看似無關的失敗。

因此，Bazel 不會自動下載遞移依賴項。不幸的是，沒有靈丹妙藥！Bazel 的替代方案是需要一個全域性檔案（global file），其中列出儲存庫中的每一個外部依賴項，以及整個儲存庫中用於該依賴項的明確版本。幸運的是，Bazel 提供了工具（*https://oreil.ly/kejfX*）能夠自動產出這樣一個檔案，其中包含一組 Maven 產出物的遞移依賴項。你可以先運行此工具一次，以產生專案的初始 *WORKSPACE* 檔，然後可以手動更新該檔，以調整每個依賴項的版本。

同樣的，這裡需要在方便性和可擴展性之間做出選擇。小型專案可能不必擔心自己管理遞移依賴項，並且可能可以使用自動遞移依賴。隨著組織和程式碼基底的成長，這種策略的吸引力越來越小，衝突和意外的結果也越來越頻繁。在更大的規模上，手動管理依賴項的成本遠遠低於處理自動依賴項管理所引起之問題的成本。

使用外部依賴項快取建構結果。外部依賴項通常由發行穩定版本之程式庫的第三方提供，但可能不提供原始程式碼。一些組織也可能選擇將自己的一些程式碼當作產出物來提供，允許其他程式碼片段將這些產出物當作來自第三方的外部依賴項而不是內部依賴項。如果產出物的建構速度慢但下載速度快，理論上這可以加快建構速度。

然而，這也帶來了大量的開銷和複雜性：需要有人負責建構這些產出物（artifacts）中的每一個，並將它們上傳到產出物儲存庫（artifact repository），並且客戶端需要確保他們與最新的版本維持同步。除錯（debugging）也變得更加困難，因為系統的不同部分將建構自儲存庫中的不同位置，並且源碼樹（source tree）不再有一致的看法。

解決產出物需要很長的時間才能建構之問題的更好方法，就是使用支援遠端快取（remote caching）的建構系統，如前所述。這樣的建構系統將把每次建構所產生的產出物保存到工程師之間共享的位置，因此，如果一個開發人員依賴於最近由其他人建構的產出物，則建構系統將自動下載它，而不是去建構它。這提供了直接依賴產出物的所有性能優勢，同時仍然確保建構的一致姓，就好像它們始終是建構自同一來源。這是 Google 內部使用的策略，Bazel 的組態可以被設定為使用遠端快取。

外部依賴項的安全性和可靠性。 依賴於第三方來源的產出物，本質上是有風險的。如果第三方來源（例如，產出物儲存庫）當機，則存在可用性風險，因為如果無法下載外部依賴項，你的整個建構可能會停止。還有一個安全風險：如果第三方系統受到攻擊者的破壞，攻擊者可能會用自己的設計替換所引用的產出物，進而讓他們向你的建構中注入任意的程式碼。

這兩個問題可以透過將你依賴的產出物鏡像到你所控制的伺服器上，並阻止你的建構系統存取第三方儲存庫（如 Maven Central）來緩解。要權衡的是，這些鏡像需要花費精力和資源來維護，因此是否使用它們通常取決於專案的規模。安全問題也可以透過要求在來源儲存庫（source repository）中指定每個第三方產出物（third-party artifact）的雜湊值來完全防止，如果產出物被篡改，則會導致建構失敗。

另一個完全迴避這個問題的替代方案是將你的專案之依賴項取回。當專案取回其依賴項（Vendor Dependencies）[譯註] 時，專案會將它們與專案的原始碼一起當作原始程式碼或二進位檔案簽入到源碼控制（source control）中。這實際上意味著專案的所有外部依賴項都轉換為內部依賴項。Google 在內部使用這種做法，將整個 Google 引用的每一個第三方程式庫簽入到 Google 的源碼樹之根部的 *third_party* 目錄中。然而，這在 Google 之所以有效，只是因為 Google 的源碼控制系統是為處理一個極其龐大之 monorepo 而定制的，所以對其他組織來說，取回依賴項可能不是一個選項。

譯註　取回依賴項（Vendor Dependencies）是指將依賴項儲存在與你的專案相同的位置。如果語言工具支援此功能，就會比較省事。例如，node.js 開發者為了管理專案的依賴套件，都會使用 npm，並在 package.json 檔案中指定專案所倚賴的套件和它們的版本。任何開發者只要取得專案原始碼，都可以透過執行 npm install 來擁有一個安裝了所有依賴套件的可靠環境。詳見 https://codeengineered.com/blog/2015/go-should-i-vendor/。

結語

建構系統（build system）是工程組織中最重要的部分之一。每個開發人員每天可能要與它互動數十次或數百次，在許多情況下，這可能是確定其生產力的限制性步驟。這意味著，值得投入時間和精力把事情做好。

正如本章所討論的，Google 學到的一個更令人驚訝的教訓是，限制工程師的權力和靈活性，可以提高他們的生產力。我們能夠開發出一個滿足我們需求的建構系統，並不是透過讓工程師自行決定如何進行建構，而是透過開發一個高度結構化的框架，限制個人的選擇，並將最有趣的決策交由自動化工具掌握。不管你怎麼想，工程師們並不會對此感到不滿：Googlers 很喜歡這個系統，因為它大部分的時候都能獨立工作，讓他們專注於編寫應用程式的有趣部分，而不必糾結於建構邏輯（build logic）。能夠信任的建構是強大的——遞增式建構（incremental builds）的效果很好，而且幾乎不需要清除建構快取（build caches）或運行「清理」（clean）步驟。

我們接受了這一觀點，並使用它來建立一個全新之基於產出物（artifact-based）的建構系統，與傳統之基於任務（task-based）的構建系統形成鮮明對比。這種以產出物為中心而不是以任務為中心之建構的重構，使我們的建構能夠擴展到與 Google 之規模相當的組織。在極端的情況下，它允許一個分散式建構系統，能夠利用整個運算叢集的資源來加速工程師的生產力。雖然你的組織可能還不夠大，無法從此類投資中獲益，但我們相信，基於產出物的建構系統在擴展時也會縮小規模：即使是小型專案，建構像 Bazel 這樣的系統，也能在速度和正確性方面帶來顯著的好處。

本章的其餘部分探討了如何管理基於產出物之世界中的依賴關係。我們得出的結論是，**細粒度的模組比粗粒度的模組更容易擴展**。我們還討論了管理依賴項版本的困難，描述了單一版本規則（One-Version Rule），以及所有依賴項都應該**手動和明確地**進行版本控制的觀察。這種做法避免了菱形依賴問題之類常見的陷阱，並允許程式碼基底（codebase）在具統一建構系統（unified build system）之單一儲存庫（single repository）中實現數十億列程式碼的 Google 規模。

摘要

- 隨著組織規模的擴大，一個功能齊全的建構系統對於保持開發人員的生產力是必要的。

- 權力和靈活性是有代價的。適當地限制建構系統可以使開發人員更輕鬆。

- 基於產出物的建構系統往往比基於任務的建構系統具有更好的擴展性和可靠性。

- 在定義產出物和依賴關係時，最好以細粒度的模組為目標。細粒度模組能夠更好地利用並行性和遞增建構的優勢。

- 外部依賴項應該在源碼控制下明確地進行版本控制。依賴「最新的」版本是導致災難和無法複製之建構的秘訣。

## 第十九章

Google 的程式碼審查工具

作者：Caitlin Sadowski（凱特琳‧薩多夫斯基）、Ilham Kurnia（伊拉姆‧庫尼亞）
與 Ben Rohlfs（本‧羅夫斯）
編輯：Lisa Carey（麗莎‧凱莉）

正如你在第 9 章中看到的那樣，程式碼審查（code review）是軟體開發的一個重要組成部分，尤其是在大規模工作的時候。程式碼審查的主要目標是提高程式碼基底（code base）的可讀性和可維護性，這從根本上得到了審查過程（review process）的支援。然而，擁有一個定義明確的程式碼審查過程，只是程式碼審故事的一部分。支援該過程的工具對其成功也起著重要的作用。

本章中，我們將透過 Google 深受喜愛的內部系統 Critique 來研究，是什麼造就了成功的程式碼審查方法。Critique 對程式碼審查的主要動機有明確的支援，為審查者（reviewers）和作者（authors）提供審查意見以及對變更進行評論的能力。Critique 還可以對哪些程式碼可以簽入（checked into）程式碼基底（codebase）把關，這在「評分」（scoring）變更一節中討論過。來自 Critique 的程式碼審查資訊在進行程式碼考古（code archaeology）時也很有用，遵循程式碼審互動中解釋的一些技術決策（例如，當缺乏列內評論（inline comments）的時候）。雖然 Critique 並不是 Google 使用的唯一程式碼審查工具，但它是最受歡迎的一個。

程式碼審查工具的原則

我們上面提到，Critique 提供了支援程式碼審查目標的功能（我們在本章的稍後會更詳細介紹此功能），但為什麼它如此成功？Critique 是由 Google 的開發文化塑造而成的，其中包括了做為工作流程之核心部分的程式碼審查。這種文化影響被轉化為一套指導原則，Critique 的設計就是為了強調這些原則：

簡單化

Critique 的用戶介面（UI）是基於無須大量不必要的選擇，即可輕鬆進行程式碼審查，並且介面流暢。UI 載入快速、導航簡單、支援熱鍵，並且有清晰的視覺標記，指出某項變更已被審查。

信任基礎

程式碼審查不是為了減緩他人的速度；相反，它是為了賦予他人權力。盡可能信任同事會使工作順利進行。這可能意味著，例如，信任作者進行變更，而不需要額外的審查階段來複查小的評論（minor comments）是否真的被處理了。信任還可以體現在讓變更在整個 Google 範圍內公開存取（以供查看和審查）。

通用的溝通方式

溝通問題很少透過工具來解決。Critique 優先考慮用戶對程式碼變更發表評論的通用方式，而不是複雜的協議。Critique 鼓勵用戶在評論中寫出他們想要的內容，甚至建議進行一些編輯，而不是讓資料模型和處理更加複雜。就算使用最好的程式碼審查工具，溝通也會出錯，因為用戶都是人。

工作流程整合

Critique 與其他核心軟體開發工具有多個整合點（integration points）。開發人員可以在我們的程式碼搜尋和瀏覽工具中輕鬆瀏覽正在審查的程式碼，在我們的基於 Web 之程式碼編輯工具中編輯程式碼，或查看與程式碼變更相關的測試結果。

在這些指導原則中，簡單性對工具的影響可能最大。我們考慮添加許多有趣的功能，但我們決定不為支援一小群用戶而讓模型更加複雜。

簡單性與工作流程整合也有一個有趣的張力。我們考慮過，但最終決定不建立一個集「程式碼編輯、審查和搜尋」於一體的 Code Central 工具。雖然 Critique 與其他工具有許多接觸點（touchpoints），但我們有意識地決定將程式碼審查做為首要重點。這些功能與 Critique 相關聯，但在不同的子系統中實現。

程式碼審查流程

程式碼審查可以在軟體開發的許多階段執行，如圖 19-1 所示。Critique 審查通常在變更被提交到程式碼基底（codebase）之前進行，也稱為提交前審查（precommit reviews）。雖然第 9 章包含了對程式碼審查流程的簡要描述，但我們在此處會將其擴展，以描述有助於每個階段之 Critique 的關鍵方面。我們將在以下各節中更詳細地介紹每個階段。

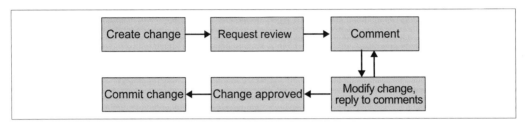

圖 19-1　程式碼審查流程

典型的審查步驟如下：

1. **做出變更（Create change）**。作者在其工作區中的程式碼基底進行了變更。然後，該作者將快照（顯示特定時間點的補丁）上傳到 Critique，進而觸發自動化程式碼分析器的運行（參見第 20 章）。

2. **請求審查（Request review）**。在作者對變更的差異和 Critique 中顯示的結果感到滿意後，他們會將變更郵寄給一個或多個審查者。

3. **評論（Comment）**。審查者（reviewers）在 Critique 中開啟變更並起草（draft）對差異的評論。預設情況下，評論會被標記為未解決（unresolved），這意味著作者必須解決這些問題。此外，審查者可以添加已解決（resolved）的評論，這些評論是非必須的或資訊性的。來自自動程式碼分析器的結果，如果存在的話，審查者也可以看到。一旦審查者起草了一組評論，他們需要發佈（publish）這些評論，以便作者看到它們；這樣做的好處是允許審查者在審查了整個變更之後，以不可分割的方式（atomically）提供有關變更的完整想法。任何人都可以對變更進行評論，提供他們認為必要的「路過審查」（drive-by review）。

4. **修改變更並回覆評論（Modify change and reply to comments）**。作者修改變更，根據反饋上傳新的快照，並回覆審查者。作者（至少）要解決所有未解決的評論，他可以透過變更程式碼的方式，或只是回覆評論並改變所要解決的評論類型。作者和審查者可以查看任何一對快照之間的差異，看看有什麼變化。步驟 3 和 4 可能要重複多次。

5. **變更批准（Change approval）**。當審查者對變更的最新狀態感到滿意時，他們就會批准變更並將其標記為「我覺得不錯」（looks good to me 或簡寫為 LGTM）。他們可以選擇性地包含要解決的評論。在一個變更被視為適合提交後，它在 UI 中會被明確標記為綠色（green），以顯示此狀態。

6. **提交變更（Commit change）**。如果變更已獲批准（我們稍後會討論），作者可以觸發變更的提交過程。如果自動化分析器和其他提交前掛勾（precommit hooks 或 presubmits）沒有發現任何問題，則將變更提交到程式碼基底。

即使在審查流程開始之後，整個系統也提供了很大的靈活性，可以偏離常規審查流程。例如，審查者可以解除自己對變更的責任，或明確將其分配給其他人，而作者可以完全推遲審查。在緊急情況下，作者可以強行提交其變更，並在提交後對其進行審查。

通知

當變更透過前面概述的階段時，Critique 會發佈可能被其他支援工具使用的事件通知。此通知模型允許 Critique 專注於成為一個主要的程式碼審查工具，而不是成為一個通用工具，同時仍然能夠整合到開發人員的工作流程中。通知實現了關注點的分離，這樣 Critique 就可以直接發出事件，並使用基於這些事件而建構的其他系統。

例如，用戶可以安裝 Chrome 擴充功能來消耗（consumes）這些事件通知。當一個變更需要用戶注意時（例如，因為輪到他們審查變更或某些提交前失敗）擴充功能會顯示帶有一個按鈕的 Chrome 通知，讓用戶可以直接轉跳到該變更或讓通知靜音。我們發現一些開發人員很喜歡變更更新（change updates）的即時通知，但有些人選擇不使用此擴充功能，因為他們發現該擴充功能對他們的流程太具破壞性。

Critique 還管理與變更相關的電子郵件；重要的 Critique 事件會觸發電子郵件通知。除了在 Critique 之 UI 中顯示之外，一些分析器的組態被設定為也可以透過電子郵件發送結果。Critique 還會處理電子郵件回覆，並將其轉化為評論，支援那些喜歡基於電子郵件之流程的用戶。請注意，對於許多用戶來說，電子郵件不是程式碼審查的主要功能；他們使用 Critique 的儀表板視圖（稍後討論）來管理審查。

階段 1：做出變更

程式碼審查工具應在審查過程的各個階段提供支援，而不應該成為提交變更的瓶頸。在審查前的步驟中，讓變更的作者（即修改者）在發送變更進行審查之前更容易潤色變更，有助於減少審查者檢視變更的時間。Critique 會顯示變更差異，並有旋鈕可以忽略

空白的變化和突出顯示僅有移動的變化。Critique 還會顯示來自建構、測試和靜態分析器的結果，包括樣式檢查（如第 9 章所述）。

向作者展示變更的差異，讓他們有機會戴上另一頂帽子：程式碼審查者。Critique 可以讓變更的作者像他們審查者一樣看到他們的變更的差異，也可以看到自動分析的結果。Critique 還支援從審查工具中對變更進行輕量級的修改，並建議適當的審查者。在發出請求時，作者還可以包括對變更的初步評論，進而有機會直接向審查者詢問任何開放式問題。讓作者有機會像他們的審查者那樣看到變化，可以防止誤解。

為了給審查者提供進一步的背景，作者還可以將變更鏈結到特定的錯誤（bug）。Critique 使用自動完成服務來顯示相關的錯誤，並對非配給作者的錯誤進行優先排序。

差異比較

程式碼審查過程的核心是了解程式碼變更本身。較大型的變更通常比較小型的變更還難理解。因此，優化變更的差異是一個良好之程式碼審查工具的核心要求。

在 Critique 中，此原理轉換為多個層次（見圖 19-2）。從優化的最長公共子序列（longest common subsequence）演算法開始，透過以下方式增強「差異比較組件」（diffing component）：

- 語法強調
- 交叉引用（由 Kythe 提供；見第 17 章）
- 列內差異比較（intraline diffing）顯示單字邊界（word boundaries）中字符級因子（character-level factoring）的差異（圖 19-2）
- 在不同程度上忽略空白差異（whitespace differences）的選項
- 移動檢測（move detection），在此檢測中，從一個地方移動到另一個地方的程式碼團塊（chunks of code）被標記為「被移動」（而不是像天真的差異演算法那樣，被標記為「在這裡被刪除，在那裡被添加」）

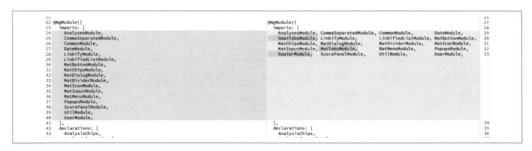

圖 19-2　列內差異比較顯示字符級差異

用戶還能夠以各種不同的模式（例如，重疊和並排）檢視差異。在開發 Critique 時，我們決定，必須並排檢視差異，使審查過程更容易。並排檢視差異（side-by-side diffs）需要很大的空間：為了實現它，我們必須簡化差異檢視（diff view）的結構，因此沒有邊框，沒有填充，只有差異和列號。我們還必須對各種字體和大小進行調整，直到我們得到一種差異檢視，即使是在 Critique 啟動時典型的螢幕寬度解析度（1,440 個像素）下，也能滿足 Java 一列 100 個字符的限制。

Critique 還支援各種自定義工具，以提供由變更產生之產出物的差異，例如由變更修改之 UI 的螢幕截圖差異（screenshot diff）或由變更產生之組態檔的差異。

為了使導航差異的過程順利進行，我們小心翼翼，避免浪費空間，並花費大量精力確保差異快速載入，即使對圖像和大型檔和／或變更也是如此。我們還提供快速鍵（keyboard shortcuts）以便在造訪修改的部分時快速導覽檔案。

當用戶深入到檔案層面時，Critique 提供了一個 UI 小組件（widget），它可以緊湊地顯示檔案的快照版本鏈（chain of snapshot versions）；用戶可以透過拖放（drag and drop）來選擇要比較的版本。這個小組件會自動摺疊類似的快照，將焦點吸引到重要的快照。它幫助用戶瞭解檔案在變更中的演變；例如，哪些快照具有測試覆蓋範圍、哪些快照已經通過審查或具有評論。為了解決規模問題，Critique 會預先取得所有內容，因此載入不同快照的速度非常快。

分析結果

上傳變更的快照會觸發程式碼分析器（見第 20 章）。Critique 在變更頁面（change page）上顯示分析結果，在變更描述（change description）的下面有分析器狀態條目（analyzer status chips）的總結，如圖 19-3 所示，並在 Analysis 標籤頁（tab）中詳細說明，如圖 19-4 中所示。

分析器可以標記特定的檢查結果（findings），以紅色突出顯示，以增加可見性。仍在進行中的分析器以黃色條目（yellow chips）表示，否則以灰色條目（gray chips）表示。為了簡單起見，Critique 沒有提供其他選項來標記或突出檢查結果——可操作性是一種二元選項。如果分析器產生一些檢查結果，單擊條目（chip）會開啟檢查結果。與評論一樣，調查結果可以在差異中顯示，但風格不同，使其易於區分。有時，調查結果還包括修正建議，作者可以預覽這些建議並從 Critique 中選擇應用。

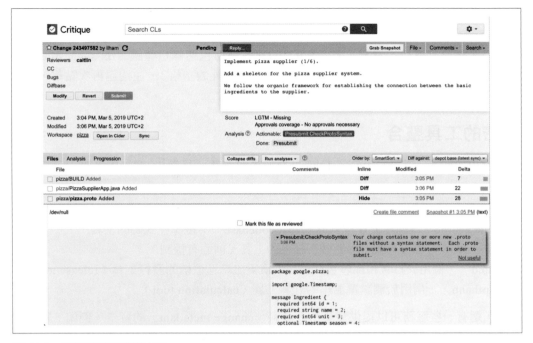

圖 19-3　變更摘要和差異檢視

圖 19-4　分析結果

例如，假設一個 linter 在一列程式碼之末端發現違反風格的額外空格。變更頁面將顯示該 linter 的條目。從條目，作者可以透過兩次點擊快速進入顯示違規程式碼的差異檢視，以了解違反風格的情況。大多數的 linter 違規還包括修正建議（fix suggestions）。透過點擊，作者可以預覽修正建議（例如，移除額外的空格），並透過再次點擊，在變更上應用修正。

緊密的工具整合

Google 在 Piper 之單體式（monolithic）原始碼儲存庫（見第 16 章）的基礎上建構了以下工具：

- Cider，一個用於編輯儲存在雲端之原始程式碼的線上整合開發環境（online IDE）
- Code Search，一個用於在程式碼基底（codebase）中搜尋程式碼的工具
- Tricorder，一個用於顯示靜態分析結果的工具（前面有提到）
- Rapid，一個用於打包和部署包含一系列變更之二進位檔的發行工具（release tool）
- Zapfhahn，一個用於測試覆蓋率的計算工具（calculation tool）

此外，還有一些服務可以提供變更中介資料（change metadata）的背景（例如，關於涉及變更或鏈結錯誤的用戶）。Critique 是一個天然的熔爐，可以為這些系統提供快速的點擊／懸停（one-click/hover）存取，甚至是嵌入式 UI 支援，儘管我們需要小心，不要犧牲簡單性。例如，在 Critique 的變更頁面（change page）上，作者只需點擊一次就可以在 Cider 中開始進一步編輯變更內容。支援使用 Kythe 在交叉引用（cross-references）之間導航（navigate），或在 Code Search 中查看程式碼的主線狀態（見第 17 章）。Critique 會鏈結到發行工具，以便用戶能夠查看提交的變更是否在特定的版本中。對於這些工具，Critique 傾向於鏈結而不是嵌入，以免分散對核心審查體驗（core review experience）的關注。這裡的一個例外是測試覆蓋率（test coverage）：某列程式碼是否被測試涵蓋的資訊由不同的背景顏色顯示在檔案之差異檢視（diff view）的列間距（line gutter）上（並非所有專案都使用此覆蓋率工具）。

請注意，Critique 和開發人員的工作區之間緊密整合是可能的，因為工作區儲存在基於 FUSE 的檔案系統中，可以在特定開發人員的電腦之外存取。事實來源（Source of Truth）被託管在雲端中，可供所有這些工具存取。

階段 2：請求審查

在作者對變更的狀態感到滿意後，他們可以將其送去審查，如圖 19-5 所示。這需要作者選擇審查者。在一個小團隊中，找到一個審查者看起來可能很簡單，但即便如此，在團隊成員之間平均分配審查工作並考慮諸如誰在度假之類的情況也是很有用的。為了解決這個問題，團隊可以為傳入的程式碼審查提供電子郵件別名。此別名是供一個稱為 GwsQ（以使用此技術的最初團隊「Google Web Server」來命名）的工具來使用，該工具會根據被鏈結到別名的組態（configuration）分配特定的審查者。例如，變更作者可以將審查分配給某個團隊列表的別名（some-team-list-alias），GwsQ 將選擇某個團隊列表的別名之特定成員來進行審查。

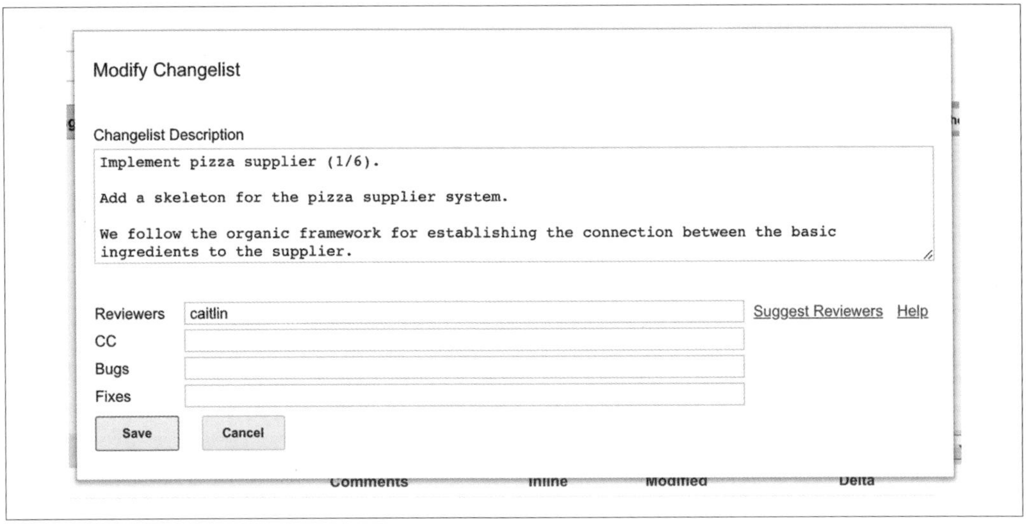
Modify Changelist
Changelist Description
Implement pizza supplier (1/6).
Add a skeleton for the pizza supplier system.
We follow the organic framework for establishing the connection between the basic ingredients to the supplier.
Reviewers
caitlin
Suggest Reviewers
Help
CC
Bugs
Fixes
Save
Cancel
Comments
Inline
Modified
Delta

圖 19-5　請求審查

考慮到 Google 之程式碼基底的規模和修改它的人數，很難找出誰最有資格審查自己的專案以外的變更。當達到一定規模時，尋找審查者是一個需要考慮的問題。Critique 提供的功能是，提出幾組足夠的審查者來批准變更。審查者選擇工具考慮了以下因素：

- 誰擁有被變更的程式碼（見下一節）
- 誰對程式碼最熟悉（即最近誰變更了程式碼）
- 誰可以審查（即，不離開辦公室，最好是在同一時區）
- GwsQ 團隊的別名設置

將審查者分配給一個變更會觸發審查請求。此請求會運行適用於變更的提交前掛勾（precommit hooks 或 presubmits）；團隊可以透過多種方式為「與他們的專案相關的提交前掛勾」設定組態。最常見的掛勾包括：

- 自動將電子郵件清單（email lists）添加到變更中，以提高認識和透明度。
- 為專案運行自動化測試集（automated test suites）。
- 在程式碼（實施本地程式碼風格限制）和變更描述（允許產生發行說明（release note）或其他形式的追蹤）之上實施特定於專案的不變性。

由於運行測試是資源密集型的，在 Google，它們是提交前的一部分（在請求審查和提交變更時運行），而不是像 Tricorder 檢查那樣針對每個快照。Critique 以類似於分析器結果（analyzer results）的顯示方式來顯示運行掛勾（running the hooks）的結果，但有一個額外的區別，強調失敗的結果會阻止變更被發送以供審查或提交的事實。如果提交前失敗，Critique 會透過電子郵件通知作者。

階段 3 和 4：對變更的理解和評論

審查過程開始後，作者和審查者一同工作，以達到提交高品質變更的目標。

評論

發表評論是用戶在 Critique 中繼查看變更之後的第二個最常見的操作（圖 19-6）。Critique 中評論的發表對所有人都是自由的。任何人（不僅是變更作者和所指定的審查者）都可以對變更行評論。

Critique 還提供了透過每個人的狀態（per-person state）來追蹤審查進度（review progress）的能力。審查者有複選框（checkboxes）可將最新快照中的個別檔案標記為已審查（reviewed），幫助審查者追蹤他們已經看過的檔案。當作者修改一個檔案時，該檔案的「已審查」複選框（"reviewed" checkbox）對所有審查者來說是被清除的，因為最新的快照已經被更新了。

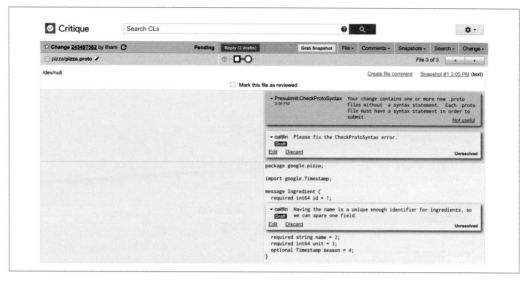

圖 19-6　在差異檢視上進行評論

當審查者看到一個相關的分析器檢查結果時，他們可以點擊 "Please fix" 按鈕來建立一個未解決的評論（unresolved comment）要求作者解決這個檢查結果。審查者還可以透過列內編輯（inline editing）檔案的最新版本來建議修正辦法。Critique 會將此建議轉換為一條評論，並附上作者可以應用的修正辦法。

Critique 沒有規定用戶應該建立什麼評論，但對於一些常見的評論，Critique 提供了快速捷徑。變更的作者可以點擊 comment 面板上的 "Done" 按鈕以指示審查者的評論已被處理，或點擊 "Ack" 按鈕以確認評論已被閱讀，通常用於資訊性或可選擇的評論。兩者都有解決評論串（comment thread）的效果，如果它未被解決的話。這些快捷方式簡化了工作流程，減少了回覆審查評論所需的時間。

如前所述，評論是隨手起草的，但隨後以不可分割的方式「發佈」（published），如圖19-7 所示。這讓作者和審查者能夠確保在他們送出評論之前對其感到滿意。

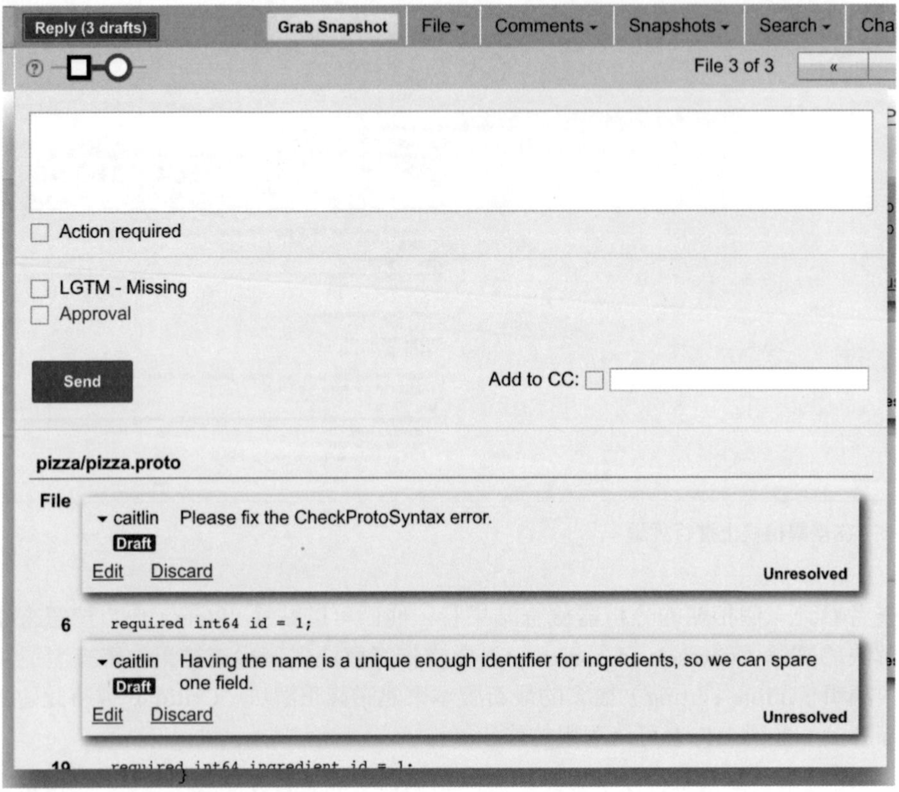

圖 19-7　準備給作者的評論

瞭解變更的狀態

Critique 提供了一些機制，讓人們清楚地了解到某項變更目前處於「評論和迭代階段」
（comment-and-iterate phase）的什麼位置。其中包括一個確定誰需要採取下一步行動的
功能，以及特定開發者參與的所有變更之審查／作者狀態（review/author status）的儀
表板觀點（dashboard view）。

「輪到誰」功能

加速審查過程的一個重要因素是了解何時輪到你採取行動，尤其是當有多個審查者被分
配到一個變更時。如果作者希望由軟體工程師和負責該功能的用戶體驗人員或攜帶服務
傳呼機的 SRE 來審查其變更，可能就是這種情況。Critique 有助於透過管理每個變更的
關注集（attention set）來定義下一步將由誰來查看變更。

關注集（attention set）由當前阻止變更的一組人員所構成。當審查者或作者位於「關注集」時，他們應及時做出回應。Critique 試圖在用戶發表其評論時更新關注集，但用戶也可以自己管理關注集。當變更中有更多的審查者時，它的用處會更大。透過粗體字呈現相關用戶名，Critique 中的關注集會被顯露出來。

在我們實作這一功能後，我們的使用者很難想像以前的狀態。普遍的看法是：沒有這個功能，我們是怎麼過的？在我們實作這個功能之前，另一個選擇是審查者與作者之間聊天，以瞭解誰正在處理變更。此功能還強調了程式碼審查的回合制（turn-based）性質；總是至少輪到一個人採取行動。

儀表板和搜尋系統

Critique 的登陸頁面（landing page）是用戶的儀表板頁面（dashboard page），如圖 19-8 所示。儀表板頁面被劃分為用戶自定義的部分，每個部分都包含一個變更摘要清單。

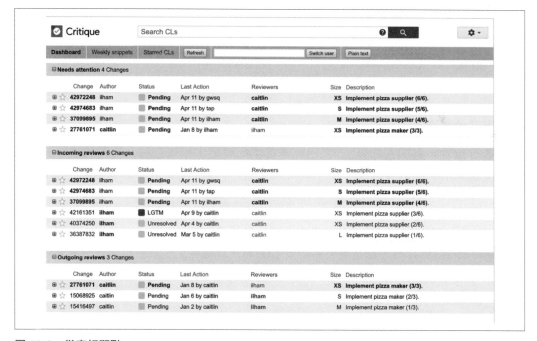

圖 19-8　儀表板觀點

儀表板頁面由一個稱為 Changelist Search 的搜尋系統提供支援。Changelist Search 會為 Google 之所有用戶的所有可用變更（提交前和提交後）的最新狀態建立索引，並允許其用戶定期透過基於正規表達式的查詢來查找相關的變更。儀表板的每個部分都由對

Changelist Search 的查詢來定義。我們花時間確保 Changelist Search 的速度足以滿足互動使用的需要；所有內容都被快速編入索引，這樣作者和審查者就不會放慢速度，儘管我們在 Google 同時發生了大量的變更。

為了優化用戶體驗（UX），Critique 的預設儀表板設置是讓第一部分顯示需要用戶注意的變更，不過這也是可以自行定義的。還有一個搜尋欄（search bar），可以對所有變更進行自定義查詢，並瀏覽結果。做為一名審查者，你大多只需要關注集（attention set）。做為一名作者，你大多只需要看一看還有哪些內容仍在等待審查，看看你是否需要做任何修改。雖然我們在 Critique UI 的其他部分迴避了可自定義性（customizability），但我們發現，用戶喜歡在不影響基本體驗的情況下，以不同的方式來設置他們的儀表板，就像每個人以不同的方式組織其電子郵件一樣。[1]

階段 5：變更批准（對變更評分）

顯示審查者是否認為變更是好的，可歸結為透過評論（comments）來提供關注和建議。還需要有一些機制來為變更提供一個高階的「認可」（OK）。在 Google，一項變更的評分（scoring）會被分為三個部分：

- LGTM（我覺得不錯）
- 批准
- 未解決的評論數量

審查者的 LGTM 戳記意味著，「我已經審查了此變更，相信它符合我們的標準，我認為在處理了未解決的評論後，提交該變更是可以的。」審查者的批准戳記（Approval stamp）意味著，「做為把關者，我允許將此變更提交到程式碼基底。」審查者可以將評論（comments）標記為未解決（unresolved），這意味著作者需要對其採取行動。當變更至少具有一個 LGTM、足夠的批准和沒有未解決的評論時，作者可以提交變更。請注意，無論批准狀態如何，每次變更都需要 LGTM，以確保至少兩對眼睛查看過變更。這個簡單的評分規則允許 Critique 在變更準備好提交時通知作者（顯眼地展示為綠色的頁眉）。

在建立 Critique 的過程中，我們做出了一個有意識的決定，以簡化此評分方案。最初，Critique 有一個「需要更多工作」（Needs More Work）的評分，也有一個 LGTM++。我們採用的模型是讓 LGTM/Approval（我覺得不錯／批准）總是正面的。如果變更確實需

---

1 大規模變更（LSC）的集中式「全域性」審查者（centralized "global" reviewers）特別容易自定義此儀表板，以避免在 LSC 期間將其淹沒（見第 22 章）。

要第二次審查，則主要審查者可以添加評論，但無須 LGTM/Approval。在變更轉變為大部分是良好的狀態後，審查者通常會相信作者能處理好小型的編輯工作——無論變更的規模，都不需要重複的 LGTM。

這種評分方案也對程式碼審查文化產生了積極的影響。審查者不能只是不贊同一個變更而不提供任何有用的反饋；審查者的所有負面反饋都必須與需要修正的具體內容相聯繫（例如，一個未解決的評論）。選擇「未解決的評論」（unresolved comment）這一措辭也是為了聽起比較好。

Critique 包括一個評分面板（scoring panel），位於分析條目（analysis chips）旁邊，包含以下資訊：

- 誰對變更做了 LGTM
- 仍需要哪些批准，為什麼？
- 有多少未解決的評論還未解決

以這種方式提供評分資訊，有助於作者快速了解他們還需要做什麼，才能提交變更。

LGTM 和 Approval 是硬性（hard）要求，只能由審查者授予。審查者還可以在變更被提交前任何時候撤銷其 LGTM 和 Approval。未解決的評論是軟性（soft）要求；作者可以在回覆時標記為「已解決」（resolved）。這種區別促進並依賴於作者和審查者之間的信任和溝通。例如，審查者可以在未解決評論的情況下對變更進行修改，而無須稍後精確檢查評論是否真正得到了解決，進而突出了審查者對作者的信任。當作者和審查者之間的時區存在顯著差異時，這種信任對於節省時間尤為重要。表現出信任也是建立信任和加強團隊的好方法。

階段 6：提交變更

最後但並非最不重要的一點是，Critique 有一個按鈕，用於在審查後進行修改，以避免將操作環境切換到命令列介面。

提交後：追蹤歷史紀錄

除了 Critique 的核心用途（做為在將程式碼變更被提交到儲存庫之前對其進行審查的工具），Critique 還被用作變更考古學（change archaeology）的工具。對於大多數檔案，開發人員可以在 Code Search 系統（見第 17 章）中查看過去變更特定檔案的歷史紀錄，或直接導航到某項變更。Google 的任何人都可以瀏覽一般可查看檔案的變更歷史紀錄，包括對變更的評論和變更的演變。這讓未來的稽核成為可能，並被用於瞭解更多的細

節，比如為什要進行變更，或錯誤是如何導入的。開發人員還可以使用此功能來瞭解變更是如何設計的，以及匯總程式碼審查資料來製作培訓課程。

Critique 還支援在變更被提交之後進行評論的能力；例如，當後來發現問題或補充說明可能對在另一時間調查變更的人有用。Critique 還支援回滾（roll back）變更的能力，以及查看特定變更是否已經回滾的能力。

案例研究：Gerrit

雖然 Critique 是 Google 最常用的審查工具，但它並不是唯一的工具。Critique 不可供外部使用，因為它與我們的大型單體式儲存庫（monolithic repository）和其他內部工具緊密相連。所以，在 Google 從事開源專案（包括 Chrome 和 Android）或內部專案（不能或不想託管在單體式儲存庫中）的團隊，就會使用不同的程式碼審查工具：Gerrit。

Gerrit 是一個獨立之開源的程式碼審查工具，與 Git 版本控制系統緊密整合。因此，它為許多 Git 功能提供了 Web UI，包括瀏覽程式碼、合併分支（merging branches）、櫻桃採摘提交（cherry-picking commits），當然還有程式碼審查。此外，Gerrit 還有一個細粒度的權限模型，我們可以使用該模型來限制對儲存庫和分支的存取。

Critique 和 Gerrit 都有相同的程式碼審查模型，即對每個提交進行單獨審查。Gerrit 支援疊加提交（stacking commits）並上傳它們以供個人審查。它還允許在「提交鏈」（chain）審查之後，以不可分割方式提交它。

由於是開源的，Gerrit 可以容納更多的變體和更廣泛的使用案例；Gerrit 豐富的外掛程式系統可以緊密整合到自定義環境中。為了支援這些使用案例，Gerrit 還支援更複雜的評分系統。審查者可以透過給 -2 分來否決變更，並且評分系統的組態具有高度可設定性。

 你可以在 https://www.gerritcodereview.com 上了解有關 Gerrit 的更多資訊並查看其實際效果。

結語

在使用程式碼審查工具時，有一些隱含的權衡。Critique 內建了許多功能並與其他工具整合，以使其用戶的審查過程更加無縫。程式碼審查所花費的時間不是用於撰碼的時間，因此任何審查過程的優化都可以為公司提高生產力。在大多數情況下，只有當兩個人（作者和審查者）在變更上達成一致，然後才能提交，這樣可以保持較高的速度。Google 非常重視程式碼審查的教育方面，儘管它們難以量化。

為了最大限度地減少變更審查所需的時間，程式碼審查流程應該無縫流動，簡潔地通知用戶需要他們注意的變更，並在人工審查人員進來之前發現潛在問題（問題由分析器和持續整合捕獲）。如果可能，在較長的分析完成之前，會顯示快速分析的結果。

Critique 需要在幾個方面支援規模問題。Critique 工具必須在不降低性能的情況下，適應大量的審查請求。因為 Critique 處於提交變更的關鍵路徑上，所以它必須有效地載入，並可用於特殊情況，例如異常大的變更。[2] 介面必須支援在大型的程式碼基底中管理用戶活動（比如查找相關變更），並幫助審查者和作者瀏覽程式碼基底。例如，Critique 可以幫忙找到合適的變更審查者，而無須了解擁有權／維護者的情況（這個功能對於大規模的變更特別重要，比如可能會影響檔案的 API 遷移）。

Critique 傾向於採用固執己見的流程和簡單的介面來改善一般的審查工作流程。然而，Critique 確實允許一些自定義功能：自定義分析器和提交前掛勾提供了有關變更的具體背景，並且可以強制執行某些團隊特定的政策（比如要求多個審查者提供 LGTM）。

信任和溝通是程式碼審查過程的核心。工具可以增強這種體驗，但無法取代它們。與其他工具的緊密整合也是 Critique 成功的一個關鍵因素。

摘要

- 信任和溝通是程式碼審查過程的核心。工具可以增強這種體驗，但無法取代它們。
- 與其他工具的緊密整合是獲得出色之程式碼審查體驗的關鍵。
- 小型工作流程的優化（比如添加一個明確的「關注集」）可以顯著提高清晰度並大大減少摩擦。

2　雖然大多數變更都很小（少於 100 列），但 Critique 有時也被用於審查大型的重構變更，這些變更可能會涉及成百上千個檔案，尤其是對於必須以不可分割方式執行的 LSCs（見第 22 章）。

## 第二十章

靜態分析

作者：Caitlin Sadowski（凱特琳・薩多夫斯基）

編輯：Lisa Carey（麗莎・凱莉）

靜態分析是指透過程式分析原始碼以查找潛在的問題，比如錯誤、反模式，以及其他**無須執行程式**即可診斷的問題。「靜態」（static）部分專指分析原始程式碼而不是運行程式（這稱為「動態」分析）。靜態分析可以在程式被簽入為生產程式碼（production code）之前，及早發現程式中的錯誤。例如，靜態分析可以辨識出發生溢位（overflow）的常數運算式（constant expressions）、從未運行的測試，或登錄陳述（logging statements）中執行時會崩潰的無效格式字串（format strings）。[1] 然而，靜態分析不僅可用於發現錯誤。透過 Google 的靜態分析，我們編纂了最佳做法（best practices），使程式碼與現代的 API 版本保持同步，並防止或減少技術債（technical debt）。這些分析的例子包括驗證是否遵守了命名慣例、標記出已廢棄 API 的使用，或指出較簡單但等效的運算式，使程式碼更容易閱讀。靜態分析也是 API 棄用過程中不可或缺的工具，它可以防止程式碼基底遷移到新 API 時出現倒退（見第 22 章）。我們還發現靜態分析檢查可以教育開發人員並實際上阻止反模式進入程式碼基底的證據。[2]

本章中，我們將介紹如何進行有效的靜態分析、我們在 Google 學到的關於靜態分析的一些教訓，以及我們如何在靜態分析工具的使用和流程中實現這些最佳做法。[3]

1　見 *http://errorprone.info/bugpatterns*

2　Caitlin Sadowski（凱特琳・薩多夫斯基）等人，2015 年 5 月，於國際軟體工程會議（ICSE）所發表的《Tricorder: Building a Program Analysis Ecosystem》（*https://oreil.ly/9Y-tP*）。

3　靜態分析理論的一個很好的學術參考資料是：Flemming Nielson（弗萊明・尼爾森）等人所著之《Principles of Program Analysis》（Gernamy: Springer, 2004）。

有效靜態分析的特點

雖然數十年來靜態分析研究的重點是開發新的分析技術和具體的分析方法，但對於提高靜態分析工具之可擴展性和可用性的關注是一個相對較新的發展。

可擴展性

由於現代軟體已變得越來越大，分析工具必須明確解決擴展問題，以便及時產生結果，而不會減慢軟體開發過程。Google 的靜態分析工具必須擴展到 Google 數十億列程式碼基底的規模。為此，分析工具是可共享和增量的。我們不分析整個大型專案，而是將分析重點放在受「待決程式碼變更」（pending code change）影響的檔案上，並且通常只顯示已編輯之檔案（files）或列（lines）的分析結果。擴展（scaling）也有好處：因為我們的程式碼基底是如此之大，在發現錯誤方面有很多容易實現的結果。除了確保分析工具可以在大型程式碼基底上運行外，我們還必須擴大可用的分析數量和種類。分析的貢獻是在整個公司範圍內徵求的。靜態分析之可擴展性的另一個組成部分係確保該過程是可擴展的。為此，Google 靜態分析基礎架構（static analysis infrastructure）透過直接向相關工程師顯示分析結果來避免瓶頸。

可用性

在考慮分析可用性（analysis usability）時，重要的是要權衡靜態分析工具用戶成本效益（cost-benefit）。這種「成本」可以是開發人員的時間，也可以是程式碼的品質。修正靜態分析警告可能會導入錯誤。對於不經常修改的程式碼，為什麼要「修正」那些在生產環境中運行良好的程式碼？例如，透過添加對先前「無用程式碼」（dead code）的調用來修正「無用程式碼」的警告，可能會導致未經測試的（可能是錯誤的）程式碼突然運行。這樣做的好處是不明確的，但成本可能很高。因此，我們一般只關注新導入的警告；通常只有在特別重要的情況下（安全問題、重大錯誤修正等）才值得強調（和修正）其他有效程式碼（working code）中存在的問題。關注新導入的警告（或內容修改後的警告）也意味著查看警告的開發人員有最相關的背景資料。

此外，開發人員的時間也很寶貴！花費在分類分析報告或修正被突顯之問題的時間要與特定分析所提供的好處進行權衡。如果分析作者可以節省時間（例如，透過提供可以自動應用於有關程式碼的修正程式），則權衡的成本就會下降。任何可以自動修正的部分都應該自動修正。我們還嘗試向開發人員展示對程式碼品質產生負面影響的之問題的報告，這樣他們就不會浪費時間瀏覽流不相關的結果。

為了進一步降低審查靜態分析結果的成本，我們專注於開發人員工作流程的順利整合。在一個工作流程中同質化所有內容的另一個優勢是，一個專門的工具團隊可以隨著工作流程和程式碼一起更新工具，進而允許分析工具與原始程式碼同步發展。

我們認為，我們在讓靜態分析具有可擴展性和可用性方面做出的這些選擇和權衡，是源於我們對三項核心原則的關注，下一節我們會以這些原則做為經驗加以闡述。

讓靜態分析發揮作用的關鍵經驗

關於是什麼讓靜態分析工具運作良好，我們在 Google 學到了三個關鍵經驗。讓我們在以下小節中介紹它們。

關注開發人員的幸福感

我們提到了一些試圖「節省開發人員時間」和「降低與上述靜態分析工具互動之成本」的方法；我們還追蹤了分析工具的性能。如果不對此進行衡量，就無法解決問題。我們只部署假陽性率（false-positive rates）低的分析工具（稍後會有更多介紹）。我們還積極徵求開發人員對靜態分析結果的反饋，並即時採取行動。在靜態分析工具用戶和工具開發人員之間培養這種反饋迴圈，創造了一個良性循環，進而建立了用戶的信任，並改進了我們的工具。用戶的信任對於靜態分析工具的成功極為重要。

對於靜態分析，「假陰性」（false negative）是指一段程式碼中包含了分析工具旨在發現的問題，但該工具錯過了它。而「假陽性」（false positive）則發生在一個工具錯誤地將程式碼標記為有問題。對靜態分析工具的研究，傳統上側重於減少假陰性；實際上，對真正想要使用工具的開發人員來說，低「假陽性」率通常是至關重要的。誰願意在數百個虛假報告中尋找一些真實的報告？[4]

此外，洞察力是「假陽性」（或誤報）率的一個關鍵面向。如果靜態分析工具產生的警告在技術上是正確的，但被用戶誤解為誤報（例如，由於混淆的訊息），用戶的反應將與這些警告實際上是誤報一樣。同樣，在技術上正確但在總體上不重要的警告也會引起同樣的反應。我們稱用戶感知到的誤報率為「有效誤報」（effective false positive）率。如果開發人員在看到問題後沒有採取一些積極行動，那麼這個問題就是一個「有效誤報」。這意味著，如果分析錯誤地報告了一個問題，但開發人員還是很樂意進行

4　請注意，有一些特定的分析，審查者可能願意容忍更高的「假陽性」（或誤報）率：一個例子是確定關鍵問題的安全分析。

修正，以提高程式碼的可讀性或可維護性，這不是「有效誤報」。例如，我們有一個 Java 分析，標記出這樣的情況：開發人員調用雜湊表的 `contains` 方法（相當於 `containsValue` 方法），而他們實際上是想調用 `containsKey`。即使開發人員正確的意思是要檢查值，調用 `containsValue` 反而更清楚。同樣地，如果分析報告了一個真正的過失，但開發人員不了解這個過失，因此沒有採取任何行動，那麼這是一個有效誤報。

讓靜態分析成為核心開發人員工作流程的一部分

在 Google，我們透過與程式碼審查工具的整合，將靜態分析整合到核心工作流程中。基本上，在 Google 提交的所有程式碼，在提交之前都會經過審查；因為開發人員在發送程式碼進行審查時已經處於一種改變的心態，所以靜態分析工具建議的改進可以在不造成太多破壞性的情況下進行。程式碼審查整合（code review integration）還有其他好處。開發人員通常在發送程式碼以供審查後進行環境切換（context switch），並且被審查者阻止——現在是運行分析的時間，即使它們需要幾分鐘的時間。還有來自審查者的同儕壓力，要求解決靜態分析警告。此外，靜態分析可以透過自動突顯常見問題（common issues）來節省審查者的時間；靜態分析工具有助於程式碼審查過程（和審查者）的擴展。程式碼審查是分析結果的最佳選擇。[5]

賦予用戶貢獻的權力

Google 有許多領域的專家，他們的知識可以改善所產生的程式碼。靜態分析是一個利用專業知識，並透過讓領域專家編寫新的分析工具或在一個工具中進行個別檢查，來大規模應用它的機會。

例如，知道特定組態檔背景的專家可以編寫分析器來檢查這些檔案的屬性。除了領域專家，分析是由發現錯誤並希望防止同類錯誤在程式碼基底中其它地方再次出現的開發者所貢獻的。我們專注於建構一個易於插入的靜態分析生態系統，而不是整合一小部分現有工具。我們專注於開發簡單的 API，讓整個 Google 的工程師（不僅僅是分析或語言專家）都可以使用這些 API 來建立分析；例如，Refaster[6]可以透過指定程式碼的前和後片段來撰寫一個分析器，進而演示該分析器預期的轉換結果。

5　有關編輯和瀏覽程式碼時之其他整合點的更多資訊，請參閱本章稍後的內容。

6　Louis Wasserman（路易士‧瓦瑟曼），在 Workshop on Refactoring Tools, 2013，所發表的《Scalable, Example-Based Refactorings with Refaster》（用 Refaster 進行可擴展的、基於實例的重構）（*https://oreil.ly/XUkFp*）。

Tricorder：Google 的靜態分析平台

Tricorder，我們的靜態分析平台，是 Google 靜態分析的核心部分。[7] Tricorder 是在 Google 將靜態分析與開發人員工作流程整合的幾次失敗嘗試中誕生的；[8] Tricorder 與以前的嘗試之關鍵區別在於，我們堅持不懈地專注於讓 Tricorder 只向用戶提供有價值的結果。Tricorder 與 Google 的主要程式碼審查工具 Critique 整合。如圖 20-1 所示，Tricorder 的警告在 Critique 的差異檢視器（diff viewer）上顯示為灰色的評論框（comment box）。

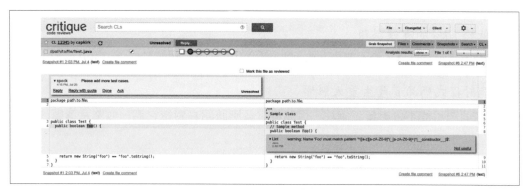

圖 20-1　Critique 的差異檢視，以灰色顯示來自 Tricorder 的靜態分析警告

為了擴大規模，Tricorder 使用了一個微服務架構。Tricorder 系統會將分析請求（analyze requests）以及有關程式碼變更的中介資料（metadata）一起發送到分析伺服器。這些伺服器可以使用該中介資料，透過基於 FUSE 的檔案系統讀取變更中之原始碼檔案的版本，並可以存取被快取的建構輸入和輸出。接著，分析伺服器會開始運行每個分析器，並將輸出寫入一個儲存層（storage layer）；然後在 Critique 中顯示每個類別（category）的最新結果。由於分析有時需要幾分鐘的時間，因此分析伺服器還會發佈狀態更新，好讓變更作者和審查者知道分析器正在運行，並在分析器完成之後發佈完成狀態（completed status）。Tricorder 每天分析 5 萬多筆程式碼審查變更，並且通常每秒運行多個分析。

7　Caitlin Sadowski、Jeffrey van Gogh、 Ciera Jaspan、Emma Söderberg　和 Collin Winter，　於 International Conference on Software Engineering（國際軟體工程會議）(ICSE),0 May 2015 所發表的《Tricorder: Building a Program Analysis Ecosystem》（Tricorder：建構一個程式分析生態環境）（*https://oreil.ly/mJXTD*）。

8　Caitlin Sadowski、Edward Aftandilian、Alex Eagle、 Liam Miller-Cushon 和 Ciera Jaspan，於 Communications of the ACM, 61 No. 4 (April 2018): 58–66 所發表的《Lessons from Building Static Analysis Tools at Google》（在 Google 建構靜態分析工具的經驗之談）（*https://cacm.acm.org/magazines/2018/4/226371-lessons-from-building-static-analysis-tools-at-google/fulltext*）

整個 Google 的開發人員都會編寫 Tricorder 分析（稱為「分析器」）或為現有分析提供單獨的「檢查」（checks）。新的 Tricorder 檢查有四個標準：

可以瞭解

> 任何工程師都可以輕鬆瞭解輸出。

可操作且易於修正

> 修正可能需要比編譯器檢查付出更多的時間、思考或努力，而且結果應該包括如何確實修正問題的指導。

產生低於 10% 的有效誤報

> 開發人員應該覺得，檢查至少 90% 的時間指出了實際的問題（*https://oreil.ly/ARSzt*）。

有可能對程式碼品質產生重大影響

> 這些問題可能不會影響正確性，但開發人員應該認真對待它們，並刻意選擇修正它們。

Tricorder 分析器可以報告 30 多種語言的結果，並支援各種分析類型。Tricorder 包括 100 多個分析器，大多數來自 Tricorder 團隊之外。其中有 7 個分析器本身就是外掛系統，有數百個額外檢查，同樣由 Google 的開發人員所提供。整體有效誤報率略低於 5%。

整合工具

Tricorder 整合了許多不同類型的靜態分析工具。

Error Prone（*http://errorprone.info*）和 Clang-Tidy（*https://oreil.ly/DAMiv*）分別擴展了編譯器，以識別 Java 和 C++ 的 AST 反模式（antipatterns）。這些反模式可能代表真正的錯誤。例如，下面這個對型態為 `long` 之 `f` 欄位進行雜湊運算的程式碼片段：

```
result = 31 * result + (int) (f ^ (f >>> 32));
```

現在考慮 `f` 的型態為 `int` 之情況。這段程式碼仍然可以編譯，但右移 32 是一個無作用運算（no-op），所以 `f` 與它本身做 XOR 運算，不再影響所產生的值。此錯誤在 Google 的程式碼基底中出現 31 次我們逐一予以修正，同時在 Error Prone 中啟用編譯器錯誤的檢查。這樣的例子還很多（*https://errorprone.info/bugpatterns*）。AST 反模式還可能提高程式碼可讀性，例如刪除智能指標（smart pointer）上對 `.get()` 的冗餘調用（redundant call）。

其他分析器展示了語料庫（corpus）中不同檔案之間的關係。如果一個原始碼檔案被刪除，而該檔案又被程式碼基底中其他非程式碼的地方（比如在所簽入的文件裡面）所引用，則 Deleted Artifact Analyzer（刪除產出物分析器）會發出警告。IfThisThenThat（如果這樣，則那樣）允許開發人員指定兩個不同檔案必須同時改變的部分（如果不改變，則發出警告）。Chrome 的 Finch 分析器在 Chrome 之 A/B 試驗的組態檔上運行，突顯了常見的問題，包括沒有正確的批准來啟動一項試驗，或干擾到目前正在運行之影響同一群體的其他試驗。Finch 分析器會對其他服務進行「遠端程序調用」（RPC），以便提供此資訊。

除了原始碼本身，一些分析器還會運行在原始碼產生的其他產出物（artifacts）上；許多專案都啟用了二進位檔大小檢查器（binary size checker），當變更顯著影響二進位檔的大小時，檢查器會發出警告。

幾乎所有的分析器都是程序內的（intraprocedural），也就是說分析結果基於程序（函式）中的程式碼。組合式（compositional）或增量式（incremental）之程序間的（interprocedural）分析技術，在技術上是可行的，但需要額外的基礎架構投資（例如，在分析器運行時，分析和儲存方法摘要）。

整合反饋通道

如前所述，在分析消費者（analysis consumers）和分析撰寫者（analysis writers）之間建立反饋迴圈（feedback loop），對於追蹤和維護開發人員的滿意度至關重要。使用 Tricorder，我們可以在分析結果上顯示點擊「無用處」（Not useful）按鈕的選項；這個點擊提供提了一個選項，可以直接向分析器撰寫者（analyzer writer）提交一個錯誤，說明為什麼預先填入分析結果的資訊無用處。程式碼審查者（code reviewers）還可以透過點擊（click）「請修正」（Please fix）按鈕要求變更作者（change authors）處理分析結果。Tricorder 團隊會追蹤具有高「無用處」點擊率的分析器，特別是相對於審查者要求修正分析結果的頻率而言，如果分析器不能處理問題並提高「無用處」點擊率，則會禁用分析器。建立和調整這個反饋迴圈需要做很多工作，但在改進分析結果和改善用戶體驗方面取得了多次回報——在我們建立明確的反饋通道之前，許多開發人員只會忽略他們不理解的分析結果。

有時修正方法非常簡單，比如更新分析器輸出訊息中的文字！例如，我們曾經推出過一個 Error Prone 檢查，當 Guava 中一個只接受 `%s`（或其他 `printf` 指定符）之類似 `printf` 的函式被傳入太多引數（arguments）時，就會被標記出來。Error Prone 團隊每週都會收到「無用處」（Not useful）的錯誤報告，聲稱分析是不正確的，因為格式指定符（format specifiers）的數量與引數的數量必須相匹配，這都是由於用戶試圖

傳遞 **%s** 以外的指定符。在團隊將診斷文字變更為直接聲明該函式只接受 **%s** 佔位符（placeholder），錯誤報告的湧入停止了。改進分析所產生的資訊，可以解釋什麼是錯誤的、為什麼，以及如何在最相關的地方精確地修正它，並且可以讓開發人員在閱讀訊息時學習到一些東西。

修正建議

如圖 20-2 所示，如果可能，Tricorder 檢查也會提供修正建議。

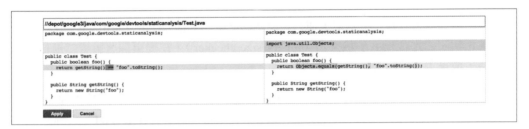

圖 20-2　在 Critique 中查看一個靜態分析修正的例子

在訊息不明確的情況下，自動修正可以做為額外的文件來源，並且如前所述，可以降低解決靜態分析問題的成本。修正可以直接在 Critique 中應用，或透過命令列工具（command-line tool）在整個程式碼變更（entire code change）中應用。雖然不是所有的分析器都提供修正，但許多分析器都可以。我們採取的做法是，風格問題尤其應該自動修正；例如，透過自動重新格式化（reformat）原始碼檔案的格式化程序（formatter）。Google 對每種語言都有風格指南（style guides）詳細說明格式化問題；指出格式錯誤並不能很好地利用人類審查者的時間。審查者每天點擊「請修正」（Please Fix）數千次，而作者每天應用自動修正大約 3,000 次。而 Tricorder 分析器每天會收到 250 次「沒用處」（Not useful）的點擊。

專案的定制

在我們透過只顯示高可信度（high-confidence）分析結果建立了用戶信任（user trust）的基礎後，除了預設開啟（on-by-default）的分析器之外，我們又增加了在特定專案中運行額外之「可選用」（optional）分析器的能力。Proto Best Practices（協定最佳做法）分析器便是可選用分析器的一個例子。此分析器強調了將「資料格式變更」（data format changes）拆成「協定緩衝器」（protocol buffers）（*https://developers.google.com/protocol-buffers*）的可能性——Google 之語言中立的資料序列化格式（data serialization format）。只有當序列化資料（serialized data）被儲存在某處（例如，在伺服器日誌中）

時，這些變更才會拆開；對於未儲存序列化資料的專案，協定緩衝器不需要啟用檢查。我們還添加了對現有分析器進行定制的能力，儘管通常這種定制是有限的，並且預設情況下，許多檢查都在程式碼基底中統一應用。

一些分析器甚至一開始是可選用的，根據用戶的反饋進行改進，建立了一個龐大的用戶群（userbase），然後一旦我們能夠利用我們建立起來的用戶信任，就升級到預設啟用的狀態。例如，我們有一個分析器，用於建議 Java 程式碼可讀性的改進，這些改進通常不會實際改變程式碼的行為。Tricorder 用戶最初擔心這種分析過於「嘈雜」（noisy），但最終希望獲得更多的分析結果。

使這種定制，成功的關鍵在於，關注專案級別的定制（project-level customization），而不是用戶級別的定制（user-level customization）。專案級別的定制可確保所有團隊成員對其專案的分析結果有一致的看法，並防止出現一位開發人員試圖修正一個問題，而另一位開發人員卻導入這個問題的情況。

在 Tricorder 開發的早期，一組相對簡單的樣式檢查器（linter）在 Critique 中顯示結果，Critique 提供了用戶設定選項（user settings），以便顯示結果的信心度（confidence level）和抑制特定分析的結果。我們從 Critique 中刪除了所有這些用戶可定制性，就立即開始收到用戶對煩人之分析結果的投訴。我們沒有重新恢復可定制性，而是詢問用戶為什麼感到惱火，並發現了 linter 的各種錯誤和誤報。例如，C++ linter 也運行在 Objective-C 檔之上，但產生了不正確、無用處的結果。我們修正了 linter 的基礎架構，以便不再發生這種情況。HTML linter 具有極高的誤報率，幾乎沒什麼有用的信號，並且通常被編寫 HTML 的開發人員抑制在視野之外。因為這個 linter 幾乎沒什麼幫助，所以我們就直接禁用了這個 linter。簡而言之，用戶定制會導致隱藏錯誤和抑制反饋的結果。

提交前工作

除了程式碼審查，Google 還有其他用於靜態分析的工作流程整合點。由於開發人員可以選擇忽略程式碼審查中顯示的靜態分析警告，因此 Google 另外還有能力添加一個分析，阻止提交一個待決的程式碼變更，我們稱之為提交前檢查（presubmit check）。提交前檢查包括對變更之內容或中介資料進行非常簡單的可定制之內建檢查，例如確保提交訊息不會說：「不要提交」（DO NOT SUBMIT），或者測試檔案始終包含在相應的程式碼檔案中。團隊還可以指定一個測試集，該測試集必須通過或者驗證某個特定類別（particular category）沒有 Tricorder 問題。提交之前還可以檢查程式碼是否有良好的格式。提交前檢查通常是在開發人員寄出變更以供審查時運行，並在提交過程中再次運行，但它們也可以在這兩點之間臨時觸發。有關 Google 提交前工作的更多細節，請參閱第 23 章。

一些團隊已經編寫了自己的「自定義提交前工作」（custom presubmits）。這些是在基本提交前工作集（base presubmit set）之上的額外檢查，這些檢查增加了執行「高於整個公司之最佳做法（best-practice）標準」的能力，並增加了針對專案的分析。這使得新專案比（例如）擁有大量遺留程式碼的專案具有更嚴格的最佳做法準則。團隊特有的提交前工作可能會使「大規模變更」（LSC）過程（見第 22 章）更加困難，因此在變更描述（change description）中使用 "CLEANUP=" 跳過一些變更。

編譯器整合

雖然使用靜態分析來阻止提交是很好的，但如果能在工作流程中更早地讓開發人員知道問題，那就更好了。在可能的情況下，我們嘗試將靜態分析推入編譯器。中斷建構（breaking the build）是一個不容忽視的警告，但在許多情況下是不可行的。然而，有些分析是高度機械的，沒有「有效誤報」（effective false positives）。一個例子是 Error Prone 的 "ERROR" 檢查（https://errorprone.info/bugpatterns）。這些檢查都是在 Google 的 Java 編譯器中啟用的，防止錯誤實例再次被導入至我們的程式碼基底中。編譯器檢查需要快速，這樣它們才不會拖慢建構速度。此外，我們會實施這三個標準（C++ 編譯器也有類似的標準）：

- 可操作性強且易於修正（如果可能，錯誤應該包括一個可以機械地應用的修正建議）
- 不產生有效誤報（分析絕不應該停止正確程式碼的建構）
- 只報告影響正確性而非風格或最佳做法的問題

要啟用一個新的檢查，我們首先需要清理程式碼基底中該問題的所有實例，這樣我們就不會因為編譯器的演變而中斷現有專案的建構。這也意味著，部署一個新的基於編譯器之檢查的價值必須高到足以保證修正其所有的現有實例。Google 擁有透過叢集（cluster）在整個程式碼基底上並行運行各種編譯器（例如 clang 和 javac）的基礎架構——進行 MapReduce 操作。當編譯器以這種 MapReduce 方式運行時，運行靜態分析檢查必須產生修正程序，以便自動進行清理。在準備和測試了一個未決的程式碼變更並將修正程序應用於整個程式碼基底之後，我們會提交變更以及刪除該問題的所有現有實例。然後我們在編譯器中打開檢查，這樣該問題就不會有新實例被提交，進而中斷建構。建構中斷是在持續整合（CI）系統提交後捕獲的，或者在提交之前透過「提交前檢查」（見稍早的討論）捕獲。

我們的目標也是絕不發出編譯器警告。我們一再發現，開發人員會忽略編譯器警告。我們要嘛把編譯器檢查當作錯誤啟用（並中斷建構），要嘛不把它顯示在編譯器輸出中。因為整個程式碼基底都會使用相同的編譯器旗標（compiler flags），所以此決策是全域性的。無法中斷建構的檢查，要嘛被抑制，要嘛在程式碼審查中顯示出來（例如，透過

Tricorder）。雖然不是 Google 的每一種語言都有這個策略，但經常使用的語言都會有。Java 和 C++ 編譯器的組態都被設定為避免顯示編譯器警告。Go 編譯器把這一點做到了極致；其他語言會認為是警告的一些事情（比如未使用的變數或套件的匯入）在 Go 中是錯誤的。

編輯和瀏覽程式碼的同時進行分析

靜態分析的另一個潛在整合點是在整合開發環境（IDE）中。然而，IDE 分析需要快速的分析時間（通常小於 1 秒，理想情況下小於 100 ms），因此有些工具不適合在此處整合。此外，還存在確保相同的分析在多個 IDE 中以相同方式運行的問題。我們還注意到，IDE 的受歡迎程度可能會上升和下降（我們不強制要求單一 IDE）；因此，IDE 整合往往比插入審查過程更混亂。程式碼審查對於顯示分析結果也有特定的好處。分析可以考慮到變更的整個背景；某些分析在部分程式碼上可能不準確（例如，當一個函式在添加調用點（callsites）之前被實作，會有一個無用程式碼（dead code）分析）。在程式碼審查中顯示分析結果，也意味著程式碼作者如果想忽略分析結果，也必須說服審查者。也就是說，適合分析的 IDE 整合是顯示靜態分析結果的另一個好地方。

雖然我們主要關注的是顯示新導入的靜態分析警告，或編輯過之程式碼上的警告，但對於某些分析，開發人員實際上希望在程式碼瀏覽過程中能夠查看整個程式碼基底的分析結果。這方面的一個例子是一些安全分析（security analyses）。Google 的特定安全團隊希望看到一個問題之所有實例的整體觀點（holistic view）。開發人員還喜歡在規劃清理程序時查看程式碼基底上的分析結果。換句話說，有時在瀏覽程式碼時顯示結果是正確的選擇。

結語

靜態分析是一個很好的工具，它可以改進程式碼基底、儘早發現錯誤以及允許更昂貴的過程（例如，人工審查和測試）專注於那些無法機械地驗證的問題。透過提高我們的靜態分析基礎架構之可擴展性和可用性，我們已經使靜態分析成為 Google 軟體開發的有效組成部分。

摘要

- 關注開發人員的幸福感。我們投入了大量的精力在我們的工具中建構分析用戶和分析作者之間的反饋管道,並積極調整分析以減少誤報(false positives)的數量。

- 讓靜態分析成為核心開發人員工作流程的一部分。Google 靜態分析的主要整合點是通過程式碼審查,其中分析工具提供修正程序並讓審查者參與。但是,我們還在其他點(通過編譯器檢查、把關程式碼提交、在 IDE 中以及瀏覽程式碼時)整合分析。

- 授權用戶做出貢獻。我們可以透過利用領域專家的專業知識來擴展我們建構和維護分析工具和平台的工作。開發人員不斷添加新的分析和檢查,使他們的生活更輕鬆,以及我們的程式碼基底更完善。

## 第二十一章

依賴關係管理

作者：Titus Winters（泰特斯‧溫特斯）

編輯：Lisa Carey（麗莎‧凱莉）

依賴關係管理（dependency management），即程式庫、套件以及我們無法控制之依賴項的網絡管理，是軟體工程中最不為人知且最具挑戰性的問題之一。依賴關係管理關注的問題包括：我們如何在外部依賴項的版本之間進行更新？為此，我們如何描述版本？在我們的依賴關係中，哪些類型的變更是允許的或預期的？我們如何決定何時依賴其他組織生產的程式碼是明智的？

相對來說，這裡最密切相關的話題是原始碼控制（source control）。這兩個領域都描述了我們如何處理原始碼（source code）。原始碼控制涵蓋了更簡單的部分：我們在哪裡簽入東西？我們如何將東西放入建構中？在我們接受基於主線（trunk-based）之開發的價值後，對於一個組織來說，大多數日常的原始碼控制問題都相當平常：「我有了一個新東西，我應該將它添加到哪個目錄中？」

依賴關係管理在時間和規模上都增加了額外的複雜性。在基於主線的原始碼控制問題中，當你進行變更，你需要運行測試而不是中斷現有的程式碼，這是相當清楚的。這是基於這樣的想法：你在一個共享的程式碼基底中工作，能夠瞭解事物的使用方式，並可以觸發建構和運行測試。依賴關係管理注重的是，在你的組織之外進行變更時出現的問題，這些變更沒有完全的存取權限或可見性。因為你的上游依賴項（upstream dependencies）無法與你的私有程式碼（private code）協調，所以它們更有可能中斷你的建構，導致你的測試失敗。我們如何管理？我們不應該接受外部依賴項嗎？我們是否應該要求外部依賴項的版本之間有更大的一致性？我們什麼時候更新到一個新的版本？

規模使所有這些問題變得更加複雜，因為我們意識到，我們實際上並不是在討論單一依賴項的匯入，而且在一般情況下，我們依賴於外部依賴項的整個網絡。當我們開始處理一個網絡時，很容易建構這樣一種情景：你的組織對兩個依賴項的使用，在某個時間點變得無法滿足。通常，這是因為其中一個依賴項在沒有某些需求的情況下停止工作，[1] 而另一個依賴項與相同的需求不相容。關於如何管理單一外部依賴項的簡單解決方案，通常不能考慮到管理大型網絡的實際情況。本章的大部分篇幅將用於討論這些衝突的各種形式之需求問題。

原始碼控制（source control）和依賴關係管理（dependency management）是由此問題（question）分隔的相關議題（issues）：「我們的組織是否控制這個子專案的開發／更新／管理？」舉例來說，如果你公司中的每個團隊，都有單獨的儲存庫、目標和開發方式，那麼這些團隊所產生之程式碼的互動和管理，將更多地與依賴關係管理（而非原始碼控制）有關。另一方面，一個大型組織擁有（虛擬的？）單一儲存庫（monorepo），可以透過原始碼控制策略進一步擴展，這就是 Google 的做法。獨立的開源專案當然被視為獨立的組織：「未知的專案」和「不一定是合作的專案」之間的相互依賴是一個依賴關係管理問題。也許我們在這個話題上的最有力建議是：在其他條件相同的情況下，我們更喜歡原始碼控制問題，而不是依賴關係管理問題。如果你可以選擇更廣泛地重新定義「組織」（你的整個公司，而不僅僅是一個團隊），這通常是一個很好的權衡。原始碼控制問題比依賴關係管理問題更容易思考，處理成本也低得多。

隨著開源軟體（Open Source Software 或簡寫為 OSS）模型不斷成長並擴展到新領域，以及許多熱門專案之依賴關係圖（dependency graph）隨著時間的推移不斷擴展，依賴關係管理也許正在成為軟體工程政策中最重要的問題。我們不再是建構在 API 外部之一或兩層上不相連的島嶼。現代軟體建造在高聳的依賴關係支柱上；但我們能夠建造這些支柱並不意味著我們找到了讓它們長期保持穩定的方法。

本章中，我們將探討依賴關係管理的特殊挑戰，探索解決方案（常見的和新穎的）及其局限性，並探討使用依賴關係的實際情況，包括我們在 Google 中處理問題的方式。重要的是，在這之前我們必須承認：我們在這個問題上已經投入了大量的心血，在重構和維護問題上也有豐富的經驗，這些問題顯示了現有做法的實際缺陷。我們沒有第一手證據來證明解決方案能夠在大規模的組織中運作良好。在某種程度上，本章總結了我們所知道的不起作用（或者至少可能在更大範圍內不起作用）以及我們認為有可能取得更好結果的地方。我們絕對不能聲稱這裡涵蓋了所有的答案；如果可以的話，我們就不會稱其為軟體工程中最重要的問題之一。

---

1 這可能是任何的語言版本、較低階的程式庫版本、硬體版本、作業系統、編譯器旗標、編譯器版本⋯等等。

為什麼依賴關係管理如此困難？

即使是定義依賴關係管理問題，也會帶來了一些不尋常的挑戰。這個領域的許多半生不熟的解決方案，都集中在一個過於狹窄的問題表述上：「我們如何匯入我們本地開發的程式碼可以依賴的一個套件？」這是一個必要但不充分的表述。訣竅不僅僅是找到管理依賴關係的方法，而是如何管理一個依賴關係網絡及其隨著時間的變化。此網絡的某些子集對於你的第一方程式碼（first-party code）來說是直接必需的，其中一些只是透過遞移依賴（transitive dependencies）拉進來的。在一個足夠長的時期內，該依賴關係網絡中的所有節點都將有新的版本，其中一些更新將非常重要。[2] 我們如何為依賴關係網絡的其餘部分，管理由此產生的一連串升級（cascade of upgrades）？或者，具體來說，如果我們不控制這些依賴關係，我們如何輕鬆找到所有依賴項的相容版本？我們如何分析我們的依賴關係網絡？我們如何管理該網絡，尤其是面對不斷成長的依賴關係圖？

相互衝突的需求和菱形依賴

依賴關係管理的核心問題突出了從依賴關係網絡（而不是個別依賴關係）角度思考的重要性。許多困難源於一個問題：當依賴關係網絡中的兩個節點有相互衝突的需求，而你的組織依賴於它們時，會發生什麼情況？這可能是許多原因引起的，從平台考慮（作業系統、語言版本、編譯器版本…等等）到更常見的版本不相容問題。以版本不相容性做為一個無法滿足之版本需求的典型範例，是菱形依賴問題（diamond dependency problem）。雖然我們通常不會在依賴關係圖中包含諸如「你使用什麼版本的編譯器」之類的內容，但大多數相互衝突的需求問題都是同構的（isomorphic），即「添加一個（隱藏的）節點到代表這個需求的依賴關係圖。」因此，我們將主要討論菱形依賴方面的衝突需求，但請記住，libbase 實際上絕對可能是涉及構建你的依賴關係網絡中兩個或多個節點的任何軟體。

如圖 21-1 所示，菱形依賴問題，以及其他形式的衝突需求，需要至少三層的依賴關係。

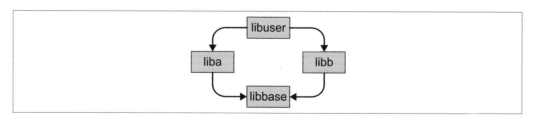

圖 21-1　菱形依賴問題

2　例如，安全錯誤、棄用、處於具有安全錯誤之更高級別依賴關係（higher-level dependency）的依賴關係集合（dependency set）中…等等。

在這個簡化的模型中，libbase 被 liba 和 libb 使用，而 liba 和 libb 被一個更高階的組件 libuser 使用。如果 libbase 導入了一個不相容的變更，那麼做為不同組織的產品，liba 和 libb 有可能不會同時更新。如果 liba 依賴於新的 libbase 版本，而 libb 依賴於舊版本，那麼 libuser（也就是你的程式碼）沒有通用的方法將一切放在一起。這個菱形可以在任何規模上形成：在你的整個依賴關係網絡中，如果有一個低階的節點，需要同時處於在兩個不相容的版本（由於從某個較高階節點到這兩個版本各有條路徑），那麼就會出現問題。

不同的程式語言對於菱形依賴問題的容忍程度不同。對於某些語言來說，可以將一個依賴項之多個（單獨的）版本嵌入到建構中：從 liba 調用 libbase 和從 libb 調用 libbase，可能會調用同一個 API 的不同版本。例如，Java 提供了相當完善的機制來重命名這種依賴項所提供的符號。[3] 同時，C++ 對正常建構中的菱形依賴幾乎為零容忍，並且由於明顯違反 C++ 的「單一定義規則」（One Definition Rule）（*https://oreil.ly/VTZe5*），它們極有可能觸發任意的錯誤（arbitrary bugs）和未定義的行為（undefined behavior 或簡寫為 UB）。在動態鏈結程式庫（dynamic-link library 或簡寫為 DLL）中，或是在單獨的建構和鏈結之情況下，你最多可以使用與 Java 之著色（shading）類似的想法來隱藏一些符號。然而，在我們所知的所有程式語言中，這些變通方法充其量只是部分解決方案：透過調整函式名稱可以做到嵌入多個版本，但如果有一些資料型態在依賴關係之間傳遞，則結果無法預測。例如，在 libbase v1 中定義的映射（map）根本無法以語意一致的方式透過一些程式庫傳遞到 libbase v2 提供的 API。在單獨編譯的程式庫中隱藏或重新命名實體（entities）之語言特有的技巧，可以為菱形依賴問題提供一些緩衝，但在一般情況下，這不是一個解決方案。

如果你遇到一個衝突的需求問題，唯一簡單的答案是向前或向後跳過這些依賴項的版本，以找到相容的東西。當這不可能時，我們必須求助於本地修補相關的依賴項，這是特別具有挑戰性的，因為首先發現不相容的工程師可能不知道提供者（provider）和消費者（consumer）中不相容的原因。這是固有的：liba 的開發人員仍在以與 libbase v1 相容的方式工作，而 libb 的開發人員已經升級到 v2。只有同時參與這兩個專案的開發人員才有機會發現問題，當然也不能保證他們對 libbase 和 liba 熟悉到足以完成升級。更簡單的答案是對 libbase 和 libb 降級，儘管如果升級最初是因為安全問題而被迫進行的，那麼這不是一個選項。

3　這稱為 shading（著色）或 versioning（版本控制）。

依賴關係管理的政策和技術系統，主要歸結為一個問題：「我們如何避免衝突的需求，同時仍然允許非協調群體之間進行變更？」如果你有一個菱形依賴問題之一般形式的解決方案，允許在網絡的各個層面上實現不斷改變的需求（包括依賴關係和平台需求），那麼你已經描述了依賴關係管理解決方案的有趣部分。

匯入依賴項

在程式設計方面，重用一些現有的基礎架構，顯然比自己建構更好。這是顯而易見的，也是技術基礎發展的一部分：如果每個新手都必須重新實作自己的 JSON 剖析器和正規表達式引擎，我們永遠不會有進展。重用是健康的，特別是與從頭開始重新開發優質軟體的成本相比。只要你沒有下載特洛伊木馬軟體，如果你的外部依賴項滿足你的程式設計任務的要求，你就應該使用它。

相容性的承諾

當我們開始考慮時間，情況會得到一些複雜的權衡。僅僅因為你可以避免開發成本，並不意味著匯入一個依賴項是正確的選擇。在意識到時間和變化的軟體工程組織中，我們還需要注意其持續的維護成本。即使我們匯入一個依賴項時並不打算對其進行升級，但被發現的安全漏洞、不斷變化的平台和不斷發展的依賴關係網絡也會迫使我們升級，而不管我們的意圖如何。當這一天到來時，它的成本會有多高？對於僅使用該依賴項的預期維護成本，一些依賴性比其他依賴性更明確：假設有多少相容性？假設有多少發展？如何處理變化？支援版本多長的時間？

我們建議，依賴項的提供者（dependency provider）應該更清楚這些問題的答案。考慮到擁有數百萬用戶之大型基礎架構專案所樹立的榜樣以及他們的相容性承諾。

C++

對於 C++ 標準程式庫，這種模型是一種幾乎無限期的向後相容性。針對標準程式庫的舊版建構之二進位檔，預計將建構並鏈結到較新的標準：該標準不僅提供了 API 相容性，還為二進位產出物（binary artifacts）提供了持續的向後相容性，稱為 ABI 相容性。支援這一點的程度因平台而異。對於 Linux 上的 gcc 用戶來說，大多數程式可能在大約十年的時間內都能正常工作。該標準沒有明確指出其對 ABI 相容性的承諾，即在這一點上沒有面向公眾的政策文件。然而，該標準確實發佈了 Standing Document 8（https://oreil.ly/LoJq8）（SD-8），其中列出了標準庫可以在不同版本之間進行的一小部分變更類型，並隱含地定義了需要準備的變更類型。Java 也是如此：原始碼在不同的語言版本之間是相容的，來自較舊版本的 JAR 檔將很容易與較新的版本配合使用。

Go

並非所有的語言都優先考慮相同數量的相容性。Go 程式語言明確承諾大多數版本之間的原始碼相容性，但沒有二進位相容性。你不能用 Go 語言的一個版本建構一個程式庫，然後把這個程式庫鏈結到用 Go 語言的另一個版本建構的 Go 程式。

Abseil

Google 的 Abseil 專案很像 Go，有一個關於時間的重要注意事項。我們不願無限期地承諾相容性：Abseil 是我們內部運算量最繁重之大部分服務的基礎，我們相信這些服務可能會在未來許多年中使用。這意味著，我們會謹慎地保留進行變更的權利，尤其是在實作細節和 ABI 方面，以便獲得更好的性能。我們經歷過太多的例子，一個 API 事後被證明是令人困惑和容易出錯的；將這種已經有錯誤的 API 發佈給數以萬計的開發人員，並讓他們無限期地使用，感覺是不對的。在內部，我們已經有大約 2.5 億列的 C++ 程式碼依賴於這個程式庫——我們不會輕易改變 API，但這必須是可能的。為此，Abseil 並沒有明確承諾 ABI 相容性，但承諾了一種稍微有限的 API 相容性：如果沒有提供自動重構工具，將程式碼從舊 API 自動轉換為新 API，我們就不會進行破壞性的 API 變更。我們認為，這顯著轉移了意外成本的風險，有利於用戶：無論依賴項是針對哪個版本編寫的，該依賴項和 Abseil 的用戶都應該能夠使用最新的版本。最高的成本應該是「運行這個工具」（run this tool），並可能是在中層依賴關係（`liba` 或 `libb`，續前例）中發送所產生的補丁（patch）以供審查。實際上，這個專案相當新，我們不必做出任何破壞性的 API 變更。我們不能說這對整個生態系統的效果如何，但從理論上來說，這似乎是穩定性與易升級性之間的一個良好的平衡。

Boost

相較之下，Boost C++ 程式庫沒有承諾版本之間的相容性（*https://www.boost.org/users/faq.html*）。當然，大多數程式碼並不會改變，但是「許多 Boost 程式庫都得到了積極的維護和改進，因此向後相容之前的版本並不一定是可能的。」我們建議用戶僅在專案生命週期中的某個時段進行升級，在該時段內，變更不會造成問題。Boost 的目標與標準程式庫或 Abseil 有著根本的不同：Boost 是一個實驗試驗場（experimental proving ground）。Boost 的某個版本可能非常穩定，適合在許多專案中使用，但 Boost 的專案目標並沒有優先考慮版本之間的相容性——其他長壽的專案可能會在保持更新方面遇到一些摩擦。Boost 的開發人員與標準程式庫的開發人員[4]一樣都是專家，這些都與技術專業知識無關：這純粹是一個專案是否承諾和優先考慮的問題。

4　在許多情況下，這些群體中存在顯著的重疊。

查看本討論中的程式庫，重要的是要認識到這些相容性議題（compatibility issues）是軟體工程議題（software engineering issues），而不是程式設計議題（programming issues）。你可以下載 Boost 之類的東西，但沒有相容性承諾，並將其深深嵌入到你組織中最關鍵、最長壽的系統中；它會工作得很好。這裡所有的關注點都在於，這些依賴項將如何隨時間的推移而改變，如何跟上更新的步伐，以及讓開發人員擔心維護而不是僅僅讓功能正常工作的難度。在 Google 內部，我們的工程師受到源源不斷的指導，以幫助他們考慮「我讓它工作」和「這是以受支援的方式工作」之間的區別。這並不奇怪：畢竟這是海勒姆法則（Hyrum's Law）的基本應用。

更廣泛地說：重要的是要認識到，依賴關係管理在程式設計任務（programming task）和軟體工程任務（software engineering task）中具有完全不同的性質。如果你處的問題空間與長期維護有關，則依賴關係管理將很困難。如果你純粹是在為今天開發一個解決方案，而且不需要更新任何東西，那麼你完全可以隨心所欲地獲取任意數量現成的依賴項，而不必考慮如何負責任地使用它們或為升級做安排。今日透過違反 SD-8 中一切規定，並倚賴 Boost 和 Abseil 的二進位相容性（binary compatibility），就可以讓你的程式正常工作 ⋯ 只要你從不升級標準程式庫、Boost 或 Abseil，也不升級依賴你的任何東西。

匯入時的考慮因素

在程式設計專案中匯入依賴項幾乎是免費的：假設你已經花時間來確保它能夠滿足你的需要，並且沒有秘密的安全漏洞，那麼重複使用它，幾乎總是比重新實作更便宜。即使該依賴項已經採取步驟澄清它將做出什麼樣的相容性承諾，只要我們不進行升級，無論你在使用該 API 時違反了多少規則，在依賴項的快照上建構任何東西都可以。但是，當我們從程式設計轉向軟體工程時，這些依賴項會變得更加昂貴，並且有許多隱藏的成本和問題需要回答。希望你在匯入之前，考慮這些成本，並且希望你知道，你是在從事程式設計專案，還是在從事軟體工程專案。

當 Google 的工程師嘗試匯入依賴關項時，我們鼓勵他們首先詢問以下問題（此清單並不完整）：

- 這個專案是否具有可以運行的測試？
- 這些測試都通過了嗎？
- 誰在提供這種依賴項？即使在「無擔保」（No warranty implied）的 OSS 專案中，也存在大量的經驗和技能組合——依賴於 C++ 標準程式庫或 Java 的 Guava 程式庫的相容性，這與從 GitHub 或 npm 選擇一個隨機專案是非常不同的事情。聲譽不是一切，但值得調查。

- 這個專案希望實現什麼樣的相容性？
- 這個專案是否詳細說明預計支援哪種用途？
- 這個專案有多受歡迎？
- 我們將依賴這個專案多久？
- 這個專案多久進行一次破壞性變更？

此外，還可以詢問以下的內部重點問題：

- 在 Google 內部實作此一功能會有多複雜？
- 我們將有什麼激勵措施來保持此依賴項的最新狀態？
- 誰來進行升級？
- 我們預計進行升級會有多大難度？

我們自己的 Russ Cox 對此有更廣泛的描述（*https:// research.swtch.com/deps*）。我們無法提供一個完美的公式來決定，從長期來看，什麼時候匯入比重新實作更便宜；我們自己也經常失敗。

Google 如何處理所匯入的依賴項

簡言之：我們可以做得更好。

任何的 Google 專案中，絕大多數的依賴項都是內部開發的。這意味著，我們內部絕大多數的依賴關係管理故事，並不是真正的依賴關係管理，它只是原始碼控制——透過設計。正如我們所提到的，當提供者和消費者屬於同一組織，並且有適當的可見性和持續整合（CI；見第 23 章）時，管理和控制添加依賴項所涉及的複雜性和風險，是一件很容易的事。如果你能夠確切看到，你的程式碼是如何被使用的，並確切知道任何給定之變更的影響時，依賴關係管理中的大多數問題就不再是問題。原始碼控制（當你控制有關專案時）遠比依賴關係管理（當你不控制時）容易得多。

當我們處理外部專案時，這種易用性開始失敗。對於我們從 OSS 生態系統或商業合作夥伴匯入的專案，這些依賴項被添加到我們的 monorepo 的一個單獨目錄中，名為 *third_party*。讓我們來看看一個新的 OSS 專案是如何被添加到 *third_party* 中的。

Alice（愛麗絲）是 Google 的一名軟體工程師，她正在從事一個專案，並意識到有一個開源解決方案（open source solution 或簡寫為 OSS）可用。她非常希望儘快完成這個專案並進行演示，以便在休假之前把它解決掉。此時的選擇，是從頭開始重新實作該功能，還是下載 OSS 套件並將其添加到 *third_party*。Alice 很可能認為更快的開發解決方案是有意義的：她下載了套件，並遵循了我們的 *third_party* 政策的幾個步驟。列舉如下：確保它使用我們的建構系統進行建構，確保該套件沒有現存的版本，並確保至少有

兩名工程師註冊為擁有者（OWNERS），以便在有需要進行任何維護時來維護該套件。Alice 讓她的隊友 Bob（鮑勃）說：「是的，我會幫忙的。」他們兩人都不需要有維護 *third_party* 套件的任何經驗，而且他們很順利地免去瞭解這個套件之實作細節的需要。不過，他們在用它來解決「休假前演示問題」的過程中，可以獲得一些使用其介面的經驗。

從這一點看，該套件通常可供其他 Google 團隊用於自己的專案。添加額外依賴項的行為，對 Alice 和 Bob 來說是完全透明的：他們可能完全不知道他們下載並承諾維護的套件已經變流行了。微妙的是，即使他們正在監測其套件之新的直接用法（direct usage），他們也不一定注意到其套件之過渡用法（transitive usage）的成長。如果他們將它用於演示，而 Charlie（查理）從我們的 Search（搜尋）基礎架構之內部添加了一個依賴項，那麼這個套件就會從相當無害的位置轉變為處於重要之 Google 系統的關鍵基礎架構中。然而，當 Charlie 考慮是否添加此依賴項時，我們並沒有發現任何特定的信號。

現在，這種情況可能完全沒問題。也許這個依賴項編寫得很好，沒有安全漏洞，並且不被其他 OSS 專案所依賴。它可能會持續好幾年而不更新。發生這種情況並不一定是明智的：外部變更可能已經對其進行了優化或添加了重要的新功能，或者在 CVEs [5] 被發現之前清理了安全漏洞。套件存在的時間越長，可能會（直接和間接）累積更多的依賴項。套件越是維持穩定，我們就越有可能根據簽入到 *third_party* 之版本的細節，增加海勒姆法則的依據。

有一天，Alice 和 Bob 被告知，升級至關重要。可能是套件本身或依賴於它之 OSS 專案中的安全漏洞被披露了，因此需要強制升級。Bob 已經轉到管理階層，有一段時間沒有接觸過程式碼基底了。Alice 在演示後已經轉到另一個團隊，沒有再使用此套件。沒有人變更 OWNERS 檔案。數以千計的專案間接地依賴於此，因此我們無法在不破壞 Search 和其他十幾個大團隊之建構的情況下，直接刪除它。沒有人對此套件的實作細節有任何經驗。Alice 所在的團隊，不一定對「消除海勒姆法則隨時間推移而累積的微妙之處」擁有豐富的經驗。

所有這些都意味著：Alice 和這個套件的其他用戶將面臨一次代價昂貴且困難的升級，而安全團隊施加壓力，要求立即解決此問題。在這種情況下，沒有人有在進行升級方面有實際的經驗，而且升級非常困難，因為它涵蓋了許多較小的版本，包括從最初將套件導入 *third_party* 至安全披露（security disclosure）之間的整個期間。

5　Common Vulnerabilities and Exposures（常見漏洞和披露）

我們的 *third_party* 政策不適合這些不幸的常見情況。我們大致明白，我們需要一個更高的擁有權（ownership）標準，我們需要讓定期更新更容易（和更有價值），讓 *third_party* 套件更難成為孤兒，同時也更重要。困難在於，程式碼基底的維護人員和 *third_party* 的負責人很難說：「不，你不能使用這個東西，完美地解決你的開發問題，因為我們沒有資源不斷更新每個人的新版本。」那些流行且沒有相容性承諾的專案（比如 Boost）尤其有風險：我們的開發人員可能非常熟悉使用這種依賴項來解決 Google 以外的程式設計問題，但允許它深入到我們的程式碼基底的結構中是一個很大的風險。目前，我們的程式碼基底預計的使用壽命為幾十年：沒有明確優先考慮穩定性的上游專案（upstream projects）是一種風險。

理論上的依賴關係管理

瞭解依賴關係管理的困難之處以及它如何出錯之後，讓我們更具體地討論一下我們正在試圖解決的問題，以及我們如何著手解決這些問題。本章中，我們回顧了這個公式，「我們如何管理來自組織外部（或者我們無法完全控制）的程式碼：我們如何更新它，我們如何管理它隨時間推移所依賴的東西？」我們需要清楚的是，這裡的任何好的解決方案，都可以避免任何形式的衝突需求，包括菱形依賴版本衝突（diamond dependency version conflicts），即使在可能（於網絡中任何一點）添加新依賴項或其他需求的動態生態系統中也是如此。我們還需要意識到時間的影響：所有軟體都有錯誤，其中一些對安全性至關重要，因此在足夠長的時間內，我們的依賴項中的一小部分對於更新至關重要。

因此，一個穩定的依賴關係管理方案，必須在時間和規模上具靈活性：我們不能假設依賴關係圖（dependency graph）中任何特定節點的無限期穩定性，也不能假設沒有添加新的依賴項（無論是在我們控制的程式碼中，還是在我們依賴的程式碼中）。如果一個依賴關係管理解決方案可以防止依賴項之間的衝突需求問題，那麼這是一個很好的解決方案。如果它在這樣做時沒有假設依賴項版本（dependency version）或依賴項扇出（dependency fan-out）的穩定性、組織之間的協調性或可見性，或者大量的運算資源，那麼這就是一個很好的解決方案。

在為依賴關係管理提出解決方案時，我們知道有四種常見的選項，它們至少展現了某些適當的特性：沒有任何變化、語義版本控制（semantic versioning）、捆綁你需要的一切（不是按專案協調，而是按發行版本協調）或 Live at Head。

沒有任何變化（又名靜態依賴關係模型）

確保穩定之依賴關係的最簡單方法是永遠不改變它們：不要改變 API，不要改變行為，什麼都不要。這是將相容性和穩定性至於首位。只有在沒有用戶程式碼被破壞的情況下，才允許進行錯誤修正（bug fixes）。這優先於相容性和穩定性。顯然，由於無限期的穩定性（indefinite stability）之假設，這樣的方案並不理想。如果，不知何故，我們進入了一個安全問題和錯誤修正不成問題、依賴關係不改變的世界，那麼不改變的模型非常有吸引力：如果我們從可滿足的限制開始，我們將能夠無限期地保持該特性。

雖然從長遠來看是不可持續的，但實際上，這是每個組織的出發點：直到你證明你的專案的預期壽命夠長，以至於變更成為必要，在一個我們假設沒有任何變更的世界中生活是非常容易的。同樣重要的是要注意：對於大多數新組織來說，這可能是正確的模型。很少有人知道，你正在啟動一個將持續數十年並且需要能夠勝利更新依賴項的專案。較合理的是，希望穩定性是一個真正的選擇，並假裝在專案的最初幾年依賴關係是完全穩定的。

此模型的缺點是，在夠長的時間內，它是虛假的，並且沒有一個明確的跡象表明，你到底可以假裝它是合理的多久。我們沒有針對安全漏洞或其他可能會迫使你升級依賴項之關鍵問題的長期預警系統；而且由於依賴鏈的存在，理論上來說，一次升級就可以強制更新整個依賴關係網絡。

在這個模型中，版本選擇很簡單：沒有決策要做，因為沒有版本的問題。

語義化版本控制

「如今，我們如何管理依賴關係網絡？」的實際標準（de facto standard）是語義化版本控制規範（semantic versioning 或簡寫為 SemVer）。[6] SemVer 是一種幾乎無處不在的做法，即使用三個小數點隔開的數字（如 2.4.72 或 1.1.4）來表示某些依賴項（尤其是程式庫）的版本編號。在最常見的慣例中，這三個數字分別代表主要（major）、次要（minor）和補丁（patch）的版本，其涵義是：變更主要數字（major number）代表對 API 的改變，可能會破壞現有的使用，變更次要數字（minor number）代表純粹增加功能，不應該破壞現有的使用，而變更補丁版本（patch version）則保留給不影響 API 實作細節和被視為風險特別低的錯誤修正。

---

6 嚴格來說，SemVer 僅是指將語義應用於「主要／次要／補丁」（major/minor/patch）版本編號的新興做法，而不是指在以這種方式編號的依賴項之間應用相容版本要求。在不同的生態系統中，這些要求存在許多細微的差異，但一般來說，這裡描述的 SemVer 版本編號加限制條件（version-number-plus-constraints）之系統代表了普遍的做法。

有了「主要／次要／補丁」版本編號的 SemVer 分隔之後，假設版本的需求通常可以被表示為「任何比它新的版本」，除非是 API 不相容的變更（主要版本變更）。通常，我們會看到「需要 libbase ≥ 1.5」，該需求將與 1.5（包括 1.5.1）中的任何 libbase 以及 1.6 之後的任何 libbase 相容，但與 libbase 1.4.9（缺少 1.5 中所導入的 API）或 2.x（libbase 中一些 API 被不相容地變更）不相容。主要版本的變更是一個嚴重的不相容問題：因為現有的功能已經變更（或被刪除），所有依賴項都存在潛在的不相容性。每當一個依賴項使用另一個依賴項時，就會存在版本的需求（明確地或隱含地）：我們可能會看到「liba 需要 libbase ≥ 1.5」和「libb 需要 libbase ≥ 1.4.7」。

如果我們將這些需求正式化，我們可以將依賴關係網絡概念化為軟體元件（節點）及它們之間的需求（邊緣）之集合。此網絡中的邊緣標籤（edge labels）會隨著來源節點（source node）的變化而變化，可能是因為添加（或移除）了依賴項，也可能是因為來源節點發生了變化（例如，需要在一個依賴項中添加新功能）而更新了 SemVer 需求。由於整個網絡是隨著時間的推移而非同步地變化，因此找到一組相互相容（mutually compatible）的依賴項以滿足你的應用程式之所有遞移需求（transitive requirements）的過程可能具有挑戰性。[7]SemVer 的 Version-satisfiability solvers（版本可滿足性求解器）與邏輯和演算法研究中的 SAT-solvers（可滿足性求解器）非常類似：給定一組限制條件（依賴關係邊緣上的版本需求），我們能否為相關節點找到一組滿足所有限制條件的版本？大多數套件管理生態系統，都建立在這類圖形之上，由它們的 SemVer SAT-solvers 管理。

SemVer 及其 SAT-solvers 並不會對「一組給定之依賴關係限制條件」承諾存在一個解決方案。正如我們已經看到的那樣，無法滿足依賴關係限制條件的情況不斷出現：如果一個較低級別的組件（libbase）產生了一個主要編號，而依賴它的一些（但不是全部）程式庫（libb 但不是 liba）已經升級，我們將遇到菱形依賴問題。

SemVer 對依賴關係管理的解決方案通常基於 SAT-solver。版本選擇（version selection）是一個運行某種演算法的問題，為網絡中的依賴關係找到一個滿足所有版本需求限制（version-requirement constraints）的版本分配（assignment of versions）。當不存在如此令人滿意的版本分配時，我們俗稱它為「依賴地獄」（dependency hell）。

本章稍後我們將更詳細介紹 SemVer 的一些局限性。

7　事實上，已經證明 SemVer 限制條件應用於依賴關係網絡（dependency network）是 NP-complete 問題（*https://research.swtch.com/version-sat*）。

捆綁式發行版模型

做為一個產業，幾十年來我們已經看到了一個強大之依賴關係管理模型的應用：一個組織收集了一組依賴項，找到了一組相互相容的依賴關係，並將該集合當作一個單元發行。例如，在 Linux 發行版（distributions）就是這種情況，無法保證包含在發行版中的各個部分都是從同一時間點切出的。事實上，低級別依賴關係的時間點比高級別依賴關係更早一些，這只是考慮到了整合它們所需要的時間。

這種「在它周圍畫一個更大的框，然後發行該集合」模型導入了全新的角色：發行者（distributors）。雖然所有個別依賴項的維護者可能對其他依賴項知之甚少或一無所知，但這些更高級別的發行者參與了查找、修補和測試一組相互相容之版本的過程。發行者是負責提出一組要捆綁在一起的版本、測試這些版本以查找依賴關係樹（dependency tree）中的錯誤並解決任何問題的工程師。

對於外部用戶來說，這很有效，只要你可以正確地只依賴這些捆綁發行版（bundled distributions）中的一個。這實際上與將依賴關係網絡更改為單一聚合依賴關係（single aggregated dependency）並為其提供版本編號相同。與其說：「我依賴這些版本的 72 個程式庫」，不如說：「我依賴 RedHat 的版本 N」，或者說：「我依賴時間 T 之 NPM 圖中的某些部分」。

在捆綁發行版（bundled distribution）的做法中，版本選擇由專門的發行者處理。

Live at Head

我們在 Google 的一些人 [8] 一直在推動的模型，在理論上是合理的，但給依賴關係網絡之參與者帶來了新的、代價昂貴的負擔。這與當今 OSS 生態系統中的模型完全不同，而且還不清楚它是如何躋身於一個產業的。在像 Google 這樣的組織範圍內，它的成本很高，但很有效，我們覺得它把大部分的成本和激勵措施放在了正確的地方。我們稱此模型為 "Live at Head"。它被視為基於主線之開發（trunk-based development）的依賴關係管理擴展（dependency-management extension）：在基於主線之開發討論原始碼控制策略的地方，我們正在擴展該模型以應用於上游依賴項（upstream dependencies）。

Live at Head 的前提是我們可以取消依賴關係、放棄 SemVer 並仰仗依賴項提供者在提交之前針對整個生態系統測試變更。Live at Head 是一個明確的嘗試，它會從依賴關係管理的問題中剝離出時間和選擇：始終依賴所有東西的當前版本，並且永遠不要以讓你的依賴關係難以適應的方式改變任何東西。一般來說，（無意中）改變 API 或行為的

8　特別是作者和 Google C++ 社群的其他人。

變更，會被下游依賴項的 CI 捕獲，因此不應提交。對於必須發生此類變更的情況（即出於安全原因），只有在更新下游依賴項或提供自動化工具以就地執行更新後，才應進行此類破壞。（此工具對於封閉原始碼（closed-source）的下游消費者（downstream consumers）來說是至關重要的：其目標是允許任何用戶能夠在不具備使用或 API 之專業知識的情況下，更新對不斷變化之 API 的使用。此一特性大大減輕了破壞性變更之「大多是旁觀者」（mostly bystanders）的成本。）在開放原始碼生態系統中，這種責任的哲學轉變，最初是難以激發的：把測試和改變所有下游消費者的負擔放在 API 提供者身上，是對 API 提供者責任的重大修訂。

Live at Head 模型中的變更不會被簡化為一個 Semver。「我想這是安全的，或者說是不安全的。」相反，測試和 CI 系統被用來對可見的依賴項進行測試，以透過實驗來確定變更的安全性。因此，對於一個只變更了效率或實作細節的變化，所有可見的受影響測試都可能通過，這表明該變更沒有以明顯的方式來影響用戶——提交是安全的。修改 API 中較明顯之可觀察部分（語法或語義）的變更，通常會產生數百甚至數千次測試失敗。然後由提議變更的作者來確定，解決這些問題所涉及的工作是否值得提交變更所產生的價值。做得好的話，作者將與其所有的依賴者（dependents）一起工作，提前解決測試失敗的問題（即解除測試中的脆弱性假設），並可能建立一個工具來進行盡可能多的必要重構。

這裡的獎勵結構（incentive structures）和技術假設（technological assumptions）與其他方案存在很大的不同：我們假設存在單元測試和 CI，我們假設 API 提供者將受到下游依賴項是否被破壞的約束，而且我們假設 API 消費者正在保持他們的測試通過，並以受支援的方式仰仗他們的依賴項。在（可以提前發佈修正程序之）開源生態系統中，這比面對隱藏／閉源（hidden/closed-source）的依賴項要好很多。當 API 提供者以一種可以順利遷移的方式進行變更，則會受到獎勵。當 API 消費者保持其測試的正常運作，以避免被標記為噪音並被跳過，因而減少該測試提供的保護，則會受到獎勵。

在 Live at Head 的做法中，版本選擇係透過詢問：「所有東西的最新版本是什麼？」來處理的，如果提供者負責任地進行了變更，那麼這些變更都將順利進行。

SemVer 的局限性

Live at Head 的做法（approach）可能建構在公認的版本控制（基於主線開發）的實施方法（practices）之上，但在規模上未經證實。SemVer 是當今依賴關係管理的事實標準（de facto standard），但正如我們所建議的那樣，它並非沒有其局限性。因為它是一種非常流行的做法，所以值得更詳細地研究它，並指出我們認為的潛在陷阱。

在的 SemVer 的定義中，有許多東西要解讀，dotted-triple（以點號分隔之三個數字）的版本編號到底意味著什麼。這是承諾嗎？還是為一個版本選擇編號只是一個臆測？也就是說，當 libbase 的維護者切出一個新版本，並選擇這是一個主要（major）、次要（major）還是補丁（patch）版本時，他們在說什麼？是否可以證明從 1.1.4 升級到 1.2.0 既安全又簡單，因為只有 API 的添加和錯誤修正？當然不是。在面對「簡單」的 API 添加時，libbase 之行為不良的用戶可能會做很多事情，有可能導致建構中斷或行為改變。[9] 從根本上說，如果只考慮 source API，你無法證明任何相容性；你必須知道你在問哪些關於相容性的問題。

然而，當我們討論依賴關係網絡和用於這些網絡的 SAT-solvers 時，「估計」相容性的想法就開始弱化了。此公式中的基本問題是傳統 SAT 中的節點值（node values）與 SemVer 依賴關係圖（dependency graph）中的版本值（version values）之間的差異。3-SAT 圖中的節點要嘛是真或要嘛是假。依賴關係圖中的一個版本值（1.1.14）由維護者提供，做為使用以前版本的程式碼對新版本相容性的估計。我們正在一個不穩定的基礎之上建構我們所有的版本滿意度邏輯（version-satisfaction logic），將估計和自我證明（self-attestation）視為絕對的。正如我們將看到的，即使這在有限的情況下是可行的，總的來說，它不一定有足夠的保真度（fidelity）來支撐一個健康的生態系統。

如果我們承認 SemVer 是一個有損失的估計，並且只代表可能之變化範圍的一個子集，我們就可以開始將其視為一個鈍器（blunt instrument）。理論上，它做為一種速記方法是很好的。實際上，特別是當我們在它上面建構 SAT-solvers 時，SemVer 可能（也確實）會因為過度限制和保護不足而讓我們失望。

9　例如：一個實作不佳的 polyfill，提前添加了新的 libbase API，導致定義相互衝突。或者，語言反射（language reflection）API 的使用取決於 libbase 提供之 API 的確切數量，如果該數量發生變化，就會導致崩潰。這些都不應該發生，而且即使是意外發生，也當然是罕見的；重點是 libbase 提供者無法證明相容性。

SemVer 可能過度限制

考慮一下當 libbase 被認定為不僅僅是一個單體（single monolith）時會發生什麼事：一個程式庫中幾乎總是有獨立的介面。即使只有兩個函式，我們可以看到 SemVer 過度限制我們的情況。想像一下，libbase 只由兩個函式組成，Foo 和 Bar。我們的中層依賴項（mid-level dependencies）liba 和 libb 只使用 Foo。如果 libbase 的維護者對 Bar 做了一個破壞性變更（breaking change），他們有責任在 Semver 世界中遞增 libbase 的主要版本編號。已知 liba 和 libb 依賴於 libbase 1.x，Semver 依賴項求解器（dependency solvers）不會接受該依賴項的 2.x 版。然而，實際上這些程式庫將完美地協同工作：只有 Bar 發生了變化，但它未被使用。當「我做了一個破壞性的變更；我必須遞增主要版本編號」中固有的壓力不適用於單一不可分割（individual atomic）之 API 單元的粒度時，是有損失的。雖然有些依賴項的粒度可能夠細，足以準確無誤，[10] 但這不是 SemVer 生態系統的常態。

如果 SemVer 過度限制，無論是由於非必要的主要版本編號遞增，還是由於對 SemVer 編號的粒度應用不夠精細，自動的套件管理器和 SAT-solvers 將報告你的依賴項無法更新或安裝，即使透過忽略 SemVer 檢查，一切都可以完美地協同工作。任何曾經在升級過程中接觸過依賴地獄（dependency hell）的人都可能會覺得這特別令人氣憤：這種努力的很大一部分完全是浪費時間。

SemVer 可能過度承諾

另一方面，SemVer 的應用明確假設 API 提供者對相容性的估計可以完全預測，並且變更被分為三個部分：破壞性（breaking）（透過修改或移除）、嚴格添加性（strictly additive）或非 API 影響性（non-API-impacting）。如果 SemVer 透過對語法和語義變更進行分類，完全忠實地表示了變更的風險，那麼我們如何描為時間敏感（time-sensitive）之 API 添加一毫秒延遲的變更？或者，更合理的說法是：我們如何描述一個改變了我們的日誌輸出格式的變更？或者這改變了我們匯入外部依賴項的順序？或者，這改變了在「無序」串流（"unordered" stream）中傳回結果的順序？僅僅因為這些變更不是相關 API 語法或契約的一部分，就認為這些變更是「安全的」，這是否合理？如果文件上說：「將來可能會發生變化」呢？或者 API 被命名為 "ForInternalUseByLibBaseOnlyDoNotTouchThisIReallyMeanIt" 呢？[11]

10　節點生態系統有值得注意的例子，它的依賴項正好提供了一個API。

11　值得注意的是：根據我們的經驗，這樣的命名方式並不能完全解決用戶存取私有 API 的問題。首選的方式係使用能夠對各種形式之 API 的公用／私有存取（public/private access）有良好控制的語言。

SemVer 補丁版本（patch versions）在理論上只是變更了實作細節，這種「安全」變更的想法，絕對違背了 Google 使用海勒姆法則的經驗——「如果用戶數量夠多，你的系統中每一個可觀察的行為，都會被某人所依賴。」變更依賴項的匯入順序，或變更「無序」生產者的輸出順序，在規模上總是會打破某些消費者（也許是不正確的）所依賴的假設。「破壞性變更」（breaking change）一詞具有誤導性：有些變更理論上是破壞性的，但實際是安全的（移除未使用的 API）。還有一些變更理論上是安全的，但實際上會破壞客戶端程式碼（我們之前所舉的任何一個海勒姆法則例子）。我們可以在版本編號需求系統允許對補丁編號（patch number）進行限制的任何「語意化版本控制／依賴關係管理系統」（SemVer/dependency-management system）中看到這一點：如果你可以說 liba 需要 libbase > 1.1.14，而不是 liba 需要 libbase 1.1，這顯然是承認補丁版本（patch versions）存在明顯差異。

一個孤立的變更不是破壞性的，也不是非破壞性的——這種說法只能在它被使用的情況下進行評估。「這是一個破壞性的變更」之概念沒有絕對的真理；只有透過（已知或未知的）現有用戶和用例才能看到變更造成的破壞。我們如何評估一個變更其實本質上仰仗於依賴關係管理之 SemVer 公式中不沒有的資訊：下游用戶如何使用這種依賴關係？

因此，SemVer 限制求解器（constraint solver）可能會報告你的依賴項正在協同工作，而它們並沒有，這可能是因為遞增版本編號的做法不正確，也可能是因為「你的依賴關係網絡中的某些東西」對「不被認為是可觀察的 API 介面之一部分的某些東西」具有海勒姆法則依賴關係（Hyrum's Law dependence）。在這些情況下，你可能會有建構錯誤（build errors）或運行時錯誤（runtime bugs），但其嚴重程度沒有理論上限。

動機

還有一種說法是，SemVer 並不總是鼓勵建立穩定的程式碼。對於一個任意依賴項的維護者來說，有各種各樣的系統性誘因，促使他不進行破壞性變更和遞增主要版本號。有些專案非常關心相容性，並會竭盡全力避免遞增主要版本編號。有些則更加積極，甚至故意在固定的時間表上遞增主要版本編號。問題是，任何特定依賴項的大多數用戶都是間接用戶，他們不會有任何重要的理由去了解即將發生的變化。即使大多數直接用戶也不訂閱郵遞論壇（mailing lists）或其他發行通知（release notifications）。

所有這些都表明，無論有多少用戶會因為對流行的 API 採用不相容的變更而感到不便，維護者承擔由此產生的版本編號遞增之成本的一小部分。對於同時也是用戶的維護者來說，也可能會有一種破壞的動機：在沒有遺留限制的情況下，設計一個更好的介面總是更容易的。這也是為什麼我們認為專案應該發佈關於相容性、用法和破壞性

變更之明確意向聲明的部分原因。即使這些都是盡力而為的（best-effort）、無約束力的（nonbinding）或被許多用戶忽略的，但它仍然給了我們一個起點，讓我們可以在不引入這些相互衝突之獎勵結構的情況下，推斷一個破壞性變更／主要版本遞增（breaking change/ major version bump）是否「值得」。

Go（*https://research.swtch.com/vgo-import*）和 Clojure（*https://oreil.ly/Iq9f_*）都很好地處理了這個問題：在它們的標準套件管理生態系統中，相當於一個主要版本編號的遞增被認為是一個全新的套件。這有某種意義上的正義感：如果你願意破壞你的套件之向後相容性（backward compatibility），為什麼我們要假裝這是同一套 API？重新打包和重新命名一切似乎是提供者期望的合理工作量，以換取提供者採取核選項（nuclear option）和拋棄向後相容性。

最後，還有過程中的人為錯誤。一般來說，SemVer 版本編號遞增應該適用於語義變更，就像語法變更一樣；變更 API 的行為與變改其結構同樣重要。儘管以開發工具來評估任何特定版本是否涉及一組公用 API 之語法變更是合理的，但辨別是否存在有意義和刻意的語義變更，在運算上是不可行的。[12] 實際上，即使是識別語法變更的潛在工具也是有限的。在幾乎所有的情況下，是否對於任何給定的變更遞增主要、次要或補丁版本編號，都取決於 API 提供者的人為判斷。如果你僅仰仗少數幾個專業來維護依賴項，那麼你對這種形式之 SemVer 文書錯誤的預期風險可能很低。[13] 如果你的產品之下有一個由數千個依賴項所組成的網絡，那麼你應該替僅由人為錯誤造成的一些混亂做好準備。

最低限度的版本選擇

2018 年，Google 自己的 Russ Cox（拉斯・考克斯）在有關「為 Go 程式語言建構一個套件管理系統」的系列文章中描述了 SemVer 依賴關係管理的一個有趣的變化：最低限度的版本選擇（Minimum Version Selection 或簡寫為 MVS）（*https://research.swtch.com/vgo-mvs*）。當更新依賴關係網絡中某個節點的版本時，其依賴項有可能需要更新到較新的版本，以滿足更新的 SemVer 要求，而這可能會觸發進一步的遞移變更。在大多數的「限制條件滿足／版本選擇」（constraint-satisfaction/version-selection）的公式中，會選擇這些下游依賴項的最新版本：畢竟，你最終需要更新到這些新版本，對嗎？

12　於無處不在的單元測試世界中，我們可以識別需要改變測試行為的變更，但仍然很難在演算法上將「這是一個行為上的改變」與「這是對一個非刻意／承諾之行為的錯誤修正」分開。

13　因此，從長遠來看，選擇維護良好的依賴項是很重要的。

MVS 做出了相反的選擇：當 `liba` 的規範要求 `libbase` ≥ 1.7 時，我們將直接嘗試 `libbase` 1.7，即使有 1.8 的版本。這「產生了高保真度的建構，其中用戶構建的依賴項盡可能地接近作者開發的依賴項」。[14] 這裡揭示了一個至關重要的事實：當 `liba` 說它需要 `libbase` ≥ 1.7 時，這幾乎可以肯定意味著 `liba` 的開發者安裝了 `libbase` 1.7。假設維護者在發佈（publishing）之前進行了基本測試（basic testing），[15] 我們至少有關於該版本的 `liba` 與 `libbase` 1.7 之互操作性測試（interoperability testing）的傳聞證據（anecdotal evidence）。這不是 CI 或證明所有內容都已經一起進行了單元測試，但它是有意義的。

如果沒有源自對未來 100% 準確預測（accurate prediction）的準確輸入限制（accurate input constraints），最好盡可能向前跳躍最小的距離。正如在你的專案中投入一小時的工作，而不是一次完成一年的工作，通常是比較安全的，在你的依賴項更新中，較小的步伐是比較安全的。MVS 只是在需要的範圍內向前移動每個受影響的依賴項，並說：「好吧，我已經向前走得夠遠了，可以得到你要求的（而不是更遠的）。你為什麼不運行一些測試，看看情況是否良好？」

MVS 的固有想法是承認較新的版本實際上可能會導入不相容的情況，即使理論上的版本編號說的不是這樣。這是認識到 SemVer 的核心問題，不管是否使用 MVS：在這種將軟體變更壓縮成版本編號的做法中，會有一些保真度的損失。MVS 提供了一些額外的實用保真度，試圖產生最接近那些可能已經一起測試過的選定版本（selected versions）。不幸的是，我們還沒有找到一個好的方法來驗證這個想法。在沒有解決該做法的基本理論和激勵問題的情況下，MVS 是否使 SemVer 變得「夠好」還沒有定論，但我們仍然認為，它代表了 SemVer 限制的應用有了明顯的改進，正如今日使用的那樣。

那麼，SemVer 有用嗎？

SemVer 在有限的範圍內運行良好。然而，認識到它實際上在說什麼，以及它不能說什麼，是非常重要的。SemVer 將運作良好，只要：

* 你的依賴項提供者是準確和負責任的（以避免在 SemVer 遞增中出現人為錯誤）
* 你的依賴項是細粒度的（以避免當你的依賴項中未使用／不相關的 API 更新時，錯誤地過度限制，以及無法滿足 SemVer 要求的相關風險）
* 所有 API 的使用都在預期的使用範圍內（避免被一個假定的相容變更以令人驚訝的方式造成破壞，無論是直接的方式，還是在你遞移地依賴的程式碼中）

14　Russ Cox 的〈Minimal Version Selectio〉，2018 年 2 月 21 日，https://research.swtch.com/vgo-mvs。
15　如果這個假設不成立，你真的應該停止依賴 `liba`。

當你的依賴關係圖中只有幾個精心選擇且維護良好的依賴項時，SemVer 可能是一個非常合適的解決方案。

然而，我們在 Google 的經驗表明，你不太可能大規模擁有這三個屬性中的任何一個，並讓它們隨著時間的推移不斷工作。規模往往是顯示 SemVer 弱點的東西。隨著依賴關係網絡的擴大，無論在每個依賴項的大小和依賴項的數量（以及由於有多個專案依賴於同一個外部依賴關係網絡而產生的任何 monorepo 效應），SemVer 中的複合保真度損失（compounded fidelity loss）將開始佔據主導地位。這些失敗表現為假陽性（理論上本應有效，但實際上不相容的版本）和假陰性（SAT-solvers 不允許的相容版本和由此產生的依賴地獄）。

無限資源的依賴關係管理

在考慮依賴關係管理解決方案時，這裡有一個有用的思維實驗：如果我們都能獲得無限的運算資源，依賴關係管理會是什麼樣子？也就是說，如果我們沒有資源限制，而只是受到組織之間可見性和協調不力的限制，那麼我們所能期待的最好結果是什麼？正如我們目前所看到的，行業依賴 SemVer 的原因有三：

- 它只需要本地資訊（API 提供者不需要知道下游用戶的詳情）
- 它不假設測試的可用性（在行業中尚未普及，但在未來十年內肯定會向這個方向發展）、運行測試運算資源，或監控測試結果的 CI 系統
- 這是現有的做法

對本地資訊的「要求」並非真正必要，特別是因為依賴關係網絡往往只在兩種環境中形成：

- 在單一組織內
- 在 OSS 生態系統中，即使不是協作的專案，也可以看到原始程式碼

在上述任何一種情況下，都可以獲得有關下游使用情況的重要資訊，即使目前還沒有公開或採取行動。也就是說，SemVer 之有效主導地位的部分原因在於，我們選擇忽略理論上可供我們使用的資訊。如果我們能夠獲得更多的運算資源，並且依賴項資訊很容易浮現出來，那麼社群可能會發現它的用途。

雖然一個 OSS 套件可以有無數的閉源（closed-source）依賴項，但常見的情況是，流行的 OSS 套件在公開和私下都很受歡迎。依賴關係網絡不會（不能）積極地混合公共和私有依賴項：一般來說，有一個公共子集（public subset）和一個單獨的私有子圖（private subgraph）。[16]

16　由於公共 OSS 依賴關係網絡一般不能依賴於一堆私有節點（private nodes），儘管有圖形韌體（graphics firmware）。

接下來，我們必須記住 SemVer 的意圖：「據我估計，此一變更將很容易（或不容易）被採用。」是否有更好的方式來傳達這些資訊？是的，以實際經驗的形式證明此一變更很容易被採用。我們如何獲得這樣的經驗？如果我們大部分（或至少是具有代表性之樣本）的依賴項是公開可見的，那麼我們會針對每一個建議的變更，運行這些依賴項的測試。只要此類測試夠多，我們至少有一個統計學上的論點，即從實際的海勒姆法則（Hyrum's-Law）意義上來說，這種變更是安全的。測試仍然通過，變更是好的──不管這是否造成 API 的影響，還是錯誤的修正，或者是介於兩者之間的任何事情；沒有必要進行分類或評估。

那麼，試想一下，OSS 生態系統進入了一個變更伴隨著它們是否安全之證據的世界。如果我們把運算成本從等式中剔除，[17]「這有多安全」的真相來自在下游依賴項中運行受影響的測試。

即使沒有正式的 CI 應用於整個 OSS 生態系統，我們當然也可以使用這樣的依賴關係圖（dependency graph）和其他次要信號（secondary signals）進行更有針對性（more targeted）的提交前分析（presubmit analysis）。優先考慮測試被大量使用的依賴項。優先考慮測試被維護良好的依賴項。優先考慮測試具有「提供良好信號和高品質測試結果」之歷史紀錄的那些依賴項。除了根據可能為我們提供有關實驗性變更品質（experimental change quality）最多資訊的專案，來確定測試的優先順序之外，我們還可以使用變更作者提供的資訊，來幫忙評估風險並選擇適當的測試策略。如果目標是「任何人所依賴的一切都不會以破壞的方式改變」，那麼運行「所有受影響的」測試，從理論上講是必要的。如果我們認為目標更符合「風險緩解」（risk mitigation），那麼統計論證就成為了一種更具吸引力（和成本效益）的做法。

第 12 章中，我們確定了四個變更類型，從純重構（pure refactorings）到現有功能的修改。給定一個基於 CI 的依賴項更新模型，我們可以著手將這些變更類型映射到類似 SemVer 的模型上，該模型讓變更的作者得以評估風險，並應用適當的測試級別。例如，僅修改內部 API 的純重構變更可能被認為風險較低，並且證明「只有在我們自己的專案和可能是重要的直接依賴者（direct dependents）之樣本中」運行測試是正確的。另一方面，一個移除棄用介面或改變可觀察行為的變更，可能需要我們在能承受的範圍內進行大量的測試。

17　或非常接近於此的東西。

為了應用這種模型，我們需要對 OSS 生態系統進行哪些變更？不幸的是，有不少：

- 所有依賴項必須提供單元測試。儘管我們正無可避免地走向單元測試被廣泛接受和無處不在的世界，但我們還沒有達到那裡。
- 大多數 OSS 生態系統的依賴關係網絡是可以理解的。目前尚不清楚是否有任何機制可用於在該網絡上執行圖形演算法（graph algorithms），這些資訊是公開且可利用的，但實際上通常沒有索引或無法使用。許多套件管理系統／依賴關係管理生態系統允許你檢視一個專案的依賴項，但無法檢視另一邊，即依賴者（dependents）。
- 用於執行 CI 的運算資源仍然非常有限。大多數開發人員無權存取「建構和測試」（build-and-test）運算叢集（compute clusters）。
- 依賴關係通常以固定的方式來表示。做為 libbase 的維護者，如果 liba 和 libb 明確地依賴於 libbase 的特定版本，那麼我們就無法透過 liba 和 libb 的測試來實驗性地運行一個變更。
- 我們可能希望在 CI 運算中明確地包括歷史紀錄和聲譽。一個提議的變更（破壞了一個長期以來測試持續通過的專案）為我們提供了與專案中的破壞（最近才添加，且由於相關的原因而有破壞的歷史）不同形式的證據。

這其中固有的一個規模問題是：你要針對網絡中每個依賴項的哪些版本測試提交前變更？如果我們針對歷來所有版本的完整組合進行測試，即使以 Google 的標準，我們也將消耗一個真正驚人的運算資源量。這種版本選擇策略最明顯的簡化似乎是「測試當前的穩定版本」（畢竟基於主線（trunk-based）的開發是目標）。因此，在給定無限資源的情況下，依賴關係管理模型實際上就是 Live at Head 模型。懸而未決的問題是，該模型能否能夠有效地應用於更實際的資源可用性，以及 API 提供者是否願意承擔更大的責任，來測試其變更的實際安全性。體認到我們現有的低成本措施過於簡化我們正在尋找之難以運算的真相，這仍然是一項有用的練習。

匯出依賴項

到目前為止，我們只討論了依賴關係；也就是，依賴其他人編寫的軟體。同樣值得思考的是，我們如何建構可以用做依賴項（dependency）的軟體。這不僅僅是打包軟體並將其上傳到儲存庫的機制：我們需要考慮為我們和我們潛在的依賴者（dependents）提供軟體的好處、成本和風險。

對一個組織來說，有兩個主要方式可以讓無害的慈善行為，比如「開源一個程式庫」，成為可能的損失。首先，如果實作不力或維護不當，它最終可能會拖累你的組織的聲譽。正如 Apache 社群所說的，我們應該優先考慮的是社區而不是程式碼。如果你提供了出色的程式碼，但卻是一個糟糕的社群成員，這仍然會對你的組織和更廣泛的社群造成危害。其次，如果你不能保持同步，一個善意的發行，可能成為工程效率的一種負擔。隨著時間的推移，所有的分支都會變得昂貴。

範例：開源 gflags

對於聲譽的損失，可瞭解一些類似的情況，就像 Google 在 2006 年左右，開源了我們的 C++ 命令列旗標（即 gflags）程式庫之經驗。當然，回饋開源社群純粹是一種善舉，不會造成我們的困擾，很遺憾，並非如此。許多理由使這種善舉反而損害了我們的聲譽，並且也可能會對 OSS 社群造成損害：

- 當時，我們沒有執行大規模重構的能力，因此內部使用該程式庫的所有內容都必須保持完全相同——我們無法將程式碼移動到程式碼基底（codebase）中的新位置。
- 我們將我們的儲存庫分為「內部開發的程式碼」（如果需要分支，只要正確重新命名，就可以自由複製）和「可能有法律／許可問題的程式碼」（可能有更細緻的使用要求）。
- 如果一個 OSS 專案接受來自外部開發者的程式碼，這通常是一個法律問題——該專案的發起者並不擁有該貢獻，他們只有使用它的權利。

因此，gflags 專案注定是一個「不承擔責任」（throw over the wall）的版本，或是一個斷開的分支。貢獻給該專案的補丁（patches）無法被重新納入 Google 內部最初的原始程式碼中，我們也不能在我們的 monorepo 中移動專案，因為我們尚未掌握這種形式的重構，也無法讓內部的一切依賴於 OSS 的版本。

此外，與大多數組織一樣，我們的優先事項也隨著時間的推移而轉移和改變。在 flags 程式庫最初發行時，我們對傳統領域以外的產品（web 應用程式、搜尋）感興趣，包括 Google Earth 等具有較傳統發行機制的產品：為各種平臺預先編譯的二進位檔。21 世紀末，我們的 monorepo 中的一個程式庫，尤其是像 flags 這樣的低階程式庫，一般不會在各種平臺上使用，但也不是沒有。隨著時間的推移和 Google 的成長，我們的關注點逐漸縮小，以至於幾乎沒有程式庫是用我們內部設置之工具鏈以外的任何東西建構的，然後部署到我們的生產隊伍中。為了正確支援像 flags 這樣的 OSS 專案，對「可移植性」（portability）的關注幾乎是不可能維持的：我們的內部工具根本無法支援這些平臺，我們的普通開發者也不必與外部工具互動。試圖維持可移植性是一場持久戰。

隨著最初的作者和 OSS 的支援者轉向新的公司或新的團隊，最終發現內部沒有人真正在支援我們的 OSS flags 專案—沒有人能夠將這種支援與任何特定團隊的優先事項聯繫起來。考慮到這不是特定團隊的工作，也沒有人能說出為什麼它很重要，所以我們基本上會讓該專案爛在外面也就不足為奇了。[18] 隨著時間的推移，內部和外部的版本慢慢分化，最終一些外部開發者為外部版本建分支了，給予它一些適當的關注。

18　這並不是說它是正確的或明智的，只是做為一個組織，我們讓一些東西從裂縫中溜走了。

除了最初的「哦，看，Google 為開源世界貢獻了一些東西」之外，沒有任何一部分讓我們看起來不錯，但考慮到我們的工程組織的優先事項，它的每一小部分都是有意義的。我們這些與它關係密切的人已經瞭解到「如果沒有一個長期支援它的計劃（和授權），就不要發行任何東西。」整個 Google 工程部是否已經認識到這一點，還有待觀察。這是一個大型組織。

除了模糊的「我們看起來很糟糕」之外，這個故事中還有一部分說明了我們如何受到「因外部依賴項發行不當／維護不良之技術問題」的影響。儘管 flags 程式庫是共享的但被忽略，不過仍然有一些 Google 支援的開源專案或需要在我們的 monorepo 生態系統之外共享的專案。不出所料，那些其他專案的作者能夠識別[19] 該程式庫內部和外部分支之間的通用 API 子集。由於該通用子集在兩個版本之間保持了相當長一段時間的穩定，因此對於大約在 2008 年至 2017 年期間有著不尋常可移植性要求的少數團隊來說，它悄悄地成為了「做這件事的方法」。他們的程式碼可以在內部和外部生態系統中建構，根據環境切換 flags 程式庫的分支版本（forked versions）。

然後，由於不相關的原因，C++ 程式庫團隊開始調整內部 flag 實作中，可觀察但未記錄的部分。在這一點上，每個依賴不受支援的外部分支之穩定性和等效性的人都開始尖叫，因為他們的建構和版本突然被破壞了。Google 的叢集中數千個 CPU 的優化機會被大大推遲，這並不是因為更新 2.5 億列程式碼所依賴的 API 很困難，而是因為少數專案依賴於未承諾和意想不到的東西。海勒姆法則再一次影響了軟體變更，在這種情況下，甚至是由不同組織維護的分支 API。

19　往往透過反覆試驗。

案例研究：AppEngine

一個更嚴肅的例子是，發佈 Google 的 AppEngine 服務會使我們面臨更大的意外技術依賴風險。該服務允許用戶使用幾種流行的程式語言之一在現有框架之上編寫應用程式。只要應用程式是使用適當的存儲／狀態管理模型（storage/state management model）編寫的，AppEngine 服務就允許這些應用程式擴展到巨大的使用級別：輔助儲存（backing storage）和前端管理（frontend management）由 Google 的生產基礎架構（production infrastructure）按需要管理和複製（cloned）。

最初，AppEngine 對 Python 的支援是一個 32 位元的建構，運行的是一個較舊版的 Python 解譯器。AppEngine 系統本身（當然）是在我們的 monorepo 中實作的，並以我們的其他通用工具來建構，用 Python 和 C++ 來支援後端。2014年，我們開始對 Python 運行時期進行重大更新，同時對我們的 C++ 編譯器和標準程式庫進行安裝，結果是，我們有效地將「用當前 C++ 編譯器建構的程式碼」與「使用更新之 Python 版本的程式碼」繫結在一起；一個專案如果升級了其中一個依賴項，本質是同時升級了另一個依賴項。對大多數專案來說，這不是一個問題。對於一些專案來說，由於邊緣案例（edge cases）和海勒姆法則（Hyrum's Law），我們的語言平臺專家最終進行了一些調查和除錯，以消除遞移的障礙。在海勒姆法則遇到業務實用性（business practicalities）的一個可怕的例子中，AppEngine 發現它的許多用戶（我們的付費客戶）無法（或不願）更新：可能是他們不想將變更帶到較新的 Python 版本，也可能是他們負擔不起從 32 位元移動到 64 位元 Python 所涉及的資源消耗變化。由於有一些客戶為 AppEngine 的服務支付了大量費用，AppEngine 能夠提出一個強而有力的商業案例，即必須延遲強制切換到新的語言和編譯器版本。這本身就意味著，來自 AppEngine 的依賴關係之遞移閉包（transitive closure）中的每一段 C++ 程式碼都必須與舊的編譯器和標準程式庫版本相容：可以對該基礎架構進行的任何錯誤修正或性能優化，都必須跨版本相容。這種情況持續了將近三年。

有了夠多的用戶，你的系統的任何「可觀察到的」（observable）部分都會被某個人所依賴。在 Google，我們把所有的內部用戶都限制在我們的技術堆疊的範圍內，並透過 monorepo 和程式碼索引系統（code indexing systems）確保其使用方式的可見性，因此確保有用的變更仍然是可能的，這要容易得多。當我們從源碼控制（source control）轉向依賴關係管理（dependency management），並且對程式碼的使用方式失去了可見性，或者受到來自外部群體（尤其是那些付費給你的群體）競爭優先權的影響時，就很難做出純粹的工程權衡了。發行任何形式的 API 都會使你面臨競爭優先權和外人無法預見之限制的可能性。這並不是說你不應該發行 API；這只是為了提醒你：API 的外部用戶比內部用戶之維護成本高得多。

與外界分享程式碼，無論是當作開源發行（open source release）還是當作閉源程式庫發行（closed-source library release），都不是一個簡單的慈善問題（在 OSS 的情況下）或商業機會（在閉源的情況下）。在不同的組織中，具有不同優先順序的狀況下，你無法監控的依賴者用戶（dependent users）最終會對該程式碼發揮某種形式之海勒姆法則的慣性。特別是，如果你使用的是較長的時間尺度（long timescales），則無法準確預測可能變得有價值的一組必要或有用的變更。在評估是否發行某些東西時，請注意長期的風險：隨著時間的推移，外部共享的依賴項，其修改成本通常要高得多。

結語

依賴關係管理本質上是具有挑戰性的——我們正在尋找管理複雜的 API 介面和依賴關係網絡的解決方案，而這些依賴關係的維護者通常很少或根本沒有協調的假設。管理依賴關係網絡的實際標準（de facto standard）是語義化版本控制（semantic versioning 或簡寫為 SemVer），它對採用任何特定變更之認知風險（perceived risk）提供了有損的總結（lossy summary）。SemVer 的前提是，在不知道相關 API 是如何被消費的情況下，我們可以先驗地預測（priori predict）變更的嚴重程度：海勒姆法則告訴我們並非如此。然而，SemVer 在小規模情況下工作得很好，當我們採用 MVS 做法時甚至更好。隨著依賴關係網絡規模的擴大，SemVer 中的海勒姆法則（Hyrum's Law）問題和保真度損失（fidelity loss）使得管理新版本的選擇變得越來越困難。

然而，我們有可能走向這樣一個世界：維護者提供的對相容性的估計（SemVer 版本編號）被放棄，而採用經驗驅動（experience-driven）的證據：運行受影響之下游套件的測試。如果 API 提供者承擔起更大的責任，針對他們的用戶進行測試，並清楚地宣傳預期的變更類型，我們就有可能在更大範圍內建立較高保真度的依賴關係網絡。

摘要

- 優先考慮原始碼控制問題，而不是依賴關係管理問題：如果你能夠從你的組織獲得更多程式碼，以獲得更好的透明度和協調性，那麼這些都是重要的簡化。

- 對於軟體工程專案來說，添加依賴關係（dependency）並非免費，而建立「持續的」（ongoing）信任關係（trust relationship）之複雜性是具有挑戰性的。需要謹慎地將依賴關係導入你的組織，並瞭解持續的支援成本。

- 依賴關係是一種契約（contract）：有給予和接受，並且提供者和消費者在該契約中都有一些權利和責任。隨著時間的推移，提供者應該清楚他們試圖承諾什麼。

- SemVer 是對「人類認為此變更之風險有多大？」的一個有損壓縮簡寫估計值（lossy-compression shorthand estimate）。套件管理器中帶有 SAT-solver 的 SemVer 會將這些估計值升級為絕對值。這可能導致限制過度（依賴關係地獄）或限制不足（應該協同工作的版本卻沒有）。

- 相比之下，測試和 CI 提供了實際的證據，證明一組新的版本是否能協同工作。

- 語義化版本控制／套件管理（SemVer/package management）中的最低版本更新策略（minimum-version update strategies）具有更高的保真度。這仍然依賴於人類能夠準確評估增加版本編號的風險，但明顯提高了 API 供應者和消費者之間的鏈結經由專家測試的可能性。

- 單元測試、CI 和（廉價的）運算資源有可能改變我們對依賴關係管理的理解和做法。這一階段的變更需要從根本上改變行業對依賴關係管理問題的考慮，以及提供者和消費者的責任。

- 依賴關係的提供不是免費的：「把它扔過牆，然後忘記」可能會損害你的聲譽，並成為相容性的挑戰。穩定地支援它，會限制你的選擇，並削弱內部的使用。沒有穩定地支援它會損失聲譽，或者讓你面臨重要的外部團體透過海勒姆法則依賴某些東西的風險，而搞砸你的「不穩定」計劃。

## 第二十二章

大規模變更

作者：Hyrum Wright（海倫‧賴特）

編輯：Lisa Carey（麗莎‧凱莉）

思考一下你自己的程式碼基底（codebase）。在一次同時提交（simultaneous commit）中，你能夠可靠地更新多少個檔案？限制這個數字的因素是什麼？你曾嘗試過提交如此大的變更嗎？在緊急情況下，你能夠在合理的時間內完成嗎？你的最大提交量與你的程式碼基底的實際規模相比如何？你將如何測試這樣的變更？在變更被提交之前，需要多少人審查該變更？如果變更真的被提交了，你是否能回滾（roll back）該變更？這些問題的答案可能會令你感到驚訝（無論你認為答案是什麼，還是它們對你的組織來說實際上意味著什麼）。

在 Google，我們早已放棄，在這類「大型不可分割變更」（large atomic changes）中，對我們的整個程式碼基底進行徹底修改的想法。我們觀察到，隨著程式碼基底及在其中工作之工程師數量的增加，大型不可分割變更可能會違反直覺地減少——運行所有受影響的提交前檢查和測試變得很困難，更不用說確保變更中的每一個檔案在提交之前都是最新的了。隨著對我們的程式碼基底進行全面修改變得越來越困難，考慮到我們普遍希望能夠不斷改進底層的基礎架構，我們不得不開發新的方法來推理大規模變更以及如何實現這些變更。

本章中，我們將討論社交和技術方面的技巧，這些技巧使我們能夠保持大型 Google 程式碼基底的靈活性，並對底層基礎結構的變化做出回應。我們還將舉一些實際的例子，說明我們如何以及在何處使用這些做法。雖然你的程式碼基底可能不像 Google 的那樣，但瞭解這些原則並在本地進行調整，將有助於你的開發組織規模在擴展的同時，仍然能夠對程式碼基底進行廣泛的變更。

什麼是大規模變更？

在進一步研究之前，我們應該深入探討什麼是大規模變更（large-scale change 或簡寫為 LSC）。根據我們的經驗，LSC 是任何一組與邏輯相關但實際上不能做為單一「不可分割單元」（atomic unit）提交的變更。這可能是因為它涉及的檔案太多，以至於底層的工具無法一次提交所有檔案，也可能是因為變更太大，以至於它總是會產生合併衝突。在許多情況下，LSC 是由你的儲存庫拓撲（repository topology）來決定的：如果你的組織使用分散式（distributed）或聯合式（distributed）儲存庫的集合，[1] 那麼在它們之間進行不可分割變更（atomic change）在技術上甚至是不可能的。[2] 本章稍後我們將更詳細地探討不可分割變更的潛在障礙。

Google 的 LSC 幾乎都是使用自動化工具產生的。進行 LSC 的原因各不相同，但變更本身通常被分為幾個基本類別：

- 使用程式碼基底範圍內（codebase-wide）的分析工具清理常見的反模式（antipatterns）
- 替換已棄置之程式庫功能的使用
- 讓低層次的基礎架構得到改進，例如編譯器升級
- 將用戶從舊系統移動到較新的系統 [3]

在一個給定的組織中，從事這些特定任務的工程師數量很少，但對他們的客戶來說，深入瞭解 LSC 工具和流程很有用。但就本質而言，LSC 將影響大量客戶，並且 LSC 工具很容易讓規模縮小到團隊只進行幾十個相關的變更。

在特定的 LSC 背後可能有更廣泛的動機。例如，新的語言標準可能會導入一個更有效的習慣用法來完成給定的任務，一個內部的程式庫介面可能會改變，或者一個新的編譯器版本可能需要修正被新版本標記為錯誤的現有問題。Google 的大多數 LSC 對功能的影響實際上幾乎為零：它們往往是為了清晰、優化或未來的相容性而進行廣泛的文字更新。但從理論上來說，LSC 並不局限於這種行為保留／重構（behavior-preserving/refactoring）的變更類別。

---

1 有關原因的一些想法，請參閱第 16 章。
2 在這個聯合的世界中，可以說「我們將盡快地提交到每個儲存庫，以保持較小的建構中斷時間！」但隨著聯合式儲存庫數量的增加，這種做法實際上無法擴展。
3 有關此做法的進一步討論，請參閱第 15 章。

在所有這些情況下，在一個與 Google 規模相當的程式碼基底上，基礎架構團隊（infrastructure teams）可能經常需要變更數十萬個舊模式（pattern）或符號（symbol）的個別引用（individual references）。在迄今為止最大的案例中，我們已經觸及了數百萬個引用，我們預計這個過程將繼續良好地擴展。一般來說，我們發現儘早並經常投資於工具以為許多從事基礎架構工作的團隊提供 LSC 是有利的。我們還發現，有效的工具也有助於工程師進行較小的變更。那麼能使數千個檔案得到有效變更的工具，也能相當合理地縮小到數十個檔案。

誰負責處理 LSC？

如前所述，建構和管理我們的系統之基礎架構團隊（infrastructure teams）負責進行 LSC 的大部分工作，但整個公司都可以使用這些工具和資源。如果你跳過了第 1 章，你可能會想知道為什麼由基礎架構團隊負責此項工作。為什麼我們不能直接導入一個新的類別、函式或系統，並規定使用舊的類別、函式或系統的每個人都要遷移到更新後的類別、函式或系統？儘管這在實踐中看起來似乎更容易，但由於幾個原因，它的擴展性並不是很好。

首先，建構和管理底層系統的基礎架構團隊也是具備「修正對底層系統的數十萬個引用」所需之領域知識的團隊。使用基礎架構的團隊不太可能具備處理許多此類遷移的背景，而且期望他們重新學習基礎架構團隊已經擁有的專業知識毫無效率可言。集中化（centralization）還讓我們得以在遇到錯誤時更快地恢復，因為錯誤通常屬於一小部分，並且進行遷移的團隊可以有一個正式或非正式的解決方案。

考慮進行一系列半機械性變更之第一個變更所需的時間。你可能會花一些時間來閱讀有關變更的動機和性質，找到一個簡單的例子，嘗試遵循所提供的建議，然後嘗試將其應用到你的本地程式碼上。對於組織中的每個團隊重複這樣的做法，將大大增加總體的執行成本。透過只讓幾個集中的團隊負責 LSC，Google 將這些成本內部化，並透過讓變更能夠更有效地實現，來降低成本。

其次，沒有人喜歡「無經費之任務」（unfunded mandate）。[4] 儘管一個新的系統絕對優於其所替換的系統，但這些好處通常分散在整個組織中，因此不太可能讓各個團隊想要主動更新。如果新系統夠重要，那麼遷移的成本將由組織中某處承擔。集中遷移並核算其成本，幾乎總是比依靠各個團隊進行有組織地遷移更快、更便宜。

4　「無經費之任務」（unfunded mandate）是指「由一個外部實體（external entity）在沒有平衡補償（balancing compensation）的情況下，強加的額外要求」。有點像當首席執行官（CEO）說，每個人都必須在「正式的星期五」穿晚禮服，但沒有給你相應的加薪，以支付你的正式穿著。

此外，擁有需要 LSC 系統之團隊，有助於調整激勵措施以確保完成變更。根據我們的經驗，有組織地遷移不太可能完全成功，部分原因是工程師在編寫新的程式碼時傾向於以現有程式碼做為例子。由一個在移除舊系統方面有利益關係的團隊來負責遷移的工作，有助於確保遷移工作真正得到完成。儘管為一個團隊提供資金和人員來管理這類遷移工作似乎是一種額外的成本，但實際上這只是將無經費之任務所產生的外部因素內部化，並帶來規模經濟的額外好處。

案例研究：填充坑洞

儘管 Google 的 LSC 系統被用於高優先順序的遷移，但我們還發現，只要有這些系統可用，就有機會在我們的程式碼基底中進行各種小修正，如果沒有這些系統可用，就不可能實現。如同交通基礎設施的任務（transportation infrastructure tasks）包括新鐵路的建構和舊鐵路的修補一樣，Google 的基礎架構團隊除了開發新的系統並將用戶轉移到新系統外，還花費大量時間修正現有的程式碼。

例如，我們的歷史之早期，出現了一個範本程式庫（template library）來補充 C++ Standard Template Library（標準範本程式庫）。這個程式庫被命名為 Google Template Library，該程式庫由幾個具有實作價值的標頭檔（header files）組成。由於被遺忘已久，其中一個標頭檔被命名為 *stl_util.h*，另一個被命名為 *map-util.h*（注意檔名中出現不同的分隔符）。除了讓一致性純粹主義者抓狂之外，這種差異還導致了生產力下降，工程師必須記住哪個檔案使用了哪個分隔符，並且只有在經過一個可能很長的編譯週期（compile cycle）後，他們才發現出錯了。

儘管修正這種單一字符的變更似乎毫無意義，尤其是在像 Google 這樣規模的程式碼基底中，但我們的 LSC 工具和流程的成熟度使我們只需要花幾週的時間就能完成這項任務。程式庫的作者可以大量查找並應用此變更，而不必打擾這些檔案的終端用戶，並且我們能夠定量地減少由此特定問題導致的建構失敗數量。由此帶來的生產力（和幸福感）提高，超過了做出此變更的時間成本。

隨著我們在整個程式碼基底中進行變更之能力的提高，變更的多樣性也有所擴大，我們可以做出一些工程決策，因為知道這些決策在未來不會一成不變。有時候，為填補一些坑洞而付出的努力是值得的。

不可分割變更的障礙

在我們討論 Google 用來實際影響 LSC 的過程之前，我們應該先談談為什麼許多類型的變更不能以不可分割的方式提交。在理想世界中，所有的邏輯變更都可以包裝成一個單一的分可分割提交（atomic commit），可以獨立於其他變更進行測試、審查和提交。不幸的是，隨著儲存庫以及在其中工作之工程師數量的增加，這個理想變得不太可行。即使在小規模的情況下，使用一組分散式或聯合式的儲存庫，也可能是完全不可行的。

技術上的限制

首先，大多數版本控制系統（VCS）的操作，都是隨著變更的規模而線性擴展的。你的系統也許能夠處理小規模的提交（例如，數十個檔案），但可能沒有足夠的記憶體或處理能力，以不可分割的方式一次性地提交數千個檔案。在集中式 VCS 中，提交會阻擋其他編寫者（以及舊系統中的讀取者）在處理過程中使用系統，這意味著大型的提交會阻礙系統的其他用戶。

簡而言之，以不可分割的方式進行大型的變更，可能不僅僅是「困難」或「不明智」：在特定的基礎架構下，這也許根本不可能實現。將大型的變更拆分為較小的、獨立的團塊，可以繞過這些限制，儘管這會讓變更的執行更加複雜。[5]

合併衝突

隨著變更規模的擴大，合併衝突（merge conflict）的可能性也越來越大。我們所知道的每個版本控制系統都需要更新（updating）和合併（merging），如果中央儲存庫（central repository）裡存在一個檔案的較新版本，就可能需要手動解決。隨著變更中檔案數量的增加，遇到合併衝突的可能性也會增加，並且由於在儲存庫中工作之工程師數量的增加，而變得更加複雜。

如果你的公司規模較小，你也許會在無人進行開發的週末，偷偷進行涉及儲存庫中每個檔案的變更。或者，你可能有一個非正式的系統，透過在你的開發團隊中傳遞一個虛擬的（或甚至是實體的！）令牌（token）來擷取全域儲存庫鎖（global repository lock）。在像 Google 這樣的大型全球化公司，這些方法是不可行的：總有人在變更儲存庫。

如果一個變更所涉及的檔案很少，那麼發生合併衝突的可能性會降低，因此它們更有可能在沒有問題的情況下被提交。此特性也適用於以下區域。

5　參見 *https://ieeexplore.ieee.org/abstract/document/8443579*。

沒有鬧鬼的墓地

負責 Google 產品服務的 SRE（網站可靠性工程師）有一句口頭禪：「沒有鬧鬼的墓地」（No Haunted Graveyards）。從這個意義上說，鬧鬼的墓地（haunted graveyard）是指一個非常古老、遲鈍或複雜的系統，以至於沒有人敢進入它。鬧鬼的墓地往往是時間被凍結的業務關鍵系統，因為任何試圖變更它們的行為，可能導致系統以難理解的方式失敗，進而給企業帶來真正的成本。它們構成了真正的生存風險，並可能消耗過多的資源。

然而，鬧鬼的墓地不僅僅存在於生產系統（production systems）^{譯註} 中；它們可以在程式碼基底中找到。許多組織都有一些老舊、未維護的軟體，這些軟體是由早已離開團隊的人編寫的，並且處於一些帶來收入（revenue-generating）之重要功能的關鍵路徑上。這些系統的時間也被凍結了，建立了層層官僚機構，以防止可能導致不穩定的變更。沒有人想成為犯小錯的二級網路支援工程師！

一個程式碼基底的這些部分是 LSC 過程的大忌，因為它們阻礙了大型遷移的完成、他們所依賴之其他系統的退役，或他們使用之編譯器或程式庫的升級。從 LSC 的角度來看，鬧鬼的墓地阻礙了各種有意義的進展。

在 Google，我們發現這是一個可接受的老派測試。當軟體經過徹底的測試後，我們可以對其進行任意的變更，並且無論系統的年齡或複雜程度如何，我們都有信心知道這些變更是否會造成破壞。編寫這些測試需要付出很多努力，但它允許像 Google 這樣的程式碼基底在很長一段時間內發展，將「鬧鬼之軟體墓地」的概念丟到自己的墓地裡。

異質性

只有當大部分的工作是由電腦而不是人類來完成時，LSC 才能真正發揮作用。電腦倚靠一致的環境將適當的程式碼轉換應用到正確的地方，這不亞於人類處理模稜兩可問題的能力。如果你的組織有許多不同的 VCS、持續整合（Continuous Integration 或簡寫為 CI）系統、專案特有的工具或格式化指南，就很難在你的整個程式碼基底中做出全面的變更。簡化環境以增加一致性，將有助於需要在其中走動的人類和進行自動轉換的機器人。

例如，Google 的許多專案都設置了提交前測試，以便在對其程式碼基底進行變更之前運行。這些檢查可能非常複雜，從對照白名單（whitelist）檢查新的依賴項，到運行測試，再到確保變更具有相關的錯誤。這些檢查中有許多與編寫新功能的團隊相關，但對於 LSC 來說，它們只是增加了額外的無關複雜性。

譯註　你為客戶提供服務的系統，正在為你的客戶生產你的產品（即服務），因此它們就是生產系統，而它們所處的環境就是生產環境。

我們已經決定接受其中一些複雜性，例如運行提交前測試，使其成為整個程式碼基底的標準。對於其他不一致之處，我們建議團隊在 LSC 的某些部分觸及到他們的專案程式碼時，忽略其特殊檢查。因為這些變更對他們的專案有好處，大多數團隊都樂於提供幫助。

 第 8 章中提到之人類一致性的許多好處，也適用於自動化工具。

測試

每一個變更都應該經過測試（這過程我們稍後再談），但變更越大，實際測試起來就越困難。Google 的 CI 系統不僅會運行直接受變更影響的測試，還將運行遞移依賴於（transitively depend on）被變更檔案的任何測試。[6] 這意味著，變更得到了廣泛的覆蓋範圍，但我們還觀察到，測試在依賴關係圖中離受影響的檔案越遠，失敗就越不可能是由變更本身所造成的。

小型之獨立的變更較容易驗證，因為每個變更都會影響較小的測試集，而且測試失敗也較容易診斷和修正。在涉及 25 個檔案的變更中尋找測試失敗的根本原因非常簡單；在涉及一萬個檔案的變更中查找 1 個問題，就像俗話所說的大海撈針。

此決策的權衡是，較小的變更將導致多次運行相同的測試，尤其是依賴於大部分程式碼基底的測試。由於工程師追蹤測試失敗的時間，比運行這些額外測試所需的運算時間要昂貴得多，因此我們做出了有意識的決定，即這是我們願意做出的權衡。同樣的權衡可能並不適用於所有組織，但值得研究的是，對於你的組織來說，什麼是適當的平衡。

---

6 這聽起來可能有點矯枉過正，而且很可能是。我們正在積極研究為給定的變更確定「正確」之測試集的最佳方法，平衡運行測試的運算時間成本和做出錯誤選擇的人力成本。

案例研究：測試 LSC

Adam Bender（亞當・本德）

如今，專案變更的兩位數百分比（10% 到 20%）成為 LSC 的結果是很常見的，這意味著大量的程式碼是由那些全職工作與專案無關的人，在專案中變更的。如果沒有良好的測試，這樣的工作是不可能的，Google 的程式碼基底將在其自身的壓力下迅速萎縮。LSC 使我們能夠系統地將整個程式碼基底遷移到較新的 API，棄用舊的 API，變更語言版本，並移除流行但危險的做法。

即使是一個單列簽名變更（one-line signature change），當跨越數百種不同的產品和服務，在上千個不同的地方進行時，也變得複雜起來。[7] 變更編寫後，你需要協調數十個團隊的程式碼審查。最後，在審查獲得批准後，你需要運行盡可能多的測試，以確保變更是安全的。[8] 我們說「盡可能多」是因為一個規模相當大的 LSC 可能會觸發 Google 重新運行每一個測試，而這可能需要一段時間。事實上，許多 LSC 必須計劃好時間，以便在 LSC 進行的過程中，捕獲程式碼發生倒退（backslide）的下游客戶。

測試 LSC 可能是一個緩慢而令人沮喪的過程。當一個變更夠大時，你的本地環境幾乎可以肯定與 HEAD 永久不同步，因為程式碼基底會像沙子一樣在你的工作周圍移動。在這種情況下，很容易發現自己在運行和重新運行測試，只是為了確保你的變更繼續有效。當一個專案具有不穩定的測試或缺少單元測試覆蓋率時，可能需要大量的人工干預，並減慢整個過程。為了加快速度，我們使用了一種稱為 TAP（測試自動化平臺）列車的策略。

乘坐 TAP 列車

LSC 的核心見解是，它們很少相互影響，對大多數 LSC 來說，大多數受影響的測試都會通過。因此，我們可以一次測試一個以上的變更，並減少所執行的測試總數。列車模型（train model）已被證明對測試 LSC 非常有效。

TAP 列車利用了兩個事實：

- LSC 往往是純粹的重構，因此範圍非常窄，保留了本地語義。
- 單獨的變更通常比較簡單，而且受到高度審查，因此它們往往是正確的。

7　有史以來執行之最大的一系列 LSCs，在三天內從儲存庫中刪除了超過 10 億列的程式碼。這主要是為了移除儲存庫中已遷移到新家的過時部分；但是，你對刪除 10 億列程式碼有多大信心呢？

8　LSC 通常會得到工具的支援，使查找、建立和審查變更變得相對簡單。

列車模型還具有一個優勢，就是它同時適用於多個變更，並且不需要每個單獨的變更獨自乘坐。[9]

列車有五個步驟，每三個小時重新啟動一次：

1. 對於列車上的每個變更，運行一千個隨機選擇的測試樣本。

2. 收集通過一千次測試的所有變更，並從所有這些變更中建立一個超級變更（uber-change）：「列車」（the train）。

3. 運行直接受變更群組影響之所有測試的聯集。給定一個規模夠大（或級別夠低）的 LSC，這可能意味著在 Google 的儲存庫中運行每一個測試。此過程可能需要六個多小時才能完成。

4. 對於每一個失敗的非脆弱測試，針對每一個進入列車的變更單獨重新運行它，以確定哪些變改導致了它的失敗。

5. TAP 為登上列車的每一個變更產生一份報告。該報告描述了所有通過和失敗的目標，並可用作 LSC 被安全提交的證據。

程式碼審查

最後，正如我們在第 9 章中提到的，所有變更都需要在提交之前進行審查，此策略甚至適用於 LSC。審查大型提交可能會很繁瑣、繁重，甚至容易出錯，特別是如果變更是手工產生的（我們很快就會討論到，這是一個你希望避免的過程）。稍後，我們將看看工具的使用如何在這個領域提供幫助，但對於某些類別的變更，我們仍然希望人類明確地驗證它們是否正確。將 LSC 分解成單獨的碎片會使這變得容易得多。

9　可以要求 TAP 提供單獨變更的「隔離」運行，但這些操作非常昂貴，並且僅在非高峰時段進行。

案例研究：scoped_ptr 到 std::unique_ptr

從早期開始，Google 的 C++ 程式碼基底就擁有一個自毀（self-destructing）的智能指標（smart pointer），用於包裹以堆積配置的（heap-allocated）C++ 物件，並確保當智慧指標超出範圍時將其銷毀。此型態的指標稱為 scoped_ptr，並在 Google 的程式碼基底中被廣泛使用，以確保物件的壽命得到適當的管理。它並不完美，但考慮到當時的 C++ 標準（C++98）在首次導入該型態的局限性，它是為了更安全之程式而設計的。

在 C++11 中，該語言導入了一種新的型態：std::unique_ptr。它實現了與 scoped_ptr 相同的功能，但也防止了該語言現在能夠檢測到之其他型態的錯誤。std::unique_ptr 嚴格來說比 scoped_ptr 好，但 Google 的程式碼基底有超過 50 萬個對 scoped_ptr 的引用，這些引用分散在數百萬個原始碼檔案中。遷移到更現代的型態，需要 Google 內部最大的 LSC 嘗試。

在幾個月的時間裡，幾個工程師同時攻克了這個問題。利用 Google 的大規模遷移基礎架構，我們能夠將對 scoped_ptr 的引用變更為 std::unique_ptr，並慢慢調整 scoped_ptr 的行為，使其行為更貼近 std::unique_ptr。在遷移過程的高峰期，我們一直在產生、測試和提交 700 多項獨立的變更，每天接觸 1 萬 5 千多個檔案。今日，我們有時管理 10 倍的吞吐量，完善了我們的做法，並改進了我們的工具。

與幾乎所有 LSC 一樣，這個 LSC 有一條非常長的尾巴，那就是追蹤各種細微的行為依賴關係（海勒姆法則的另一種表現形式），與其他工程師一起對抗競爭情況（race conditions），以及在所產生的程式碼中使用我們的自動化工具無法偵測到的內容。我們繼續手動處理這些測試，因為它們是由測試基礎架構（testing infrastructure）發現的。

scoped_ptr 在一些被廣泛使用的 API 中也被用作一個參數型態（parameter type），這使得小型的獨立變更變得困難。我們考慮過編寫一個函式調用圖（call-graph）分析系統，該系統可以在一次提交中以遞移方式變更 API 及其調用者，但我們擔心由此產生的變更本身太大，無法以不可分割的方式進行。

最後，我們終於能夠刪除 scoped_ptr，首先使它成為 std::unique_ptr 的型態別名，然後在舊別名和新別名之間執行文字替換（textual substitution），最後只需刪除舊的 scoped_ptr 別名。今日，Google 的程式碼基底（codebase）因為使用與 C++ 生態系統的其他部分相同的標準型態而受益，這只是因我們為 LSC 提供的技術和工具。

LSC 基礎架構

Google 已經投資了大量的基礎架構，使 LSC 成為可能。此基礎架構包括用於變更建立、變更管理、變更審查和測試的工具。然而，對 LSC 最重要的支援可能是圍繞大規模變更之文化規範的演變以及對它們的監督。雖然你的組織的技術和社會工具的組合可能有所不同，但一般原則應該是相同的。

政策和文化

正如我們在第 16 章中所描述的，Google 將其大部分的原始程式碼儲存在單體儲存庫（monolithic repository 或簡寫為 monorepo）中，每個工程師都可以看到幾乎所有的程式碼。這種高度的開放性意味著，任何工程師都可以編輯任何檔案，並將這些編輯結果發送給那些可以批准它們的人進行審查。但是，這些編輯結果中的每一個都有成本，包括產生和審查。[10]

從歷史上看，這些成本在某種程度上是對稱的，這限制了單一工程師或團隊可以產生之變更的範圍。隨著 Google 對 LSC 工具的改進，以非常低廉的價格產生大量的變更，變得更加容易，而且單一工程師給整個公司的大量審查者帶來負擔，也變得同樣容易。儘管我們希望鼓勵對程式碼基底進行廣泛的改進，但我們希望確保其背後有一些監督和深思熟慮，而不是不分青紅皂白地調整。[11]

最終的結果是，對於尋求在 Google 範圍內進行 LSC 的團隊和個人來說，這是一個輕量級的批准過程（lightweight approval process）。這個過程由一群熟悉各種語言細微差別的資深工程師以及受邀的領域專家負責監督。這個過程的目的不是禁止 LSC，而是幫助變更作者，盡可能做出最好的變更，進而充分利用 Google 的技術和人力資本。有時，這群人可能會認為清理的工作不值得：例如，清理一個常見的打字錯誤，卻沒有任何可以防止再次發生的方法。

與這些政策相關的是，圍繞 LSC 之文化規範的轉變。儘管程式碼擁有者對其軟體的責任感很重要，但他們還需要瞭解，LSC 是 Google 努力擴展我們的軟體工程實務（software engineering practices）之重要組成部分。正如產品團隊（product team）最熟悉自己的軟體一樣，程式庫基礎架構團隊（library infrastructure teams）也瞭解基礎架構的細微差別，讓產品團隊相信領域的專業知識是社群接受 LSC 的重要一步。由於這種文化轉變，本地產品團隊已開始信任 LSC 的作者，讓他們做出與這些作者的領域相關的變更。

10　在運算和儲存方面，這裡有明顯的技術成本，但及時審查變更的人力成本，遠遠大於技術成本。

11　例如，我們不希望將由此產生的工具，被用作一種機制來爭論意見中 gray 或 grey 的正確拼寫。

有時，本地擁有者會質疑做為更廣泛之 LSC 的一部分所進行之特定提交的目的，而變更作者會像回應其他審查意見（review comments）一樣來回應這些意見。從社交角度說，程式碼擁有者瞭解其軟體發生之變化是非常重要的，但他們也開始意識到，他們不會對更廣泛之 LSC 擁有否決權。隨著時間的推移，我們發現，好的 FAQ （常見問答）和可靠的歷史改進記錄，已經在整個 Google 中引起了對 LSC 的廣泛認可。

程式碼基底的洞察力

對於 LSC，我們發現能夠使用傳統工具在文字層面（textual level）以及語義層面（semantic level）上對我們的程式碼基底（codebase）進行大規模分析是非常寶貴的。例如，Google 使用語義索引工具 Kythe （*https://kythe.io*）提供了程式碼基底各部分之間鏈結的完整映射，允許我們提出諸如「此函式的調用者在哪裡？」或「哪些類別源自此函式？」的問題。Kythe 和類似的工具還提供了對其資料的程序化存取（programmatic access）以便將其整合到重構工具中。（第 17 章和第 20 章可以看到更多的例子。）

我們還使用基於編譯器（compiler-based）的索引在我們的程式碼基底上運行基於抽象語法樹（abstract syntax tree-based）的分析和轉換。諸如 ClangMR （*https://oreil.ly/c6xvO*）、JavacFlume 或 Refaster （*https://oreil.ly/Er03J*）等能夠以高度可並行的方式（highly parallelizable way）進行轉換的工具，其功能的一部分就是依賴於這些洞察力。對於較小型的變更，作者可以使用專用的自定義工具、perl 或 sed、正規表達式比對（regular expression matching），甚至是簡單的 shell 命令稿。

無論你的組織使用什麼工具來建立變更，重要的是人力投入與程式碼基底的規模呈次線性關係；換句話說，無論儲存庫的規模如何，產生所有需要之變更的集合，所花費的人力時間應該大致相同。建立變更之工具也應該涵蓋整個程式碼基底，這樣作者就可以確信他們的變更涵蓋了他們試圖修正的所有情況。

與本書中的其他領域一樣，在工具方面的早期投資通常在中短期內得到回報。根據經驗，我們長期以來一直認為，如果一個變更需要 500 次以上的編輯，工程師學習和執行我們的變更產生工具通常比手動進行該編輯更有效率。對於經驗豐富的「程式碼看門者」（code janitors）來說，這個數字通常要小得多。

變更管理

可以說，大規模變更基礎結構中最重要的部分是一組工具，它可以將主變更（master change）拆分為更小的部分，並獨立管理測試、郵寄、審查和提交這些變更的過程。在 Google，這組工具被稱為 Rosie，稍後當我們檢視 LSC 過程時，我們會更全面地討論它的使用。在許多方面，Rosie 不僅是一個工具，而且是一個在 Google 規模上建立 LSC 的完整平臺。它提供了將工具產生的大型綜合變更集拆分為較小碎片的能力，這些碎片可以被獨立測試、審查和提交。

測試

測試是支援大規模變更之基礎架構的另一個重要部分。正如第 11 章所討論的，測試是我們驗證軟體將按預期運行的重要方式之一。在應用非人類編寫的變更時，這一點尤其重要。健全的測試文化和基礎架構意味著其他工具可以確信這些變更不會產生意外的影響。

Google 對 LSC 的測試策略與普通變更略有不同，但仍使用相同的底層 CI 基礎架構。測試 LSC 不僅意味著確保大型主變更（master change）不會導致失敗，而且意味著每個碎片（shard）都可以安全、獨立地提交。因為每個碎片都可能包含任意檔案，所以我們不使用基於專案之標準的「提交前測試」。相反，我們在它可能影響之每個測試的遞移性閉包（transitive closure）上運行每個碎片，這一點我們在前面討論過。

語言支援

在 Google，LSC 通常是在每個語言的基礎上進行的，有些語言比其他語言更容易支援它們。我們發現諸如型態別名（type aliasing）和轉發函式（forwarding functions）等語言功能對於我們導入新系統並將用戶「非不可分割地」（non-atomically）遷移到這些系統時，允許現有用戶繼續工作是非常寶貴的。對於缺乏這些功能的語言，通常很難逐步遷移系統。[12]

我們還發現，靜態定型（statically typed）的語言比動態定型（dynamically typed）的語言更容易進行大規模的自動化變更。基於編譯器的工具以及強大的靜態分析提供了大量資訊，我們可以利用這些資訊來建構影響 LSC 的工具，並在它們進入測試階段之前拒絕無效的轉換。這樣的不幸結果是，像 Python、Ruby 和 JavaScript 這樣的動態定型語言，對於維護者來說是特別困難的。在許多方面，語言的選擇與程式碼壽命的問題密切相關：被視為更注重開發人員生產力的語言，往往更難維護。雖然這不是一個固有的設計要求，但它恰好是當前最先進的技術。

12　事實上，Go 最近特別導入了這類語言功能，以支援大規模重構（見 *https://talks.golang.org/2016/refactor.article*）。

最後，值得指出的是，自動語言格式化程序（automatic language formatters）是 LSC 基礎架構的重要組成部分。因為我們致力於優化我們的程式碼之可讀性，我們希望確保自動化工具產生的任何變更，對直接審查者和程式碼未來的讀者而言都是可理解的。所有的 LSC 產生工具都做是以獨立的方式運行，適用於正在變更之語言的自動格式化程序，這樣用於變更的工具就不需要關注格式化的細節。將自動格式化（automated formatting），如 google-java 格式（*https://github.com/google/google-java-format*）或 clang 格式（*https://clang.llvm.org/docs/ClangFormat.html*），應用到我們的程式碼基底，意味著自動產生的變更將與人工編寫的程式碼「匹配」，進而減少未來的開發摩擦。如果沒有自動格式化，大規模的自動變更永遠不會成為 Google 接受的現狀。

案例研究：Operation RoseHub

LSC 已經成為 Google 之內部文化的一個重要組成部分，但它們開始在更廣泛的世界中產生影響。迄今為止也許最著名的案例是 Operation RoseHub（*https://oreil.ly/txtDj*）。

2017 年初，Apache Commons 程式庫裡的一個弱點，讓任何在其 transitive classpath（遞移的類別路徑）中使用了該程式庫具有弱點之版本的 Java 應用程式，變得易受遠端執行的影響。這個錯誤被稱為 Mad Gadget（瘋狂的小工具）。除其他事項外，它允許一個貪婪的駭客對「舊金山市交通運輸局」（San Francisco Municipal Transportation Agency）的系統進行加密，並關閉其運作。因為該弱點的唯一要求，是在其 classpath 的某個位置存在具有錯誤的程式庫，所以任何依賴於 GitHub 上許多開源專案之一的程式都是易受攻擊的。

為了解決這個問題，一些有進取心的 Googler 推出了他們自己的 LSC 流程。透過使用 BigQuery（*https://cloud.google.com/bigquery*）等工具，志願者識別了受影響的專案，並發送了 2600 多個補丁，將其版本的 Commons 程式庫升級到解決了 Mad Gadget 的版本。這個 LSC 流程不是由自動工具來管理，而是由 50 多個人來完成。

LSC 流程

有了這些基礎架構，我們現在可以討論製作 LSC 的實際流程。這大致分為四個階段（它們之間的界限非常模糊）：

1. 授權

2. 變更的建立

3. 碎片管理

4. 清理

通常，這些步驟發生在新系統、類別或函式編寫完成之後，但在設計新系統的過程中，記住它們是很重要的。在 Google，我們的目標是設計後繼系統時，考慮到舊系統的遷移路徑（migration path），這樣系統維護者就可以將他們的用戶自動轉移到新系統。

授權

我們要求潛在的作者填寫一份簡短的文件，解釋提議變更的原因、它對整個程式碼基底的影響評估（即大型變更將產生成多少個小型的碎片），以及對潛在的審查者可能提出之任何問題的答案。此流程還迫使作者思考如何以常見問題解答（FAQ）和提議變更描述（proposed change description）之形式，向不熟悉變更的工程師描述變更。作者還可以從被重構之 API 的擁有者獲得「領域審查」（domain review）。

然後，此提議會被轉發到一個大約有十幾人的郵件論壇（email list），這些人對整個過程有監督權。經討論後，委員會就如何推進工作提供了反饋。例如，委員會做出的最常見的變更之一是將一個 LSC 的所有程式碼審查都交給一個「全域批准者」（global approver）。許多第一次編寫 LSC 的作者傾向於認為，本地專案擁有者（local project owners）應該審查所有內容，但對於大多數機械性的 LSC 來說，讓一個專家瞭解變更的性質，並以正確的變更審查為基礎來建構自動化，這樣會更便宜。

在變更被批准後，作者可以繼續提交變更。從歷史上看，委員會在批准方面一直非常自由，[13] 而且往往不僅批准特定的變更，還批准一系列廣泛的相關變更。委員會的成員可以自行決定快速追蹤明顯的變化，而無須經過充分審議。

13　委員會斷然拒絕的唯一變更類型，是那些被認為是危險的變更，例如將所有 NULL 實例轉換為 nullptr 或極低的值，例如將拼寫從英式英語更改為美式英語，反之亦然。隨著我們對此類變更的經驗增加，以及 LSC 的成本下降，批准門檻也隨之降低。

此過程的目的在提供監督和上報途徑（escalation path），而不會對 LSC 作者造成太大負擔。委員會還被授權做為 LSC 相關問題或衝突的上報機構（escalation body）：本地擁有者如果不同意變更，可以向該團體提出上訴，然後他們可以仲裁任何衝突。實際上，很少需要這樣做。

變更的建立

在獲得必須的批准後，LSC 作者將開始進行實際的程式碼編輯。有時，這些變更會形成一個單一的大型全域變更，而且隨後將被分成許多較小的獨立部分。通常，由於底層之版本控制系統的技術限制，變更的規模太大，無法適應單一的全域變更。

變更的產生過程，應該盡可能自動化，這樣當用戶退回到（backslide into）舊的使用方式 [14] 或在被變更的程式碼中發生「文字合併衝突」（textual merge conflicts）時，上層變更（parent change）可以被更新。有時，對於技術工具無法產生全域變更的罕見情況，我們會讓一群人分擔變更的產生（見第 460 頁的〈案例研究：Operation RoseHub〉）。雖然這比自動產生變更費力得多，但對時間敏感的應用來說，這讓全域變更發生得更快。

請記住，我們對程式碼基底的人類可讀性進行了優化，所以無論什麼工具產生的變更，我們都希望由工具產生的變更看起來盡可能像由人產生的變更。此需求導致了風格指南和自動格式化工具的必要性（見第 8 章）。[15]

切分和提交

在全域變更（global change）產生之後，作者接著開始運行 Rosie。而 Rosie 會根據專案邊界（project boundaries）和擁有權規則（ownership rules）將一個大型的變更切分成可以進行不可分割提交的變更。然後，它會透過一個獨立的「測試—郵寄—提交」流水線（test-mail-submit pipeline）將每個單獨的變更碎片放在一起。Rosie 可能是 Google 的開發人員基礎架構之其他部分的重度使用者，因此它限制了任何給定之 LSC 的未完成碎片（outstanding shards）的數量，以較低的優先順序運行，並與「基礎架構其他部分」對「在我們的共享測試基礎架構（shared testing infrastructure）上產生多少負載是可以接受的」進行溝通。

我們下面會更仔細地討論每個碎片的具體「測試—郵寄—提交」過程。

---

14 發生這種情況有很多原因：從現有的例子中複製和貼上（copy-and-past）、提交已經開發了一段時間的變更，或者僅僅是對舊習慣的依賴。

15 實際上，這是最初為 C++ 開發 clang-format 背後的原因。

牛與寵物

我們經常使用「牛與寵物」（cattle and pets）來比喻分散式運算環境中的個別機器，但同樣的原則也適用於程式碼基底（codebase）中的變更。

在 Google，與大多數組織一樣，程式碼基底的典型變更，是由從事特定功能或錯誤修正的個別工程師手工製作的。工程師可能會花費數天或數週的時間來完成單項變更的建立、測試和審查。他們非常瞭解此變更，當變更最終被提交到主儲存庫時，他們會很自豪。建立這樣的變更就像擁有和飼養一隻喜愛的寵物。

相比之下，有效地處理 LSC 需要高度的自動化，並產生大量的單獨變更。在這種環境下，我們發現將特定的變更當作牛是有用的：匿名和不知名的提交，除非整個牛群會受到影響，否則在任何給定的時間都可能被回滾（即撤回）或以其他方式拒絕，成本很低。這種情況通常是因為測試沒有發現意外的問題，甚至是像合併衝突這樣簡單的事情。

對於「寵物」提交，不把拒絕當回事是很困難的，但當我們在大規模變更中處理許多變更時，這就是工作的性質。自動化意味著工具可以被更新，並能以非常低的成本來產生新的變更，因此偶爾損失幾頭牛並不是問題。

測試

每個獨立的碎片（shard）都是透過 Google 的 CI 框架，TAP，來運行測試的。我們以遞移的方式運行每個倚賴於既定變更中之檔案的測試，這往往會對我們的 CI 系統帶來高負荷。

這可能聽起來運算成本很高，但實際上，在我們的程式碼基底上的數百萬個測試中，絕大多數的碎片影響不到一千個測試。對於那些影響更大的測試，我們可以將它們組合在一起：首先對所有碎片運行所有受影響之測試的聯集（union），然後對每個單獨的碎片運行「它的受影響之測試」與「那些第一次運行失敗之測試」的交集（intersection）。大多數的聯集會導致程式碼基底中幾乎每個測試的運行，因此對該批碎片（batch of shards）添加額外的變更幾乎是免費的。

運行如此大量之測試的缺點之一是，獨立的低概率事件在規模夠大的情況下，幾乎是確定無疑的。如第 11 章中討論的那些不穩定的測試，通常不會傷害編寫和維護這些測試的團隊，對於 LSC 作者來說尤其困難。雖然對各個團隊的影響相當小，但不穩定的測試會嚴重影響 LSC 系統的吞吐量。自動化不穩定檢測和消除系統有助於解決此一問題，但需要不斷努力以確保編寫出不穩定之測試的團隊承擔其成本。

根據我們將 LSC 作為語意保留（semantic-preserving）、機器產生（machine-generated）之變更的經驗，我們現在對「單一變更的正確性」比對「近期有任何不穩定歷史的測試」更有信心——以至於在透過我們的自動化工具進行提交時，最近的不穩定測試現在都被忽略了。從理論上來說，這意味著單一碎片會導致迴歸（regression），而這種迴歸只能透過不穩定的測試（flaky test）從不穩定（flaky）到失敗（failing）才能檢測到。實際上，我們很少看到這種情況，因此透過人際溝通（human communication）而不是自動化，更容易處理它。

對於任何 LSC 流程來說，個別的碎片應該是可以被獨立提交的。

這意味著它們沒有任何相互依賴關係，或者說碎片機制可以將相互依賴的變更（比如標頭檔及其實作）歸為一組。與任何其他變更一樣，大規模變更碎片在被審查和提交之前還必須通過專案特定的檢查。

郵寄審查者

在 Rosie 通過測試驗證變更是安全的之後，它會將變更郵寄給適當的審查者。在 Google 這樣一個擁有數千名工程師的大公司中，尋找審查者本身就是一個具有挑戰性的問題。回顧第 9 章，儲存庫中的程式碼是用 OWNERS 檔案組織的，其中列出了對儲存庫中特定子樹（specific subtree）具有批准權（approval privileges）的用戶。Rosie 會使用一個擁有者檢測服務（owners detection service），該服務瞭解這些 OWNERS 檔案，並根據擁有者審查特定碎片的預期能力，對每個擁有者進行加權。如果某個特定的擁有者後來被發現是無反應的，Rosie 會自動添加額外的審查者，以便及時審查變更。

做為郵寄過程（mailing process）的一部分，Rosie 還會運行每個專案（per-project）的提交前工具（precommit tools），這些工具可能會進行額外的檢查。對於 LSC，我們選擇性地禁用某些檢查，例如「非標準的變更描述格式」（nonstandard change description formatting）檢查。雖然這些檢查對於特定專案（specific project）的個別變更（individual changes）很有用，但此類檢查是整個程式碼基底（codebase）中「異質性」（heterogeneity）的來源，並且可能會給 LSC 流程增加顯著的摩擦。這種異質性是擴展我們的流程和系統的障礙，不能指望 LSC 工具和作者瞭解每個團隊的特殊政策。

我們還會積極忽略特定的提交前檢查失敗，這些失敗在相關的變更進行之前就已經存在。當在一個單獨專案上工作時，工程師很容易修正這些程式並繼續他們原來的工作，但當在整個 Google 之程式碼基底中製作 LSC 時，這種技術無法擴展。本地程式碼擁有者有責任讓他們的程式碼基底中沒有預先存在的失敗，這是他們與基礎架構團隊之間的社會契約（social contract）的一部分。

審查

與其他變更一樣，由 Rosie 產生的變更，預計將透過標準的程式碼審查流程。實際上，我們發現，本地擁有者（local owners）通常不會像對待普通變更那樣嚴格對待 LSC，因為他們過於信任產生 LSC 的工程師。理想情況下，這些變更將與任何其他變更一樣進行審查，但實際上，本地專案擁有者已經開始信任基礎架構團隊，以至於這些變更通常只得到粗略的審查。我們將只向本地擁有者發送變更，這些變更需要他們根據背景進行審查，而不僅僅是批准許可權。所有其他的變更都可以交給「全域批准者」（global approver）：具擁有權（ownership rights）可以批准整個儲存庫之任何變更的人。

當使用全域批准者（global approver）時，所有的個別碎片（individual shards）都會分配給該人員，而不是分配給不同專案的個別擁有者（individual owners）。全域批准者通常對他們正在審查的語言和／或程式庫有具體的瞭解，並與大型變更的作者合作，以瞭解預期會發生哪些變更。他們知道變更的細節是什麼，以及可能存在哪些潛在的失敗模式，並可以相應地自定義他們的工作流程。

全域審查者不需要個別審查每個變更，而是使用一套單獨的基於模式（pattern-based）之工具來審查每個變更，並自動批准符合他們的期望之變更。因此，他們只需要手動檢查一小部分由於合併衝突或工具失敗而導致異常的子集，這使得此流程可以擴展地很好。

提交

最後，提交個別的變更。與郵寄步驟一樣，我們要確保變更透過各種的專案提交前檢查，然後才能將變更提交到儲存庫。

有了 Rosie，我們能夠在 Google 的所有程式碼基底中有效地建立、測試、審查和提交每天數以千計的變更，並讓團隊能夠有效地遷移他們的用戶。過去是最終的技術決策，例如廣泛使用的符號名稱或程式碼基底中熱門類別的位置，不再需要是最終的。

清理

不同的 LSC 對「完成」（done）有不同的定義，可以完全刪除舊系統，也可以僅遷移高價值的引用，讓舊的引用有機地消失（organically disappear）。[16] 在幾乎所有情況下，都必須有一個系統來防止額外導入大規模變更所努力消除的符號或系統。在 Google，當

---

16 可悲的是，我們最想有機地分解（organically decompose）的系統，是那些最最適合這樣做的系統。它們是程式碼生態系統（code ecosystem）的塑膠六包裝環（plastic six-pack rings）。

工程師導入棄用物件（deprecated object）的新用途，審查時我們會使用第 19 章和第 20 章中提到的 Tricorder 框架來進行標記，這已被證明是防止倒退（backsliding）的有效方法。我們在第 15 章曾詳細討論整個棄用流程。

結語

LSCs 是 Google 之軟體工程生態系統的一個重要組成部分。在設計階段，它們開闢了更多的可能性，知道一些設計決策不需要像以前那樣固定。LSC 流程還允許核心礎設架構（core infrastructure）的維護者有能力將大量之 Google 的程式碼基底從舊的系統、語言版本（language versions）和程式庫慣用法（library idioms）遷移到新的，進而保持程式碼基底在空間和時間上的一致性。而所有這些都在只有幾十名工程師支援數萬名其他工程師的情況下發生的。

無論你的組織規模有多大，考慮如何在你的原始碼集合中進行這類全面的變更都是合理的。不管是出於選擇還是必要性，擁有這種能力將使你的組織在擴大規模時有更大的靈活性，同時使你的原始碼可以隨著時間的推移保持可塑性。

摘要

- LSC 流程使得重新思考某些技術決策的不可變性（immutability）成為可能。
- 傳統的重構模型在大規模的情況下會被打破。
- 製作 LSC 意味著養成製作 LSC 的習慣。

## 第二十三章

持續整合

作者：Rachel Tannenbaum（雷切爾・坦嫩鮑姆）

編輯：Lisa Carey（麗莎・凱莉）

持續整合（Continuous Integration 或簡寫為 CI）通常被定義為「一種軟體開發實施方法，其中團隊成員經常整合他們的工作 [...] 每次整合都透過自動建構（包括測試）驗證，以便儘快發現整合錯誤。」[1] 簡單地說，CI 的基本目標是儘早自動捕捉有問題的變更。

實際上，「頻繁的整合工作」對於現代的分散式應用意味著什麼？今日的系統除了儲存庫中最新版的程式碼之外，還有許多可移動的部分。事實上，隨著最近微服務的發展趨勢，一個破壞應用程式的變更，不太可能存在於專案的直接程式碼基底中，而較可能位於網路調用（network call）另一端之鬆耦合（loosely coupled）的微服務中。然而傳統的持續建構（continuous build）測試的是二進位檔（binary）中的變更，而其延伸則是測試上游微服務的變更。依賴關係（dependency）只是從你的函式調用堆疊（function call stack）轉移到 HTTP 請求或遠端程序調用（Remote Procedure Calls 或簡寫為 RPC）。

除了程式碼依賴關係之外，應用程式可能會定期接收資料或更新機器學習模型。它可能會在不斷發展的作業系統、運行時期（runtimes）、雲端託管服務（cloud hosting services）以及裝置上執行。它可能是一個位於不斷成長的平台之上的功能，也可能是必須適應不斷成長之功能基礎的平台。所有這些東西都應被視為依賴關係，我們也應該致力於「持續整合」它們的變更。使事情更加複雜的是，這些不斷變更的組件通常歸我們的團隊、組織或公司以外的開發人員所有，並按照他們自己的時間表部署。

---

[1] *https://www.martinfowler.com/articles/continuousIntegration.html*

因此，也許在當今世界，特別是大規模開發時，對 CI 的更好定義如下：

> 持續整合（2）：對我們的整個複雜和快速發展的生態系統持續進行組裝和測試。

在測試方面將 CI 概念化是很自然的，因為兩者緊密耦合，我們將在本章中這樣做。在前幾章中，我們討論了從單元到整合，再到更大範圍之系統的全面測試。

從測試的角度來看，CI 是一個典範（paradigm），可以為以下內容提供參考：

- 在開發／發行工作流程中，由於程式碼（和其他）的變更被持續整合到其中，要運行**哪些**測試。
- **如何**在每個點上組成受測系統（system under test 或簡寫為 SUT），以及平衡諸如保真度（fidelity）和設置成本（setup cost）等方面的問題。

例如，我們要在提交前（presubmit）運行哪些測試，哪些測試要保存到提交後（post-submit），哪些測試甚至要保存到模擬環境部署（staging deploy）之前？因此，我們如何在這些點上表示我們的 SUT？正如你所想的那樣，提交前 SUT 的需求，可能與測試中之模擬環境的需求，有很大的不同。例如，從提交前之待審查程式碼（code pending review）建構的應用程式與真正的生產環境後端（production backends）對話可能是危險的（考慮到安全性和配額漏洞），而這對於模擬環境來說，通常是可以接受的。

而我們為什麼要嘗試用 CI 來優化在「正確的時間」（right times）測試「正確的東西」（right things）的這種往往很微妙的平衡呢？大量的前期工作已經確定了 CI 對工程組織和整個業務的好處。[2] 這些結果由一個強大的保證所驅動：可驗證和及時證明的應用程式，有利進入下一個階段。我們不需要只希望所有貢獻者都非常謹慎、負責和徹底；相反，我們可以在從建構到發行的各個時間點保證應用程式的工作狀態，進而提高我們產品的信心和品質以及我們團隊的生產力。

接下來，我們將介紹一些關鍵的 CI 概念、最佳做法和挑戰，然後介紹我們如何在 Google 管理 CI，並介紹我們的持續建構工具 TAP，以及深入研究一個應用程式的 CI 轉換。

2　Forsgren, Nicole 等人 所著（2018）之《Accelerate: The Science of Lean Software and DevOps: Building and Scaling High Performing Technology Organizations》（IT Revolution 出版）。

CI 概念

首先,讓我們先看看 CI 的一些核心概念。

快速反饋迴圈

正如第 11 章所討論的,一個錯誤越晚被發現,其成本幾乎就會以呈指數成長。圖 23-1 顯示了一個有問題的程式碼變更,在其生命週期中可能出現的所有位置。

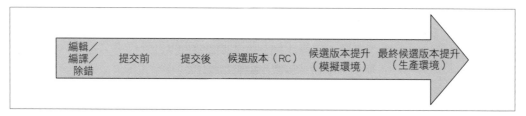

圖 23-1　程式碼變更的生命週期

一般來說,隨著問題在我們的圖表中向「右邊」發展,它們的成本會變得更高,原因如下:

- 它們必須由一位可能不熟悉有問題之程式碼變更的工程師來分類。
- 它們會需要程式碼變更作者做更多的工作,以便回憶和調查變更的內容。
- 它們會對其他人產生負面的影響,無論是工作中的工程師,還是最後的終端用戶。

為了最大限度地降低錯誤的成本,CI 鼓勵我們使用快速反饋迴圈(fast feedback loops)。[3] 每次我們將程式碼(或其他)變更整合到測試場景中並觀察其結果時,我們都會獲得一個新的反饋迴圈。反饋可以採取多種形式;以下是一些常見的形式(按最快到最慢的順序排列):

- 本地開發的編輯—編譯—除錯迴圈
- 在提交前將自動測試結果提供給一位程式碼變更作者
- 兩個專案的變更之間的整合錯誤,在兩個專案一起提交和測試後被檢測到(即在提交後)。
- 當上游服務部署其最新的變更時,我們的專案與「上游微服務的依賴項」之間不相容,由 QA 測試人員在我們的模擬環境(staging environment)中檢測到。
- 內部用戶在外部用戶之前選擇加入某項功能的錯誤報告
- 外部用戶或媒體的錯誤或運行中斷報告

3　這有時也被稱為「在測試時向左移動」。

Canarying（金絲雀發行）——或者先部署到生產環境的一小部分——有助於最大限度地降低進入生產環境的風險；也就是說，在將變更推廣到整個生產環境提供給所有用戶之前，最初的反饋迴圈只有一小部分的用戶參與。但是，canarying 也會導致問題，尤其是在一次部署多個版本時，各版本之間的相容性。這有時稱為版本偏差（version skew），這是一種分散式系統（distributed system）的狀態，其中包含多個不相容之程式碼、資料和／或組態的版本。就像我們在本書中看到的許多問題一樣，版本偏差是另一個例子，說明在試圖長期開發和管理軟體時，可能會出現的挑戰性問題。

實驗（experiments）和功能旗標（feature flags）是極其強大的反饋迴圈。它們透過在模組化組件（modular components）中隔離可以在生產環境中動態切換的變更來降低部署風險。重度依賴功能—旗標—保護（feature-flag-guarding）是持續交付（Continuous Delivery）的常見範例，我們將在第 24 章中做進一步的探討。

易於取用和易於操作的反饋

同樣重要的是，來自 CI 的反饋可以被廣泛取得。除了圍繞程式碼可見性的開放文化之外，我們對測試報告也有類似的感受。我們有一個統一的測試報告系統，在該系統中，任何人都可以輕鬆地查找特定的建構或測試運行，包括所有日誌（不包括用戶個人可識別資訊〔Personally Identifiable Information 或簡寫為 PII〕），無論是針對個別工程師的本地運行（local run）還是自動開發（automated development）或模擬環境建構（staging build）。

除了日誌，我們的測試報告系統還提供，建構或測試目標何時開始失敗的詳細歷史紀錄，包括每次運行時在何處切割建構、在何處建構以及由誰進行的審核。我們還有一個不穩定分類系統，它會使用統計資料在 Google 範圍內對不穩定（flakes）進行分類，因此工程師不需要自己去弄清楚，以確定他們的變更是否破壞了另一個專案的測試（如果該測試是不穩定的：可能不會）。

測試歷史（test history）的可見性使工程師能夠共反饋並進行協作，這是不同團隊診斷其系統之間的整合失敗並從中學習的一項基本要求。同樣地，在 Google，錯誤（例如，故障單〔tickets〕或事件〔issues〕）是公開的，有完整的評論歷史供所有人查看和學習（同樣地，客戶的 PII 除外）。

最後，來自 CI 測試的任何反饋不僅應該是易於取用的，而且應該是易於操作的，以便查找和修正問題。在本章後面的案例研究中，我們將看到一個改善用戶不友善之反饋（user-unfriendly feedback）的例子。透過提高測試輸出的可讀性，你可以自動理解反饋。

自動化

眾所周知，從長遠來看，開發相關任務的自動化，可以節省工程資源（*https://oreil.ly/ UafCh*）。直觀地說，由於我們透過將流程定義為程式碼來實現流程的自動化，因此在檢查變更時進行同儕審查（peer review）將降低錯誤的可能性。當然，流程的自動化，像任何其他軟體一樣，都會有錯誤；但是，如果實施得當，它們仍然比工程師手動嘗試時更快、更容易、更可靠。

尤其是 CI，它透過持續建構（Continuous Build 或簡寫為 CB）和持續交付（Continuous Delivery 或簡寫為 CD）來實現建構和發行流程的自動化。持續測試（continuous testing）貫穿全程，我們將在下一節介紹。

持續建構

持續建構（CB）在 head[4] 整合了最新的程式碼變更，並運行自動建構和測試。因為 CB 會運行測試以及建構程式碼，所以「建構中斷」（breaking the build）或「建構失敗」（failing the build）包括測試中斷（breaking tests）以及編譯中斷（breaking compilation）。

提交變更後，CB 應運行所有相關測試。如果一項變更通過了所有測試，CB 會將其標記為通過（passing）或「亮綠燈」（green），因為它通常顯示在用戶介面（UIs）中。此過程有效地在儲存庫中導入了兩種不同版本的 head：真正的（true）head，或已提交最新變更，以及亮綠燈的（green）head，或 CB 已驗證最新變更。工程師能夠在本地開發（local development）中同步到（sync to）任何一個版本。通常，在編寫變更時，應與亮綠燈的（green）head 同步，並由 CB 驗證，但需要在提交之前將變更同步到真正的（true）head。

持續交付

連續交付（CD；將會在第 24 章中做更詳細的討論）之第一步是發行自動化（release automation），不斷地將來自 head 的最新程式碼（latest code）和組態（configuration）組裝到候選版本（release candidates）。在 Google，大多數團隊都是在亮綠燈的 head（而不是真正的 head）切出這些東西。

---

4 head 是我們的 monorepo 中最新版的程式碼。在其他工作流中，這也稱為 master、mainline 或 trunk。相應地，在 head 整合也稱為基於主線的開發（trunk-based development）。

候選版本（Release candidate 或簡寫為 RC）：一個由自動化過程（automated process）建立之有凝聚力、可部署的單元，[5] 由已通過持續建構（continuous build）之程式碼、組態和其他依賴項組成。

請注意，我們在候選版本中包含了組態，這非常重要！儘管隨著候選版本的提升，不同環境下的組態會略有不同。我們不一定提倡將組態編譯成二進位檔。實際上，對於許多場景，我們建議使用動態組態（dynamic configuration），例如實驗（experiments）或功能旗標（feature flags）。[6]

相反，我們的意思是，你所擁有的任何靜態組態（static configuration）都應該做為候選版本（release candidate）的一部分進行提升，這樣它就可以和相應的程式碼一起受測試。請記住，生產環境錯誤（production bug）有很大一部分是由「愚蠢的」（silly）組態問題引起的，因此測試你的組態（並與將要使用它的程式碼一起測試）與測試你的程式碼同樣重要。在「候選版本提升」（release-candidate-promotion）的過程中，經常會出現版本偏移（version skew）。當然，這是假定你的靜態組態處於 Google 的版本控制中——在 Google，靜態組態與程式碼一起處於版本控制中，因此要經歷相同的程式碼審查過程。

接著我們將 CD 定義如下：

連續交付（Continuous Delivery 或簡寫為 CD）：連續組裝候選版本，然後在一系列環境中提升和測試這些候選版本 — 有時會達到生產環境（production），有時不會。

提升和部署的過程通常取決於團隊。我們將展示我們的案例研究如何駕馭這個過程。

對於那些希望從生產環境中的新變更（例如，持續部署）獲得持續反饋（continuous feedback）的 Google 團隊來說，持續地「亮綠燈時推送」（push on green）[譯註] 整個二進位檔，通常是不可行的，因為二進位檔通常相當大。因此，透過實驗或功能旗標進行選擇性的持續部署是一種常見的策略。

---

4   head 是我們的 monorepo 中最新版的程式碼。在其他工作流中，這也稱為 master、mainline 或 trunk。相應地，在 head 整合也稱為基於主線的開發（trunk-based development）。

5   在 Google，發行自動化是由一個獨立於 TAP 之系統來管理的。我們不會專注於發行自動化是如何組裝 RC 的，但如果你有興趣，我們推薦你看《Site Reliability Engineering》（網站可靠性工程）（https://land ing.google.com/sre/books）（歐萊禮），其中詳細討論了我們的發行自動化技術（一個稱為 Rapid 的系統）。

6   第 24 章將進一步討論帶有「實驗」和「功能旗標」的 CD。

譯註   參見 https://en.wikipedia.org/wiki/Push_on_green。

隨著 RC 在各種環境中的發展，其產出物（例如，二進位檔、容器）理想情況下不應重新編譯或重建。從本地開發開始，使用 Docker 之類的容器有助於在環境之間加強 RC 的一致性。同樣地，使用 Kubernetes（或在我們的例子中，通常是 Borg（*https://oreil.ly/89yPv*））這樣的編排工具（orchestration tools），有助於加強部署之間的一致性。透過加強我們在不同環境發行和部署的一致性，我們在早期測試中實現了更高的保真度，減少了生產環境中的意外。

持續測試

讓我們看看，當我們將持續測試（Continuous Testing 或簡寫為 CT）應用於程式碼變更的整個生命週期時，CB 和 CD 是如何配合的，如圖 23-2 所示。

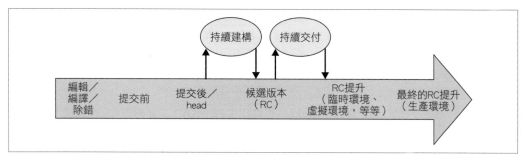

圖 23-2　用 CB 和 CD 變更程式碼的生命週期

向右箭頭顯示了單一程式碼變更從本地開發（local development）到生產環境（production）的過程。同樣地，我們在 CI 中的關鍵目標之一是確定在這個過程中測試什麼。在本章的稍後部分，我們將介紹不同的測試階段（testing phases），並對提交前（presubmit）與提交後（post-submit）以及在 RC 與 RC 後的測試內容，提供一些注意事項。我們將展示，當我們向右移動時，程式碼變更將受到範圍逐漸擴大之自動化測試的影響。

為什麼僅僅是「提交前」還不夠？

為了儘快發現有問題的變更，並有能力在提交前運行自動化測試，你可能會想：為什麼不在提交前運行所有的測試呢？

主要原因是這太昂貴了。工程師的生產力極為寶貴，在程式碼提交期間等待很長時間來運行每個測試，可能會造成嚴重的破壞性。此外，透過取消對提交前的限制，如果測試通過的頻率遠遠高於失敗的頻率，就可以或獲得大量的效率提升。例如，所運行的測試可以被限制在特定的範圍內，或者根據預測其檢測到問題之可能性的模型來進行選擇。

同樣地，如果工程師在提交前被與「他們的程式碼變更無關之」不穩定性或脆弱性導致的失敗所阻擋，那麼成本就會很高。

另一個原因是，在我們運行提交前測試（presubmit tests）以確認一個變更是否安全的時候，底層的儲存庫可能以「與所測試之變更不相容的方式」進行了變更。也就是說，兩個涉及完全不同之檔案的變更，可能會導致測試失敗。我們稱之為空中相撞（mid-air collision），雖然一般來說很少發生，但在我們的規模下，這種情況經常發生。用於較小型儲存庫或專案的 CI 系統，可以透過對提交進行序列化（serializing submits）來避免此問題，以便在「即將進入的內容」與「剛剛進入的內容」之間沒有區別。

提交前與提交後

那麼，哪些測試應該在提交前運行呢？我們一般的經驗法則是：只有快速、可靠的測試。你可以接受提交前的一些損失，但這意味著，你需要在提交後捕獲遺漏的任何問題，並接受一些提交的回滾（rollbacks）。提交後，你可以接受更長的時間和一些不穩定性，只要你有適當的機制來處理它。

 我們將在第 482 頁的〈Google 的 CI〉中展示 TAP 和案例研究如何處理失敗管理。

我們不想因為等待太長的時間或太多的測試，浪費寶貴的工程師生產力，因此我們通常將提交前測試限制在發生變更的專案上。我們還並行地（concurrently）運行測試，因此也需要考慮資源決策（resource decision）。最後，我們不想在提交前運行不可靠的測試，因為讓許多工程師受其影響，對與程式碼變更無關的相同問題進行除錯，成本太高。

Google 的大多數團隊會在提交前運行他們的小型測試（像是單元測試）[7]，這些是顯然要運行的測試，因為它們往往是最快且最可靠的。是否以及如何在提交前進行範圍更廣的測試是一個更有趣的問題，這因團隊而異。對於那些想要運行這些測試的團隊來說，封閉式測試（hermetic testing）是減少其固有之不穩定性的一種行之有效的做法。另一種選擇是允許大範圍測試在提交前不可靠，但在它們開始失敗時，便積極禁用它們。

---

7 Google 的每個團隊會將其專案之測試的一個子集設置為在提交前運行。事實上，我們的持續建構（continuous build）實際上優化了一些提交前測試，保存到提交後使用。我們將在本章稍後進一步討論這個問題。

候選版本測試

在程式碼變更通過 CB（如果出現失敗的話，可能需要多個週期）後，它很快就會遇到 CD，並包含在待定的候選版本中。

當 CD 建構 RC 時，它將針對整個候選版本運行更大的測試。我們透過一系列測試環境來對候選版本進行提升，並在每次部署時對其進行測試，進而測試候選版本。這可以包括沙箱、臨時環境和共用測試環境（如 dev 或 staging）的組合。在共用環境中對 RC 進行一些手動 QA 測試也很常見。

有幾個原因說明，針對 RC 運行一個全面、自動化的測試集（test suite）是很重要的，即使它是 CB 在提交後針對程式碼運行相同的測試集（假設 CD 是在亮綠燈時進行切出的動作）：

做為一種完整性檢查（sanity check）

我們反覆檢查，當程式碼在 RC 中被分割和重新編譯時，沒有發生任何奇怪的事情。

為了可審計性（auditability）

如果工程師想要檢查 RC 的測試結果，它們隨時可供使用，並且與 RC 相關聯，因此他們不需要在 CB 日誌中查找它們。

為了允許櫻桃採摘（cherry pick）

如果你將櫻桃採摘修正程序（cherry pick fix）應用於 RC，那麼你的原始程式碼現在已經偏離了與 CB 測試的最新版本。

用於緊急推送

在這種情況下，CD 可以從真正的 head 進行切出，並運行必要的最小的一組測試，以便對緊急推送（emergency push）有信心，而無須等待整個 CB 的通過。

生產環境測試

我們的持續、自動化測試過程一直延續到最終的部署環境：生產環境。我們對生產環境（有時稱為探測器〔probers〕）所運行的測試集應該如同我們之前的候選版本，用以驗證：1）根據我們的測試，生產環境之工作狀態，以及 2）根據生產環境，我們的測試之相關性。

持續在應用程式開發的每一步進行測試，每一步都有其自身的權衡，這提醒我們「縱深防禦」（defense in depth）做法在捕捉錯誤方面的價值——在品質和穩定性方面我們所依賴的不只是一點技術或政策，而是多種測試做法的結合。

CI 就是警報

Titus Winters（泰特斯・溫特斯）

與負責任地運行生產系統（production systems）一樣，可持續維護的軟體系統（software systems）也需要持續的自動化監控（automated monitoring）。正如我們使用監控和警報系統來瞭解生產系統如何回應變更一樣，CI 揭示了我們的軟體是如何回應其環境中之變更的。而生產環境監控（production monitoring）依靠的是被動的警報和運行系統的主動探測器，而 CI 則使用單元和整合測試來檢測軟體在部署前的變更。透過對這兩個領域的比較，我們可以將知識從一個領域應用到另一個領域。

CI 和警報（alerting）在開發人員工作流程中的總體目的是一樣的：儘快發現問題。CI 強調開發人員工作流程的早期階段，並透過浮現測試失敗來捕捉問題。警報側重於同一工作流程的後期，並透過監控指標（monitoring metrics）在指標超過某個臨界值時進行報告來捕獲問題。兩者都是「儘快自動識別問題」的形式。

一個管理良好的警報系統，有助於確保你的服務級別目標（Service-Level Objectives 或簡寫為 SLOs）得到滿足。一個良好的 CI 系統有助於確保你的建構處於良好的狀態——程式碼編譯，測試通過，並且如果需要的話，你可以部署一個新的版本。這兩個領域的最佳實踐策略非常注重保真度（fidelity）和可操作的警報（actionable alerting）：只有當重要的潛在不變性（underlying invariant）被違反時，測試才會失敗，而不是因為測試是脆弱或不穩定的。每運行幾次 CI 就會失敗的不穩定測試（flaky test）就像每隔幾分鐘就發出一次假警報並傳呼值班人員的問題一樣嚴重。如果它不具可操作性，則不應該發出警報。如果它實際上沒有違反 SUT 的不變性，它就不應該是測試失敗。

CI 和警報（alerting）共享一個基本的概念框架。例如，在區域化信號（單元測試、監控孤立統計數據／基於原因的警報）和相互依賴信號（整合和發行測試、黑箱探測）之間有著類似的關係。衡量一個綜合系統（aggregate system）是否工作的最高保真度指標（fidelity indicators）是端到端信號（end-to-end signals），但我們為這種保真度付出了代價，包括脆弱性、資源成本增加和對根本原因進行除錯的困難。

同樣地，我們在這兩個領域的失敗模式（failure modes）中看到了一種潛在的聯繫。脆弱的「基於原因之警報」在跨越一個任意的臨界值（例如，在過去一小時內的重試）時被觸發，而該臨界值與終端用戶看到的系統健康狀況之間，不一定存在根本的聯繫。當一個任意的測試要求或不變性被違反時，脆弱性測試就會失敗，而該不變性與被測試軟體的正確性之間未必存在根本聯繫。在大多數情況下，這些都很容易編寫，而且對一個更大問題的除錯有潛在的幫助。在這兩種情況下，它們都是整體健康／正確性的粗略代理（rough proxy），無法捕捉到整體行為。如果你沒有一個簡單的端到端探測（end-to-end probe），但你確實可以輕鬆收集一些匯總的統計數據，那麼團隊將根據任意的統計數據來編寫臨界值警報（threshold alerts）。如果你沒有一種高階的方式來表示「若解碼後的圖像（decoded image）與這個解碼後的圖像（this decoded image）並非大致上相同，則測試失敗」，團隊將改為建構「斷言（assert）位元組流（byte streams）是否相同」的測試。

基於原因的警報（cause-based alerts）和脆弱性測試（brittle tests）仍然具有價值；它們在警報場景（alerting scenario）中並不是識別潛在問題的理想方式。如果實際失敗的情況下，提供更多的除錯細節可能會很有用。當 SREs 除錯一個問題時，有這樣的資訊是很有用的：「一小時前，用戶開始遇到更多的失敗請求。大約在同一時間，重試的次數開始上升，讓我們著手調查那裡。」同樣地，脆弱性測試仍然可以提供額外的除錯資訊：「圖像渲染流水線（image rendering pipeline）開始吐出垃圾。其中一個單元測試表明，我們從 JPEG 壓縮工具那裡得到了不同位元組。讓我們著手調查吧。」

雖然監控（monitoring）和警報（alerting）被視為 SRE ／生產管理領域（production management domain）的一部分，其中對「錯誤範圍」（Error Budgets）的見解已被充分瞭解，[8] 但 CI 的視角仍然傾向於關注絕對性。將 CI 視為警報的「左移」（left shift），著手建議如何推理這些政策進並提出更好的最佳做法：

- 在 CI 上擁有 100% 綠燈率（green rate），就像生產服務（production service）擁有 100% 的運行時間一樣，成本非常昂貴。如果這真的是你的目標，最大的問題 之一將是測試（testing）和提交（submission）之間的競爭情況（race condition）。

8　以 100% 的運行時間（uptime）為目標是錯誤的。選擇像 99.9% 或 99.999% 這樣的目標做為業務（business）或產品（product）的權衡，定義並監控你的實際運行時間，並使用該「範圍」（budget）做為輸入，說明你願意以多大的力度推動高風險的發行（risky releases）。

- 將每個警報（alert）視為一個同等的原因來處理，通常不是正確的做法。如果警報在生產環境中被觸發，但服務實際上沒有受到影響，關閉警報是正確的選擇。對於測試失敗也是如此：在我們的 CI 系統學會如何說「這個測試由於不相關的原因而失敗」之前，我們也許應該更自由地接受使測試失效的變更。並非所有的測試失敗都表明即將出現生產問題（production issues）。

- 說「如果我們最新的 CI 結果不是綠燈，沒有人可以提交」的政策可能是錯誤的。如果 CI 報告了一個問題，那麼在讓人們提交或複雜化問題之前，絕對應該對此類問題進行調查。但是，如果根本原因被很好地瞭解，顯然不會影響生產，阻止提交是不合理的。

這種「CI 就是警報」（CI is alerting）的見解是新的，我們仍在研究如何充分借鑒（draw parallels）。鑒於所涉及的風險較高，SRE 在監控和警報的最佳做法上投入了大量的精力，而 CI 則被視為一種更奢侈的功能，這一點並不奇怪。[9] 在未來幾年中，軟體工程的任務將是在 CI 環境下重新定義現有的 SRE 做法，以幫助重新制定（reformulate）測試和 CI 環境——也許測試的最佳做法有助於澄清監控和警報的目標和政策。

CI 的挑戰

我們已經討論了 CI 中一些既定的最佳做法，並介紹了其中的一些挑戰，例如，提交前、不穩定、緩慢、相互衝突或僅僅是太多的測試，可能會破壞工程師的生產力。實施 CI 時，一些常見的額外挑戰包括：

- 提交前優化（presubmit optimization），包括考慮到我們已經描述過的潛在問題，在提交前運行哪些測試，以及如何運行這些測試。

- 罪魁禍首的查找（culprit finding）和失敗隔離（failure isolation）：哪段程式碼或其他變更導致了問題，它發生在哪個系統中？「整合上游微服務」(integrating upstream microservices）是處理分散式架構（distributed architecture）中失敗隔離的做法之一，當你想要確定問題是否源於你自己的伺服器還是後端時。在這種做法中，你可以將你的穩定伺服器與上游微服務的新伺服器進行階段組合。（因此，你正在將微服務的最新變更整合到你的測試中。由於版本偏差（version skew），這種方法可能特別具有挑戰性：不僅這些環境經常不相容，而且你還可能會遇到在特定階段組合中出現的誤報問題，而這種組合實際上不會在生產環境中發現。

9　我們相信 CI 對軟體工程生態系統來說實際上是至關重要的：是必須具備的，而不是一種奢侈品。但這一點尚未得到普遍的理解。

- 資源限制（resource constraints）：測試需要資源來運行，而大型測試可能非常昂貴。此外，在整個過程中插入自動化測試之基礎架構的成本可能相當可觀。

還有失敗管理（failure management）的挑戰：當測試失敗時該怎麼辦？雖然較小的問題通常可以快速解決，但我們的許多團隊發現，當涉及大型之端到端測試時，很難擁有始終如一的綠燈測試集（green test suite）。它們本身就會出現問題或不穩定，難以除錯；需要有一個機制來暫時禁用和跟蹤它們，以便發行的工作可以繼續下去。在 Google，一種常見的技術是使用由待命（on-call）或發行（release）工程師提交的錯誤「熱門清單」（bug "hotlists"），並將其分流到相應的團隊。如果這些錯誤可以自動產生並歸檔，那就更好了！我們的一些較大型的產品，如 Google Web Server（GWS）和 Google Assistant，就能做到這一點。應精心策劃這些熱門清單，以確保任何阻止發行的錯誤（release-blocking bugs）被立即修正。非發行的障礙也應該被修正；它們不那麼緊急，但也應該優先考慮，這樣測試集仍然有用，而不僅僅是一堆越來越多被禁用的舊測試。通常，端到端測試失敗所遇到的問題，實際上是測試而不是程式碼。

不穩定的測試給這個過程帶來了另一個問題。但找出變更予以放棄，往往更加困難，因為失敗不會一直發生。有些團隊依靠一種工具，在調查和修正不穩定性的同時，暫時從提交前（presubmit）刪除此類不穩定的測試。這樣可以維持較高的信心，同時允許有更多的時間來解決這個問題。

測試的不穩定性（test instability）是我們在提交前的背景（context of presubmits）下研究過的另一個重大挑戰。處理此問題的一種策略是允許多次嘗試運行測試。這是團隊使用的常見測試組態設定（test configuration setting）。此外，在測試程式碼（test code）中，可以在不同的特定點導入重試。

另一種有助於測試不穩定性（和其他 CI 挑戰）的方法是封閉式測試（hermetic testing），我們將在下一節中介紹。

封閉式測試

因為與上線的後端（live backend）對話是不可靠的，所以我們經常使用封閉式後端（hermetic backends）（*https://oreil.ly/-PbRM*）來進行更大範圍的測試。當我們想在提交前運行這些測試時，這特別有用，因為此時穩定性至關重要。第 11 章中，我們曾介紹封閉式測試的概念：

> 封閉式測試（Hermetic tests）：針對完全獨立（即沒有生產環境後端之類的外部依賴項）之測試環境（即應用程式伺服器和資源）運行之測試。

封閉式測試有兩個重要的特性：更大的確定性（即穩定性）和隔離性。封閉式伺服器（hermetic server）仍然容易產生一些不確定因素（例如，系統時間、亂數的產生和競爭情況）的影響。但是，測試的內容不會隨著外部依賴項而改變，所以當你使用相同的應用程式和測試程式碼運行兩次測試時，你應該獲得相同的結果。如果封閉式測試失敗，你就知道這是由於應用程式程式碼或測試的變更（有一個小的注意事項：它們也可能由於你的封閉式測試環境的重組而失敗，但這不應該經常變動）。因此，當 CI 系統在數小時或數天後重新運行測試以提供額外的信號時，封閉性使測試失敗更容易縮小範圍。

另一個重要的特性，隔離（isolation），意味著生產環境中的問題不應該影響這些測試。我們通常也在同一台機器上運行這些測試，因此我們不必擔心網路連線的問題。反之亦然：運行封閉式測試引起的問題不應影響生產環境。

封閉式測試的成功不應取決於運行測試的用戶。這允許人們重現 CI 系統運行的測試，並允許人們（例如，程式庫開發人員）運行其他團隊擁有的測試。

有一種封閉式後端（hermetic backend）是假的。正如第 13 章所討論的，這些可能比運行真正的後端更便宜，但是它們需要努力維護，並且保真度有限。

實現具有提交前價值的（presubmit-worthy）整合測試（integration test）之最乾淨的選擇（cleanest option），是使用完全封閉的設置（fully hermetic setup）——即啟動整個沙箱化的堆疊[10]——和 Google 為流行的組件（例如資料庫）提供開箱即用的（out-of-the-box）沙箱組態（sandbox configurations），使其更加容易。對於組件較少的小型應用程式來說，這是更可行的，但在 Google 也有例外，即使是一個（由 DisplayAds 提供）在每次提交前（presubmit）都會從頭開始啟動大約四百個伺服器，並在提交後（post-submit）持續進行。不過，自該系統被建立以來，記錄／重演（record/replay）已成為大型系統更受歡迎的典範（paradigm），而且往往比啟動大型沙箱化堆疊更便宜。

記錄／重演（參見第 14 章）系統會記錄後端回應實況，快取它們，並在封閉式測試環境中重演它們。記錄／重演是減少測試不穩定性的強大工具，但一個缺點是它會導致測試變得脆弱：很難在以下測試之間取得平衡：

偽陽性

　　測試在不應該通過的情況下通過了，因為快取命中率過高，錯過了捕捉新的回應時可能出現的問題。

10　實際上，通常很難建立一個完全沙箱化的測試環境，但透過最大限度地減少外部依賴項，可以達到所需的穩定性。

偽陰性

測試在不應該失敗的情況下失敗了，因為快取命中率過低。這需要回應被更新，而且可能需要很長的時間，並導致必須修正的測試失敗，其中許多可能不是真正的問題。此過程通常會阻擋提交，這是不理想的。

理想情況下，記錄／重演系統（record/replay system）僅應在請求以有意義的方式變更時偵測有問題的變更和快取失誤（cache-miss）。如果該變更導致問題，變更程式碼的作者將以更新過的回應來重新運行測試，查看測試是否仍然失敗，並因此收到問題的警報。實際上，在大型且不斷變化的系統中，瞭解請求何時以有意義的方式變更，可能非常困難。

封閉的 Google Assistant

Google Assistant（谷歌助理）為工程師提供了一個運行端到端測試的框架，包括一個具有查詢設置功能的測試治具（test fixture）、指定是在手機（phone）還是在智慧家居設備（smart home device）上進行模擬，以及驗證與 Google Assistant 交流過程中的回應。

它的最大的成功案例之一是使其測試集（test suite）在提交前完全封閉。團隊以往在提交前運行的是非封閉式測試，但測試通常會失敗。直到某日，團隊發現有超過 50 筆程式碼變更被繞過，而忽略了測試結果。在將提交前測試轉移到封閉式測試時，團隊將運行時間縮短了 14 倍，幾乎沒有閃失。它仍然會出現失敗，但這些失敗往往很容易發現並回滾（roll back）。

現在，非封閉式測試（nonhermetic tests）已被推到提交後（post-submit），這反而會導致失敗的情況累積在那裡。對失敗的端到端測試進行除錯仍然很困難，有些團隊甚至沒有時間去嘗試，所以這些團隊只是禁用它們。這比讓它停止每個人的所有開發要好，但這可能導致生產環境失敗（production failures）的結果。

該團隊目前面臨的挑戰之一是繼續微調其快取機制（caching mechanisms），以便提交前可以捕獲更多類型的問題，這些問題在過去只在提交後才被發現，而不會導入太多的脆弱性。

另一個問題是，考慮到組件正在轉移到其自己的微服務中，如何對去中心化的（decentralized）Assistant 進行提交前測試。因為 Assistant 有一個龐大而複雜的堆疊，所以在提交前運行一個封閉的堆疊，在工程工作、協調和資源方面的成本將非常高。

最後，該團隊正在利用這種去中心化的優勢，採取一種巧妙之新的提交後失敗隔離策略（post-submit failure-isolation strategy）。對於 Assistant 內之 N 個微服務（microservices）中的每一個，團隊將運行一個提交後環境（post-submit environment），其中包含在 head 建構的微服務，以及其他 N-1 個服務的生產環境（或接近生產環境）版本，以便將問題隔離到新建構的伺服器。這種設置通常需要 $O(N^2)$ 的成本才能實現，但團隊利用了一個很酷的功能，稱為 hotswapping（熱置換），將成本降低到 $O(N)$。從本質上講，hotswapping 允許一個請求來指示伺服器「換」入（"swap" in）要調用之後端的位址，而不是常用的位址。因此，只需要運行 N 個伺服器，於 head 切割的每個微服務都需要一個，而且它們可以在這 N 個「環境」（environments）中的每一個重複使用到被換入的同一組 prod 後端。

正如我們在本節中所看到的，封閉式測試既能減少較大範圍測試的不穩定性，又有助於隔離失敗，解決我們在上一節中所確定的兩個重大 CI 挑戰。然而，封閉式後端也可能更昂貴，因為它們使用更多的資源，並且設置速度較慢。許多團隊在他們的測試環境中使用封閉式和上線後端（hermetic and live backends）的組合。

Google 的 CI

現在，讓我們更詳細地來瞭解一下 CI 在 Google 是如何實作的。首先，我們將檢視 Google 絕大多數團隊所使用的全域持續建構（global continuous build），TAP，以及它如何實現一些做法和解決我們在上一節看到的一些挑戰。我們還將檢視一個應用程式，Google Takeout，以及 CI 轉換（transformation）如何幫助它擴展為一個平台和一個服務。

TAP：Google 的全域持續建構

Adam Bender（亞當・班德）

我們對整個程式碼基底（codebase）進行了大規模的持續建構，稱為測試自動化平臺（Test Automation Platform 或簡寫為 TAP）。它負責運行我們大部分的自動測試。做為我們使用 monorepo 的直接結果，TAP 是 Google 幾乎所有變更的閘道（gateway）。它每天負責處理超過 50,000 筆獨一無二的變更，並運行超過 40 億筆單獨的測試案例。

TAP 是 Google 之開發基礎架構的核心。從概念上講，這個過程非常簡單。當工程師試圖提交程式碼時，TAP 將運行相關的測試，並報告成功或失敗。如果測試通過了，則允許該變更進入程式碼基底。

提交前優化

為了快速和一致地發現問題，務必確保對每一個變更進行測試。如果沒有 CB，運行測試通常是由各別的工程師自行決定，這往往會導致一些有動力的工程師試圖運行所有測試並跟上失敗的情況。

正如前面所討論的，等待很長的時間才能在提交前運行每一個測試，可能會造成嚴重的破壞，在某些情況下需要數小時。為了盡量減少等待時間，Google 的 CB 做法，允許潛在的破壞性變更被登錄到儲存庫中（請記住，這些變更會立即被公司其他人看到！）。我們只要求每個團隊建立一個快速的測試子集，通常是一個專案的單元測試，可以在一筆變更被提交之前（通常在該變更被拿去做程式碼審查之前）運行這些測試。根據經驗，能在提交前通過的變更，通過其餘測試的可能性非常大（95%+），我們樂觀地允許它被整合，以便其他工程師可以著手使用它。

在變更被提交後，我們使用 TAP 異步運行（asynchronously run）所有可能受影響的測試，包括較大和較慢的測試。

當一個變更導致 TAP 中的測試失敗時，當務之急是迅速修正該變更，以避免阻礙其他其他工程師。我們已經建立了一種文化規範，強烈反對在已知失敗的測試之上，提交任何新的工作，儘管脆弱的測試會讓此變得困難。因此，當提交的變更破壞了一個團隊在 TAP 中的建構時，該變更可能會阻止團隊取得進展或建構一個新的版本。因此，必須迅速處理破壞的問題。

為了處理這樣的破壞，每個團隊都有一位「建構警察」（Build Cop）。建構警察的責任是保持他們的特定專案中之所有測試都通過，無論是誰破壞它們的。當建構警察收到他們的專案中測試失敗的通知時，他們會放棄正在做的任何事情並修正建構結果。這往往是透過識別有問題的變更，並確定是需要放棄變更（首選解決方案）還是可以繼續修正（風險更大的建議）。

實際上，允許在驗證所有測試之前提交變更的權衡，確實得到了回報；提交變更的平均等待時間約為 11 分鐘，通常在後台運行。再加上建構警察的原則，我們能夠有效地檢測和解決，由長時間運行的測試所檢測到的破壞，而且干擾最小。

發現罪魁禍首

在 Google，我們的大型測試集中面臨的一個問題是，如何找到破壞測試的具體變更。從概念上講，這應該很容易：抓住一個變更，運行測試，如果有任何測試失敗，就把這個變更標記為錯誤。不幸的是，由於脆弱的普遍性和測試基礎架構本身偶爾會出現的問題，對失敗的真實性有信心並不容易。更加複雜的是，TAP 必須每天評估如此多的變更（每秒超過一次），以至於它不能再對每項變更運行每個測試。取而代之的是，它退回到將相關變更一起批次處理，這減少了要運行之獨特測試的總數。雖然這種做法可以加快運行測試的速度，但它會掩蓋批次處理中導致測試中斷的變更。

為了加快失敗識別（failure identification），我們採用了兩種不同的做法。首先，TAP 自動將整批的失敗變更，拆分為單獨的變更，並針對每個變更獨立重新運行測試。此過程有時可能需要一段時間才能收斂到失敗，因此，我們建立了查找罪魁禍首的工具，個人開發者可以使用這些工具，對一批變更進行二分搜索（binary search），並確定哪一個可能是罪魁禍首。

失敗管理

在一個破壞性的變更被隔離後，必須儘快修正它。失敗測試的存在，可能會迅速侵蝕測試集的信心。如前所述，修正損壞的建構結果是建構警察的責任。建構警察最有效的工具就是放棄變更。

放棄變更通常是修正建構最快、最安全的途徑，因為它可以迅速將系統恢復到已知的良好狀態。[11] 事實上，TAP 最近已升級為自動放棄變更，當它有很強的信心認為變更是罪魁禍首時，它就會自動予以放棄。

快速放棄變更（fast rollbacks）與測試集（test suite）攜手並進，以確保持續的生產力。測試給了我們變更的信心，放棄變更給了我們撤銷（undo）的信心。沒有測試，放棄變更就無法安全進行。不能放棄變更，就無法快速修正損壞的測試，進而降低了對系統的信心。

資源的限制

雖然工程師可以在本地運行測試，但大多數測試的執行都在一個名為 Forge 的分散式建構和測試系統中進行。Forge 讓工程師得以在我們的資料中心運行其建構和測試，進而最大限度地提高了並行性。就我們的規模而言，工程師按需

11　對 Google 的程式碼基底（codebase）所做的任何變更，都可以透過兩次點擊（two clicks）予以放棄！

要（on-demand）執行的所有測試，以及做為 CB 流程的一部分運行的所有測試，所需的資源是巨大的。即使考慮到我們擁有的運算資源，像 Forge 和 TAP 這樣的系統，也會受到資源的限制。為了解決這些限制因素，從事 TAP 工作的工程師們想出了一些巧妙的方法，來確定哪些測試應在哪個時間運行，以確保用最少的資源來驗證所給定的變更。

確定需要運行哪些測試的主要機制是分析每次變更的下游依賴關係圖。Google 的分散式建構工具，Forge 和 Blaze，維護了一個近乎即時之全域依賴關係圖（global dependency graph）的版本，並提供給 TAP 使用。因此，TAP 可以快速確定任何變更的下游測試，並運行最小的測試集，以確保變更是安全的。

影響 TAP 之使用的另一個因素是運行測試的速度。相較於測試較多的變更，TAP 通常能夠以較快的速度運行測試較少的變更。這種偏差鼓勵工程師編寫小而有針對性的變更。在忙碌的一天中，觸發 100 個測試的變更與觸發 1000 個測試的變更之間的等待時間差異，可能是數十分鐘。想要花更少時間等待的工程師最終會做出更小、更有針對性的變更，這對每個人來說都是一種勝利。

CI 案例研究：Google Takeout

Google Takeout 於 2011 年開始成為一款資料備份和下載的產品。其創始人率先提出了「資料解放」（data liberation）的理念——即用戶無論走到哪裡，都應該能夠輕鬆地以可用的格式攜帶資料。他們首先將 Takeout 與 Google 的一些產品整合在一起，製作用戶照片、聯絡人名單等檔案，以便應用戶的要求下載。然而，Takeout 的用途並不止於此，而是成長為各種 Google 產品的平台和服務。正如我們將看到的，有效的 CI 對於保持任何大型專案的健康至關重要，但在應用程式快速成長時尤為重要。

場景 #1：持續破壞的開發部署

問題：隨著 Takeout 成為功能強大之 Google 範圍內的一個資料獲取（data fetching）、存檔（archiving）和下載（download）工具而享有盛譽，公司的其他團隊開始轉向它，要求 API，以便他們自己的應用程式也能夠提供備份和下載功能，包括 Google Drive（資料夾下載功能由 Takeout 提供）和 Gmail（用於 ZIP 檔案的預覽功能）。總之，Takeout 從最初的 Google Takeout 產品的後端，發展到為至少 10 種其他 Google 產品提供 API 以及廣泛的功能。

團隊決定將每一個新 API 部署為一個自定義的實例（customized instance）：使用相同的原始 Takeout 二進位檔，但讓它們運作的組態設定方式稍有不同。例如，雲端硬碟批量下載（Drive bulk downloads）的環境具有最大的叢集（fleet），為從 Drive API 獲取檔案保留了最多的配額，以及一些自定義的身份驗證邏輯（custom authentication logic），以允許未簽入用戶（non-signed-in users）下載公用資料夾。

不久，Takeout 面臨「旗標問題」（flag issues）。為其中一個實例添加的旗標會破壞其他實例，當伺服器因組態不相容而無法啟動時，它們的部署就會中斷。除了功能組態，還有安全和 ACL 組態。例如，消費者的雲端硬碟下載服務（Drive download service）不應該存取用於加密 Gmail 企業版所匯出資料的密鑰。組態很快就變得複雜，幾乎每晚都會發生中斷。

我們做出了一些努力來理順和模組化組態，但這暴露出更大的問題是，當 Takeout 工程師想要變更程式碼時，而手動測試每個伺服器在每個組態下是否啟動，是不實際的。直到第二天的部署，他們才發現組態出問題。在提交前和提交後（通過 TAP）運行單元測試，但這些測試還不足以抓出這類問題。

團隊做了什麼。團隊為每個在提交前運行的實例，建立了臨時的沙箱式迷你環境，並測試了所有伺服器在啟動時是否健康。在提交前運行臨時環境，可防止 95% 的伺服器因組態不良而損壞，並將夜間部署的失敗率降低 50%。

雖然這些新的「沙箱式提交前測試」大大減少了部署失敗，但並沒有被完全消除。特別是，Takeout 的端到端測試，仍經常會破壞部署，而且這些測試很難在提交前運行（因為它們使用的是測試帳號，在某些方面仍然像真實帳號一樣，並受到同樣的安全和隱私保護）。重新設計它們，以使其對提交前具友善性，將是一項巨大的工程。

如果團隊不能在提交前運行端到端測試，則何時可以運行這些測試？它希望比第二天的開發部署更快獲得端到端測試結果，並決定「每兩個小時一次」是一個很好的起點。但是，團隊並不想進行全面的開發部署——這通常會產生開銷，並破壞工程師在開發環境中測試之長期運行的流程。為這些測試建立一個新的共用測試環境，似乎也有太多的開銷，無法為其提供資源，再加上罪魁禍首查找（即查找導致失敗的部署）可能涉及一些不受歡迎的手動工作。

因此，團隊重複使用了提交前的沙箱環境，輕鬆地將其擴展到新的提交後環境。與提交前不同，提交後符合使用測試帳號的安全保護措施（例如，因為程式碼已獲批准），因此端到端測試可以在那裡運行。提交後的 CI 每兩小時運行一次，從亮綠燈的（green）head 中獲取最新的程式碼和組態，建立一個 RC（候選版本），並針對它運行「已在開發環境中運行之」相同的端到端測試集（test suite）。

吸取的教訓。 更快的反饋迴圈可防止開發部署（dev deploys）中出現問題：

- 將不同之 Takeout 產品的測試從「夜間部署後」（after nightly deploy）轉移到提交前，可防止 95% 的組態不良造成的伺服器損壞，以及讓夜間部署失敗（nightly deployment failures）降低 50%。
- 雖然端到端測試不能全部移到提交前，但它們仍從「夜間部署後」移到「提交後兩個小時內」（post-submit within two hours）。這有效地將「罪魁禍首集」（culprit set）減少了 12 倍。

情景 #2：無法辨認的測試日誌

問題： 隨著 Takeout 將更多的 Google 產品整合進來，它逐漸發展成為一個成熟的平臺，允許產品團隊直接在 Takeout 的二進位檔中插入外掛程式，其中包含產品特定的資料獲取程式碼。例如，Google Photos（相簿）外掛程式知道如何獲取照片、相冊中介資料（album metadat）等。Takeout 從最初的「少數」產品擴展到現在整合了 90 多個產品。

Takeout 的端到端測試將其失敗（failures）轉存（dump）到一個日誌中，這種做法不能擴展到 90 個產品的外掛程式。隨著更多的產品被整合進來，會被導入更多失敗。儘管團隊在更早、更頻繁地運行測試時添加了提交後持續整合（post-submit CI），但內部仍會累積多個失敗，很容易錯過。瀏覽這些日誌成了一個令人沮喪的時間黑洞（time sink），而且測試幾乎總是失敗。

團隊做了什麼。 團隊將測試重構為一個動態的、基於組態的測試集（使用一個參數化測試執行器（*https://oreil.ly/UxkHk*）），以便在一個更友善的 UI 中報告結果，清楚地顯示個別的測試結果為 green（綠燈）或 red（紅燈）：不再需要翻閱日誌。它們還使失敗更容易除錯，最顯著的是，在錯誤訊息中直接顯示失敗資訊，並連結到日誌。例如，如果 Takeout 未能從 Gmail 獲取一個檔案，則測試將會動態構建一個連結，用於在 Takeout 日誌中搜索該檔案的 ID，並將其包含在測試失敗訊息中。這讓產品外掛程式工程師的大部分除錯過程得以自動化，並且在向他們發送日誌時，較不需要 Takeout 團隊的協助，如圖 23-3 所示。

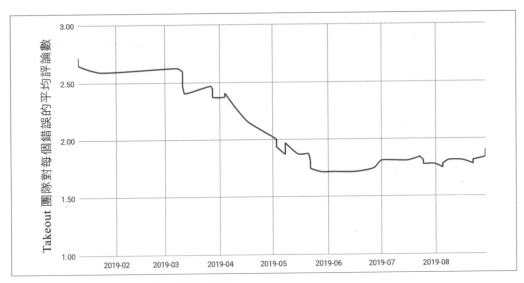

圖 23-3　團隊參與對用戶端進行除錯的情況

吸取的教訓。來自 CI 之可存取、可操作的反饋，減少了測試失敗，並提了高生產率。這些舉措使 Takeout 團隊參與「用戶端（產品外掛程式）測試失敗」除錯的情況，減少了 35%。

場景 #3：對「Google 所有產品」進行除錯

問題：Takeout CI 的一個有趣的副作用是團隊沒有預料到的，因為它以存檔的形式驗證了 90 多種面向終端用戶（end-user–facing）之產品的輸出，它們基本上是對「整個 Google」進行測試，並捕捉與 Takeout 無關的問題。這是一件好事，Takeout 能夠幫助提高 Google 產品的整體品質。然而，這為他們的 CI 流程帶來了一個問題：他們需要更好的失敗隔離，以便他們能夠確定哪些問題存在於他們的建構中（這是少數），哪些問題存在於他們調用的產品 API 背後之鬆散耦合的微服務中。

團隊做了什麼。團隊的解決方案是針對生產環境持續運行完全相同的測試集（test suite），就像在提交後持續整合（post-submit CI）中所做的那樣。這樣做成本很低，並允許團隊隔離其建構中的新失敗和生產環境中的失敗；例如，在 Google 其他地方發佈微服務的結果。

吸取的教訓。（使用新建構的二進位檔，但相同的上線後端）對「生產環境」（prod）和「提交後持續整合」（post-submit CI）運行相同的測試集，是隔離失敗的一種廉價方式。

剩下的挑戰。展望未來，隨著 Takeout 與更多產品整合，以及這些產品變得更加複雜，測試「Google 所有產品」（顯然，這是一個誇張的說法，因為大多數的產品問題都是由它們各自的團隊發現的）之負擔會越來越重。手動比較此 CI 和 prod 是對建構警察（Build Cop）之時間的昂貴使用。

未來的改進。這提供了一個有趣的機會，可以嘗試在 Takeout 的「提交後持續整合」中嘗試以記錄／重現（record/replay）進行封閉式測試。理論上，這將消除 Takeout 的「提交後持續整合」中出現之後端產品（backend product）API 的失敗，而將使測試集更穩定、更有效地捕捉在 Takeout 變更的最後兩個小時中的失敗——這正是它的預期目的。

場景 #4：保持綠燈（green）

問題：隨著平台支援更多的產品外掛程式，每個外掛程式都包括端到端測試，這些測試將會失敗，端到端測試集（end-to-end test suites）幾乎總是被破壞。這些失敗不能都被立即全部修正。許多是由於產品外掛二進位檔（product plug-in binary）中的錯誤，而 Takeout 團隊無法控制這些錯誤。有些失敗比其他失敗更重要，例如，低優先級的錯誤和測試程式碼中的錯誤不需要阻止發行（block a release），而高優先級的錯誤則需要這麼做。團隊可以輕易地透過將它們變為註解來禁用測試，但這將使失敗變得很容易被忘記。

一個常見的失敗原因是：當產品外掛程式（product plug-ins）推出一個功能時，測試會中斷。例如，YouTube 外掛程式的播放清單獲取功能（playlist-fetching feature）可能會在開發環境中啟用幾個月，然後才在生產環境中啟用。Takeout 測試只知道要檢查一個結果，因此通常需要在特定環境中禁用測試，並在功能推出時手動策劃。

團隊做了什麼。團隊提出了一種禁用失敗測試的戰略方法，方法是用相關的錯誤來標記它們，並將其提交給負責任的團隊（通常是產品外掛程式團隊）。當失敗的測試被標記為錯誤時，團隊的測試框架將抑制其失敗。這讓測試集得以保持綠燈（green），並且仍然提供了除已知問題之外的所有其他問題都通過了的信心，如圖 23-4 中所示。

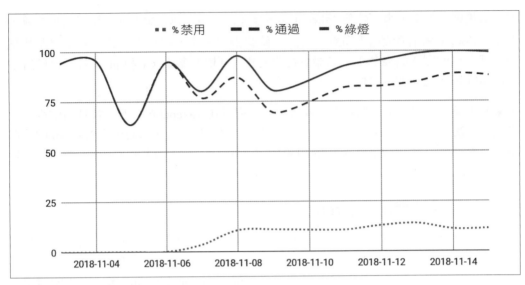

圖 23-4　透過（負責任的）測試禁用來實現綠燈機制

對於推出問題（rollout problem），該團隊為外掛程式工程師（plug-in engineers）增加了指定功能旗標之名稱（name of a feature flag）或程式碼變更之識別碼（ID of a code change）的能力，進而啟用特定功能，以及在有或沒有該功能的情況下預期的輸出。這些測試用於查詢測試環境，以確定是否在那裡啟用了給定的功能，並相應地驗證了預期的輸出。

當來自禁用測試（disabled tests）的錯誤標記（bug tags）開始累積且未更新時，團隊會將清理工作自動化。測試現在將透過查詢我們錯誤系統（bug system）的 API 來檢查錯誤是否已關閉。如果一個被標記為失敗的（tagged-failing）測試實際上通過了，而且通過的時間超過了設定的時間限制，則測試將提示清理標記（並標記錯誤已修正，如果尚未標記）。此策略有一個例外：不穩定的測試（flaky tests）。為此，團隊將允許把測試標記為不穩定（flaky），如果測試通過，系統不會清理提示標記為「不穩定」的失敗。

這些變更使得測試集（test suite）大多是自我維護的，如圖 23-5 所示。

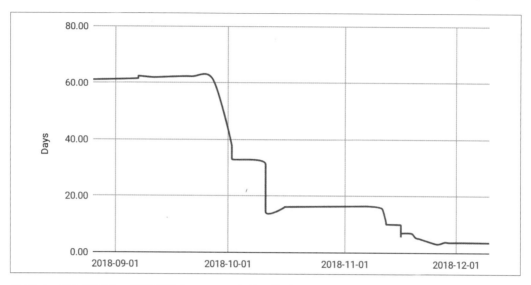

圖 23-5　提交修正後，關閉錯誤（close bug）的平均時間

吸取的教訓。禁用無法立即修正的失敗測試（failing tests）是讓你的測試集保持綠燈（keeping your suite green）的實用做法，它可以讓你確信，你知道所有測試失敗的情況。此外，測試集維護的自動化，包括推出管理（rollout management）和已修正測試（fixed tests）之錯誤追蹤（tracking bugs）的更新，保持測試集的乾淨，以及防止技術債務。用 Devops 的話說，我們可以把圖 23-5 中的指標（metric）稱為 MTTCU，亦即「平均清理時間」（mean time to clean up）。

未來的改進。把錯誤的歸檔和標記（filing and tagging）自動化將是一個有用的下一步。這仍然是一個手動和繁瑣的過程。如前所述，我們的一些較大型的團隊已經這樣做了。

進一步的挑戰。我們描述的場景（scenarios）遠非 Takeout 所面臨的唯一 CI 挑戰，還有更多問題需要解決。例如，我們在第 478 頁的〈CI 的挑戰〉中提到了將失敗（failures）與上游服務（upstream services）隔離的困難，即源於上游服務的罕見中斷，這是 Takeout 仍然面臨的一個問題，其罕見中斷源自上游服務，例如，當 Takeout 的「雲端硬碟資料夾下載」（Drive folder downloads）API 使用之串流基礎架構（streaming infrastructure）中的安全更新（security update）部署到產品環境時，破壞了存檔解密（archive decryption）。上游服務會被分階段測試，但在推入生產環境後，

沒有簡單的方法可以用 CI 來自動檢查它們是否與 Takeout 相容。最初的解決方案是建立一個「上游的模擬」（upstream staging）CI 環境，根據其「上游依賴關係」（upstream dependencies）的模擬版本（staged versions）來測試生產版本的 Takeout 二進位檔。但是，事實證明，這很難維護，因為在模擬和生產版本之間存在額外的相容性問題。

但我負擔不起 CI

你可能認為這一切都很好，但你既沒有時間也沒有錢來建構這些東西。我們當然承認，與典型的初創公司相比，Google 可能擁有更多的資源來實施 CI。然而，我們的許多產品發展地如此之快，以至於我們也沒有時間開發 CI 系統（至少不是一個適當的系統）。

在你自己的產品和組織中，試著想想你為了在生產環境（即實際執行環境）中發現的和處理的問題所付出的成本。這些問題當然會對終端用戶或客戶產生負面的影響，但它們也會影響到團隊。頻繁的生產環境救火會造成緊張和士氣低落。雖然建構 CI 系統成本很高，但它未必是一種新的成本，而只是將成本左移到一個較早（較適合）的階段，減少太靠右側之問題的發生率，進而降低成本。CI 帶來了更穩定的產品和更快樂的開發者文化，在這種文化中，工程師們更有信心，「系統」會發現問題，他們可以把更多精力放在功能上，而不是修正上。

結語

儘管我們已經描述了我們的 CI 流程以及一些自動化的做法，但這並不是說我們已經開發了完美的 CI 系統。畢竟，CI 系統本身只是軟體，永遠不會完成，應該進行調整，以滿足應用程式和工程師不斷變化的需求，它的目的是服務。我們試圖用 Takeout 之 CI 的演變和我們指出的未來改進領域來說明這一點。

摘要

- CI 系統決定使用什麼測試以及何時使用。
- 隨著你的程式碼基底（codebase）的老化和規模的擴大，CI 系統會變得越來越有必要。
- CI 應該在提交前優化更快、更可靠的測試，以及在提交後優化較慢、不太確定的測試。
- 可存取、可操作的反饋，使 CI 系統變得更有效率。

## 第二十四章

持續交付

作者：Radha Narayan（拉達‧納拉揚）、 Bobbi Jones（鮑比‧瓊斯）、
Sheri Shipe（謝里‧希普）與 David Owens（戴維‧歐文斯）
編輯：Lisa Carey（麗莎‧凱莉）

鑒於技術領域的變化是如此之快且不可預測，任何產品的競爭優勢在於其快速進入市場的能力。一個組織的速度是它與其他參與者競爭、保持產品和服務品質或適應新法規之能力的一個關鍵因素。部署時間限制了該速度。部署並不只是在首次推出時進行。教育工作者中有一種說法：沒有一個教案能在與學生第一次接觸中倖存下來。同樣地，沒有一個軟體在首次推出時是完美的，唯一的保證是你必須更新它。迅速地。

軟體產品的長期生命週期（long-term life cycle）包括對新想法的快速探索、對環境變化或用戶問題的快速反應，以及在規模上實現「開發人員的速度」（developer velocity）。從 Eric Raymond（埃里克‧雷蒙德）的《大教堂與集市》（The Cathedral and the Bazaar）到 Eric Reis（埃里克‧雷斯）的《精益創業》（The Lean Startup），任何組織長期成功的關鍵始終在於，它能夠儘快將想法付諸實施並交到用戶手中，以及對他們的反饋做出快速反應。Martin Fowler（馬丁‧福勒）在其著作《Continuous Delivery》（又名CD）（*https:// oreil.ly/B3WFD*）中指出：「任何軟體工作面臨的最大風險是，你最終會建構出沒有用的東西。你越早、越頻繁地將可運行的軟體放在真實的用戶面前，你就越快得到反饋，發現到它的真正價值。」

在交付用戶價值之前，進行長時間的工作是高風險和高成本的，甚至可能消耗士氣。在Google，我們努力做到儘早和經常（early and often）發行（release），或者說「推出和迭代」（launch and iterate），以使團隊能夠快速看到他們工作的影響，並更快地適應不斷變化的市場。程式碼的價值不是在提交時實現的，而是在你的用戶可以使用功能時實現的。縮短「程式碼完成」和用戶反饋之間的時間，可最大限度地降低正在進行之工作的成本。

透過意識到「發射（意指推出）永遠不會著陸」（launch never lands），但它會開始一個學習週期（learning cycle），然後你會在其中修正下一個最重要的事情、衡量它的進展、修正下一件事情…等等，進而獲得非凡的結果－而且它永遠不會完成。

— David Weekly（大衛‧威克利），前 Google 產品經理

在 Google，我們在本書中描述的做法使數百名（或在某些情況下是數千名）工程師快速排除問題，獨立開發新功能而不必擔心發行問題，並透過 A/B 實驗瞭解新功能的有效性。本章的重點在介紹快速創新的關鍵槓桿，包括管理風險、大規模提高開發人員的速度，以及瞭解你推出（launch）的每項功能之成本和價值的權衡。

持續交付在 Google 的習慣用法

持續交付（Continuous Delivery 或簡寫為 CD）和敏捷方法論（Agile methodology）的一個核心原則是，隨著時間的推移，小批量的變更會帶來更高的品質；換句話說，越快就越安全。乍一看，對團隊來說，這似乎存在很大的爭議，尤其是在設置 CD 的先決條件（例如，持續整合（Continuous Integration 或簡寫為 CI）和測試）尚未到位的情況下。因為所有團隊都可能需要一段時間才能實現 CD 的理想，所以我們將重點放在開發「在實現最終目標的過程中」獨立交付價值的各個方面。以下是其中一些：

敏捷（*Agility*）

　　頻繁和小批量的發行

自動化（*Automation*）

　　減少或消除頻繁發行的重複性開銷

隔離（*Isolation*）

　　努力採用模組化架構，以隔離變更並使問題排除更加容易

可靠性（*Reliability*）

　　量測關鍵的健康指標，如崩潰（crashes）或延遲（latency），並不斷改善它們

資料驅動的決策

　　對健康指標使用 A/B 測試，以確保品質

分階段推出（*Phased rollout*）

在向所有人交付之前，先向少數使用者推出變更

起初，頻繁發行新版本的軟體似乎有風險。隨著你的用戶群的成長，你可能會擔心，如果存在任何你沒有在測試中發現的錯誤，你會受到憤怒之用戶的反擊，並且這可能只是因為你的產品中有太多的新程式碼，無法詳盡地測試。但這正是 CD 可以幫上忙的地方。理想情況下，一個版本和下一個版本之間的變化很少，因此問題的排除是非常簡單的。在極限情況下，使用 CD，每個變更都會透過 QA 管道，並自動部署到生產環境中。對於許多團隊來說，這通常不是一個事實，因此經常會有一些文化上的改變，將 CD 做為一個中間步驟，在此期間，團隊可以做好隨時部署的準備，而無須實際進行部署，進而建立他們在未來更頻繁地發行的信心。

速度是一項團隊運動：
如何將部署工作分解為可管理的部分

當團隊規模較小時，變更會以一定的速度進入程式碼基底（codebase）。我們看到，當一個團隊隨著時間的推移，而成長或分裂成子團隊時，就會出現一個反模式：一個子團隊分支出它的程式碼，以避免冒犯到任何人，但後來卻在整合和尋找罪魁禍首方面陷入困境。在 Google，我們希望團隊繼續在共享的程式碼基底中進行開發，並設置 CI 測試、自動回滾（rollback）和罪魁禍首查找，以快速發現問題。這在第 23 章中有詳細討論。

我們的一個程式碼基底，YouTube，是一個大型的單體式 Python 應用程式。發行過程非常費力，需要建構警察（Build Cops）、發行經理（release managers）和其他志願者。幾乎每個版本都有多個經 cherry-picked[譯註] 的變更和重制。每個版本還有一個由遠端 QA 團隊運行的 50 小時之手動回歸測試週期。當一個版本的運營成本（operational cost）如此之高時，就會形成一個週期，在這個週期中，你等待著推出（push out）你的版本，直到你能夠對其進行更多的測試。與此同時，有人想再添加一個幾乎已經準備好的功能，很快你就會有一個費力、容易出錯且緩慢的發行過程。最糟糕的是，上次發行該版本的專家已經筋疲力盡，離開了團隊，現在甚至沒有人知道，如何解決當你試圖發行更新時發生了那些奇怪的崩潰，讓你一想到要按下該按鈕就感到恐慌。

譯註　目前的分支可以使用 Git 的 cherry-pick 指令，挑選別的分支上的某些 Commit 過來合併。

如果你的發行成本昂貴，有時甚至有風險，那麼本能的反應就是放慢你的發行節奏，延長你的穩定期。但是，這只會帶來短期的穩定性收益，並且隨著時間的推移，它會減慢速度並讓團隊和用戶感到沮喪。答案是降低成本，加強紀律並增加風險，但至關重要的是，要抵制明顯的運營修正（operational fixes）並投資於長期的架構變更（architectural changes）。對此一問題的明顯運營修正，導致了一些傳統的做法：恢復到傳統的規劃模型（planning model），留下很少的學習或迭代空間，在開發過程中添加更多的治理（governance）和監督（oversight），以及實施風險審查或獎勵低風險（通常是低價值）的功能。

然而，回報最高的投資是遷移到微服務架構，這可以讓大型產品團隊能夠在降低風險的同時保持靈活和創新。某些情況下，在 Google，答案是從頭開始重寫應用程式，而不只是遷移它，將所需的模組化建立到新的架構中。儘管這兩種方案中的任何一種都可能需要數個月的時間，並且在短期內可能會很痛苦，但在運營成本和認知簡單性方面所獲得的價值，將在應用程式的多年生命週期內得到回報。

評估隔離中的變更：旗標防護功能

可靠之持續發行（continuous releases）的一個關鍵是確保工程師對所有變更進行「旗標防護」（flag guard）。隨著產品的發展，會有多個處於不同開發階段的功能，在一個二進位檔案（binary）中共存。旗標防護可用於逐個功能地（feature-by-feature basis）控制產品中功能程式碼（feature code）的引入（inclusion）或表達方式（expression），並且對於發行版本（release builds）和開發版本（development builds）^{譯註} 可以用不同的方式表達。如果語言允許的話，禁用的功能旗標應該允許建構工具從建構中剝離該功能。例如，一個已交付給（shipped to）客戶的穩定功能（stable feature）在開發版本和發行版本中可能都會被啟用。正在開發中的功能可能僅在開發版本中被啟用，以保護用戶免受未完成功能（unfinished feature）的影響。新的功能程式碼與舊的程式碼路徑（codepath）一起存在於二進位檔中，兩者都可以運行，但新的程式碼會由一個旗標保護著。如果新的程式碼可以運行，則可以刪除舊的程式碼路徑，並在後續版本中完全啟動該功能。如果有問題，旗標值（flag value）可以透過動態組態更新（dynamic config update）獨立於二進位版本（binary release）進行更新。

譯註　發行版本（release builds）係指穩定的版本（stable builds），而開發版本（development builds）指的是不穩定的開發快照（development snapshots）用於測試和展示新功能。

在二進位版本（binary release）的舊世界中，我們必須將新聞稿^{譯註}發佈的時間與二進位版本的推出的時間緊密結合。我們必須在發佈新功能的新聞稿之前成功推出。這意味著該功能在宣佈之前就已經存在，並且提前發現它的風險是非常真實的。

這就是旗標防護的魅力所在。如果新程式碼具有一個旗標，則可以在新聞稿發佈（press release）之前立即更新該旗標以打開你的功能，進而最大限度地降低功能洩露的風險。請注意，對於真正敏感的功能，旗標防護程式碼並不是完美的安全網。如果程式碼混淆得不夠好，仍然可以對其進行抓取和分析，而且並非所有功能都可以隱藏在旗標後面而不會增加很多複雜性。此外，即使是旗標組態（flag configuration）變更也必須謹慎推出（rolled out）。一下子為 100% 的用戶打開旗標並不是一個好主意，所以管理安全組態推出（safe configuration rollouts）的組態服務是一個很好的投資。然而，控制水準以及將特定功能的命運與整個產品之發行脫鉤的能力，是應用程式長期可持續發展的有力槓桿。

追求敏捷性：設置一個發行列車

Google 的 Search 二進位檔是它的第一個、也是最古老的產品。它的程式碼基底（codebase）龐大而複雜，可以追溯到 Google 的起源——在我們的程式碼基底中搜尋，仍然可以找到至少早在 2003 年（通常更早）編寫的程式碼。當智慧手機開始起飛時，一個又一個的行動功能（mobile feature）被塞進了一堆主要為伺服器部署而編寫的程式碼中。儘管 Search 的體驗變得更具活力和互動性，但部署可行的建構變得越來越困難。有一次，我們每週只將 Search 二進位檔發行到生產環境中一次，即使達到這個目標也很罕見，而且常常基於運氣。

當我們的一個特約作者 Sheri Shipe（謝麗・希佩）接手「在 Search 中提高我們的發行速度」之專案時，每個發行週期（release cycle）都需要一組工程師才能完成。他們建構了二進位檔、整合了資料，然後開始測試。每個錯誤都必須進行手動分類，以確保它不會影響 Search 的品質、用戶體驗（UX）和／或收入。這個過程既辛苦又耗時，而且無法根據變化量或變化率進行調整。因此，開發人員永遠無法知道他們的功能何時會發行到生產環境中。這使得新聞稿發佈（press releases）和公開推出（public launches）的時間安排變得具有挑戰性。

譯註　一種新聞式的宣傳文稿。

發行（releases）不會在真空中發生（happen in a vacuum），並且擁有可靠的發行（reliable releases）會讓依賴因素（dependent factor）更容易同步。在幾年的時間裡，一組專門的工程師實施了一個持續的發行過程，簡化了將一個 Search 二進位檔（binary）發送到世界的所有工作。我們盡可能實現自動化，設置提交功能的最後期限，並簡化外掛程式（plug-ins）和資料（data）到二進位檔的整合。我們現在可以每隔一天將新的 Search 二進位檔發行到生產環境中。

為了使我們的發行週期（release cycle）具有可預測性，我們做了哪些權衡？我們把它們歸結為我們融入系統的兩個主要想法。

沒有一個二進位檔是完美的

首先，沒有一個二進位檔是完美的（no binary is perfect），特別是對於包含數十或數百名開發人員獨立開發數十個主要功能的建構。儘管不可能修正每個錯誤，我們仍然需要不斷權衡以下問題：如果有一列被向左移動了兩個像素，是否會影響廣告展示（ad display）和潛在的收入？如果一個方框的陰影被稍微改變了怎麼辦？是否會使視障用戶難以閱讀文字？本書的其餘部分可以說是最大限度地減少發行的意外結果，但最終我們必須承認軟體從根本上來說是複雜的。沒有完美的二進位檔，因此每當有新的變更被發行到生產環境中時，就必須做出決策和權衡。具有明確門檻值（clear thresholds）的關鍵效能指標衡量標準（key performance indicator metrics）允許功能即使不完美[1]也可以推出，並且還可以在其他有爭議的推出決策（contentious launch decisions）中建立清晰的思路。

有一個錯誤涉及到菲律賓的一個島上才有的罕見方言。如果一個用戶以這種方言詢問一個搜尋問題，他們得到的不是問題的答案，而是一個空白的網頁。我們必須確定修正此錯誤的成本是否值得推遲一個重要之新功能的發行。

我們從一個辦公室跑到另一個辦公室，試圖確定究竟有多少人說這種語言，是否每次用戶以這種語言進行搜尋時都會出現這種情況，以及這些人是否經常使用 Google。每個與我們交談的品保工程師（quality engineer）都將我們推給一個更資深的人。最後，資料在手，我們向 Search 的資深副總裁提出了這個問題。我們是否應該推遲一個重要的發行，來修正一個「只影響到一個非常小的菲律賓島嶼」的錯誤？事實證明，無論你的島嶼有多小，你都應該得到可靠和準確的搜尋結果：我們延遲了發行時間並修正了錯誤。

1　記住 SRE 的「錯誤預算」（error-budget）表述：完美很少是最佳目標。瞭解有多少誤差空間是可以接受的，以及該預算最近花了多少，並利用這一點來調整速度和穩定性之間的權衡。

滿足你的發行最後期限

第二個想法是，**如果你趕不上發行列車，它就不會帶你離開**。有句格言是這樣說的：「最後期限是確定的，生活是不確定的。」在發行時間表（release timeline）的某個時間點上，你必須打下樁子，並拒絕開發者和他們的新功能。一般來說，在最後期限過後，無論怎樣的懇求或乞求都無法使一個功能進入今日的發行。

有一個**罕見的**例外。情況通常是這樣的：這是一個週五的傍晚，六名軟體工程師驚慌失措地衝進發行經理（release manager）的辦公室。他們與 NBA 簽訂了合約，並在不久前完成了該功能。但它必須在明天的大賽之前上線。發行必須停止，我們必須將這個功能櫻桃採摘（cherry-pick）到二進位檔中，否則我們將違反合約！一位睡眼惺忪的發行工程師（release engineer）搖了搖頭說，切割和測試一個新的二進位檔，需要四個小時。今天是他孩子的生日，他還需要撿氣球。

一個定期發行的世界，意味著，如果開發人員錯過了發行列車，他們將能夠在幾個小時，而不是幾天，趕上下一班列車。這限制了開發人員的恐慌情緒，並大大改善了發行工程師的工作和生活的平衡。

品質和以用戶為中心：只交付被使用的部分

膨脹（bloat）是大多數軟體開發生命週期的一個不幸的副作用，產品越成功，其程式碼基底（code base）通常就越膨脹。快速、高效之發行列車（release train）的一個缺點是，這種膨脹通常會被放大，並可能表現為對產品團隊甚至用戶的挑戰。特別是如果軟體被交付給客戶端（如行動應用程式），這可能意味著，用戶的設備要支付空間、下載和資料成本，即使是他們從未使用過的功能也是如此，而開發人員則要支付較慢的建構成本，複雜的部署和罕見的錯誤。本節中，我們將討論動態部署（dynamic deploy）如何讓你僅交付（ship）被使用的部分，進而在用戶價值和功能成本之間進行必要的權衡。在 Google，這往往意味著，要配備專門的團隊來持續提高產品的效率。

雖然有些產品是基於 Web 並在雲端上運行，但許多產品是客戶端應用程式，在用戶的設備（手機或平板電腦）上共享資源。這種選擇本身就展現了一種權衡，即原生應用程式（native apps）可以有更高的性能並適應不穩定的連線，但也更難以更新，並且更容易受到平台級問題（platform-level issues）的影響。反對原生應用程式頻繁、持續部署的一個常見論點是，用戶不喜歡頻繁的更新，而且必須為資料成本和中斷付出代價。可能還有其他的限制因素，例如對網路的存取或滲入更新（percolate an update）所需之重新啟動（reboot）的限制。

儘管在更新產品的頻率方面需要做出權衡，但目標是**讓這些選擇是有意的**。在一個平穩、運行良好的 CD 流程中，可以將**建立**可行版本（viable release）的頻率與用戶**接收**它的頻率分開。你可能會達到每週、每天或每小時部署的目標，但實際上無須這樣做，並且你應該根據用戶的具體需求和更大的組織目標，有意識地選擇發行流程，並確定最能支援你的產品之長期可持續性（long-term sustainability）的人員配備和工具模型。

在本章前面的部分，我們討論了如何讓你的程式碼保持模組化。這允許動態、可配置的部署，進而更好地利用有限的資源，例如用戶設備上的空間。在沒有這種做法的情況下，每個用戶都必須接受他們永遠不會使用的程式碼，以支援他們不需要的翻譯或為其他類型之設備設計的架構。動態部署允許應用保持較小的規模，同時僅將程式碼傳送到為用戶帶來價值的設備，並且 A/B 實驗允許在「功能的成本」與「其對用戶和你的業務的價值」之間進行有意的權衡。

設置這些流程有一個前期成本，識別和消除讓發行頻率低於預期頻率的阻力，是一個艱苦的過程。但在風險管理、開發人員速度和實現快速創新方面的長期勝利是如此之高，以至於這些初始成本是值得的。

向左移：更早地做出資料驅動的決策

如果你是在為所有用戶建構程式，那麼你在智慧螢幕、揚聲器或 Android 和 iOS 手機和平板電腦之上可能都會有客戶端，並且你的軟體可能夠靈活，允許用戶自定義其體驗。即使你只為 Android 裝置建構程式，超過 20 億台 Android 裝置的多樣性，會讓人對程式是否有資格獲得發行感到不知所錯。隨著創新的步伐，當有人閱讀本章時，全新的裝置類別可能已經出現。

我們的一位發行經理分享了一個扭轉局面的智慧，他說客戶端市場的多樣性不是**問題**，而是**事實**，進而扭轉了局面。接受這一點後，我們可以透過以下方式切換我們的發行資格模型：

- 如果全面測試（comprehensive testing）實際上不可行，則改為進行代表性測試（representative testing）。
- 分階段推出（staged rollouts）以緩慢增加用戶群百分比，進而實現快速修正。
- 自動 A／B 發行（releases）會在統計學上發生顯著的結果，藉此證明一個版本的品質，而無須疲憊的人類去看儀表板和做出決定。

在為 Android 客戶端進行開發時，Google 應用程式使用專門的測試軌道（testing tracks）和分階段推出（taged rollouts）來增加用戶流量的百分比，仔細監控這些渠道中的問題。由於 Play Store 提供無限的測試軌道，因此我們還可以在計劃推出的每個國家，設置一個 QA 團隊，以便全球範圍內，一夜之間完成關鍵功能的測試。

當我們向 Android 進行部署時，注意到一個事情：我們可以預期，僅僅透過推送更新（pushing an update），用戶指標（user metrics）就會發生統計學上顯著的變化。這意味著，即使我們沒有對產品進行任何變更，推送更新也會以難以預測的方式影響裝置和用戶行為。因此，儘管對一小部分的用戶流量進行金絲雀更新（canarying the update），可以為我們提供有關崩潰（crashes）或穩定性（crashes）問題的良好資訊，但它幾乎沒有告訴我們較新版的應用程式是否實際上比舊的版本更好。

Dan Siroker（丹·西羅克爾）和 Pete Koomen（皮特·庫曼）已經討論過，對你的功能進行 A/B 測試[2]之價值，但在 Google，我們的一些較大型的應用程式也會對其**部署**進行 A/B 測試。這意味著，發送產品的兩個版本：一個包含所需的更新（測試組），另一個是再次交付的舊版本（控制組）。由於這兩個版本同時向夠大的類似用戶群推出（roll out），因此你可以拿一個版本與另一個版本進行比較，以查看軟體的最新版本是否實際上比以前的版本有所改進。有了夠大的用戶群，你應該能夠在幾天甚至幾小時內，獲得統計學上顯著的結果。一旦有足夠的資料知道「護欄指標」（guardrail metrics）不會受到影響，自動化指標流水線（automated metrics pipeline）就可以透過將一個版本推送到更多的流量，來實現盡可能快的發行。

顯然，這種方法並不適用於每個應用程式，當你沒有夠大的用戶群時，可能會產生很大的開銷。在這些情況下，推薦的最佳做法是以「變更中性版本」（change-neutral releases）為目標。所有新功能都受到旗標保護，因此在推出期間，測試的唯一變更是部署本身的穩定性。

改變團隊文化：在部署過程中建立紀律

儘管「始終在部署」（Always Be Deploying）有助於解決影響開發人員速度的幾個問題，但也有一些做法可以解決規模問題。最初推出產品的團隊可能少於 10 人，每個人輪流負責部署（deployment）和生產監控（production-monitoring）。隨著時間的推移，你的團隊可能會發展到數百人，並由子團隊負責特定功能。隨著這種情況的發生和組織

2　Dan Siroker 和 Pete Koomen 所著之《A/B Testing: The Most Powerful Way to Turn Clicks Into Customers》（A/B 測試：將點擊轉化為客戶的最有效方式）（Hoboken：Wiley，2013）。

規模的擴大，每次部署中的變更數量以及每次發行嘗試中的風險量，都在超線性增加。每次發行都會包含數月的汗水和淚水。使發行成功變為一項高度接觸（high-touch）和勞力密集（labor-intensive）的工作。開發人員經常被捉到，試圖決定哪個是更糟糕的情況：放棄包含一個季度之新功能和錯誤修正的版本，還是在對其質量沒有信心的情況下推出一個版本。

在規模上，複雜性的增加通常表現為發行延遲的增加。即使你每天都發行，一個版本也可能需要一週或更長時間才能完全安全地推出，當你試圖除錯任何問題時，就會讓你落後一週。這就是「始終在部署」可以將開發專案恢復到有效狀態的地方。頻繁的發行列車（release trains）讓新的版本得以與一個已知的良好狀態，偏差最少（minimal divergence），頻繁的變更有助於解決問題。但是，一個團隊如何才能確保大型和快速擴展之程式碼基底（codebase）固有的複雜性不會拖累進度？

在 Google Maps 上，我們認為功能非常重要，但只有在非常少的情況下，才會有如此重要的功能需要發行。如果發行的頻率很高，那麼一個功能因為錯過了一個版本而帶來的痛苦，與一個版本中所有新功能延遲而帶來的痛苦相比，是很小的，尤其是如果急於加入尚未完全準備好的功能，用戶可能會感到的痛苦。

發行的責任是保護產品不受開發人員的影響。

在進行權衡時，開發人員對推出新功能的熱情和緊迫感，永遠不會勝過現有產品的用戶體驗。這意味著，新功能必須透過具有強大契約（strong contracts）、關注點分離（separation of concern）、嚴格的測試（rigorous testing）、早期和經常的溝通以及接受新功能之約定的介面來與其他元件隔離。

結語

多年來，在我們所有的軟體產品中，我們發現，與直覺相反，更快就是更安全。產品的健康狀況和開發速度，實際上並不相互對立，並且更頻繁和小批量發行的產品，具有更優質的結果。它們能夠更快地適應野外遇到的錯誤和意想不到的市場變化。不僅如此，更快就是更便宜，因為擁有一個可預測的、頻繁的發行列車（release train）會迫使你降低每個版本的成本，並讓任何被放棄之版本的成本非常低。

只要將**支援**持續部署（continuous deployment）的結構放在適當的位置，就可以產生大部分的價值，**即使你實際上並沒有將這些版本推送給用戶**。我們實際上並不是每天為 Search（搜尋）、Maps（地圖）或 YouTube 發行一個截然不同的版本，但如果要做到這一點，需要有一個健全的、紀錄良好的持續部署過程，關於用戶滿意度和產品健康狀

況之準確和即時的指標，以及一個協調的團隊，該團隊對什麼能進入或退出以及為什麼要這樣做有明確的政策。實際上，要做到這一點，往往還需要有能夠在生產環境中設定組態的二進位檔，（在版本控制中）像程式碼一樣管理組態，以及一個允許採取安全措施的工具鏈，比如「試運行驗證」（dry-run verification）、回滾／前滾（roll back/rollforward）機制和可靠的補丁（patching）。

摘要

- **速度是一項團隊運動**：對於協作開發程式碼的大型團隊來說，最佳工作流程需要架構的模組化（modularity of architecture）和近乎持續的整合（near-continuous integration）。

- **個別評估變更**：標記任何功能，以便能夠及早隔離問題。

- **讓現實成為你的基準**：使用分階段推出（staged rollout）來解決設備多樣性和用戶群的廣度問題。在與生產環境（production environment）不同的合成環境（synthetic environment）中發行資格認證（release qualification）可能會導致後期出現意外。

- **只交付被使用的部分**：監控任何功能的成本和價值，以瞭解它是否仍然相關並提供足夠的用戶價值。

- **向左移**：透過 CI 和持續部署，更早地對所有變更做出更快、更資料驅動的決策。

- **更快更安全**：儘早、經常和小批量地交付，以降低每次發行的風險並最大限度地縮短上市時間。

## 第二十五章

運算即服務

作者：Onufry Wojtaszczyk（奧努夫・沃伊塔什奇克）

編輯：Lisa Carey（麗莎・凱莉）

我不試圖理解電腦。我試圖理解這些程式。

—— Barbara Liskov（芭芭拉・利斯科夫）

完成了編寫程式碼的艱苦工作後，你需要一些硬體來運行它。因此，你去購買或租用這些硬體。從本質上講，這就是「運算即服務」（Compute as a Service 或簡寫為 CaaS），其中「運算」（Compute）是實際運行你的程式所需之運算能力（computing power）的簡稱。

本章是關於這個簡單的概念——只要給我硬體來運行我的東西[1]——如何映射到一個系統，該系統將隨著組織的發展和成長而生存和擴展。這個題目很複雜，所以有一點長，我們將它分為四個部分：

- 第 506 頁的〈馴服運算環境〉（Taming the Compute Environment）介紹了 Google 如何解決這個問題，並解釋了 CaaS 的一些關鍵概念。
- 第 511 頁的〈為託管運算編寫軟體〉（Writing Software for Managed Compute）展示了託管運算解決方案（managed compute solution）如何影響工程師編寫軟體的方式。我們認為，「牛，而非寵物」（cattle, not pets）／靈活的排程模型（lexible scheduling model）是 Google 在過去 15 年中取得成功的基礎，也是軟體工程師工具箱中的重要工具。

---

[1] 免責聲明：對於某些應用程式，「運行它的硬體」是客戶的硬體（例如，想想你十年前購買的收縮包裝遊戲（shrink-wrapped game））。這帶來了非常不同的挑戰，本章並不涉及這些挑戰。

- 第 517 頁的〈隨時間和規模變化的 CaaS〉深入探討了 Google 在運算架構的各種選擇如何隨著組織的成長和演變而發展的一些經驗教訓。
- 最後，第 523 頁的〈選擇一個運算服務〉主要針對那些決定在其組織中使用何種運算服務的工程師。

馴服運算環境

Google 內部的 Borg 系統[2]是當今許多 CaaS 架構（如 Kubernetes 或 Mesos）的先驅。為了更好地瞭解此類服務的特定方面，如何滿足一個不斷成長和演變之組織的需要，我們將追溯 Borg 的演變以及 Google 工程師為馴服運算環境所做的努力。

勞動自動化

想像一下，在世紀之交成為一名大學生。如果你想部署一些新的、漂亮的程式碼，你可以先將程式碼 SFTP 到大學之計算機實驗室的一台機器上，再 SSH 到機器中，編譯並運行該程式碼。這是一個簡單而誘人的解決方案，但隨著時間的推移和規模的擴大，它會遇到相當大的問題。然而，由於這大致是許多專案開始時的情況，因此許多組織最終的流程是該系統的某種簡化演變，至少對於某些任務而言——機器數量增加（因此可以將 SFTP 和 SSH 擴展到其中的許多任務），但底層技術仍然存在。例如，2002 年，Google 最資深的工程師之一 Jeff Dean（杰夫・迪恩）寫了以下關於在發行過程（release process）中運行自動化資料處理任務（automated data-processing task）的文章：

> 〔運行任務〕是一個後勤、耗時的噩夢。它目前需要獲取 50 多台機器的清單，在這 50 多台機器中的每台機器上啟動一個行程，並在 50 多台機器中的每台機器上監控其進度。如果其中一台機器死掉，則不支援自動將運算遷移到另一台機器，並以特殊的方式監控作業的進度〔…〕此外，由於行程可能會相互干擾，因此存在一個複雜的、人工實現的「註冊」（sign up）檔來限制機器的使用，這會導致排程不太理想，並增加對稀缺機器資源的爭奪。

這是 Google 努力馴服運算環境的早期觸發因素，這很好地解釋了天真的解決方案如何在更大規模下變得無法維護。

2　Abhishek Verma（阿布舍克・維爾馬）、Luis Pedrosa（路易斯・佩德羅薩）、Madhukar R Korupolu（馬杜卡爾・R・科魯波盧）、David Oppenheimer（大衛・奧本海默）、Eric Tune（埃里克・圖恩）和 John Wilkes（約翰・威爾克斯）等人的 " Large-scale cluster management at Google with Borg "（在谷歌用 Borg 進行大規模的叢集管理），EuroSys（歐洲運算系統會議），文章編號：18（2015 年 4 月）：1–17 頁。

簡單的自動化

一個組織可以做一些簡單的事情來減輕一些痛苦。將二進位檔（binary）部署到 50 多台機器中的每一台，並在每台機器上啟動它，這個過程可以透過一支 shell 命令稿輕鬆實現自動化，然後如果這是一個可重複使用的解決方案，則可以透過用更易於維護的程式語言來編寫更健全的程式碼，並行執行部署（特別是因為這「50 多台」機器可能會隨著時間的推移而成長）。

更有趣的是，每台機器的監控也可以自動化。最初，負責該行程的人員想知道（並且能夠干預）其中一個副本是否出了問題。這意味著，從行程中匯出一些監控指標（如「行程還活著」和「已處理的文檔數」）──方法是將其寫入一個共用儲存（shared storage）中，或調用一個監控服務（monitoring service），在那裡它們可以一目了然地看到異常的情況。該領域目前的開源解決方案是，例如，在 Graphana 或 Prometheus 等監控工具中設置儀表板。

如果檢測到異常，通常的緩解策略是透過 SSH 進入機器，終止行程（如果它還活著），然後重新啟動它。這很繁瑣，很容易出錯（要確定你連接到的是正確的機器，並確定你終止的是正確的行程），但是可以自動化：

- 無須手動監控故障，而可以在機器上使用一個代理程式（agent）來檢測異常（如「行程在過去五分鐘內未報告它還活著」或「行程在過去 10 分鐘內未處理任何文檔」），並在檢測到異常時終止行程。
- 與其於行程死後才登入機器再次啟動該行程，不如將整個執行包裹在一個 "while true; do run && break; done" 的 shell 命令稿中。

在雲端世界中，這相當於設置一個自動修復策略（在 VM 或容器未透過運行狀況檢查後，終止並重新建立該 VM 或容器）。

這些相對簡單的改進，解決了前面描述之 Jeff Dean 的部分問題，而不是全部。人工實施的限制，以及遷移到新機器，需要更多的解決方案。

自動排程

下一步自然是機器分配自動化（automate machine assignment）。這就需要第一個真正的「服務」最終成長為「運算即服務」（Compute as a Service）。也就是說，為了自動進行排程（automate scheduling），我們需要一個中央服務（central service），該服務知道可供它使用之機器的完整清單，並且可以根據需要（on demand）挑選一些未被佔用的機器，並自動將你的二進位檔部署到這些機器上。這樣就不需要手工維護「註冊」（sign-up）檔了，而是將機器清單的維護委派給電腦。這個系統很容易讓人聯想到早期的分時架構（time-sharing architectures）。

這個想法的自然延伸（natural extension）是將這種排程（scheduling）與對機器失敗（machine failure）的反應結合起來。透過掃描機器日誌（machine logs），查看那些預示著運行狀況不佳的表達方式（例如，大量磁碟讀取錯誤（mass disk read errors）），我們可以識別損壞了的機器，（向人類）發出需要修復此類機器的信號，並避免於此期間在這些機器上安排任何工作。為了進一步消除繁重的工作，自動化可以在涉及人類之前，先嘗試一些修復工作，例如重新啟動機器，希望任何錯誤都能消失，或者運行自動磁碟掃描程序。

Jeff 引述的最後一個抱怨是，如果正在運行的機器出現失敗，則需要人類將運算遷移到另一台機器上。這裡的解決方案很簡單：因為我們已經有了排程自動化（scheduling automation）以及檢測機器是否損壞的能力，我們可以直接讓排程器（scheduler）配置一台新機器，然後在這台新機器上重新開始工作，放棄舊的機器。進行此操作的信號可能來自機器的自檢守護程式（introspection daemon）或對單個行程的監控。

所有這些改進都系統地處理了組織規模不斷擴大的問題。當叢集是一台機器的規模時，SFTP 和 SSH 是完美的解決方案，但在成百上千台機器的規模下，需要自動化來接管。我們開始引用 2002 年的 "Global WorkQueue" 設計文件，這是一個早期的 CaaS 內部解決方案，用於 Google 的某些工作負荷（workloads）。

容器化和多租戶

到目前為止，我們暗自假設了機器和機器上運行的程式之間存在一對一的映射。就運算資源（RAM、CPU）的消耗而言，這在許多方面都是非常低效的：

- 它很可能擁有比機器類型（具有不同的資源可用性）更多之不同類型的工作（具有不同的資源需求），因此許多工作將需要使用相同的機器類型（需要為其中最大的機器類型提供配置）。
- 機器需要花很長時間部署，而程式資源的需求會隨著時間的推移而成長。如果獲得更大的新機器，需要你的組織花幾個月的時間，那麼你還需要使它們夠大，以適應在配置（provision）新機器所需的時間內，資源需求的預期成長，這會導致浪費，因為新機器沒有得到充分利用。[3]
- 即使新機器到了，舊機器仍然在（而且將它們扔掉很可能是浪費），因此你必須管理與需求不符的異質叢集（heterogeneous fleet）。

自然的解決方案是（在 CPU、RAM、磁碟空間方面）為每個程式指定其資源需求，然後要求排程器將程式的副本（replica）打包到可用的機器資源池（pool of machines）中。

3　請注意，如果你的組織從公共雲供應商處租用機器，則這一點和下一點就不太適用。

我鄰居的狗在我的 RAM 中吠叫

如果每個人都能發揮得很好，上述的解決方案就能完美地工作。但是，如果我在組態（configuration）中指定我的資料處理流水線（data-processing pipeline）的每個副本，將消耗一個 CPU 和 200 MB 的 RAM，然而由於錯誤或有機的成長（organic growth），它開始消耗更多資源，它被排程到的機器將耗盡資源。就 CPU 而言，這將導致鄰近的服務工作經歷延遲的突發事件（latency blips）。就 RAM 而言，它會導致「因記憶體不足而核心終止一些行程」（out-of-memory kills by the kernel），或者由於磁碟置換（disk swap）而導致可怕的延遲。[4]

同一台電腦上的兩支程式也可能以其他方式進行不良的互動。許多程式都希望在一台機器上，以某個特定的版本來安裝其依賴項，而這些依賴項可能會與其他程式的版本要求相衝突。一支程式可能期望某些系統資源（想想 /tmp）可供其自己獨佔使用。安全性是一個問題——某支程式可能正在處理敏感資料，需要確保同一台電腦上的其他程式無法存取它。

因此，多租戶運算服務（multitenant compute service）必須提供一定程度的隔離，保證一個行程將能夠安全地進行，而不會受到機器上其他租戶的干擾。

隔離的一個典型解決方案是使用虛擬機（VM）。但是，這些虛擬機在資源使用（它們需要資源才能在內部運行完整的作業系統）和啟動時間（同樣地，它們需要啟動一個完整的作業系統）方面都有很大的開銷[5]。這使得它們成為一個不那麼完美的解決方案，適用於資源佔用少、運行時間短的「批次工作容器化」（batch job containerization）。這導致 Google 的工程師在 2003 年設計 Borg 時尋找了不同的解決方案，最終得到了容器（containers）：一種輕量級機制，基於 cgroups（由 Google 工程師於 2007 年貢獻到 Linux 核心中）以及 chroot jails、bind mounts 和／或用於檔案系統隔離的 union/overlay 檔案系統。開源容器的實作包括 Docker 和 LMCTFY。

隨著時間的推移和組織的發展，有越來越多的潛在隔離失敗（isolation failures）被發現了。舉個具體的例子，2011 年，從事 Borg 工作的工程師發現，行程識別碼空間（預定為 32,000 個 PID）的耗盡正在成為一種隔離失敗，不得不對單一副本可以生成（spawn）的行程／執行緒（processes/threads）總數進行限制。我們將在本章後面更詳細地介紹此例。

4　很久以前，Google 就認為，由於磁碟置換導致的延遲退化（latency degradation）是如此可怕，以至於記憶體不足時終止一些行程和遷移到另一台機器，通常是最佳選擇。所以 Google 總是會在記憶體不足時終止一些行程。

5　儘管有大量的研究正在減少這種開銷，但它永遠不會像原生方式運行（running natively）的行程那樣低。

調整大小和自動擴展

2006 年的 Borg，安排工作的依據是工程師在組態中提供的參數，例如副本的數量和資源需求。

從遠處看問題，要求人類確定資源需求數字（resource requirement numbers）的想法有些缺陷：這些不是人類每天與之打交道的數字。因此，隨著時間的推移，這些組態參數（configuration parameters）本身就成了效率低下的根源。工程師需要在初始服務啟動時花時間確定這些參數，並且隨著你的組織積累越來越多的服務，確定這些參數的成本也會增加。此外，隨著時間的推移，程式會發展（可能會成長），但組態參數卻跟不上。這最終會導致運行中斷——事實證明，隨著時間的推移，新版本的資源需求會吃掉為非預期的峰值（unexpected spikes）或運行中斷（outages）保留的空間，當這種峰值或運行中斷實際發生時，剩餘的空間被證明是不夠的。

自然的解決方案是自動設定這些參數。不幸的是，事實證明，要做好這件事非常棘手。例如，Google 最近才達到這樣一個臨界點，即整個 Borg 叢集（fleet）超過一半的資源使用量是由調整自動化（rightsizing automation）決定的。也就是說，儘管它只是一半的使用量，但它是組態中較大的一部分，這意味著，大多數工程師可以免去調整其容器大小之繁瑣且容易出錯的負擔。我們認為這是「簡單的事情應該很容易，複雜的事情應該是可能的」這一理念的成功應用——僅僅因為 Borg 工作負荷的某些部分太複雜，而無法透過調整大小（rightsizing）來進行適當的管理，並不意味著，在處理簡單的情況時沒有很大的價值。

提要

隨著你的組織的成長和產品變得越來越受歡迎，你將在所有這些面向得到發展：

- 需要管理之不同應用程式的數量
- 需要運行之應用程式的副本數量
- 最大之應用程式的大小

為了有效地管理規模，需要自動化來解決所有這些會成長的面向。隨著時間的推移，你應該預計自動化本身會變得更加複雜，既可以處理新類型的需求（例如，GPU 和 TPU 的排程是 Borg 在過去 10 年中發生的重大變化），也可以擴大規模。在規模較小的情況下原本以手動進行的操作將需要自動化，以避免組織在負荷下崩潰。

其中一個例子，也就是 Google 仍在摸索的過渡期間，是對我們的資料中心進行自動化管理。十年前，每個資料中心都是一個單獨的實體。我們以手動方式管理它們。啟用一個資料中心是一個複雜的手動過程，需要一套專門的技能以及數週的時間（從所有機

器準備就緒的那一刻起），並且本身存在風險。然而，Google 管理之資料中心數量的成長，意味著我們轉向了一種模型，在這種模型中，資料中心的啟用是一個不需要人為干預的自動化過程。

為託管運算編寫軟體

從手動管理機器清單的世界到自動排程和調整大小的世界，使 Google 對叢集（fleet）的管理變得更加容易，但它也使我們編寫和思考軟體的方式發生了深刻的變化。

針對失敗進行架構設計

假設，一個工程師要處理一百萬份文檔並驗證其正確性。如果處理一份文檔需要一秒鐘，那麼整個工作將需要一台機器處理大約 12 天，這可能太長了。因此，我們把工作分散到 200 台機器上，進而將運行時間減少到較容易管理的 100 分鐘。

如第 507 頁的〈自動排程〉中所述，在 Borg 世界中，排程器可以單方面殺死 200 個 worker（工作行程）中的一個，並將其移動到另一台機器上。[6]「將其移動到另一台機器」部分意味著，你的 worker 的一個新實例可以自動被建立，而無須人工 SSH 到機器中，並調整一些環境變數或安裝軟體套件。

從「工程師必須手動監控 100 個任務中的每一個，並在它們出問題時進行處理」到「如果其中一個任務出了問題，系統的結構就是讓其他任務承擔負荷，而由自動排程器殺死它並在新機器上重建實例」，這一轉變在許多年後被描述成「寵物與牛」（pets versus cattle）的比喻。[7]

如果你的伺服器是一隻寵物，當它出問題時，會一個人來看看它（通常是在恐慌中），瞭解出了什麼問題，並希望它恢復健康。它很難被取代。如果你的伺服器是牛，你將它們命名為 replica001 到 replica100，如果其中一個伺服器出現問題，自動化程序將移除它並在其位置上配置一個新的伺服器。「牛」的顯著特徵是，很容易為相關工作建立新實例，即不需要手動設置，並且可以完全自動完成。這使得前面描述的自我修復特性在發生問題的情況下，自動化程序可以接管不健康的工作，並用健康的新工作取代不健康

---

6   排程器不會隨意進行此操作，而是出於具體原因（例如需要更新核心，或者機器上的磁碟出現問題，或者重新調整（reshuffle）以使資料中心中工作負荷的整體分佈更好）。但是，擁有運算服務的要點是，身為軟體作者，我既不應該知道也不關心，為什麼會發生這種情況的原因。

7   Randy Bias（蘭迪・比亞斯）將「寵物與牛」的比喻歸因於 Bill Baker（比爾・貝克）（*https://oreil.ly/ lLYjI*），而這已經成為描述「複製軟體單元」（replicated software unit）概念的一種非常受歡迎的方式。作為比喻，它也可以用來描述伺服器以外的概念；例如，見第 22 章。

的工作，而無須人為干預。請注意，儘管原來的比喻說的是伺服器（VM），但這同樣適用於容器（containers）：如果可以在沒有人為干預的情況下，從映像建立出一個新版本的容器，則自動化程序就能夠在需要時自動修復服務。

如果你的伺服器是寵物，那麼你的維護負擔將隨著叢集（fleet）規模的擴大而線性成長，甚至超線性成長，這是任何組織都不應輕易接受的負擔。另一方面，如果你的伺服器是牛，你的系統將能夠在發生問題後恢復到穩定狀態，並且你不需要用週末的時間來護理寵物伺服器或容器，使其恢復健康。

但是，讓你的 VM 或容器成為牛群，並不能保證系統在遇到問題時表現良好。在 200 台機器的情況下，其中一個副本被 Borg 殺死的可能性很大，可能不止一次，每次都會將總持續時間（overall duration）延長 50 分鐘（或者無論損失多少處理時間）。為了優雅地處理這個問題，處理的架構需要有所不同：我們不是靜態地分配工作，而是將一百萬個文檔分成，例如，1000 個區塊，而每個區塊 1000 個文檔。每當一個 worker 完成特定的區塊時，它就會報告結果，並獲取另一個區塊。這意味著，如果一個 worker 在完成某區塊後死了，但在報告之前，我們最多會丟失一個工作區塊。幸運的是，這非常符合當時 Google 的標準資料處理架構：在運算開始時，工作並沒有平均地分配給一組 worker；而是在整個處理過程中動態分配的，以考慮到失敗的 worker。

同樣地，對於為用戶流量提供服務的系統來說，你會希望容器的重新排程，不會導致在錯誤中向用戶提供服務的結果。Borg 排程器在出於維護原因，對一個容器進行重新排程時，會向容器發出信號，提前通知容器。容器可以透過拒絕新請求，來對此做出反應，同時仍有時間完成正在進行的請求。這是反過來要求負荷均衡器（load-balancer）系統瞭解「我無法接受新請求」的回應（並將流量重導向到其他副本）。

總而言之：將容器或伺服器視為牛，意味著你的服務可以自動恢復到健康狀態，但需要額外的努力來確保它可以在遇到中等失敗率（moderate rate of failures）的同時平穩運行。

批次與服務

Global WorkQueue（全域工作佇列）（我們在本章第一節中提到過）解決了 Google 工程師所說的「批次工作」（被期望完成一些特定任務（如資料處理）並運行到完成之程式）的問題。批次工作的典型例子是日誌分析（logs analysis）或機器學習模型（machine learning model）的學習。批次工作並與「服務工作」（預期無限期地運行並為傳入的請求提供服務之程式）形成鮮明的對比，服務工作的典型例子是從預先建的索引中，為實際用戶之搜索查詢提供服務的工作。

這兩種類型的工作（通常）具有不同的特徵，[8] 特別是：

- 批次工作主要關注的是處理的吞吐量。服務工作關注的是服務單一請求的延遲。
- 批次工作的存留時間較短（幾分鐘，或最多幾個小時）。服務工作通常存在很長時間（預設情況下，僅有新版本發行時才會重新啟動）。
- 因為壽命很長，所以服務工作更可能有較長的啟動時間。

到目前為止，我們大部分的例子都是關於批次工作的。正如我們所看到的，為了使批次工作適應失敗的情況，我們需要確保將工作分散到小區塊中，並動態分配給 worker。在 Google 進行此操作的標準框架是 MapReduce[9]，後來被 Flume 所取代。[10]

在許多方面，服務工作（serving jobs）比批次工作（batch jobs）更適合失敗對抗（failure resistance）。它們的工作自然會被分成小區塊（個別的用戶請求），這些小區塊會被動態分配給 workers，透過在一個伺服器叢集中進行負荷平衡來處理大量請求的策略，自服務網際網路流量的早期就已經開始了。

然而，也有多種服務應用程式（serving applications）並不自然地符合這種模式（pattern）。典型的例子是被你直觀地描述為一個特定系統之「首腦」（leader）的任何伺服器。此類伺服器通常會維護系統的狀態（在記憶體中或其本地檔案系統上），如果運行它的機器出現故障，新建立的實例通常無法重新建立系統的狀態。另一個例子是，當你有大量資料需要服務──超過一台機器的容量──於是你決定在，例如，100 台伺服器之間將資料分片（shard），每台伺服器保存 1% 的資料，並處理對該部分資料的請求。這類似於靜態地將工作分配給批次作業的 worker；如果其中一台伺服器故障，你（暫時）將無法為部分資料提供服務。最後一個例子是，如果系統的其他部分係透過主機名稱來定位你的伺服器。在這種情況下，無論你的伺服器結構如何，如果這個特定的主機失去了網路連通性，系統的其他部分將無法聯繫它。[11]

8　像所有的分類法一樣，這個分類並不完美；有些類型的程式不能完全符合任何類型，或者同時具有服務和批次工作的典型特徵。但是，與大多數有用的分類法一樣，它仍然捕捉到許多現實生活中存在的區別。

9　見 Jeffrey Dean（杰弗理‧迪恩）和 Sanjay Ghemawat（桑傑‧格馬瓦特），2004 年於第 6 屆 OSDI（全名 Operating System Design and Implementatio）研討會所發表的 "MapReduce: Simplified Data Processing on Large Clusters"（MapReduce：簡化大型叢集上的資料處理）。

10　見 Craig Chambers（克雷格‧錢伯斯）、Ashish Raniwala（阿什‧拉尼瓦拉）、Frances Perry（弗朗西斯‧佩里）、Stephen Adams（史蒂芬‧亞當斯）、Robert Henry（羅伯特‧亨利）、Robert Bradshaw（羅伯特‧布拉德肖）和 Nathan Weizenbaum（內森‧維森鮑姆），2010 年於 PLDI（全名 ACM SIGPLAN Conference on Programming Language Design and Implementation）所發表的 "Flume-Java: Easy, Efficient Data-Parallel Pipelines"（Flume-Java：簡單、高效的資料並行管線）。

11　另見 Atul Adya 等人的 "Auto-sharding for datacenter applications"（資料中心應用程式的自動分片）（OSDI, 2019）；和 Atul Adya、Daniel Myers、Henry Qin 和 Robert Grandl 的 "Fast key-value stores: An idea whose time has come and gone"（快速鍵值儲存：一個時代已經來和去的想法）（HotOS XVII, 2019）。

管理狀態

在前面的描述中，有一個共同的主題，那就是試圖像牛一樣地對待工作時，狀態成為問題的根源。[12] 每當替換其中一個被視為牛的工作（cattle jobs）時，你就會失去所有行程中的狀態（以及本地儲存的所有內容，如果該工作被移到另一台機器上的話）。這意味著，行程中的狀態應被視為暫時的，而「實際的儲存」（real storage）需要發生在其他地方。

處理此問題的最簡單方法是將所有儲存提取到外部儲存系統。這意味著，任何在服務單一請求（在服務作業的情況下）或處理一大塊資料（在批次的情況下）的範圍之後仍然應該存活下來的東西，都需要存放在機器之外持久、持續的儲存中。如果你的所有本地狀態都是不可變的，那麼讓你的應用程式能夠抵禦失敗應該相對輕鬆。

不幸的是，大多數應用程式並不是那麼簡單。一個自然而然會想到的問題是「這些耐用、持久的儲存解決方案是如何實現的？」，它們是牛嗎？答案應該為「是的」。持續狀態（persistent state）可由「牛」透過狀態複製（state replication）進行管理。在另一個層面上，RAID 陣列是一個類似的概念；我們將磁碟視為暫時的（接受其可能消失的事實），但仍然保持狀態。在伺服器世界中，這可以透過多個副本來實現，用多個副本來保存單一資料段並進行同步，以確保每個資料段被複製夠多次（通常為 3 到 5 次）。請注意，正確設置這一點很困難（需要某種共識處理方法來處理寫入），因此 Google 開發了許多專門的儲存解決方案[13]，這些解決方案使大多數應用程式能夠採用所有狀態都是暫態的模型。

被視為牛之工作，可以使用的其他類型之本地儲存，包括本地保存之「可重建的」（re-creatable）資料，以改善服務延遲（serving latency）。快取（caching）是這裡最明顯的例子：快取只不過是在一個短暫的位置（transient location）保存狀態的本地儲存（local storage），但所依賴的狀態不會一直消失，這使得平均來說，有更好的性能特徵。對 Google 之生產基礎架構（production infrastructure）來說，一個關鍵的經驗是，配置快

12　請注意，除了分散式狀態（distributed state），設置有效的「伺服器即牛」（servers as cattle）解決方案，還有其他要求，比如發現（discovery）和負荷平衡系統（以便你在資料中心內移動的應用程式，可以被有效取用）。因為與其說本書在探討如何建構一個完整的 CaaS 基礎架構，不如說是在探討這樣的基礎架構與軟體工程藝術的關係，所以我們在這裡就不再多說了。

13　例如，見 Sanjay Ghemawat（桑傑・格馬瓦特）、Howard Gobioff（霍華德・戈比奧夫）和 Shun-Tak Leung（梁信德）於 Proceedings of the 19th ACM Symposium on Operating Systems, 2003（第 19 屆 ACM 作業系統研討會論文集）發表的 "The Google File System"；Fay Chang（張菲）等人於 7th USENIX Symposium on Operating Systems Design and Implementation (OSDI)（第 7 屆 USENIX 作業系統設計與實作研討會）發表的 "Bigtable：A Distributed Storage System for Structured Data"（Bigtable：結構化資料的分散式儲存系統）；或 James C. Corbett（詹姆斯・C・科比特）等人於 OSDI，2012 所發表的 "Spanner：Google's Global Distributed Database"（Spanner：Google 的全球級分散式資料庫）。

取（provision the cache）以滿足你的延遲目標，但要為總負荷（total load）配置核心應用程式（core application）。這使我們能夠在快取層（cache layer）丟失時中斷，因為非快取路徑（noncached path）被配置成能夠處理總負荷（儘管延遲較高）。但是，這裡有一個明顯的權衡：當快取容量丟失時，在冗餘上花費多少才能降低運行中斷的風險。

與快取類似，在應用程式預熱（即初始化）過程中，資料可能會從外部儲存拉入本地，以改善請求服務的延遲。

使用本地儲存的另一種情況是批次寫入（batching writes），這一次的情況是被寫入的資料多於被讀取的資料。這是監控資料的常見策略（例如，考慮從叢集（fleet）中收集 CPU 利用率統計資料，以指引自動擴展系統），但它也可以用於任何可以接受部分資料丟失的地方，因為我們不需要 100% 的資料覆蓋（這是監控的情況），或者因為可以重建被丟失的資料（這是一個批次工作的情況，它以區塊為單位來處理資料，並為每個區塊寫入一些輸出）。請注意，在許多情況下，即使特定計算必須花費很長的時間，也可以透過定期檢查持久性儲存（persistent storage）的狀態，將其拆分為較小的時窗（time windows）。

連線到服務

如前所述，如果系統中有任何程式把運行它之主機的名稱寫死（或甚至在啟動時被提供為組態參數），則該程式的副本便不是牛（cattle）了。但是，為了連線到你的應用程式，另一個應用程式確實需要從某處獲取你的位址。要從何處？

答案是增加一層間接層；也就是說，其他應用程式可以透過某個識別符（identifier）來引用你的應用程式，該識別符在特定「後端」實例（"backend" instances）重新啟動時是持久的。排程器（scheduler）在將應用程式放到特定機器上時，該識別符可以由另一個系統解析，排程器會將其寫入該系統。現在，為了避免在向你的應用程式發出請求的關鍵路徑（critical path）上進行分散式儲存查找（distributed storage lookups），客戶端可能會在啟動時查找能夠找到你的應用程式之位址，並設置連線，並在背景（background）對其進行監控。這通常稱為服務發現（service discovery），許多運算產品都具有內建或模組化的解決方案。大多數此類解決方案還包括某種形式的負荷平衡（load balancing），這進一步減少了與特定後端的耦合（coupling）。

此模型的一個影響是，在某些情況下，你可能需要重複你的請求，因為你正在與之交談的伺服器，可能會在它設法應答之前被刪除。[14] 由於網路問題，重試請求是網路通信（例如，行動應用程式與伺服器）的標準做法，但對於像伺服器與其資料庫通信這樣的事情來說，可能不太直觀。這使得以「優雅地處理此類問題的方式」來設計伺服器的 API 非常重要。對於變異請求（mutating requests），處理重複的請求是很棘手的。你想保證的屬性是冪等性（idempotency）的一種變體，即發出請求兩次的結果與發出請求一次的結果相同。協助實現冪等性的一個有用工具是客戶端指定（client-assigned）識別符（identifiers）：如果你正在建立某東西（例如，將披薩送到特定地址的訂單），則客戶端會為訂單指定某識別符；如果已經記錄了具有該識別符的訂單，則伺服器會認為這是一個重複的請求並報告成功（它還可能會驗證訂單的參數是否匹配）。

我們看到的另一件令人驚訝的事情是，有時排程器會因為某些網路問題而與特定機器失去聯繫。然後，它認定那裡的所有工作都丟失了，並將其重新排程到其他機器上，然後機器又回來了！現在我們在兩台不同的機器上有兩個程式都認為它們是 "replica072"。消除歧義的方法是檢查它們中的哪一個被位址解析系統（address resolution system）提及（而另一個則應該終止自己或被終止）；但這也是冪等性的另一種情況：兩個執行相同工作並擔任相同角色的副本（replicas）是請求重複（request duplication）的另一個潛在來源。

一次性程式碼

前面的討論大多集中在生產品質（production-quality）的工作上，要嘛是為用戶流量（user traffic）提供服務的工作，要嘛是產生（producing）生產資料（production data）的資料處理流水線（data-processing pipeline）。但是，軟體工程師的生活還涉及運行一次性分析（one-off analyses）、探索性原型（exploratory prototypes）、自定義資料處理流水線（custom data-processing pipelines）…等等。這些需要用到運算資源。

通常，工程師的工作站是滿足運算資源需求的解決方案。例如，如果有人想要自動瀏覽一個服務在過去一天中產生之 1 GB 的日誌，以檢查可疑的 A 列是否總是出現在錯誤的 B 列之前，他們只需下載該日誌，編寫一個簡短的 Python 命令稿，並讓它運行一兩分鐘。

14　請注意，重試（retry）需要正確地實作——使用倒回（backoff）、優雅的降級（graceful degradation）和工具來避免抖動（jitter）等的連鎖失敗（cascading failure）。因此，這應該是 Remote Procedure Call（遠端程序調用）程式庫的一部分，而不是由每個開發人員手動實作。例如，請參閱 SRE 手冊中的第 22 章：〈Addressing Cascading Failures〉（解決連鎖失敗）（*https://oreil.ly/aVCy4*）。

但如果他們想自動瀏覽服務在過去一年中產生之 1 TB 的日誌（用於類似的目的），那麼等待大約一天的結果可能是不可接受的。一個允許工程師在幾分鐘內（利用幾百個內核）在分散式環境中進行分析的運算服務，意味著差別在於現在進行分析與明天進行分析。對於需要反覆運算的任務，例如，如果我在看到結果後需要改進查詢，那麼差別可能在於一天內完成和根本沒有完成。

這種做法有時會出現一個問題，即允許工程師在分散式環境（distributed environment）中運行一次性工作，可能會浪費資源。當然，這是一種權衡，但應該有意識地進行權衡。工程師運行作業的處理成本（cost of processing）不太可能比工程師在編寫處理程式碼（processing code）所花費的時間更昂貴。確切的權衡值（trade-off values）取決於一個組織的運算環境和它支付給工程師的費用，但一千個內核小時（thousand core hours）的成本，不太可能接近於一天的工程工作（engineering work）。在這方面，運算資源類似於我們在本書開頭討論的馬克筆（markers）；公司在建立流程以獲取更多運算資源方面，有一個小的節約機會，但這個流程在失去工程機會和時間方面的成本，可能比它節省的成本要高得多。

也就是說，運算資源與馬克筆不同，它很容易意被意外佔用太多。雖然不太可能有人拿走一千支馬克筆，但完全可能有人會不小心寫出一支程式，佔用了一千台機器而沒有被注意到。[15] 解決此問題的自然方法，是為各個工程師的資源使用制定配額。Google 使用的另一種方法是觀察，由於我們可以免費有效運行低優先順序的批次工作負荷（見稍後有關多租戶的部分），我們可以為工程師提供幾乎無限的低優先順序批次配額，這對於大多數一次性工程任務（one-off engineering tasks）來說已經足夠了。

隨時間和規模變化的 CaaS

我們在前面談到了 CaaS 是如何在 Google 發展起來的，以及實現它所需的基本部分——「給我資源來運行我的東西」的簡單任務，被轉化為像 Borg 這樣的實際架構。CaaS 架構如何在時間和規模上影響軟體壽命的幾個方面，值得仔細研究。

15　這種情在 Google 已經發生過多次；例如，因為人在休假時留下的負荷測試基礎架構（load-testing infrastructure）佔用了一千個 Google Compute Engine 虛擬機，或者因為一名新員工正在其工作站上對一個主控二進位檔（master binary）進行除錯，而沒有意識到它在背景產生了 8,000 個 full-machine worker（全機工作行程）。

容器是一個抽象概念

正如我們之前所描述的那樣，容器（container）主要做為一種隔離機制（isolation mechanism），一種實現多租戶（multitenancy）的方式，同時最大限度地減少共用一台機器的不同任務之間的干擾。這是最初的動機，至少在 Google 是這樣。但事實證明，容器在抽象出運算環境方面，發揮著非常重要的作用。

容器在被部署的軟體和運行它的實際機器之間，提供了一個抽象化邊界（abstraction boundary）。這意味著，隨著時間的推移，機器發生了變化，只有容器軟體（可能由單一團隊管理）必須進行調整，而應用軟體（隨著組織的發展，由各個團隊管理）可以保持不變。

讓我們來討論兩個例子，說明容器化抽象概念如何讓一個組織管理變更。

檔案系統抽象化（filesystem abstraction）提供了一種方法，可以合併不是在公司編寫的軟體，而無須管理自定義機器組態（custom machine configurations）。這可能是一個組織在其資料中心運行的開源軟體，也可能是組織希望納入其 CaaS 而收購的軟體。如果沒有檔案系統抽象化，納入一個對檔案系統佈局有不同期望的二進位檔（例如，預期在 */bin/foo/bar* 處有一個輔助程式〔helper〕的二進位檔）將需要修改叢集（fleet）中所有機器的基本佈局，或者對叢集進行分割，或者修改軟體（由於許可證考慮，這可能很困難，甚至不可能）。

即使在導入外部軟體是一生中只發生一次的情況下，這些解決方案可能是可行的，但如果導入軟體成為一種常見（甚至只是有些罕見）的做法，這就不是一個可持續的解決方案。

某種類型的檔案系統抽象化也有助於依賴關係管理，因為它允許軟體預先宣告和預先打包，軟體需要運行的依賴項（例如，特定版本的程式庫）。對安裝在機器上之軟體的依賴，呈現出一個有漏洞的抽象化，迫使每個人都得使用相同版本的預先編譯程式庫，並使得升級任何組件變得非常困難，如果不是不可能的話。

容器還提供了一種簡單方法來管理機器上的具名資源（named resources）。網路埠（network ports）是典型的例子；其他具名資源包括專門的目標；例如，GPU 和其他加速器（accelerators）。

Google 最初並沒有將網路埠當作容器抽象化的一部分，因此二進位檔必須自己搜尋未使用的埠。結果，`PickUnusedPortOrDie` 函式在 Google C++ 程式碼基底（codebase）中的使用超過 20,000 次。Docker 是在導入 Linux 命名空間（namespaces）後建構的，

Docker 使用命名空間為容器提供虛擬專用（virtual-private）NIC，這意味著應用程式可以監聽它們想要的任何網路。然後，Docker 網路堆疊將機器上的一個網路埠映射到容器內的網路埠。而 Kubernetes（最初建構在 Docker 之上）則進一步要求網路實作將容器（Kubernetes 術語中的 pod）視為「真正的」IP 位址可以從主機網路上獲得。現在，每個應用程式都可以監聽它們想要的任何網路埠，而不必擔心衝突。

當處理不是為「在特定運算堆疊上運行」而設計的軟體時，這些改進尤其重要。儘管許多流行的開源程式都具有要使用之網路埠的組態參數，但它們之間對於如何設定組態並沒有一致性。

容器和隱性依賴關係

與任何抽象化一樣，「海勒姆法則」的隱性依賴關係（implicit dependencies）也適用於容器抽象化。它可能比平時更適用，這既是因為有大量的用戶（在 Google，所有的生產軟體和許多其他軟體都會在 Borg 上運行），也是因為用戶在使用檔案系統之類的東西時，並不覺得他們正在使用 API（甚至更不可能考慮這個 API 是否穩定、有版本控制等）。

為了說明這一點，讓我們回到 Borg 在 2011 年經歷的行程識別碼（process ID，或簡寫為 PID）空間耗盡的例子。你可能想知道為什麼行程識別碼是可耗盡的。它們不就是可以從 32 位元或 64 位元空間中分配的簡單整數識別碼？在 Linux 中，它們實際上是在 `[0,..., PID_MAX - 1]` 的範圍內分配的，其中 `PID_MAX` 預設為 32,000。然而，`PID_MAX` 可以透過一個簡單的組態變更（達到相當高的限制）來提高。問題解決了嗎？

嗯，沒有。根據「海勒姆法則」，在 Borg 上運行之行程所獲得的 PID 被限制在 0...32,000 範圍內，這一事實成為人們開始依賴的隱性 API 保證；例如，日誌儲存行程（log storage process）依賴於「PID 可以用五位數來儲存」的事實，並且對於六位數的 PID 來說，就會出現問題，因為記錄名稱超過了所允許的最大長度。這個問題的處理變成了一個漫長的兩階段專案。首先，對單一容器所能使用的 PID 數量設定一個臨時的上限（這樣，一個執行緒漏失（thread-leaking）的工作，就不會使整個機器無法使用）。其次，拆分執行緒和行程的 PID 空間。（因為事實證明，相對行程而言，很少有用戶依賴於分配給執行緒之 PID 的 32,000 保證。因此，我們可以增加執行緒的限制，並將行程的限制保持在 32,000 個。）第三階段是將 PID 命名空間導入 Borg，讓每個容器擁有自己完整的 PID 空間。可以預見的是（又是海勒姆法則），許多系統最終都認為｛主機名稱，時間戳記，行程識別碼｝（{hostname, timestamp, pid}）這三者可以唯一標示一個行程，如果導入 PID 命名空間，這將會被打破。找出所有這些地方並修正它們（以及回傳任何相關資料）的努力在八年後仍在進行。

這裡的重點不是說你應該在 PID 命名空間中運行你的容器。雖然這是一個好主意，但在這裡卻是乏味的一課。當 Borg 的容器被建構時，PID 命名空間並不存在；即使它們存在，期望在 2003 年設計 Borg 的工程師認識到，導入它們的價值也是不合理的。即使是現在，機器上肯定存在未充分隔離的資源，這可能會在某一天造成問題。這突顯了設計一個容器系統的挑戰，該系統將隨著時間的推移被證明是可維護的，因此使用由更廣泛的社群開發和使用的容器系統是有價值的，在這個社群中，其他人已經遇到了這類問題，並且已經吸取了經驗教訓。

由一種服務掌控一切

如前所述，最初的 WorkQueue 設計僅針對一些批次工作，這些工作最終共用一個由 WorkQueue 管理的機器資源池（a pool of machines），並且使用不同的架構來服務工作，每個特定的服務工作都會運行在自己專用的機器資源池中。開源的等效做法是為每種類型的工作負荷運行一個單獨的 Kubernetes 叢集（以及一個用於所有批次工作的資源池）。

2003 年，Borg 專案啟動，旨在（並最終成功）建構一種運算服務，將這些不同的資源池同化為一個大型的資源池。Borg 的資源池涵蓋了服務和批次工作，並成為任何資料中心中唯一的資源池（相當於為每個地理位置的所有工作負荷運行一個大型的 Kubernetes 叢集）。這裡有兩個值得討論的重大效率提升。

第一個是，提供服務的機器變成了「牛」（Borg 設計文件所說的方式：「**機器是匿名的**：程式不關心它們在哪台機器上運行，只要它具有正確的特性」）。如果管理服務工作的每個團隊都必須管理自己的機器資源池（自己的叢集），則維護和管理該資源池的組織開銷同樣適用於其中每個團隊。隨著時間的流逝，這些資源池的管理方式將隨著時間的推移而出現差異，進而使公司範圍的變更（例如遷移到新的伺服器架構或切換資料中心）變得越來越複雜。統一的管理基礎架構（即適用於組織中所有工作負荷的通用運算服務）使 Google 能夠避免這種線性比例因數（linear scaling factor）；叢集（fleet）中的實體機器沒有不同的管理方式，只有 Borg。[16]

第二個問題更微妙，可能不適用於每個組織，但它與 Google 非常相關。批次工作和服務工作的不同需求，被證明是互補的。服務工作通常需要過度配置（overprovisioned），因為它們需要有能力為用戶流量提供服務，而不會顯著降低延遲，即使在使用高峰（usage spike）或部分基礎架構運作中斷（outage）的情況下也是如此。這意味著，僅

16　與任何複雜系統一樣，也有例外。並非所有 Google 擁有的機器都是由 Borg 管理，也不是每個資料中心都由一個 Borg 單元所覆蓋。但大多數工程師的工作環境是不接觸非 Borg 機器或非標準單元的。

運行服務工作的機器將未得到充分利用。試圖透過過度使用機器來利用這種閒置，是很有誘惑力的，但這首先違背了閒置的目的，因為如果確實發生高峰／運作中斷，我們將無法獲得所需的資源。

但是，這種推理僅適用於服務工作！如果我們在一台機器上有一些服務工作，並且這些工作要求的 RAM 及 CPU 總和達到了機器的總規模，就不能再把服務工作放進去了，即使資源的實際利用率只有容量的 30%。但是，我們可以（而且在 Borg 中，會）把批次工作放在空閒的 70% 中，其策略是，如果有任何服務工作需要記憶體或 CPU，我們將從批次工作中回收它們（就 CPU 而言會凍結（freezing）它們，或就 RAM 而言會終止（killing）它們）。由於批次工作對吞吐量感興趣（以數百個 workers 的總吞吐量來衡量，而不是針對單個任務），並且它們的單個副本無論如何都被視為「牛」，因此它們將非常樂意吸收這些服務工作的閒置容量。

取決於所給定之機器資源池（pool of machines）中工作負荷的型態，這意味著，要嘛所有批次的工作負荷（batch workload）都有效地運行在可用資源上（因為在服務工作閒置時，我們反正都在為這些資源付費），要嘛所有服務的工作負荷（serving workload）實際上只為它們所用到的資源付費，而不會為抗故障性（failure resistance）所需的閒置資源付費（因為批次工作運行在該閒置資源上）。在 Google 的案例中，大多數時候，事實證明，我們會在閒置的資源上，有效地運行批次工作。

多租戶的服務工作

之前，我們討論了運算服務必須滿足的一些要求，才能適合運行服務工作。如前所述，由通用運算解決方案來管理服務工作有多種優勢，但這也帶來了挑戰。值得重複的一個特殊要求是發現服務（discovery service），這在第 515 頁的〈連線到服務〉中討論過。當我們想要把託管運算（managed compute）解決方案的範圍擴展到服務任務時，還有一些其他的要求是新的，比如說：

- 需要限制工作的重新排程（rescheduling）：儘管終止（kill）並重新啟動（restart）批次工作（batch job）之 50% 的副本，可能是可以接受的（因為它只會導致處理過程中的臨時問題，而我們真正關心的是吞吐量），但終止和重新啟動服務工作（serving job）之 50% 的副本，不太可能被接受（因為剩餘的工作可能太少，無法等待重新啟動的工作再次恢復時為用戶流量提供服務）。

- 批次工作通常可以在沒有警告的情況下被終止。我們失去的是一些已經進行的處理，這可以重新進行。當服務工作在沒有警告的情況下被終止時，我們可能冒著一些面向用戶的流量（user-facing traffic）傳回錯誤的風險，或者（最多）延遲增加的風險；最好提前幾秒鐘發出警告，以便工作可以完成正在處理的請求，而不接受新的請求。

基於上述效率原因，Borg 同時涵蓋了批次工作和服務工作，但有多個運算產品將這兩個概念分開——通常情況下，批次工作使用共享的機器資源池，而服務工作使用穩定專用的機器資源池。然而，無論這兩類工作是否使用相同運算架構，這兩類工作都會因為被視為「牛」而受益。

組態提交

Borg 排程器會接收將在單元（cell）中運行的一個複製服務（replicated service）或批次工作（batch job）之組態，做為一個遠端程序調用（Remote Procedure Call，或簡寫為 RPC）的內容。服務的操作員（operator）有可能透過用於發送這些 RPC 命令的命令列介面（CLI）來管理它，並將 CLI 的參數儲存在共用文件中，或記在他們的頭腦中。

依賴於文件（documentation）和內行人知識（tribal knowledge）而不是提交給儲存庫的程式碼，通常不是一個好主意，因為文件和內行人知識都有隨著時間的推移而惡化的趨勢（見第 3 章）。但是，演進中的下一個自然步驟——將 CLI 的執行包裹在本地開發的命令稿中——仍然不如使用專用的組態語言來指定你的服務之組態。

隨著時間的推移，一個邏輯服務（logical service）的「運行期存在」（runtime presence）通常會成長到超過一個資料中心（datacenter）裡的一組複製的容器（replicated containers），跨越多個軸：

- 它將把它的存在（presence）擴散到多個資料中心（既是為了用戶親和力，也是為了抗故障性）。
- 除了生產環境／組態之外，它還將分支到模擬（staging）和開發（development）環境。
- 它將以附加服務（attached services）的形式累積不同類型的額外複製容器（replicated containers），例如伴隨服務的 memcached。

如果這種複雜的設置（setup）可以用一種標準化的組態語言（configuration language）來表達，進而可以方便地表達標準操作，那麼服務的管理就會大大簡化（比如「將我的服務更新到新版本的二進位檔，但在任何給定時間佔用的容量不超過 5%」）。

標準化的組態語言提供了標準的組態，其他團隊可以輕易將其包含在他們的服務定義中。像往常一樣，我們強調這種標準組態在時間和規模上的價值。如果每個團隊都編寫了一段不同的自定義程式碼（custom code）來支援他們的 memcached 服務，那麼就很難執行「全組織的任務」（organization-wide tasks），比如換成新的 memcache 實作（例如，出於性能或許可證的原因）或向所有 memcache 部署推送安全更新。另請注意，這種標準化的組態語言是自動化部署的要求（見第 24 章）。

選擇一個運算服務

任何組織都不太可能走 Google 走過的路：從頭開始建構自己的運算架構。如今，現代化的運算產品既出現在開源世界中（如 Kubernetes 或 Mesos，或者，位於不同的抽象層的 OpenWhisk 或 Knative），也出現在公有雲託管產品中（同樣地，有不同程度的複雜性，從 Google Cloud Platform（谷歌雲端平台）的 Managed Instance Groups（託管執行個體群組）或 Amazon Web Services Elastic Compute Cloud（亞瑪遜 Web 服務彈性雲端運算）[Amazon EC2] 自動擴展；到類似於 Borg 的託管容器（managed containers），如 Microsoft Azure Kubernetes Service [AKS] 或 Google Kubernetes Engine [GKE]；到 AWS Lambda 或 Google 的 Cloud Functions 等無伺服器（serverless）產品）。

但是，大多數組織都會選擇一個運算服務，就像 Google 在內部所做的那樣。請注意，運算基礎架構具有較高的鎖定因素（lock-in factor）。其中一個原因是，程式碼的編寫將充分利用系統的所有特性（海勒姆法則）；因此，舉例來說，如果你選擇基於虛擬機的產品，團隊將調整其特定的虛擬機映像；如果你選擇基於容器的特定解決方案，團隊將調用叢集管理器（cluster manager）的 API。如果你的架構允許程式碼將虛擬機（或容器）視為寵物，那麼團隊將這樣做，之後再轉到一個依賴於把它們視為牛（或甚至是不同形式之寵物）的解決方案就會很困難。

為了說明，即使是運算解決方案中最小的細節，最終也會被鎖定，讓我們來看一下 Borg 如何運行用戶在組態中提供的命令。在大多數情況下，該命令將是一個二進位檔的執行（後面可能會跟著一些引數）。然而，為了方便起見，Borg 的作者還考慮了傳入 shell 命令稿的可能性；例如，`while true; do ./ my_binary; done`。[17] 但是，雖然二進位檔的執行可以透過一個簡單之 fork 和 exec 的使用來完成（這就是 Borg 的做法），但 shell 命令稿需要由像 Bash 這樣的 shell 來運行。因此，Borg 實際上執行了 `/usr/bin/bash -c $USER_COMMAND`，這在簡單之二進位檔執行的情況下也是可行的。

後來，Borg 團隊意識到，以 Google 的規模來說，這個 Bash 包裹器所消耗的資源（主要是記憶體）是不可忽視的，並決定轉而使用更輕量級的 shell：ash。因此，團隊對行程運行器（process runner）之程式碼做了修改，改為運行 `/usr/bin/ash -c $USER_COMMAND`。

---

17 這個特殊的命令在 Borg 之下是有害的，因為它讓 Borg 處理失敗的機制，無法發揮作用。但是，更複雜的包裹器（wrapper），例如將環境的部分內容回顧（echo）到日誌中，仍被用來協助啟動問題（startup problems）的除錯。

你可能會認為這不是一個冒險的變更；畢竟，我們控制了環境，我們知道這兩個二進位檔都存在，所以這不可能不起作用。實際上，這方種式不起作用的原因是，Borg 工程師並不是第一個注意到運行 Bash 會帶來額外記憶體開銷的人。一些團隊在限制記憶體的使用方面很有創意，並（在他們自定義的檔案系統覆蓋（filesystem overlay）中）用一段自定義的「執行第二個引數」程式碼來替換 Bash 命令。當然，這些團隊非常清楚他們的記憶體使用情況，因此當 Borg 團隊將行程運行器修改為使用 ash（ash 沒有被自定義程式碼覆寫）時，他們的記憶體使用量增加了（因為它開始包含 ash 的使用量，而不是自定義程式碼的使用量），而這引起了警報、變更的回滾（rolling back）以及一定程度的不愉快。

一個運算服務選擇（compute service choice）難以隨時間改變的另一個原因是，任何運算服務選擇，最終都會被一個龐大的輔助服務（helper services）生態系統所包圍——用於登錄（monitoring）、監控（monitoring）、除錯（debugging）、警報（alerting）、可視化（visualization）、即時分析（on-the-fly analysis）、組態語言（configuration languages）和中介語言（meta-languages）、用戶介面（user interfaces）等等工具。這些工具需要做為運算服務變更的一部分，被重寫，即使瞭解和枚舉這些工具對於一個中型或大型組織來說也可能是一個挑戰。

因此，運算架構（compute architecture）的選擇非常重要。與大多數軟體工程的選擇一樣，這個選擇涉及權衡。讓我們討論幾個問題。

集中化與客製化

從運算堆疊（compute stack）之管理開銷的角度來看（也從資源效率的角度來看），一個組織能做的最好的事情，就是採用單一的 CaaS 解決方案來管理它的整個叢集，並且只使用每個人都可以使用的工具。這可確保隨著組織的發展，管理叢集的成本仍然是可控的。這條道路基本上是 Google 對 Borg 所做的事。

客製化的需要

但是，一個成長中的組織將有越來越多樣化的需求。例如，當 Google 在 2012 年推出 Google Compute Engine（VM as a Service（虛擬機即服務）公有雲產品）時，虛擬機就像 Google 的大多數其他東西一樣，由 Borg 管理。這意味著，每個虛擬機都運行在一個由 Borg 控制的獨立容器中。但是，以這種視為「牛」的方式來進行任務的管理，並不適合雲端的工作負荷，因為每個特定的容器實際上都是某個特定用戶正在運行的虛擬機，而雲端的用戶通常不會把虛擬機視為牛。[18]

---

[18] 我的郵件伺服器與你的圖形渲染（graphics rendering）工作是不能互換的，即使這兩個任務都是在同一形式的虛擬機中運行也是如此。

調和這種差異需要雙方做大量的工作。雲運算組織一定要支援虛擬機的即時遷移（live migration）；也就是說，能夠在一台機器上運行虛擬機，在另一台機器上啟動該虛擬機的副本，使該副本成為一個完美的映像（image），最後把所有流量轉向到該副本，而不會導致明顯的服務不可用期間。[19] 另一方面，Borg 必須進行調整，以避免隨意終止（killing）包含虛擬機的容器（以提供時間將虛擬機的內容遷移到新的機器），而且，考慮到整個遷移過程較為昂貴，Borg 的排程演算法經過優化，以降低需要重新排程的風險。[20] 當然，這些修改只針對運行雲端工作負荷的機器推出，導致 Google 內部的運算產品出現（小但仍然引人注目的）分歧。

另一個例子（但它也導致了分歧）來自 Search。2011 年左右，一個為 Google Search 網頁流量（web traffic）提供服務的複製容器（replicated containers）在本地磁碟（local disks）上建立了一個巨大的索引，儲存了 Google 網頁索引中不常被存取的部分（更常見的查詢由其他容器的記憶體快取（in-memory caches）提供服務）。在一台特定的機器上建立此索引需要多個硬碟（hard drives）的容量，並且需要幾個小時來填入資料。但是，當時，Borg 假設，如果特定容器上包含資料的任何磁碟損壞了，則該容器將無法繼續，並且需要排程到另一台機器上。這種組合（與其他硬體相比，旋轉磁碟的故障率相對較高）造成了嚴重的可用性問題；容器一直被卸下，然後又花了很長時間才再次啟動。為了解決這個問題，Borg 不得不添加容器自身處理磁碟故障的能力，選擇放棄 Borg 預設的處理方式；而 Search 團隊必須調整該過程，以在部分資料丟失的情況下繼續操作。

其餘分歧還包含檔案系統型態、檔案系統存取、記憶體控制、分配和存取、CPU／記憶體局部性、特殊硬體、特殊排程限制等多個領域，導致 Borg 的 API 介面變得龐大而笨拙，行為的交集變得難以預測，甚至更難測試。沒有人真正知道，如果一個容器同時請求對驅逐作業（eviction）進行特殊的雲端處理（Cloud treatment），並對磁碟故障進行自定義的搜尋處理（Search treatment）是否會發生預期的事情（在許多情況下，甚至不清楚「預期」的含義）。

19　這並不是讓用戶虛擬機（user VMs）能夠即時遷移的唯一動機；它還提供了相當大之面向用戶（user-facing）的好處，因為這意味著，可以在不中斷虛擬機的情況下，對主機作業系統進行修補，以及對主機硬體進行更新。另一種方法（其他主要的雲端供應商會使用）是提供「維護事件通知」，這意味著虛擬機可以，例如，重啟（rebooted）或停止（stopped），然後由雲端供應商啟動（started up）。

20　考慮到並非所有客戶虛擬機（customer VMs）都選擇進行即時遷移，這一點尤其重要；對於某些工作負荷來說，即使在遷移期間短時間的性能下降，也是不可接受的。這些客戶將收到維護事件通知，除非絕對必要，否則 Borg 將避免驅逐（evicting）帶有這些虛擬機的容器。

2012 年後，Borg 團隊投入了大量時間來清理 Borg 的 API。發現 Borg 提供的一些功能已不再使用。[21] 更令人擔憂的那些被多個容器使用的一組功能，但目前尚不清楚是否有意為之——在專案之間複製組態檔的過程，導致最初僅供高級用戶使用之功能的用量激增。為某些功能導入白名單以限制其傳播，並明確地將其標記為僅限高級用戶（poweruser–only）。但是，清理工作仍在進行中，並且有些變更（例如使用標籤來標識容器組）仍未完全完成。[22]

與往常的權衡方法一樣，儘管有一些方法可以投入精力並獲得自定義的一些好處，同時又不會受到最糟糕的負面影響（例如前面提到的高級功能白名單），但最終需要做出艱難的選擇。這些選擇通常以多個小問題的形式出現：我們是否接受擴展顯性的（或更糟的是，隱性的）API 介面，以適應我們的基礎架構之特定用戶，或者我們是否顯著地給該用戶帶來極大的不便，但保持更高的一致性？

抽象層級：無伺服器

Google 對「馴服運算環境」的描述，很容易被解讀為一個增加和改進抽象化的故事，也就是更高級的 Borg 版本承擔了更多的管理責任，並將容器與底層環境隔離開來。我們很容易得到這樣的印象，這是一個簡單的故事：較多的抽象化是好的；較少的抽象化是不好的。

當然，事情並沒有那麼簡單。這裡的情況很複雜，有多種產品。在第 506 頁的〈馴服運算環境〉中，我們討論了從處理在裸機（bare-metal machines）上運行的寵物（由你的組織所擁有或從主機託管中心〔colocation center〕租用）到將託管容器（managing containers）視為「牛」的進展。在兩者之間的另一條路徑是基於虛擬機的產品（VM-based offerings），其中虛擬機可以從更靈活的裸機替代品（在基礎架構即服務的產品中，如 Google Compute Engine [GCE] 或 Amazon EC2）發展到較重的容器替代品（具有自動擴展、調整大小和其他管理工具）。

根據 Google 的經驗，選擇管理「牛」（而不是寵物）是大規模管理的解決方案。重申一下，如果你的每個團隊在你的每個資料中心只需要一台寵物機器，那麼你的管理成本將隨你的組織的成長呈超線性上升（因為團隊的數量和團隊佔用的資料中心數量，都有可能成長）。在選擇管理牛之後，容器是管理的自然選擇；它們的重量更輕（意味著，資

21　一個很好的提醒是，隨著時間的推移，監控和追蹤功能的使用是很有價值的。

22　這意味著 Kubernetes 受益於清理 Borg 的經驗，但一開始並沒有受到廣泛之現有用戶群的阻礙，從一開始，它就在很多方面（比如對標籤的處理）更加現代化。也就是說，Kubernetes 現在也遇到了一些同樣的問題，因為它已經在各種類型的應用程式中被廣泛採用。

源開銷和啟動時間更小）並且組態的可設定性足夠，如果你需要為特定類型的工作負荷提供專門的硬體，（如果你願意的話）你輕易就能建立一條直接的連線（punching a hole through）。

將虛擬機視為牛的優勢，主要在於能夠帶來我們自己的作業系統，如果你的工作負荷需要一組不同的作業系統來運行，這一點很重要。許多組織也會有託管虛擬機的預存經驗，以及基於虛擬機的預存組態和工作負荷，因此可能會選擇使用虛擬機（而不是容器）來降低遷移成本。

什麼是無伺服器？

更高層次的抽象化是無伺服器（serverless）產品。[23] 假設一個組織正在為 web 內容提供服務，並且正在使用（或願意採用）一個通用的伺服器框架來處理 HTTP 請求和服務回應。框架的關鍵定義特性（key defining trait）是控制權的反轉（inversion of control），因此，用戶將只負責編寫某種「操作」（Action）或「處理程序」（Handler），利用所選的語言編寫一個函式，該函式會取得請求參數並予以回應。

在 Borg 世界中，你運行此程式碼的方式為，建立一個複製的容器（replicated container），每個副本都包含一個由框架程式碼和你的函式組成的伺服器。如果流量增加，你將透過擴大規模（添加副本或擴展到新的資料中心）來處理此問題。如果流量減少，你將縮減規模。請注意，需要一個最小的存在（Google 通常假設在運行伺服器的每個資料中心，至少有三個副本）。

然而，如果有多個不同的團隊使用相同的框架，則可以採用不同的做法：不僅可以讓機器多租戶（multitenant），還可以讓框架伺服器（framework servers）本身成為多租戶。在這種做法中，我們最終運行了更多的框架伺服器，根據需要在不同的伺服器上動態載入／卸載（dynamically load/unload）操作程式碼（action code），並動態地將請求引導到那些載入了相關操作程式碼的伺服器。各個團隊不再運行伺服器，因此「無伺服器」（serverless）。

大多數關於無伺服器框架（serverless frameworks）的討論，都將它們與「虛擬機即寵物」（VMs as pets）模型相比較。在這種情況下，無伺服器概念是一場真正的革命，因為它帶來了牛群管理（cattle management）的所有好處——自動擴展（autoscaling）、較低的開銷、無須明確配置伺服器。但是，如前所述，遷移到共用的多租戶、基於牛

23　功能即服務（Function as a Servic 或 FaaS）和平臺即服務（Platform as a Service 或 PaaS）是與「無伺服器」（serverless）相關的術語。這三個術語之間存在差異，但相似之處更多，而且界線有些模糊。

的模型（cattle-based model）應該已經成為一個計劃要擴展之組織的目標；因此，無伺服器架構的自然比較點（natural comparison point）應該是「持久容器」（persistent containers）架構，如 Borg、Kubernetes 或 Mesosphere。

優點和缺點

首先要注意的是，無伺服器架構（serverless architecture）要求你的程式碼是真正的無狀態（stateless）；我們不太可能在無伺服器架構中運行用戶的虛擬機或實作 Spanner。我們之前討論過的所有管理本地狀態（local state）的方法（除了不使用它）都不適用。在容器化的世界中，你可能會在啟動時，花幾秒鐘或幾分鐘的時間來設置與其他服務的連線，從冷儲存（cold storage）填充快取（populating caches）⋯等等，並且你希望，在典型的情況下，你將在終止之前獲得一個寬限期。在一個無伺服器模型中，沒有真正跨請求範圍（request-scope）而持久保存的本地狀態；所有你想使用的東西，都應在請求範圍內進行設置。

事實上，大多數組織的需求都無法由真正的無狀態工作負荷來滿足。這可能會導致依賴特定的解決方案（無論是自家的還是第三方的）來解決特定的問題（比如一個託管資料庫解決方案，這是公有雲無伺服器產品的常見配套），或者說是有兩個解決方案：一個基於容器的解決方案和一個無伺服器的解決方案。值得一提的是，許多或大多數無伺服器框架都是建構在其他運算層之上的：AppEngine 運行在 Borg 之上、Knative 運行在 Kubernetes 之上、Lambda 運行在 Amazon EC2 之上。

無伺服器託管模型（managed serverless model）對於資源成本的適應性擴展（adaptable scaling）很有吸引力，尤其是在低流量端。例如，在 Kubernetes 中，複製的容器（replicated container）無法縮減到零個容器（因為假設啟動容器和節點太慢，無法在請求服務時完成）。這意味著，在持久叢集模型（persistent cluster model）中僅擁有一個應用程式的成本是最低的。另一方面，無伺服器應用程式可以輕鬆地縮減到零；因此，僅僅擁有它的成本就會隨著流量的增加而擴展。

在非常高流量端，你將必然受到底層基礎架構的限制，不管是什麼運算解決方案。如果你的應用程式需要使用 100,000 個內核為其流量提供服務，那麼在你使用的任何實體設備中，需要有 100,000 個內核來支援你所使用的基礎架構。在流量較低的一端，你的應用程式確實有足夠的流量讓多個伺服器保持忙碌，但不足以向基礎架構提供商提出問題，持久容器解決方案和無伺服器解決方案都能夠擴展以處理它，儘管無伺服器解決方案的擴展，將比持久容器解決方案更具回應性和粒度。

最後，採用無伺服器解決方案，意味著，在一定程度上失去了對環境的控制。在某種程度上，這是一件好事：擁有控制權意味著必須行使它，而這意味著管理開銷。但是，當然，這也意味著，如果你需要一些在你使用的框架中不沒有的額外功能，這將成為你的一個問題。

舉一個具體的例子，Google Code Jam 團隊（為數千名參與者舉辦的程式設計競賽，其前端運行在 Google AppEngine 上）有一個客製的命令稿（custom-made script），在比賽開始前幾分鐘給比賽的網頁帶來了人為的流量高峰，以便預熱足夠的應用程式實例，來服務於比賽開始時發生的實際流量。這行得通，但這是一種手動調整（也是一種巧妙的做法），人們希望透過選擇無伺服器解決方案來擺脫這種調整。

權衡取捨

Google 在這種權衡中的選擇，是不對無伺服器解決方案進行大量投資。Google 的持久容器解決方案，Borg，夠先進，可以提供無伺服器的大部分好處（如自動擴展、用於不同類型應用程式的各種框架、部署工具、統一的日誌記錄和監控工具…等等）。缺少的是更積極的擴展（特別是將規模縮小到零的能力），但 Google 的絕大多數資源足跡（resource footprint）來自高流量服務，因此過度配置小型服務是比較便宜的。同時，Google 運行著多種在「真正無狀態」（truly stateless）的世界中無法正常工作的應用程式，從 GCE 到 BigQuery（*https://cloud.google.com/bigquery*）或 Spanner 等自製（home-grown）的資料庫系統，再到需要長時間填充快取的伺服器，例如前面提到的長尾搜尋服務工作（long-tail search serving jobs）。因此，為所有這些事情提供一個通用之統一架構的好處，超過了為部分工作負荷提供單獨之無伺服器堆疊的潛在好處。

然而，Google 的選擇並不一定是每個組織的正確選擇：其他組織已經成功地建構了混合的容器／無伺服器架構，或在純無伺服器架構上利用第三方儲存解決方案進行儲存。

然而，無伺服器的主要吸引力，不是來自大型組織做出選擇，而是來自小型組織或團隊做出選擇；在這種情況下的比較，本質上是不公平的。無伺服器模型雖然限制更多，但允許基礎架構供應商，承擔更大份額的總體管理開銷，進而減少用戶的管理開銷。在共用的無伺服器架構（如 AWS Lambda 或 Google 的 Cloud Run）上運行一個團隊的程式碼，比設置一個叢集以在託管容器服務（如 GKE 或 AKS）上運行程式碼要簡單得多（也更便宜），如果叢集未在多個團隊之間共用的話。如果你的團隊想獲得託管運算（managed compute）產品的好處，但你的大型組織不願意或無法遷移到一個基於容器的持久解決方案，那麼公有雲供應商所提供的無伺服器產品可能對你有吸引力，因為只有當叢集（在組織的多個團隊之間）真正被共享的情下，共享叢集（在資源和管理）的成本才能很好地分攤。

然而，請注意，隨著組織的發展和託管技術的普及，你可能會擺脫純無伺服器解決方案的限制。這使得存在突破路徑的解決方案（比如從 KNative 到 Kubernetes）很有吸引力，因為它們提供了一條通往像 Google 這樣的統一運算架構的自然路徑，如果你的組織決定走這條路的話。

公有與私有

早在 Google 剛成立時，CaaS 產品主要是自製的；如果你想要一個，你就自己建造它。在公有與私有空間中，你只能是在擁有機器和租用機器之間做出選擇，但你的叢集（fleet）的所有管理都由你自己決定。

在公有雲時代，有更便宜的選項，但也有更多的選擇，而組織將不得不做出選擇。

使用公有雲的組織實際上是將管理費用（部分）外包給公有雲供應商。對於許多組織來說，這是一個有吸引力的主張：他們可以專注於在其特定的專業領域提供價值，而不需要培養大量的基礎架構專業知識。儘管雲端供應商收取的管理費用（當然）超過裸機的成本，但他們已經累積了專業知識，並在多個客戶之間共享。

此外，公有雲是一種更容易擴展基礎架構的方法。隨著抽象層次的提高——從主機代管（colocation）到購買虛擬機時間，再到託管容器（managed containers）和無伺服器產品（erverless offerings）——擴展的便利性不斷增加，從必須簽署代管空間的租賃協定，到需要運行 CLI 以獲取更多虛擬機，再到自動擴展工具（你的資源佔用量會隨著你收到的流量而自動變化）。特別是對於年輕的組織或產品，預測資源需求具有挑戰性，因此不必預先配置資源的優勢非常顯著。

選擇雲端供應商時的一個重大問題是擔心被套牢（lock-in），因為供應商可能會突然提高價格或者倒閉，使組織陷入非常困難的境地。例如，一個最早的無伺服器產品供應商，Zimki，提供了一個運行 JavaScript 的平臺即服務環境（Platform as a Service），於 2007 年關閉，並提前三個月通知。

對此的部分緩解措施是使用開源架構（如 Kubernetes）運行的公有雲解決方案。這是為了確保存在一個遷移路徑，即使特定的基礎架構提供商由於某種原因變得不可接受。雖然這減輕了很大一部分風險，但它並不是一個完美的策略。由於海勒姆法則，很難保證不使用特定供應商的特定部分。

該策略有兩種延伸的可能性。一種是使用較低層次的公有雲解決方案（如 Amazon EC2），並在其上運行更高層次的開源解決方案（如 OpenWhisk 或 KNative）。這試圖確保如果你想遷移出去，你可以對更高層次的解決方案、你在其上建構的工具以及你所

擁有的隱性依賴關係進行任何調整。另一種是運行多雲（multicloud）；也就是說，使用基於來自兩個或多個不同雲端供應商（例如，GKE 和 AKS for Kubernetes）之相同開源解決方案的託管服務（managed services）。這為「從其中一個遷移」提供了更容易的路徑，同時也使得你更難依賴其中一個的特定實作細節。

還有一個更相關的策略是在混合雲（hybrid cloud）中運行，將管理的重點從鎖定（lock-in）轉換到遷移（migration）；也就是說，將整體工作負荷的一部分放在私有基礎架構上，另一部分放在公有雲供應商上運行。可以使用的一種方法是使用公有雲做為處理溢出（overflow）的一種方式。組織可以在私有雲上運行其大部分典型的工作負荷，但在資源短缺的情況下，則將部分工作負荷擴展到公有雲。同樣地，為了有效地實現這一點，需要在兩個空間中使用相同的開源運算基礎架構解決方案。

多雲和混合雲策略都需要將多個環境很好地連接起來：透過不同環境中機器之間的直接網路連線，以及兩者中都有的通用 API。

結語

在建構、完善和運行其運算基礎架構的過程中，Google 瞭解到精心設計之通用運算基礎架構的價值。為整個組織提供單一基礎架構（例如，每個區域有一個或少量之共用的 Kubernetes 叢集）可在管理和資源成本方面顯著提高效率，並允許在該基礎架構之上開發共用工具。在建構這種架構時，容器是一個關鍵工具，允許在不同任務之間共用實體（或虛擬）機器（進而提高資源效率），並在應用程式和作業系統之間提供一個抽象層，隨著時間的推移提供彈性。

要充分利用基於容器的架構，就需要將應用程式設計為使用「牛」模型：將你的應用程式設計成，由可以輕鬆自動替換的節點組成，進而可以擴展到數千個實例。編寫與該模型相容的軟體，需要不同的思維模式；例如，將所有本地儲存（包括磁碟）視為臨時儲存，並避免將主機名稱寫死。

也就是說，儘管 Google 總體上對其架構的選擇，感到滿意和成功，但其他組織將從廣泛的運算服務中進行選擇——從手動管理之虛擬機或機器的「寵物」（pets）模型，到被視為「牛」（cattle）的複製容器，再到抽象化的「無伺服器」（serverless）模型，所有這些都以託管和開源形式提供；你的選擇是許多因素的複雜權衡。

摘要

- 規模的擴展需要一個通用的基礎架構來運行生產環境中的工作負荷。

- 一個運算解決方案可以為軟體提供一個標準化、穩定的抽象概念和環境。

- 軟體需要適應分散的、托管的運算環境。

- 組織的運算解決方案應該經過深思熟慮的選擇，以提供適當的抽象層次。

## 第五部分

結語

後記

Google 的軟體工程，在如何開發和維護一個龐大且不斷發展的程式碼基底（codebase）方面，進行了一次非凡的實驗。在我任職期間，我看到工程團隊在這方面取得了突破，推動 Google 成為一家觸及數十億用戶的公司並成為科技行業的領導者向前邁進。如果沒有本書中概述的原則，這將是不可能的，所以我很高興看到本書問世。

如果說過去的 50 年（或前面的內容）證明了什麼，那就是軟體工程遠非停滯不前。在技術不斷變化的環境中，軟體工程之功能在給定的組織中發揮著特別重要的作用。今日，軟體工程之原則不僅僅是關於如何有效地運行一個組織；它們是關於如何成為一個對用戶和整個世界更負責任的公司。

常見的軟體工程問題之解決方案，並不總是隱藏在顯而易見的地方──大多數解決方案都需要一定程度的果斷敏捷性，以確定其適用於當前的問題，並且還可以承受技術系統不可避免的變化。這種敏捷性是我自 2008 年加入 Google 以來，有幸與之合作並學習的軟體工程團隊的共同品質。

可持續性的理念也是軟體工程的核心。在程式碼基底的預期生命週期內，我們必須能夠對產品方向、技術平臺、底層程式庫、作業系統等方面的變化做出反應和適應。今日，我們依靠本書中概述的原則，在改變軟體生態系統的各個方面，實現了關鍵的靈活性。

我們當然無法證明我們找到之「實現可持續發展的方法」適用於每個組織，但我認為分享這些關鍵經驗很重要。軟體工程是一門新學科，因此很少有組織有機會實現可持續性和規模。透過概述我們所看到的情況，以及一路上的顛簸，我們的希望是展示程式碼健康之長期規劃的價值和可行性。時間的流逝和變化的重要性不容忽視。

本書概述了我們的一些關鍵指導原則，因為它們與軟體工程有關。在較高的層次上，本書還闡明了技術對社會的影響。做為軟體工程師，我們有責任確保我們的程式碼在設計上具有包容性、公平性以及對所有人具可存取性。僅僅為了創新而來建構程式不再被接受；僅能夠幫助一組用戶的技術根本不具創新性。

在 Google，我們的責任始終是為內部和外部的開發人員提供一條光明的道路。隨著人工智慧、量子運算和環境運算等新技術的興起，做為一家公司，我們仍然有很多東西需要學習。看到軟體工程行業在未來幾年的發展方向，我感到特別興奮，我相信這本書將有助於塑造這條道路。

──谷歌工程副總裁 Asim Husain（阿西姆 · 侯賽因）

索引

※ 提醒您：由於翻譯書排版的關係，部分索引名詞的對應頁碼會和實際頁碼有一頁之差。

符號

@deprecated 註釋, 311
@DoNotMock 註釋, 253

A

A/B diff tests〔A/B 差異測試〕, 288
  limitations of〔局限性〕, 289
  running presubmit〔運行提交前的〕, 293
  of SUT behaviors〔SUT 行為的〕, 285
ABI compatibility〔ABI 相容性〕, 423
Abseil, compatibility promises〔相容性承諾〕, 423
adversarial group interactions〔對抗性團體互動〕, 46
advisory deprecations〔建議性棄用〕, 305
AI（artificial intelligence）〔人工智慧〕
  facial-recognition software, disadvantaging〔人臉辨識軟體，不利於〕
    some populations〔某些種族〕, 70
  seed data, biases in〔種子資料，偏見〕, 270
airplane, parable of〔飛機的寓言〕, 102
alert fatigue〔警示疲勞〕, 308
"Always of leadership"〔領導力的總是〕
  Always be deciding〔總是決策〕, 102
    decide, then iterate〔決定，然後反覆進行〕, 104
  Always be leaving〔總是要離開的〕, 106
  Always be scaling〔總是在擴展〕, 110
analysis results from code analyzers, 394
annotations, per-test〔每種測試的註釋〕,
  documenting ownership〔記錄測試擁有者〕, 297

Ant, 365
  performing builds by providing tasks
    tocommand line〔向命令列提供任務來進行建構〕, 366
  replacement by more modern build systems〔替換為更現代的建構系統〕, 367
antipatterns in test suites〔測試集中的反面模式〕, 207
APIs
  API 註解, 182
  benefits of documentation to〔文件的好處〕, 176
  C++, documentation for〔C++ 的文件〕, 182
  Code Search〔程式碼搜尋〕, exposure of〔暴露〕, 347
  conceptual documentation and〔概念性文件與〕, 187
  declaring a type should not be mocked〔宣告一個不應該被模擬的資料型態〕, 253
  faking〔假造〕, 257
  service UI backend providing public API〔服務用戶介面後端提供公用 API〕, 280
  testing via public APIs〔通過公用 API 進行測試〕, 221-224
apologizing for mistakes〔犯了錯就道歉〕, 88
AppEngine example, exporting resources, 442
Approval stamp from reviewers〔來自審查者的批准戳記〕, 401
approvals for code changes at Google, 159
architecting for failure〔針對失敗進行架構設計〕, 510
artifact-based build systems〔基於產出物的建構系統〕, 369-374

functional perspective〔函數的觀念〕, 370

getting concrete with Bazel〔用 Bazel 來實現具體化〕, 370

other nifty Bazel tricks〔其他漂亮的 Bazel 技巧〕, 371-374

time, scale, and trade-offs〔時間、規模和權衡〕, 379

asking questions〔提問〕, 47

asking team members if they need anything〔詢問團隊成員是否有需要〕, 94

asking the community〔詢問社群〕, 49-51

Zen management technique〔禪式管理技巧〕, 89

assertions〔斷言〕

among multiple calls to the system under test〔在對被測系統的多次調用中穿插〕, 231

in Java test, using Truth library〔在 Java 測試中，使用 Truth 程式庫〕, 235

stubbed functions having direct relationship with〔被 stubbing 化的函式應該與 ... 直接相關〕, 262

test assertion in Go〔Go 中的測試斷言〕, 235

verifying behavior of SUTs〔驗證受測系統的行為〕, 284

atomic changes, barriers to〔不可分割變更，潛在障礙〕, 451-452

atomicity for commits in VCSs〔版本控制系統中，提交的不可分割性〕, 316, 319

attention from engineers〔工程師的關注〕（QUANTS）, 124

audience reviews〔讀者審查〕, 188

authoring large tests〔編寫大型測試〕, 294

authorization for large-scale changes〔授權大規模變更〕, 461

automated build system〔自動化建構系統〕, 362

automated testing〔自動化測試〕

code correctness checks〔程式碼正確性檢查〕, 164

limits of〔的侷限性〕, 217

automation〔自動化〕

automated A/B releases〔自動 A/B 發行〕, 500

in continous integration〔持續整合中的〕, 470-473

of code reviews〔程式碼審查〕, 170

automation of toil in CaaS〔CaaS 中的勞動自動化〕, 506-507

automated scheduling〔自動排程〕, 507

simple automations〔簡單的自動化〕, 507

autonomy for team members〔團隊成員的自主權〕, 97

autoscaling〔自動擴展〕, 509

B

backsliding, preventing in deprecation process〔在棄用過程中防止倒退〕, 311

backward compatibility and reactions to efficiency improvement〔向後相容和對效率提高的反應〕, 10

batch jobs versus serving jobs〔批次工作與服務工作〕, 512

Bazel〔一個源自 Blaze 之基於產出物的建構系統〕, 361, 369

dependency versions〔依賴項版本〕, 383

extending the build system〔擴展建構系統〕, 372

getting concrete with〔實現具體化〕, 370

parallelization of build steps〔建構步驟的並行化〕, 371

performing builds with command line〔使用命令列進行建構〕, 371

rebuilding only minimum set of targets each time〔每次只重建最小的目標集〕, 371

isolating the environment〔隔離環境〕, 372

making external dependencies deterministic〔使外部依賴項具確定性〕, 373

platform independence using toolchains〔使用工具鏈的平台獨立性〕, 372

remote caching and reproducible builds〔遠端快取和可重現的建構〕, 375

speed and correctness〔速度和正確性〕, 362

tools as dependencies〔做為依賴項的工具〕, 371

beginning, middle, and end sections for documents〔文件的開頭、中間和結尾部分〕, 191

behaviors〔行為〕

  code reviews for changes in〔行為變更的程式碼審查〕, 172

  testing instead of methods〔測試行為，而不是方法〕, 228-233

  naming tests after behavior being tested〔以被測試的行為來命名測試〕, 232

    structuring tests to emphasize behaviors〔強調行為的結構測試〕, 230

    unanticipated, testing for〔測試，意想不到的行為〕, 272

  updates to tests for changes in〔替行為變更，更新測試〕, 221

best practices, style guide rules enforcing〔風格指南中落實最佳做法的規則〕, 143

Beyonce Rule〔碧昂絲法則〕, 13, 209

biases〔偏見〕, 17

  small expressions of in interactions〔互動中的小偏見〕, 47

  universal presence of〔普遍存在〕, 67

binaries, interacting, functional testing of〔對互動的二進位檔進行功能測試〕, 286

blameless postmortems〔無糾責事後查驗〕, 38-40, 83

Blaze〔一個源自 Blaze 之基於產出物的建構系統〕, 361, 369

  global dependency graph〔全域依賴關係圖〕, 484

blinders, identifying〔確定盲點〕, 103

  in Web Search latency case study〔案例研究：網路搜尋的延遲〕, 104

Boost C++ library, compatibility promises〔Boost C++ 程式庫，相容性承諾〕, 424

  branch management〔分支管理〕, 323-326

  branch names in VCSs〔版本控制系統中分支名稱〕, 317

  dev branches〔開發分支〕, 324-326

  few long-lived branches at Google〔谷歌鮮有長壽的分支〕, 330

  release branches〔發行分支〕, 326

  work in progress is as akin to a branch〔正在進行的工作相當於一個分支〕, 323

"brilliant jerks"〔傑出的渾蛋〕, 56

brittle tests〔脆弱的測試〕, 212

  preventing〔避免〕, 221-226

    striving for unchanging tests〔力求不變的測試〕, 221

    testing state, not interactions〔測試狀態，而不是測試互動〕, 225

    testing via public APIs〔通過公用 API 進行測試〕, 221-224

  record/replay systems causing〔記錄／重演導致〕, 480

  with overuse of stubbing〔過度使用 stubbing〕, 260

browser and device testing〔瀏覽器和設備測試〕, 286

Buck〔一個源自 Blaze 之基於產出物的建構系統〕, 369

bug bashes〔錯誤大掃蕩〕, 288

bug fixes〔錯誤修正〕, 172, 221

bugs〔錯誤〕

  catching later in development, costs of〔開發後期發現錯誤的成本〕, 195

  in real implementations causing cascade of test failures〔真正實作中的錯誤導致一連串的測試失敗〕, 252

  logic concealing a bug in a test〔測試中隱藏錯誤的邏輯〕, 233

  not prevented by programmer ability alone〔單靠程式員的能力並不能阻止〕, 197

BUILD files, reformatting〔重新格式化 BUILD 檔案〕, 153

build scripts〔建構命令稿〕

  difficulties of task-based build systems with〔基於任務之建構系統使用建構命令稿的困難〕, 368

  writing as tasks〔編寫成任務〕, 367

build systems〔建構系統〕, 361-387

  dealing with modules and dependencies〔處理模組和依賴關係〕, 379-384

    managing dependencies〔處理依賴關係〕, 381-384

    minimizing module visibility〔最大限度地減少模組的可見性〕, 381

using fine-grained modules and 1:1:1 rule 〔使用細粒度模組和 1:1:1 規則〕, 380

  modern〔現代的〕, 364-379

    artifact-based〔基於產出物〕, 369-374

    dependencies and, 364

    distributed builds〔分散式建構〕, 374-379

    task-based〔基於任務的〕, 365-369

    time, scale, and trade-offs〔時間、規模和權衡〕, 379

  purpose of〔的目的〕, 361

  using other tools instead of〔使用其他工具替代〕, 362-364

    compilers〔編譯器〕, 363

    shell 命令稿, 363

Builder pattern〔建構器模式〕, 238

buildfiles, 365

  build scripts and〔建構命令稿與〕, 367

  in artifact-based build systems〔基於產出物的建構系統中〕, 369

    Bazel〔一個源自 Blaze 之基於產出物的建構系統〕, 370

building for everyone〔為每個人打造〕, 74

bundled distribution models〔捆綁式發行版模型〕, 431

bus factor〔公車因素〕, 31, 106

C

C language, projects written in, changes to〔改為用 C 語言編寫專案〕, 9

C++

  APIs, reference documentation for〔APIs 的參考文件〕, 182

  Boost library, compatibility promises〔Boost 程式庫，相容性承諾〕, 424

  compatibility promises〔相容性承諾〕, 423

  developer guide for Googlers〔Googlers 的開發人員指南〕, 189

  googlemock mocking framework〔googlemock 模擬框架〕, 250

  open sourcing command-line flag libraries〔開源命令列旗標程式庫〕, 440

scoped_ptr 到 std::unique_ptr, 454

caching build results using external dependencies〔使用外部依賴項快取建構結果〕, 383

CamelCase naming in Python〔Python 的 CamelCase 命名風格〕, 145

canary analysis〔金絲雀分析〕, 290

canarying〔金絲雀發行〕, 469

canonical documentation〔標準文件〕, 177

careers, tracking for team members〔追蹤團隊成員的職業生涯〕, 95

carrot-and-stick method of management〔胡蘿蔔和棒子的管理方法〕, 81

catalyst, being〔成為催化劑〕, 90

cattle versus pets analogy〔牛與寵物的類比〕

  applying to changes in a codebase〔應用於程式碼基底中的變更〕, 462

  applying to server management〔應用於伺服器的管理〕, 511

CD（見 continuous delivery）

celebrity〔名人〕, 29

centralization versus customization in compute services〔運算服務的集中化與客製化〕, 524-526

centralized version control systems（VCSs）〔集中式版本控制系統〕, 319

  future of〔的未來〕, 335

  in-house-developed, Piper at Google〔Google 內部開發的 Piper〕, 327

  operations scaling linearly with size of a change〔操作隨著變更的規模而線性擴展〕, 451

  source of truth in〔中的事實來源〕, 321

  uncommitted local changes and committed changes on a branch〔未提交的本地變更與分支上所提交的變更〕, 323

change management for large-scale changes〔大規模變更的變更管理〕, 458

Changelist Search, 401

changelists（CLs）, readability approval for〔變更清單的可讀性批准〕, 61

changes to code〔程式碼變更〕

  change approvals or scoring a change〔變更批准或對變更評分〕, 401

change creation in LSC process〔LSC 流程中變更的建立〕, 461

commenting on〔評論〕, 398

committing〔提交〕, 402

creating〔建立〕, 392-396

large-scale〔大規模〕（見 large-scale changes）

tracking history of〔追蹤歷史記錄〕, 403

tracking in VCSs〔VCSs 中追蹤〕, 316

types of changes to production code〔生產程式碼的變更類型〕, 221

understanding the state of〔了解變更狀態〕, 400-401

writing good change descriptions〔編寫良好的變更描述〕, 169

writing small changes〔編寫小型變更〕, 168

chaos and uncertainty, shielding your team from〔保護你的團隊免受混亂的影響〕, 95

chaos engineering〔混沌工程〕, 210, 291

Chesterton's fence, principle of〔「切斯特頓的籬笆」之原則〕, 48

Churn Rule〔客戶流失規則〕, 12

clang-tidy, 151

integration with Tricorder〔與 Tricorder 整合〕, 411

class comments〔類別註解〕, 183

classes and tech talks〔技術講座和課程〕, 52

classical testing〔經典測試〕, 252

"clean" and "maintainable" code〔乾淨與可維護的程式碼〕, 9

cleanup in LSC process〔LSC 流程中的清理〕, 465

clear tests, writing〔編寫清晰的測試〕, 226-235

leaving logic out of tests〔將邏輯排除在測試之外〕, 233

making large tests understandable〔讓大型測試變得容易理解〕, 296

making tests complete and concise〔讓測試完整而簡潔〕, 227

testing behaviors, not methods〔測試行為，而不是方法〕, 228-233

behavior-driven test〔行為驅動測試〕, 229

method-driven test〔方法驅動測試〕, 228

naming tests after behavior being tested〔以被測試的行為來命名測試〕, 232

structuring tests to emphasize behaviors〔強調行為的結構測試〕, 230

writing clear failure messages〔編寫清楚的失敗訊息〕, 234

"clever" code〔巧妙的程式碼〕, 9

Clojure package management ecosystem〔Clojure 套件管理生態系統〕, 435

cloud providers, public versus private〔公有與私有雲供應商〕, 529

coaching a low performer〔指導績效不佳的人〕, 85

code〔程式碼〕

benefits of testing〔測試的好處〕, 201-201

code as a liability, not an asset〔程式碼是一種負債而不是一種資產〕, 159, 302

embedding documentation in with g3doc〔使用 g3doc 將文件嵌入〕, 179

expressing tests as〔將測試表示為〕, 200

knowledge sharing with〔知識共享〕, 55

quality of〔的品質〕, 124

code coverage〔程式碼覆蓋率〕, 210

code formatters〔程式碼格式化工具〕, 152

code reviews〔程式碼審查〕, 55, 60-64, 157-174

benefits of〔的好處〕, 158, 162-167

code consistency〔程式碼的一致性〕, 164

comprehension of code〔對程式碼的理解〕, 164

correctness of code〔程式碼的正確性〕, 163

knowledge sharing〔知識共享〕, 166

psychological and cultural〔心理和文化方面〕, 165

best practices〔最佳做法〕, 167-171

automating where possible〔盡可能自動化〕, 170

being polite and professional〔禮貌和專業〕, 167

keeping reviewers to a minimum〔儘量減少審查者〕, 170

writing good change descriptions〔編寫良好的變更描述〕, 169

writing small changes〔編寫小型變更〕，
168
code as a liability〔程式碼是一種負債〕，159
flow〔流程〕，390
for large-scale changes〔大規模變更的〕，
454, 464
how they work at Google〔谷歌是如何進行
的〕，159-161
ownership of code〔程式碼的所有權〕，161-
162
steps in〔步驟〕，158
types of〔類型〕，171-173
behavioral changes, improvements, and
optimizations〔行為變化、改進和
優化〕，172
bug fixes and rollbacks〔錯誤修正和回
滾〕，172
greenfield reviews〔綠地審查〕，171
refactorings and large-scale changes〔重構
和大規模變更〕，173
Code Search〔程式碼搜尋〕，169, 339-358
Google's implementation〔谷歌的實作〕，
349-353
ranking〔排名〕，351-353
search index〔搜尋索引〕，349
how Googlers use it〔谷歌員工如何使用
它〕，341-343
answering where something is in the
codebase〔回答有關在程式碼基底
中的哪裡〕，341
answering who and when someone introduced
code〔回答有關誰或何時有人導入程式碼
的問題〕，343
answering why code is behaving in
unepected ways〔回答有關為什麼
程式碼的行為與預期不同的問題〕，
342
asnwering how others have done something
〔回答有關別人是如何做的問題〕，
342
asnwering what a part of the codebase is
doing〔回答有關程式碼基底的特定
部分在做什麼的問題〕，342

impact of scale on design〔規模對設計的影
響〕，347-349
index latency〔索引延遲〕，348
search query latency〔搜尋查詢的延遲〕，
347
reasons for a separate web tool〔為什麼要有
單獨的 Web 工具〕，343-347
integration with other developer tools〔與
其他開發者工具的整合〕，344-347
scale of Google's codebase〔谷歌之程式碼
基底的規模〕，343
specialization, 344
zero setup global code view〔零設置全域
性程式碼檢視〕，344
trade-offs in implementing〔實作的權衡〕，
354-357
completeness, all vs. most-relevant results
〔完整性：所有的結果與最相關的
結果〕，354
completeness, head vs. branches vs. all
history vs. workspaces〔完整性：
Head 與分支與所有歷史與工作
區〕，355
completeness, repository at head〔完整
性：位於 head 的儲存庫〕，354
expressiveness, token vs. substring vs. regex
〔表達性：符記與子字串與正規表
達式〕，356
UI〔用戶介面〕，340
code sharing, tests and〔測試和程式碼共享〕，
235-241
defining test infrastructure〔定義測試基礎架
構〕，241
shared helpers and validation〔共享輔助工具
和驗證〕，240
shared setup〔共享設置〕，239
shared values〔共享值〕，237
test that is too DRY〔測試太 DRY〕，235
tests should be DAMP〔測試應該 DAMP〕，
236
codebase〔程式碼基底〕
analysis of, large-scale changes and〔大規模
變更及程式碼基底的分析〕，458

comments in, reference documentation generated from〔參考文件產生自程式碼基底中的註解〕, 182

factors affecting flexibility of〔影響程式碼基底靈活性的因素〕, 15

scalability〔可擴展性〕, 11

sustainability〔可持續性〕, 11

value of codebase-wide consistency〔全程式碼基底之一致性的價值〕, 62

codelabs, 58

commenting on changes in Critique〔Critique中，變更的評論〕, 398

comments〔註解〕

code〔程式碼〕, 182

style guide rules for〔的風格指南規則〕, 137

communities〔社群〕

cross-organizational, sharing knowledge in〔跨組織分享知識〕, 60

getting help from the community〔從社群獲得幫助〕, 49-51

compiler integration with static analysis〔編譯器與靜態分析的整合〕, 415

compiler upgrage (example)〔編譯器升級（例子）〕, 13-15

compilers, using instead of build systems〔使用編譯器而不使用建構系統〕, 363

completeness and conciseness in tests〔測試的完整性和簡潔性〕, 227

completeness, accuracy, and clarity in documentation〔文件的完整性、準確性和清晰度〕, 191

comprehension of code〔對程式碼的理解〕, 164

compulsory deprecation〔強制性棄用〕, 306

Compute as a Service (CaaS)〔運算即服務〕, 505-531

choosing a compute service〔選擇一種運算服務〕, 522-530

centralization versus customization〔集中化與客製化〕, 524-526

level of abstraction, serverless〔抽象層級，無伺服器〕, 526-529

public versus private〔公有與私有〕, 529

over time and scale〔隨時間和規模變化〕, 517-522

containers as an abstraction〔容器是一個抽象概念〕, 517-519

one service to rule them all〔由一種服務掌控一切〕, 520

submitted configuration〔組態提交〕, 522

taming the compute environment〔馴服運算環境〕, 506-510

automation of toil〔勞動自動化〕, 506-507

containerization and multitenancy〔容器化和多租戶〕, 507-509

writing software for managed compute〔為託管運算編寫軟體〕, 510-517

architecting for failure〔針對失敗進行架構設計〕, 510

batch versus serving〔批次與服務〕, 512

connecting to a service〔連線到服務〕, 515

managing state〔管理狀態〕, 514

one-off code〔一次性程式碼〕, 516

conceptual documentation〔概念性文件〕, 187

condescending and unwelcoming behaviors〔傲慢和不受歡迎的行為〕, 46

configuration issues with unit tests〔單元測試的組態問題〕, 271

consensus, building〔建立共識〕, 90

consistency within the codebase〔在程式碼基底中保持一致〕, 137

advantages of〔的好處〕, 137

building in consistency, rules for〔建構一致性的規則〕, 144

ensuring with code reviews〔以程式碼審查來確保〕, 164

exceptions to, conceding to practicalities〔例外，屈服於實用性〕, 141

inefficiency of perfect consistency in very large codebase〔超大程式碼基底中完美一致性效率低下〕, 139

One-Version Rule and〔單一版本規則和〕, 329

setting the standard〔設定標準〕, 139

constructive criticism〔有建設性的批評〕, 37

consumer-driven contract tests〔消費者驅動契約測試〕, 282

containerization and multitenancy〔容器化和多租戶〕, 507-509
　　rightsizing and autoscaling〔調整大小和自動擴展〕, 509
containers as an abstraction〔容器是一個抽象概念〕, 517-519
　　containers and implicit dependencies〔容器和隱性依賴關係〕, 519
context, understanding〔了解背景〕, 48
continuous build〔持續建構〕(CB), 470
continuous delivery〔持續交付〕(CD), 470, 493-503
　　breaking up deployment into manageable pieces〔如何將部署工作分解為可管理的部分〕, 495
　　changing team culture to build disclipline into deployment〔改變團隊文化，在部署過程中建立紀律〕, 501
　　evaluating changes in isolation, flag-guarding features〔評估隔離中的變更，旗標防護功能〕, 496
　　idioms of CD at Google〔持續交付在 Google 的習慣用法〕, 494
　　quality and user-focus, shipping only what gets used〔品質和以用戶為中心，只交付被使用的部分〕, 499
　　shifting left and making data-driven decisions earlier〔向左移，更早地做出資料驅動的決策〕, 500
　　striving for agility, setting up a release train〔追求敏捷性，設置一個發行列車〕, 497-498
continuous deployment〔持續部署〕(CD), release branches and〔發行分支和〕, 326
continuous integration〔持續整合〕(CI), 13, 467-492
　　alerting〔警報〕, 475-481
　　　　CI challenges〔持續整合的挑戰〕, 478
　　　　hermetic testing〔封閉式測試〕, 479
　　core concepts〔核心概念〕, 469-475
　　　　automation〔自動化〕, 470-473
　　　　continuous testing〔持續測試〕, 473-475
　　　　fast feedback loops〔快速反饋迴圈〕, 469-470

dev branches and〔開發分支與〕, 325
greenfield reviews necessitating for a project〔需要對專案進行綠地審查〕, 171
implementation at Google〔谷歌的實作〕, 481-492
　　case study, Google Takeout〔案例研究，Google Takeout〕, 484-491
　　TAP, global continuous build〔TAP，Google 的全域持續建構〕, 482-484
Live at Head dependency management and〔Live at Head 依賴項管理和〕, 431
system at Google〔谷歌的系統〕, 211
contract tests〔契約測試〕, 259
cooperative group interactions〔合作的團體互動〕, 46
correctness in build systems〔建構系統的正確性〕, 362
correctness of code〔程式碼的正確性〕, 163
costs〔成本〕
　　in software engineering〔軟體工程〕, 11
　　reducing by finding problems earlier in development〔通過在開發早期發現問題來降低〕, 16
　　trade-offs and〔權衡與〕, 17-21
　　　　deciding between time and scale (example)〔在時間和規模之間決定（範例）〕, 20
　　　　distributed builds (example)〔分散式建構（範例）〕, 18
　　　　inputs to decision making〔對決策的投入〕, 18
　　　　mistakes in decision making〔決策失誤〕, 20
　　　　types of costs〔成本的類型〕, 17
　　　　whiteboard markers (example)〔白板筆（範例）〕, 17
criticism, learning to give and take〔學習給予和接受批評〕, 37
Critique code review tool〔Critique，程式碼審查工具〕, 157, 341, 389-405
　　change approvals〔變更批准〕, 401
　　code review flow〔程式碼審查流程〕, 390
　　code review tooling principles〔程式碼審查工具的原則〕, 389

committing a change〔提交變更〕, 402

creating a change〔做出變更〕, 392-396

    analysis results〔分析結果〕, 394

    diffing〔差異比較〕, 393

    tight tool ingegration〔緊密的工具整合〕, 396

    diff viewer, Tricorder warnings on〔Tricorder 的警告，在差異檢視器上〕, 410

    request review〔請求審查〕, 396-398

    understanding and commenting on a change〔對變更的理解和評論〕, 398-401

    view of static analysis fix〔查看靜態分析修正〕, 413

cryptographic hashes〔加密雜湊值〕, 373

culprit finding and failure isolation〔罪魁禍首查找和失敗隔離〕, 478

    using TAP〔使用測試自動機化平臺〕, 483

culture〔文化〕

    building discipline into deployment〔在部署過程中建立紀律〕, 501

    changes in norms surrounding LSCs〔圍繞 LSC 之文化規範的轉變〕, 457

    cultivating knowledge-sharing culture〔培養知識共享文化〕, 55-57

    cultural benefits of code reviews〔程式碼審查的文化優勢〕, 165

    culture of learning〔學習文化〕, 43

    data-driven〔資料驅動〕, 17, 20

    healthy automated testing culture〔健康的自動化測試文化〕, 201

    testing culture today at Google〔Google 今日的測試文化〕, 216

customers, documentation for〔客戶，文件的讀者〕, 181

CVS (Concurrent Versions System)〔協作版本系統〕, 316, 319

D

DAMP, 235

    complementary to DRY, not a replacement〔是 DRY 的補充，而不是一個替代品〕, 237

test rewritten to be DAMP〔測試被改寫為 DAMP〕, 236

dashboard and search system (Critique)〔儀錶板和搜尋系統 (Critique)〕, 401

data structures in libraries, listings of〔程式庫所提供的資料結構之清單〕, 149

data-driven culture〔資料驅動的文化〕

    about〔關於〕, 17

    admitting to mistakes〔承認錯誤〕, 20

data-driven decisions, making earlier〔更早地做出資料驅動的決策〕, 500

datacenters, automating management of〔資料中心的自動化管理〕, 510

debugging versus testing〔除錯與測試〕, 197

decisions〔決策〕

    admitting to making mistakes〔承認犯錯〕, 20

    deciding, then iterating〔決策，然後反覆進行〕, 104

    in an engineering group, justifications for〔工程團隊的決策歸結為〕, 17

    inputs to decision making〔對決策的投入〕, 18

    making at higher levels of leadership〔在更高的領導層做出決策〕, 102

delegation of subproblems to team leaders〔將子問題委派給領導者〕, 107

dependencies〔倚賴關係；倚賴性；倚賴項〕

    Bazel treating tools as dependencies to each target〔Bazel 將工具視為每個目標的依賴項〕, 371

    build systems and〔建構系統與〕, 364

    construction when using real implementations in tests〔在測試中使用真正實作的建構〕, 256

    containers and implicit dependencies〔容器和隱性依賴關係〕, 519

    dependency management versus version control〔依賴關係管理與版本控制〕, 323

    external, causing nondeterminism in tests〔導致測試中出現不確定性的外部倚賴項〕, 256

    external, compilers and〔編譯器與外部的倚賴項〕, 363

forking/reimplementing versus adding a dependency〔該分支／重新實作與添加一個依賴關係〕, 20

in task-based build systems〔基於任務的建構系統〕, 366

making external dependencies deterministic in Bazel〔在 Blaze 中〕, 373

managing for modules in build systems〔管理建構系統中的模組〕, 381-384

automatic vs. manual management〔自動與手動管理〕, 383

caching build results using external dependencies〔使用外部依賴項快取建構結果〕, 383

external dependencies〔外部依賴項〕, 382

internal dependencies〔內部依賴項〕, 381

One-Version Rule〔單一版本規則〕, 383

security and reliability of external dependencies〔外部依賴項的安全性和可靠性〕, 384

transitive external dependencies〔遞移外部依賴項〕, 383

new, preventing introduction into deprecated system〔避免新的依賴項導入棄用系統〕, 311

on values in shared setup methods〔設置方法中值的依賴性〕, 239

replacing all in a class with test doubles〔用測試替身來取代一個類別的所有依賴項〕, 252

test scope and〔測試範圍和〕, 206

unknown, discovering during deprecation〔棄用期間發現未知的依賴關係〕, 307

dependency injection〔依賴性注入〕

frameworks for〔的框架〕, 249

introducing seams with〔導入接縫〕, 248

dependency management〔依賴關係管理〕, 419-445

difficulty of, reasons for〔困難的理由〕, 420-422

conflicting requirements and diamond dependencies〔衝突的需求與菱形依賴〕, 420-422

importing dependencies〔匯入依賴項〕, 422-428

compatibility promises〔相容性承諾〕, 422-425

considerations in〔的考慮〕, 425

Google's handling of〔谷歌的處理〕, 426-428

in theory〔理論上的〕, 428-432

bundled distribution models〔捆綁式發行版模型〕, 431

Live at Head, 431

nothing changes（static dependency model）〔沒有任何變化（靜態依賴關係模型）〕, 428

semantic versioning〔語義（或意）化版本控制〕, 429

limitations of semantic versioning〔語義（或意）化版本控制的侷限性〕, 432-437

Minimum Version Selection〔最低限度的版本選擇〕, 435

motivations〔激勵〕, 435

overconstrains〔過度限制〕, 434

overpromising compatibility〔過度承諾相容性〕, 434

questioning whether it works〔質疑是否有用〕, 437

with infinite resources〔擁有無限資源〕, 437-443

exporting dependencies〔匯出依賴項〕, 440-443

deployment〔部署〕

breaking up into manageable pieces〔分解為可管理的部分〕, 495

building discipline into〔建立紀律〕, 501

deployment configuration testing〔部署組態測試〕, 287

deprecation〔棄用〕, 301-312

as example of scaling problems〔擴展問題的一個例子〕, 12

difficulty of〔的困難〕, 302-304

during design〔設計過程中〕, 304

managing the process〔管理棄用過程〕, 308-311

deprecation tooling〔棄用工具〕, 310-311

    milestones〔里程碑〕, 309

    process owners〔過程的擁有者〕, 309

of old documentation〔舊文件的〕, 192

preventing new uses of deprecated object〔避免棄用物件的新用途〕, 465

reasons for〔的理由〕, 302

static analysis in API deprecation〔API 棄用中的靜態分析〕, 407

types of〔的類型〕, 305-308

    advisory deprecation〔建議性棄用〕, 305

    compulsory deprecation〔強制性棄用〕, 306

    deprecation warnings〔棄用警告〕, 307

Descriptive And Meaningful Phrases〔具描述性和有意義的短語〕（見 DAMP）

design documents〔設計文件〕, 184

design reviews for new code or projects〔新程式碼或專案的設計審查〕, 171

designing systems to eventually be deprecated〔設計最終會被棄用的系統〕, 304

determinism in tests〔測試的確定性〕, 255

dev branches〔開發分支〕, 324-326

    no long-lived branches and〔沒有長壽的分支及〕, 330

developer guides〔開發者指南〕, 57

developer happiness, focus on, with static analysis〔靜態分析的關鍵經驗，關注開發人員的幸福感〕, 408

developer tools, Code Search integration with〔Code Search 與開發人員工具整合〕, 344-347

developer workflow, large tests and〔大型測試和開發人員工作流程〕, 293-298

authoring large tests〔編寫大型測試〕, 294

running large tests〔運行大型測試〕, 294-297

driving out flakiness〔驅除脆弱性〕, 295

making tests understandable〔讓測試變得容易理解〕, 296

owning large tests〔擁有大型的測試〕, 297

speeding up tests〔加快測試速度〕, 294

developer workflow, making static analysis part of〔讓靜態分析成為核心開發人員工作流程的一部分〕, 409

DevOps〔開發維運〕

    philosophy on tech productivity〔技術生產力的 DevOps 哲學〕, 31

    trunk-based development popularized by〔由 DevOps 推廣的基於主線的開發〕, 315

DevOps Research and Assessment（DORA）〔開發維運研究協會〕

    no long-lived branches and〔非長期存在的分支與〕, 330

    predictive relationship between trunk-based development and high-performing organizations〔基於主線的 開發與高性能軟體組織之間存在預測關係〕, 330

    research on release branches〔關於發行分支的研究〕, 326

diamond dependency issue〔菱形倚賴問題〕, 383, 420-422

diffing code changes〔程式碼變更的差異比較〕, 393

    change summary and diff view〔變更摘要和差異檢視〕, 394

direction, giving to team members〔給予團隊成員指導〕, 97

disaster recovery testing〔災難恢復測試〕, 291

discovery（in deprecation）〔發現（棄用）〕, 310

distributed builds〔分散式建構〕, 374-379

    at Google〔Google 的〕, 378

    remote caching〔遠端快取〕, 374

    remote execution〔遠端執行〕, 375

    trade-offs and costs example〔權衡與成本的範例〕, 18

distributed version control systems（DVCSs）〔分散式版本控制系統（DVCSs）〕, 319

    compression of historical data〔自歷史資料的壓縮〕, 355

    scenario, no clear source of truth〔情景：沒有明確的事實來源〕, 322

    source of truth〔情景：沒有明確的事實來源〕, 321

diversity〔多樣化〕
　making it actionable〔使其具操作性〕, 71
　understanding the need for〔瞭解多樣化的必
　　要性〕, 69
Docker, 518
documentation〔文件〕, 53-54, 175-194
　about〔關於〕, 175
　benefits of〔的好處〕, 175-176
　code〔程式碼〕, 55
　Code Search integration in〔程式碼搜尋整合
　　在〕, 346
　creating〔建立〕, 53
　for code changes〔程式碼變更〕, 169
　knowing your audience〔瞭解你的讀者〕,
　　179-181
　types of audiences〔讀者的類型〕, 180
　philosophy〔哲學〕, 190-193
　　beginning, middle, and end sections〔開
　　　頭、中間和結尾〕, 191
　　deprecating documents〔棄用文件〕, 192
　　parameters of good documentation〔良好文
　　　件的參數〕, 191
　　who, what, why, when, where, and how
　　　〔誰、何事、何時、何地以及為
　　　何〕, 190
　promoting〔推廣〕, 54
　treating as code〔視為程式碼〕, 177-179
　　Google wiki 與, 178
　types of〔的類型〕, 181-188
　　conceptual〔概念性〕, 187
　　design documents〔設計文件〕, 184
　　landing pages〔登陸頁面〕, 187
　　reference〔參考〕, 182-184
　　tutorials〔教程〕, 185
　updating〔更新〕, 53
　when you need technical writers〔當你需要技
　　術寫手時〕, 193
documentation comments〔文件註解〕, 137
documentation reviews〔文件審查〕, 188-190
documented knowledge〔文件化的知識〕, 44
domain knowledge of documentation audiences
　〔文件受眾的領域知識〕, 180
DRY（Don’t Repeat Yourself）principle〔不要
　重複你自己的原則〕

tests and code sharing, DAMP, not DRY〔測
　試和程式碼共享：要 DAMP，而不是
　DRY〕, 235-241
　　DAMP as complement to DRY〔DAMP 是
　　　DRY 的補充〕, 237
　　test that is too DRY〔測試太 DRY 了〕,
　　　235
　　violating for clearer tests〔違反更清晰的測
　　　試〕, 228
DVCSs（見 distributed version control systems）

E

Edison, Thomas〔托馬斯·愛迪生〕, 37
education of software engineers〔軟體工程師的
　教育〕, 69
　more inclusive education needed〔需要更具包
　　容性的教育〕, 71
efficiency improvements, changing code for〔變
　更程式碼以提高效率〕, 10
ego, losing〔失去自我〕, 36, 87
Eisenhower, Dwight D.〔德懷特‧艾森豪威
　爾〕, 112
email at Google〔谷歌的電子郵件〕, 50
Emerson, Ralph Waldo〔拉爾夫·沃爾多·愛默
　生〕, 141
end-to-end tests〔端到端測試〕, 206
engineering managers〔工程經理〕, 78, 81-83
（另見 leading a team; managers and tech leads）
　contemporary managers〔今日的經理〕, 82
　letting the team know failure is an option〔讓團
　　隊知道失敗是一種選擇〕, 82
　　manager as four-letter word〔經理是一個粗俗
　　　下流的詞〕, 81
engineering productivity〔工程效率〕
　improving with testing〔通過測試來改進〕,
　　219
　readability program and〔可讀性程式和〕, 63
Engineering Productivity Research（EPR）team
　〔工程效率研究團隊〕, 63
engineering productivity, measuring,〔衡量工程
　效率〕123-138, 117-130
　assessing worth of measuring〔評估是否值得
　　衡量〕, 118-121

goals〔目標〕, 123

metrics〔指標〕, 125

reasons for〔的理由〕, 117-118

selecting meaningful metrics with goals and
    signals〔選擇具有目標和信號的有意
    義衡量指標〕, 122-123

signals〔信號〕, 125

taking action and tracking results after
    performing research〔進行研究後採取
    行動和追蹤結果〕, 129

validating metrics with data〔使用資料來驗證
    指標〕, 126-129

equitable and inclusive engineering〔包容性和公
    平工程〕, 67-76

bias and〔偏見和〕, 67

building multicultural capacity〔建構多元文
    化的能力〕, 69-71

challenging established processes〔挑戰已建
    立的流程〕, 73

making diversity actionable〔使多樣性具有可
    操作性〕, 71

need for diversity〔多樣化的必要性〕, 69

racial inclusion〔種族包容〕, 67

rejecting singular approaches〔拒絕單一做
    法〕, 72

staying curious, and pushing forward〔保持好
    奇心，向前推進〕, 75

values versus outcomes〔價值與結果〕, 74

error checking tools〔錯誤檢查工具〕, 151

Error Prone 工具（Java）, 151

@DoNotMock 註釋, 253

integration with Tricorder〔與 Tricorder 整
    合〕, 411

error-prone and surprising constructs in
    code,avoiding〔避免容易出錯和令人驚訝
    的結構〕, 140

execution time for tests〔測試的執行時間〕, 255

speeding up tests〔加快測試速度〕, 294

experience levels for documentation audiences
    〔文件讀者的經驗水準〕, 180

experiments and feature flags〔實驗和功能旗
    標〕, 469

expertise〔專業知識〕

all-or-nothing〔全有或全無〕, 43

personalized advice from an expert〔來自專家
    的個人化建議〕, 44

and shared communication forums〔共享交流
    論壇〕, 13

exploitation versus exploration problem〔開發與
    探索問題〕, 351

exploratory testing〔探索性測試〕, 217, 287

extrinsic versus intrinsic motivation〔內在激勵與
    外在激勵的比較〕, 97

F

"Fail early, fail fast, fail often"〔「早失敗、快
    失敗、常失敗」〕, 31

failures〔失敗〕

addressing test failures〔解決測試失敗〕, 201

architecting for failure in software for managed
    compute〔為託管運算編寫軟體，針對
    失敗進行架構設計〕, 510

bug in real implementation causing cascade of
    test failures〔真正實作中的錯誤可能會
    導致一連串的測試失敗〕, 252

clear code aiding in diagnosing test failures
    〔清晰的程式碼有助於診斷測試失
    敗〕, 206

culprit finding and failure isolation〔罪魁禍首
    查找和失敗隔離〕, 478

fail fast and iterate〔快速失敗並迭代〕, 37

failure is an option〔失敗是一種選擇〕, 82

failure management with TAP〔使用 TAP 進
    行失敗管理〕, 483

large test that fails〔失敗的大型測試〕, 296

reasons for test failures〔測試失敗的原因〕,
    226

testing for system failure〔系統失敗的測試〕,
    210

writing clear failure messages for tests〔為測
    試編寫清楚的失敗訊息〕, 234

faking 技術, 251, 256-259

fake hermetic backend〔假的封閉式後端〕,
    479

fidelity of fakes〔假實作的保真度〕, 258

importance of fakes〔假實作的重要〕, 257

testing fakes〔測試假實作〕, 259

when fakes are not available〔沒有假實作可用時〕, 259

when to write fakes〔何時撰寫假實作〕, 257

false negatives in static analysis〔靜態分析的假陰性〕, 408

false positives in static analysis〔靜態分析的假陽性〕, 408

feature flags〔實驗和功能旗標〕, 469

features, new〔新功能〕, 221

federated/virtual-monorepo（VMR）–style repository〔聯合／虛擬單體儲存庫（VMR）風格的儲存庫〕, 333

feedback〔反饋〕

accelerating pace of progress with〔通過反饋加快進度〕, 31

fast feedback loops in CI〔持續整合的快速反饋迴圈〕, 469-470

for documentation〔文件的〕, 54

giving hard feedback to team members〔給團隊成員逆耳的反饋〕, 92

integrated feedback channels in Tricorder〔整合 Tricorder 中的反饋通道〕, 412

soliciting from developers on static analysis〔就靜態分析徵得開發人員的〕, 408

fidelity〔保真度〕

of fakes〔假實作的〕, 258

of SUTs〔受測系統〕, 278

of test doubles〔測試替身的〕, 246

of tests〔測試的〕, 270

file comments〔檔案註解〕, 183

file locking in VCSs〔VCSs 的檔案鎖定〕, 316, 319

filesystem abstraction〔檔案系統抽象化〕, 518

filesystems, VCS as way to extend〔VCS 是一種擴展檔系統的方法〕, 316

flag-guarding features〔旗標防護功能〕, 496

flaky tests〔不穩定的測試〕, 204, 255, 478

driving out flakiness in large tests〔驅除大型測試中的脆弱性〕, 295

expense of〔的成本〕, 206

Forge, 378, 484

forking/reimplementing versus adding a dependency〔該分支／重新實作與添加一個依賴關係〕, 20

function comments〔函式註解〕, 184

functional programming languages〔函數式程式設計〕, 370

functional tests〔功能測試〕, 206

testing of one or more interacting binaries〔對一或多個互動的二進位檔進行測試〕, 286

G

g3doc, 179

Gates, Bill〔比爾·蓋茨〕, 27

generated files, Code Search index and〔Code Search 索引和所產生的檔案〕, 354

Genius Myth〔天才神話〕, 27

Gerrit 程式碼審查工具, 403

Git, 320

improvements to〔改進〕, 334

synthesizing monorepo behavior〔合成單體儲存庫的行為〕, 333

given/when/then, expressing behaviors〔已知 / 當 / 則，表達行為〕, 229

alternating when/then blocks〔「當／則」區塊交替進行〕, 231

well-structured test with〔結構良好的測試〕, 230

Go 程式語言

compatibility promises〔相容性承諾〕, 423

gofmt 工具案例研究, 152-154

standard package management ecosystem〔標準套件管理生態系統〕, 435

test assertion in〔中的測試斷言〕, 235

go/ 鏈結, 58

use with canonical documentation〔與標準文件一起使用〕, 177, 190

goals〔信號〕

defined〔定義〕, 122

team leader setting clear goals〔團隊領導者設定明確的目標〕, 91

Goals/Signals/Metrics（GSM）framework〔目標／信號／指標 框架〕, 122-126

goals〔目標〕, 123

metrics〔指標〕, 125

signals〔信號〕, 125

use for metrics in readability process study〔用於可讀性過程調查中的指標〕, 127

Google Assistant〔谷歌助理〕, 480

Google Search〔谷歌搜尋〕, 5

and bifurcation of Google's internal compute offering〔谷歌內部的運算產品出現分歧〕, 525

larger tests at Google〔谷歌的較大型測試〕, 274

manually testing functionality of〔手動測試 Google Search 的功能〕, 197

subdividing latency problem of〔細分 Google Search 的延遲問題〕, 107

Google Takeout case study〔Google Takeout 案例研究〕, 484-491

Google Web Server (GWS), 196

Google wiki (GooWiki), 178

"Googley", being〔谷歌風範〕, 40

Gradle, 365

dependency versions〔依賴項版本〕, 383

improvements on Ant〔對 Ant 的改進〕, 367

greenfield code reviews〔綠地程式碼審查〕, 171

grep 命令, 340

group chats〔群聊〕, 49

Grunt, 365

H

"hacky" or "clever" code〔靈活或巧妙的程式碼〕, 9

Hamming, Richard〔李查德‧漢明〕, 35, 36

happiness, tracking for your team〔追蹤你的團隊的幸福感〕, 93

outside the office and in their careers〔在辦公室之外和他們的職業生涯中〕, 94

hash flooding attacks〔雜湊氾濫攻擊〕, 8

hash ordering (example)〔雜湊排序（例子）〕, 8

haunted graveyards〔鬧鬼的墓地〕, 43, 451

Heartbleed, 9

"Hello World" tutorials〔Hello World 教程〕, 185

helper methods〔輔助方法〕

shared helpers and validation〔共享輔助工具和驗證〕, 240

shared values in〔中的共享值〕, 238

hermetic code, nondeterminism and, 256

hermetic SUTs〔封閉式受測系統〕, 278

benefits of〔的優點〕, 279

hermetic testing〔封閉式測試〕, 479

Google Assistant〔谷歌助理〕, 480

hero worship〔英雄崇拜〕, 27

hiding your work〔隱藏工作〕

Genius Myth and〔天才神話和〕, 29

harmful effects of〔的有害影響〕, 30-34

bus factor〔公車因素〕, 31

engineers and offices〔工程師和辦公室〕, 31

forgoing early detection of flaws or issues〔放棄早期發現缺陷或問題〕, 31

pace of progress〔進度〕, 31

hiring of software engineers〔軟體工程師的招聘〕

compromising the hiring bar (antipattern)〔降低招聘門檻（反面模式）〕, 86

hiring pushovers (antipattern)〔僱用弱勢者（反面模式）〕, 84

making diversity actionable〔使多樣性具有可操作性〕, 72

history, indexing in Code Search〔Code Search 中的歷史索引〕, 355

honesty, being honest with your team〔誠實，對你的團隊誠實〕, 92

"Hope is not a strategy"〔希望不是一種策略〕, 84

hourglass antipattern in testing〔測試中的沙漏反模式〕, 207

human issues, ignoring in a team〔忽略團隊中的人為問題〕, 85

human problems, solving〔解決人類問題〕, 29

humility〔謙虛〕, 35

being "Googley"〔谷歌風範, 40

practicing〔實踐〕, 36-38

hybrid SUTs〔混合型 SUTs〕, 279

Hyrum's Law〔海勒姆法則〕, 7

consideration in unit tests〔單元測試中的考量〕, 272

deprecation and〔棄用和〕, 302

hash ordering (example)〔雜湊排序（例子）〕, 8

I

ice cream cone antipattern in testing〔測試中的甜筒冰淇淋反模式〕, 207, 275

idempotency〔冪等性〕, 516

IDEs (integrated development environments)〔整合開發環境〕

reasons for using Code Search instead of〔使用 Code Search 而不使用 IDE 的理由〕, 343-347

static analysis and〔靜態分析〕, 416

image recognition, racial inclusion and〔種族包容和圖像識別〕, 67

imperative programming languages〔命令式程式語言〕, 370

implementation comments〔實作註解〕, 137, 182

important versus urgent problems〔重要問題與緊急問題的差別〕, 112

improvements to existing code, code reviews for〔程式碼審查改善現有程式碼〕, 172

incentives and recognition for knowledge sharing〔知識共享的激勵和認可〕, 56

incremental builds, difficulty in task-based build systems〔基於任務的建構系統難以進行增量建構〕, 368

indexes〔索引〕

Code Search versus IDEs〔Code Search 與 IDEs〕, 343

dropping files from Code Search index〔從 Code Search 中刪除檔案〕, 354

indexing multiple versions of a repository〔索引儲存庫的多個版本〕, 355

latency in Code Search〔Code Search 的延遲〕, 348

search index in Code Search〔程式碼搜尋的搜尋索引〕, 349

individual engineers, increasing productivity of〔提高個別工程師的效率〕, 118

influence, being open to〔對影響持開放態度〕, 39

influencing without authority (case study)〔沒有權威的影響力（案例研究）〕, 78

information islands〔資訊孤島〕, 43

information, canonical sources of〔標準資訊來源〕, 57-59

codelabs, 58

developer guides〔開發者指南〕, 57

go/ 鏈結, 58

static analysis〔靜態分析〕, 59

insecurity〔不安全感〕, 27

criticism and〔批評和〕, 37

manifestation in Genius Myth〔天才神話係不安全感的表現〕, 29

integration tests〔整合測試〕, 206

intellectual complexity〔知性上的複雜性〕(QUANTS), 124

interaction testing〔互動測試〕, 225, 262-267

appropriate uses of〔適合使用〕, 264

best practices〔最佳做法〕, 264

avoiding overspecification〔避免過度指定〕, 265

performing only for state-changing functions〔僅執行狀態改變函式〕, 264

preferring state testing over〔更喜歡狀態測試而不是互動測試〕, 262

limitations of interaction testing〔互動測試的侷限性〕, 263

using test doubles〔使用測試替身〕, 251

interoperability of code〔程式碼的互通性〕, 142

intraline diffing showing character-level differences〔列內差異比較，顯示字符級差異〕, 393

intrinsic versus extrinsic motivation〔內在激勵與外在激勵的比較〕, 97

iteration, making your teams comfortable with〔讓你的團隊適應迭代〕, 104

J

Java
  assertion in a test using Truth library〔測試中使用 Truth 程式庫的斷言〕, 235
  javac 編譯器 , 363
  Mockito mocking framework for〔Mockito 模擬框架〕, 250
  shading in〔著色〕, 329
  third-party JAR files〔第三方 JAR 檔〕, 363
Jevons Paradox〔傑文斯悖論〕, 19
Jobs, Steve〔史帝夫·喬布斯〕, 27, 86
Jordan, Michael〔邁克爾·喬丹〕, 27
JUnit, 294

K

key abstractions and data structures in libraries, listings of〔程式庫中關鍵抽象概念和資料結構清單〕, 149
knowledge sharing〔知識共享〕, 43, 65
  as benefit of code reviews〔程式碼審查的好處〕, 166
  asking the community〔詢問社群〕, 49-51
  challenges to learning〔學習的挑戰〕, 43
  critical role of psychological safety〔心理安全的關鍵作用〕, 45-47
  growing your knowledge〔增長你的知識〕, 47, 49
    asking questions〔提問〕, 47
    understanding context〔了解背景〕, 48
  increasing knowledge by working with others〔透過與他人合作增加知識〕, 31
  philosophy of〔的哲學〕, 44
  readability process and code reviews〔可讀性過程和程式審查〕, 149
  scaling your organization's knowledge〔擴展你的組織的知識〕, 55-60
    cultivating knowledge-sharing culture〔培養知識共享文化〕, 55-57
  establishing canonical sources of information〔建立標準資訊來源〕, 57-59
  staying in the loop〔最新資訊〕, 59-60
  standardized mentorship through code reviews〔通過程式碼審查進行標準化的指導〕, 60-64
  teaching others〔教別人〕, 51-55
Kondo, Marie〔近藤麻理惠〕, 112
Kubernetes 叢集 , 520
kudos〔讚揚〕, 57
Kythe, 458
  integration with Code Search〔與 Code Search 整合〕, 339
  navigating cross-references with〔使用 Kythe 在交叉引用之間導航〕, 396

L

landing pages〔登陸頁面〕, 187
Large Scale Change tooling and processes〔大規模變更工具和過程〕, 139
large tests〔大型測試〕, 205
  （另見 larger testing）
large-scale changes〔大規模變更〕, 362, 447-466
  barriers to atomic changes〔不可分割變更的障礙〕, 451-452
    heterogeneity〔異質性〕, 451
    merge conflicts〔合併衝突〕, 451
    no haunted graveyards〔沒有鬧鬼的墓地〕, 451
    technical limitations〔技術的侷限性〕, 451
    testing〔測試〕, 452
  code reviews for〔的程式碼審查〕, 173
  importance of trunk-based development and〔基於主線開發的重要性與〕, 330
  infrastructure〔基礎架構〕, 456-460
    change management〔變更管理〕, 458
    codebase insight〔程式碼基底的洞察力〕, 458
    language support〔語言支援〕, 459
    Operation RoseHub, 460
    policies and culture〔政策和文化〕, 457
    testing〔測試〕, 459
  larger tests skipped during〔大規模變更期間不進行較大型的測試〕, 273

process〔流程；過程〕, 460-465
  authorization〔授權〕, 461
  change creation〔變更的建立〕, 461
  cleanup〔清理〕, 465
  sharding and submitting〔切分和提交〕),
    462-465
qualities of〔的品質〕, 448
responsibility for〔的責任〕, 449
testing〔測試〕, 454-456
  code reviews〔程式碼審查〕, 454
  riding the TAP train〔乘坐 TAP 列車〕,
    454
  scoped_ptr 到 std::unique_ptr, 454
larger testing〔較大型測試〕, 269-298
  advantages of〔的優點〕, 270
  challenges and limitations of〔的挑戰和侷限
    性〕, 273
  characteristics of〔的特徵〕, 269
  fidelity of tests〔測試的保真度〕, 270
  large tests and developer workflow〔大型測試
    和開發人員工作流程〕, 293-298
    authoring large tests〔編寫大型測試〕,
      294
    running large tests〔運行大型測試〕, 294-
      297
  larger tests at Google〔Google 的較大型測
    試〕, 274-277
    Google scale and〔谷歌規模與〕, 276
    time and〔時間與〕, 274
  structure of a large test〔大型測試的結構〕,
    277-285
    systems under test (SUTs)〔受測系統〕,
      278-283
    test data〔測試資料〕, 283
    verification〔驗證〕, 284
  types of large tests〔大型測試的類型〕, 285-
    293
    A/B diff (regression)〔A/B 差異（回歸）
      測試〕, 288
    browser and device testing〔瀏覽器和設備
      測試〕, 286
    deployment configuration testing〔部署組
      態測試〕, 287

    disaster recovery and chaos engineering
      〔災後恢復和混沌工程〕, 291
    exploratory testing〔探索性測試〕, 287
    functional testing of interacting binaries
      〔對互動的二進位檔進行功能測
      試〕, 286
    performance, load, and stress testing〔性
      能、負載和壓力測試〕, 286
    probers and canary analysis〔探測器和金
      絲雀分析〕, 290
    UAT〔用戶接受測試〕, 290
    user evaluation〔用戶評估〕, 292
  unit tests not providing good risk mitigation
    coverage〔單元測試沒有提供良好的風
    險緩解覆蓋率〕, 271-272
law enforcement facial recognition databases,
    racial bias in〔在執法部門的面部識別資
    料庫中有種族偏見〕, 71
leadership, brilliant jerks and〔傑出的渾蛋與領
    導力〕, 56
leadership, scaling into a really good leader〔領導
    力，成長為真正優秀的領導者〕, 101-116
  Addressing Web Search latency (case study)
    〔解決網路搜尋的「延遲」問題（案
    例研究）〕, 104-106
  Always be deciding〔總是決策〕, 102
  Always be leaving〔總是要離開的〕, 106
  Always be scaling〔總是在擴展〕, 110
  deciding, then iterating〔決策，然後反覆進
    行〕, 104
  identifying key trade-offs〔確定關鍵的取
    捨〕, 103
  identifying the blinders〔確定盲點〕, 103
  important vs. urgent problems〔重要與緊急的
    問題〕, 112
  learning to drop balls〔學會掉球〕, 112
  protecting your energy〔保護你的精力〕, 113
leading a team〔領導一個團隊〕, 77-98
  antipatterns〔反面模式〕, 83-87
    being everyone's friend〔成為每個人的朋
      友〕, 85
    compromising the hiring bar〔降低招聘門
      檻〕, 86

hiring pushovers〔僱用容易受影響者〕, 84

ignoring human issues〔忽略人為問題〕, 85

ignoring low performers〔忽視低績效者〕, 84

treating your team like children〔像對待孩子一樣對待你的團隊〕, 86

asking team members if they need anything〔詢問團隊成員是否需要任何東西〕, 94

engineering manager〔工程經理〕, 81-83

failure as an option〔失敗是一種選擇〕, 82

history of managers〔經理的歷史〕, 81

today's manager〔今日的經理〕, 82

fulfilling different needs of team members〔滿足團隊成員的不同需求〕, 96

motivation〔激勵〕, 97

managers and tech leads〔經理和技術主管〕, 77-78

case study, influencing without authority〔案例研究,沒有權威的影響力〕, 78

engineering manager〔工程經理〕, 78

tech lead〔技術主管〕, 78

tech lead manager〔經理兼技術主管〕, 78

moving from individual contributor to leadership role〔從個人貢獻者角色轉變為領導角色〕, 78-81

reasons people don't want to be managers〔不想成為經理的原因〕, 79

servant leadership〔服務式領導〕, 80

other tips and tricks for〔其他提示和技巧〕, 95

positive patterns〔正面模式〕, 87-94

being a catalyst〔成為催化劑〕, 90

being a teacher and mentor〔做為教師和導師〕, 91

being a Zen master〔做個禪宗大師〕, 88

being honest〔誠實〕, 92

losing the ego〔失去自我〕, 87

removing roadblocks〔清除障礙〕, 90

setting clear goals〔設定明確的目標〕, 91

tracking happiness〔追蹤幸福感〕, 93

learning〔學習〕, 45

（另見 knolwedge sharing）

challenges to〔挑戰〕, 43

LGTM（looks good to me）stamp from reviewers〔來自審查者的「我覺得不錯」戳記〕, 158

change approval with〔以 LGTM 批准變更〕, 391

code owner's approval and〔程式碼擁有者的批准和〕, 160

correctness and comprehension checks〔正確性和理解性檢查〕, 159

from primary reviewer〔主要審查者〕, 169

meaning of〔的意思〕, 401

separation from readability approval〔與可讀性批准分離〕, 164

tech leads submitting code change after〔技術主管提交程式碼變更後〕, 160

libraries, compilers and〔編譯器和程式庫〕, 363

linters in Tricorder〔Tricorder 中的 linter〕, 414

Linux

developers of〔的開發者〕, 27

kernel patches, sources of truth for〔核心補丁的真實來源〕, 322

Live at Head 模型, 431

load, testing〔測試負載〕, 286

log viewer, Code Search integration with〔Code Search 整合日誌查看器〕, 345

logic, not putting in tests〔不要把邏輯放在測試中〕, 233

LSCs（見 large-scale changes）

M

mailing lists〔郵遞論壇〕, 50

maintainability of tests〔測試的可維護性〕, 220

"manageritis"〔經理炎〕, 79

managers and tech leads〔經理和技術主管〕, 77-78

antipatterns〔反面模式〕, 83-87

being everyone's friend〔成為每個人的朋友〕, 85

compromising the hiring bar〔降低招聘門檻〕, 86

hiring pushovers〔僱用容易受影響者〕, 84

ignoring human issues〔忽略人為問題〕, 85

ignoring low performers〔忽視低績效者〕, 84

treating your team like children〔像對待孩子一樣對待你的團隊〕, 86

case study, influencing without authority〔案例研究，沒有權威的影響力〕, 78

engineering manager〔工程經理〕, 78, 81-83

contemporary〔今日的〕, 82

failure as an option〔失敗是一種選擇〕, 82

history of managers〔經理的歷史〕, 81

moving from individual contributor to leadership role〔從個人貢獻者角色轉變為領導角色〕, 78-81

reasons people don't want to be managers〔不想成為經理的原因〕, 79

servant leadership〔服務式領導〕, 80

positive patterns〔正面模式〕, 87-94

being a catalyst〔成為催化劑〕, 90

being a teacher and mentor〔做為教師和導師〕, 91

being a Zen master〔做個禪宗大師〕, 88

being honest〔誠實〕, 92

losing the ego〔失去自我〕, 87

removing roadblocks〔清除障礙〕, 90

setting clear goals〔設定明確的目標〕, 91

tracking happiness〔追蹤幸福感〕, 93

tech lead〔技術主管〕, 78

tech lead manager（TLM）〔經理兼技術主管〕, 78

manual testing〔手動測試〕, 274

Markdown〔一種通用的文件格式化語言〕, 179

mastery for team members〔團隊成員的掌握性〕, 97

Maven, 365

improvements on Ant〔對 Ant 的改進〕, 367

measurements〔量測〕, 117

（另見 engineering productivity, measuring）

in hard-to-quantify areas〔在難以量化的領域〕, 18

medium tests〔中型測試〕, 205

Meltdown 和 Spectre, 10

mentorship〔指導〕, 45

being a teacher and mentor for your team〔做為你的團隊的教師和導師〕, 91

standardized, through code reviews〔通過程式碼審查實現標準化指導〕, 60-64

merge conflicts, size of changes and〔變更的規模及合併衝突〕, 451

merges〔合併〕

branch-and-merge process, development as〔開發是分支與合併的過程〕, 317

coordination of dev branch merging〔開發分支合併的協調〕, 325

dev branches and〔開發分支與〕, 325

merge tracking in VCSs〔VCSs 的合併追蹤〕, 316

method-driven tests〔方法驅動測試〕, 228

example test〔範例測試〕, 228

sample method naming patterns〔方法命名模式的例子〕, 233

metrics〔指標〕

assessing worth of measuring〔評估是否值得衡量〕, 118-121

in GSM framework〔GSM 框架〕, 122, 125

meaningful, selecting with goals and signals〔選擇具有目標和信號的有意義衡量指標〕, 122-123

using data to validate〔使用資料來驗證〕, 126-129

migrations〔遷移〕

in the deprecation process〔在棄用過程中〕, 311

migrating users from an obsolete system〔從過時的系統遷移用戶〕, 306

milestones of a deprecation process〔棄用過程的里程碑〕, 309

Minimum Version Selection（MVS）〔最低限度的版本選擇〕, 435

mobile devices, browser and device testing〔行動設備、瀏覽器和設備測試〕, 286

mocking〔模擬〕, 245
（另見 test doubles）
interaction testing and〔互動測試和〕, 251
misuse of mock objects, causing brittle tests〔模擬物件的誤用，導致脆弱的測試〕, 212
mocks becoming stale〔mock 變得過時〕, 271

mocking frameworks〔模擬框架〕
about〔關於〕, 249
for major programming languages〔對於主要的程式語言〕, 250
interaction testing done via〔透過 mocking 框架來完成互動測試〕, 251
over reliance on〔過度依賴〕, 226, 247
stubbing via〔透過 mocking 框架來完成stubbing〕, 251

mockist 測試, 252

Mockito
example of use〔使用例〕, 250
stubbing 範例, 251

modules, dealing with in build systems〔在建構系統中處理模組〕, 379-384
managing dependencies〔管理依賴關係〕, 381-384
minimizing module visibility〔最大限度地減少模組的可見性〕, 381
using fine-grained modules and 1:1:1 rule〔使用細粒度模組和 1:1:1 規則〕, 380

monorepos〔單體儲存庫〕, 332
arguments against〔反對 monorepo 的論點〕, 333
organizations citing benefits of〔組織引用的好處〕, 333

motivating your team〔激勵你的團隊〕, 96
intrinsic vs. extrinsic motivation〔內在激勵與外在激勵的比較〕, 97

move detection for code chunks〔程式碼團塊的移動檢測〕, 393

multicultural capacity, building〔建構多元文化的能力〕, 69-71

how inequalities in society impact workplaces〔社會不平等如何影響工作場所〕, 71

multimachine SUT〔多機 SUT〕, 279

multitenancy, containerization and〔容器化和多租戶〕, 508-509
multitenancy for serving jobs〔多租戶的服務工作〕, 521

multitenant framework servers〔多租戶框架服伺服器〕, 526

N

named resources, managing on the machine〔管理機器上的具名資源〕, 518

network ports, containers and〔容器和網路埠〕, 518

newsletters〔新聞通訊〕, 59

no binary is perfect〔沒有一個二進位檔是完美的〕, 497

non-state-changing functions〔非狀態改變函式〕, 265

nondeterministic behavior in tests〔測試中的不確定行為〕, 204, 206, 255

notifications from Critique〔來自 Critique 的通知〕, 392

O

office hours, using for knowledge sharing〔答疑時間，用於知識共享〕, 51

1:1:1 規則, 380

one-off code〔一次性程式碼〕, 516

One-Version Rule〔單一版本規則〕, 327, 329, 383
monorepos and〔單體儲存庫與〕, 332

Open Source Software（OSS）〔開源軟體〕
dependency management and〔依賴關係管理與〕, 420
monorepos and〔單體儲存庫與〕, 334

open sourcing gflags〔開源 gflags〕, 440

Operation RoseHub, 460

optimizations of existing code, code reviews for〔程式碼審查以優化現有程式碼〕, 172

overspecification of interaction tests〔互動測試的過度指定〕, 265

ownership of code〔程式碼的所有權〕, 161-162

deprecation process owners〔棄用過程的擁有者〕, 309

for greenfield reviews〔綠地審查〕, 171

granular ownership in Google monorepo〔Google monorepo 中的細化擁有權〕, 327

owning large tests〔擁有大型的測試〕, 297

P

Pact Contract Testing, 282

Pants〔一個源自 Blaze 之基於產出物的建構系統〕, 369

parallelization of build steps〔平行化建構步驟〕

difficulty in task-based systems〔在基於任務的系統中難以〕, 367

in Bazel〔在 Bazel 中〕, 371

parallelization of tests〔測試的平行化〕, 255

parroting〔人云亦云〕, 43

Pascal, Blaise〔布萊斯·帕斯卡〕, 180

patience and kindness in answering questions〔耐心和友善地回答問題〕, 48

patience, learning〔學會忍耐〕, 38

peer bonuses〔同儕獎金〕, 57

Perforce, revision mumbers for a change〔Perforce，變更的修訂編號〕, 323

performance〔性能〕

accommodating optimizations in the codebase〔考慮到程式碼基底中的優化〕, 142

testing〔測試〕, 286

performance of software engineers〔軟體工程師的績效〕

flaws in performance ratings〔績效評級的缺陷〕, 73

ignoring low performers〔忽視低績效者〕, 84

personnel costs〔人員成本〕, 17

"Peter Principle"〔彼得原則〕, 79

Piper, 327

Code Search integration with〔Code Search 與 Piper 的整合〕, 341

tools built on top of〔建購在 Piper 之上的工具〕, 396

policies for large-scale changes〔大規模變更的政策〕, 457

politeness and professionalism in code reviews〔程式碼審查中的禮貌和專業〕, 167

postmortems, blameless〔無糾責事後查驗〕, 38-40, 83

precommit reviews〔提交前審查〕, 390

presubmits〔提交前〕, 170

checks in Tricorder〔Tricorder 中的檢查〕, 414

continuous testing and〔持續測試與〕, 473

infrastructure for large tests〔大型測試的基礎架構〕, 294

optimization of〔的優化〕, 478, 482

testing on merges in dev branch〔開發分支中合併的測試〕, 325

versus postsubmit〔與提交後〕, 474

probers〔探測器〕, 290

problems〔問題〕

dividing the problem space〔劃分問題空間〕, 107-110

important vs. urgent〔重要與緊急的差別〕, 112

product stability, dev branches and〔開發分支和產品穩定性〕, 324

production〔生產環境〕

risks of testing in〔在生產環境中進行測試的風險〕, 280

testing in〔生產環境中的測試〕, 475

professionalism in code reviews〔程式碼審查的專業性〕, 167

programming〔程式設計〕

clever code and〔巧妙的程式碼和〕, 9

software engineering versus〔軟體工程與〕, 3, 21

programming guidance〔程式設計指導方針〕, 148

programming languages〔程式語言〕

advice for areas more difficult to get correct〔針對較難獲得正確資訊的領域對建議〕, 149

avoiding use of error-prone and surprising constructs〔避免容易出錯和令人驚訝的結構〕, 140

breakdowns of new feature and advice on using them〔對新功能的細分和它們的使用建議〕, 149

documenting〔記錄〕, 191

imperative and functional〔命令式和函數式〕, 370

limitations on new and not-yet-well-understood features〔對新功能和尚未充分理解功能的限制〕, 143

logic in〔邏輯〕, 233

reference documentation〔參考文件〕, 182

style guides for each language〔每種語言的風格指南〕, 134

support for large-scale changes〔支援大規模變更〕, 459

Project Health（pH）tool〔專案健康工具〕, 216

project-level customization in Tricorder〔Tricorder 中專案級別的定制〕, 414

Proto Best Practices analyzer〔協定最佳做法分析器〕, 413

protocol buffers static analysis of〔靜態分析的協定緩衝器〕, 414

providers, documentation for〔文件的提供者〕, 181

psychological benefits of code reviews〔程式碼查心理方面的好處〕, 165

psychological safety〔心理安全〕, 45-47

building through mentorship〔通過導師制來建構〕, 45

catalyzing your team by building, 82

in large groups〔大型團體的〕, 46

lack of〔的缺乏〕, 43

pubic versus private compute services〔公有與私有運算服務〕, 529

public APIs〔公用 API〕, 224

purpose for team members〔團隊成員的目標〕, 98

purpose of documentation users〔文件用戶的目的〕, 180

Python, 27

unittest.mock 框架, 250

Python style guides〔Python 風格指南〕

avoidance of power features such as reflection〔避免使用強大功能比如反射〕, 140

CamelCase vs. snake_case naming〔CamelCase 與 snake_case 命名〕, 145

indentation of the code〔程式碼的縮排〕, 140

Q

qualitative metrics〔定性指標〕, 126

quality and user-focus in CD〔持續交付的品質和以用戶為中心〕, 499

quality of code〔程式碼的品質〕, 124

QUANTS in engineering productivity metrics〔工程效率指標中的 QUANTS〕, 123

in readability process study〔在可讀性過程之研究中〕, 127

query dependent signals〔查詢相關信號〕, 352

query independent signals〔查詢無關信號〕, 351

question-and-answer system（YAQS）〔Google 內部使用的問答平台〕, 51

questions, asking（見 asking questions）〔提問〕

R

racial bias in facial recognition databases〔面部識別資料庫中的種族偏見〕, 71

racial inclusion〔種族包容〕, 67

Rake, 365

ranking in Code Search〔程式碼搜尋的排名〕, 351-353

query dependent signals〔查詢相關信號〕, 352

query independent signals〔查詢無關信號〕, 351

result diversity〔結果多樣性〕, 353

retrieval〔檢索〕, 353

RCS（Revision Control System）〔修訂控制系統〕, 316, 319

readability〔可讀性〕, 55, 60-64

approval for code changes at Google〔谷歌的程式碼變更批准〕, 160

ensuring with code reviews〔以程式碼審查來確保〕, 164

readability process〔可讀性過程〕, 55

  about〔關於〕, 61

  advantages of〔的優點〕, 62

real implementations, using instead of test doubles〔使用真正的實作而不是測試替身〕, 251-256

  deciding when to use real implementations〔決定何時使用真正的實現〕, 253-256

    dependency construction〔依賴關係的建構〕, 256

    determinism in tests〔測試中的確定性〕, 255

    execution time〔執行時間〕, 255

    preferring realism over isolation〔傾向實際而非隔離〕, 252

recall bias〔回憶偏差〕, 127

recency bias〔近因偏差〕, 127

recognition for knowledge sharing〔知識共享的認可〕, 56

recommendations on research findings〔對研究結果的建議〕, 129

record/replay systems〔記錄／重播系統〕, 282, 480

redundancy in documentation〔文件的冗餘內容〕, 191

refactorings〔重構〕, 221

  code reviews for〔的程式碼審查〕, 173

  large-scale, and use of references for ranking〔大規模變更，以及使用參照進行排名〕, 352

  search-and-replace–based〔基於搜尋和替換〕, 348

  uncommitted work as akin to a branch〔未提交的工作相當於一個分支〕, 324

reference documentation〔參考文件〕, 182-184

  class comments〔類別註解〕, 183

  file comments〔檔案註解〕, 183

  function comments〔函示註解〕, 184

references, using for ranking〔使用參照進行排名〕, 351

regression tests〔回歸測試〕, 288

  （另見 A/B diff tests）

regular expressions（regex）search〔正規表達式搜尋〕, 356

reimplementing/forking versus adding a dependency〔分支／重新實作與添加一個依賴關係〕, 20

release branches〔發行分支〕, 326

  Google and〔谷歌和〕, 331

release candidate testing〔候選版本測試〕, 474

releases〔發行〕

  striving for agility, setting up a release train〔追求敏捷性，設置一個發行列車〕, 497

  meeting your release deadline〔滿足你的發行最後期限〕, 498

  no binary is perfect〔沒有一個二進位檔是完美的〕, 497

reliability of external dependencies, 384

remote caching in distributed builds〔分散式建構中的遠端快取〕, 374

  Google's remote cache〔谷歌的遠端快取〕, 378

remote execution of distributed builds〔分散式建構的遠端執行〕, 375

  Google remote execution system, Forge〔谷歌的遠端執行系統 Forge〕, 378

repositories〔儲存庫〕, 316

  central repository for a project in DVCSs〔分散式 VCS 中專案的中央儲存庫〕, 320

  finer-grained vs. monorepos〔細粒度儲存庫與單體儲存庫〕, 332

repository branching, not used at Google〔谷歌沒有使用儲存庫分支〕, 211

representative testing〔代表性測試〕, 500

resource constraints, CI and〔持續整合及資源限制〕, 478

respect〔尊重〕, 35

  being "Googley"〔谷歌風範〕, 40

  practicing〔實踐〕, 36-38, 56

result diversity in search〔搜尋的結果多樣性〕, 353

retrieval〔檢索〕, 353

reviewers of code, keeping to a minimum〔盡量減少程式碼的審查者〕, 170

rightsizing and autoscaling〔調整大小和自動擴展〕, 509

risks〔風險〕

    making failure an option〔失敗是一種選擇〕, 82

    of working alone〔獨自工作的〕, 30

roadblocks, removing〔清除障礙〕, 90

rollbacks〔回滾〕, 172

Rosie〔工具名稱〕, 458

    sharding and submitting in LSC process〔LSC 過程中的切分和提交〕, 462-465

rules governing code〔管理程式碼的規則〕, 133

    categories of rules in style guides〔風格指南規則的分類〕

        rules building in consistency〔建構一致性的規則〕, 144

        rules enforcing best practices〔落實最佳做法的規則〕, 143

        rules to avoid danger〔避免危險的規則〕, 142

        topics not covered〔未涵蓋的主題〕, 144

    changing〔變更〕, 145-148

    enforcing〔實施〕, 149-154

        gofmt case study〔gofmt 案例研究〕, 152-154

        using code formatters〔使用程式碼格式化工具〕, 152

        using error checkers〔使用錯誤檢查工具〕, 151

    guiding principles for, 143-151〔指導原則〕

        avoiding error-prone and surprising constructs〔避免容易出錯和令人驚訝的結構〕, 140

        being consistent〔保持一致〕, 137

        conceding to practicalities〔屈服於實用性〕, 141

        optimizing for code reader, not the author〔為讀者，而非作者，優化〕, 136

        rules must pull their weight〔規則必須發揮他們的力量〕, 136

    reasons for having〔制定規則的理由〕, 134

rules, defining in Bazel〔Bazel 中定義規則〕, 372

S

sampling bias〔抽樣偏差〕, 127

sandboxing〔沙箱〕

    hermetic testing and〔封閉式測試與〕, 480

    use by Bazel〔Bazel 使用〕, 372

satisfaction〔滿意〕（QUANTS）, 124

scalability〔可擴展性〕

    forking and〔分支和〕, 20

    of static analysis tools〔靜態分析工具的〕, 407

scale〔規模〕

    deciding between time and〔在時間和規模之間做出決定〕, 20

    in software engineering〔軟體工程中的〕, 3

    issues in software engineering〔軟體工程中的規模問題〕, 4

scale and efficiency〔規模與效率〕, 10-16

    compiler upgrade（example）〔編譯器升級（範例）〕, 13-15

    finding problems earlier in developer workflow〔在開發人員工作流程的早期發現問題〕, 16

    policies that don't scale〔無法擴展的政策〕, 12

    policies that scale well〔可擴展的政策〕, 13

scaling〔擴展〕

    enabled by consistency in the codebase〔一致性使擴展成為可能〕, 138

    impact of scale on Code Search design〔規模對 Code Search 設計的影響〕, 347-349

scheduling, automated〔自動排程〕, 507, 511

scope of tests〔測試範圍〕, 206-209, 269

    defining scope for a unit〔為一個單元定義範圍〕, 224

    smallest possible test〔盡可能小的測試〕, 277

scoped_ptr in C++〔C++ 中的 scoped_ptr〕, 454

scoring a change〔對變更評分〕, 402

seams〔接縫〕, 248

search index in Code Search〔程式碼搜尋的搜尋索引〕, 349

search query latency, Code Search and〔程式碼搜尋及搜尋查詢的延遲〕, 347

security〔安全〕
 of external dependencies〔外部依賴項的〕，
  384
 reacting to threats and vulnerabilities〔對威脅
  和漏洞做出反應〕，9
 risks introduced by external dependencies〔外
  部依賴項導入的風險〕，373
seeded data〔被植入的資料〕，283
seekers (of documentation)〔尋找者（文件）〕，
 180
self-confidence〔自信〕，36
self-driving team, building〔打造一個自我驅動
 的團隊〕，106-110
semantic version strings〔語義（或意）化版本
 字串〕，383
semantic versioning〔語義（或意）化版本控
 制〕，429
 limitations of〔的侷限性〕，432-437
  Minimum Version Selection〔最低限度的
   版本選擇〕，435
  motivations〔激勵〕，435
  overconstrains〔過度限制〕，434
  overpromising compatibility〔過度承諾相
   容性〕，434
  questioning if it works〔質疑是否有用〕，
   437
SemVer（見 semantic versioning）
servant leadership〔服務式領導〕，80
serverless〔無伺服器〕，526-529
 about〔關於〕，526
 pros and cons of〔優點和缺點〕，527
 serverless frameworks〔無伺服器框架〕，527
 trade-off〔權衡〕，529
services, connecting to in software for managed
 compute〔連線到軟體中用於託管運算之
 軟體中的服務〕，515
serving jobs〔服務工作〕，513
 multitenancy for〔多租戶的〕，521
shading (in Java)〔著色（在 Java 中）〕，329
sharding and submitting in LSC process〔LSC 過
 程中的切分和提交〕，462-465
shared environment SUT〔共享環境 SUT〕，279
shell scripts, using for builds〔shell 命令稿，用
 於建構〕，363

shifting left〔向左移〕，16, 31
 making data-driven decisions earlier〔更早地
  做出資料驅動的決策〕，500
shipping only what gets used〔只交付被使用的
 部分〕，499
signals〔信號〕
 defined〔定義〕，122
 Goals/Signals/Metrics（GSM）framework〔目
  標／信號／指標 框架〕，122
single point of failure（SPOF）〔單點故障〕，43
 leader as〔領導者成為〕，106
single-machine SUT〔單機 SUT〕，279
single-process SUT〔單行程 SUT〕，278
small fixes across the codebase with LSCs〔使
 用 LSC 對整個程式碼基底進行小修正〕，
 449
small tests〔小型測試〕，204, 219, 269
social interaction〔社交聯繫〕
 being "Googley"〔谷歌風範〕，40
 coaching a low performer〔指導低績效者〕，
  85
 group interaction patterns〔團體互動模式〕，
  46
 humility, respect, and trust in practice〔實踐謙
  虛、尊重和信任〕，36-38
 pillars of〔的支柱〕，34
 why the pillars matter〔為什麼支柱很重要〕，
  35
social skills〔的社交技能〕，29
societal costs〔社會成本〕，17
software engineering〔軟體工程〕
 clever code and〔巧妙的程式碼和〕，9
 concluding thoughts〔結語〕，534
 deprecation and〔棄用和〕，301
 programming versus〔程式設計與〕，3, 21
  version control systems and〔版本控制系
   統和〕，316
 scale and efficiency〔規模與效率〕，10-16
 time and change〔時間和變化〕，5-10
 trade-offs and costs〔權衡及成本〕，17-21
software engineers〔軟體工程師〕
 code reviews and〔程式碼審查與〕，162
 offices for〔辦公室〕，31

source control〔源碼控制；原始碼控制〕
  dependency management and〔依賴關係管理與〕, 420
  Git as dominant system〔Git 成為主導系統〕, 320
  moving documentation to〔將文件移至〕, 178
source of truth〔事實來源〕, 321-323
  One Version as single source of truth〔單一版本即單一事實來源〕, 327
  scenario, no clear source of truth〔情景：沒有明確的事實來源〕, 322
  work in progress and branches〔正在進行的工作和分支〕, 323
sparse n-gram solution, search index in Code Search〔程式碼搜尋之搜尋索引的稀疏 n 元語法解決方案〕, 350
speed in build systems〔建構系統的速度〕, 361
speeding up tests〔加速測試〕, 294
Spring Cloud Contracts, 282
stack frames, Code Search integration in〔堆疊框，Code Search 整合中的〕, 345
staged rollouts〔分階段推出〕, 500
standardization, lack of, in larger tests〔在較大的測試中缺乏標準化〕, 273
state testing〔狀態測試〕, 225
  preferring over interaction testing〔優於互動測試〕, 262
state, managing〔管理狀態〕, 514
state-changing functions〔狀態改變函式〕, 264
static analysis〔靜態分析〕, 407-417
  effective, characteristics of〔有效，的特點〕, 407-408
    scalability〔可擴展性〕, 407
    usability〔可用性〕, 407
  examples of〔的例子〕, 407
  making it work, key lessons in〔發揮作用的關鍵經驗〕, 408-410
    empowering users to contribute〔賦予用戶貢獻的權力〕, 409
    focus on developer happiness〔關注開發人員的幸福感〕, 408

    making static analysis part of core developer workflow〔讓靜態分析成為核心開發人員工作流程的一部分〕, 409
  Tricorder 平台, 410-416
    analysis while editing and browsing code〔編輯和瀏覽程式碼的同時進行分析〕, 416
    compiler integration〔編譯器整合〕, 415
    integrated feedback channels〔整合反饋通道〕, 412
    integrated tools〔整合工具〕, 411
    per-project customization〔專案級別的定制〕, 413
    presubmits〔提交前工作〕, 414
    suggested fixes〔修正建議〕, 413
static analysis tools〔靜態分析工具〕, 59
  for code correctness〔程式碼正確性〕, 164
static dependency model〔靜態依賴關係模型〕, 428
std::unique_ptr in C++〔C++ 中的 std::unique_ptr〕, 144, 456
streetlight effect〔路燈效應〕, 122
stress testing〔壓力測試〕, 286
stubbing, 251, 259-262
  appropriate use of〔適當使用〕, 262
  dangers of overusing〔過度使用的危險〕, 260
stumblers, documentation for〔無意中發現文件的人〕, 181
style arbiters〔風格仲裁者〕, 147
style guides for code〔程式碼的風格指南〕, 57, 133
  advantages of having rules〔有規則的好處〕, 134
  applying the rules〔應用規則〕, 149-154
  categories of rules in〔規則的分類〕, 142
    rules building in consistency〔建構一致性的規則〕, 144
    rules enforcing best practices〔落實最佳做法的規則〕, 143
    rules to avoid danger〔避免危險的規則〕, 142
    topics not covered〔未涵蓋的主題〕, 144

changing the rules〔變更規則〕, 145-148
　　making exceptions to the rules〔違反規則
　　　的例外情況〕, 147
　　process for〔流程〕, 146
　　style arbiters〔風格仲裁者〕, 147
creating the rules〔建立規則〕, 135-142
　　guiding principles〔指導方針〕, 135-142
　　for each programming language〔每種程式語
　　　言〕, 133
　　programming guidance〔程式設計指導方
　　　針〕, 148
substring search〔子字串搜尋〕, 357
Subversion〔一種集中式 VCS〕, 319
success, cycle of〔成功的循環〕, 110
suffix array-based solution, search index in Code
　　Search〔程式碼搜尋之搜尋索引的基於後
　　綴陣列解決方案〕, 350
supplemental retrieval〔補充檢索〕, 353
sustainability〔可持續性〕
　　codebase〔程式碼底〕, 11
　　forking and〔分支和〕, 20
　　for software〔軟體的〕, 3
system tests〔系統測試〕, 206
systems under test (SUTs)〔受測系統〕, 278-
　　283
　　dealing with dependent but subsidiary services
　　　〔處理依賴但附屬的服務〕, 282
　　examples of〔的例子〕, 278
　　fidelity of tests to behavior of〔保真度測試受
　　　測系統的行為〕, 270
　　in functional test of interacting binaries〔對互
　　　動的二進位檔進行功能測試〕, 286
　　larger tests for〔的較大型測試〕, 276
　　production vs. isolated hermetic SUTs〔生產
　　　環境型 SUT 與孤立的封閉式 SUT〕,
　　　294
　　reducing size at problem testing boundaries
　　　〔在問題測試邊界上縮小 SUT 之規
　　　模〕, 280
　　risks of testing in production and Webdriver
　　　Torso〔在生產環境中進行測試的風險
　　　以及 Webdriver Torso〕, 280
　　scope of, test scope and〔測試的範圍和 SUT
　　　的範圍〕, 277

seeding the SUT state〔植入 SUT 狀態〕, 283
verification of behavior〔行為的驗證〕, 284

T

TAP（見 Test Automation Platform）
task-based build systems〔基於任務的建構系
　　統〕, 365-369
　　dark side of〔的黑暗面〕, 367
　　difficulty maintaining and debugging build
　　　scripts〔難以維護和除措命令稿〕, 368
　　difficulty of parallelizing build steps〔難以平
　　　行化建構步驟〕, 367
　　difficulty of performing incremental builds〔難
　　　以進行增量建構〕, 368
　　time, scale, and trade-offs〔時間、規模和權
　　　衡〕, 379
teacher and mentor, being〔做為教師和導師〕,
　　91
teams〔團隊〕
　　anchoring a team's identity〔定位團隊的身
　　　份〕, 109
　　engineers and offices, opinions on〔工程師和
　　　辦公室，對團隊的看法〕, 31
　　Genius Myth and〔天才神話與〕, 27
　　leading〔領導〕, 77
　　　（另見 leading a team）
　　software engineering as team endeavor〔軟體
　　　工程是一個團隊工作〕, 34-41
　　　being "Googley"〔谷歌風範〕, 40
　　　blameless postmortem culture〔無糾責事
　　　　後查驗的文化〕, 38-40
　　　humility, respect, and trust in practice〔實
　　　　踐謙虛、尊重和信任〕, 36-38
　　　pillars of social interaction〔社交聯繫的支
　　　　柱〕, 34
　　　why social interaction pillars matter〔為什
　　　　麼社交聯繫的支柱很重要〕, 35
tech lead (TL)〔技術主管〕, 78
tech lead manager (TLM)〔經理兼技術主管〕,
　　78
tech talks and classes〔技術講座和課程〕, 52
techie-celebrity phenomenon〔科技名人的現
　　象〕, 29

technical reviews〔技術審查〕, 188

technical writers, writing documentation〔技術寫手編寫文件〕, 193

tempo and velocity〔節奏和速度〕(QUANTS), 124

Test Automation Platform (TAP)〔測試自動機化平臺〕, 211, 482-484
  culprit finding〔罪魁禍首的查找〕, 483
  failure management〔失敗管理〕, 483
  presubmit optimization〔提交前優化〕, 482
  resource constraints and〔資源的限制和〕, 484
  testing LSC shards〔測試 LSC 碎片〕, 463
  train model and testing of LSCs〔列車模型與 LSCs 的測試〕, 454

test data for larger tests〔大型測試的測試資料〕, 283

test doubles〔測試替身〕, 206, 245-267
  at Google〔谷歌的〕, 246
  faking〔使用 fake 技術〕, 256-259
  impact on software development〔對軟體開發的影響〕, 246
  interaction testing〔互動測試〕, 262-267
  mocking frameworks〔模擬框架〕, 249
  seams〔接縫〕, 248
  stubbing〔一種測試方法〕, 259-262
  techniques for using〔使用 ... 技術〕, 250-251
    faking〔使用 fake 技術〕, 251
    interaction testing〔互動測試〕, 251
    stubbing〔一種測試方法〕, 251
  unfaithful〔不忠實的〕, 271
  using in brittle interaction test〔用於脆弱的互動測試〕, 225
  using real implementations instead of〔使用真正的實作而不是〕, 251-256
    deciding when to use real implementation〔決定何時使用真正的實作〕, 253-256
    preferring realism over isolation〔傾向實際而非隔離〕, 252

test infrastructure〔測試基礎架構〕, 241

test instability〔測試的不穩定性〕, 479

test scope〔測試範圍〕(見 scope of tests)

test sizes〔測試規模〕, 202
  in practice〔實際上〕, 206
  large tests〔大型測試〕, 205, 269
  medium tests〔中型測試〕, 205
  properties common to all sizes〔所有測試規模共有的屬性〕, 206
  small tests〔小型測試〕, 204
  test scope and〔測試範圍與〕, 207
  unit tests〔單元測試〕, 219

test suite〔測試集〕, 196
  large, pitfalls of〔大型,的陷阱〕, 212

test traffic〔測試的流量〕, 283

testability〔可測試性〕
  testable code〔可測試的程式碼〕, 248
  writing testable code early〔儘早編寫可測試的程式碼〕, 249

testing〔測試〕, 195-217
  as barrier to atomic changes〔作為不可分割變更的障礙〕, 452
  at Google scale〔以 Google 規模〕, 211-212
  automated, limits of〔自動化測試的侷限性〕, 217
  automating to keep up with modern development〔以現代發展的速度進行測試〕, 197
  benefits of testing code〔測試程式碼的好處〕, 201
  continuous integration and〔持續整合與〕, 468
  continuous testing in CI〔CI 中的持續測試〕, 473-475
  designing a test suite〔設計測試集〕, 201-211
    Beyonce Rule〔碧昂絲法則〕, 209
    code coverage〔程式碼覆蓋率〕, 210
    test scope〔測試範圍〕, 206-209
    test size〔測試規模〕, 202
  hermetic〔封閉式〕, 479
  history at Google〔Google 的歷史〕, 212-217
    contemporary testing culture〔當代的測試文化〕, 216
    orientation classes〔入職培訓課程〕, 213
    Test Certified program〔測試認證程序〕, 214

Testing on the Toilet (TotT)〔廁所裡的測試（測試提示）〕, 214

in large-scale change infrastructure〔大規模變更基礎架構中的〕, 459

larger（見 larger testing）

of large-scale changes〔大規模變更的〕, 454-456

reasons for writing tests〔編寫測試的理由〕, 196-201

Google Web Server, story of〔Google Web Server 的故事〕, 196

tests for fakes〔假實作的測試〕, 259

write, run, react in automating testing〔自動化測試中的編寫、運行、反應〕, 200-201

Testing on the Toilet (TotT)〔廁所裡的測試（測試提示）〕, 214

tests〔測試〕

becoming brittle with overuse of stubbing〔過度使用 stubbing 而變得脆弱〕, 260

becoming less effective with overuse of stubbing〔過度使用 stubbing 而變得不那麼有效〕, 260

becoming unclear with overuse of stubbing〔過度使用 stubbing 而變得不清楚〕, 260

making understandable〔讓測試變得容易理解〕, 296

overusing stubbing, example of〔過度使用 stubbing 的例子〕, 261

refactoring to avoid stubbing〔重構以避免 stubbing〕, 261

speeding up〔加快測試速度〕, 294

third_party 目錄, 426

time〔時間〕

deciding between time and scale〔在時間和規模之間做出決定〕, 20

in version control systems〔在版本控制系統中〕, 316

larger tests and passage of time〔較大型的測試和時間的流逝〕, 274

time and change in software projects〔軟體專案中的時間與變化〕, 5-10

aiming for nothing changes〔以不變為目標〕, 9

hash ordering (example)〔雜湊排序（範例）〕, 8

Hyrum's Law〔海勒姆法則〕, 7

life span of programs and〔程式的壽命和〕, 3

TL（見 tech lead）

TLM（見 tech lead manager）

token-based searches〔基於符記的搜尋〕, 356

toolchains, use by Bazel〔Bazel 使用的工具鏈〕, 372

Torvalds, Linus〔萊納斯·托瓦爾茲〕, 27

traceability, maintaining for metrics〔維護指標的可追溯性〕, 123

tracking history of code changes in Critique〔Critique 中追蹤程式碼變更的歷史記錄〕, 403

tracking systems for work〔有效的追蹤系統〕, 112

trade-offs〔權衡；取捨〕

cost/benefit〔成本／效應〕, 17-21

deciding between time and scale (example)〔在時間和規模之間做出決定（範例）〕, 20

distributed builds (example)〔分散式建構（範例）〕, 18

mistakes in decision making〔決策失誤〕, 20

whiteboard markers (example)〔白板筆（範例）〕, 17

for leaders〔領導者〕, 103

in engineering productivity〔工程效率〕, 123

in Web Search latency case study〔案例研究，網路搜尋的延遲〕, 105

key, identifying〔確定關鍵的〕, 103

transitive dependencies〔遞移依賴項〕, 381

external〔外部〕, 383

strict, enforcing〔強制執行嚴格的〕, 382

tribal knowledge〔內行人知識〕, 44

Tricorder 靜態分析平台, 311, 410-416

analysis while editing and browsing code〔編輯和瀏覽程式碼的同時進行分析〕, 416

compiler integration〔編譯器整合〕, 415

criteria for new checks〔新檢查的標準〕, 411

integrated feedback channels〔整合反饋通道〕, 412

integrated tools〔整合工具〕, 411

per-project customization〔專案等級的定制〕, 413

presubmit checks〔提交前檢查〕, 414

suggested fixes〔修正建議〕, 413

trigram-based approach, search index in Code Search〔採取基於 trigram 的方法，Code Search 中的搜尋索引〕, 349

trunk-based development〔基於主線的開發〕, 315, 326

correlation with good technical outcomes〔與良好的技術成果相關〕, 326

Live at Head 模型與, 431

predictive relationship between high-performing organizations and〔基於主線的開發與高性能組織之間存在預測關係〕, 330

source control questions and〔原始碼控制問題和〕, 419

trust〔信任〕, 35

being "Googley"〔谷歌風範〕, 40

code reviews and〔程式碼審查與〕, 390

practicing〔實踐〕, 36-38

treating your team like children (antipattern)〔像對待孩子一樣對待你的團隊（反面模式）〕, 86

trusting your team and losing the ego〔信賴你的團隊和失去自我〕, 87

vulnerability and〔脆弱性和〕, 39

Truth assertion library〔Truth 斷言程式庫〕, 235

tutorials〔教程〕, 185

example of a bad tutorial〔一個糟糕教程的例子〕, 185

example, bad tutorial made better〔讓糟糕的教程變得更好的例子〕, 186

U

UAT（user acceptance testing）〔用戶接受測試〕, 290

UIs〔用戶介面〕

end-to-end tests of service UI to its backend〔對服務的 UI 進行端到端的測試一直到其後端〕, 280

in example of fairly small SUT〔一個相當小的 SUT 例子〕, 276

tests for, unreliable and costly〔涉及前端和後端的測試〕, 280

unchanging tests〔不變的測試〕, 221

unit testing〔單元測試〕, 219-243

common gaps in unit tests〔單元測試中的常見差距〕, 271-272

configuration issues〔組態問題〕, 271

emergent behaviors and the vacuum effect〔突發行為與真空效應〕, 272

issues arising under load〔負荷下產生的問題〕, 272

unanticipated behaviors, inputs, and side effects〔意想不到的行為、輸入和副作用〕, 272

unfaithful test doubles〔不忠實的測試替身〕, 271

execution time for tests〔測試的執行時間〕, 255

lifespan of software tested〔受測軟體的壽命〕, 274

limitations of unit tests〔單元測試的侷限性〕, 270

maintainability of tests, importance of〔測試可維護性的重要性〕, 220

narrow-scoped tests〔窄範圍的測試〕(or unit tests〔或單元測試〕), 206

preventing brittle tests〔避免脆弱的測試〕, 221-226

properties of good unit tests〔好的單元測試的特性〕, 273

tests and code sharing, DAMP, not DRY〔測試和程式碼共享：要 DAMP，而不是 DRY〕, 235-241

DAMP test〔具描述性和有意義短語的測試〕, 236

defining test infrastructure〔定義測試基礎架構〕, 241

shared helpers and validation〔共享輔助工具和驗證〕, 240

shared setup〔共享設置〕, 239

shared values〔共享值〕, 237

writing clear tests〔編寫清晰的測試〕, 226-235

leaving logic out of tests〔不要把邏輯放在測試中〕, 233

making tests complete and concise〔讓測試完整而簡潔〕, 227

testing behaviors, not methods〔測試行為，而不是測試方法〕, 228-233

writing clear failure messages〔編寫清楚的失敗訊息〕, 234

units（in unit testing）〔單元測試中的「單元」〕, 224

Unix, developers of〔Unix 的開發者〕, 27

unreproducable builds〔不可重現的建構〕, 373

upgrades〔升級〕, 3

compiler upgrade example〔編譯器升級的例子〕, 13-15

life span of software projects and importance of〔軟體專案的壽命和升級的重要性〕, 5

usability of static analyses〔靜態分析的可用性〕, 407

user evaluation tests〔用戶評估測試〕, 292

user focus in CD, shipping only what gets used〔CD 以用戶為中心，只交付被使用的部分〕, 499

users〔用戶〕

engineers building software for all users〔工程師為所有用戶建構軟體〕, 69

focusing first on users most impacted by bias and discrimination〔首先關注受偏見和歧視影響最大的用戶〕, 75

relegating consideration of user groups to late in development〔把對用戶群體的考慮降低到開發後期〕, 73

V

vacuum effect, unit tests and〔單元測試和真空效應〕, 272

validation, shared helpers and〔共享輔助工具和驗證〕, 240

values versus outcomes in equitable engineering〔公平工程中的價值與結果〕, 74

Van Rossum, Guido〔吉多·範·羅蘇姆〕, 27

VCSs（version control systems）〔版本控制系統〕, 315

（另見 version control）

blending between fine-grained repositories and monorepos〔將細粒度儲存庫和單體儲存庫混合在一起〕, 333

early〔早期的〕, 316

velocity is a team sport〔速度是一項團隊運動〕, 495

vendoring your project's dependencies〔取回你的專案的依賴項〕, 384

version control〔版本控制〕, 315-323

about〔關於〕, 316

at Google〔谷歌的〕, 327-332

few long-lived branches〔鮮有長壽的分支〕, 330

One-Version Rule〔單一版本規則〕, 327, 329

release branches〔發行分支〕, 331

scenario, multiple available versions〔場景：多個可用版本〕, 328

branch management〔分支管理〕, 323-326

centralized vs. distributed VCSs〔集中式 VCS 與分散式 VCS〕, 318-321

versus dependency management〔與依賴關係管理〕, 323

future of〔的未來〕, 333

importance of〔的重要性〕, 316-318

monorepos〔單體儲存庫〕, 332

source of truth〔事實來源〕, 321-323

virtual machines（VMs）〔虛擬機〕, 511

for isolation in multitenant compute services〔多租戶運算服務中的隔離〕, 508

virtual monorepos（VMRs）〔虛擬單一儲存庫〕, 333, 334

---

visibility, minimizing for modules in build systems〔最大限度地減少模組的可見性〕, 381

vulnerability, showing〔顯示出脆弱性〕, 39

W

Web Search latency case study〔網路搜尋的延遲，案例研究〕, 104-106

Webdriver Torso 事件 , 280

well-specified interaction tests〔明確指定的互動測試〕, 266

who, what, when, where, and why questions, answering in documentation〔誰、何事、何時、何地以及為何，技術文件回答的問題〕, 190

workspaces〔工作區〕

differences from the global repository〔不同於全域性儲存庫〕, 356

local, Code Search support for〔Code Search 支援本地工作區〕, 350

tight integration between Critique and〔Critique 與工作區之間緊密的工具整合〕, 396

writing reviews（for technical documents）〔撰寫評論（用於技術文件）〕, 188

Y

YAQS（"Yet Another Question System"）〔Google 內部使用的問答平台〕, 51

Z

Zen master, being〔做個禪宗大師〕, 88

關於作者

Titus Winters（提圖斯・溫特斯）是 Google 的高級軟體工程師，自 2010 年以來一直在 Google 工作。如今，他是 C++ 標準程式庫設計之全球小組委員會的主席。在 Google，他是 Google 之 C++ 程式碼基底的負責人：2.5 億列程式碼將在一個月內由 12,000 名不同的工程師編輯。在過去的七年裡，Titus 和他的團隊一直在使用現代的自動化和工具來組建、維護和發展 Google 之 C++ 程式碼基底的基礎元件。在此過程中，他啟動了幾個 Google 專案，這些專案被認為是人類歷史上十大重構專案之一。做為幫助建構重構工具和自動化的直接結果，Titus 親身體驗了工程師和程式員可能採取的大量捷徑，以「讓某些東西正常工作」。這種獨特的規模和觀點啟發了他對軟體系統之維護和供給的所有思考。

Tom Manshreck（湯姆・曼史瑞克）自 2005 年起擔任 Google 軟體工程部的技術撰稿人，負責開發和維護 Google 在基礎架構和程式語言方面的許多核心程式設計指南。自 2011 年以來，他一直是 Google 之 C++ Library Team 的成員，開發 Google 的 C++ 文件集，（與 Titus Winters 一起）推出 Google 的 C++ 培訓課程，並記錄 Google 的開源 C++ 程式碼 Abseil。Tom 擁有麻省理工學院的政治學學士和歷史學士學位。在加入 Google 之前，Tom 曾在 Pearson/Prentice Hall 和多家初創公司擔任總編輯。

Hyrum Wrigh（海勒姆・賴特）是 Google 的軟體工程師，他自 2012 年以來一直在 Google 工作，主要負責 Google 之 C++ 程式碼基底的大規模維護。Hyrum 對 Google 之程式碼基底進行的個人編輯比公司歷來任何其他工程師都多，並領導 Google 之自動變更工具小組。Hyrum 在德克薩斯大學奧斯汀分校獲得軟件工程博士學位，並擁有德克薩斯大學的碩士學位和楊百翰大學的學士學位，並且是卡內基梅隆大學的客座教員。他是會議上的活躍演講者，也是軟體維護和發展之學術文獻的貢獻者。

出版記事

本書封面上的動物是美洲火烈鳥（Phoenicopterus ruber）。這種鳥主要可以在中美洲和南美洲以及墨西哥灣的海岸附近找到，儘管牠們有時會遷徙到美國佛羅里達州南部。火烈鳥的棲息地由泥灘和沿海鹹水潟湖組成。

火烈鳥標誌性的粉紅色羽毛是在其成熟的過程中生成的，並且來自其食物中的類胡蘿蔔素色素。由於這些色素較容易在牠們的天然食物來源中找到，野生火烈鳥的羽毛往往比圈養的火烈鳥更鮮豔，儘管動物園有時會在牠們的飲食中添加補充色素。火烈鳥通常高約 42 英寸，黑色的翼展開時長約五英尺。火烈鳥是一種涉水鳥，粉紅色的腳上有三趾，趾間有蹼。雖然雄性和雌性火烈鳥之間沒有共同的區別，但雄性往往更大一些。

火烈鳥是濾食性動物，牠們用長腿和脖子在深水中覓食，一天中的大部分時間都在尋找食物。喙內有兩排薄片，這是梳狀的剛毛，可以過濾牠們的食物：種子、藻類、微生物和小蝦。火烈鳥生活在大群體中，最多可達 10,000 隻，當牠們吃完一個地方的所有食物後，就會遷徙。除了是群居鳥類外，火烈鳥還非常善於發聲。牠們有定位叫聲來尋找特定的伴侶，也有警報叫聲來警告更大的群體。

雖然牠曾經被認為是與大火烈鳥（Phoenicopterus roseus）屬於同一物種的，後者可能出現在非洲，亞洲和歐洲南部，但美洲火烈鳥現在被認為是一個單獨的物種。雖然美洲火烈鳥目前的保護狀況被列為「無危物種」（Least Concern），但出現在歐萊禮書籍之封面上的許多動物都瀕臨滅絕了；每種動物對世界都很重要。

本書封面插圖是由 Karen Montgomery（凱倫‧蒙哥馬利）根據《Cassell's Natural History》中的黑白版畫繪製而成。

Google 的軟體工程之道｜從程式設計經驗中吸取教訓

作　　　者：Titus Winters, Tom Manshreck, Hyrum Wright
譯　　　者：蔣大偉
企劃編輯：蔡彤孟
文字編輯：江雅鈴
設計裝幀：陶相騰
發 行 人：廖文良

發 行 所：碁峰資訊股份有限公司
地　　　址：台北市南港區三重路 66 號 7 樓之 6
電　　　話：(02)2788-2408
傳　　　真：(02)8192-4433
網　　　站：www.gotop.com.tw
書　　　號：A663
版　　　次：2022 年 10 月初版
　　　　　　2023 年 07 月初版二刷
建議售價：NT$880

國家圖書館出版品預行編目資料

Google 的軟體工程之道：從程式設計經驗中吸取教訓 / Titus Winters, Tom Manshreck, Hyrum Wright 原著；蔣大偉譯. -- 初版. -- 臺北市：碁峰資訊, 2022.10
　　面；　　公分
　　譯自：Software Engineering at Google: lessons learned from programming over time.
　　ISBN 978-626-324-263-0(平裝)
　　1.CST：軟體研發　2.CST：電腦程式設計
312.2　　　　　　　　　　　　　　　　111011765

讀者服務

- 感謝您購買碁峰圖書，如果您對本書的內容或表達上有不清楚的地方或其他建議，請至碁峰網站：「聯絡我們」\「圖書問題」留下您所購買之書籍及問題。(請註明購買書籍之書號及書名，以及問題頁數，以便能儘快為您處理)
  http://www.gotop.com.tw

- 售後服務僅限書籍本身內容，若是軟、硬體問題，請您直接與軟體廠商聯絡。

- 若於購買書籍後發現有破損、缺頁、裝訂錯誤之問題，請直接將書寄回更換，並註明您的姓名、連絡電話及地址，將有專人與您連絡補寄商品。